# MERCEDES-BENZ SL

## Die Baureihe R 129

Günter Engelen

Motor buch Verlag

Einbandgestaltung: Frank Zähringer

Titelbild: Archiv Mercedes-AMG

Bildnachweis: Archiv Mercedes-Benz, Archiv Mercedes-AMG,
H.-D. Seufert, Günter Engelen



ISBN: 978-3-613-03689-5



1. Auflage 2014

Sie finden uns im Internet unter www.motorbuch-verlag.de



Lektor: Martin Gollnick
Innengestaltung: Monika Müller
Druck und Bindung: Graspo CZ, a.s. Zlín
Printed in Czech Republic

Für Karl-Heinz Hollas,
Karl Kübler und Rainer Mark.

# Inhalt

Mercedes-Benz

LB PA 882

# Danke

Ein Autor, auf sich alleine gestellt, wäre ein ganz armer und verlassener Wicht. Viele Ideen und Anregungen kommen nämlich erst in Gesprächen mit den Mitarbeiterinnen und Mitarbeitern des Hauses Mercedes-Benz und anderer zutage, vieles lässt sich nur mit deren Hilfe realisieren. Und eigentlich haben diese Mitglieder des Hauses ganz andere Aufgaben, als neu- und wissbegierigen Schreiberlingen auf die Sprünge zu helfen. Es ist deshalb weit mehr als eine Geste der Höflichkeit, wenn ich mich bei ihnen sehr herzlich bedanke. Ohne sie wäre ich oft verzweifelt gewesen, und das Buch wäre erheblich »leichter« geworden. Wer mich kennt, weiß, wie solche Verzweiflungen aussehen. So trugen als »Koautoren« mit Geduld, Hilfsbereitschaft, Rat und Tat, jeder auf seine Weise, zum Entstehen dieses Buches wesentlich bei: Prof. Werner Breitschwerdt, Prof. Dr. Dr. Werner Niefer †, Prof. Dr. Dr. Hans Scherenberg †, Uwe Brodbeck, Prof. Guntram Huber, Dr. Kurt Obländer †, Bruno Sacco, Michael Bock, Prof. Joseph Gallitzendörfer †, Arno Jambor, Max Gerrit von Pein, Peter Pfeiffer, Bruno Allert, Karlheinz Bauer, Karl-Heinz Baumannn, Hans Brüggemann, Rüdiger Faul, Manfred Flaig †, Hans Götz, Werner Heiß, Hans Jooß †, Andreas Langenbeck, Rainer Mark, Eckhard Monke, Rolf Ohlendorf, Jürgen Schrader, Peter J. Viererbl †, Rolf Zeller †, Hans Bittmann, Karl-Heinz Hollas, Peter Jahn, Dr. Harry Niemann, Dieter Sczodrowski, Alexander von Seydlitz-Kurzbach, Marina Bernert, Martina Dups, Gerhard Heidbrink, Herbert Heiker, Uwe Heintzer, Uschi Kettenmann-Pfaff, Karl Kübler, Nicole Lacher, Maja Marocco, Cornelia Rötlich, Alexa Rühl, Dr. Dieter Scherenberg, Birgit Scherpf, Peter Vogeler, Hans-Joachim Wiemers, Martin Wünsche, alle Mercedes-Benz, Hans-Werner Aufrecht, Erhard Melcher, Bodo Buschmann, Michael C. Clauss, Dr. Christian Eick, Bettina Engelen, Ullrich Gauffrés, Martin Gollnick, Claus Hieke, Heinz Holzgräbe, Klaus Kienle, Karl-Heinz Klus, Thomas Knapp, Joachim Kuch, Bernd Ramler, Mike Riedner, Paul Schinhofen und Jochen Wörner.

# Vorwort

Es ist nicht das Cabrio allein, das immer fasziniert, es ist der Begriff »SL«, der mit einer langen Tradition verbunden ist. Viele Jahre waren Cabrios unpopulär: Zweifel an der Sicherheit und ihr Freizeitcharakter führten in vielen Entwicklungsabteilungen zum Umdenken. Nicht so beim SL, der lückenlos seit den fünfziger Jahren in annähernd gleicher Konzeption gebaut wurde. Selbst die Roadster der Vorkriegszeit lassen sich in die Liste einreihen.

Der SL ist Legende, aber neu und jung zugleich. Ein Fahrzeug, das Begeisterung und Begierde erzeugt.

Wenn ich an den schon über ein Jahrzehnt zurückliegenden Entstehungsprozess denke, so habe ich mich während meiner Arbeit für Mercedes-Benz kaum mit einem Thema so auseinandergesetzt, das mit dermaßen viel Emotionen behandelt wurde, gleichwohl das Ergebnis, rein sachlich betrachtet, über ein schnörkelloses, leicht begreifbares Design verfügt. Dieses Auto lebt von seinen Proportionen und von der Selbstverständlichkeit der angewendeten Gestaltungsmittel.

Zu den begeisterten SL-Fahrern gehöre ich seit 1964, als ich mich drei Jahre lang mit großem Enthusiasmus mit einem 300 SL (W 198 – Flügeltürer) auseinandersetzte.
Wie groß der Abstand ist, der zwischen der State-of-the-Art-Technik des W 198 und der des R 129 liegt, konnte ich seinerzeit anlässlich eines Treffens des 300-SL-Clubs in Düsseldorf auskosten. Als ehemaliger Besitzer und Fahrer beider Baumuster ist man in der beneidenswerten Lage, automobilen Fortschritt begutachten zu können. Die 35 Jahre, die das Erscheinen dieser beiden so verschiedenen, aber dennoch ähnliche Emotionen hervorrufenden Gesellen trennen, könnte nicht besser durch andere »Paarungen« der Auto-Geschichte dokumentiert werden.
Wenn ich an die Muskelkraft denke, die beim Fahren des Flügeltürers eingesetzt werden musste, wenn ich über die kontinuierliche Notwendigkeit nachdenke, das bockige Fahrverhalten dieses Biests unter Kontrolle zu halten (versuchen!), wie entspannend, ja spielerisch gibt sich dazu der Neue.
Es ist naheliegend, dass auch ich zu den begeisterten SL-Fahrern gehöre, und das schon viele Jahre. Dabei fällt mir nicht nur beiläufig auf (es ist förmlich spürbar), dass auch offene Wagen sicher sein können. Und auch ohne fülligen Haarwuchs weiß ich die Wirkung der pfiffigen Idee unserer Ingenieure – des Windschotts – zu schätzen. Man muss nur einmal Cabriolet gefahren sein, um sich besonders mit warmer Luft anzufreunden, die ich vor allen Dingen auf italienischen Landstraßen zu genießen weiß.

Das vorliegende Buch öffnet ein wenig unsere sonst geschlossenen Archive und gibt einen kleinen Einblick in unser Wirken. Die gründlichen Recherchen von Günter Engelen haben mich bei vielen seiner Bücher beeindruckt. Auch das vorliegende Werk stellt eine perfekte Aufarbeitung der ganzen R-129-Entwicklung dar und wird sicher jeden anspruchsvollen SL-Freund begeistern.

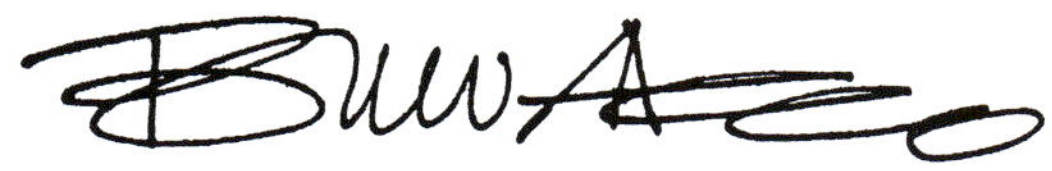

Bruno Sacco

# Vorwort

SL – diese beiden Buchstaben wecken Emotionen seit Anfang der 1950er Jahre. Mit dem 300 SL Rennsportwagen und dem 1954 folgenden Seriensportwagen 300 SL »Gullwing« war der Mythos SL geboren. Automobilklassiker wie der »Pagoden-SL« und die Baureihe R 107 sollten ihn erfolgreich fortsetzen. All diese SL-Fahrzeuge sind bis heute gesuchte Sammlerobjekte und stellen jeweils immer eine Verkörperung der Werte von Mercedes-Benz in Reinform dar: Kraftvoll, kultiviert, innovativ und sicher. Und sie sind dabei immer besonders schön und schnell.
Die Fußstapfen, in die ein Nachfolger-SL zu treten hat, sind somit stets gewaltig. Nicht anders ist es bei der Vorstellung des SL der Baureihe R 129 auf dem Genfer Automobilsalon im März 1989. Schnell ist jedoch klar: Dieser SL ist erneut ein Meilenstein unter den Sportwagen und fraglos ein würdiger Vertreter des Mythos SL. Kein anderer Sportwagen seiner Zeit bietet ein vergleichbares Maß an aktiver und passiver Fahrsicherheit, erst recht nicht in Kombination mit der für ihn typischen Fahrdynamik.
Völlig neu entwickelte Vierventiltriebwerke resultieren in bis dahin kaum gekannter Kraft und Leistung. Und mit dem 1992 vorgestellten Zwölfzylindermotor fährt der 600 SL in einer eigenen Liga. Doch damit nicht genug: Im gleichen Jahr halten zum ersten Mal AMG-Versionen Einzug in das offizielle Modellprogramm des SL. Sie heben Dynamik und Motorklang des Sportwagens eindrucksvoll in andere Sphären – ohne den charakteristischen kultivierten Stil vermissen zu lassen.
Nicht nur kultiviert, sondern geradezu zeitlos präsentiert sich das Design des R 129 bis heute: Designchef Bruno Sacco zeichnet einen Charaktertyp mit Ecken und Kanten, mit zugleich aber eleganter Linienführung. Und in der Aerodynamik stellt der R 129 seine Vorgänger klar in den Schatten. Das übrigens auch beim offenen Fahren – mit dem Windschott erhält der SL erstmals ein Feature, das in diesem Segment heute nicht mehr wegzudenken ist.
Ein Vorreiter für die Zukunft und dabei fest verbunden mit der Vergangenheit – beste Voraussetzungen für einen nachhaltigen Erfolg: Mit einer Bauzeit von zwölf Jahren und insgesamt 204.940 Stück ist er mindestens so gefragt wie sein äußerst beliebter Vorgänger R 107.
So überrascht es wenig, dass man SL-Modellen der Baureihe R 129 bis zum heutigen Tag auf der Straße begegnet. Dieses Buch vollzieht die Erfolgsgeschichte des R 129 von seiner Entwicklung bis hin zu seinen Verfeinerungen durch Modellpflege detailliert und anschaulich nach.
Ich wünsche Ihnen viel Freude beim Lesen.
Ihr

Michael Bock

# Impressionen einer Italienfahrt

## oder: Er tanzt noch viele Sommer

Es gibt wohl nur wenige Autofahrer, die nicht irgendwann einmal die Lust verspüren, mit einem offenen Auto in den Süden zu fahren. Die Faszination des offenen Autos und das berauschende Freiheitsgefühl, ohne einengendes Dach die Sonne, den Mond und die Sterne über sich zu erleben, führten generell zur Renaissance des schon tot geglaubten Cabriolets. 1992, also rund vier Jahre, nachdem die ersten Exemplare des R 129 gebaut worden waren, gaben über 2,5 Millionen Bundesbürger an, sich am liebsten als nächstes Fahrzeug ein offenes Auto kaufen zu wollen. Bei Mercedes-Benz, und hier dem SL, muss man sagen: »'s war immer so«, denn der SL ist eben in erster Linie ein zweisitziges Cabrio, wenn auch ein außergewöhnliches. So ließen mich auch die frotzelnden Fragen eines Freundes kalt, als er erfuhr, dass ich für einige tausend Kilometer das Lenkrad eines gut im Hagmann-Futter stehenden 300 E gegen das eines 300 SL tauschen würde. Es war ein 300 SL in »Knappschafts-Ausführung«, also ohne die oft in Zeitungsannoncen angebotene Vollausstattung. Er hatte den Zweiventil-Motor mit dem Fünfgang-Schaltgetriebe, er hatte Stoffpolster, er hatte keine Klimaanlage, kein ADS, ASR oder ASD, und das war mir gerade recht. Aber er war silber, genau die Farbe, von der Bruno Sacco einmal sagte, dass er sie wählen würde, wenn er alleine für sich entscheiden würde. Und auch Fotograf Hans-Dieter Seufert muss ich wieder einmal heimlich Abbitte leisten. Als ich, als blutiger Fotolaie, einmal meinte, Silber sei keine Farbe, konterte er trocken: »Günter, das siehst du falsch, Silber ist *die* Farbe.« Recht haben beide, Sacco wie Seufert, und ich habe dazugelernt.

Doch gleich in welcher Farbe: Dank Sindelfinger Erfindungsgeist wird die SL-Sucht beim R 129 durch zwei Dinge nachhaltig gefördert: das innerhalb der Rotphase einer Ampel zu öffnende Verdeck und das mittlerweile häufig kopierte Windschott. Zwei Vorgänge gehören deshalb, bei halbwegs trockenem Wetter, zum Standardritual eines SL-Fahrers: das Drehen des Zündschlüssels und das Betätigen des Verdecksschalters zum Öffnen des Verdecks – noch bevor der Motor angelassen wird. Nie hätte ich gedacht, dass der Mensch so bequem ist, war ich doch immer der Meinung, dass man aus Gewichtsgründen auch mit einem von Hand zu öffnenden Verdeck auskommen müsste. Die Last der Lust haben einem die Sindelfinger auch hier abgenommen.

Beim Anlassen des Motors erfreuen sich melodisch angehauchte Autofahrer – das müssen nicht immer die Abonnenten von Symphoniekonzerten sein, es werden sich aber sicher zahlreiche darunter befinden – durch das offene Verdeck auch ungeahnter, dezenter akustischer Reize. Versuchsingenieur Manfred Flaig umschreibt das nüchtern so: »Wir haben da einen leichten Brummer in der Auspuffanlage.« Wird nun die von Geräuschen geplagte Umwelt eventuell durch Lärm genervt? Mitnichten. Der seidige Lauf des Sechszylinders wird beim Gaswegnehmen von einem sympathischen, in Watte gepackten Brazzeln untermalt und erfreut beim Beschleunigen ab etwa 4000/min, mit ansteigendem

Mitteldruck, durch den dezent kernigen Ton einer gestopften Trompete. In ganz weiter, weiter Ferne lässt der Porsche 911 akustisch grüßen.
Freitags nachmittags in die Toskana zu fahren, um dort am Samstag zu arbeiten, sprich zu fotografieren, ist normalerweise der Alptraum eines Autofahrers. Dass es zur Erholung, zum Erlebnis werden kann, daran ist nun wirklich der SL schuld. Die Schwäbische Alb, das Allgäu und Tirol verwöhnen durch die mäanderförmig sich dahinschlängelnden Sträßchen. Frisch gemähtes Gras, die Heustadel, die Düfte der Kühe und Misthaufen, der kleinen Weiler und Städtchen wirken heiter und entspannend auf das von Klimaanlagen und Pollenfiltern degenerierte Gemüt des Limousinenfahrers. Gelassenheit greift um sich – auch und vielleicht gerade, weil der SL mit seinen gut 1,7 Tonnen ja alles andere als ein kleiner, wendiger Flitzer ist.
Eine Freude ist der Motor. Die Kraft aus dem Drehzahlkeller des Fünfliter-Motors sucht man vergebens, aber seine mühelose Drehfreude – vorausgesetzt, man nutzt sie – macht auch beim Zweiventiler Laune und ist bei dem Gewicht eine willkommene Hilfe. Drehen lassen bis kurz vor die Abregelgrenze und schalten, das macht richtig Spaß, der Motor verhilft dann dem Schwergewicht zu ansehnlichem Schub. Die Ganganschlüsse passen und könnten nicht besser sein – ja, wenn nicht diese hakelige Schaltung wäre.
Würden doch die Mercedes-Benz-Ingenieure sich endlich einmal mit derselben Sorgfalt und Hingabe der Schaltbarkeit von mechanischen Getrieben widmen, wie sie sich bei der Auslegung von Motoren, den Automatik-Getrieben, dem Design oder der Konstruktion von Karosserien akribisch um Perfektion bemühen. Dann würde auch das dünne, dümmliche Argument der Vergangenheit angehören, dass inzwischen fast alle Kunden Automatikgetriebe bevorzugten. Wenn nämlich Schaltgetriebe seit Jahren diesen Schaltkomfort aufweisen, wundert einen das nicht. Man müsste dann nicht immer zu den Wettbewerbern innerhalb Europas oder nach Fernost schielen. Die können das nämlich viel besser!
Das Handling ist ein weiterer Lustfaktor. Für solch ein schweres Auto lässt sich der SL fast wie ein Go-Kart mühelos um die Kurven zirkeln. Das klar definierte Grenzbereichsverhalten mit spätem, dezentem Übersteuern ist im normalen Alltagsverkehr auf Landstraßen, ohne seine Mitmenschen zu erschrecken, fast nicht auszuloten.
Die Grenzstation auf dem Brenner bringt neue Erkenntnisse. Der »unscheinbare SL« findet bei den italienischen Zöllnern und Carabinieri dieselbe Aufmerksamkeit wie ein davor abgefertigter gelber Ferrari Testarossa – bella macchina! Das hochgestellte Windschott lässt die abendliche Kühle des Septemberabends erfühlen, aber nicht erleiden. Und nun kommt etwas, auf das ich mich schon während der ganzen Fahrt gefreut habe. Es sind die langen, schnellen Bergab-Kurven zwischen Sterzing und Bozen mit ihren Fahrbahnabsätzen, die zu dem typischen akustischen »Palom-Palom, Palom-Palom« führen und einem das Gefühl vermitteln, in einem D-Zug zu sitzen, mit einem gravierenden Unterschied: in einem D-Zug sitzt man längst nicht so gut. Die Sitze im SL, so finde ich, sind in der gelungenen Abstimmung zwischen guter Seitenführung und Langstreckentauglichkeit einsame Klasse – vorausgesetzt, es sind Stoffsitze. Bei aller Freude an den Ledersitzen mit ihrem klassischen Geruch und der edlen Ausstrahlung, in der Körperführung und im Sitzkomfort auf Langstrecken können sie den Stoffsitzen das Wasser nicht reichen.
Das gutmütige Handling lässt mich die schnellen Bergab-Passagen in vollen Zügen gelassen genießen, sie erinnern mich in der heiteren Beschwingtheit an schnelle, weite Skipassagen an einem sonnenüberfluteten Dolomitenhang. Die Lenkung mit ihren spürbaren, aber nicht überfordernden Haltekräften, die breiten Reifen mit ihrer satten Auflage und Haftung, all diese Faktoren zusammengenommen lassen einen allmählich mit heiterer Gelassenheit in das gelobte Land des Automobilbaus mit seinen automobilen Kunstwerken eintauchen. Tja, man traut sich heute kaum noch, es zu sagen, geschweige denn zu schreiben, um nicht als ewig Gestriger gebrandmarkt zu werden, der die Zeichen der Zeit nicht erkannt hat, aber Autofahren in dieser Form macht einfach Spaß und entspannt ungeheuer! Aber noch befinden wir uns in Tirol, in Südtirol. Nach »Italien« kommen wir später, auch wenn die Staatsgrenze und die Ortsschilder, die Nummernschilder und die Uniformen schon nach »Italien« aussehen. Der Süden hat andere Düfte, er riecht anders, und er hat andere Bauten. Allmählich werden die Kirchtürme Südtirols von den Camapaniles des Trento abgelöst. Nirgendwo anders kann man das besser erleben, im wahrsten Sinne des Wortes, als im offenen SL, wenn sich die angestrahlten Campaniles hereinzubeugen scheinen, um den Gast zu begrüßen. Je weiter wir uns Trento und Verona nähern, desto wirklicher wird das Italien, das meine Fantasie seit den ersten Lateinstunden beflügelt, mit der Poebene, an deren nördlichem Rand der Park von Monza mit seiner Rennstrecke liegt, die mich seit meiner Kindheit fasziniert, weil hier der Rennstall der Daimler-Benz AG schon im zeitigen Frühjahr Testfahrten durchführen konnte, wenn bei uns noch Schnee und Eis lagen. Und ich

sitze in einem silbernen 300 SL! Eine schönere Assoziation zur ruhmreichen Vergangenheit kann es fast nicht geben.
Die Poebene, für viele so fad und dunstig wie der Niederrhein bei Emmerich oder die Oder bei Stettin, hat Charakter und versteckten Charme. Er springt einen nicht an, sondern man muss sich ihn, wie eine aparte Schönheit, erobern. Sie ist eben wesentlich mehr als das Nebelcrashloch Italiens im Frühjahr und Herbst oder die Werkstatt Italiens. Sie duftet nicht, sie riecht nach Dunst, nach Landwirtschaft, nach Industrie, nach Abfall und nach Po. Sie hat alte Städte mit Geschichte und Kultur wie Mantova, Padova, Cremona, Ferrara oder Modena. Ja, und sie hat Automobilgeschichte, diese Poebene. Nicht nur so klangvolle Namen wie die der Geigenbauer Amati, Stradivari und Guarneri sind mit der Poebene untrennbar verbunden. Auch Namen wie Alfa-Romeo, Bugatti, Ferrari, Lamborghini, Maserati, Bertone, Farina, Giugiaro, Michelotti und Zagato haben ihre Wurzeln in diesem Dessertteller italienischer Kultur- und Industriegeschichte. Ein SL, ein 129 allemal, braucht sich da nicht zu verstecken. Im Gegenteil, die Achtung dieser klangvollen Namen ist ihm hier sicher.
Die Überquerung des Appenin zwischen Bologna und Firenze ist und bleibt zu jeder Tages- und Nachtzeit ein Tauchen durch die Dieselschwaden italienischer Lastwagen, für die sauber eingestellte Einspritzpumpen Metaphern aus einer fremden Welt zu sein scheinen. Gerade hier erzieht das offene Auto, auch bei Dunkelheit, erstaunlicherweise zu größerer Gelassenheit. Das Windschott, Götz sei Dank, lässt unvermutet wenig Abgase in das Innere.
»Vati, ihr kommt eine halbe Stunde zu spät«, meinte meine Tochter Angelika frotzelnd zur Begrüßung, aber sie kannte nicht das Erlebnis einer Fahrt im offenen SL von Deutschland in die Toskana. Der SL und die Toskana üben auf mich einen besonderen Reiz aus. Die Toskana, eine von Menschenhand geformte Landschaft, stellt mit ihren klaren, markanten Linien ein Bild von großer Ausdruckskraft und Harmonie dar. Dasselbe gilt für den SL, übrigens auch für den von Bruno Sacco und Joseph Gallitzendörfer so geschätzten Urahn, nämlich den von Rudolf Uhlenhaut maßgebend geprägten und von Friedrich Geiger gezeichneten Renn-SL von 1952. Und das Fahren in der Toskana? Natürlich lässt es sich mit einem heutigen SL, ganz gleich, welche Motorisierung er besitzt, nicht gerade eidechsengleich um die Ecken der schmalen Sträßchen wuseln, dafür spielt einem einfach das hohe Gewicht, die nicht optimale Übersicht und die doch beachtliche Breite einen Streich. Das heißt natürlich nicht, dass nicht enden wollende Kurvenfolgen im Zuckeltempo eines sizilianischen Eselskarren absolviert werden müssen. Im Gegenteil, es ist immer wieder bewundernswert, welche Querbeschleunigung sich ohne Zauberkunststückchen mit diesem Auto aufbauen lässt. Trotzdem ist das »Wandern« durch die Weiten dieser Landschaft, unterbrochen von gelegentlichen Zwischenspurts, ein unvergleichliches Sinnerlebnis, ohne gleich zur stressigen Hetze zu werden.
Als wir in einer Osteria zwischen Greve und Siena auf unser Mittagessen warteten, betrachtete ich nachdenklich »unseren« SL, der zwischen zwei Zypressen vor lauter innerer und äußerer Hitze vor sich hinknackste. Bruno Saccos Worte von der vertikalen Modell-Homogenität fielen mir ein, also der formalen Verbindung zu den Vorgängermodellen. Da konnte ich mir in dieser absoluten Harmonie der Linien und Formen eigentlich nur diesen SL vorstellen, oder Uhlenhauts SL von 1952, der als reiner Wettbewerbssportwagen die Keimzelle aller SL bildete.
Die glanzvolle Vergangenheit holt uns noch einmal ein, als wir in einem kleinen Dorf an der Strada Statale Nummero due (SS 2) zwischen Siena und Poggibonsi mit unserem 300 SL tanken. »Oh, un Merschedes esse elle«, kommt mit begeistertem Ausruf und leuchtenden Augen der schon grauhaarige Tankwart auf uns zu. Vor vierzig Jahren sah er hier Giovanni Bracco und Karl Kling bei ihrem faszinierenden Duell durchfliegen. Hier, und er deutet an eine Ecke und gleichzeitig auf seine Fußspitzen, hier hätten die beiden ihm fast die »Fußnägel geschnitten«, so dicht seien sie an ihm vorbeigeflogen. Bei der Mille Miglia storica kämen ja jetzt wieder jedes Jahr diese Belle Macchines aus Stoccarda, diese »Esse Elle«, vorbei, aber nein, so wie Bracco und Kling wäre das heute nicht mehr. Ob man es mit diesem »Esse Elle« auch so »brennen« lassen könne wie damals in den Fünfzigern, will der sympathische Alte mit dem von der toskanischen Sonne braun gegerbten Gesicht und den vielen Charakterfältchen in den Augenwinkeln wissen, das sei ja so ein wunderschönes Auto. Und so hat uns durch die Form die Geschichte eingeholt. Ein unwiederbringbares Kompliment für Sacco, Gallitzendörfer, Pfeiffer und die vielen Kreativen aus Sindelfingen.

S LC 7621

S LC 7621

S LC 7621

S LC 7621

S-LC 7621

# Die Vorgeschichte

## oder: Der lange Weg zum Erfolg

Was heute gerne vergessen wird, ist die Tatsache, dass die Bedeutung von Mercedes-Benz im Personenwagenbau immer auf einer ausgewogenen Mischung sowohl exklusiver Automobile als auch erschwinglicher, aber nicht billiger Personenwagen beruhte. Mercedes-Benz lebt und profitiert seit Jahrzehnten von der Mischung Vernunftauto und Traumauto in nicht reproduzierbarem Maße. Beide Pole befruchteten sich in technischer und marktpolitischer Sicht gegenseitig. Es gab nie ein Entweder-oder, sondern stets – und das sollte man sich gerade heute immer wieder vor Augen halten – ein abgewogenes Sowohl-als-auch. Dabei war es nie ein Geheimnis, dass das Engagement im exklusiven Bereich nicht immer unbedingt auch ein großer kommerzieller Erfolg war. Aber der Glanz und die Faszination, die, trotz aller Schatten vergangener Jahrzehnte, heute immer noch über dem Stern liegen, sind unbezahlbar. Sie sind deshalb mit kalkulatorisch-kaufmännischen Parametern nicht zu erfassen. Die Anziehungskraft des Namens Mercedes-Benz geht eindeutig von diesen begehrenswer-

ten Automobilen aus, sie erfordert aber auch immer wieder neue Anstrengungen. Nur ganz wenige Automobilfabriken dieser Welt – Namen wie BMW, Ferrari und Porsche fallen mir da spontan noch ein – verfügen über ein derartiges Ansehen. Manche Automobilfabrik wäre heute froh, sie hätte diesen unbezahlbaren imagefördernden Hintergrund. Seit Jahrzehnten ist die Bipolarität im Personenwagenprogramm der Daimler- bzw. Mercedes-Benz AG zu Recht ein wesentlicher Bestandteil des Erfolges. Wie anders lässt es sich erklären, dass der R 129 in ununterbrochener Reihenfolge 1993 zum vierten Male, das letzte Mal mit dem 600 SL, die Umfrage unter Journalisten und Lesern der Kölner *Auto Zeitung* als begehrtester Traumwagen vor dem Ferrari 512 TR gewinnen konnte. Die Begeisterung für den R 129 ist also kein subjektiver Gefühlsausbruch eines Autors, sondern eine quer durch alle Schichten gehende Anerkennung und Akzeptanz. Die Bipolarität wird seit dem Ende der zwanziger Jahre durch jeweils zwei Eckpunkte in einer weitgedehnten Typenfamilie markiert. Im Oberklassebereich sorgten neben den Rennwagen die Luxus- und Sportwagen für den Glanz und die Faszination der Sternträger. Im Mittelklassebereich waren preiswertere, allerdings nie billige Typen für die sozialverträgliche Verbreitung des Sterns, seines technologischen Anspruchs und des kommerziellen Erfolgs zuständig.

Nach der Fusion 1926 kristallisierten sich zunächst unter der Leitung Ferdinand Porsches erste zaghafte, noch nicht sehr überzeugende Versuche heraus, diese Eckpunkte im Typenprogramm zu manifestieren. Mit dem für Daimler-Benz-Verhältnisse preiswerten Typ 8/38, später Stuttgart 200, am unteren Ende der Typenskala und durch die Kompressormodelle S – SSK als obere Begrenzung wurden diese Bemühungen zum ersten Mal deutlich sichtbar. Im Gefolge eines der wesentlichen Architekten der Fusion, des Generaldirektors Wilhelm Kissel, waren von Benz in Mannheim die Techniker Dr. Hans Nibel, Max Wagner und Dr. Fritz Nallinger mit nach Stuttgart gekommen. Unter ihrer Federführung entstanden Anfang der dreißiger Jahre Eckpunkte in der Typenskala mit dem 170 (W 15) und seinem fortschrittlichen Schwingachsfahrwerk einerseits und dem mächtigen 7,7 Liter, dem »Großen

Mercedes« (W 07) mit einem Starrachsfahrwerk andererseits. Vor Kriegsausbruch hatten der 170 V (W 136) und die beiden Kompressormodelle 540 K (W 29) sowie der Große Mercedes (W 150) diese Rolle gespielt. Nach dem Krieg wurde 1951 dieser Part von den Typen 170 D (W 136 I) und 300 S (W 188) beziehungsweise ab 1953 vom 170 SD (W 136 VIII) und 300 SL (W 198) und ab 1963 vom 190 D c (W 110) und 600 (W 100) überzeugend übernommen. Womit wir nach dem Wegfall des Großen Mercedes, als dessen legitimer Nachfolger sich auch der 600 verstand, bei den SL-Typen als Opinionleader und Trendsetter innerhalb des Typenprogramms angekommen wären.

Die Entwicklungsgeschichte des R 129 ist eine fast so unendliche Geschichte wie die Produktionsgeschichte seines Vorgängers, des R 107. Und der wurde immerhin von 1971 bis 1989 gebaut. Die lange Entwicklungszeit hat dem R 129 allerdings gutgetan, wie nicht nur Professor Joseph Gallitzendörfer fand: »Der hatte Zeit zum Reifen.« Viele Veröffentlichungen datieren den Beginn der R 129-Entwicklung auf Anfang der 80er Jahre. Das ist richtig und falsch zugleich. Im Grunde genommen begann die Entwicklung bereits 1974, fast unmittelbar nach dem Anlauf der Vorgängerbaureihe R 107, und erstreckte sich über eine Reihe verschiedener personeller, struktureller und technischer Phasen und Umbrüche bei Daimler- beziehungsweise Mercedes-Benz. So gesehen ist die Entwicklungsgeschichte des R 129 auch ein faszinierendes Stück Unternehmensgeschichte der Daimler-Benz, später Mercedes-Benz und aktuell schlicht Daimler AG.

In den siebziger Jahren fand auf verschiedenen Ebenen des Personalbereichs ein Generationswechsel bei der Daimler-Benz AG statt. Bei allen verbalen Bekenntnissen zur Kontinuität beeinflusste dieser Generationswechsel die Produkte doch ganz entscheidend.

1971 löste Kurt Obländer den legendären Heinz Hoffmann als Leiter des Motoren-Versuchs ab.

1972 ging Rudolf Uhlenhaut als Pkw-Entwicklungschef in Pension. Für ihn hatte Professor Dr. Hans Scherenberg seinen alten, treuen Weggefährten aus der Gutbrod-Zeit, Friedrich van Winsen, vorgesehen, der diesen Posten bis 1985 innehatte.

1973 wurde Werner Breitschwerdt, damals noch ohne Professorentitel, mit dem Ausscheiden Karl Wilferts dessen Nachfolger als Leiter der Karosserie-Entwicklung und des Karosserie-Versuchs in Sindelfingen. Sein Nachfolger wiederum wurde 1977 Professor Guntram Huber.

1974 berief Professor Dr. Hans Scherenberg Bruno Sacco zum Nachfolger von Friedrich Geiger als Leiter des Fachbereichs Design.

1977 löste Werner Breitschwerdt Professor Dr. Hans Scherenberg als Vorstand für Entwicklung und Forschung ab.

Die Fahrgestell- und vor allem die Motorenentwicklung machte in den darauffolgenden Jahren durch den Einsatz der Vierventiltechnik auf dem Leistungssektor und durch die verschärften Umweltforderungen im Abgasbereich deutliche Fortschritte. Wie so oft hat der Erfolg, und das zu Recht, viele Väter, während es bei Misserfolgen, meistens auch aus Gründen der Strafökonomie, nur einen oder wenige Sündenböcke gibt.

Noch unter Professor Scherenberg als Vorstand für Forschung und Entwicklung begannen 1974 die ersten Überlegungen zum Nachfolger des R 107, der damals schon unter dem Suffix R 129 figurierte. Das erforderte unter den damaligen Zeitumständen durchaus Mut. Aber »der SL« hatte sich inzwischen in der Daimlerschen Typenpalette zu einer feststehenden Größe entwickelt, die nicht mehr fortzudenken war.

Karl-Heinz Göschel war seinerzeit Versuchsleiter Pkw und Friedrich van Winsen Pkw-Entwicklungschef. Der »SL-Papst« Manfred Flaig zog schon damals im Pkw-Versuch, wie auch noch in den neunziger Jahren, die Fäden in Sachen SL-Nachfolge-Baureihe. Die ersten Überlegungen Mitte der Siebziger waren alles andere als theoretische Sandkastenspielereien zeichnender Konstrukteure, wie die Geschichte zeigt.

In diesem Zusammenhang noch ein Wort zur internen Baureihenbezeichnung bei Mercedes-Benz: Bei der Baureihe 107 ersetzte zum ersten Mal das R (für Roadster) vor der Baureihenzahl das sonst benutzte W (für Wagen). (In späteren Jahren kamen noch die Varianten V für die verlängerte Ausführung, S für die Kombimodelle und A für das Cabriolet hinzu). Nur, Roadster baute Daimler-Benz zum letzten Mal vor dem Krieg mit dem 170 V, dem 230 (W 143) und dem 540 K. Sie wurden als Serienfahrzeuge angeboten oder als Sonderkarosserien bei den Geländefahrten eingesetzt. Diese Einsätze wurden ausschließlich mit dem 170 V, einer daraus abgeleiteten Zweiliter-Version und dem 230 bestritten. Das Topmodell, der 540 K, war für solche Einsätze ungeeignet. Bei ihm leistete man sich auch schon eine erste »Roadster-Inkonsequenz«: er hatte bereits Kurbelfenster in den Türen. Ein klassischer Roadster ist im Grunde ein zweisitziger Tourer oder offener Tourenwagen, ein zweisitziges Automobil also mit einem »Fetzendachl«, so Professor Guntram Hubers Definition für ein einfaches, leichtes, ungefüttertes Verdeck mit eingeschränkter Allwettertauglichkeit und gequetschen Fingern beim Öffnen und Schließen des »Zeltes«. Die möglichst einfachen Türen, die nicht einmal Platz für ein Kurbelfenster mit dem dazugehörenden

Kurbelapparat haben und deshalb – wie auch die bei den englischen Roadstern – mit einsteckbaren Kunststoff-Seitenscheiben auskommen müssen, sie vervollständigen den Eindruck vom einfach-urigen, beschaulichen Leben – wenn's geht, unter möglichst blauem Himmel.
Die SL sind, genau genommen, keine Roadster, sondern zweisitzige Cabriolets: mit Glas-Kurbelscheiben, den Türen mit elektrischen Fensterhebern, dem an die Klimatisierung angeschlossenen Türraum und dem komfortablen Öffnen und Schließen des Verdecks. Mit aufgesetztem Hardtop erfüllen sie sogar die Anforderungen an ein zweisitziges Coupé und sind ganzjahrestauglich.
Genau das war die Intention von Fritz Nallinger, dem Vorgänger von Hans Scherenberg als Vorstand für Forschung und Entwicklung. Bereits in der Vorstandssitzung vom 18. Januar 1954 machte er den Vorschlag, dass »der 190 SL für die Zukunft die A-Ausführung in Cabriolet, Roadster und Coupé ersetzen sollte. Die Ausführung A-Cabriolet, Roadster und Coupé sollten nicht mehr in der bisherigen konventionellen Linien- und Kühlergesichtsausführung gebracht werden sondern in der SL-Ausführung«. Nallinger ließ damals mit dem Anlauf des 190 SL das zweisitzige, von der Limousine abgeleitete 220 Cabriolet-A aus dem Programm nehmen. Seit dieser Zeit erfüllte in Untertürkheim für lange Zeit ausschließlich der SL den Wunsch nach einem zweisitzigen offenen Automobil.
1974 ergänzte der 280 SL die damals gerade drei Jahre alte Baureihe R 107 nach unten. Dieses Jahr ist unter anderem auch noch aus einem personalpolitischen Grund bemerkenswert: Hans Scherenberg setzte weitsichtig mit der Berufung von Bruno Sacco zum Chef des Design-Fachbereichs neue Akzente der Automobilgestaltung bei Daimler-Benz. Und das, obwohl Scherenberg der zu Ende gegangenen Wilfert/Geiger-Ära zugerechnet werden muss. Die 1976 vorgestellte Mittelklassen-Baureihe W 123 war, bis auf die Kombibaureihe (das T-Modell), bei Bruno Saccos Berufung bereits fertig.
Mit Joseph Gallitzendörfer konnte sich ein weiterer bemerkenswerter Designer endlich entfalten. Immerhin hatte Gallitzendörfer bei Ford bereits mit der Formgestaltung des Erfolgsmodells Ford 17 M (P 3), das später als »Badewanne« in die Automobilgeschichte einging, entscheidende Design-Geschichte geschrieben. Einmal gefragt, wie er es am Anfang denn in Sindelfingen ausgehalten habe – er hatte ja schon an den Entwürfen des Vorgängers R 107 mitgearbeitet – meinte der gebürtige Oberfranke schmunzelnd: »Eigentlich wollte ich am ersten Tag nachmittags

**Die Modellstudie eins des neuen SL aus dem September 1974 zeigt aus heutiger Sicht, dass aller Anfang schwer ist. Die Nähe zum R 107 ist unverkennbar.**

**In der linken Seitenansicht sind das Entlüftungsgitter im vorderen Kotflügel und die hintere Lamellenblende aus dem C 107 bemerkenswert. Letztere blieb uns erspart. Dieser Vorschlag schließt einen Targa-Überrollbügel mit ein.**

**Im Vergleich mit dem R 107 wird in der Heckansicht der deutliche Einfluss des Vorgängers sichtbar. Trotzdem ist die Heckgestaltung ruhiger; die von Karl Wilfert verfochtene konkave Linienführung an Dach und Kofferdeckel wird nicht mehr angewandt.**

**Das Modell zwei überrascht bereits mit einem Plakettengrill.**

schon wieder gehen.« Dass es dann doch ein sehr langer Nachmittag wurde, kommentierte Gallitzendörfer, der später außerdem als Professor an der Fachhochschule in Pforzheim lehrte, so: »Es wurde nach Wilfert erheblich besser in Sindelfingen. Bei Breitschwerdt hatten wir ein Maß an Freiheit, von dem wir bei Wilfert nur träumen konnten. Wir konnten als Designer kreativer arbeiten.«

Mit einer weiteren Personalentscheidung bewies Professor Scherenberg eine glückliche Hand. Sie machte sich auch bei der Entwicklung des R 129 positiv bemerkbar. Als Nachfolger des eigenwilligen, aber technisch kreativen Leiters der Karosseriekonstruktion in Sindelfingen, Karl Wilfert, hatte er dessen Assistenten Werner Breitschwerdt berufen – bedeutungsvoll deswegen, weil seinerzeit das Design noch kein eigener Direktionsbereich war. Als Fachbereich war es dem Leiter der Karosseriekonstruktion unterstellt. Erst beim Revirement 1987 wurde das Design als zentrale Funktion im Geschäftsbereich Personenwagen angesiedelt und damit ein eigener Direktionsbereich. Gallitzendörfer über Breitschwerdt: »Breitschwerdt hatte das schnellste Gehirn. Wo andere einen halben Tag lang redeten, hatten wir bei ihm in zehn Minuten eine verbindliche Antwort.«

An einer konzeptionellen Grundlage, die eines der Erfolgs-Fundamente der SL-Reihen bis heute bildet, rüttelten weder Technikchef Scherenberg noch sein Nachfolger Breitschwerdt: die Verwandelbarkeit vom offenen Zweisitzer zum geschlossenen Coupé. Beide hatten die Lektion der Vorstandssitzung vom 18. Juni 1968 nicht vergessen, als bei der Konzeptentscheidung für den R 107 das Offenfahren auf der Kippe stand. Mit Eloquenz, Weitblick, Einfühlungsvermögen sowie taktischem Geschick hatte damals Entwicklungschef Scherenberg hartnäckig seine Vorstandskollegen, gegen manche Widerstände, auf die Linie des offenen Zweisitzers mit Hardtop festgelegt. Eine weitere weitreichende Grundsatzentscheidung wurde in der Vorstandssitzung am 30. November 1976 in Sindelfingen getroffen. Es ging um die Frage der Coupé-Nachfolge des C 107, der SLC-Typen. Das Coupé war ja eng mit der damaligen SL-Baureihe R 107 verknüpft. Zur Entscheidung stand die Frage, ob das zukünftige Coupé wieder an der jeweiligen S-Klasse, in diesem Falle also dem sich in Entwicklung befindenden W 126, oder dem zukünftigen SL, dem R 129, angebunden werden sollte. Für beide Lösungen gab es Pro und Contra und die jeweiligen Designvorschlüge im Maßstab 1:1.

Im Sindelfinger Kuppelsaal herrschte großes Gedränge. Hans Scherenberg und sein designierter Nachfolger Werner Breitschwerdt hatten dem versammelten Vorstand ein opulentes

**Auf der linken Seite das vom Vorgänger übernommene »Waschbrett« im unteren Seitenbereich. Deutlich ist wieder der Überrollbügel zu sehen, dafür entfällt das hintere Seitenfenster zugunsten der herumgezogenen Heckscheibe.**

**Die Heckansicht zeigt die zwei Gestaltungsvorschläge für das Hardtop. Auf der rechten Seite ermöglicht die flache, weiter nach hinten gesetzte Heckscheibe ein hinteres Seitenfenster.**

**Rechte Seitenansicht mit geschlossenem Dach…**

**… und offener Targa-Lösung.**

**Ansichtssachen – der Vergleich mit dem Vorgänger.**

optisches Angebot serviert. Als Fremdfabrikate standen zum Vergleich die folgenden Coupés zur Auswahl: BMW 633 CSi, Jaguar XJS und XJ 12 Coupé. Aus der hauseigenen Speisekarte wurden angeboten: W 111 Coupé, C 107, C 123, W 126. Als Formmodelle im Maßstab 1:1 waren die Entscheidungs-Stars, ein C 126 und ein C 129, auf der Drehplatte aufgestellt worden. Für das Coupé C 126, hausintern auch Imagecoupé genannt, sprachen wesentliche Einsparungen an Zeit und Entwicklungsaufwand und somit auch an Kosten, das bessere Raumangebot im Innen- und Kofferraum (ein bei den SLC-Typen immer bemängelter Tatbestand) und, last but not least, der Zeitvorsprung in der Entwicklung. Die Limousine W 126 war zum damaligen Zeitpunkt schon fast fertig.

Für den C 129 sprach das sportlichere Erscheinungsbild. Nachteilig wurden die beengten Platzverhältnisse und der wesentlich spätere Erscheinungstermin vermerkt. Ein weiteres Handikap war, dass die Maß- und Stilistik-Konzeption für den Basistyp R 129 noch nicht endgültig festgelegt war. Nach der Besichtigung fragte der damalige Vorstandsvorsitzende, Prof. Dr. Joachim Zahn, die beiden Entwicklungschefs nach ihrer Meinung. Sowohl Scherenberg als auch Breitschwerdt favorisierten das C 126-Konzept. Dieser Meinung schloss sich dann das Vorstands-Gremium einstimmig an. Man hatte wieder zu der ursprünglichen Linie eines großen Coupés, die man beim C 107 aus Termingründen seinerzeit verlassen hatte, zurückgefunden. Diese Entscheidung fiel umso leichter, als man damals auch ein kleineres Coupé auf der Basis der Mittelklasse im Programm hatte, den C 123 mit den Typen 230 CE und 280 CE.

Werner Breitschwerdt hatte noch etwas klar erkannt. Als er von »seinen alten Sindelfingern« nach seiner Berufung zum Entwicklungsvorstand gefragt wurde, was er nun als erstes anpacken wolle, antwortete er, ohne zu überlegen: »Wir brauchen neue Motoren, wenn wir auf dem Markt überleben wollen.«

Das Jahr 1973 mit der Energiekrise und deren Spätfolgen in den USA führte zu einer weiteren Zäsur in der R 129-Entwicklung. Der US-Kongress verabschiedete 1975 den Energy Policy Conservation Act, der die Bestimmungen zur Reduzierung des Treibstoffverbrauchs (CAFE, Corporate Average Fuel Economy) enthielt. Um den Flottenverbrauch zu reduzieren, entschloss sich der Vorstand, nicht zuletzt auf Betreiben des damaligen MBNA-Chefs Heinz C. Hoppe, eine vierte, kleinere Modellreihe, den W 201, zu entwickeln. Dieses Projekt genoss allerhöchste Priorität. Die R 129-Entwicklung erfuhr zum ersten Mal eine Verzögerung. Der noch in der Vorstandssitzung vom 30. November 1976 vorgesehene Erscheinungs-Termin 1981 kam allmählich ins Rutschen. Bereits am 24. Februar 1977 wurden in der dem Vorstand zuarbeitenden Produktkommission Pkw (PKP) Überlegungen angestellt, den Anlauftermin für den R 129 auf 1983 festzulegen. Da für das Projekt R 129 bereits typenspezifische Investitionen in Höhe von 110 Millionen Mark eingeplant waren – damals ging man von 8000 Fahrzeugen pro Jahr aus, wobei der USA-Export 70 Prozent ausmachen sollte –, ergaben sich aus der Verschiebung auch Konsequenzen für die Entwicklungs-Finanzierung. Am 27. Mai 1977 ging die EOP-Leitung (EOP = Entwicklung-Organisation-Planung) noch von einer Serienfertigung Anfang 1981 aus. Sie sollte nur mit den damals vorhandenen V8-Motoren M 116 und M 117 anlaufen. Der Einsatz des neuen Sechszylinder-Motors M 105 sollte zuerst im W 123 und W 126 erfolgen und deshalb erst ein Jahr später, Anfang 1982, im R 129 verfügbar sein.

Das Jahr 1978 war das Jahr, in dem der R 129-Anlauf und damit die Entwicklung vom Jahr 1981 in das Jahr 1987 katapultiert wurde. Das sah wie folgt aus:

Am 15. Februar 1978 wurde in der Produktkommission Pkw (PKP) die Entscheidung des Entwicklungsbereiches mitgeteilt, dass aufgrund des Anlaufs des W 201 und des Faceliftings am W 123 der Anlauf des R 129 auf 1984 verschoben werden müsse.

Am 22. Mai 1978 machte der Ausschuss für Modelle und Planung (AMP) in seiner zweiten Sitzung den Vorschlag an den Gesamtvorstand, die Modelle W 201 auf September 1982 und W 124 auf September 1984 vorzuziehen. Dafür sollte der R 129 auf Dezember 1986 verschoben werden. Bereits drei Monate später war dieser Termin wieder Makulatur.

Am 23. August 1978 schlug der AMP in seiner vierten Sitzung das Jahr 1987, ohne weitere Fixierung innerhalb des anvisierten

Jahres, als neuen Anlauftermin für das R 129-Projekt vor. Am 14. September 1978 teilte die PKP diesen Termin im Zusammenhang mit dem R 107-Facelift dem Vorstand mit.
Am 10. Dezember 1984 erfolgte die Formfreigabe für den R 129.
Am 7. Mai 1985 forderte der AMP in seiner zweiten Sitzung des Jahres den mittlerweile aufgrund umfangreicher Detailänderungen (breitere Kotflügel für alle Modelle durch generelle Verwendung der breiteren Bereifung 225/55 VR 16, automatische Verdeckbetätigung, Spitzenmotorisierung durch M 119 E 56) auf das Frühjahr 1988 zur Präsentation in Genf gerutschten Termin unbedingt einzuhalten.
Am 10. Dezember 1985 stimmte der AMP in seiner fünften Sitzung dem Hauptserienanlauf zu, der für den August 1988 vorgesehen war. Dafür sollte er mit den Typen R 129 als 300 SL, 300 SL-24 und 560 SL-24 gleichzeitig erfolgen. Am 16. September 1986 besichtigte der AMP in Sindelfingen das Hartmodell mit den letzten, vor dem Serienanlauf 1988/89 durchgeführten Karosserie-Detailänderungen.
Am 9. Dezember 1986 bereitete der AMP in seiner sechsten Sitzung sich und den Freunden exklusiver Automobile eine Weihnachts-Überraschung, ohne dass diese für die Öffentlichkeit erkennbar war: Er genehmigte die Entwicklung des V12-Spitzenmotors M 120. Dafür wurde der M 119 E 56 aus dem Programm genommen und durch den M 119 E 50 ersetzt.
Im Frühjahr 1989 nahm in Genf das Ah und Oh kein Ende, als Mercedes-Benz den R 129 mit den Modellen 300 SL, 300 SL-24 und 500 SL dem staunenden Publikum präsentierte.

**Reizthema: das Coupé auf der Basis des R 129. Zwei Jahre später ist die stilistische Nähe zum R/C 107 verschwunden, der Plakettengrill scheint eine feststehende Größe zu sein.**

**Die Seitenansicht erinnert stark an das 1981 vorgestellte Coupé C 126, eine Reminiszenz an den C 107 ist wieder Karl Wilferts hintere Lamellenblende.**

**Einen Tag nach dem ablehnenden Vorstandsvotum aufgenommen: das nochmals überarbeitete Coupe C 129. Die Nebelscheinwerfer sind hier in der Stoßstange platziert.**

**Diese Seitenansicht zeigt Bruno Saccos klare Design-Vorstellungen für das zukünftige Pkw-Programm.**

**Der zweite Anlauf zum Thema R 129. Graziler und klarer präsentiert sich dieses Hartmodell aus dem Jahr 1977. Zum Standard gehört wieder der Plakettengrill.**

Im Juni 1992 erreichte der Mythos SL seinen vorläufigen Höhepunkt. Auf leisen Sohlen, so wie es der Laufkultur seines edlen, kraftvollen Zwölfzylinder-Triebwerks entspricht, hielt der 600 SL Einzug in die Modellpalette der Baureihe R 129.
Im Januar 1993 sorgten die Sindelfinger insofern für klaren Himmel, als sie für die Motor Show in Detroit ein Panorama-Glashardtop vorstellten, als SL-Studie, wie sie vorsichtig behaupteten. Ab 1. Juni 1993 fand die Änderung der Modellpalette des R 129 ihren vorläufigen Abschluss. Im Zuge der allgemeinen Änderung der Modellbezeichnungen mit der Klassenbezeichnung vor der Zahlenkombination wurde auch der Begriff SL vor die meistens den Hubraum anzeigende Zahlenkombination gestellt. Der SL 280 repräsentierte mit seinem vierventiligen M 104 mit zwei Motormanagement-Systemen für Zündung und Einspritzung (je nach Ausrüstung), Schaltsaugrohr und Nockenwellen-Verstellung den letzten Stand der Motoren-Technologie. Er ersetzte den 300 SL mit dem Dreiliter-Motor M 103 mit zwei Ventilen. Der SL 280 setzte die beim W 113 begonnene 280 SL-Tradition würdig fort. Der 300 SL-24 wurde durch den SL 320 ersetzt. Der Motor M 104 E 32 war mit dem seit Herbst 1992 im W 124 eingebauten Motor identisch. Er war mit denselben High-Tech Accessoires ausgestattet wie die 2,8-Liter-Version. Der Ruf nach mehr Drehmoment bei niedrigeren Drehzahlen, der beim Vorgänger oft ungehört verhallte – hier wurde er erhört. Ein mechanisches Fünfgang-Schaltgetriebe wurde dabei nicht mehr angeboten. Es kam ausschließlich das Fünfgang-Automatikgetriebe zum Einsatz.

**Die Ansicht der rechten Seite zeigt als Alternative einen keilförmigen Kantenverlauf oberhalb der Blinker und des Türgriffs. Gewöhnungsbedürftig ist der horizontale Abschluss des hinteren Radausschnitts im Kontrast zum runden vorderen Radausschnitt.**

**Da das Maßkonzept noch nicht feststand, war, wie das Sindelfinger Hinweisschild aussagt, auch an einen R 129 auf der Basis des W 201 gedacht. An diesem Hartmodell aus dem Jahr 1978 fällt auf der linken Seite die Darstellungen eines dreiteiligen Stoßfängers auf.**

**Auf der linken Seite verläuft die waagrechte Kante vom oberen Ende des vorderen Blinkers unterhalb des Türgriffs zum oberen Ende des hinteren Blinkers. Das große hintere Seitenfenster in Verbindung mit dem breiten Verlauf des Hardtops und der nach außen versetzen Kante lässt die hintere Partie wuchtig erscheinen.**

**Die waagrechte Sicke ist als Hohlkehle ausgebildet. Das kleinere hintere Seitenfenster und der zur Heckscheibe hin versetzte Auslauf der Kante des Hardtops lässt dieses Modell filigraner erscheinen als das Modell aus dem Jahr 1977.**

# Das Design

## oder: Design oder Nichtsein, das ist hier die Frage

Am Anfang steht der Mensch – und mit ihm Bruno Sacco mit dem R 129-Design-Team. Von links nach rechts: die Designer Karlheinz Bauer, Peter Pfeiffer, Professor Joseph Gallitzendörfer, Designchef Bruno Sacco, Johann Tomforde, Hans Jooß, Andreas Langenbeck.

# Das Außendesign

Kleider machen Leute, und feine Wagen machen feine Leute: Die Erscheinung eines Automobils, sein Gesicht, seine Proportionen, seine gesamte Ausstrahlung entscheiden über seine Akzeptanz und nicht zuletzt den geschäftlichen Erfolg. Ein Exot wie ein Ferrari Testarossa, ein Lamborghini Countach oder ein Bugatti EB 110 ist der R 129 nicht. Dafür ist er zu normal, ist er doch für einen breiteren Kundenkreis nutzbar und erschwinglich. Dieser SL ist vor allem alltagstauglicher als die Automobil-Exoten, die oft eher als »Stehzeuge« in den Katakomben von Automobilsammlern oder Spekulanten verschwinden, als dass sie ihrem eigentlichen, wenn auch anspruchsvollen Sinn als »Fahrzeug« gerecht werden. Und trotzdem verfügt diese zeitlose Automobil-Skulptur über genügend Ausdruckssubstanz, um etwas über die Identität des Besitzers und, nicht zu vergessen, des Herstellers zum Ausdruck zu bringen.
Professor Werner Breitschwerdt: »Die Form eines Autos muss Spannung haben, nur dann hat es langfristig Erfolg. Ein ›Schönling‹ wirkt schnell langweilig. An ihm sieht man sich schnell satt. Trotz der relativen Ruhe, die diese Karosserie ausstrahlt, hat sie gleichzeitig Spannung. Dieser SL lebt von der schiebenden Keilform.« So ist es auch nur folgerichtig, bei der Präsentation des R 129 Parallelen zum Grand Old Man der SL-Reihe, dem 300 SL (W 198), zu ziehen und nicht zu den beiden Vorgängermodellen. Damals wie zu Zeiten des R 129 wurde nicht neugieriges Gaffen, sondern sympathische Anteilnahme einem SL-Fahrer von seinen Mitmenschen zuteil. Ein SL steht weniger für Protz oder Geld, sondern eher für Geschmack und Stil.
Ist er auch ein echter Mercedes-Benz geworden? Doch was, bitteschön, ist denn ein echter Mercedes-Benz, oder wenigstens ein echter SL? Um diese Frage zu beantworten, sollte man sich die selbstgestellten Gestaltungsgrundsätze der Mercedes-Benz-Designer vor Augen halten, die Designchef Bruno Sacco mit Worten wie »Symbolstärke«, »Ausdruckssubstanz« und »ästhetische Erlebniswelt« umreißt. Auf den R 129 bezogen, fährt Sacco fort: »Der neue SL konnte nur so nicht zum stilistisch avantgardistischen Selbstzweck werden. Nur so konnte der neue SL eben ein SL werden: kraftvoll in der Erscheinung bei dennoch erstaunlich kompakten Dimensionen. Und obwohl der SL der jüngsten Generation neue Design-Dimensionen erschließt, wird er dem Selbstverständnis von typischem Mercedes-Design nicht untreu. Er ist ein ebenso typischer Nachfolger für den von 1971 bis 1989 gebauten R 107 (vertikale Modell-Homogenität) wie auch ein typischer Verwandter für alle heute produzierten Mercedes-Modelle (horizontale Modell-Homogenität).«
»Nicht, weil er der Neueste ist, identifiziere ich mich am meisten mit dem SL, sondern wegen der erzielten Resultate.« (Diese Aussage Bruno Saccos stammt vom April 1989, Anm. des Autors.) So gab es einzelne Punkte, auf die Bruno Sacco besonders stolz war. Da ist zum Beispiel der geglückte, harmonische Linienverlauf vom vorderen Scheinwerfer über den Kotflügel bis zum Abschluss der A-Säule, von Professor Breitschwerdt als das entscheidende »Dreiländereck« bezeichnet, mit dem Bruno Sacco sich besonders identifizierte. Oder die Tatsache, dass sich das Verdeck von seiner breitesten Stelle, an der Position einer gedachten B-Säule, im abgeklappten Zustand der sich nach hinten verjüngenden Karosseriekontur anpasst. »Hier haben die Verdeckkonstrukteure geniale Arbeit geleistet. Sie haben den relativ schmalen Verdeckkasten überlistet, indem sie das Verdeck beim Öffnungsvorgang um zirka 25 Millimeter rechts und links nach außen drücken, und die Stoffhalteschiene hinter den Verdeckkastendeckel schieben. Ohne diese Arbeit hätten wir unsere Designvorstellung nie realisieren können«, erinnert sich Bruno Sacco. Wie sehr er sich für diese Lösung engagierte, geht aus einer Bemerkung des Leiters der Modellbau-Abteilung, Hans Jooß, hervor, der sagte: »Für diese Lösung hat Sacco ungeheuer gekämpft, da ging er keinen Kompromiss ein. Das hat die Konstrukteure bei Professor Huber schlaflose Nächte gekostet.«
Ist der R 129 also ein reines Sacco-Denkmal? Bruno Sacco weist dies bestimmt, und in seiner ruhigen, souveränen Art durchaus glaubwürdig, von sich. »Mercedes und ich leben voneinander. Als ich 1958 in Deutschland mit einem Koffer voll Design-Vorschlägen und Träumen ankam, sah ich die Dinge durch einen rein italienischen Kulturfilter. Dann nahm ich Mercedes-Kultur in mich auf und lernte Dinge, von denen ich nicht die vageste Vorstellung hatte. Vor allem Mercedes bot mir viele Gelegenheiten, die es mir ermöglichten, sie zur Erfüllung zu bringen. Nehmen Sie zum Beispiel Professor Gallitzendörfer. Er ist der unermüdliche Motor des Designbereichs. Er möchte immer Dynamik im Prozess der Gestaltung haben und hält die Entwicklung in Bewegung«, erläutert der Designchef die Bedeutung des Leiters des Fachbereichs Design Pkw und Nutzfahrzeuge (NFZ), um fortzufahren: »Der R 129 wäre ohne die Schritte des W 126, der Coupévariante C 126, des W 201 und des W 124 so nicht denkbar gewesen. Mit dem W 201 haben wir bei Mercedes-Benz zum ersten Mal konsequent wieder neue Wege beschritten.« Mit fast denselben Worten beschrieben die Professoren Breitschwerdt und Gallitzendörfer die Historie der Design-

entwicklung, die zum SL führte. Trotzdem ist nicht zu übersehen, dass der R 129 ein Produkt ist, das unbestreitbar mit dem Namen Bruno Saccos verbunden bleiben wird.
Professor Joseph Gallitzendörfer, jenes dynamische, in der Sache streitbare, aber nicht streitsüchtige oberfränkische Urgestein mit dem subtilen Formgefühl, zur Philosophie der SL-Entwicklung: »Wir brauchen in der Automobilindustrie Ideen, die langfristig zu einer eigenen Produktidentität eines Herstellers führen. Bei Mercedes-Benz wird moderne Gestaltung durch historisierende Motive abgestützt, die einen wirklichen Bezug zur Historie haben. Hier liegt der wesentliche Unterschied zwischen Produktidentität und einer Identitätsmaske. Formale Mätzchen und reines Design-Entertainment mit übertriebenem Formenbombast, also Operettendesign, das sich schnell verschleißt, obwohl es für den ersten Moment neu und wohltuend wirkt, ist zu vermeiden. Design ist eine kulturelle Herausforderung, der wir uns stellen sollten. Die Aufgabe des Designs ist es, die Ausdruckssubstanz, über die jedes Fahrzeug verfügen sollte, vor dem kulturellen Umfeld zu interpretieren, zu gestalten und weiterzuentwickeln und auch von anderen Symbolträgern abzugrenzen. Design sollte wieder streitbar sein.«
Streitbar, nicht umstritten, das ist ein Unterschied. Und nicht ohne Stolz zitierte Professor Gallitzendörfer Yoshihiko Matsuo, der bemerkte, »dass die Fronterscheinungsbilder nur auf wenige, originale Vorbilder zurückzuführen sind. Da wären Citroën mit den Typen DS, GS, CX, und vor allem Mercedes-Benz mit seinem historisch gewachsenen und stetig weiterentwickelten Fronterscheinungsbild. Hinzu kommt, dass auch das zweite tradierte Mercedes-Gesicht, die SL-Front, zunehmend Nachahmer gefunden hat.«

## Das zweite Gesicht

Das zweite tradierte Mercedes-Benz Gesicht, das SL-Gesicht, ist ein Beispiel, wie aus einer »Form-follows-Function«-Lösung des Rennsports ab 1936 im Laufe von fast anderthalb Jahrzehnten ein zweiter Designschwerpunkt in der Frontgestaltung bei Mercedes-Benz wurde. Mit einem lachenden und einem weinenden Auge sah Professor Gallitzendörfer den Grill des R 129, hausintern Plakettengrill genannt, weil er wie eine Plakette in den ihn umgebenden Rahmen der Motorhaube eingebettet ist. Der erste Plakettengrill war der Grill am Coupé der alten S-Klasse, des C 126. Das lachende Auge freute sich an der stilistischen Lösung, weinend deshalb, weil der SL-Grill die meistkopierte Frontmaske war. Von Audi über Ford, Honda und Opel bis hin zu Toyota reichten die Plagiatoren, die der Designprofessor entdeckt hatte.

Die Anfänge dieser Entwicklung liegen weit zurück. Im Rennsport begann in den frühen dreißiger Jahren aus aerodynamischen Gründen die Abkehr vom typischen Mercedes-Benz-Kühler, am ausgeprägtesten am Spitzkühler der Kompressortypen der Vorkriegszeit. Letzter Vertreter der Spitzkühlertradition war nach dem Krieg der 300 S, dieser allerdings ohne Kompressormotor. Die Formelrennwagen W 25 bis W 125 der Jahre 1934 bis 1937 hatten mit ihren langhubigen Reihen-Achtzylindermotoren noch eine relativ hohe Silhouette. Im Jahre 1936 entschloss sich Daimler-Benz, einen neuen Rekordwagen zu bauen. Die Rivalität zwischen der Auto-Union und den Stuttgartern wurde nicht nur auf den Rennstrecken ausgetragen, sie hatte auf den Rekordpisten ein zweites Austragungsfeld gefunden. Für den Rekordwagen von 1936 wurde ein vom Rennwagen abweichendes Karosseriekonzept entwickelt, um einen günstigeren $c_w$-Wert zu erzielen. Ein zweiter Schwerpunkt dieser Entwicklung war ein vom Rennwagen abweichendes Motorenkonzept. Dieses bestand aus dem DAB-Motor, einem neuen V-12-Motor, der flacher baute als die bisher verwendeten Reihenmotoren. An diesem Rekordwagen von 1936 kam zum ersten Mal bei Daimler-Benz ein rechteckiger, horizontaler Lufteinlass zum Einsatz. Diese Lösung wurde bei den weiteren Rekordwagen und den auf der AVUS eingesetzten Rennwagen variiert. Hatte der Dreiliter-Rennwagen W 154 des Jahres 1938 noch einen Kühlergrill, der starke Anklänge an die 5,6-Liter-Boliden der 750-kg-Formel aufwies, so zeigte die Weiterentwicklung des Jahres 1939 eine flachovale Lösung, welche aus den Rekordwagen abgeleitet war und sich auch an dem 1,5-Liter-Rennwagen W 165 von 1939 wiederfand. Diese Auslegung der Kühleröffnung war in Untertürkheim bis dahin nur den Renn- und Rekordwagen vorbehalten. Als 1948 Rudolf Uhlenhaut Überlegungen für einen »sportlichen Repräsentationswagen« anstellte, fügte er den Vorschlag an: »Für moderne, windschnittige Karosserien sollte aber daneben (neben dem traditionellen Mercedes-Benz-Kühler, der Autor) eine Maske entwickelt werden, die den Forderungen der Strömungslehre besser entspricht und sich gegebenenfalls an das überall bekannte Aussehen der Mercedes-Benz Rennwagen anlehnt.«
Dr. Fritz Nallinger forderte im März 1950 – seine Überlegungen sollten letztendlich zum 300 SL von 1952 führen – ein Cabriolet, das »mit einer sportlichen Karosserie mit günstigem Luftwiderstandsbeiwert und neuem, modifiziertem vorderen Gesicht« karossiert werden sollte. Im Juli 1951 antwortete Konstrukteur Walter Häcker seinem Vorstand, dass »Ihrer Anweisung entsprechend aus Gründen der strömungsgünstigen Form keine Rücksicht auf die Kühlermaske genommen worden ist«. Am 18. Januar 1954

Erster Schritt zum »zweiten Gesicht« – Mercedes-Benz Rekordwagen von 1936.

Mercedes-Benz Rekordwagen 1937.

Vollverkleideter Rennwagen W 125 für das AVUS-Rennen 1937.

Das Gesicht des Mercedes-Benz Rennwagens W 154, nach der Dreiliter-Formel mit Kompressor von 1938, wies noch starke Anlehnung an die Gestaltung der Frontpartie der Vorgänger W 25 / W 125 aus der 750-kg-Formel zwischen 1934 und 1937 auf.

Bei der Weiterentwicklung des W 154 aus den Jahren 1939 und 1940 wurde der flachovale Grill aus den Rekordwagen auch für den Rennwagen übernommen.

Konsequent wurde bei dem kleinen Bruder des W 154, dem W 165 nach der 1,5-Liter-Formel mit Kompressor, der Trend zur kleinen, flachovalen Kühleröffnung fortgesetzt.

untermauerte Nallinger seine Entscheidung für die zweite Linie der Mercedes-Benz-Frontgestaltung. Sie führte zum markanten »SL-Gesicht«. In einer Vorstandsvorlage im Zusammenhang mit der zukünftigen Positionierung des Cabriolet A, des Roadsters und des Coupés bemerkte Nallinger, dass alle drei zukünftig nur noch in der Ausführung mit dem SL-Gesicht gebracht werden sollten. Die eigenständige Grillgestaltung der sportlichen Mercedes nahm so ihren Weg vom Rekord- und Rennwagen über den Rennsportwagen 300 SL von 1952 zum Seriensportwagen 300 SL von 1954 und 1957 sowie dem 190 SL. Die Tradition des zweiten Gesichts bei Mercedes-Benz setzte sich nahtlos über den W 113 und R 107 bis zum R 129 fort.

Frontpartie des 300 SL von 1952.

Frontpartie des 300 SL Coupés von 1954–1957.

Frontpartie des 300 SL Roadsters von 1957–1963.

Frontpartie des 190 SL.

Frontpartie der Pagodenbaureihe W 113.

Frontpartie der Baureihe R 107.

Frontpartie der Baureihe R 129.

Die beiden 300 SL-Urahnen hatten es Joseph Gallitzendörfer noch aus einem anderen Blickwinkel angetan. Er wollte beim R 129 ein rundes, optisch weicheres Heck haben, das Assoziationen zu den beiden berühmten Vorfahren zuließ. Die eckigen Heckansichten der Baureihen W 113 und R 107 fanden vor seinem gestrengen Designer-Auge keine Gnade mehr.

Wie verantwortungsvoll und von welcher Tragweite das momentane Handeln der Designer ist, macht das folgende Zeitraster deutlich. Die Designentwicklung eines Fahrzeuges ist in der Regel nach etwa zwei Jahren abgeschlossen. (Beim R 129 war das Ende 1984, mit Ausnahme der nach außen gezogenen Radausschnitte für die größere Bereifung. Dieser Beschluss fiel erst am 7. Mai 1985, zunächst für den 560 SL, und fand im Lastenheft vom 5. August 1985 seinen Niederschlag.) Dazu kommt eine Entwicklungsdauer für das Gesamtfahrzeug von etwa fünf Jahren. Addiert man zu diesen sieben Jahren noch die Modell-Laufzeit von etwa zehn Jahren (der Vorgänger 107 wurde sogar 18 Jahre lang gebaut!) und die Lebensdauer eines Fahrzeuges von ebenfalls zehn Jahren, so ist man schnell bei etwa 30 Jahren, die eine Formentscheidung Bestand haben muss. Dieser gestalterische »Zeit-Spagat« verlangt ein Design, das sich ästhetisch nur langsam abnutzt. Design muss zur Werterhaltung und nicht, wie in den USA in den 60er Jahren noch praktiziert, zur künstlichen Alterung beitragen.

## Der zweite Anfang

1981 herrscht unter den zehn Designern des neu installierten R 129-Teams nicht nur eine fast euphorische Begeisterung, sondern auch eine fast grenzenlose Freiheit, auch in den Möglichkeiten der Darstellung. Am Anfang wird bewusst ein breites Spektrum von Entwürfen angestrebt. So entstehen auch Entwürfe, die dem Betrachter im Nachhinein oft als absurd oder skurril erscheinen. Nur so lässt sich später die Richtigkeit der getroffenen Entscheidung rechtfertigen. Nach den Erfahrungen mit den Modellen W/C 126, W 201 und W 124 und deren Erfolgen ist auch den Designern klar, dass ein günstiger $c_w$-Wert (angestrebt sind

0,32) eine Grundforderung an den neuen Wagen ist. Die Sensibilität der Designer für das unsichtbare Medium Luft hatte, im Gegensatz zu den beiden vorangegangenen Jahrzehnten, spürbar zugenommen.

Das Lastenheft orientiert sich mit seinen Rahmendaten am Vorgänger R 107 mit zunächst folgenden Abweichungen:

- Gesamtlänge +30 mm
- Breite -10 mm
- Höhe ±0 mm
- Radstand +55 mm
- Spur vorne +50 mm
- Spur hinten +58 mm
- Überhang vorne +30 mm
- Überhang hinten -55 mm

Nach Erstellen des Lastenheftes durchläuft die Entwicklung eines neuen Autos, vom Gedanken bis zum fertigen Produkt, folgende Stufen. Ihre Grenzen allerdings sind fließend.

- Maßskizzen
- Zeichnungen
- Tonmodelle im Maßstab 1:5
- Zeichnungen im Maßstab 1:1 (Renderings)
- Tonmodelle im Maßstab 1:1
- Hartmodelle im Maßstab 1:1

Begonnen wird mit den Maßskizzen, die sich am Lastenheft orientieren. Die kleinen zeichnerischen Entwürfe sind der nächste Schritt. Danach wurde beim Projekt R 129 eine Auswahl von etwa 25 Modellen im Maßstab 1:5 gefertigt, für die eine Bauzeit von einem Monat veranschlagt wird. Die Herstellung dieser kleinen Tonmodelle muss auf den Millimeter genau erfolgen. Mit diesen Modellen werden schon erste Messungen im Windkanal durchgeführt, um zu ersten Trend-Aussagen zur Aerodynamik zu kommen. Allerdings müssen hier Streuungen von zehn Prozent in Kauf genommen werden, da Kühler-, Motorraum- und Heizungsdurchströmungen sowie eine praxisnahe Unterbodengestaltung fehlen. 1988 fertigt in Sindelfingen der Modelleur Uwe Ludwig zwei 1:5-Modelle des Serien-SL. Diese Modelle sind so perfekt gelungen, dass man sich fast wünscht, ein Zwerglein zu sein, um mit einem dieser Autos wegzufahren. Das eine Modell überreichten die Sindelfinger dem damaligen Mercedes-Benz Chef Werner Niefer, das zweite Prachtstück bekam im selben Jahr als Weihnachtsüberraschung der knapp ein Jahr später ermordete Chef der Deutschen Bank, Alfred Herrhausen. Der Preis dieser Winzlinge, so munkeln die Sindelfinger, soll dem eines R 129 in Originalgröße sehr nahe gekommen sein.

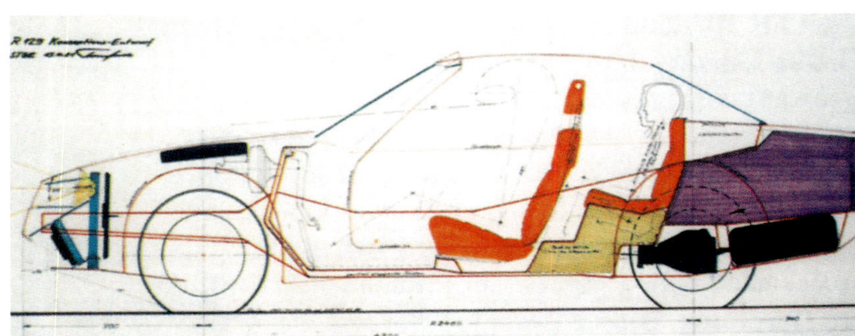
**Maßkonzept von Johann Tomforde.**

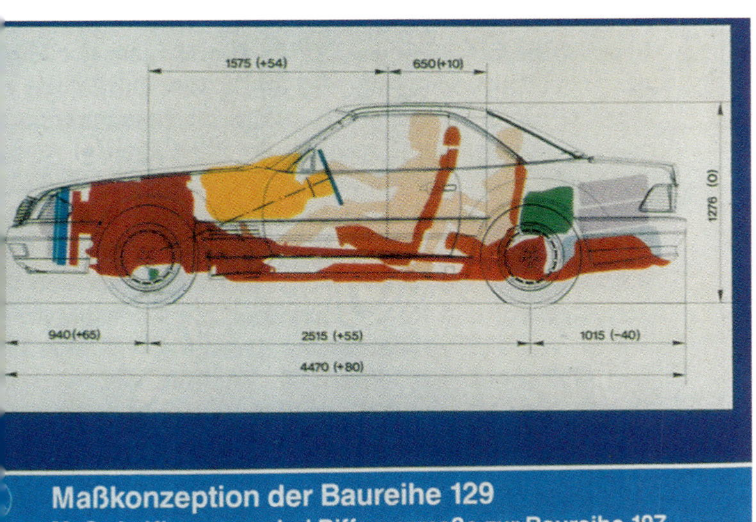

**Das endgültige Maßkonzept.**

**Reminiszenz an den erfolgreichen Vorgänger. Der Entwurf des Designers Klaus Kallenbach aus dem Jahr 1982 erinnert eher an ein Facelift des R 107.**

# Das Design

oder: Design oder Nichtsein, das ist hier die Frage

**In der unbegrenzten Freiheit der Vorentwurfsphase sind dem Designer keine Fesseln angelegt.**

**Manchmal scheinen auch Haifisch und Schneepflug Pate gestanden zu haben.**

Dieser Vorschlag des Designers Jürgen Haußmann zeigt die tastende Annäherung an das SL-Gesicht.

Die vertikale Modell-Homogenität des SL-Gesichts wird an diesem zeichnerischen Entwurf deutlich.

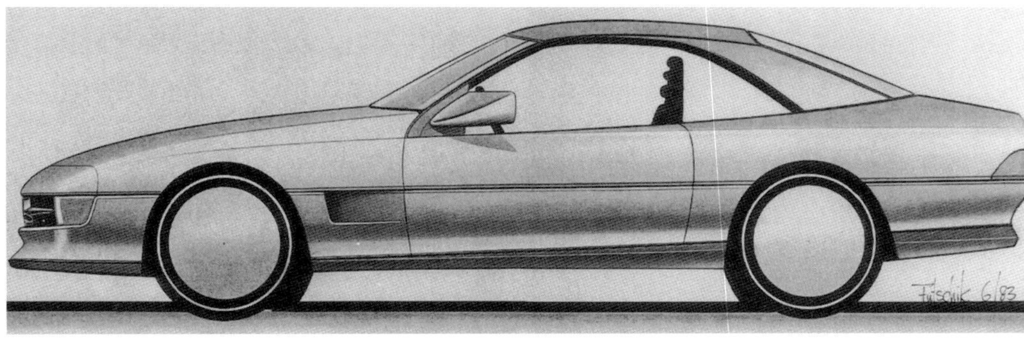


Die Keimzelle neuer Automobilformen. Der Designer Hans-Dieter Futschik an einem Entwurf von 1981 und einer seiner Entwürfe zwei Jahre später.

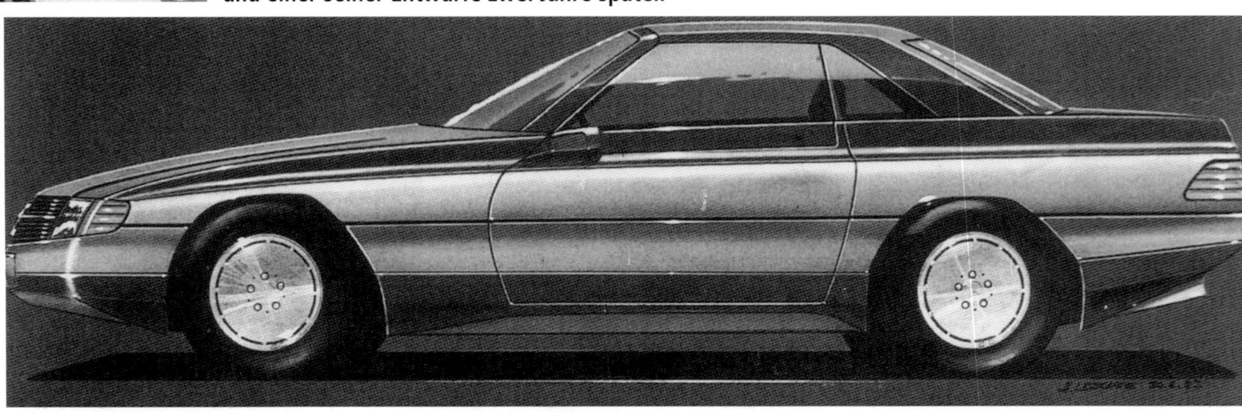

Diese beiden Entwürfe Harald Leschkes lassen den späteren R 129 erahnen.

# Das Design

oder: Design oder Nichtsein, das ist hier die Frage

Der Designer Harald Leschke an einem Rendering (im Design übliche Bezeichnung aus dem angelsächsischen Sprachraum für Zeichnungen im Maßstab 1:1) im Hof des Sindelfinger Kuppelbaus.

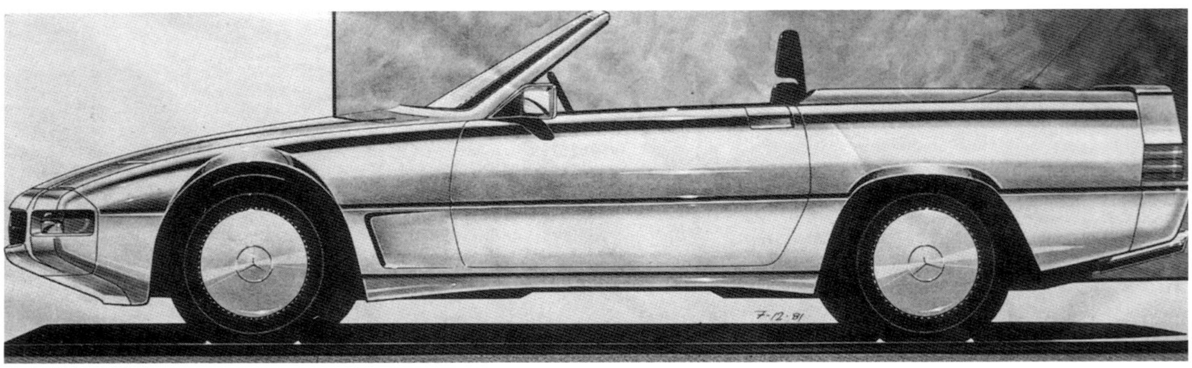

Rendering im Sindelfinger Kuppelbau aus dem Jahr 1981.

Der hintere Bereich des Hardtops und der Heckabschluss erinnern an den Mazda RX 7.

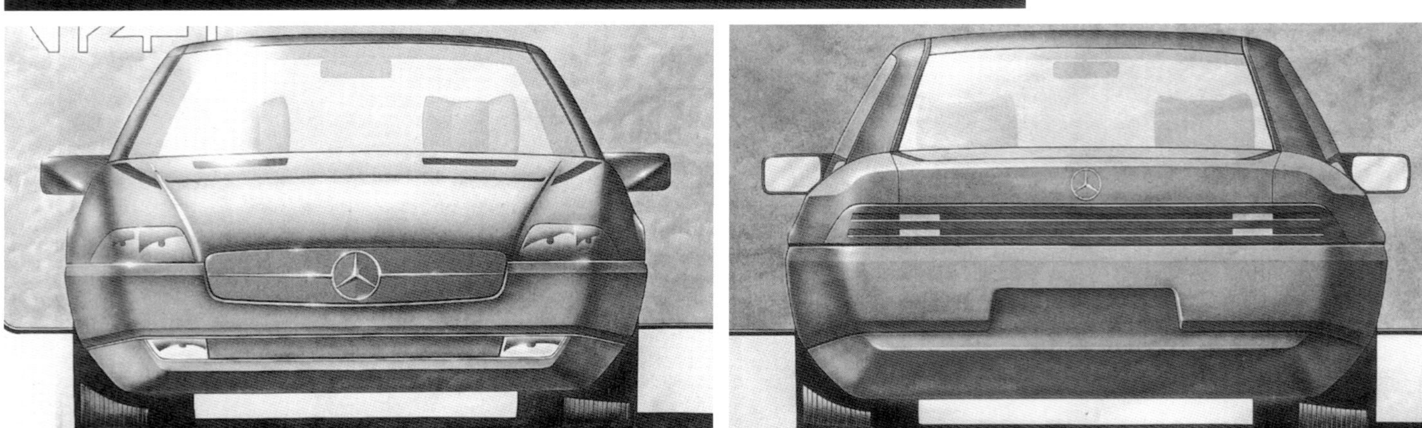

Diese Front- und Heckgestaltung im Maßstab 1:1 wurde später in ähnlicher Form am Hartmodell sieben realisiert.

Stillleben aus dem Kuppelbau in Sindelfingen. An der Wand ein Rendering des Designers Jürgen Haußmann, auf dem Präsentationstisch ein 1:5-Modell.

Dasselbe mit anderen Darstellern. Neben dem Heck-Rendering stehen senkrecht zwei Alternativentwürfe für die Gestaltung der Heckleuchten.

Kreative Matschphase: die Entstehung eines Tonmodells im Maßstab 1:5.

# Das Design

oder: Design oder Nichtsein, das ist hier die Frage

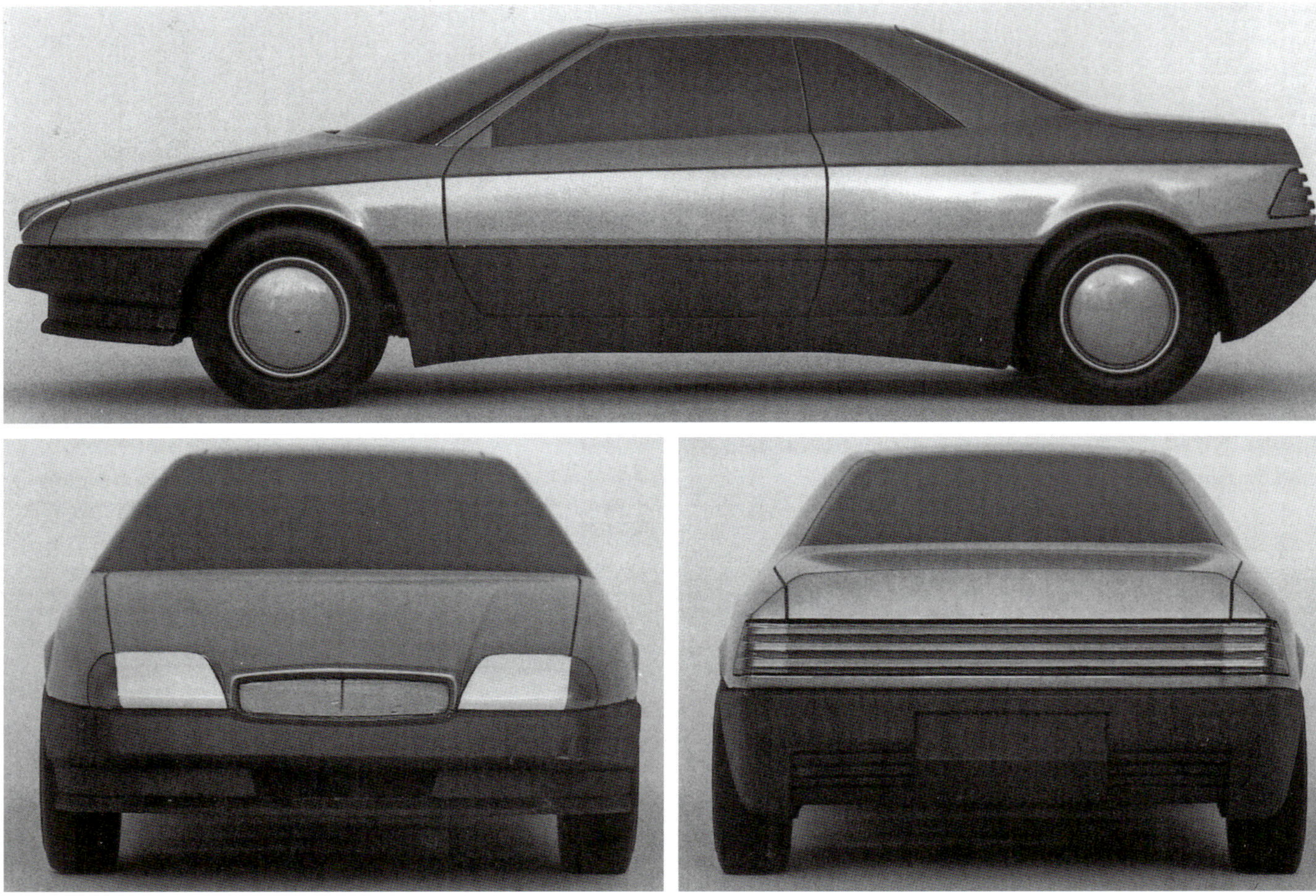

Für die Designer war auch das Mittelmeerkonzept kein Tabu. Italienische Vorbilder lassen grüßen.

Die Design-Modelleure Doris Villing und Frank Weinhold beim »Kratzen«, wie sie selbstironisch ihre millimetergenaue Arbeit bezeichnen. Dass es Spaß macht, kann die Modelleurin nicht verhehlen.

Gerard Cardiet beim Überprüfen der Maßgenauigkeit.

Ob Andreas Langenbeck hier vor lauter Bäumen – lies Entwürfen – noch den Wald – lies das Richtige – sieht? Dem Autor versicherte er nach Jahren noch glaubwürdig, dass er es schaffte.

Modellbauer Uwe Ludwig beim Abtasten des Kleinkunstwerks.

Uwe Ludwigs Stolz – des Modellautosammlers Sehnsucht.

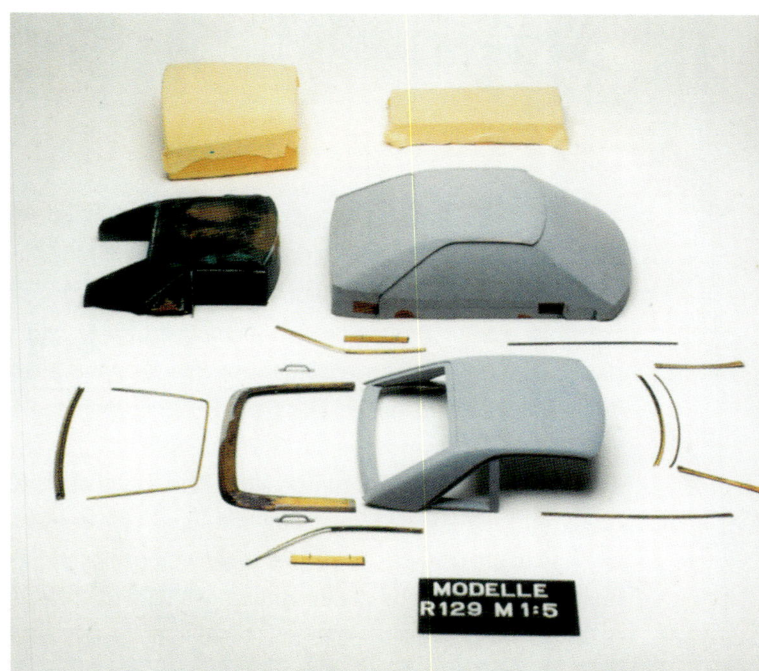


Sonderwagenbau – die Entstehung einer Halluzination.

# Das Design

## oder: Design oder Nichtsein, das ist hier die Frage

**Ist er es oder ist er es nicht? Kaum zu glauben und fast nicht zu sehen, es ist kein richtiger SL. Dies ist das Modellauto im Maßstab 1:5, das für Alfred Herrhausen und Werner Niefer im Sindelfinger Modellbau kreiert wurde.**

**Blick auf das R 107-Fahrwerk, auf dem die Tonmodelle des R 129 aufgebaut waren. Der Designer Claus Hieke bemühte sich um Anpassung.**

**Täuschungsmanöver – Bekleben des Tonmodells mit Farbfolie.**

Ein entscheidender, arbeitsintensiver Schritt ist der Übergang von den 1:5-Modellen über die Renderings zu den 1:1-Modellen. Hier muss zwischen zwei Phasen unterschieden werden. Der erste Schritt ist die Anfertigung der 1:1-Tonmodelle. Die Herstellung dieser Schwergewichte, sie wiegen zwischen 2,5 und 3 Tonnen, dauert bis zu einem halben Jahr. Beim R 129 greift man bei der Herstellung der Tonmodelle aus Gründen der Realitätsnähe auf Bodengruppen des R 107 zurück. Nicht selten sind auch Kühler, Motor mit Getriebe und Auspuffanlage sowie Lenkgetriebe eingebaut, um realistische Vorstellungen von der Aggregateunterbringung zu haben. Auf die Bodengruppen wird dann ein Lattengerüst montiert. Dieses Lattengerüst bildet die feste Grundlage der Tonmodelleure. Die Grundform wird dann mit Folien beklebt, um einen authentischen Eindruck vom zukünftigen Automobil zu vermitteln. Natürlich durchläuft jedes Tonmodell im Laufe der Zeit einige Metamorphosen, da im Gegensatz zu den Hartmodellen nicht einfach ganze Karosserieteile ausgetauscht werden können. Deshalb werden an den Tonmodellen oft zwei Seiten eines Modells unterschiedlich gestaltet. Bei der Entscheidungsfindung der R 129-Form halfen sieben Tonmodelle. Dazu Hans Jooß, der Leiter der Modellabteilung in Sindelfingen: »Wir haben selten an einem Auto so viel Aufwand getrieben.« Wer nun glaubt, diese 1:1-Modelle seien einfach eine Storchschnabel-Vergrößerung der 1:5-Modelle, irrt: »Man muss in jedem Maßstab jede Form neu erleben und erarbeiten. Das 1:5-Modell dient natürlich als Vorlage für das 1:1-Modell, aber es muss neu erarbeitet werden. Das ist harte Arbeit. Jeden Morgen um halb acht findet unter Leitung von Professor Gallitzendörfer und seinem Mitarbeiter Peter Pfeiffer ein Rundgang in der Werkstatt statt. Hier werden täglich die nächsten Schritte der Modellgestaltung besprochen und diskutiert.«

**Sinnvolle Steckbefestigungen erlauben das schnelle Auswechseln von Karosserieteilen am Hartmodell.**

**»Morgenandacht« mit (von links) Professor Joseph Gallitzendörfer, Frank Weinhold und Claus Hieke.**

**Kastenrahmen für ein R 129 – Hartmodell. Der Elektromotor ist als Heckmotor installiert worden. Vorne ist der Druckluftbehälter für die Bremsenbetätigung zu sehen.**

**Vorbereitung einer Vorstandspräsentation durch (von links) Harald Leschke, Johann Tomforde, Professor Gallitzendörfer, Peter Pfeiffer und den Chefmodelleur Manfred Schneider.**

Für die Sindelfinger um Hans Jooß war besonders der letzte Punkt wichtig: Gallitzendörfer konnte man widersprechen, und er war nicht nachtragend, ganz im Gegensatz zu Karl Wilfert.

Auf Basis der Tonmodelle werden ab 1984 zwei Hartmodelle, sie werden auch Einstiegsmodelle genannt, entwickelt. Sie sind noch realitätsnäher als die Tonmodelle, da verschiedene Funktionen schon einem richtigen Auto entsprechen. Am Hartmodell bestehen beispielsweise die Scheinwerfer und Blinker nicht einfach aus aufgeklebten Folien, sondern sind optisch als eingesetzte Plexiglaselemente mit strukturierter Oberfläche fast nicht von einer richtigen Leuchteinheit zu unterscheiden. Bei der Herstellung werden vom Tonmodell die Formen abgetastet, die Pläne werden noch einmal überarbeitet und dann in das Hartmodell umgesetzt. Sinnvolle Steckbefestigungen erlauben das schnelle Auswechseln von Kotflügeln, Hauben, Kofferdeckeln und Türen. Elektromotoren dienen zum Antrieb der Hartmodelle, um so einen realitätsnahen Bewegungsablauf simulieren zu können. Fast ein Jahr benötigen die Modellbauer für die Herstellung eines Hartmodells.

# Die Tonmodelle

Sieben Tonmodelle stehen 1981 am zweiten Beginn der R 129-Entwicklung. Dieser Aufwand ist auch für Mercedes-Benz-Verhältnisse außergewöhnlich, zumal diesen »Sieben Schwaben« ja noch zwei Hartmodelle folgen.
Der R 129-1, das erste Tonmodell, erinnert insgesamt, am 2. März 1982 fotografiert, noch stark an den intern als stilistischen Paukenschlag empfundenen Baby-Benz W 201. Diesen Eindruck verstärken die zierliche Bereifung der Größe 195/70 x 14 – die Serienbereifung hat schließlich das üppige Maß 225/55 x 16 –, der Radstand, der mit 2460 mm genau dem des R 107 entspricht, und die gegenüber dem späteren Serienmodell schmale Karosserie. Wegen der zierlichen Bereifung sind die Radausschnitte nur ganz leicht nach außen gestellt. Die am unteren Abschluss leicht gepfeilte Motorhaube ist im Randbereich des relativ steil stehenden Plakettengrills nach vorne gezogen. Dadurch wird der Grill in der Frontalsicht nur von einem dünnen Rand eingerahmt. Der SL-Tradition entsprechend sind auf den Lamellen rechts und links vom Mercedes-Stern waagrechte Chromleisten angebracht. Auffällig ist die Bugschürze mit ihrem nach hinten fliehenden Profil, das lediglich durch den Nummernschildsockel unterbrochen wird. Besonders markant ist das breite, dunkle Kunststoffprofil des vorderen und hinteren Stoßfängers. Die untere Fensterlinie verläuft im Türbereich waagrecht und steigt lediglich am hinteren Seitenfenster des Hardtops leicht an. Die Heckscheibe ist im Dachkantenverlauf des Hardtops leicht in die Seite hineingezogen.

Fast mehr »Baby-Benz« als neuer SL. »Linke« Ansichten des ersten Modells.

Herumgezogene Heckscheibe beim Hardtop und kleine Abrisskante am Kofferdeckel – ein schöner Rücken kann auch entzücken.

Alternative von rechts. Türgriff und unterer Seitenbereich unterscheiden sich von der linken Seite.

Modelleur Jochen Paschke »kratzt« am Modell eins.

Die beiden Seiten des Tonmodells werden immer zur Darstellung unterschiedlicher Details genutzt. Die linke Seite verläuft glatt und wird in der Fallung – so der Fachausdruck der Designer für den vertikalen Linienverlauf der Seite – nicht unterbrochen. Auf der rechten Seite wird eine Kante, die waagrecht im hinteren Kotflügel ausläuft, modelliert. Der Karosserieschweller ist zurückgesetzt. Die Türgriffe sind links wie beim C 126, rechts wie beim W 201 und W 124, auf beiden Seiten sitzen sie im senkrechten Teil der Seitenfallung; auch die Radzierblenden unterscheiden sich – links flächige Blende mit plan aufliegendem, großem Mercedes-Stern, rechts bauchige Blende mit kleinem, eingesenktem Mercedes-Stern. Die Öffnung soll eine bessere Luftzirkulation im Bremsenbereich ermöglichen und damit zur besseren Kühlung beitragen. Auch diese Lösung wurde bei den Limousinen realisiert, ab dem W 201 allerdings mit einem größeren Mercedes-Stern in einer größeren Öffnung. Beachtung verdienen die unterschiedlichen Seitenblenden-Vorschläge, auf der rechten Seite sogar in unterschiedlicher Farbgestaltung. Auf der linken Seite erfolgt die Betonung der Horizontalen durch eine Gummileiste, die eine breite Fläche mit silberfarbigem Untergrund nach oben abschließt. Die rechte Seite mit einer angedeuteten Kunststoffblende entspricht der Limousinenlösung, wie sie dort nach der Modellpflege präsentiert wurde. Der Kofferraumdeckel hat eine kleine Abrisskante. Ende 1981 erhält dieses Modell, wie wir noch in dem Kapitel über die Aerodynamik sehen werden, eine andere Front. Die Nummer eins wird auf einem R 107 Unterboden aufgebaut und trägt einen M 117 E 50 mit Auspuffanlage und Kühler.
Fotos vom 11. März 1982 belegen eine veränderte Seitengestaltung an der Nummer eins. Jetzt sind Alu-Felgen dargestellt, der untere Bereich der Türen war dunkler abgesetzt und nach oben, auf der Linie der herumgezogenen Stoßfänger, mit einer Gummileiste abgegrenzt. Die vorderen und hinteren Stoßfänger endeten im Gegensatz zum Vorschlag vom 2. März 1982 bereits vor dem Radausschnitt.
Am 26. Juli 1983 präsentiert sich die Nummer eins mit einem überarbeiteten Gesicht. Die Scheinwerfer sitzen mit ihrer Unterkante unmittelbar auf dem Stoßfänger auf. Der Grill hat, wie bei den Vorgängern, einen massiven, dominierenden Chromrahmen. Der obere, breite Abschluss liegt über der oberen Linie der Scheinwerfer und läuft nach hinten noch in die Motorhaube hinein. Die waagrechten, hell gehaltenen Lamellen sind klar zu sehen, die mittlere Lamelle betont mit den Chromleisten rechts und links des Mercedes-Sterns überdeutlich die horizontalen Elemente des SL-Gesichts, die auch als Parallelen im Design der Vorgänger zu finden sind. Die Bugschürze ist unterhalb der Stoßfänger zurückgesetzt, die untere Kante dagegen läuft nach vorne aus. Das Nummernschild ist unterhalb der Stoßfläche angebracht.

Neun Tage später: Wandel durch Änderung auf der rechten Karosserieseite.

Grillgestaltung mit Chromrand ...

Am 19. September 1983 stellt sich die »Eins« wieder dem Fotografen. Dieses Mal sind die Lamellen innerhalb des Grills dunkel gehalten, sodass Chromrahmen, Stern und Chromleisten dominieren. Die Bugschürze läuft gleichmäßig leicht nach hinten und wirkt durch die dunkle Farbgebung unauffällig. In ihr sind rechts und links Nebelscheinwerfer vorgesehen. Die auffällige Chromumrandung wirkt wie ein Aufguss des bisherigen Designs der Vorgänger und fällt deshalb durch.

**... und weitere Variante mit dunkel gehaltenen Lamellen.**

**Das zweite Tonmodell, aufgenommen am 3. März 1982.**

Der R 129-2, das zweite Tonmodell, entsteht zeitgleich mit der Nummer eins. Am 2. März 1982 stellen sich beide dem hauseigenen Fotografen im Sindelfinger Kuppelbau. Man muss schon ins Detail gehen, um Unterschiede zum Modell eins zu entdecken. Silhouette, Querschnitt und Bereifung zeigen dieselbe zierliche Grundauslegung. Die Motorhaube umschließt die Scheinwerfer mit weichen Rundungen mandelaugenförmig. Der vertikale Verlauf der unteren Grillkante und der Stoßfänger erfolgt in einer gleichmäßigeren Rundung und lässt den Wagen »stupsnasiger« erscheinen. Das Nummernschild ist in den Stoßfänger integriert. Die über die gesamte Breite nach hinten fliehende Bugschürze weist am unteren Abschluss einen senkrechten Minispoiler auf. Die Scheinwerfer und Blinker sitzen mit ihrem unteren Rand direkt auf dem Stoßfänger auf, im Gegensatz zu den Heckleuchten, die zwischen Stoßfänger und Leuchte ein kleines Zwischenstück haben. Auf beiden Seiten sitzen die Griffe in der oberen Wölbung der Tür. Auf der linken Seite verläuft unterhalb der Türgriffe eine Sicke mit Hohlkehlen-Profil nach hinten. Auf der rechten Seite ist eine feine Kante dargestellt. Sie verläuft von vorne nach hinten, etwas tiefer als die Hohlkehle auf der linken Seite, und führt um das hintere Karosserieende herum in den Kofferdeckel. Die Radzierblendengestaltung entspricht den am Modell eins gezeigten Vorschlägen. Links ist nur die A-Säule, rechts auch die C-Säule dunkel abgesetzt. Das dritte Tonmodell, der R 129-3, durchläuft in der ersten Hälfte des Jahres 1982 interessante Designschritte. Sie reichen bis in die Gegenwart. Der »Sindelfinger Dreier« hat eine realistischere Basis als die Tonmodelle eins und zwei. Sie besteht aus einer R 107-Bodengruppe mit Motor (M 117), automatischem Getriebe und R 107-Achsen. Der Radstand von 2510 mm kommt dem späteren

Originalmaß schon bis auf fünf Millimeter nahe. Auch die Bereifung mit der Größe 205/60 x 15 harmoniert wesentlich besser mit dem bulligeren Erscheinungsbild der tönernen Schönheit. Ein weiter Griff in die Zukunft sind die über die obere Abschlusskante hinaus in die Waagrechte gezogenen Scheinwerfer- und Blinker-Endkanten. Diese Lösung wird erst beim C 140, dem Coupé der S-Klasse, realisiert. Da sich bekanntlich über Schönheit trefflich streiten lässt, stößt diese Designervariante, wie selten eine andere, bis heute auf heftige Ablehnung. In der Gestaltung der Kühlermaske, die auch hier als Plakettengrill nicht in Frage gestellt wird, haben die Designer der Versuch unternommen, eine »Softnose« zum besseren Schutz von Fußgängern im Falle einer Kollision zu verwirklichen. Nach oben, besser gesagt nach hinten, schließt die Maske in der Waagrechten parallel zu den Scheinwerfern an die Motorhaube an. Das bullige, plumpe Gesicht dieses Vorschlags blieb uns, Gott sei Dank, erspart. Nicht realisiert wird auch die kleine Seitenscheibe im Fensterdreieck der linken A-Säule. Der Kofferraumdeckel erhält eine Abrisskante, über die ganze Breite der Heckschürze verläuft eine hohlkehlenförmige Sicke. Die Seitenflächen bis zum unteren Türdrittel mit der nicht durch Sicken oder Kanten unterbrochenen Fallung entsprachen der späteren Serienlösung. Im unteren Drittel der Türen deutet eine leichte Ausbuchtung der Fallung die späteren Kunststoffblenden an, deren oberer Abschluss analog zu den Oberkanten der vorderen und hinteren Stoßfänger verläuft. Diese Lösung setzt sich bis zur späteren Serienlösung fort. Die Horizontale betont eine angedeutete Gummileiste, die sich dem Linienverlauf der Gummileisten in den vorderen und hinteren Stoßfängern anschließt. Sie lässt die Karosserie gestreckter erscheinen. Auch unterhalb dieser Leiste wird die Karosserie in der Wagenfarbe lackiert.

**Allmählich wird er erwachsen, aber in dieser Version auch plumper.**

**Stilistische Darstellung eines Ausstellfensters.**

**Heckansicht mit Abrisskante auf dem Kofferdeckel.**

# Das Design

## oder: Design oder Nichtsein, das ist hier die Frage

Am 11. Oktober 1982 kann das vierte 1:1-Tonmodell besichtigt werden. Von vorne wirkt die Einbindung des leicht trapezförmigen Plakettengrills in Stoßfänger und die beiden Scheinwerfer mit dem eckigen Übergang noch reichlich hölzern und steif. Der Mercedes-Stern innerhalb des Plakettengrills weist immer noch die schon traditionelle, waagrechte Chromleiste auf. Durch die Platzierung des Nummernschilds in die sonst konkave Bugschürze mit ihren weit außen angeordneten Nebelleuchten kommt Unruhe in die Frontgestaltung. Die Minispoiler am unteren Ende der Bugschürze sind bewusst dunkel gehalten, um optisch nicht in Erscheinung zu treten; diese Farbgebung wiederholt sich dann beim Seitenschweller. Von schräg vorne fällt die ausgeprägte Wespentaille zwischen den herausgezogenen Kotflügeln an der Vorder- und Hinterachse auf, ebenso die dunkel abgesetzten Stoßfänger und die als Kunststoffteile vorgesehen Seitenteile im unteren Drittel der Karosserie. Die Seitenteile sind im oberen Anschluss verdickt und in der Fallung nach unten stark eingezogen. Die Schweller der linken Seite sind an der Unterkante ausgestellt, auf der rechten Seite an der Unterkante eingezogen. Zu den Radhäusern hin laufen die Unterkanten trapezförmig aus. Auch an diesem Modell wird die Seitenfallung nicht durch Längssicken unterbrochen. Die Position der Scheinwerfer und der Linienverlauf der Blinker entsprechen der späteren Serie. Nicht übernommen dagegen wird das leicht in die Seite gezogene Heckfenster des Hardtops und die senkrechte Heckfläche des Kofferdeckels mit einer kleinen Abrisskante. Recht seriennah zeigt sich auch die Einkerbung in der hinteren Heckschürze. Lediglich deren Verlauf in die Seitenbereiche ändert sich noch bis zur Produktion, ebenso wie die Abrisskante am Kofferdeckel.

Tonmodell vier am 11. Oktober 1982.

Das Modell vier wird am 26. Juli 1983 in überarbeiteter Form präsentiert. Die Querlamellen des Plakettengrills werden dunkel gehalten. In der Bugschürze sind rechts und links des Nummernschilds zusätzliche Belüftungsgitter eingelassen, die Kunststoffblenden in Wagenfarbe lackiert, während die schwarz abgesetzten Seitenschweller kaum auffallen.

Tonmodell vier am 26. Juli 1983.

In den ersten Tagen des Jahres 1983 macht das fünfte Tonmodell von sich reden. Die Basis bildet wieder eine komplette R 107-Bodengruppe. Im Unterschied zu den vorherigen Modellen wird der »Fünfer« mit einer Unterbodenverkleidung und Reifen der Dimension 205/60 x 15 versehen. Der Radstand beträgt 2500 Millimeter. Für die Aerodynamiker besonders wichtig: Dieses Modell verfügt über die Möglichkeit der Kühlluftdurchströmung. Bei dem am 3. März 1983 fotografierten Modell ist die vordere Stoßfänger- und Bugschürzengestaltung dem Modell vier zum Verwechseln ähnlich. Deutliche Unterschiede zeigen die Grill- und Scheinwerfergestaltung. Der Plakettengrill, zwar schräg gestellt, steht in einer etwas steileren Position. Die beiden waagrechten Chromleisten mit ihrem historischen Designbezug strahlen auch hier neben dem Stern um die Wette. Wesentlich besser als beim Modell vier gefällt der Übergang vom Plakettengrill zum waagrechten Haubenabschluss oberhalb der Scheinwerfer. Die »mandelaugenförmige« Linienführung mildert die steife Strenge des Modells vier. Die Scheinwerfer sitzen ohne Zwischenstück direkt auf den Stoßfängern auf. Die Blinker laufen im seitlichen Abschluss nach oben trapezförmig auseinander. Das markanteste Element der Seiten- und Heckdeckelgestaltung ist eine hohlkehlenförmige Sicke, die vorn über den Blinkern beginnt. Sie folgt der leicht keilförmigen Grundform nach hinten, um am Ansatz der hinteren Blinker nach oben zur Kofferdeckelkante zu schwenken, und bildet dort eine kleine Abrisskante. Die seitliche Kunststoffblende und die an der Unterkante ausgestellten Seitenschweller mit ihrer zu den Radhäusern hin trapezförmigen Linienführung haben schon fast Serienformat. Dasselbe gilt für die ausgestellte Unterkante der Heckschürze und die Lage der Heckscheibe im Hardtop.

**Tonmodell fünf am 3. März 1983.**

**Tonmodell fünf am 28. April 1983.**

# Das Design

## oder: Design oder Nichtsein, das ist hier die Frage

Am 28. April 1983 zeigt sich das Modell fünf mit einer in die Stoßfänger und Kunststoff-Seitenteile integrierten Chromleiste. Am 6. Juni 1983 überarbeiten die Modelleure unter Hans Jooß dieses Modell auf Vorschlag der Konstrukteure und Designer im unteren Karosseriebereich. Die augenfälligste Änderung besteht im Einfügen von Entlüftungsgittern im vorderen Kotflügel à la 300 SL (W 198) – mehr als nur ein nostalgischer Gag der Designer: Diese Kiemen sind bitter notwendig, da durch die Unterbodenverkleidung die Durchströmung des Motorraumes mit Kühlluft nicht mehr ausreichend gewährleistet ist. Der Luftstau im Motorraum behindert die Kühlung und verschlechtert den $c_w$-Wert. Auf der linken Karosserieseite wird mit einer Lösung mit zwei langen, horizontal unterteilten Kiemen, auf der rechten Seite einer solchen mit drei kürzeren Kiemen gearbeitet. Gleichzeitig wird auf der linken Seite eine umlaufende Gummileiste statt der im April gezeigten Chromleiste präsentiert. Farblich wird das Segment von den Kunststoffschürzen abwärts, einschließlich der Seitenschweller und der Minispoiler, einheitlich dunkel abgesetzt.

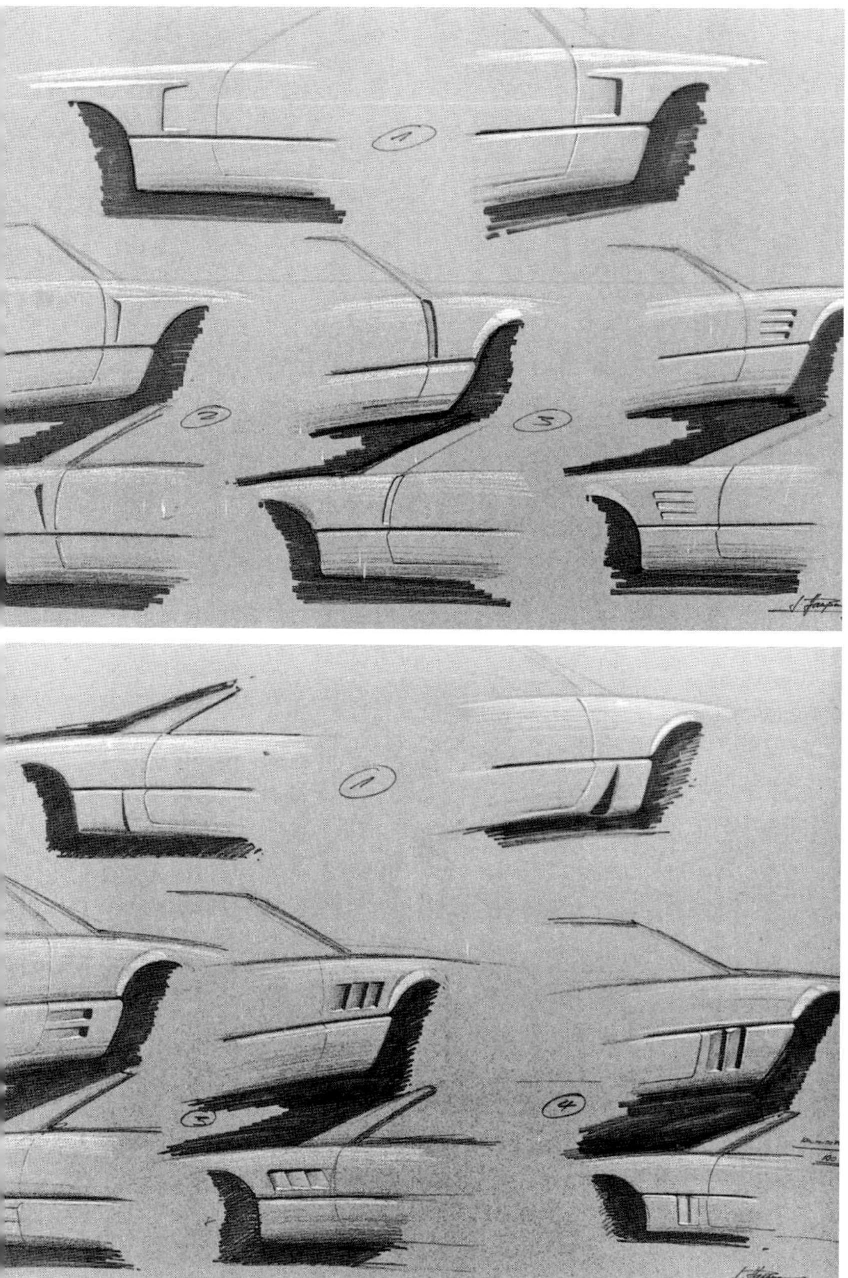

Verschiedene zeichnerische Gestaltungs- und Platzierungsvorschläge des Designers Jürgen Haußmann für die Entlüftungsschlitze in den vorderen Kotflügeln des R 129.

Darstellung der Entlüftungsschlitze in den Kotflügeln am Tonmodell fünf.

Um die Mitte des Jahres 1983 wird das sechste Tonmodell vorgestellt. Auch dieses Modell baut wiederum auf einem Unterboden des Vorgängers R 107 auf. Im Motorraum sitzt ein V8-Triebwerk – unwesentlich für Optik und Formentscheidungen, für die Aerodynamiker und ihre Messungen jedoch substantiell. Der Radstand beträgt wiederum 2500 Millimeter. Auffälligstes Merkmal des neuen Modells ist ein der früher gezeigten »Softnose«-Buggestaltung ähnliches Gesicht. Ins Auge fällt die sichtbare Zweiteilung der Motorhaube und die in die Horizontale gezogene Scheinwerfer- und Blinkergestaltung, wie sie später am C 140 realisiert wird. Das Nummernschild hebt sich auf einem Sockel von der sonst konkaven und mit einer Gummileiste versehenen Bugschürze ab. Die Seiten werden durch die an die oberen Stoßfängerenden anschließende Sicke betont. Die darunter anschließenden umlaufenden Gummileisten bilden den oberen Rand der dunkel abgesetzten Stoßfänger- und der im Seitenbereich ebenso gestalteten Kunststoffpartien. Die linke Seite unterteilt eine oberhalb des Türgriffs von vorne nach hinten durchlaufende Kante (Skulpturlinie). Am Heck dominiert der konkav gestaltete Kofferraumdeckel mit einer leicht angedeuteten Abrisskante. Der linke vordere Kotflügel zeigt eine Entlüftung mit vier horizontal gegliederten Kiemen, die rechte Seite eine Lösung mit einem Entlüftungsfenster.

**Vorschlag von Johann Tomforde für eine dreigeteilte, nachgebende Frontgestaltung.**

**Tonmodell sechs am 25. Juli 1983.**

Am 5. März 1984 wird das Gesicht modifiziert. Die Softnose weicht einem Plakettengrill mit waagrechten Chromleisten neben dem Stern, und die Gestaltung der Scheinwerfer und Blinker entspricht nahezu der späteren Serienlösung. Auch der untere Abschluss der Bugschürze ist noch nicht serienreif. Die angedeuteten Kunststoffblenden sind jetzt heller abgesetzt. Am rechten vorderen Kotflügel wird eine Entlüftungslösung mit vier senkrechten Kiemen dargestellt.

# Das Design

## oder: Design oder Nichtsein, das ist hier die Frage

Tonmodell sechs am 5. März 1984.

Aus der Rolle fällt das Tonmodell Nummer Sieben mit der äußerst gewöhnungsbedürftigen Frontgestaltung. Der Linienversatz gefiel Professor Gallitzendörfer auch Jahre später noch nicht: Auf der linken Seite liegt die Trennfuge im Seitenbereich des Kotflügels, wie es vom Alfa-Romeo 155, Fiat Tipo oder, früher, von den BMW-02-Modellen geläufig ist. Auf der rechten Seite verläuft die Trennung traditionell an der Nahtstelle zwischen Blinker und Scheinwerfer. Auch Bug- und Heckgestaltung, letztere mit dem Hineinragen des Nummernschildes und dem darüber sich befindenden Leuchtband, finden nicht das Wohlwollen der Verantwortlichen. Bei all diesen Vorschlägen darf man jedoch nicht vergessen, dass auch das Undenkbare gedacht, gezeigt und dreidimensional realisiert werden muss, um, manchmal auch über Umwege, zur endgültigen Lösung zu kommen.

**Keine Freude, …**

**… keine Freunde …**

**… beim Entscheidungsgremium.**

**Ein schöner Rücken kann entzücken – dieser konnte es nicht.**

# Die Hartmodelle

Als am 19. September 1983 der Vorprototypen-Entscheid fällt, bedeutete das auch eine Vorentscheidung für den R 129 und für den Bau von Hartmodellen. Die Tonmodelle vier und fünf bilden die Basis der beiden Hartmodelle. Zusätzlich zu diesen ausschließlich für die Designer bestimmten Hartmodellen kommt noch ein weiteres für die Aerodynamiker.

Hartmodelle sind eigenartige Zwitter. Für den flüchtigen Betrachter sehen sie nicht nur wie ein richtiges Auto aus, sie sind auch automobil, das heißt, sie können im Gegensatz zu den Tonmodellen auch gefahren werden. Man will dabei vermeiden, das Modell immer nur statisch im Sindelfinger Kuppelbau begutachten zu können. Es soll, wenn auch eingeschränkt, in Bewegung und unter den unterschiedlichsten Licht- und Umgebungsverhältnissen betrachtet und beurteilt werden können. Doch der schöne Schein trügt. Der Rahmen besteht aus serienfernen Vierkantprofilen, ein Elektromotor sorgt für das Minimum an Mobilität. Die einzelnen Karosserieteile, die ein fertiges Auto vorgaukeln, sind im Gegensatz zum Tonmodell durch Steckverbindungen jederzeit schnell austauschbar. So erklärt sich auch der Umstand, dass am selben Tag an ein und demselben Modell unterschiedliche Karosseriedetails fotografiert werden können.

Dem Aerodynamiker sind für seine Beurteilungskriterien allerdings die Tonmodelle lieber, weil realitätsnäher. Diese Schwergewichte verfügen über richtige Bodengruppen und Motorräume mit Motoren, Kühlern und Heizungsanlagen, die im Gegensatz zu den perfekt erscheinenden Hartmodellen wirklichkeitsgerechte Durchströmungs-Messungen mit umsetzbaren Ergebnissen ermöglichen. Ein ganzes Jahr wird an der Erstellung eines Hartmodells gearbeitet. Da die Formfindung eines neuen Automobils ein dynamischer, sich ständig ändernder Prozess ist, verläuft der Übergang vom Tonmodell zum Hartmodell fließend. So kommt es, dass beim R 129 bis zu neun Modelle gleichzeitig zur Begutachtung präsentiert werden. Allerdings wird mit den einzelnen Stufen des Formentscheids die Entwicklung zum Teil unterbrochen beziehungsweise festgelegt.

Ein wichtiges Datum in diesem Stadium ist der Vorprototypen-Entscheid am 19. September 1983. Die endgültige Festlegung erfolgt mit der Formfreigabe am 10. Dezember 1984. Da man allerdings niemals nie sagen sollte, erfolgen fast zwei Jahre später nochmals Detailänderungen, die sich in der Zwischenzeit ergeben hatten – teils stilistisch begründet, teils mit technischem Hintergrund.

Illusionen ... Das erste Hartmodell macht einen fast perfekten Eindruck.

Der Plakettengrill, die Blinker, die schmale Bereifung, die seitliche Hohlkehle und vieles mehr deuten auf den »Modellcharakter« hin.

Serie oder nicht? Noch nicht ganz.

**Während die Seitenfallung schon dem Serienauto entsprach, war der seitliche Blinker noch ein Designvorschlag.**

Das Erstgeborene aus der Hartmodellfamilie vom 30. Juli 1984 wirkt mit seinen auf Alufelgen montierten Pirelli-P6-Reifen der Größe 205/65 x 15 noch ein wenig dünnbeinig, auch der sehr winkelige, strenge Übergang der Motorhaube aus der Waagrechten oberhalb der Scheinwerfer lässt den mandelaugenförmigen Charme einer fernöstlichen Schönheit noch vermissen. Die Lamellen des Grills sind nach wie vor von einem Rahmen umgeben, und den Mercedes-Stern flankieren die obligatorischen waagrechten Chromleisten. Das Nummernschild wird, sozusagen am obersten Zipfel mit zwei spitzen Fingern, am Stoßfänger festgezwickt. Sehr erwachsen, lies endgültig, sehen schon die Belüftungsschlitze im unteren Stoßfängerteil aus, die durch Nebelleuchten begrenzt werden. Den unteren Abschluss bildet ein farblich abgesetzter, auftriebs-irrelevanter Minispoiler.
Etwas hölzern wirkt der hintere Abschluss der linken, nur kurz in die Seite gezogenen Blinkerattrappe. Die Waagrechte des oberen Scheinwerferabschlusses greift um die Kotflügelkante. Weil das hintere Ende des Blinkers parallel zur Trennungslinie zwischen Blinker und Scheinwerfer nach unten verläuft, ist sein oberes Ende weiter nach hinten gezogen als das untere. Die Seitenfallung wird durch eine hohlkehlenförmige Sicke, von den Designern als Skulpturlinie bezeichnet, unterbrochen, die oberhalb der hinteren Blinker ausläuft. Im oberen Drittel der seitlichen Kunststoffblende wird der leichte Knick in der Vertikalen der vorderen und hinteren Stoßfänger fortgeführt. Dadurch sind auch die schon sehr seriennahen dreiteiligen Entlüftungskiemen im unteren Teil der Blende untergebracht.
Von hinten zeigt sich das Musterstück schon sehr erwachsen. Die Heckscheibe des Hardtops (letzteres ist natürlich austausch- und abnehmbar) sowie die Hohlkehle der Heckschürze haben Serienformat. Die rechte Karosserieseite entspricht mit ihrer glatten, ohne eine Sicke unterbrochene Falllinie genauso der späteren Serie wie Form und Platzierung der Entlüftungskiemen im vorderen rechten Kotflügel. Die obere Linie des rechten Blinkers ist leicht nach unten gezogen und unterscheidet sich so von der auf der linken Seite gezeigten Lösung.
Am 19. Oktober 1984 zeigt das Hartmodell eins dem Fotografen Detailänderungen an Kühlergrill-Lamellen, Blinkern und jetzt konvex gewölbter Heckschürze. Am Rande sei bemerkt, dass dieses Hartmodell am 30. Juli 1984 mit nur einem normalen Limousinen-Sitz fotografiert wurde.

# Das Design

## oder: Design oder Nichtsein, das ist hier die Frage

**Am 19. Oktober 1984 weist Hartmodell eins Änderungen im Detail auf.**

Das zweite Hartmodell, das am 18. Oktober 1984 auf den ersten, flüchtigen Blick wie ein eineiiger Zwilling des ersten Hartmodells aussieht, offenbart bei genauer Betrachtung doch erhebliche Unterschiede und interessante Gestaltungsvarianten. In den meisten Details entspricht es dem, was später in Serie oder über AMG als Tuningvariante angeboten wird. Auf der Fahrerseite wird dieses Modell mit einem Integralsitz, auf der Beifahrerseite mit einem Seriensitz ausgestattet.
Dieses Mal sind die Radien beim Übergang der Motorhaube von der Waagrechten oberhalb der Scheinwerfer in die Falllinie, als seitliche Begrenzung des Plakettengrills, größer. Sie nehmen dem

**Das zweite Hartmodell.**

**Der tiefer gesetzte Grill und die größeren Radien am vorderen Motorhaubenende beim Übergang von der Waagrechten in die Falllinie zur Stoßstange lassen das Gesicht weicher erscheinen.**

Gesicht die puritanische Strenge und verleihen ihm einen Anflug von weicher Heiterkeit. Der Grill ist gegenüber der Oberkante der Scheinwerfer tiefer gesetzt, die Unterkante läuft leicht in die Stoßstange hinein. Der obere, schräg nach vorne laufende Teil des Stoßfängers wurde weiter nach unten gezogen. Der untere Abschluss fällt durch eine über die ganze Breite verlaufende hohlkehlenartige Vertiefung auf. Sie wiederholt sich als Stilelement an der Schürze des hinteren Stoßfängers. Auch beim Modell zwei ist auf der linken Seite ein Alternativvorschlag mit einer von vorne nach hinten laufenden Hohlkehlensicke zu sehen. Anders als beim Modell eins läuft die Sicke nicht über dem hinteren Rücklicht

Übergang der Hohlkehlensicke von der Waagrechten nach oben zum Kofferdeckelende. Die Hohlkehle der Bugschürze wiederholt sich an der Heckschürze.

Gegenüberstellung des Hartmodells zwei: mit schmaler Bereifung (205/65 x 15) und entsprechenden Vorderkotflügeln – die Blinker sind an ihrer homogenen Oberfläche als Attrappe zu erkennen – …

… und mit der breiteren Serienbereifung (255/55 x 16) mit ausgestelltem Kotflügelausschnitt auf der linken Karosserieseite und herausgezogenem Kotflügelausschnitt auf der rechten Karosserieseite; die Blinkerattrappen in der geriffelten Oberfläche entsprechen der Serienausführung.

Heckabschluss mit konvexer Kofferdeckel- und Kotflügelgestaltung.

Alternativvorschlag mit konkavem Heckabschluss. Dieser Vorschlag wurde später von AMG als Anbausatz angeboten.

aus, sondern am hinteren Kotflügelende nach oben und setzt sich in der Kante des Kofferraumdeckels fort. Das Entlüftungsgitter im vorderen Kotflügel entspricht bereits in Form und Platzierung der Serie.

An der linken Karosserieseite werden an diesem Tag zwei Kotflügelausführungen mit unterschiedlich geformten Radausschnitten gezeigt: die eine mit moderat ausgestellten Radausschnitten für die noch relativ schmale 205er-Serienbereifung auf sieben Zoll breiten Felgen für die Modelle 300 SL und 420 SL sowie den, wie schon einmal beim R 107, wieder für die USA angedachten 300 SLTD. Die andere Ausführung zeigt stärker ausgestellte Radausschnitte für den 560 SL, der Reifen der Dimension 225/55 x 16 auf acht Zoll breiten Felgen tragen soll.

**Die Serienlösung ...**

**... und die Alternative in der Gesamtansicht.**

**Vier Alternativen zur Gestaltung des hinteren Seitenfensters am Hardtop.**

Interessant sind auch die Varianten der Heckgestaltung: Zum einen die bekannte Serienlösung mit dem runden Kofferdeckelabschluss, die bis zuletzt als organische Gestaltungslösung vom Designdreigestirn Bruno Sacco, Joseph Gallitzendörfer und Peter Pfeiffer mit Vehemenz verfochten wurde; zum anderen ein Abschluss, bei der das Heck nicht nur leicht nach oben, sondern auch weiter nach hinten gezogen wird, sodass sich aus der Seiten- und Heckansicht eine konkave Wölbung ergibt. Über diese Lösung, wie sie zum Beispiel auch an seinerzeit aktuellen Dreier-Serie von BMW zu sehen war, kann man natürlich geteilter Meinung sein. Gestalterisch unterstreicht diese Lösung die »schiebende Keilform«, wie sie Professor Werner Breitschwerdt charakterisierte. Die Aerodynamiker hätten sie wegen der günstigeren Heckabtriebswerte begrüßt. Claus Hieke, der als Designer von Sindelfingen zu AMG ging, entwickelte in Kenntnis dieser Fakten für die AMG-SL einen Anbausatz– allerdings eben nur ein Nachrüstteil und keine organische Gesamtlösung. Immerhin wurden damit die Heckabtriebswerte deutlich verbessert.
An diesem 18. Oktober 1984 stehen aber auch fünf Vorschläge für die Seitenfenstergestaltung des Hardtops zur Debatte. Die ersten drei sehen bei grundsätzlich gleichem Grunddesign des Seitenfensters unterschiedliche Größen vor, die zwangsläufig zu einer schmaleren Dachsäule führen, wobei bei der zweiten Lösung gegenüber der Lösung eins der obere Radius vergrößert wurde, während beim dritten Vorschlag die obere Fensterlinie verlängert wurde. Skurril wirken sowohl der Vorschlag mit einem großen, trapezförmigen Seitenfenster als auch der Einbau eines zusätzlichen Seitenfensters in die breite Dachsäule des ersten – und in die Serie gegangenen – Hardtops. Und da wir gerade beim Hardtop sind, ein Wort zu dem sich lange in der Diskussion befindenden Vorschlag eines Overfirst-Schiebedachs. Diese Konstruktion sollte auch bei aufgesetztem Hardtop das Erleben des offenen Himmels, wie in einer Limousine oder in einem großen Coupé, möglich machen. Da das kurze Hardtop einem geöffnetem Schiebedach keinen Platz bot, sollte das Dach nach hinten überstehen – siehe Porsche 944/968.
Um die Vielfalt komplett zu machen, war noch eine Kippvorrichtung vorgesehen. Die Realisierung dieser aufwendigen Konstruktion scheiterte nicht zuletzt aus Gewichtsgründen, das Serienhardtop wog schließlich nur 34 kg.
Am 7. Mai 1985 beschließt der AMP auf seiner zweiten Jahressitzung, alle R 129-Modelle mit Rädern des Formats 225/55 x 16 auszurüsten. Mit dieser Entscheidung erfolgt der Übergang von dem stark ausgestellten Kotflügelausschnitt bei der breiten Bereifung zum stärker herausgezogenen Kotflügel. Diese Änderung verhilft dem Erscheinungsbild der Karosserie zu mehr Schwung – fast ist man geneigt, von erotischem Pfiff zu sprechen. Diese Entscheidung führt beim R 129 zu einem einheitlichen, geschlossenen Erscheinungsbild, unabhängig von der gewählten Motorisierung.
Bis auf die Rädergestaltung fallen schließlich am 16. September 1986 die letzten das Äußere beeinflussenden Beschlüsse:

- Einführung des rahmenlosen Plakettengrills,
- Mercedes-Benz-Stern im Grill ohne die horizontalen Chromleisten,
- Veränderung am vorderen Stoßfänger (durch zwei kleine Spoiler) und an den Seitenschwellern zur Verringerung des Auftriebs,
- einheitliche Farbe für Stoßfänger und Spoiler sowie für Seitenverkleidungsteile und Schweller,
- Zierleiste unter der Heckscheibe,
- Übergang Türbelag,
- Spiegeldreieck.

Die Räder und ihr Äußeres, seit jeher ein prägendes Element im Erscheinungsbild eines Automobils, spielen auch beim R 129 eine wichtige Rolle, und das nicht nur wegen der anfänglichen Unsicherheit in der Dimensionierung. Lange Zeit gibt zum Raddesign keine großen Debatten. Nur am Anfang der Entwicklung denkt man noch über eine Stahlfelge nach, doch der R 107 hat gezeigt, dass in diesem Marktsegment die Stahlfelge höchstens als Winterreifen-Alternative noch eine Daseinsberechtigung hat. Zum letzten Mal wird die Stahlfelgendiskussion in der AMP-Sitzung vom 16. September 1986 geführt. Aus Kostengründen, so meint man, könne doch die Alufelge durch Stahlräder ersetzt werden. Im Grunde sind zu diesem Zeitpunkt alle Weichen für die 15-Loch-Alufelgen als Standardausrüstung gestellt. Als dann im Zuge der Entwicklung der neuen S-Klasse W 140 dem damaligen Entwicklungschef Dr. Wolfgang Peter das Design der Achtlochfelge präsentiert wird, entschließt er, dieses Rad als Alternativ-Angebot für das gesamte Pkw-Programm aufzunehmen. Es wurde sozusagen sozialisiert, wie Sindelfinger Spötter heute noch gerne behaupten. Eine separate Entwicklung stellt die Felge für den Sicherheitsreifen des Reifenherstellers Continental dar, die bis September 1992 angeboten werden.

# Das Design

## oder: Design oder Nichtsein, das ist hier die Frage

Designvorschlag für ein neues Rad am R 129.

Die 15-Loch-Serien-Aluminiumfelge.

Die Achtloch-Aluminiumfelge ist bis zum SL 600 nur gegen Aufpreis zu haben.

Bis Ende September 1992 stand die 15-Loch-Felge des von Continental entwickelten CTS-Sicherheitsreifensystems in der Preisliste.

# Genf 1989 oder der Salon der Lüste

**Bruno Sacco nimmt 1990 in Turin aus der Hand der charmanten Vizepräsidentin des Parlaments der Region Piemonte, Bianca Vetrino, den Car Design Award 1990 entgegen. Er war Mercedes-Benz für den »SL« (R 129) verliehen worden.**

Ausnahmsweise sei hier die Premieren-Resonanz schon im Kapitel des Außendesigns, oder, wie der deutsche Fachausdruck mittlerweile lautet, des Exterieurdesigns, beleuchtet, da sie hier doch ganz wesentlich von der äußeren Erscheinung mit geprägt ist. Das ist zwar den außergewöhnlichen Leistungen der Techniker, gerade in diesem Fall, gegenüber ungerecht. Ihnen wird deshalb in diesem Buch in den Kapiteln, welche sich mit der Konstruktion und den Motoren befassen, noch Gerechtigkeit widerfahren.
Helmut Luckner, damals Chefredakteur von *auto motor und sport*, hatte sein Editorial in Heft 6/1989 deshalb nicht ohne Grund mit dem Titel dieses Abschnittes markant überschrieben. Und beinahe wäre dieser Salon in der puritanischen Heimatstadt des Reformators Calvin zum Waterloo der europäischen Automobilindustrie geworden. Ein Glück, dass es bei Mercedes-Benz mittlerweile zur guten Tradition gehörte (ab und zu können Traditionen auch etwas Gutes haben), neue Automodelle am Lac Leman zu präsentieren. Der 230 SL ebenso wie der erfolgreiche Vorgänger R 107 mit dem 350 SL waren ebenfalls hier an das Licht der erwartungsvollen Öffentlichkeit getreten.
»Haben die Europäer ihre Kreativität verloren? Sind die professionellen japanischen Nachahmer kreativer geworden? Nichts davon. Japans Autohersteller zeigen sich flexibel und als fleißige Renovierer bekannter Erfolgsrezepte«, zeterte zu Recht Helmut Luckner, einer der wichtigsten Meinungsbildner im deutschsprachigen Raum jener Jahre, um dann fortzufahren: »Die Europäer müssen dagegen Mercedes dankbar sein, dass wenigstens der Star von Genf den Stern trägt.« Natürlich sah Fachkommentator Helmut Luckner das ganze Auto und nicht nur das Äußere. Aber da der Mensch nun einmal ein optisches Wesen ist, das die Dinge zuerst einmal mit den Augen erfasst, war der Aufschrei der Begeisterung weltweit. Der Tester der renommierten *Auto Zeitung* aus Köln beschrieb die allgemeine Begeisterung nicht weniger euphorisch, indem er feststellte: »Der SL lässt keinen kalt. Sein bulliges, breites, auf deutschen Straßen noch weithin unbekanntes Äußeres verursacht auf Autobahnen Beinahe-Unfälle am laufenden Band durch leichtfertiges Kopfverdrehen, an Tankstellen und auf Parkplätzen Volksaufläufe und bei Fahrern teurer Autos unverhohlenen Neid.« Und selbst die durch abgeklärte Gelassenheit sich auszeichnende *Automobil Revue* aus Bern, die *AR*, wie sie sich selbst gerne im Kürzel nennt, geriet in einen für ihre Verhältnisse geradezu ungewohnten Begeisterungstaumel, als sie dem äußerst kritischen Schweizer Publikum berichtete: »Der neue SL von Mercedes-Benz überzeugt mit seiner attraktiven Formgebung. War er schon am Genfer Automobilsalon dieses Frühlings ein Star, so ist er es im normalen Straßenverkehr erst recht. Wohin man mit dem SL auch kommt, überall wird ihm uneingeschränkte Bewunderung zuteil. Ob klein, ob groß, ob weiblich oder männlich – bis auf wenige Ausnahmen empfinden alle das neue Aushängeschild aus Stuttgart meisterhaft und makellos karossiert.«
Eine Jury von zwei Fachjournalisten aus den USA (Ost- und Westküste) und je einem Kollegen aus Japan, Deutschland, Frankreich, Italien, Spanien, Großbritannien, Schweden, Holland und der Schweiz sowie je einem Vertreter der Stadt Turin und der Region Piemont bedachten den neuen SL 1990 mit dem begehrten Car Design Award. Ihre Wahl traf die Jury unter den Novitäten des Genfer Salons. Im Bereich der Serienwagen erhielt der SL mit 27 Punkten die mit Abstand größte Punktezahl. Auf den Ehrenplätzen folgten dem Stuttgart-Sindelfinger Meisterstück der Opel Calibra mit 17, der Citroën XM mit 14, Lancia Dedra und Mazda MX 5 mit je 6 und der Nissan ZX mit 4 Punkten. Bei der Bewertung wurde kritisch, und das zu Recht, angemerkt, dass die Form des SL schon vor einem Jahrzehnt marktreif gewesen wäre. Dass der Proband aber trotzdem die Hitliste anführte, begründete das Preisgericht so: »Beim Mercedes-Benz 300–500 SL überzeugt das Zusammenspiel von Neuerungen im Bereich der Sicherheit – hier ist vor allem der automatische Überrollbügel zu nennen –, von mustergültigen Lösungen in Bezug auf Ergonomie und von strikter

Einhaltung der traditionellen Designkultur der Herstellermarke. Der neue SL verkörpert somit die wertvollsten Elemente des zeitgemäßen Industriedesigns, ohne auf jenes Flair zu verzichten, das stets zu jedem Sportcabriolet gehört.«
Wer weiß, wie international schon seinerzeit gerade in Untertürkheim und Sindelfingen die Crew der Designer und Techniker zusammengesetzt war, ist heute noch dankbar, dass Grenzen in Deutschland und bei Mercedes-Benz schon Jahre zuvor durchlässig wurden und Vorurteile abgebaut werden konnten. Und so nahm 1990 in Turin der Italiener Bruno Sacco für das deutsche Unternehmen Mercedes-Benz den von einer internationalen Jury verliehenen Preis aus der Hand der Vizepräsidentin des Regionalparlaments der Region Piemonte, Bianca Vetrino, entgegen.

**Wo das (Zeichen-)Brett vor dem Kopf einmal einen positiven Touch hat: Kreatives Gestalten des Innenraums ist genauso Teamarbeit wie im Exteriorbereich.**

## Das Innendesign

Die Entwicklung der Innengestaltung verläuft nicht synchron mit der Entwicklung der Karosserie, sondern beginnt erst ein Jahr später. Beim Entwurf der Innengestaltung, und hier besonders des Armaturenbrettes, spielen beim R 129 sechs Punkte eine wichtige Rolle. Priorität genießt seit dem R 107 die Forderung, dass die Armaturenbretter sowohl der S-Klasse als auch des SL, der beiden Flaggschiffe der Modellpalette, übereinstimmen sollen. Der zweite Punkt betrifft die Integration des Routenrechners mit Navigationshilfen und ihren größeren Displays, die sich wesentlich von den bis dahin eigebauten Reiserechnern unterscheiden. Der dritte Punkt betrifft die Gestaltung der Innenausströmer. Wie kontrovers gerade um solche vermeintlichen Kleinigkeiten gerungen wird, zeigt die Diskussion zu Beginn der achtziger Jahre. Die einen favorisierten die Direktbelüftung. Sie führt mit kleinen Öffnungen und hohen Luftgeschwindigkeiten zu schneller Kühlung oder Erwärmung des Innenraumes, die allerdings durch starke Zugerscheinungen erkauft werden muss. Die Alternative bildet die Diffusklimatisierung mit großen Ausströmgittern und geringen Luftgeschwindigkeiten. Bei dieser Auslegung ist der Klimakomfort größer und die Zugerscheinung für die Passagiere geringer. Dafür müssen längere Aufheiz- und Kühlungszeiten in Kauf genommen werden.
Der vierte Punkt bezieht sich auf den Einbau von Instrumenten mit Digital-, Analog- oder Quasianaloganzeigen. Auch hier gibt es ein Für und Wider. Für die Digitalanzeigen spricht eine Informationsentlastung des Fahrers. Es werden nur dann Zusatzinformationen angezeigt, wenn der Fahrer das will oder wenn sie plötzlich wichtig werden, wie zum Beispiel Öldruck, Wassertemperatur, Tankinhalt oder Restlaufstrecke. Gegen die Digitalanzeigen spricht, dass der Mensch mehr Informationen analog als digital aufnehmen kann. Die Aufnahme von Quasianaloganzeigen (LCD) und eventuell deren Verknüpfung mit Digitalanzeigen konnte Anfang der achtziger Jahre noch nicht realisiert werden.
Der fünfte Punkt ist die »fünfäugige« Armaturentafel, eine Neuheit im Mercedes-Benz Personenwagen-Innendesign. Bis etwa September 1984 gehen alle Vorschläge nur von drei Rundinstrumenten aus. Der Sinneswandel wird durch den damaligen Pkw-Konstruktionschef und Verfechter der großen Lenkräder bei Mercedes-Benz, Joachim-Hubertus Sorsche, ausgelöst. In ein exklusives Automobil, wie es der SL nun einmal ist, gehört eine Armaturentafel mit fünf Rundinstrumenten, so sein Credo, wobei eine Anlehnung an die Uhrensammlung im Porsche 911 bis heute heftig in Abrede gestellt wird.
Beim sechsten Punkt, dem Lenkraddesign, spielt die S-Klasse eine Rolle. Ursprünglich sollte das neue Vierspeichen-Einheitslenkrad mit der neuen S-Klasse, dem W 140, erscheinen. Durch die Verzögerung beim W 140 war dieses Lenkrad zum Serienanlauf des R 129 noch nicht verfügbar. Deshalb wird beim Produktionsbeginn des R 129 das bis dahin übliche Vierspeichen-Einheitslenkrad eingebaut. Das sogenannte Sportlenkrad mit den stärker nach unten gezogenen unteren Speichen und einem Durchmesser von 390 mm sollte ursprünglich dem Spitzenmodell vorbehalten bleiben, wird dann aber schließlich als Sonderausstattung für alle Personenwagenmodelle freigegeben.

Lenkradvisionen – Entwicklungsschritte zum heutigen Lenkraddesign.

# Das Design

oder: Design oder Nichtsein, das ist hier die Frage

**Das erste im R 129 eingebaute Lenkrad mit 400 mm Ø, hier mit Airbag.**

**Mit dem Erscheinen der neuen »S-Klasse« (W 140) kam das neue Lenkrad mit einem Ø von ebenfalls 400 mm zum Einsatz.**

**Das Sportlenkrad mit den nach unten gezogenen unteren Speichen und einem Ø von 390 mm.**

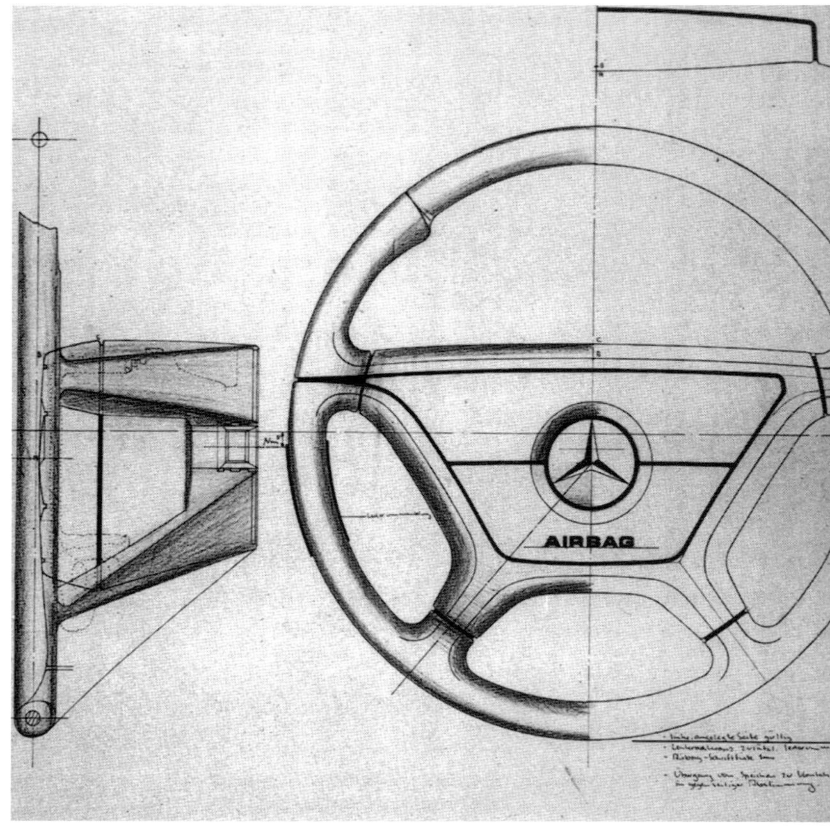


**Entwurfszeichnung des späteren Serienlenkrads mit Airbag.**

Trotz aller Vorgaben haben die Designer noch viel Spielraum, wie die sieben Entwürfe vom 29. September 1983 beweisen.
Der erste Entwurf verlässt ausgetretene Pfade. Die sonst an der Lenksäule angebrachten Schalter für die Blinker-, Licht- und Scheibenwischerbetätigung sind in Fingerreichweite, rechts und links vom Lenkrad, als Drucktasten am Armaturenbrett platziert. Hier werden Erinnerungen an die französischen Lösungen von Citroën CX und Renault R 25 wach. Außergewöhnlich sind auch die in der Abdeckhaube der Instrumente dargestellten Schlitze. In ihnen werden im Januar 1984 Leuchten mit Sekundärinformationen untergebracht. Diese Weiterentwicklung trägt auch eine modifizierte Mittelkonsole mit integrierten Haltegriffen, da, so die Überlegung, mit einem SL einfach schneller gefahren werde als mit einer Limousine und deshalb eine zusätzliche Haltemöglichkeit vorhanden sein müsse. In den Türen fällt das bis heute unübertroffene Symbol für die elektrische Sitzverstellung und die fast schon endgültige Form des an der rechten Tür gezeigten Haltegriffs auf, ebenso ein integriertes Heizungs- und Belüftungsgitter.

**Früher, ausgefallener Vorschlag für ein SL-Armaturenbrett. Für Außenstehende – und wer ist das nicht – interessant ist, mit welchen Hilfsmitteln ein Armaturenbrett-Dummy aus Ton in Augenhöhe gebracht wird.**

**Die Weiterentwicklung vom Januar 1984 mit Haltegriffen auf der Mittelkonsole.**

Der zweite Entwurf unterscheidet sich vor allem durch die Gestaltung der Hutze der Armaturenabdeckung. Sie läuft in einem weiten Bogen von links bis über die Mitte nach rechts. Über die gesamte Breite ist eine Holzfurniereinlage angedeutet – wobei deren Verlauf in die Türen rechts und links, wie bei Designmodellen nicht nur im Exterieur üblich, differiert – und die konkave Wölbung im Handschuhfach-Beifahrer-Airbagbereich. Auffallend an diesem Vorschlag ist das Fehlen von Öffnungen für die Direktbelüftung. Auf der Mittelkonsole sitzt der Schalthebel für das mechanische Getriebe mittig, während der Wählhebel für das automatische Getriebe nach links versetzt wird. Im Januar 1984 wird dieser Grundkorpus zu einem Entwurf mit einer Quasianaloganzeige umgearbeitet.
Der dritte Entwurf zeigt, so Andreas Langenbeck, Leiter des Interieur-Designs in Sindelfingen, eine langweilige Lösung aus dem September 1983. Immerhin kann diesem Entwurf im Bereich der Mittelkonsole und in der Anbindung der Lüftungsgitter in der Armaturenbrettmitte schon eine gewisse Seriennähe bescheinigt werden.
Der vierte Entwurf vom 29. September 1983 überzeugt durch ein klares Erscheinungsbild und stellt mit seinen tubenförmig, einzeln in Schächten platzierten Rundinstrumenten eine Alternative zu den bis dahin auf einem Tableau angebrachten Informationsträgern dar. Dieser Entwurf wird weiterentwickelt und am 5. März 1984, dann als Modell zwei ausgewiesen, in einer Sitzkiste präsentiert. Unterhalb der kleinen Schächte der Rundinstrumente,

**Der zweite Entwurf mit drei Rundinstrumenten, ...**

**... der zu einem Vorschlag mit Quasianaloginstrumenten umgearbeitet wurde.**

Der von Andreas Langenbeck als langweilig apostrophierte dritte Entwurf.

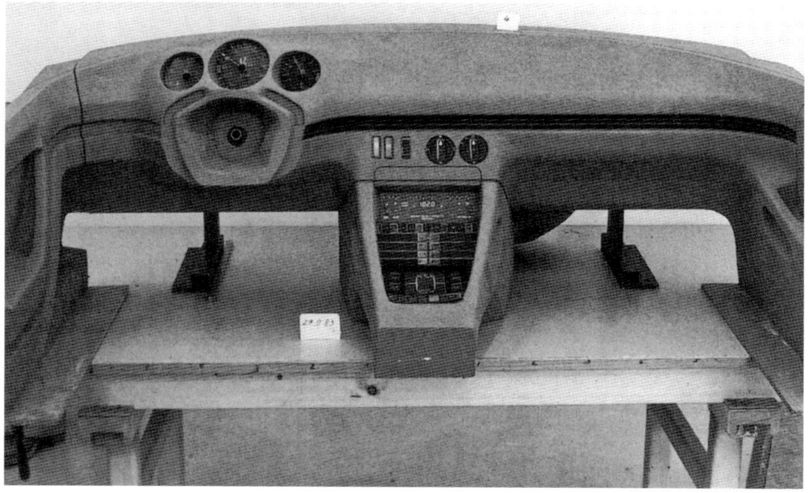

Tubenförmig untergebrachte Rundinstrumente beim vierten Vorschlag ...

links und rechts des Tachometers, sind zwei kleine Lichtleisten für die Aufnahme der Anzeigenleuchten vorgesehen. Außerdem gibt es ein neues Lenkrad, im Design dem heutigen ähnlich, dessen obere Speiche für den Einbau zusätzlicher Bedienungsfunktionen angelegt ist. In den Türen wird zum ersten Mal eine Ablagetasche mit einer Verschlussklappe angedeutet. Dieser Entwurf scheitert letztendlich wegen der Spiegelungen der Instrumente in der Windschutzscheibe.

Der fünfte Entwurf erhält ein digitales Informationssystem. Dass dieser Vorschlag, wenn auch aus Ton, nicht völlig auf tönernen Füßen stand, beweisen die Stufen seiner konsequenten Weiterentwicklung. Digitale Informationstafeln liegen zu der Zeit voll im Trend, der Opel Kadett GSI kommt 1984 serienmäßig mit einer digitalen Anzeigetafel zur Auslieferung. Nur auf Sonderwunsch sind Analog-Instrumente lieferbar. Was am 29. September 1983 noch sehr nach »much in Ton« aussieht, mündet am 16. Januar 1984 in einem realitätsnahen Vorschlag. Zeitgleich entsteht eine identische Version in einem Gesamtfahrzeug-Modell. An diesem Modell wird am 5. März 1984 als Alternative zum »digitalen Mäusekino« eine Version mit quasianaloger LCD-Anzeige in klassischer Rundinstrumenten-Konfiguration präsentiert und fotografiert. Die zweite Besonderheit dieses Entwurfs liegt in der Darstellung eines Lenkradkranzes mit unterschiedlichen Durchmessern und Materialien. Eine ähnliche Ausführung wurde später vom Mercedes-Benz-Fahrzeugveredler und -Vertreter Lorinser sowie ab März 1994 auch beim S 600 angeboten. Diese Lenkradvariante spielt während des gesamten Jahres 1984 eine Rolle, fällt aber dann der fehlenden Kompatibilität zum restlichen Pkw-Programm zum Opfer.

... und die Weiterentwicklung ein halbes Jahr danach.

Viel Ton und noch wenig zu Sehen: der fünfte Entwurf vom September 1983.

**Entwicklungsstand mit realistischer Aufteilung.**

**Weiterentwicklung mit neuem Lenkraddesign.**

Den sechsten Entwurf prägt ein futuristisches, quasianaloges LCD-Design. Die Instrumente sitzen in halbkreisförmigen Segmenten. Auffallend sind die im Wurlitzer-Orgel-Stil gehaltenen, großen Öffnungen der Diffusbelüftung. Auch bei diesem Entwurf wird ein neues Lenkraddesign präsentiert. Dominant ist die große Prallfläche, deren Unterteilung in drei Teile durch die Verlängerung der drei Achsen des Mercedes-Sterns gekennzeichnet wird. Auch dieser Vorschlag scheitert an der fehlenden Kompatibilität. Nach der bei Mercedes-Benz vertretenen Auffassung müssen aus Gründen der Corporate Identity die Lenkräder in allen Personenwagen dasselbe Erscheinungsbild aufweisen.

**Der letzte Entwicklungsstand mit drei Rundinstrumenten ...**

**Entwurf sechs mit quasianalogen LCD-Anzeigen.**

**... und als Alternative mit Quasianaloganzeige.**

Drei Entwicklungsstufen zum Armaturenbrett mit fünf Rundinstrumenten.

High-Tech-Look – die Mittelkonsole in mattschwarzer Ausführung.

Serienstand zur Präsentation im Frühjahr 1989.

Der letzte Stand: das Armaturenbrett des SL 600 mit erweiterter Ausstattung.

## Das Design

oder: Design oder Nichtsein, das ist hier die Frage

Während des Jahres 1984 findet der schon erwähnte Umbruch statt: von der bis dahin bei Mercedes-Benz Tradition gewordenen dreiäugigen Instrumententafel zur Ausführung mit fünf Rundinstrumenten für den SL und den W 140. Die beiden mittleren Belüftungsgitter sind in den ersten Vorschlägen symmetrisch der Breite der oben auslaufenden Mittelkonsole angepasst. Da die Luftzufuhr bei gleichem Durchsatzvolumen durch diese Gitter nicht befriedigt, werden die Gitter nach rechts verlängert. Dadurch ist das Armaturenbrett in diesem Bereich asymmetrisch. War am Anfang dem Routenrechner ein ständiges Display in der Mittelkonsole unterhalb des Belüftungsgitters vorbehalten, so entschließt man sich später, diesem einen Platz oberhalb der Belüftungsgitter im oberen Teil des Armaturenbretts zuzuweisen. Darüber hinaus ist dieses Fach durch eine Klappe zu verschließen. Sollte, was in den meisten Fällen der Fall war, kein Routenrechner zum Einbau kommen, diente dieses Fach als willkommene Brillenablage. Die Mittelkonsole wird von den Designern ursprünglich im nüchternen High-Tech-Look mattschwarz gestaltet. Auf Intervention des Verkaufs, und hier besonders des durch den USA-Markt geprägten Exports, wird die Mittelkonsole durch Holzfurnier veredelt. Für die Fertigung stellt diese Lösung zunächst ein echtes Problem dar, da Holzfurnier sich nur in eine Richtung biegen lässt. Deshalb wird die Konsole unterhalb des Aschenbechers getrennt.
Da es den meisten Personenwagen an geeigneten Ablagemöglichkeiten mangelt, wird der nach hinten verlängerte Raum der Mittelkonsole für kleinere Utensilien sinnvoll genutzt. Die Ablage für Musikkassetten wird durch einen kleinen, doppelten Rollladen verschlossen; der Raum unterhalb der mittleren Armlehne – sie lässt sich seitlich hochklappen – wird durch einen Ablagekasten ausgefüllt. Sämtliche Vorschläge für die Türinnengestaltung berücksichtigen zum ersten Mal bei Mercedes-Benz die Unterbringung von Lautsprechern unterschiedlicher Durchmesser der Soundanlagen. Das gilt ebenso für die sinnigen Elemente der elektrischen Sitzverstellung in den Türseitenteilen.

**Designentwürfe für die Türinnenseite.**

**Die Serienausführung mit Stoffbezug.**

# Die Aerodynamik

## oder: Faul, der Windhund?

Nein, faul sind Windhunde gemeinhin nicht. Andererseits ist Rüdiger Faul, für die Aerodynamik am R 129 zuständig, auch kein Windhund, auch wenn er, nolens volens, schon mal öfter seine Nase in den Wind halten muss. Und dass die Winde eines Windkanals eher einem tobenden Orkan als einem lauen Sommerlüftchen entsprechen, das weiß jeder, der einmal die Gebläse eines Windkanals toben hörte. Aber wie ein Windhund rennen musste der Rüdiger Faul häufig, denn die Aerodynamik ist eine wichtige Schnittstelle zwischen den »Künstlern«, lies den Designern, und den »Strichlesziehern«, den für die Aerodynamik zuständigen Ingenieuren und Konstrukteuren.

In keiner Disziplin sitzen Design und Konstruktion so eng zusammengerückt auf derselben Bank desselben Bootes, da sowohl das Design eines Automobils als auch das Streben nach einem möglichst günstigen $c_w$-Wert sich gegenseitig beeinflussen.

Die Verringerung der Fahrwiderstände war einer der wichtigen Punkte im Lastenheft der Karosseriekonstruktion. Rüdiger Faul – er war für die Aerodynamik der frühen Sauber-Sportwagen verantwortlich und schuf seinerzeit die Verbindung zwischen

**Dipl.-Ing. Rüdiger Faul war nicht nur für die Aerodynamik am R 129 zuständig, er hat auch Humor. Das Messergebnis im Sindelfinger Windkanal ergab, dass er, aufgrund seiner nicht mehr zu optimierenden Kanten, die Werte seiner Probanden nie erreichte.**

**Nomen non est omen. Als im Untertürkheimer Windkanal das Modell eins vom Luftstrom angeblasen wurde und wegrollte, griff – nicht faul – Rüdiger Faul zum Schweißgerät und versah das Tonmodell mit einer Feststellbremse.**

Mercedes-Benz und Peter Sauber – sieht im Rennsport deshalb eine ausgezeichnete Vorbereitung: »Im Rennsport ist es wie mit einer Schwangerschaft: ein bisschen gut oder ein bisschen schwanger gibt es einfach nicht. Entweder man hat als Ingenieur sauber gearbeitet, und dann klappt es. Oder es klappt nicht, dann hat man etwas falsch gemacht. Über formale Gestaltung kann man trefflich streiten. Was wir tun, das sieht man nicht, weil wir mit einem unsichtbaren Medium arbeiten, aber unsere Arbeit ist wägbar und messbar, das ist das Entscheidende. Selbst bei einer in USA häufig gefahrenen Geschwindigkeit von 55 mph fordert der Luftwiderstand so viel Verbrauch wie alle anderen Widerstände zusammen. Außerdem ist es ein weit verbreiteter Irrtum, dass wir nur für günstige $c_w$-Werte und somit für ›flutschige Seifenstücke‹ oder ›abgelutschte Bon-Bons‹ der High-Speed-Fetischisten verantwortlich sind. Die Gesamtfahrleistung eines Fahrzeugs ist eine so komplexe Geschichte, dass es für einen guten Ingenieur fatal wäre, sich nur auf einzelne Punkte zu konzentrieren. Die Aerodynamik wird immer wieder gerne in Diskussionen herangezogen. Sie ist mit ihrer ganzheitlichen Auswirkung aber so komplex, dass sie als Argumentation für viele zu dünn ist, um ernst genommen zu werden. Nur durch die Salamitaktik vieler kleiner Schritte kommt man zu einem guten Auto. Das Gesamte nicht aus den Augen zu verlieren, das ist die Kunst, und das ist es auch, was die Größe zum Beispiel eines Professor Scherenberg oder eines Rudolf Uhlenhaut ausmacht. Das hat mich schon als Student an der Uni beeindruckt.«

Der weitverzweigte Bereich der Strömungsbeeinflussung ist gerade bei einem auch offen zu fahrenden Fahrzeug wesentlich breiter gefächert als bei einem Coupé. Er deckt auf den ersten Blick sehr unterschiedliche Disziplinen ab wie

- die Schmutzwasserführung von Scheinwerfern, Leuchten und Scheiben;
- das heikle Problem der Motorraumdurchströmung, um Kühlungsprobleme durch optimale Luftzu- und, was genauso wichtig ist, Luftableitung zu vermeiden. Immerhin muss die Kühlerdurchströmung, mit Ausnahme des 600 SL, auf eine Anhängelast von 1500 kg ausgelegt sein.
- Das Abdichten der Karosseriespalten im Bug- und Leuchtenbereich,
- die Gestaltung des Felgengesichts zur Optimierung der Bremsenkühlung,
- das Vermeiden des Flatterns der Heckscheibe des Stoffdachs,
- das Unterbinden von Luftwirbeln im Innenraum bei offenem Fahrzeug,

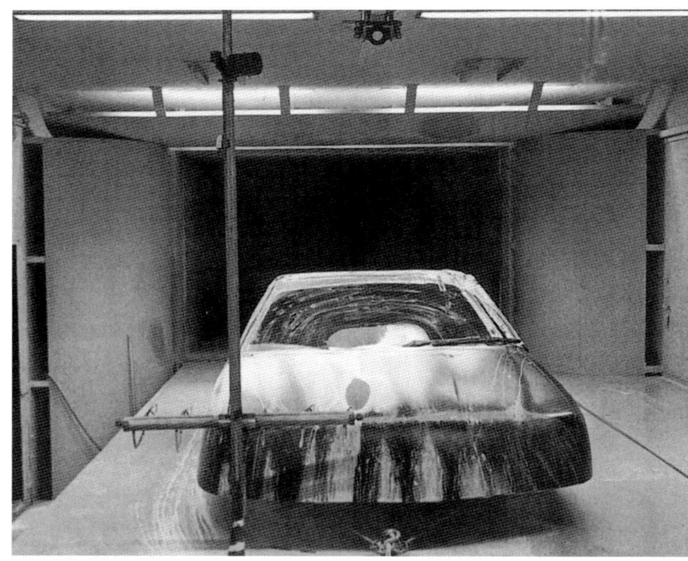

**Schmutzwasserführung an einem provisorischen Modell des oberen Karosseriebereichs.**

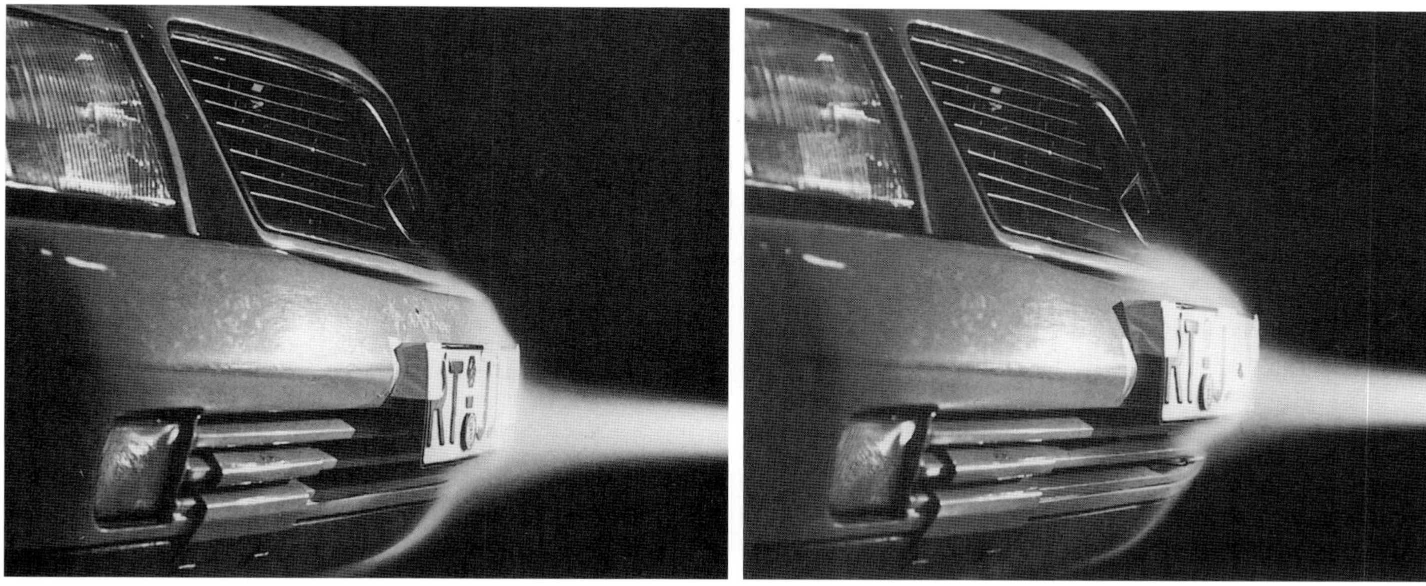

**Einfluss der unterschiedlichen Höhe des Nummernschilds auf die Strömungsverteilung.**

**Hier wurde die Auswirkung des Abdichtens von Trennfugen im Bugbereich am Hartmodell eins untersucht.**

- das Vermeiden zu großer Vorder- und Hinterachsauftriebswerte und das Abstimmen derselben aufeinander,
- das Abstimmen der Seitenwindempfindlichkeit,
- die Auswirkung von Unterbodenverkleidungen und und und ...

Der für den Aerodynamiker wichtigste Bereich ist der vom größten Querschnitt aus nach hinten verlaufende Karosserieabschnitt. Damit die Strömung dort nicht abreißt, wird die Karosserie nach hinten schmaler, oder, wie die Fachleute sagen, sie wird nach hinten eingezogen. Um das Nachlaufgebiet so klein wie möglich

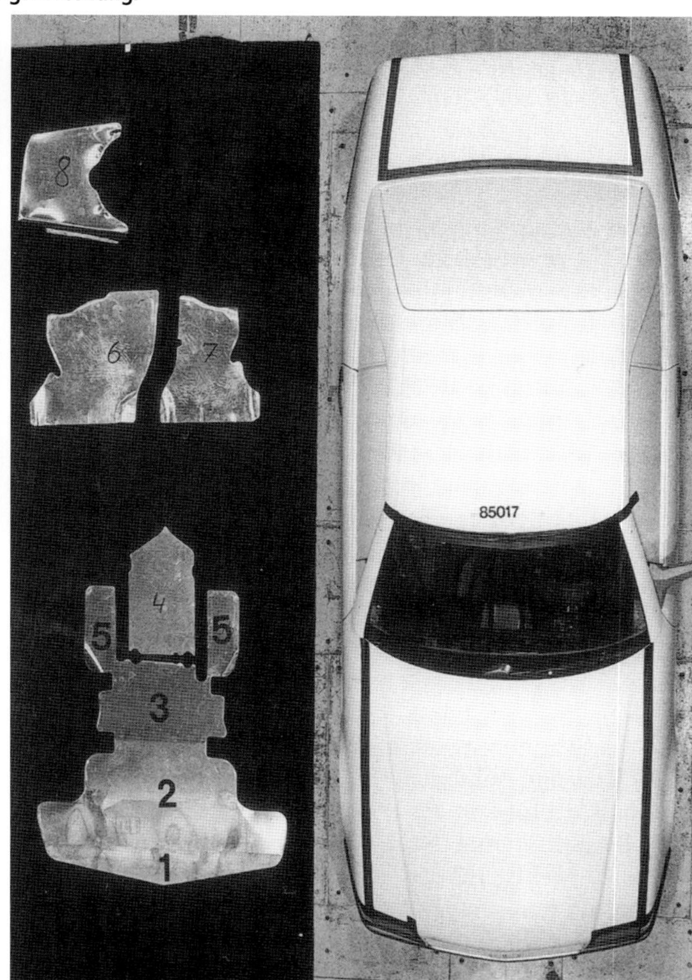


**Untersuchungen mit Unterbodenverkleidungen aus dem Jahre 1985.**

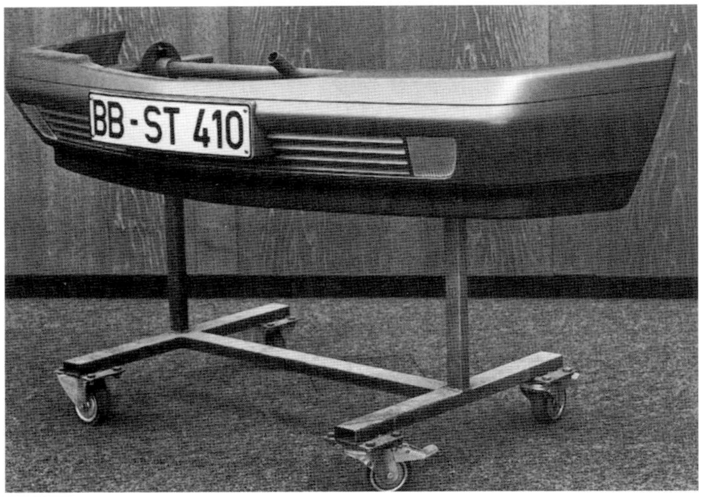


**Der ursprüngliche Bugspoiler, der wegen des ungünstigen Böschungswinkels verworfen wurde.**

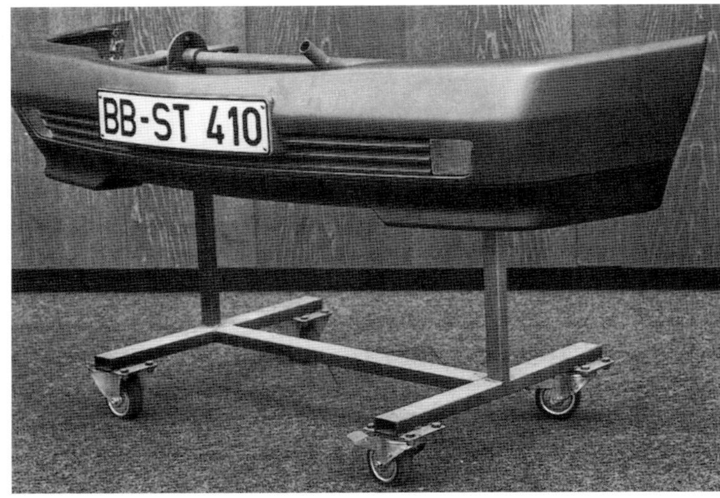


**Stoßfänger mit Teilbugspoilern, die in Verbindung mit …**

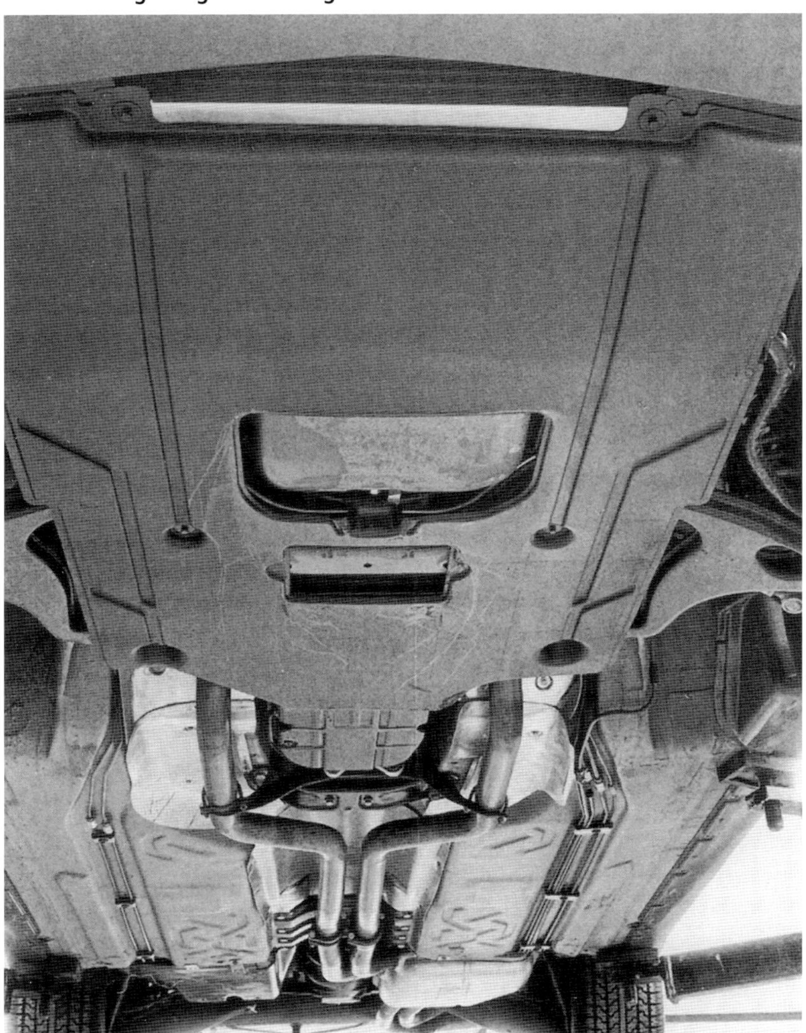

**… der Unterbodenverkleidung zu hervorragenden Werten führten.**

zu halten, muss die Dachströmung nochmal auf dem Kofferdeckel aufsetzen. Dies ist der sachliche Grund für die von den Aerodynamikern angestrebte hohe oder eventuell angehobene Kofferraumkante, unabhängig von temporären Designströmungen. Der Aufgabenkatalog der Aerodynamiker ließe sich also fast bis ins Uferlose fortsetzen, seine Punkte sind immer in die Gesamtproblematik eines Fahrzeuges eingebunden.

Eine komplexe, relativ auffällige Aufgabe ist die Gestaltung der Bugschürze. Bei ihr muss, neben der Kühlluftführung, dem Vorderachsauftrieb und der Bremsenbelüftung, auch der für Garagenauffahrten, Bordsteinkanten und Zug- und Autotransporterverladungen so wichtige Böschungswinkel berücksichtigt werden. Auch Schneestraßen mit ausgefahrenen Spurrinnen und festgefrorenem Schneehügel in der Mitte verfehlen nicht ihre zerstörerische Wirkung auf jedwede tiefliegende Karosseriebegrenzung, egal, welche Materialstruktur ihr auch zu eigen ist. Es gibt eine konkrete Verknüpfung zwischen dem Abstand der Bugschürzenunterkante zur Fahrbahn auf der einen und dem $c_w$-Wert und dem Vorderachsauftrieb auf der anderen Seite. Da steckt man dann schnell in der Zwickmühle zwischen technisch sinnvollem und praktisch tolerablem.

Auf dem Wunschzettel für den R 129, dem Lastenheft – bei Mercedes-Benz Pflichtenheft genannt, weil man offensichtlich die Pflicht nicht als Last empfindet –, wird 1981/82 ein $c_w$-Wert von 0.32 festgeschrieben. Außerdem sollen die Auftriebswerte an der Vorder- und Hinterachse drastisch reduziert werden. Vorn wird ein $C_{Av}$-Wert von 0.1 angestrebt. Man hatte das abschreckende

Beispiel des R 107 noch vor Augen. Das Laborieren mit unterschiedlichen Spoilerausführungen, je nach Bauzustand und Motorenbestückung, musste auf jeden Fall vermieden werden. Ende 1981 steht bereits das Tonmodell R 129-1, damals noch in wenig attraktivem Rohzustand, im Untertürkheimer Windkanal. Die fertigen Modelle werden bei Mercedes-Benz vom Design mit der Maßgabe angeliefert, den $c_w$-Wert zu verbessern, ohne das Formkonzept zu beeinträchtigen. Mit dem Vorgängermodell R 107 hatte es die kleine Stirnfläche gemein, mit 1,86 qm unterbietet es sie noch um eine Winzigkeit. Der $c_w$-Wert liegt jedoch mit dem geforderten Wert von 0.32 um 26.9 Prozent günstiger. Da dieses Tonmodell über eine Bodengruppe des R 107 sowie einen Motor M 117 E 50 mit Kühler verfügt, ist der gemessene Wert im Hinblick auf die Motorraumdurchströmung und die Karosserieunterströmung schon sehr relitätsnah. Allerdings ist die Reifengröße 195/70 x 14 sehr schmal und daher $c_w$-freundlich.

**Am Tonmodell eins wurde Ende 1981 im Untertürkheimer Windkanal letzte Hand angelegt.**

**»Wintersturm« in der Halle. Der erreichte $c_w$-Wert von 0.32 entsprach den Erwartungen.**

**Kein Versteckspiel trieb das Modell drei aufgrund seines guten $c_w$-x-F-Wertes.**

**Pacecar – aufgrund seines $c_w$-Wertes von 0.29 fuhr das Tonmodell, im übertragenen Sinn, voraus.**

# Die Aerodynamik
oder: Faul, der Windhund

**Probieren geht über studieren. In kleinen Schritten tastete man sich 1984 an die optimale Bugschürzen-Gestaltung heran.**

**Die trompetenförmige Aufweitung der Radausschnitte ermöglichte einen günstigen $c_w$-Wert trotz breiterer Räder.**

**Aus stilistischen Gründen musste die Anpassung zur Reduzierung des Nachlaufgebiets unterbleiben.**

Anfang 1982 braucht sich auch das Tonmodell R 129-3 mit einem $c_w$-Wert von 0.32 mit Reifen der Größe 205/60 x 15, allerdings ohne Außenspiegel, nicht zu verstecken. Die gemessene Stirnfläche beträgt nur 1,87 qm.

Etwa ein Jahr später, zu Beginn des Jahres 1983, wird das Tonmodell R 129-5 mit dem beachtlichen $c_w$-Wert von 0.29 gemessen. Der Wert ist umso erstaunlicher, wenn man bedenkt, dass er mit Kühlluftdurchströmung und der Bereifung 205/60 x 15 ermittelt wird. Der komplette Boden ist verkleidet, die Stirnfläche entspricht mit 1,87 qm der des Vorgängers.

Anfang 1984 werden an den Tonmodellen R 129-5 und R 129-6 im Untertürkheimer Windkanal umfangreiche Messungen mit verschiedenen Bugschürzen durchgeführt, da die Tonmodelle vom angestrebten $C_{Av}$-Wert von 0.1 (Basismessung mit Hardtop) noch weit entfernt sind. Sie liegen bei etwa dem doppelten des angestrebten Wertes. Zur Erinnerung: Das Vorgängermodell R 107 hatte einen $C_{Av}$-Wert von 0.263, der auf alle Fälle drastisch reduziert werden soll.

Anfang 1985 bläst der Untertürkheimer Windkanal nochmal mit vollen Backen in Sachen R 129. Zwei Änderungen, für den flüchtigen Betrachter fast unsichtbar, sind der Anlass für diese Aktivitäten: Einerseits der unbefriedigende Vorderachs-Auftriebswert, andererseits der einheitliche Übergang auf die breite 225er-Bereifung für alle Typen. Durch die Anwendung des Teilbugspoilers in Verbindung mit der Unterbodenverkleidung gelingt die Quadratur des Kreises aus Böschungswinkel und Bodenfreiheit sowie angestrebtem $C_{Av}$-Wert. Mit dem erreichten – $C_{Av}$ 0.12 – sind die Ingenieure zufrieden, und die Designer sehen ihr Kunstwerk nicht verschandelt. Die Verringerung des Vorderachsauftriebs um über 50 Prozent bedeutet bei 200 km/h eine Reduzierung der Auftriebskräfte auf 430 N.

Und ewig blasen die Winde – das Endergebnis konnte sich sehen lassen.

Die blauen Flächen zeigen hohen Energieverlust an. Markant wird die günstige Gestaltung des Unterbodens am R 129 links, im Vergleich zum R 107 rechts, sichtbar.

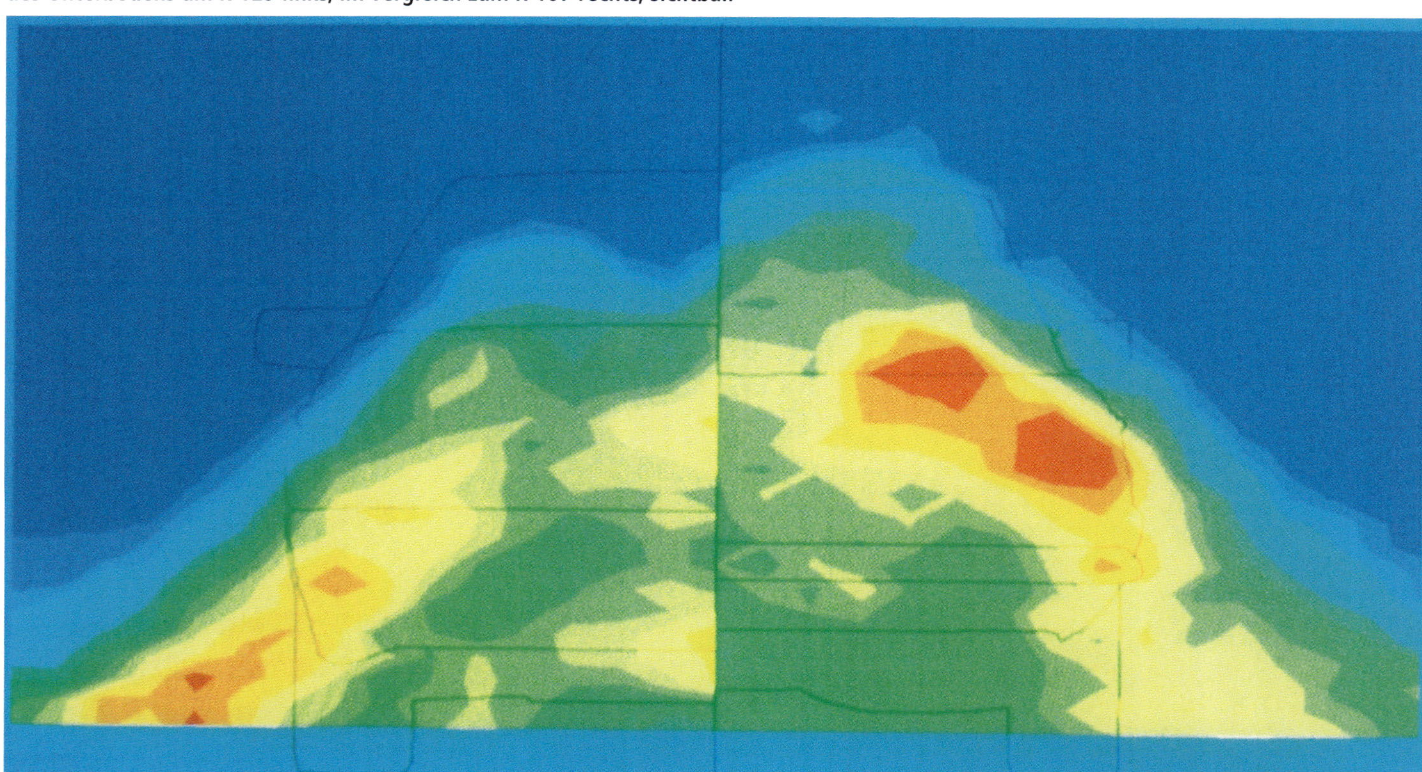

Nachlaufmessungen im Vergleich zwischen R 129 (links) und R 107 (rechts). Obwohl der R 107 kleiner ist, liegt sein Nachlauf höher und ist flächenmäßig ausgedehnter. Deutlich wird die bessere Dachüberströmung am R 129 sichtbar.

Die zweite Aufgabe besteht im Anpassen der Karosserie an die größere, breitere Bereifung. Die Kotflügel müssen weiter herausgezogen werden, die Radausschnitte werden größer – und somit ist die ausgeklügelte Umströmung dahin. Auch hier wird in mühevoller Windkanal-Arbeit der alte Zustand wieder hergestellt. Das Ergebnis besteht in der Aufweitung der Bugschürze und den trompetenförmigen Ausweitungen der Seitenteile und Schweller zu den Radhausausschnitten hin. Eine konsequente Anpassung im Heckbereich zur Verringerung des Nachlaufgebiets muss aus stilistischen Gründen unterbleiben. Wie schnell und deutlich sich $c_w$-Werte verändern, zeigt der Vergleich zwischen dem Sindelfinger Prototyp 11 von 1986, der mit einem Außenspiegel auf einen $c_w$-Wert von 0.34 kam, und dem von Hand aufgebauten Wagen Nummer zwei der Sindelfinger Arbeitsvorbereitung (AV), der 1988 mit zwei Außenspiegeln einen hervorragenden $c_w$-Wert von 0.315 erreicht.

Auf der Vergleichsbasis des 300 SL sieht die Erfolgsbilanz der »Propellerträger« (Aerodynamiker tragen nämlich Fliege, im Gegensatz zu den Designern, die stets Krawatten und Hosen mit Bügelfalten tragen, wie mir einmal ein Designer erklärte) wie folgt aus:

Der $c_w$-Unterschied zwischen geschlossenem Dach und Hardtop von 0.19 ist auch messbar, wie Messungen auf dem VW-Versuchsgelände von Ehra-Lessien mit einem 300 SL-24 beweisen. Der Wagen erreicht mit Hardtop einen Mittelwert von 238,05 km/h. Mit dem Stoffdach schafft er 235,55 km/h. Wie vergleichsweise schlecht der R 107 da war, geht nicht nur aus den nackten Fakten hervor, sondern lässt sich auch optisch anschaulich machen. Mit einer Totaldrucksonde wird ein Meter hinter dem Fahrzeug der in der Strömung entstehende Verlust an Bewegungsenergie gemessen. Der Totaldruckverlust-Beiwert wird dann optisch sichtbar. Dabei ist klar zu erkennen, dass der Vorgänger trotz kleinerer Stirnfläche einen höheren und flächenmäßig ausgedehnteren Nachlauf hat. Während sich beim R 107 die Strömung an der Dachhinterkante endgültig ablöst, werden beim R 129 das Hardtop und die Heckscheibe so überströmt, dass sich die Strömung nur auf dem Kofferdeckel leicht ablöst.

| | **Luftwiderstandsbeiwerte $c_w$** | | **Auftriebsbeiwerte $C_A$** | | | |
|---|---|---|---|---|---|---|
| | R 129 | R 107 | R 129 | | R 107 | |
| | | | $C_{Av}$ | $C_{Ah}$ | $C_{Av}$ | $C_{Ah}$ |
| mit Hardtop | 0.315 | 0.438 | 0.12 | 0.09 | 0.263 | 0.071 |
| mit Stoffdach | 0.334 | 0.405 | 0.09 | 0.11 | 0.254 | 0.081 |
| mit offenem Dach und geschl. Seitenscheiben | 0.407 | 0.530 | 0.08 | 0.10 | 0.230 | 0.100 |
| mit offenem Dach und offenen Seitenscheiben | 0.429 | 0.540 | 0.09 | 0.09 | 0.250 | 0.080 |
| mit offenem Dach, geschl. Seitenscheiben und Windschott | 0.413 | – | – | – | – | – |

# Das Windschott

## oder: Wer stürmt mit dem Haarnetz durch Sturm und Wind?

Es sind Hans und Karl-Heinz mit dem Windschott im Spind, ist man geneigt, die Erlkönig-Persiflage fortzusetzen, wenn man sich mit einer der sinnvollsten Zubehörpositionen, wenn nicht sogar mit der Zubehörposition für ein Cabriolet schlechthin beschäftigt. Eigentlich ist es eine Schande für Mercedes-Benz, dass man den Kunden ungeniert, bei Fahrzeugpreisen die sich zwischen 120.000 Mark und einer Viertelmillion bewegen, für das Windschott bis 1. Juni 1993 noch extra in das Portemonnaie griff. So einfach das Windschott im Grunde aussieht, so schwierig war der Weg zu dieser perfekten Lösung. Das Windschott war in den frühen Projektbeschreibungen gar nicht enthalten. Es handelt sich also um eine typische »Seiteneinsteiger-Entwicklung«. Die ersten Versuche werden Ende 1986 noch an R 107 gemacht, da man die wenigen Prototypen des R 129 für andere Versuche vorrangig einsetzt.
Das Sicherheitsdenken, verbunden mit hartnäckig bohrendem Erfindergeist, ist seit Bela Barenyi eine der Sindelfinger Traditionen schlechthin. Da wundert es einen dann doch wieder nicht, dass gerade bei Mercedes-Benz diese Entwicklung sich durchsetzte.
Wie so oft im Leben werden Entwicklungen durch Ärgernisse des täglichen Daseins ausgelöst, und es ist ebenfalls eine häufig gemachte Erfahrung, dass vernünftige Ideen zuerst einmal auf ungläubiges Kopfschütteln oder sogar Ablehnung stoßen.
So auch im Falle des Windschotts, dessen Gegner sich den offen fahrenden Kunden als Macho-Typ vorstellten, der sich – verpackt in zünftige Lederkappen und -jacken – den Wind um Stirn, Nase, Ohren und Nieren blasen lässt, um so uriges Lebensgefühl zu demonstrieren. Und sind die immer noch nicht vom Aussterben bedrohten, sympathischen Windgesichter von der britischen Insel nicht ein untrügliches Indiz dieser These?
Die Ingenieure Hans Götz und Karl-Heinz Baumann verfolgten ihre Vorstellung vom möglichst zugfreien, offenen Fahren mit ungeheurer Hartnäckigkeit.

**Götz – dieses Mal nicht von Berlichingen, sondern – vom Windschott.**

**Abwehversuch an einem mit Sägemehl beladenen Lkw-Modell bei v = 30 km/h aus dem Jahr 1971.**

**Luftdurchlässige Schottwände verhindern das Abwehen des Sägemehls bei v = 85 km/h.**

Immerhin haben die Tüftler einige schlagkräftige Argumente auf ihrer Seite. Da beim Offenfahren oberhalb von 100 km/h Zugluft und Windgeräusche sehr unangenehm werden, bevorzugen viele Fahrerinnen und Fahrer, gerade auf der Autobahn, das Fahren mit geschlossenem Verdeck. Das führt zur Reduzierung des Offenfahrens auf die gerade in Mitteleuropa wenigen warmen Tage und auf kürzere Strecken mit geringen Geschwindigkeiten. Auch der Geheimtipp alter Ledergesichter, die Heizung möglichst warm einzustellen und den Luftstrom auf den Fußraum zu lenken, führt nur zu warmen Füßen, aber darüber sind die Insassen aufgrund des starken Luftaustauschs unangenehmen, kalten Turbulenzen ausgesetzt. Ein weiterer, wichtiger Punkt ist, dass über 100 km/h mit den Turbulenzen die Geräuschentwicklung extrem zunimmt, der Geräuschpegel liegt beim Fahren mit dem Windschott um fünf bis sechs dB(A) niedriger. Deshalb zwingt das Fehlen eines Windschotts so manchen Offen-Fahrer zum Tragen von Motorradbrillen, Lederhauben und Lederjacken.

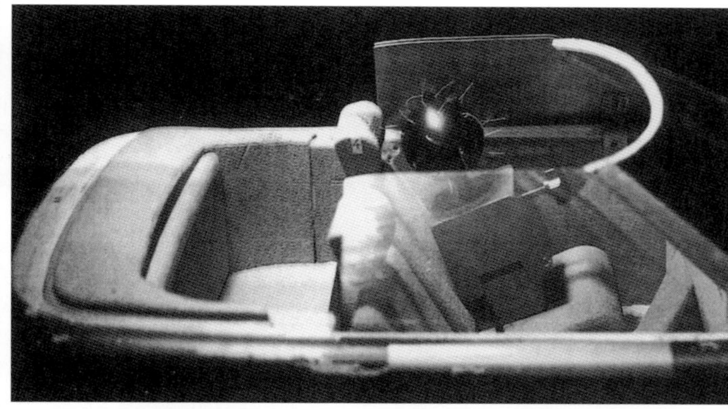

**Erste Versuche einer »Zähmung« des »widerspenstigen Struwwelpeters« am Modell.**

**Das erste Handmuster aus luftundurchlässigem Plexiglas, hier an einem R 129 Prototyp.**

# Das Windschott

oder: Wer stürmt mit dem Haarnetz durch Sturm und Wind?

Ein weiteres Versuchsmuster aus luftdurchlässigem Plexiglas in sitzbezogener Ausführung an einem R 107.

Dieses Versuchsmuster in sitzbezogener Ausführung an einem R 107 wies erstmals die Netzlösung auf.

Die »große« Lösung, das Windschott für beide Sitze, mit Netz an einem R 107 ...

Als weitere wichtige Aspekte kommen die Beeinträchtigung der Fahrerkondition und somit der Fahrsicherheit hinzu sowie die Tatsache, dass aufgrund der Turbulenzen alles aus dem Fahrzeug herausgewirbelt wird, was nicht niet- und nagelfest untergebracht ist – bestechende Gründe für das Windschott, das bis dahin nur in den Vorstellungen seiner Erfinder existierte.

Aus der Erkenntnis heraus, dass für die Luftturbulenzen im Fahrgastraum die Strömungsablösung an der Oberkante der Windschutzscheibe zuständig ist, die zu einer Druckabsenkung im Bereich der Windschutzscheibe führt und dadurch die von hinten einfallende Luftwalze erzeugt, wird zunächst eine Trennwand hinter dem Fahrer und dem Beifahrer angebracht.

Die Gegenprobe in der Praxis sorgt allerdings für lange Gesichter, da die Luftwirbel nun von oben in den Innenraum schlagen und die Passagiere nur noch stärker als vorher belästigen.

Der Ingenieur Hans Götz erweist sich in diesem Stadium der erprobenden Entwicklung als Hans im Glück. Als alter Motorradfahrer hatte er sich schon immer über die auch jedem Autofahrer bekannten Fahnen von verwehtem Sand aus fahrenden Sandlastern geärgert und deshalb 1971 eine Erfindung patentieren lassen, in der querstehende, luftdurchlässige Schottwände (daher auch der spätere Name »Windschott«) das Abwehen des Schüttgutes verhindern.

Diese Idee aufgreifend, versehen Hans Götz und Karl-Heinz Baumann die zunächst luftundurchlässigen Wände mit zahlreichen Bohrungen, nachdem die Versuche mit luftundurchlässigen Trennwänden in jeder Hinsicht unbefriedigend gewesen waren. Die Versuchsergebnisse verbessern sich, sind aber immer noch nicht befriedigend. Erst als ein Metallsieb mit erheblich größerer Luftdurchlässigkeit die gelochten Plexiglaswände ersetzt, können die Zuglufterscheinungen drastisch reduziert werden. Störend sind jetzt nur noch die Zischgeräusche bei Geschwindigkeiten von mehr als 100 km/h.
Im nächsten Schritt wird ein in einen Rahmen gespanntes Netz erprobt. Durch die Elastizität des Netzes ergibt sich eine variable Luftdurchlässigkeit. Dadurch werden die von hinten einfallenden Luftwirbel so stark abgebremst, dass im Innenraum die Luft mit wesentlich geringerer Geschwindigkeit zirkuliert. Durch die Dehnung bei steigenden Geschwindigkeiten wird das Netz luftdurchlässiger und kann somit größere Luftvolumina passieren lassen. Die drastisch reduzierte Zugluft bei allen Geschwindigkeiten reduziert auch erheblich die Windgeräusche. Außerdem behindert das dünne Netz die Sicht nach hinten relativ wenig und sorgt für ein möglichst ungehindertes Frischluftgefühl.
Ein weiterer Effekt der reduzierten Luftströmungen ist die Möglichkeit, bei kühler Witterung den Innenraum zu beheizen, oder, was für Kaltluftfreaks auch nicht zu unterschätzen ist, bei heißem Wetter die kühlende Klimaanlage sinnvoll einzusetzen.
Wer nun annimmt, das Windschott sei nun fertig gewesen, unterschätzt die kleinen Teufelchen. Diese gehörnten Kobolde sitzen bekanntlich im Detail und haben schon so manche erstrebenswerte Lösung zu Fall gebracht. Die Entwicklung des Windschotts hat sich ausgesprochen praxisbezogen, ohne Trockenschwimmübungen in Simulatoren, Prüfständen und Windkanälen vollzogen. Denn die Temperaturempfindlichkeit des Menschen ist subjektiv und noch dazu von Person zu Person so unterschiedlich, dass sie nicht messbar ist. Da im Windkanal die Lufttemperaturen zu hoch liegen, werden die subjektiven Beurteilungsparameter anhand von Fahrversuchen in der Praxis ermittelt, wobei Hans Götz seine »aufgeräumte Frisur« als hochempfindlicher Temperatursensor sehr zustatten kam. Und Windgeräusche im offenen Auto sind im Windkanal, aufgrund des infernalischen Lärmpegels bei hoher Anblasgeschwindigkeit, sowieso nicht zu ermitteln. Daher werden die Fahrversuche besonders in der kühleren Jahreshälfte unternommen. Auch die Professoren Werner Niefer, als damaliger Pkw-Chef, und Guntram Huber, als Entwicklungschef für Aufbauten in Sindelfingen, zeigen sich vom Offenfahren

**... und an einem R 129 Prototyp.**

mit Windschott bei -15 °C Außentemperatur 1988 in Lappland angetan.
Dennoch hat die Netzstruktur ihre Tücken, was sich in unangenehmen Pfeifgeräuschen bei unterschiedlichen Geschwindigkeiten zeigt. Dieser sehr lästigen Erscheinung machen die Ingenieure nach langen Versuchen den Garaus. Sie ermitteln als Optimum einen lichten Anteil der Netzöffnungen von 30 bis 35 Prozent, die

## Das Windschott

oder: Wer stürmt mit dem Haarnetz durch Sturm und Wind?

**Es war fünf nach zwölf: Elke Kriebel demonstrierte die windigen Kräfte bei 130 km/h ohne Windschott, ...**

**... um kurze Zeit später allen Ungläubigen die überzeugende Wirkung des Windschotts bei 190 km/h zu demonstrieren.**

rechtwinklig kreuzenden Polyesterfäden müssen einen runden bis ovalen Querschnitt und eine gespleißte Struktur aufweisen, die allerdings nur unter einem Mikroskop sichtbar wird – Hans Götz: »Der Witz des Netzes liegt in der Lochstruktur des Gespinstes und den gespleißten Polyesterfäden.«

Bei dieser Gelegenheit kommt Elke Kriebel zu globaler Bekanntheit in Sachen Windschott. Nicht etwa, weil sie als Sekretärin Versuchsberichte getippt hat, sondern weil niemand besser als sie mit ihrem langen, blonden Haarschopf im 200 km/h-Bereich die Wirksamkeit des Windschotts illustriert.

Unterbringung, Form und Handling des damals noch starren Windschotts erweisen sich als letzte Stolpersteine. Bei den ersten Versionen reicht der netzbespannte Rahmen über die gesamte Fahrzeugbreite von Seitenscheibe zu Seitenscheibe. Dadurch wird das automatische Verdeck bei montiertem Windschott blockiert. Außerdem passt das Monstrum nicht in den Kofferraum. Um die Linienführung des offenen Fahrzeugs nicht zu verschandeln, wird deswegen der über die Bordkante hinausragende Teil des Windschotts abklappbar ausgeführt, ein wesentlicher Punkt, der die Unterbringung im Kofferraum erleichtert.

Die Ingenieure Götz und Baumann erhalten übrigens neben den Patenten DE 3915866 CI für die Netzstruktur und DE 3914036 CI für das Windschott in seiner heutigen Version noch zwei weitere Patente. Patent DE 3914035 sieht vor, das abklappbare Windschott mit dem Überrollbügel zu koppeln, Patent DE 4037707 CI, das Windschott durch ein Rollo zu bilden, dessen Aufwickelrolle an einer vorne liegenden Abschlusskante der Abdeckung festgelegt ist.

Welche Bedeutung das Windschott mittlerweile erlangt hat, zeigt allein die Tatsache, dass binnen kurzer Zeit auch für den Vorgänger R 107 dieses sinnvolle Zubehör zu kaufen war. Beim Cabriolet A 124 steht die »Zugbremse« von vorneherein in der Zubehörliste, und die Zubehörindustrie bietet längst Windschotts auch für Cabriolets an, deren Wiege nicht in Sindelfingen oder Bremen stand.

Und auch andere Hersteller von Cabriolets, wie Audi, BMW und Porsche, konnten sich dem Sog des Windschotts nicht entziehen. Sie boten dieses Zubehör wenig später – zum Teil schon ab Werk – ebenfalls an.

Die Baumeister – das Headhuntern verdächtige Konstruktionsteam. Von links: die Ingenieure Hans Götz, Burkhard Döpp, Karl-Heinz Baumann, Konstruktionschef Professor Guntram Huber, Werner Heiß und Jürgen Schrader hinter ihrem Werk.

# Die Karosserie-Konstruktion

## oder: Ausgerechnet Bananen

Die Deutschen, nicht nur die Ostdeutschen, sind, gemessen am Pro-Kopf-Verbrauch, die größten Bananenverzehrer der Welt. Deshalb fällt ihnen bei häufigem Benutzen eines Cabriolets die Korrelation zwischen der gebogenen Südfrucht und ihrem fahrbaren Untersatz gar nicht auf. Aber es wäre nun wirklich eine üble Verleumdung, wenn man den Professor Huber mit seiner Konstrukteurs-Mannschaft auch nur im Entferntesten mit dieser wohlgebogenen Südfrucht in einen Topf stecken würde. Es ist auch nicht wahr, dass die Banane als abschreckendes Beispiel über jedem Zeichencomputer der Karosseriekonstrukteure in Sindelfingen hängt.

Historisch verbürgte Tatsache ist hingegen, dass zu Rudolf Uhlenhauts Zeiten, nachdem die Einfahrbahn in Untertürkheim mit ihrer Steilkurve eingeweiht war, mancher offene W 113 oder W 111 nach einem Parforceritt Rudolf Uhlenhauts oder Erich Waxenbergers durch die Steilkurve, bei den Südfruchtgrossisten des Stuttgarter Großmarkts jenseits des Neckars eine bessere Figur abgegeben hätte als auf dem Messtisch der Untertürkheimer Versuchsingenieure diesseits des Flusses.

An dem geschilderten Beispiel wird deutlich, dass das Schwingungsverhalten und die Drehsteifigkeit eines offenen Fahrzeugs eine der schwierigsten, aber auch interessantesten Herausforderungen für Karosseriekonstrukteure darstellt. Das Dach, das sonst im Gesamtverbund einer Karosserie wesentliche Stabilitätsfunktionen übernimmt, fehlt. Durch konstruktive Maßnahmen in anderen Bereichen der Karosserie müssen seine Funktionen übernommen werden, da gerade bei einem offenen Fahrzeug die Verwindungssteifigkeit und die Torsionseigenfrequenz erster Ordnung von ausschlaggebender Bedeutung sind.

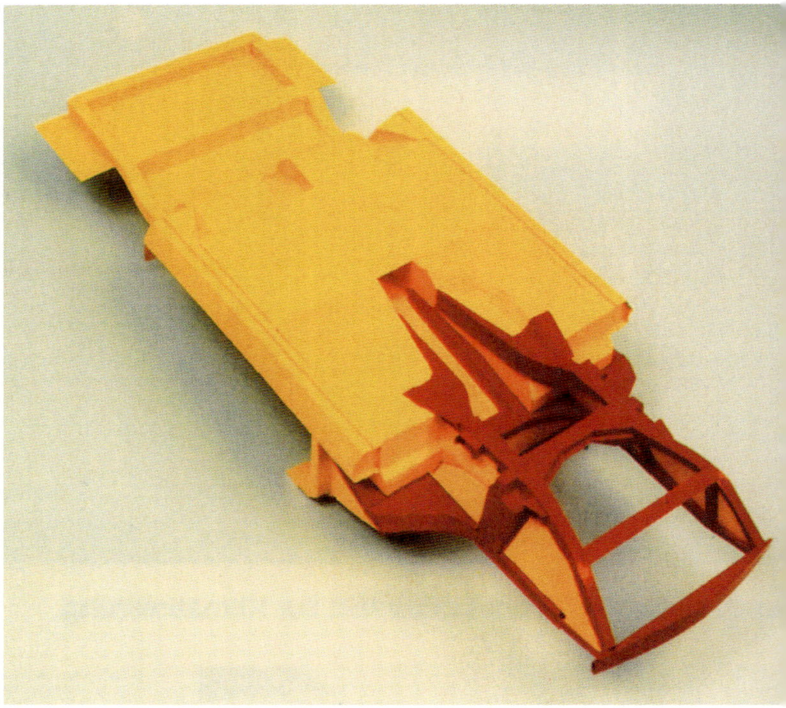

**Bodengruppenmodell des R 129.**

# Das Schwingungsverhalten

Das Schwingungsverhalten und die Steifigkeit einer Karosserie sind Grundvoraussetzungen für ein sicheres Fahrverhalten und den Komfort eines Fahrzeuges. Es gilt immer noch die Erkenntnis Rudolf Uhlenhauts, der schon 1936, damals als neu berufener Technikchef der Rennabteilung, nach Probefahrten mit den Grand-Prix-Wagen auf dem Nürburgring – Daimler-Benz hatte gerade die Europameisterschaft (die Europameisterschaft der dreißiger Jahre ist mit der heutigen Weltmeisterschaft vergleichbar) an die Auto Union mit Bernd Rosemeyer verloren – feststellte, dass eine Karosserie steif sein muss und keine Federkräfte in Form von Verwindungen und Schwingungen aufnehmen darf. Uhlenhauts Erkenntnis: »Federn darf ausschließlich die Federung, Rahmen und Karosserie haben andere Aufgaben.«
Die Karosseriestruktur eines offenen Fahrzeugs unterscheidet sich grundlegend von der einer Limousine. Die Torsionssteifigkeit einer Limousine verringert sich durch das Abtrennen des Daches auf ein Sechstel, oder, wer für diesen Test nicht unbedingt sein »Heilix Blechle« köpfen möchte, verwinde einmal einen Schuhkarton mit und ohne Deckel. Der Versuch ist in seiner Eindringlichkeit überzeugend. Wegen der Labilität einer offenen Karosserie muss die hohe Steifigkeit über gezielten Materialeinsatz an tragenden Bauteilen erreicht werden, nur dann stellen sich stetige Verwindungs- und Durchbiegungskennlinien mit kleinen statischen Verformungen ein. Hohe Karosseriesteifigkeit ist also mit erwünschten hohen Eigenfrequenzen und kleinen Schwingungsamplituden gekoppelt. Die Konstruktion einer Karosserie muss so ausgelegt werden, dass die Kennwerte für die Verwindungssteifigkeit und die Torsionseigenfrequenz ausreichend groß sind. Wird das nicht erreicht, so ergeben sich durch Straßen- und Radanregungen Resonanzen an der Karosserie. Sie führen zu lästigen Schwingungen und zu sichtbaren Schüttelerscheinungen. Das sogenannte Querschütteln des Windschutzscheibenrahmens war schon bei der Entwicklung des 190 SL in den frühen fünfziger Jahren ein Problem, das die Versuchsingenieure intensiv beschäftigte. Aber auch andere offene Fahrzeuge kämpften stets mit diesen Erscheinungen, wie
man, falls man es nicht selbst erlebte und erfuhr, noch gut in alten Tests nachlesen kann. In Sindelfingen war man stets bemüht, bei den Cabrios von Modell zu Modell den Limousinenstandard zu erreichen. Außer den schon bekannten Maßnahmen zeichnet sich der R 129 durch folgende Zusatzmaßnahmen aus:

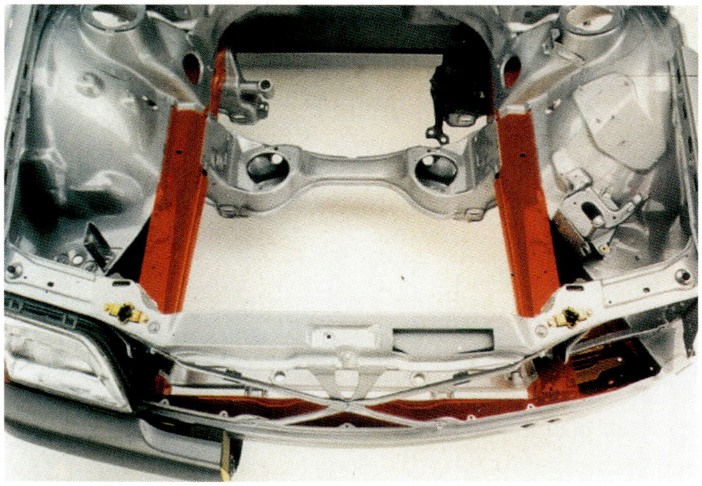

**In der Kühleröffnung ist das Rohrkreuz zu sehen.**

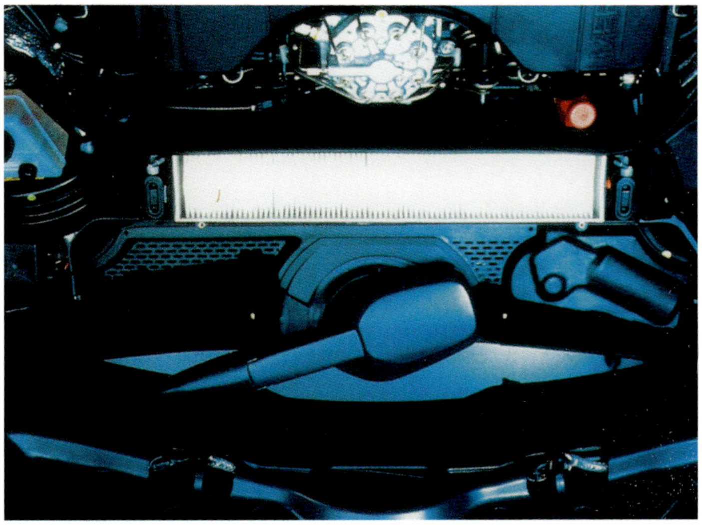

**Verstärkendes Lochblech am Lufteintritt zur Klimatisierung.**

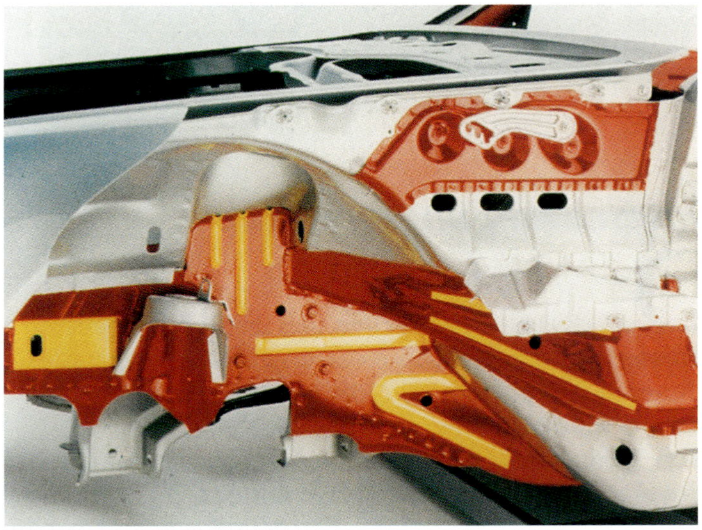

**Gabelträgerverband zur Einleitung von Aufprallkräften.**

Am Vorbau:
- Rohrkreuz vor dem Kühler,
- Lochblech im Lufteinlass für die Klimatisierung in der Stirnwand anstelle einer großen Öffnung,
- Diagonalstreben zwischen Querträgern unter Windschutz und Tunnel, die auch zur Lagerung des Mantelrohres der Lenkung dienen;
- Gabelträgerverband,
- vordere Bodenstreben.

An der Fahrgastzelle:
- großvolumige Längsträgerquerschnitte,
- geschraubtes Tunnelabschlussblech,
- zweischaliger Fondsitzquerträger.

Am Heck:
- Verdeckkastenboden verstärkt,
- zusätzliche Rückwand, mit 19 Schrauben hinter dem Tank verschraubt,
- Bodenstreben hinten.

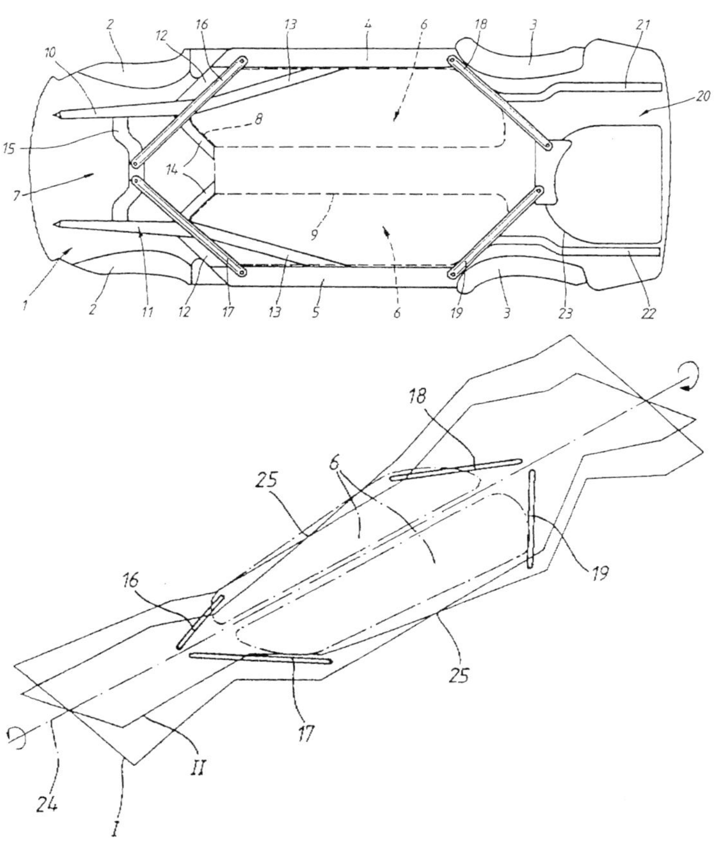

**Kleine Ursache – große Wirkung: die Bodenstreben des Manfred Flaig.**

Die vorderen und hinteren Bodenstreben gehen übrigens auf den Untertürkheimer Versuchsingenieur Manfred Flaig zurück, der als zuständiger Abteilungsleiter im Versuch schon für den Vorgänger R 107 verantwortlich war. Sie wiegen zwei Kilogramm und ersparen einen konstruktiven Aufwand von etwa dreißig Kilo. Sie ermöglichen, die Höhe der maximalen Torsionsschwingungen herabzusetzen und den Torsions-Eigenfrequenzwert der Karosserie zu erhöhen und damit gegenüber der Torsionseigenfrequenz der Räder und Radachsen abzusetzen. Die Streben bewirken die Reduzierung der Torsionsamplituden der Karosserie und eine Erhöhung der Torsionseigenfrequenz um zirka 1,5 Hertz. Diese Überlegungen des fahrenden Ingenieurs werden unter dem Suffix Daim 18914/4 zum Patent angemeldet. Die Verwindungssteifigkeit kann gegenüber dem Vorgänger R 107 um 60 Prozent erhöht werden. Besonders deutlich wird der Fortschritt durch die Tatsache, dass ein offener R 129 steifer ist als ein R 107 mit Hardtop, sagen die Sindelfinger. Eine Erfahrung ist aber auch, dass die Vorstellungen der Konstrukteure und die Messergebnisse an Prototypen sehr oft die eine Seite der Medaille sind, während die Serienproduktion als Kehrseite ein anderes Bild zeigt.
Diese Erfahrung hatten die von Berufs wegen skeptischen Tester von *auto motor und sport* schon in vielen Disziplinen gemacht. Deshalb nahmen sie im Sommer 1991 sechs Cabriolets unter die Lupe, um sie auf Verwindungs- und Biegesteifigkeit zu untersuchen. Die Disziplin der Biegesteifigkeit absolvierte der SL mit

**Ein nackter Spatz ist auch ein Spatz, nur kann er noch nicht fliegen. Dasselbe gilt für die Rohkarosserie des R 129, sie kann auch noch nicht fahren.**

Dafür wird sie auf der Sindelfinger Hydropulsanlage malträtiert und vermessen.

Der R 129 bei dem von *auto motor und sport* durchgeführten »Bananen-Biegetest«. Die Ergebnisse des Verwindungstests waren für den R 129 beeindruckend.

0,33 mm Durchbiegung als bester der sechs Probanden, gefolgt vom Mazda MX-5 mit 0,38 mm, dem Audi 80 mit 0,41 mm, dem Ford Escort mit 0,42 mm, der Toyota Celica mit 0,44 mm und dem Peugeot 205 mit 0,78 mm. Bei der Überprüfung der Verwindungssteifheit hätten hochgerechnet 8650 Newtonmeter aufgebracht werden müssen, um ein Grad Verwindung zu erreichen. Mit diesem Spitzenwert lag der SL auf dem Niveau einer guten Mittelklasse-Limousine wie dem Mercedes-Benz 190 (W 201). Die zum Vergleich herangezogenen Cabriolets lagen zwischen 5250 Nm/Grad als nächstbestem und 2400 Nm/Grad als verwindungsfreudigstem Cabriolet.

Im Schwingungsverhalten ist der R 129 also sogar mit Mercedes-Benz Limousinen vergleichbar, und die Sindelfinger ziehen zu Recht den Vergleich mit dem geschlossenen R 107.

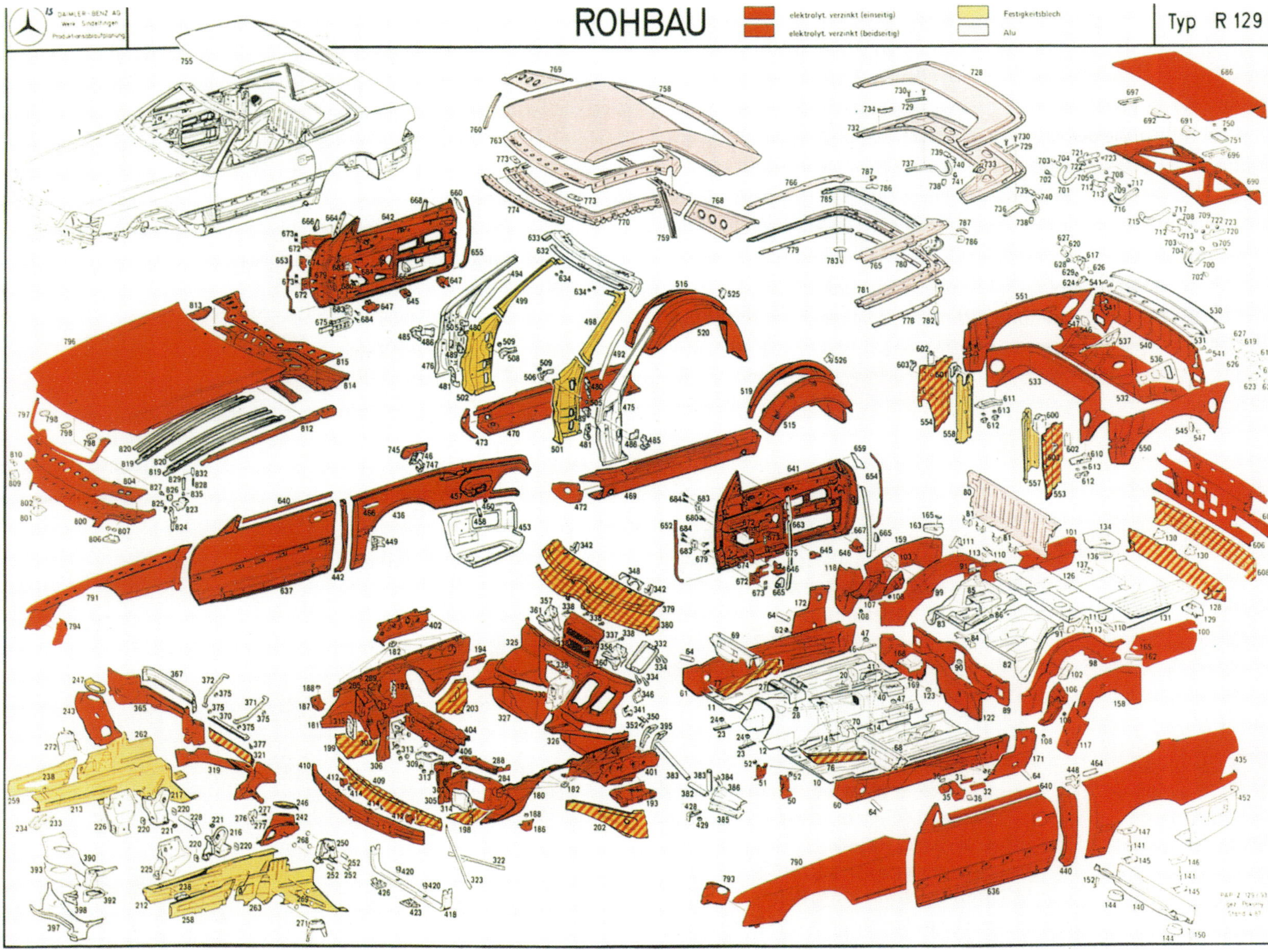


**Die Aufteilung von verzinkten, hochfesten und Aluminium-Blechen am Rohbau des R 129.**

Der Rostvermeidung wird in Sindelfingen ganz besondere Aufmerksamkeit zuteil. Sie spielt nicht nur in der Langzeit-Werterhaltung, sondern auch für die Sicherheit nach Jahrzehnten eine wichtige Rolle. Deshalb besteht die R 129-Karosserie zu 62 Prozent aus einseitig (mit 10 µ Schichtdicke) beziehungsweise doppelseitig (mit 7,5 µ Schichtdicke) verzinkten Blechen. Das Hardtop, die Verdeckklappe und die Tanktrennwand bestehen aus Aluminiumblechen.

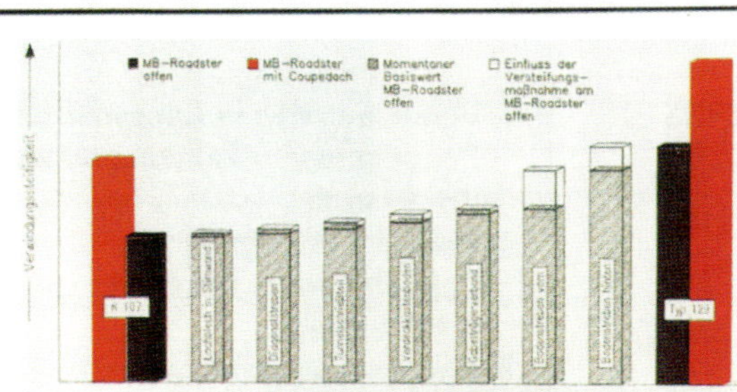


Bild 10: Maßnahmen zur Erhöhung der Verwindungssteifigkeit bei konstantem Moment

*Fig. 10: Measures to increase torsion stiffness with constant moment increase*

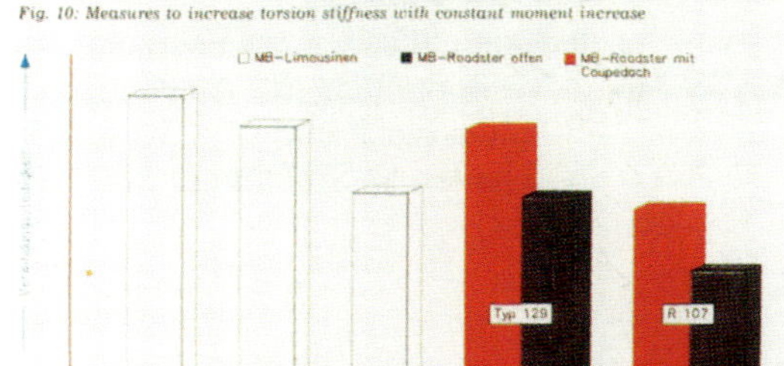


Bild 11: Verwindungssteifigkeiten von Mercedes-Benz Limousinen im Vergleich zu Mercedes-Benz Roadstern

**Vergleichsgrafik zur Verwindungssteifigkeit zwischen R 107, R 129 und Mercedes-Benz Limousinen.**

# Crash as Crash can

Ein weiterer wesentlicher Faktor bei der Konstruktion eines Automobils sind heute die weltweiten gesetzlichen Sicherheits-Vorschriften, die den Konstrukteuren den Schweiß auf die Denkerstirn treiben. Ein kleiner Überblick über die wesentlichen Vorschriften zeigt dies deutlich:

**Abkürzungen**

| | | |
|---|---|---|
| FMVSS | = | Federal Motor Vehicle Safety Standard (USA) |
| CMVSS | = | Canadian Motor Vehicle Safety Standard |
| ECE | = | Economic Comission for Europe |
| HIC | = | Head Injury Criterion |
| a. | = | Prüfanordnung |
| b. | = | Gesetzliche Anforderung |

**Vorschriften zur passiven Sicherheit**

FMVSS 204 Rückwärtige Verschiebung der Lenkanlage
- a. Frontalaufprall auf flache Barriere
  vKfz ≤ 48,3 km/h
- b. Lenkungsrückverschiebung ≤ 127 mm

FMVSS 208 Insassenunfallschutz – Passive Haltesysteme
- a. 1. Frontalaufprall auf flache Barriere (Aufprall 0° sowie bis zu 30° rechts und links schräg), vKfz ≤ 48,3 km/h. Die unter Punkt b angegebenen Werte dürfen mit jedem Rückhaltesystem für sich – d. h. nur mit Airbag und Knieschutz ohne Sicherheitsgurte oder mit Sicherheitsgurten und Airbag mit Knieschutz nicht überschritten werden.
  2. Seitenaufprall eines Stoßwagens (nur gefordert, wenn das Fzg. keinen Dreipunktgurt besitzt)
  3. Überschlag, Abwurf des Fahrzeuges von einer fahrbaren Vorrichtung, die von v = 48,3 km/h auf 0 km/h über einen Weg 0,90 m quer zur Fahrzeuglängsachse abgebremst wird (Fahrzeugneigung zur Seite: 23°). Gefordert bei Fzg. ohne Dreipunktgurt.
- b. HIC ≤ 1000
  Brustbeschleunigung ≤ 60 g (3 m/s)
  Oberschenkelkraft ≤ 10 kN
  Brustbeineindrückung ≤51 mm
  Alle Teile der Prüfpuppe müssen innerhalb des Fahrgastraumes bleiben.

FMVSS 212 Windschutzscheibeneinbau
- a. siehe FMVSS 204
- b. Mindestens 75 Prozent der Windschutzscheiben-einfassung müssen halten.

FMVSS 219 Windschutzscheiben-Zoneneindringung
- a. siehe FMVSS 204
- b. Teile außerhalb des Fahrgastraumes dürfen nicht mehr als 6 mm in eine genau definierte Zone des Windschutzscheiben-Bereiches eindringen.

FMVSS 301 Dichtheit der Kraftstoffanlage
- a. 1. siehe FMVSS 204
  2. Heckaufprall eines Stoßwagens
     vStwg. ≤ 48,3 km/h, mStwg. = 1814 kg
  3. Seitenaufprall eines Stoßwagens
     vStwg. ≤ 32,2 km/h, mStwg. = 1814 kg
- b. Während und unmittelbar nach dem Aufprall sowie während einer vorgeschriebenen Rotation um die Fahrzeuglängsachse darf das Auslaufen von Kraftstoff bestimmte Werte nicht überschreiten.

**Vorschriften zu inneren Sicherheit**

FMVSS 201 Schutz der Insasse beim Aufschlag gegen die Wageninnenseite
- a. Aufprall eines Kopfphantoms (Durchmesser 165 mm), v = 24 km/h, m = 6,8 kg
- b. Kopfbeschleunigung ≤ 80 g (3 m/s)

FMVSS 203 Aufprallschutz für den Fahrer gegenüber der Lenkanlage
- a. Aufprall eines Körperblocks gegen die Lenkanlage, v = 24 km/h, m = 35 kg
- b. Aufprallkraft des Körperblocks ≤ 11,1 kN

**Stoßfängerprüfungen**

MVSS 215
- a. 1. Pendelaufprall in Längsrichtung
     Pendelmasse = Fahrzeugmasse, v = 4 km/h
  2. Pendel-Eckaufprall
     Pendelmasse = Fahrzeugmasse, v = 2,4 km/h
  3. Barrierenaufprall auf flache Barriere
     v = 4 km/h
- b. Keine Schäden am Fahrzeug erlaubt

CMVSS 215
- a. Verdoppelung der Aufprallgeschwindigkeiten der Punkte 1–3 aus MVSS 215
- b. Schäden an Stoßfänger und Karosserie erlaubt, das Fahrzeug muss jedoch voll fahrtauglich sein.

(Leuchten, Haubenbetätigung, Motorlager, Auspuffaufhängungen etc.)

**Weitere wichtige Vorschriften**

FMVSS 202 – Kopfstützen
FMVSS 205 – Verglasungswerkstoffe
FMVSS 206 – Türschlösser und Teile zur Türbefestigung
FMVSS 207 – Sitzsysteme
FMVSS 209 – Sicherheitsgurte
FMVSS 210 – Verankerungen für Sicherheitsgurt-Zusammenbauten
FMVSS 213 – Kindersitzsysteme
FMVSS 214 – Festigkeit von Seitentüren
FMVSS 216 – Widerstandsfähigkeit des Dachs gegen Eindrücken, in USA nur für Limousinen, in Saudi-Arabien auch für Cabriolets vorgeschrieben
FMVSS 302 – Brennbarkeit von im Innenraum verwendetem Material

Bei der Vorschrift FMVSS 216, dem Crush-Impact-Test, wird der A-Säulen-Dachrahmenverbund mit einem Prüfstempel auf zwei Arten belastet.

1. Der Prüfstempel trifft mit 5° Neigung zur Fahrzeuglängsrichtung auf.
2. Der Prüfstempel trifft mit 25° Neigung zur Fahrzeugquerrichtung auf.

Die für Europa wesentliche Vorschrift ECE – R 12 enthält die US-Vorschriften FMVSS 203 und 204. An dieser Stelle muss der Leser auf die besonderen Vorgehensweisen der US-Behörden im Zusammenhang mit diesen Vorschriften hingewiesen werden. Die Behörden haben vollen Zugang zu und Einblick in die Versuchsunterlagen. Die zu den Hearings in die USA entsandten Mitglieder einer Firma, in diesem Falle Mercedes-Benz, treten dort nicht als Mitarbeiter ihrer Firma auf. Sie werden einzeln als Zeugen vereidigt und können strafrechtlich zur Verantwortung gezogen werden.

Über die behördlichen Vorschriften hinaus hat Mercedes-Benz seit Jahren noch eigene, am realen Unfallgeschehen orientierte Forderungen, die oft weit über die gesetzlichen Ansprüche hinausgehen, die an Automobile gestellt werden. Sie sind ein Ergebnis der hausinternen Unfallforschung, die seit Jahren mit großer Akribie und in enger Zusammenarbeit mit Universitätskliniken betrieben wird. Dadurch werden 75 Prozent der Entwicklungs- und Erprobungsarbeit durch die Erfüllung interner Kriterien abgedeckt. Die internen Schutzkriterien sehen vor allem folgende Punkte vor:

- Frontalaufprall mit 20 Prozent und 40 Prozent Überdeckung und 55 km/h gegen eine starre Barriere;
- Frontalaufprall mit 50 Prozent Überdeckung und 60 km/h gegen eine deformierbare Alu-Wabenbarriere nach US-FMVSS 214 zur Simulation einer Fahrzeug-Fahrzeug-Kollision;
- Heckaufprall mit 50 Prozent Überdeckung und 50 km/h durch: ein Fahrzeug, Schlitten mit verformbaren Wabenvorbau und Schlitten mit starrem Vorbau;
- Seitenaufprall mit beweglichen Barrieren aus 45 km/h bei 90° und aus 32 km/h bei 135°;
- Dachaufprall aus 0,5 m Höhe und Fahrzeugüberschlag mit mindestens 1,5- bis zweifacher Rollbewegung.

Bei diesen Kollisionsarten werden an den Insassenschutz die folgenden Anforderungen gestellt:

- Erhaltung des Insassen-Überlebensraumes,
- großflächige Erhaltung energieabsorbierender Kontaktzonen,
- Gewährleistung der Funktion der Rückhaltesysteme (inkl. Airbag),
- problemlose Bergung der Insassen,
- Dichtheit der Kraftstoffanlage.

Angesichts dieser komplexen und umfangreichen Vorgaben erscheint es aus heutiger Sicht fast logisch, dass der seinerzeitige Entwicklungschef in Sindelfingen, Guntram Huber, schon am 30. März 1977 seine Mitarbeiter aufforderte, sich Gedanken für ein Pflichtenheft für den R 129 zu machen. Über eines waren sich die Sindelfinger klar: Ein typischer SL, als Meilenstein im Sinne von Sicherheitsinnovationen, Stabilitäts- und Komfortfortschritten für offene Fahrzeuge, musste der R 129 auf jeden Fall werden.

# Die Frontalkollisionen

Aufgrund seiner besonderen Häufigkeit kommt dem versetzten Frontalaufprall, im neudeutsch-internationalen Sprachgebrauch Offsetcrash genannt, eine wesentlich größere Bedeutung zu als dem totalen Frontalaufprall. Die Sindelfinger Sicherheitsapostel messen dem Offsetcrash mit 40 Prozent Überdeckung aus 55 km/h einen größeren Stellenwert bei als dem in der Öffentlichkeit durch die Versuche von *auto motor und sport* und des *ZDF* bekannt gewordenen Offsetcrash mit 50 Prozent Überdeckung. Sie haben auch eine einleuchtende Begründung dafür. Beim Offsetcrash mit vierzigprozentiger Überdeckung wird die Karosseriestruktur viel härter einseitig beansprucht, da sie, anders als beim Frontalaufprall gegen eine Wand oder beim Crash mit 50-prozentiger Überdeckung, in viel stärkerem Maße die Bewegungsenergie abbauen und das Eindringen von Fremdkörpern (auch Intrusionen genannt) in den Innenraum vermeiden muss. Der Frontalaufprall, aber auch der Aufprall mit 50 Prozent Überdeckung gegen eine starre Barriere ist in erster Linie ein Haltesystemtest. Bei ihm nimmt die Motor-Getriebe-Einheit einen Großteil der Bewegungsenergie auf, die bei geringerer Überdeckung in wesentlich stärkerem Maße von der Karosseriestruktur aufgenommen werden muss. Das gilt für den Offsetcrash mit 20 Prozent und 40 Prozent Überdeckung in gleichem Maße wie für Fahrzeuge mit V- oder mit Reihenmotoren. Es gab in der Vergangenheit Automobile, die bei dieser Sindelfinger Disziplin so katastrophal abschnitten, dass sie für den internen Dienstwagengebrauch bei Mercedes-Benz gesperrt wurden, da der Fahrer keine Überlebenschance mehr hatte. Da in Deutschland den Herstellern vergleichende Werbung verboten ist, waren diese Erkenntnisse nur intern bekannt und wurden nie publik. Insofern sind die veröffentlichten Crashergebnisse von *auto motor und sport*, des *ZDF* und des *ADAC* nur zu begrüßen.

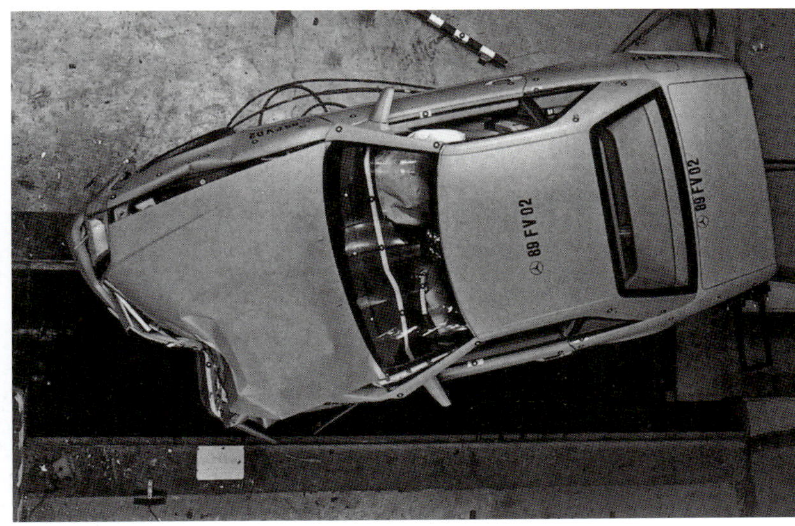


**Vorsorgeuntersuchungen: R 129 nach einem Offsetcrash mit 40 Prozent Überdeckung aus 55 km/h gegen eine starre Barriere ...**

**... und nach einem Offsetcrash mit 50 Prozent Überdeckung aus 60 km/h gegen eine deformierbare Alu-Wabenbarriere.**

Der Frontalaufprall mit 50 Prozent Überdeckung gegen eine verformbare Barriere erlaubt eine direkte Zuordnung von realer Fahrzeugüberdeckung zur Barrierenüberdeckung, da der Kontakt des Motors mit der Barriere hier in einer realistischen Weise, analog zu einem Aufprall mit einem entgegenkommenden Fahrzeug, stattfindet. Dies führt zu einem fließenden Übergang zwischen verschiedenen Überdeckungsgraden, unabhängig ob und wie stark der Motor getroffen wird. Die Fahrzeugdeformationen werden mit geringerem Überdeckungsgrad zwar größer, eine sprunghafte Änderung wie bei der starren Barriere findet jedoch nicht statt. Damit verliert die scharfe Abgrenzung des Überdeckungsgrades für die Einstufung der Realitätsnähe eines Offsetcrashs ihre bisherige Bedeutung. Beim Aufprall auf eine starre Barriere sind höhere Insassenbelastungen in der Regel mit geringeren Fahrgastzellenintrusionen verbunden. Dieser Widerspruch tritt bei der deformierbaren Barriere nicht auf. Unfallanalysen belegen, dass der versetzte Frontalaufprall die häufigste und schwerwiegendste frontale Kollisionsart ist. Die häufigste Ursache für Insassenverletzungen sind die dabei auftretenden hohen Intrusionen in die Fahrgastzelle. Mit dem Frontaloffsetcrash gegen eine deformierbare Barriere kann dieser Unfalltyp realitätsnah im Labor simuliert werden.

Messung der Handkräfte beim Öffnen der Türe nach dem Aufprall.

Den besonderen Gegebenheiten eines offenen Fahrzeugs trägt man mit folgender Zielsetzung Rechnung:

- Längssteife Fahrgastzelle, auch bei asymmetrischer Belastung, da die stoßabgewandte Vorbaustruktur durch folgende Auslegungen mitbeansprucht wird: die vorderen Querträger, Motorquerträger und die Kühlerbrücke sind biegesteif und zugfest gestaltet. Der Motorhaubenbügel wird als Zugverbindung über die zwei Haubenschlösser eingesetzt.
- Räumliche Verteilung von Längskräften in den Tunnel, den seitlichen Längsträger und die Bodengruppe.
- Biegesteife Übergänge vom seitlichen Längsträger zum hinteren Längsträger, damit sich das Fahrzeug auch ohne den stabilisierenden Dachverbund nur wenig durchbiegt.
- Verhinderung hoher Intrusionen im Stirnwand-Bereich und hier besonders im Fahrer-Fußraum durch:
  1. Zweiteilig aufgebaute Armaturenanlage.
  2. Besondere Lagerung der Pedale, die im Bereich der Stirnwand bei großen Vorbaudeformationen eine Schwenkbewegung zur Stirnwand hin ausführen. In Verbindung mit den als Minicrashzonen ausgelegten Bodenteppichen wird die Belastung der Füße und Beine reduziert.
- Geringe Lenkungs- und damit Lenkradrückverschiebung durch:
  1. Befestigung des Mantelrohrs über eine Konsole mit zusätzlichem Querträger unter der Instrumententafel.
  2. Abstützen dieses Querträgers über V-förmig angeordnete Rohrstreben auf dem drucksteifen Tunnel.
  3. Örtliche Ausbildung der Lenksäule als Wellrohr.
  4. Lenkgetriebe-Anordnung hinter der Mitte der Vorderachse.
- Niedrige Reparaturkosten nach einem Unfall.

Da bei dem Offsetcrash mit 20 Prozent Überdeckung der Längsträger nicht getroffen wird, sind für diesen Fall zwei Maßnahmen notwendig. Sie tragen besonders den in diesem Fall auftretenden Belastungen Rechnung. Es sind dies:

- Der vordere Querträger mit besonders großem Volumen, der die gesamte Fahrzeugbreite überdeckt, und
- die diagonale Abstützung des vorderen Querträgers im äußeren Bereich an Radeinbau und vorderem Längsträger.

Weitere wichtige Punkte der Vorbaustruktur-Gestaltung sind:

- Die Längsträger verlaufen konisch, sind längsversickt und haben eine abgestufte Blechstärke. Dadurch falten sich die Träger beim Aufprall klar definiert von vorne nach hinten. Durch diesen »progressiven Ziehharmonikaeffekt« wird bei steigendem Verformungsweg durch zunehmenden Widerstand Bewegungsenergie abgebaut.
- Durch das Gabelträgerkonzept mit dreifacher Anbindung und somit Abstützung an den Kardanwellen-Tunnel, an die hochbelastbare Knotenverbindung des Vorderwandträgers (verlängerte A-Säule) sowie des seitlichen Längsträgers wird bei Kollisionen eine großflächige Verteilung der auftretenden Längskräfte erzielt.
- Motorquerträger eingeschweißt.
- Kardanwellentunnel formstabil.
- Die Türen sind auch in Längsrichtung durch die besondere Gestaltung des Türinnenblechs drucksteif, auch ohne Versteifung für den statischen US-Impact-Test.

Durch einen 20 cm längeren Vorbau und durch weitgehende Vermeidung von Blockbildungen kann die Gesamtverformung gegenüber dem R 107 deutlich vergrößert werden, die ohne nachteilige Intrusionen dem Insassen- und Partnerschutz zugute kommt. Die vom R 129 erbrachten Ergebnisse können sich sehen lassen, und Professor Huber ist zu verstehen, wenn er die Fortschritte gegenüber dem R 107 als Quantensprung bezeichnet.

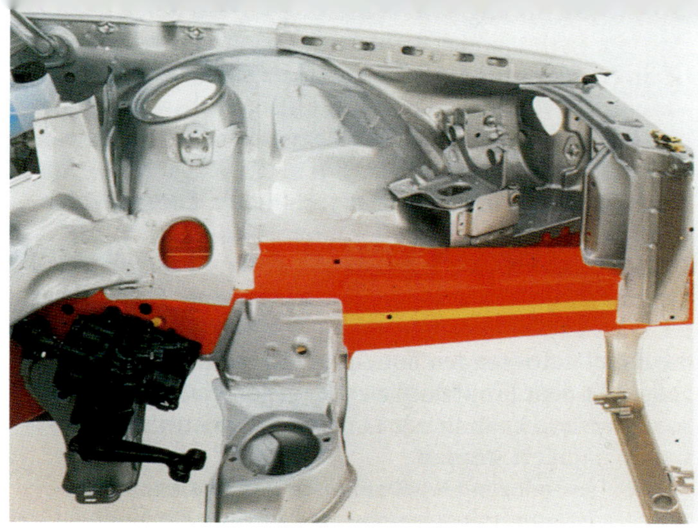

**Die Längsträger verlaufen konisch, haben eine abgestufte Blechstärke und sind gezielt längsversickt. Dadurch wird beim Aufprall ein genau definierter »Ziehharmonikaeffekt« von vorne nach hinten erreicht.**

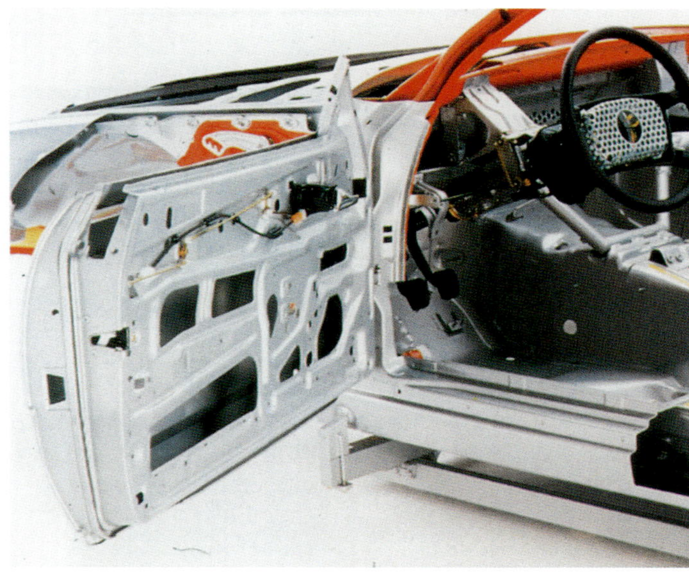

**Durch die besondere Gestaltung des Türinnenblechs sind die Türen besonders drucksteif.**

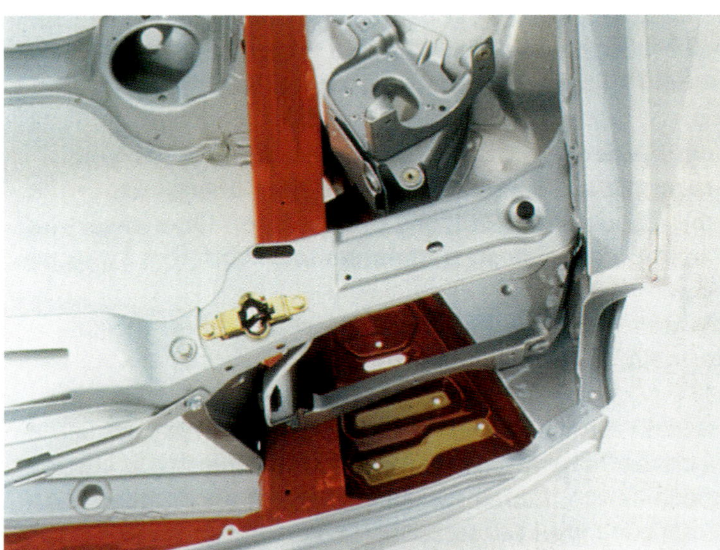

**Für den Offsetcrash mit geringer Überdeckung führen die Diagonalstützen in Verbindung mit dem groß dimensionierten Querträger zur Einleitung der Aufprallkräfte in Längsträger und Tunnel.**

**Zum Schutz der Fußgänger erfolgt der Übergang zum Stoßfänger mit energieaufnehmender Schaumauflage glattflächig.**

## Der Partnerschutz

Eine besondere Scharnierfunktion zwischen Konstruktion und Design erfüllt der Partnerschutz, also der Schutz aller Verkehrsteilnehmer, die von außen in irgendeiner Weise »Kontakt« mit dem Fahrzeug aufnehmen. Besonderes Augenmerk wird dabei den schwächsten und deshalb am meisten gefährdeten Partnern, den Zweiradfahrern und Fußgängern, gewidmet. Dabei sind die Grenzen zwischen den konstruktiven Forderungen der Aerodynamiker, der Aufbaukonstrukteure und der Designer fließend und stehen in ihrer Wertigkeit gleichgewichtig nebeneinander, da sich zum Beispiel die Anforderungsprofile der Aerodynamiker und Sicherheitsingenieure oft decken, wie aus der anschließenden Auflistung hervorgeht:

- Möglichst glatter Übergang zwischen Karosserie und Stoßfänger mit energieabsorbierender Schaumauflage und nachgiebiger Außenverkleidung mit tiefliegender Erstkontaktstelle.
- Möglichst glatte, stark schräg gestellte Stirnfläche mit abgerundeter Haubenvorderkante. Die beim Aufprall zurückschwenkbaren Scheinwerfer vermindern Becken- und Thoraxschäden.
- Motorhaube glattflächig und bis zur Windschutzscheibe reichend.
- Wischerantrieb großflächig gekapselt, durch die Motorhaube teilweise verdeckt.
- Haubenfugenbereich nachgiebig durch Lochung der Kotflügel.
- Glattflächige, abgerundete A-Säule mit bündiger seitlicher Regenleiste.
- Windschutzscheibe stark geneigt mit hohem Durchstoßwiderstand, im Dachbereich bündig verglast.
- Regenrinne im Coupédach versenkt.
- Türgriffe teilversenkt.

**Auch auf die schwächsten Verkehrsteilnehmer wird bei der Gestaltung der Verformungswege und bei der Dimensionierung der Blechstärken Rücksicht genommen.**

## Der Seitenaufprall

Der Seitenaufprall hat sich in den letzten Jahren nicht nur generell zu einem Sicherheitsthema, sondern, in Verbindung mit Mercedes-Benz, auch zu einem sicherheitspolitischen Thema entwickelt. Der Grund liegt in den US-Sicherheitsvorschriften (FMVSS 214 Teil 1: Festigkeit von Seitentüren) auf der einen Seite und den jahrzehntelangen, praxisbezogenen Auswertungen der Daimler/Mercedes-Benz-Unfallforschung andererseits. Der US-Impact-Test ist ein in einer bestimmten Höhe durchgeführter Drucktest. Bei diesem Test schreibt die US-Behörde eine bestimmte Kraft-Wegkurve mit einem hohen Anfangswiderstand vor. Dieser Wert kann bei vertretbaren Blechstärken und Türgewichten nur durch ein hinter der Türhaut laufendes Rohr oder eine Schiene erbracht werden. Der vorgeschriebene Maximalwiderstand dieser Vorschrift wird bei Mercedes-Benz-Fahrzeugen durch den Sprungtucheffekt des Türverbandes in Verbindung mit dem Verzahnungseffekt von Tür und Längsträger ohne Schwierigkeiten erreicht, weshalb man ohne Einbuße an Insassensicherheit bisher (außer für den US-Markt) auf den Einbau dieser Versteifung verzichten kann.
Der Teil 2 der Sicherheitsvorschrift FMVSS 214 ist jüngeren Datums und hat es in sich. Der Aufprall mit »crabbed barrier« ist ab Modelljahr 1994 vorgeschrieben und liegt mit seinen Anforderungen wesentlich dichter an der Realität. Er stellt höchste Ansprüche an die Stabilität und Sicherheit der Karosseriestruktur. Bei ihm spielt allerdings das Verstärkungsrohr in der Tür, und das spricht im Grunde für die bisherige Mercedes-Benz-Praxis, aufgrund der realitätsnahen Parameter schon keine Rolle mehr. Dieser zweite Teil der Vorschrift 214 sieht einen Aufprall eines mit einem wabenförmigen Kopf versehenen Rammbocks vor, der die Dimension eines Light Duty Vehicles, also eines der in den USA gebräuchlichen Pick-ups hat. Der Aufprall erfolgt im »Krebsgang« (daher auch die US-Bezeichnung »crabbed barrier«) mit 54 km/h auf ein parallel davor schrägstehendes Fahrzeug. Dass diese Königsdisziplin des Seitenaufpralls vom R 129 mit Bravour absolviert wird, stellt nicht nur dem R 129, sondern vor allem auch Professor Huber und den Sicherheits-Konstrukteuren, den Diplom-Ingenieuren Karl-Heinz Baumann, Dr. Luigi Brambilla, Hans Götz, Werner Heiß und Wolfgang Schwede in Sindelfingen ein nicht zu überbietendes Lob aus. Indirekt werden durch den Test mit der crabbed barrier die schon seit vielen Jahren praktizierten Mercedesinternen Sindelfinger Seitenaufprall-Tests bestätigt.

Die »Königsdisziplin« des Seitenaufpralls, in den USA ab 1994 vorgeschrieben, vom R 129 schon 1989 erfüllt: der Seitenaufprall mit der crabbed barrier.

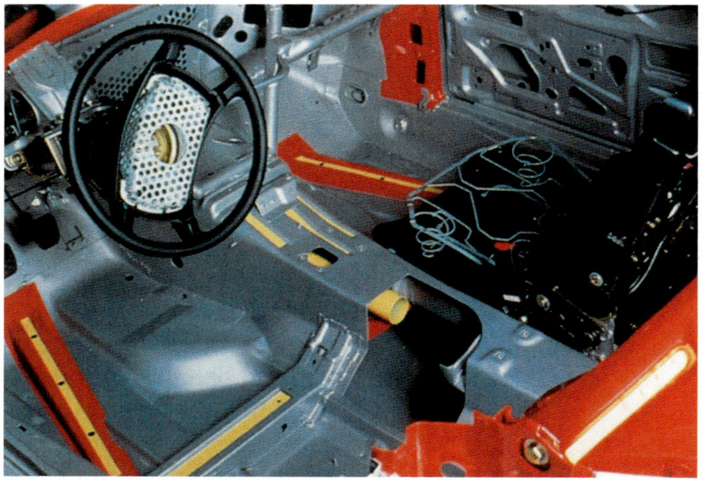

Zur Erhöhung der Seiten-Drucksteifigkeit wird die Sitzanlage auf einem zusätzlichen Querträger befestigt.

Formstabile Tunnelflanken mit Distanzstücken und zusätzlicher Druckstrebe sorgen für hohe Quersteifigkeit.

Bei einem seitlichen Aufprall verkrallen sich die verstärkten Türen im unteren Bereich mit dem seitlichen Längsträger.

Die extremen Beanspruchungen der Fahrgastzelle werden beim R 129 durch eine Reihe von querversteifenden Maßnahmen in der Boden- und Sitzanlage aufgefangen beziehungsweise gemildert:

- Die Längsträger sind stark dimensioniert (2 mm Blechdicke) und mit beulsteifen Sicken versehen.
- Die Sitzführungsschienen am Längsträger leiten die Stoßkräfte direkt in den extrem stabilen Sitzkissenrahmen ein. (Auf die Sitzkonstruktion wird in einem separaten Kapitel noch eingegangen.)
- Der Sitzquerträger ist druck- und biegesteif.
- Die Flanken des formstabilen Kardanwellen-Tunnels werden mit Distanzstücken und Druckstreben abgestützt. Bereits die Projektbeschreibung von 1982 plante unter dem Punkt Hauptboden ein, dass im Tunnel noch ein Versteifungsstück vorgesehen ist, welches zur Fortsetzung des Querträgers unter dem Fahrersitz im Tunnel dient.

Einen wesentlichen Sicherheitsfaktor bildet die Verkeilung der geschlossenen Tür mit dem gerade beim R 129 als offenem Fahrzeug besonders stabilen Längsträger. Darüber hinaus bietet der besonders biegesteife Lehnenrahmen des Integralsitzes hohe Türabstützkräfte. Das führt allerdings im äußersten Extremfall dazu, dass auch der Sitz erneuert werden muss. Dazu Sicherheitsvordenker Karl-Heinz Baumann: »Der R 129 ist mir aufgrund des Sicherheits-Gesamtkonzepts fast einer der Sympathischsten. Die Vorgabe von Professor Huber, ein offenes Fahrzeug mit dem Sicherheitsniveau einer Limousine zu bauen, ist hier voll erfüllt worden.«

# Der Heckaufprall

Neben der gesetzlichen Anforderung, einem Aufpralltest mit 50 km/h mit 100 Prozent Überdeckung durch einen Stoßwagen, werden bei Mercedes-Benz, wie im Falle der Frontalkollisionen, die folgenden versetzten Crashs durchgeführt:

- Heckaufprall mit 40 Prozent Überdeckung und 15 km/h durch einen Stoßwagen,
- Heckaufprall mit 50 Prozent Überdeckung und 50 km/h durch einen Stoßwagen,
- Heckaufprall mit 50 Prozent Überdeckung und 50 km/h durch ein Fahrzeug,
- Heckaufprall mit 50 Prozent Überdeckung und 50 km/h durch einen Stoßwagen mit wabenförmigen Stoßkopf.

Diese Versuche lassen die Unversehrtheit des Innenraumes, die Dichtheit des Kraftstoffsystems, die problemlose Insassenbefreiung im Falle eines Unfalls und, last but not least, die Möglichkeit

niederer Reparaturkosten überprüfen.
Um beim R 129 zu den gewünschten Ergebnissen zu kommen, werden

- der Kraftstoffbehälter, wie bei Mercedes-Benz schon seit Jahrzehnten üblich, über der Hinterachse angeordnet;
- die Heckstruktur besonders steif ausgelegt, indem die hinteren Längsträger geteilt wurden und wie die vorderen Längsträger einen kontinuierlich zunehmenden Formwiderstand haben;
- die Heckdeckelscharniere so gestaltet, dass sich die Gefahr des Eindringens der Heckdeckel-Vorderkante in den Innenraum verringert;
- die Griffe so gestaltet, dass ein unbeabsichtigtes Öffnen der Tür beim Überschlag verhindert und durch Einsatz von Körperkraft beim Öffnen die zuverlässige Insassenbergung nach einem Unfall wird (ein seit dem R 107 im Jahre 1971 bei Mercedes-Benz bewährtes System).

## Der Überschlag

Überschläge und Rollen, in der Leichtathletik sehenswerte und gewünschte Disziplinen, sind im Automobilbau nicht weniger sehenswert, aber aus verständlichen Gründen unerwünscht. Trotzdem muss mit ihnen gerechnet werden. Die von Mercedes-Benz angestellten Real-Unfalluntersuchungen bei Mercedes-Benz-Cabriolets ergaben, dass bei Unfällen mit schwersten Personenschäden der Überschlag mit 24 Prozent beteiligt ist. Der hauseigene Dachfalltest aus 0,5 m Höhe, der Überrolltest mit mindestens anderthalb- bis zweifachem Überschlag und das Abwerfen eines auf dem Rücken eines 30–40 km/h schnellen Schlittens liegenden Fahrzeugs aus einer Höhe von 0,4 m stellen höchste Ansprüche an die Struktursicherheit einer Karosserie. Erschwerend kommt hinzu, dass diese Übungen stets mit einem offenen Fahrzeug durchgeführt werden – so schreibt es das hausinterne Pflichtenheft vor.

**Karl-Heinz Baumann, treibende Kraft der Überrollbügel-Entwicklung und Mitdenker bei der Windschott-Konstruktion.**

Der Beweis für Karl-Heinz Baumanns Erkenntnis – »Der neuralgische Punkt beim Dachfalltest ist die A-Säule« – wurde hier beim Dachfalltest eines Vor-Prototyps im Jahr 1983 dramatisch demonstriert; der Überrollbügel fuhr beim Dachfalltest aus.

A-Säulenkonstruktion mit hochfesten inneren Blechen und Verstärkungsrohr.

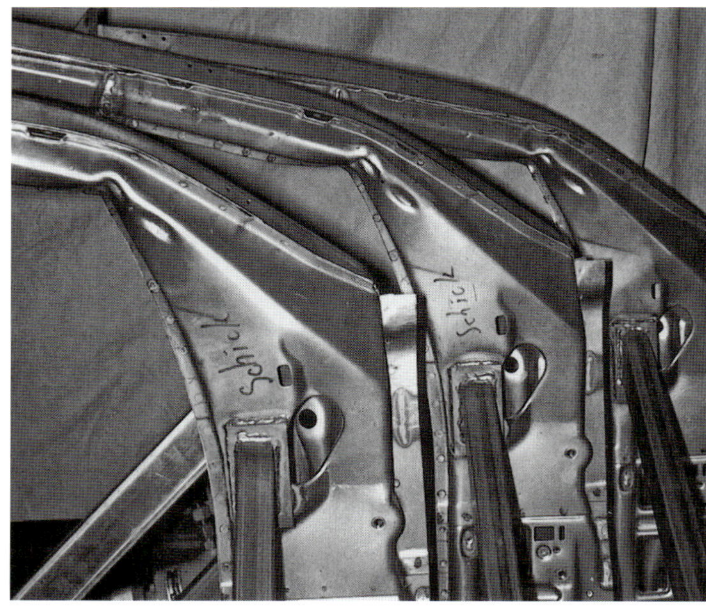


Biegeversuche an A-Säulen-Vorprototypen.

Dieser Dachfalltest eines Vorprototyps brachte ein besseres Ergebnis als 1983. Trotzdem war das Ergebnis immer noch unbefriedigend.

Karl-Heinz Baumann, eines jener kreativen Mitglieder aus Guntram Hubers Brain-Trust, hatte die Aufforderung seines Chefs vom 30. März 1977, sich über ein Konzept für den R 129 Gedanken zu machen, ernst genommen. Der neuralgische Punkt, das hatte Karl-Heinz Baumann schnell erkannt, ist die A-Säule. Bei dem neuen R 129-Konzept wird die Neigung der Windschutzscheibe und somit auch der A-Säule aus stilistischen und aerodynamischen Gründen von 46° auf 57° vergrößert. Aus sicherheitstechnischen Aspekten spricht dagegen fast alles für den »Henkelmann«, jene von Porsche seit der Mitte der sechziger Jahre praktizierte Targa-Lösung, die die A-Säule bei diesen Tests entlastet. Aber genau das will man in Sindelfingen nicht, da der feststehende Bügel die Linie des offenen Autos beeinträchtigt. Das höchste Biegemoment der A-Säule liegt im Bordkantenbereich, also dort, wo die A-Säule aus der Karosserie austritt. Sie darf sich dort biegen, aber nicht abknicken. Erste Versuche mit dem Vorgängermodell führen zu unbefriedigenden Ergebnissen.

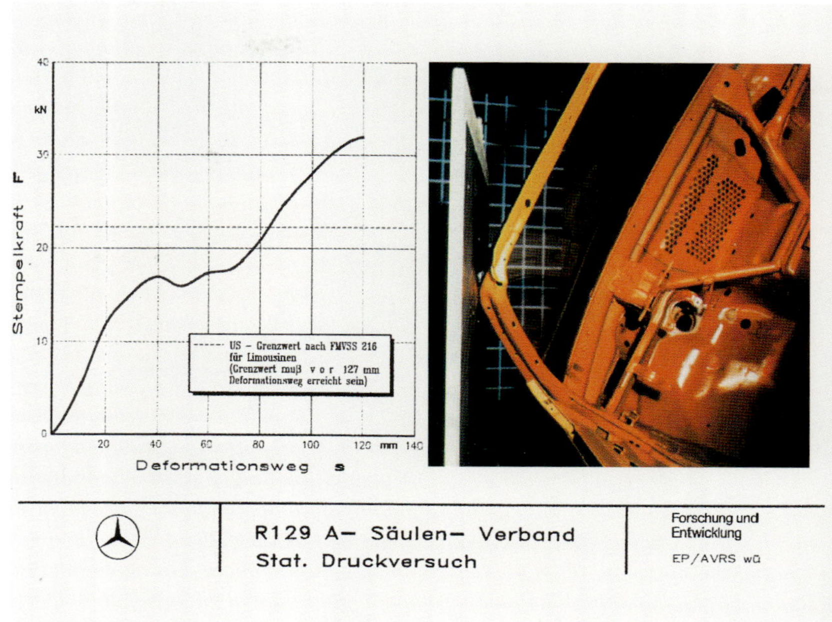


Drucktest des A-Säulen-Verbands nach der US-Norm FMVSS 216 für Limousinen!

Hart erarbeiteter Erfolg. Der Dachfalltest aus dem Jahr 1988 zeigt ebenso den für die Insassen erhaltenen Überlebensraum ...

... wie der Überschlagsversuch aus dem Jahre 1989.

KAISERLICHES PATENTAMT.

PATENTSCHRIFT

№ 263058

KLASSE 63c. GRUPPE ~~26.~~ 70

OTTO ZIEHN IN MEININGEN
UND HUGO SCHRÖTER IN KAHLA, S.-A.

**Schutzvorrichtung für Motorwagen und andere Fahrzeuge.**

**Patentiert im Deutschen Reiche vom 25. Juni 1912 ab.**

Um beim Anprall an ein Hindernis das Herausschleudern der Insassen aus dem Motorwagen zu verhindern, ist nach der Erfindung ein unter Kraftschluß stehendes Fangdach mit einem nachgiebig gelagerten Stoßfänger derart lösbar verbunden, daß beim Anprall des Stoßfängers an ein Hindernis das Fangdach ausgelöst wird und sich selbsttätig über den zur Aufnahme der Fahrzeuginsassen dienenden Raum erstreckt. Das Fangdach kommt hierbei mit einer Schnappvorrichtung in Eingriff, durch die es in seiner Endstellung festgehalten wird.

Auf der Zeichnung ist eine Ausführungsform des Erfindungsgegenstandes in Fig. 1 in Seitenansicht, in Fig. 2 in Rückansicht dargestellt. Fig. 3 zeigt eine Aufsicht auf das Untergestell des Motorwagens.

An dem Stangenrahmen *a* (Fig. 3) werden mittels der Lager *b* die Stangen *c* gehalten. Auf den Stangen *c* sitzen fest die Bunde *d*, an die sich starke Federn *e*, dann Scheiben *f*, hieran leichte Federn *g* anschließen, die sich gegen die Böcke *h* des Rahmens *a* stützen. Vorn und hinten an den Stangen *c* befinden sich die Stoßfänger *i*, *i'* (Fig. 1). Der hintere Stoßfänger *i'* trägt den Stab *r*, der oben mit dem Rundstück *s* versehen ist, das in die am Verdeck befestigte Hülse *t* verschiebbar eingreift. Das Fangdach *u* besteht aus dem Rahmen *v*, der den Bügel *w*, welcher mit dem Schlitz *x* versehen ist, aufnimmt. Bei *y* ist die Feder *z* befestigt; diese zieht das Unterteil des Bügels *z'* im Schlitzloch *x* nach oben, wodurch das Fangdach *u* gespannt wird. Die anderen Bügel werden auf dieselbe Weise wie *w* hochgezogen und sind entsprechend kleiner. Der letzte Bügel wird bei *z'''* durch eine besondere Schnappvorrichtung gehalten.

PATENT-ANSPRÜCHE:

1. Schutzvorrichtung für Motorwagen und andere Fahrzeuge, dadurch gekennzeichnet, daß ein unter Kraftschluß stehendes Fangdach mit einem nachgiebig gelagerten Stoßfänger derart lösbar verbunden ist, daß beim Anprall des Stoßfängers an ein Hindernis das Fangdach ausgelöst wird und sich selbsttätig über den zur Aufnahme der Fahrzeuginsassen dienenden Raum erstreckt.
2. Schutzvorrichtung nach Anspruch 1, dadurch gekennzeichnet, daß das Fangdach beim Entspannen mit einer Schnappvorrichtung in Eingriff kommt, durch die es in seiner Endstellung festgehalten wird.

Hierzu 1 Blatt Zeichnungen.

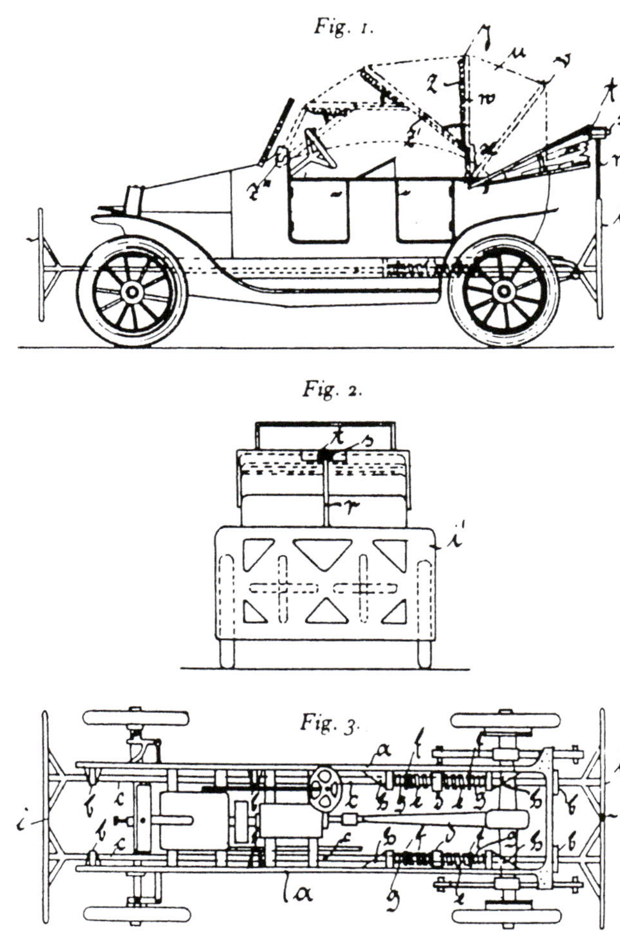


PHOTOGR. DRUCK DER REICHSDRUCKEREI

Schon vor über 100 Jahren machten sich die hellen Köpfe Gedanken über die Sicherheit der Insassen.

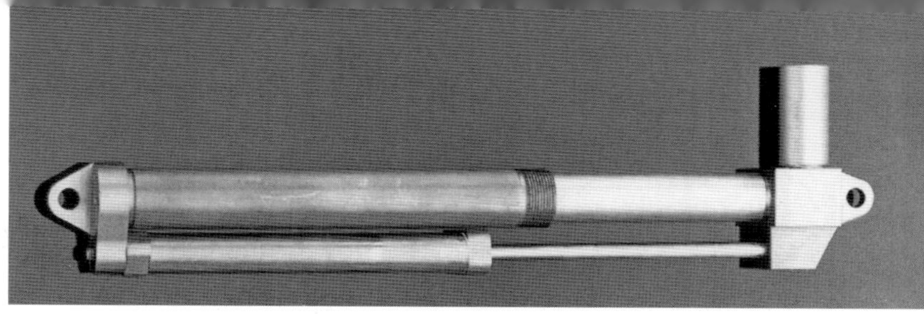

**Vorprototyp des Überrollbügelantriebs aus der »pyrotechechnischen Phase«.**

Als Folge dieser Versuche wird in langwierigen Experimenten eine A-Säule entwickelt, deren innere Bleche eine höhere Festigkeit aufweisen und die durch ein Rohr verstärkt wird, das oben schräg abgeschnitten ist. Diese A-Säule bringt entscheidende Verbesserungen; aber ohne Überrollbügel, der auch bei aufgesetztem Hardtop seine Schutzwirkung erfüllen sollte, waren die internen Vorgaben nicht zu erfüllen.

Im März 1980 reichen Karl-Heinz Baumann und Uli Mang eine Erfindungsanmeldung ein, die sich mit dem aufklapp- oder aufstellbaren Überrollbügel beschäftigt. Bei den Überlegungen zum ausklappbaren Überrollbügel und der Patenterteilung trat ein Patent von 1912 zu Tage. Damals wurde den Erfindern Otto Ziehn und Hugo Schröter eine Vorrichtung patentiert, die beim Aufprall des Autos auf ein Hindernis das Verdeck schloss, um ein Herausschleudern der Insassen zu verhindern.

Am 2. Dezember 1982 fertigt Konstrukteur Baumann die erste Skizze eines aufklappbaren Überrollbügels in einem R 107.

Am 23. März 1983 präsentiert Karl-Heinz Baumann weitere Vorschläge zum Thema Überrollbügel, die schon detaillierte Vorstellungen wie die Polsterung des Bügels, die manuelle und automatische Auslösung oder die Ausklappzeit von 0,3 Sekunden enthalten, und stellt sie auch in der Praxis vor. Aber wie so oft steckt der Teufel im Detail. Das teuflische Problem liegt im geeigneten Aufklappantrieb. »Am Anfang betätigten wir uns als Pyrotechniker. Wir machten die ersten Versuche mit Treibladungen im Hof in Sindelfingen, das hat die hellsten Schläge getan und war fast wie Sylvester«, erinnert sich Karl-Heinz Baumann mit einem spitzbübischen Grinsen in den Mundwinkeln an seine kurze Karriere als Feuerwerker. Besonders die Regenerierbarkeit des automatisch ausgelösten Antriebs, die nur in einer Werkstatt möglich ist, erweist sich als schwierig.

Eine weitere Schwierigkeit stellen die sehr hohen Anforderungen an den Auslösesensor für das Aufklappen des Bügels dar. Fast resignierend stellt Karl-Heinz Baumann fest, dass im vorgegebenen Kostenrahmen keine Lösung gefunden werden kann. Diese Feststellung bedeutet jedoch keine Kapitulation vor der Aufgabenstellung.

Zur internen Innovationsvorstellung 1985 hat Karl-Heinz Baumann mit seiner Crew ein neues Konzept erarbeitet. Der wesentliche Vorteil gegenüber dem Konzept mit dem knalligen »Sylvester-Effekt« besteht nicht nur in der Umgehung der eventuell zu entrichtenden Schweizer Pulversteuer, sondern vor allem in der Betätigung des Klappmechanismus' im Notfall durch eine vorgespannte Feder-Dämpfer-Einheit, die eine Auslösung bereits in fahrkritischen Situationen möglich machte. Die Komfortbetätigung erfolgt hydraulisch. Dieses Konzept stellt erheblich geringere Anforderungen an den Auslösesensor. Mit diesem Vorschlag wird im Wesentlichen die zukünftige Serienlösung umrissen.

Eine als Alternative hierzu untersuchte rein hydraulische Lösung wird aus Gründen starker Temperaturabhängigkeit für die Crash-Auslösung wieder verworfen. Wie wegweisend und zukunftsträchtig die gefundene Lösung schon damals war, zeigt die Tatsache, dass 1993, vier Jahre nach der Vorstellung des R 129 in Genf, BMW für seine Dreier-Serie mit einer ähnlichen Lösung auf den Markt kam.

Der ausklappbare R 129-Überrollbügel ist ein System, das aus den folgenden Komponenten besteht:

1. Dem Überrollbügel, der aus einem U-förmig gebogenen, hochfesten vergüteten Rohr besteht, das beidseitig in miteinander verschweißten Halbschalen formschlüssig eingelegt und vollständig mit Polyurethan-Schaum umschäumt ist. Mit einem im Versuchsstadium untersuchten Bügel aus geschmiedetem Aluminium wurden die Festigkeits- und Steifigkeitswerte der Stahlrohrkonstruktion nicht erreicht. Für die Serienausführung wird das Patent DE3712940C1 an die Konstrukteure Klaus Matthias, Arno Disson, Gerald Schick, Karl-Heinz Baumann und Albert Euteneuer erteilt.
2. Den beiden Abstütz- und Betätigungselementen, die den Bügel aufstellen und abstützen. Diese beiden Elemente stützen sich an ihrem unteren Ende über eine Konsole großflächig auf den hinteren Längsträgern der Karosserie ab. Die Konsole ist dreischalig aufgebaut und besteht aus höherfestem Material. Zwei Aufstellarten sind möglich: die Crash-Auslösung und die Komfortbetätigung.

- Die Crash-Auslösung hat automatisch Vorrang vor einer unter Umständen zeitgleich ausgelösten Komfort-Betätigung, wird bei einem Unfall (Verzögerung von mehr als der vierfachen Erdbeschleunigung oder Neigungswinkel von mehr als 26° zur Fahrbahn) oder, was häufiger vorkommt, bei extremeren Fahrsituationen ausgelöst. Zwei voneinander unabhängige Vorgänge führen zur Auslösung:
  Die gespeicherte Federenergie stellt in 0,3 Sek. bei einer mittleren Aufstellgeschwindigkeit von 1 m/s den Überrollbügel auf, indem auf ein automatisches Gefahrensignal hin der Auslösemagnet das Schließteil des Automatikschlosses von der

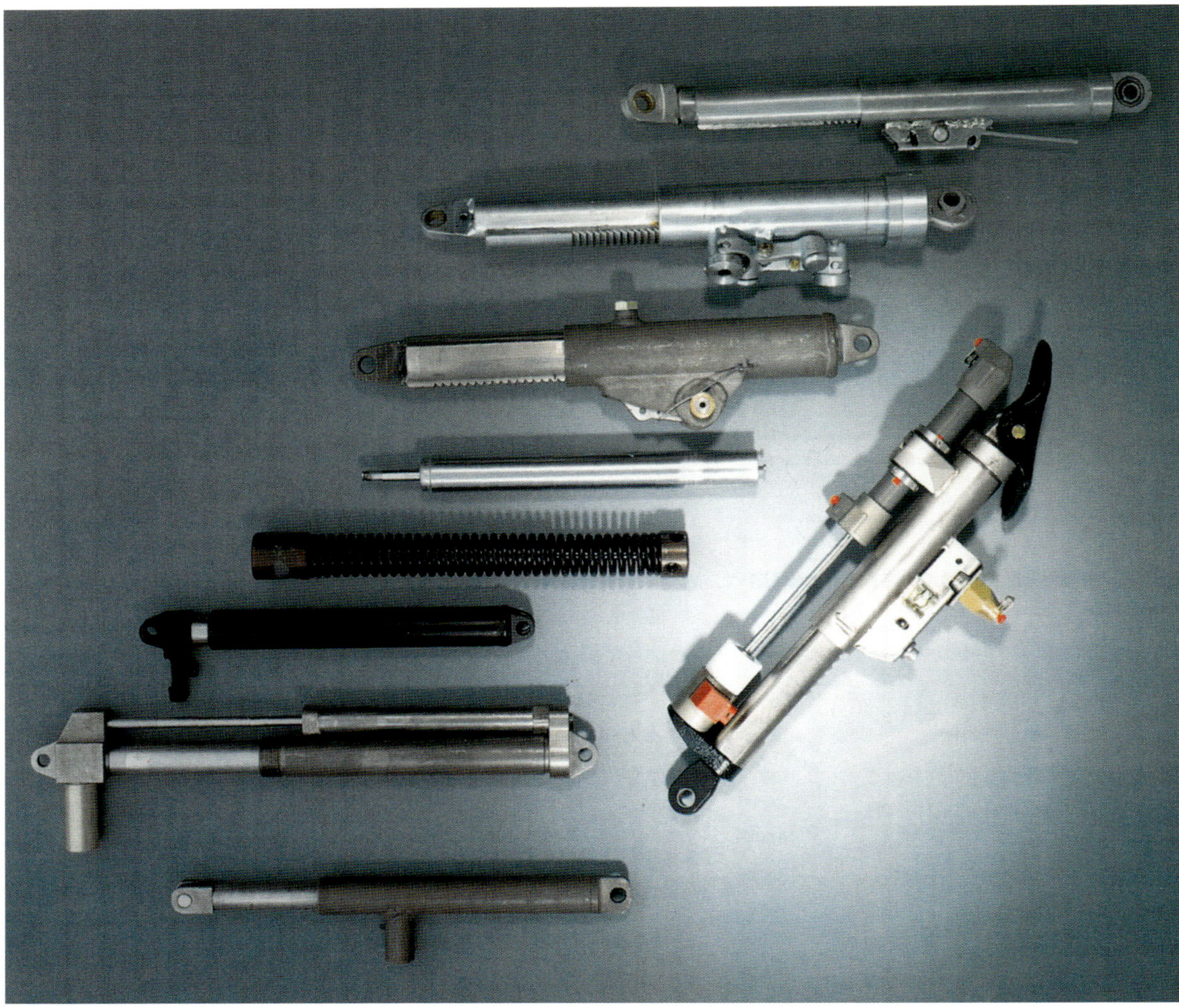

Der mühsame Weg vom »pyrotechnischen Urknall« zum perfekten Antrieb des Überrollbügels.

Die Serienausführung des Antriebs in eingefahrener …

… und ausgefahrener Stellung.

Schließbuchse trennt. Dadurch fahren die Kolben der Abstützelemente durch die Wirkung der Feder-Dämpfer-Einheiten mit einer degressiven Weg-Zeit-Kennung aus und schwenken den Überrollbügel in seine Stützposition. Gleichzeitig wird der Hydraulikkreislauf drucklos geschaltet, sodass die federbelasteten Sperrklinken während des Aufstellvorgangs in Verbindung mit der Verzahnung der Stützkolben stehen. Durch diese Schaltung ist der Überrollbügel – nach einer Crash-Auslösung – auch während des Aufklappvorgangs gegen Zurückklappen gesichert.

- Die Komfortbetätigung wird durch das rechte Hydraulikelement aktiviert und dient auch zum Ablegen des Bügels nach einer

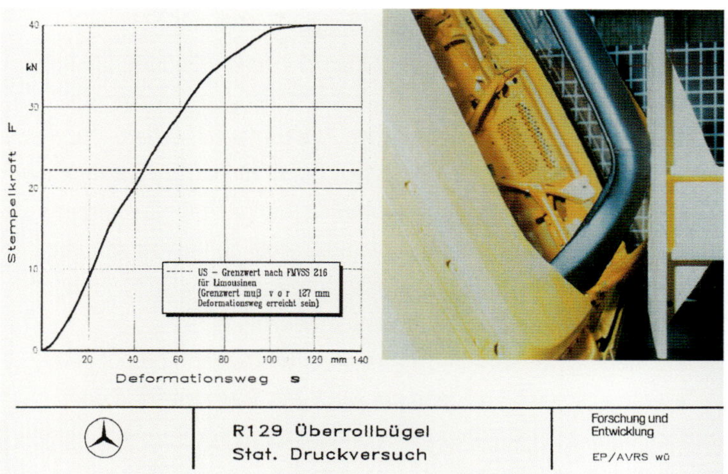


**Drucktest und Verformungsverlauf des Überrolbügels nach der US-Norm FMVSS 216 für Limousinen!**

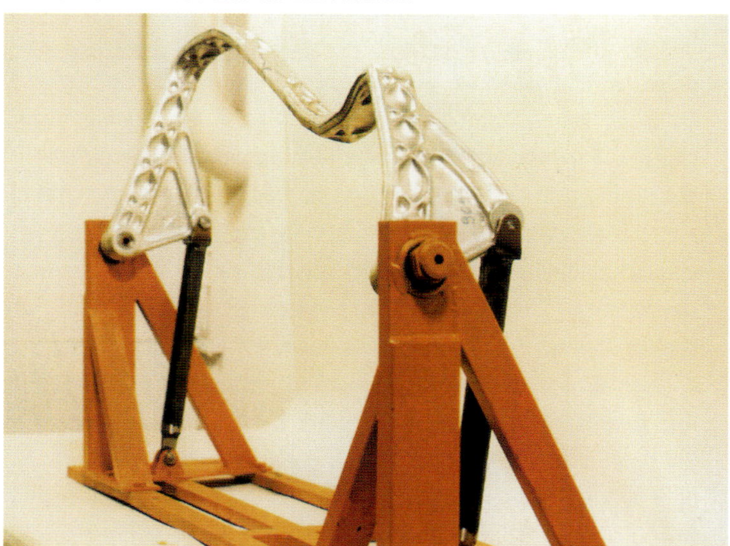

**Der verworfene Alu-Überrollbügel nach dem statischen Drucktest.**

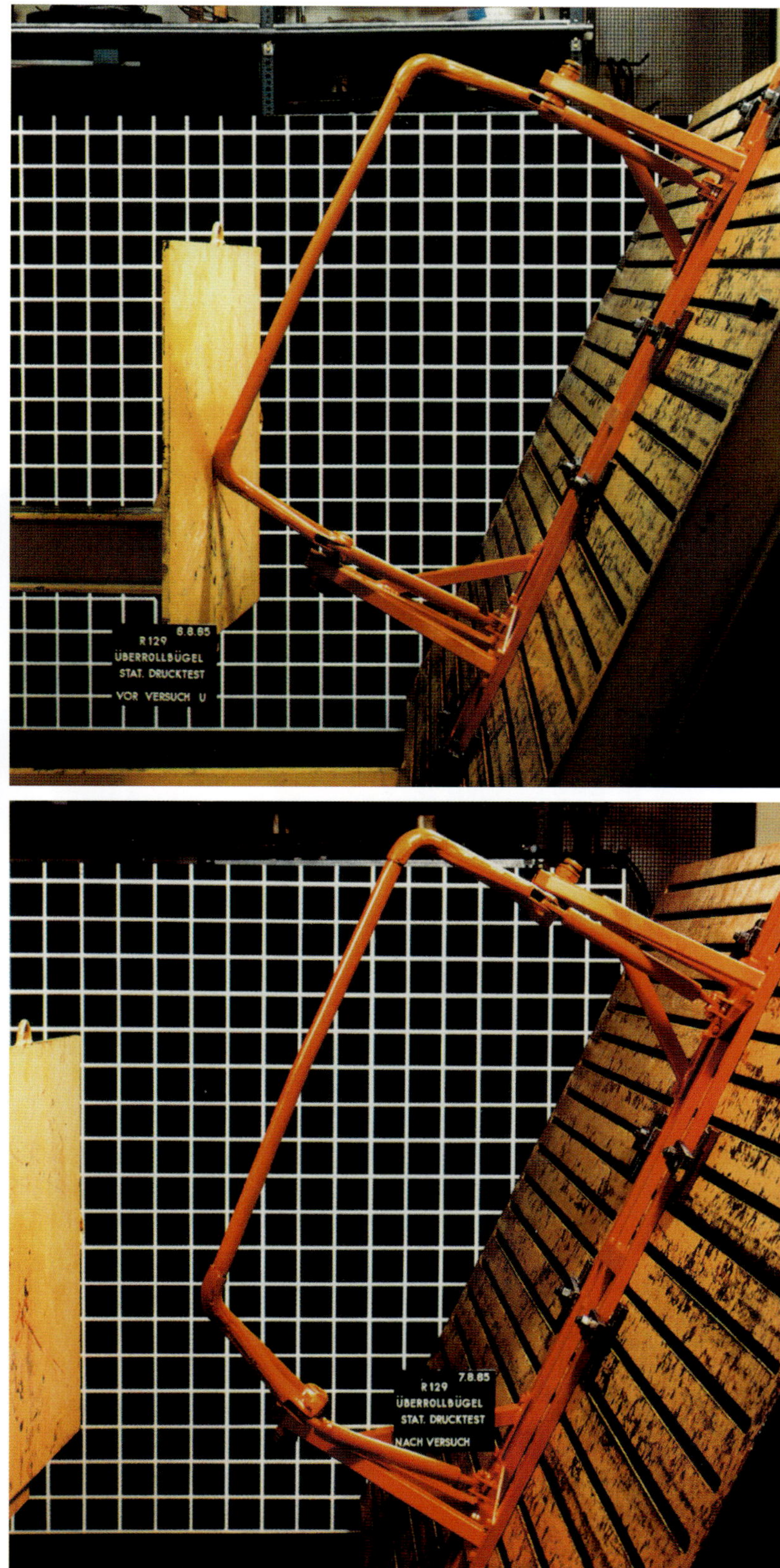


**Der Stahlrohrbügel vor und nach dem statischen Drucktest.**

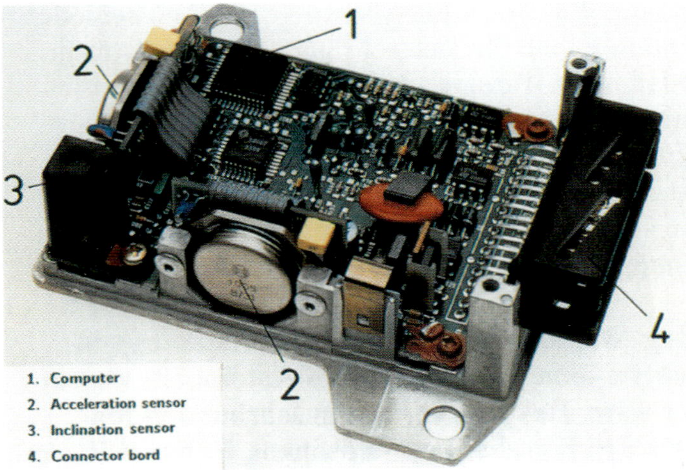


**Das multifunktionale Steuergerät.**

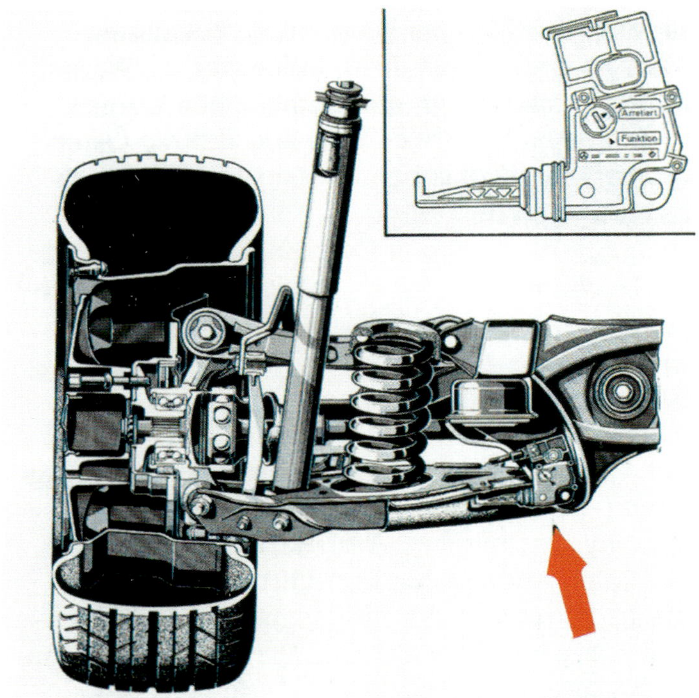


**Der an der Hinterachse untergebrachte Neigungswinkel-Sensor.**

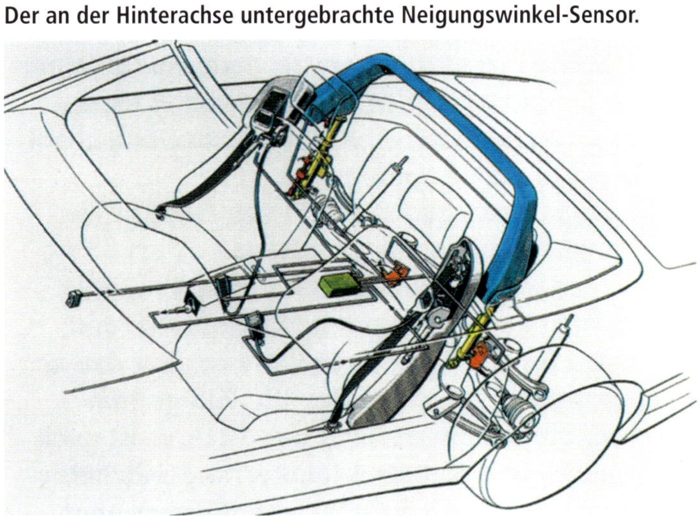

**Platzierung der zum Betrieb des Überrollbügels notwendigen Komponenten im Fahrzeug.**

Crash-Auslösung. Zum Ablegen des Bügels nach der Crash-Auslösung muss zunächst der Antriebskolben des hydraulischen Komfortantriebs ausgefahren werden, bis die Schließbuchse und das Schließteil des Automatikschlosses selbsttätig verriegeln. Deshalb muss der Wippschalter zunächst in die Stellung »Ausfahren« gedrückt werden. Nach der Verriegelung kann der Bügel mit dem Wippschalter abgelegt werden. Bei der Komfortbetätigung erfolgt das Aufstellen des Überrollbügels auf hydraulischem Weg. Eine Differentialschaltung sorgt für das gleichmäßige Ausfahren der beiden Arbeitszylinder. Das Patent DE3732562C1 für die Abstütz- und Betätigungselemente erhalten: Klaus Matthias, Karl-Heinz Baumann, Gerald Schick, Arno Disson, Hermann Möller, Holger Seel, Claus Töpfer, Uwe Nerger, Peter Thiele und Eugen Fleisch.

3. Dem multifunktionalen Steuergerät in Verbindung mit den Hinterachsschaltern, die eine fahrkritische Situation, die zum Überschlag führen kann, erfassen. Die Hinterachsschalter sind an den Hinterachsträger montiert und damit die einzigen Komponenten zur Erfassung von Aulösekriterien, die nicht im Steuergerät integriert sind. Sie sind in Reihe geschaltet und öffnen vor der vollständigen Ausfederung eines Hinterrades den Stromkreis, der vom Steuergerät ständig überwacht wird.

Das Steuergerät wird im Fondraum unter der hinteren Sitzbank beziehungsweise Ablage in der Mitte des Fahrzeugs auf dem Kardantunnel fest verschraubt und ist somit vor Beschädigungen von außen weitgehend sicher. Außer den Funktionen des Überrollbügels beeinflusst das Steuergerät noch zusätzlich die Ver- und Entriegelung der Sicherheitsgurte, da die Gurtautomaten in die Sitzlehne integriert sind. Durch die verstellbare Lehnenneigung wäre bei den bisherigen Gurtaufrollern, bei denen die Sperrwirkung über einen Kugelsensor beeinflusst wird, der Tragekomfort und die Sicherheit erheblich beeinträchtigt worden. Die Zentralentriegelung ist ein weiterer Punkt der Beeinflussung durch das Steuergerät, damit ist es Helfern nach einem Unfall möglich, angeschnallte Insassen aus einem verschlossenen Auto zu bergen. Das Patent DE3545874C1 für das Steuergerät geht an die Diplom-Ingenieure Karl-Heinz Baumann, Gerald Schick, Lothar Kassing, Alban Bossenmaier und Dr. Luigi Brambilla.

Als Fazit lässt sich für den Autor folgendes Resümee ziehen: Ein Cabriolet ohne Überrollbügel, sei er nun feststehend, ausfahr- oder aufklappbar, ist eine Todesfalle. Trotz Andeutungen in der *Auto-Zeitung* Nr. 11 vom 14. Mai 1993 über das Risiko des Überrollbügels am R 129 gibt es keinen Unfall mit Todesfolge, der auf den ausklappbaren Überrollbügel zurückzuführen ist.

## Der Integralsitz

Gemütlich, rund und g'sund sitzt er vor einem, der Heiß Werner, und wenn man beim Fernsehen in München hinter dem Ratetisch säße, wo beim heiteren Beruferaten über die fünf Mark für das Schweinderl entschieden wird, da könnte man ihn sich sehr gut bei einer Brotzeit in einem Heurigen-Beisl in Grinzing vorstellen, wie er verträumt über die Schlechtigkeiten dieser Welt sinniert. Und schon wäre es passiert: Man hätte sich glatt neben den Stuhl der Tatsachen gesetzt. Von der ersten Momentaufnahme stimmt fast überhaupt nichts. In der barock-gemütlichen Hülle sitzt nämlich ein gotisch-spitzer Verstand.

Dipl.-Ing. Werner Heiß gehört zu jener Spezies von Österreichern, ohne die die Welt des Automobils wesentlich ärmer wäre. Das ging vor einem Jahrhundert mit Namen wie den Porsches und Ledwinkas, Edmund Rumpler, Alfred Neubauer, Hans Nibel, Bela Barenyi und Karl Wilfert los, zieht sich über Ernst Fiala und Ernst Fuhrmann kontinuierlich fort, um heute bei so bekannten Namen wie Ferdinand Piëch, Fritz Indra und Werner Heiß vorläufig zu enden, um nur einmal einen kleinen, sehr unvollständigen Überblick über den Beitrag Österreichs zum Automobil zu geben. Werner Heiß hat auch eine plausible Begründung für diesen österreichischen Exportschlager: »Wir haben in Österreich hervorragende Technische Hochschulen, aber nur relativ wenig Arbeitsmöglichkeiten.« Also zog auch Werner Heiß mit dem Diplom in der Tasche gen Westen und blieb zwangsläufig, nein, nicht in München, sondern eine Tür weiter, in Sindelfingen hängen. Ab 1970 arbeitet der Wiener Werner Heiß in der Vorentwicklung mit dem Aufgabengebiet passive Sicherheit, als einer jener kreativ Denkenden und Handelnden im schwäbischen Ausland, die dafür sorgen, dass spätere Generationen den Fortschritt unter dem Stern nicht als Marginalie der Firmengeschichte verkümmern lassen müssen. 1971 übernahm Werner Heiß als junger Diplomingenieur die Projektleitung für die ESF-Wagen (Experimental-Sicherheits-Fahrzeug) von Daimler-Benz. Das waren jene Studien von Sicherheitsfahrzeugen, die 20 Jahre zuvor in der Öffentlichkeit Furore gemacht hatten und deren Sicherheits-Features, damals noch Zukunftsmusik, heute längst Serienstandard sind. Auch in diesen »Experimentals« waren bereits Sicherheitssitze eingebaut. Sie wogen damals noch 65 Kilogramm.

1980 lenkt das Forschungsauto 2000 den Blick in die Zukunft. Es entsteht auf Basis der S-Klasse. Auch hier ist Werner Heiß wieder kreativ tätig, denn er ist Projektbegleiter für die Rohbaukomponenten, die Softnose und, last but not least, für die Sitze. Kein Wunder also, dass er das Thema Sitz wieder aufgreift. Der 120 Kilogramm schwere Werner Heiß belastet nicht nur Sitze, er ist auch in seiner Ingenieurs- und Konstrukteurskarriere »sitzbelastet«. Sein Gesicht hellt sich sichtbar auf, wenn er über »seine« Sitze referieren kann. »So einen Sitz zu machen, wie wir ihn heute im R 129 haben, ist der Traum und ein alter Wunsch der Biomechaniker.« Aber im Forschungsauto 2000 sieht das Gestühl noch etwas anders aus. Zwar hat es schon ein integriertes Gurtsystem, aber die Sitzrahmen aus einer Kevlar-Kohlefaserstruktur sind, obwohl extrem leicht, aufgrund der hohen Kosten serienuntauglich. Man sieht an dieser Entwicklung klar, dass dieser Sitz eigentlich die älteste jener Entwicklungen am ganzen Fahrzeug ist, die beim Erscheinen des R 129 für Furore sorgt. Alt nicht im

**Werner Heiß mit »seinem« Sitz.**

Sinne von veraltet, sondern im Sinne von »schon sehr lange in Entwicklung«. Anfang 1982 taucht in einer frühen Projektbeschreibung des R 129 der Sitz das erste Mal auf und wird so definiert: »... ähnlich Auto 2000 mit im Sitz integriertem 3-Punkt-Automatikgurt. Rahmenteile aus Aluminium-Druckguss (mit handschriftlicher Zusatzbemerkung: Magnesium H Heiß?). Sitzkissen und Lehnenkissen eventuell geschäumt. Längs-, Höhen- und Neigungsverstellung sowie Lehnenverstellung elektromotorisch mit Hilfe von Spindelelementen. Zusätzlich muss die Lehne zwangsverriegelt werden. Kopfstützen elektromotorisch verstellbar.« Man nimmt es Werner Heiß ab, der später sagte: »Ich war froh, als 1982 entschieden wurde, den Sitz endlich in Serie zu machen.« Aber Werner Heiß hatte ihn noch nicht. Dafür wusste er genau, was er wollte: Der Sitz muss ein integraler Bestandteil des gesamten Sicherheitskonzepts der Karosserie werden.

Die erste zu knackende Nuss besteht im Sitzgestell und der Lehne, da sich hier Gewicht und definierte Verformbarkeit oft im Wege stehen und im Falle eines Crashs hohe Belastungen auftreten. Für beide müssen neue Materialien gefunden werden. Werner Heiß nimmt als Material für das Sitzgestell schließlich Magnesium. Es hat den Vorteil des geringen Gewichts und lässt sich gießen. Das Gießverfahren ist wegen der komplexen Form des Sitzgestells und der geforderten hohen Fertigungsgenauigkeit eine unabdingbare Voraussetzung. Darüber hinaus hat das Gussteil den Vorteil einer hohen Oberflächengüte, die nicht mehr bearbeitet werden muss. Aber die vorhandenen Legierungen erfüllen die gestellten Anforderungen nur unzureichend. Eine hohe Dehnbarkeit ist eine Grundvoraussetzung bei dem an und für sich spröden Magnesium. Deshalb muss auf einen hohen Reinheitsgrad geachtet werden. Da sich das Untergestell bei einem Aufprall stärker verformen muss als die Lehne, wird hier eine Legierung mit geringerer Dehnung, aber höherer Festigkeit verwendet, also eine Magnesiumlegierung mit einem Aluminiumanteil von fünf Prozent. Bei der Lehne beträgt der Aluminiumanteil der Legierung nur zwei Prozent. Für diese in Zusammenarbeit mit der norwegischen Firma Norsk-Hydro entwickelten Legierungen wird 1989 der internationale Magnesium-Preis verliehen.

Mit 40 Kilogramm ist der komplette Sitz nur fünf Kilogramm schwerer als ein Seriensitz, wobei er von der Komplexität seiner Funktionen und Aufgaben her mit diesem ebenso gut zu vergleichen ist wie eine russische Dorfrechenmaschine mit einem Computer. Der aus fünf Gussteilen zusammengeschraubte, asymmetrische Rahmen wiegt 8,5 Kilogramm. Das Restgewicht verteilt sich neben der Gurtaufrollautomatik mit Gurtstraffer auf die Kunststoffabdeckungen, die neun Spindeln mit den dazugehörigen neun Getrieben und den fünf Motoren für die Längsverstellung des Sitzes, die Lehnenneigung und die Höhenverstellung der Kopfstütze und des Schultergurtes sowie auf die eingesteckten Sitz- und Lehnenkissen. Die Spindeln haben den Vorteil, als höchst belastete Teile ständigen Eingriff zu garantieren. Zahnräder, die eine ähnliche Funktion erfüllen könnten, wären viel zu groß und zu schwer geworden. Außerdem hätten sie nicht den stufenlosen Verstellkomfort einer Spindel geboten. Auch die Spindeln für die Verstellfunktionen sind eine Heiß'sche Novität, sie gab es vorher bei Sitzen nicht.

Aber sie sind beileibe nicht die einzige Besonderheit. Das Problem bei der motorischen Verstellbarkeit der Sitze ist die hintere Begrenzung am Verdeckkasten. Um hier eine Deformation und Verspannung der Lehne zu vermeiden, wurde ein induktiver

An diesem Sitzgestell ist am Boden deutlich die Spindel für die Längsverstellung des Sitzes zu erkennen.

Näherungsschalter eingebaut, der auf eine Distanz von zirka fünf Millimetern eingestellt ist. Die betätigte Bewegung hat Vorrang, die nicht betätigte Bewegung weicht aus. In der Praxis sieht das so aus: Kommt die Rückenlehne dem Verdeckkasten zu nahe, weil sie schräg gestellt wird, so fährt der Sitz nach vorne. Wird der Sitz nach hinten gefahren und nähert sich die Lehne dem Verdeckkasten zu sehr, wird die Lehne steiler gestellt. Eine ausgesprochene Liegeposition wie in einer Limousine oder einem Coupé ist allerdings im R 129 aufgrund der eingeschränkten Platzverhältnisse leider nicht möglich. Da bei einem zweitürigen Auto die Lehne klappbar sein muss, ist Konstrukteur Heiß ein weiteres Mal gefordert, denn dem Zufall, das ist alte Mercedes-Benz Tradition, wird in Sicherheitsdingen nichts überlassen. Die Lehnenverriegelung erfolgt über zwei Drehfallen. Die Verriegelung wird durch zwei Mikroschalter überwacht. Ist die Lehne nicht im Untergestell eingerastet, weil beispielsweise Gepäckstücke auf der hinteren Ablage ein Einrasten verhindern, läuft folgendes Automatikprogramm ab: Der Sitz fährt so weit nach vorne, dass sich die Lehne zum Einrasten nach hinten neigen kann. Ist der Sitz aus irgendeinem Grund immer noch nicht eingerastet, so blinkt im Armaturenbrett die Warnleuchte fünf Sekunden lang, um anschließend auf Dauerlicht zu schalten. Gleichzeitig ertönt 20 bis 25 Sekunden lang eine akustische intermittierende Warnung des im Sitz eingebauten Warnsummers. Um bei vorgeklappter Lehne einen unbeabsichtigten Kontakt mit den Verriegelungselementen zu vermeiden, wird eine bewegliche Verkleidung angebracht.

Nun wäre der perfekteste Sitz dieser Welt nichts wert, wenn er nicht entsprechend mit der Karosserie befestigt wäre. Auch hier ging Werner Heiß nicht den üblichen Weg. Auf der Außenseite wird die Führungsschiene des Sitzes in einer speziellen Ausbuchtung des Längsträgers vertikal verschraubt, auf der Innenseite geschieht die Verschraubung horizontal auf dem Boden. Die Führungsschienen sind so profiliert, dass sie sich beim Aufprall verkrallen. Diplomingenieur Burkhard Döpp ist jener Kollege von Werner Heiß, der die Ideen der Vorentwicklung seriengerecht aufbereitet und mit eigenen Vorstellungen ergänzt.

Die Sitzfertigung erfolgt im Werk Hamburg-Harburg. Die Software wie Polster und Verkleidungsteile wird im Bremer Werk hergestellt. Da man schon beim Herstellungsprozess keinerlei Sicherheitsrisiko eingehen will, wird der Sitz abschließend einer Ganzheitsbelastungsprobe unterzogen, die einem Barrierencrash mit 50 km/h entspricht. Wie hoch die Sicherheitsreserven des Sitzes tatsächlich sind, zeigen Extremversuche, bei denen fahrfertige Autos mit Dummy im Sitz und Gepäck im Fond den Beweis

Verriegelungsfalle für die Lehnenfixierung.

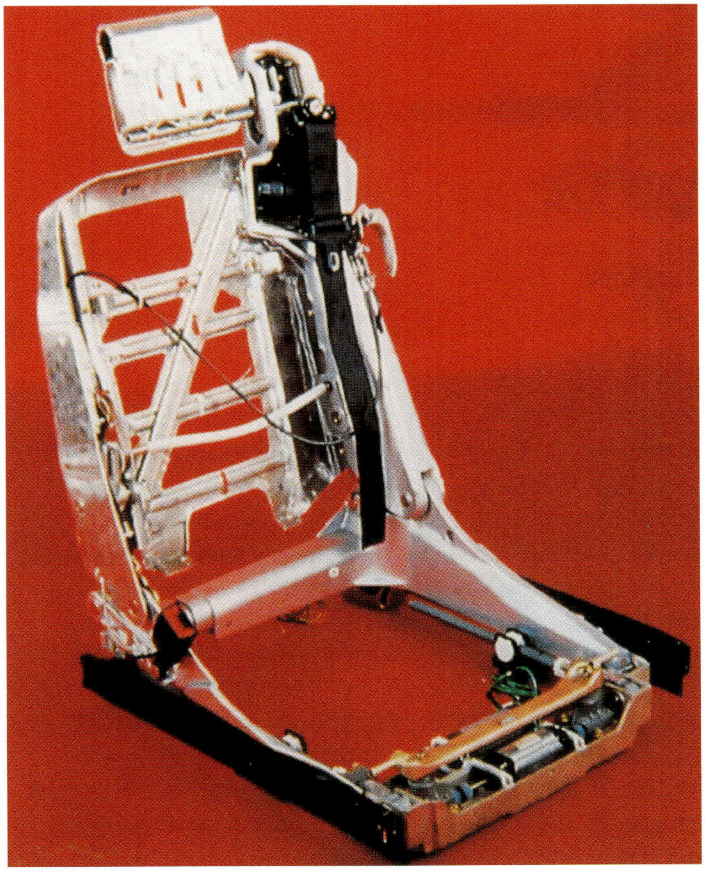

Der Sitz als technisches Gesamtkunstwerk.

erbrachten, dass auch doppelt so hohe Energiebelastungen verkraftet werden.
Fast 20 Patente für Detaillösungen werden im Laufe und in Folge dieser Sitzkonstruktion erteilt. Als krönenden Abschluss erhält Werner Heiß 1989 den erstmals von *auto motor und sport* ausgeschriebenen, mit 25.000 Mark dotierten Paul Pietsch Preis. Den Preis verleiht eine internationale Jury, die damals aus den Mitgliedern Vittorio Ghidella, Helmut Bott, Ernst Fiala, Helmut Luckner, Ronald Mellor, Bernd Ostmann und Werner Schruf bestand. Hintergrund der Preisaussetzung ist es, einmal jene Techniker im zweiten Glied herauszuheben, die bahnbrechende Neuerungen serienreif gemacht haben, aber in der Öffentlichkeit anonym bleiben.

**Diplom-Ingenieur Burkhard Döpp bereitete die Geistesblitze der Vorentwicklung für die Serie auf.**

# Das Verdeck

»Unter einem Regenschirm am Abend ...« begann vor fünfzig Jahren ein beliebter Schlager, der die traute Zweisamkeit besang. So weit auseinander sind die Funktionen von Roadsterverdeck und Regenschirm also gar nicht. Allerdings hat Mercedes-Benz nie Regenschirme hergestellt. Dafür aber Verdecke. Und was für welche: Friedrich Geiger hatte schon beim W 113 und R 107 ein Verdeck konstruiert, das zu seiner Zeit, wegen seiner leichten Bedienbarkeit ohne Elektrik und Hydraulik, als das schnellste Verdeck der Welt gegolten hatte. Auch die Verdeckkonstruktion des R 129 ist den Sindelfingern ausnehmend gut gelungen.
Was ist das Faszinierendste am neuen Verdeck? Bei dieser Frage wird jeder sofort an den einfachen und optisch eindrucksvollen Vorgang des Öffnens und Schließens des Stoffdaches denken, denn niemand kann sich der sichtbar eindrucksvollen Demonstration des auf- und zuklappenden Verdecks entziehen. Bei aller Faszination für den bühnenreifen Auftritt in Sachen Verdeckartistik – eine automatische Verdeckbetätigung war schon in der Projektbeschreibung von 1982 vorgesehen –, der eigentliche Gag ist unsichtbar und liegt unter dem Stoff, wie so vieles im Leben. Und um die Spannung, die in diesem Thema im doppelten Wortsinne liegt, so richtig zu verstehen, muss man in das Jahr 1984 zurückgehen.
Noch bevor der endgültige Formentscheid fällt, herrschen Zuversicht und Entsetzen zugleich, letzteres vor allem bei Professor Huber und den Karosseriekonstrukteuren. Die nach hinten konisch zulaufende Heckpartie mit dem dazugehörigen Verdeckkasten und Abschlussdeckel kollidieren mit dem weit nach außen in die Falllinie gesetzten unteren Verdeckabschluss und mit der größten Breite des Verdecks im Punkt der B-Säule. Das aufgespannte Verdeck verbirgt aus den erwähnten stilistischen Gründen sowohl die hinteren als auch die seitlichen Fugen des Verdeckkastendeckels. Das Fahrzeug macht im geschlossenen Zustand einen perfekten Eindruck wie aus einem Guss, egal, ob mit Hardtop oder geschlossenem Verdeck. Mit einem Wort, das Verdeck ist zu breit und zu lang, um in den in seiner Form festliegenden, doch sehr kleinen Verdeckkasten zu passen.
Bruno Sacco dagegen ist heute noch voll des höchsten Lobes über seinen Kollegen Professor Guntram Huber und dessen Konstrukteursmannschaft. Immerhin lag der Schlüssel für die Realisierung zu nicht unbeträchtlichen Teilen in ihren Händen. »Was damals unsere Konstrukteure mit dem Verdeckgestell geleistet haben, ist sensationell und auf der Welt einmalig«, so Bruno Sacco bei

einem Gespräch. Teilnehmer der denkwürdigen Besprechung in der Sindelfinger Kuppel erinnern sich daran, dass Sacco allen Einwänden, die damals vorgebracht wurden, mit dem schlichten Satz begegnete: »Ich habe so viel Vertrauen in die Mannschaft von Professor Huber, dass ihnen hierzu schon das Passende einfallen wird.« In einer frühen Phase des Projektes R 129 im Jahr 1982 war zum Thema des Verdeckgestells vermerkt worden: »Prinzip R 107, mit größerer Stoffhalteschiene und neuer Kinematik mit geänderten Hebelverhältnissen.« In der Projektbeschreibung vom 3. Juli 1984 heißt es etwas detaillierter: »Stoffhalteschiene an Hauptsäule schwenkbar angeordnet, bedingt durch die Form des Karosserieausschnittes zu der Ablage des Verdecks«. Jürgen Schrader und seinen Konstrukteuren stehen heute noch die Schweißperlen auf der Stirn, wenn sie im Geschichtsbuch dieser Konstruktion blättern: Im Frühjahr 1985 fiel die Prinzipentscheidung für die Gestellkonstruktion, im März 1989 stand der R 129 in Genf.

**Später konnte Diplom-Ingenieur Jürgen Schrader vor »seinem« Verdeck strahlen. Am Anfang der Entwicklung standen ihm manches Mal die Schweißperlen auf der Stirne.**

**Das Verdeckgestell, wie es ein Kunde fast nie zu sehen bekommt.**

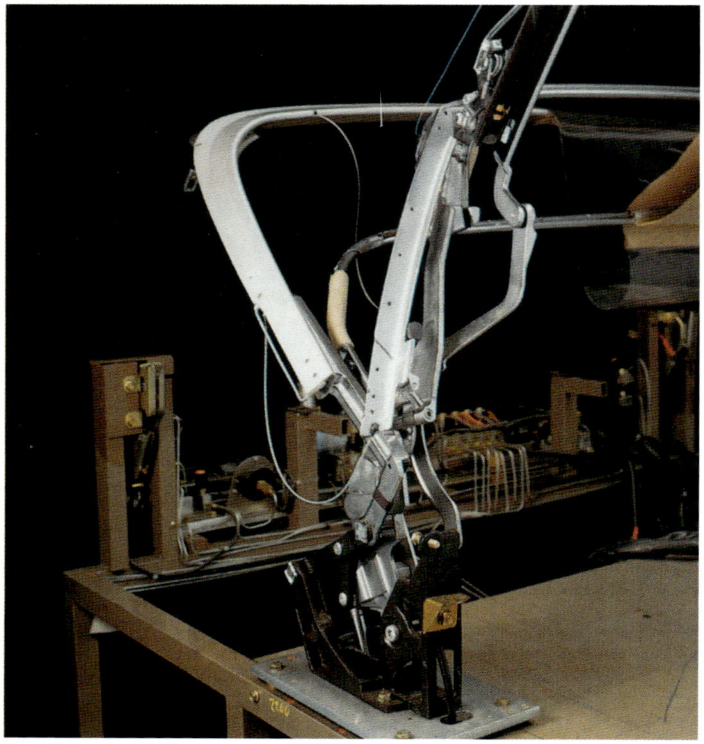

**Während des Schließens des Verdecks wird der Stoffhaltebügel zuerst 30 mm nach vorne gezogen, die Stoffhalteschiene steht noch fast senkrecht.**

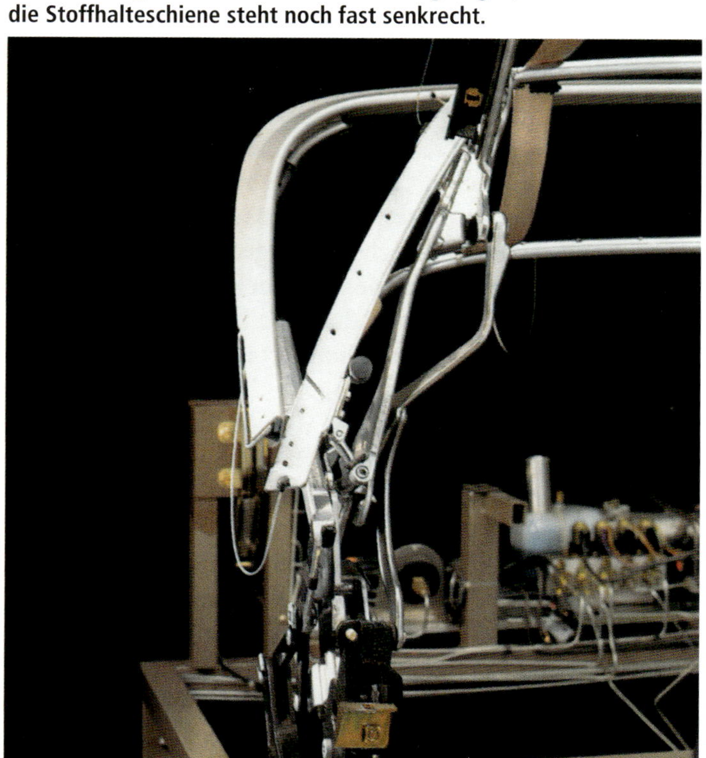

**Im weiteren Verlauf des Schließvorgangs wird die Stoffhalte schiene nach innen geklappt.**

Um das im geschlossenen Zustand zu große Verdeck in den kleineren Verdeckkasten hineinzubekommen, müssen beim Zusammenklappen drei große Bewegungsabläufe durchgeführt werden, von denen zwei in Fahrzeuglängsrichtung und einer in der Querrichtung des Fahrzeugs ablaufen:

1. Der Stoffhaltebügel (das ist die hintere untere Begrenzung des Verdecks) muss nach dem Entriegeln beim Hochziehen über genau definierte Lenkerbewegungen im selben Moment um 30 Millimeter nach vorne gezogen werden, um anschließend beim Abklappen überhaupt in den geöffneten Verdeckkasten hineinzupassen. Dies ist der erste Ablauf in Fahrzeuglängsrichtung beziehungsweise um die Querachse des Fahrzeugs.
2. Die Stoffhalteschienen (das sind die zwei senkrechten Schienen auf der rechten und linken Seite, die dem Verdeck in der nach oben gedachten Verlängerung der B-Säule Halt geben) werden durch die Neigung der Hauptlenkerachse um 15° zur eigentlichen Hauptdrehachse durch eine gesteuerte Kurbel ebenfalls um 30 Millimeter nach innen gedrückt. Um den Gelenkpunkten, die, wie es in der Technikersprache formuliert wird, über unendlich viele Freiheitsgrade verfügen, beim Bewegungsablauf die nötige Stabilität zu verleihen, werden Gummilager mit definierten Rückstellkräften eingesetzt. Die Voruntersuchungen mit den rückstellenden Gummilagern beginnen 1984. Dieser Ablauf erfolgt in der Querrichtung des Fahrzeugs, also um die Fahrzeuglängsachse.
3. Der letzte der drei Bewegungsabläufe ist der normale Aufklapp- beziehungsweise Schließablauf eines Verdecks, der wiederum in der Längsrichtung respektive um die Querachse des Fahrzeugs verläuft.

Diese konstruktive Lösung, die für den Betrachter wegen des darübergespannten Verdecks unsichtbar bleibt, ist überhaupt erst die Voraussetzung für das Gelingen des »Verdeckwunders« am R 129. Nachdem das Problem der Verdeckkinematik gelöst ist, stellen sich Jürgen Schrader und seine Mitarbeiter weiteren Aufgaben. Um ein homogenes Aufbaubild darzustellen, muss ein Verdeck in alle Richtungen Spannung haben. Der Anblick eines Verdecks, das um die Spriegel schlabbert wie ein schlaffer Windsack in der Flaute, war das letzte, was die Sindelfinger der Öffentlichkeit bieten wollen. Jürgen Schrader hat mit einem Bündel von Maßnahmen auch dieses Problem gelöst. Nur auf die wichtigsten soll hier kurz eingegangen werden: Durch die Spannung der Eckspriegel wird die nachlassende Stoffspannung ausgeglichen. Konkave Stoffhaltebügel sorgen ebenfalls für die konstante Vorspannung des hinteren Teils des Verdecks. In Zusammenarbeit mit Rüdiger Faul wird im Windkanal eine

Gummilippe entwickelt, der sogenannte Heckscheibenspoiler, der sich quer über das Dach zieht. Die Schleppspriegel dienen als Falthilfe, sie sind selbsttätig mechanisch verriegelt gegen das Abheben des Stoffs vom Gestell. Die federgespannten Stahlseile, die zusammen mit zwischen Verdeckrahmen und Hauptspriegel gespannten Gummibändern zur Beruhigung des seitlichen Bereichs beitragen, liegen in Stofftaschen. Das Untergewebe des Verdeckstoffs besteht aus neu entwickeltem Material, das eine höhere Vorspannung ermöglicht und größere Abriebfestigkeit bietet. Das Verschlusssystem ist ebenfalls eine Neuentwicklung.
Ein interessantes Kapitel ist das der Steuerung und Bewegungsübertragung der Verdeckbewegungen. Auch hier lohnt ein Blick in den Rückspiegel. Bei der Entwicklung des 600 (W 100) standen für die Komfortbedienungen zwei Grundsatzentwicklungen miteinander in Konkurrenz: die der Übertragung durch Elektromotoren (sie wurde damals von Werner Breitschwerdt betrieben) und die der Komforthydraulik (sie wurde von dem später zum Professor berufenen Ernst Fiala verfochten). Aufgrund des geringeren Gewichts und des größeren Geräuschkomforts fiel seinerzeit die Entscheidung zugunsten der Komforthydraulik. Bei der Entwicklung des R 107 ein Jahrzehnt später stand, aufgrund der Forderungen des US-Marktes, zumindest als Sonderausstattung ein automatisches Verdeck ganz oben auf der Wunschliste. Damals entschied man sich wegen der geringeren Verschleiß- und Reparaturanfälligkeit für eine rein mechanische Betätigung des Verdecks. Trotzdem kamen aus den USA immer wieder Forderungen nach einem automatisch zu bedienenden Verdeck.
Bei der Entwicklung des R 129 rückt diese Forderung wieder in den Vordergrund. Als neue Forderung taucht deshalb 1982 in der Projektbeschreibung der Vermerk auf: »automatische Verdeckbetätigung, elektromotorisch betätigt, als SA«. Im Juli 1984 war die Auswahl noch größer geworden, denn es standen eine manuelle, eine elektrische und eine hydraulische Ausführung zur Debatte. Im August 1985 fallen die Würfel zugunsten einer Hydraulikausführung, die sich jedoch von der seinerzeitigen W 100-Ausführung stark unterscheidet.
Der Betätigungsschalter auf der Mittelkonsole gibt seine Befehle – Öffnen, Schließen, Unterbrechen oder Wiederaufnahme eines Vorgangs – an ein Steuergerät weiter, das über 59 elektrische Anschlüsse die Bewegungsabläufe koordiniert. Außerdem verfügt dieses Steuergerät über einen Mikroprozessor mit einer Speicherkapazität von 8 K-Byte. Die Überwachung der Bewegungsabläufe übernehmen 17 Endschalter. Die Energie zur Betätigung der hydraulisch erfolgenden einzelnen Funktionen, einschließlich des

**Leitungsgesellschaft: 50 m Hydraulikleitungen ermöglichen das »Verdeck- und Überrolbügel-Wunder«.**

Zuziehvorgangs, wird von einer elektrisch angetriebenen Hydraulikpumpe erzeugt, die mit einem Betriebsdruck von 180 bar arbeitet.
Die Hydraulikanlage besteht aus fünfzig Metern Hydraulikleitung mit 90 Anschlüssen. Durch den hohen Druck können die Antriebselemente klein gehalten werden. Sie mussten allerdings für den Einsatz in einem Fahrzeug neu entwickelt werden. Hier lassen sich Parallelen zur Entwicklung des 600 (W 100) ziehen, bei dem es ein Vierteljahrhundert zuvor nicht anders war. Die Hydraulikanlage steht nur während der Betätigung unter Betriebsdruck, damit wird Problemen mit der Dichtheit des Systems vorgebeugt. Die Verschlüsse verriegeln rein mechanisch.
Dem größten Gag der Verdeckgeschichte, der Betätigung bei fahrendem Fahrzeug, schiebt der TÜV einen Riegel vor: Wegen der möglichen Gefährdung von Zweiradfahrern, die durch die offen liegenden Gestänge des Dachs beim Aufklappen oder Schließen im Falle eines Falles verletzt werden könnten. Werkseitig hat man eine Betätigung bis 50 km/h vorgesehen, im Versuchsbetrieb den Öffnungs- und Schließvorgang auch bei höheren Geschwindigkeiten probiert und praktiziert. Bis zu 110 km/h gehen die mutigen Gaspedaltreter des Versuchs dabei. Die Systemkräfte sind bis zu diesem Tempo in der Lage, die immensen Luftwiderstände des riesigen Windsegels, das so ein steil in den Fahrtwind ragendes Dach nun einmal ist, zu überwinden. Auf dem freien Markt gab es einige Zeit später Anbieter, die in Kleinanzeigen von Fachzeitschriften ein Aufheben dieser Sperrvorrichtung mit TÜV-Segen offerierten. Wie dies möglich war, darüber staunten selbst die findigen Sindelfinger Konstrukteure.

Sindelfinger Schleiftest hinter einem W 126 ...

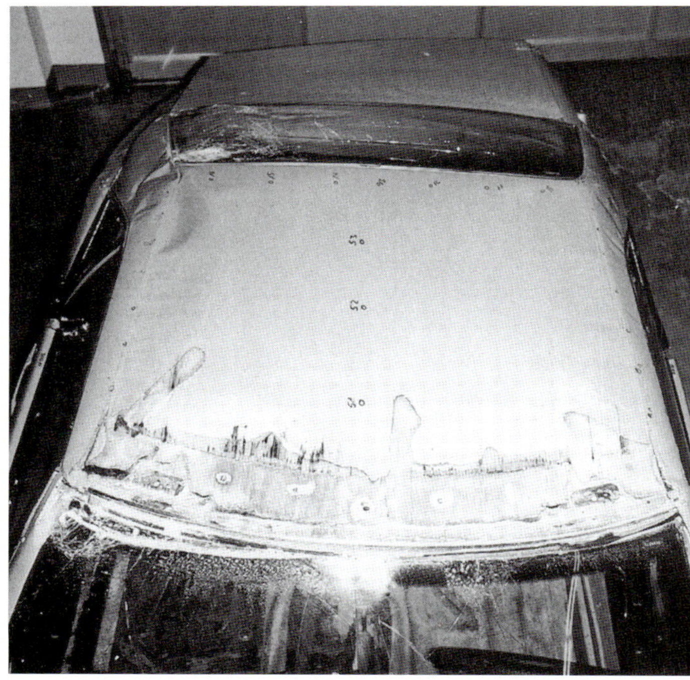

... und die Folgen.

# Das Hardtop

Das Hardtop gehört beim Vorgänger R 107 seit März 1980 zum Serienumfang. Ist es da noch einer besonderen Beachtung wert? Gerade beim R 129 haben sich die Sindelfinger intensiv mit dem Hardtop und seinen Möglichkeiten auseinandergesetzt. Seine Aufgabe reduziert sich auf den reinen Wetterschutz, da der ausklappbare Überrollbügel die wesentlichen Sicherheitsfunktionen übernommen hat. Aus Gründen des leichteren Handlings beim Auf- und Absetzen ist eine Gewichtsreduzierung angesagt. Aus diesem Grund wird schon 1982 eine Dachhaut aus Aluminium oder faserverstärktem Kunststoff ins Auge gefasst. Einigkeit herrscht zu diesem Zeitpunkt bereits über die integrierte Regenrinne und außenhautbündige Scheiben. Zwei Jahre danach haben sich die Voraussetzungen für das unter der Konstruktions-Gruppe 79 bearbeitete Hardtop noch nicht geändert. Inzwischen sind die Karosserieentwickler in Sindelfingen aktiv und haben die unterschiedlichen Hardtop-Konfigurationen den eigenen, vom Gesetzgeber nicht vorgeschriebenen Belastungskriterien unterzogen. Dies sind der Überschlag, der Dachfalltest als härteste Strukturbelastung für den gesamten Dachbereich und beim Hardtop zusätzliche Schleifversuche. Letztere müssen den Beweis erbringen, dass sich die Dachhaut während des Schleifvorgangs nicht löst. In dieser Phase scheidet das Hardtop aus faserverstärktem Kunststoff aus. Es ist nicht genügend abriebfest, zu teuer in der Herstellung, und die Oberflächengüte entspricht nicht dem Mercedes-Benz Standard. Es bleibt beim Hardtop aus Aluminium. Wenn der Wetterbericht »Ski und Rodel gut« verheißt, mussten SL Fahrer schon bisher nie traurig zu Hause bleiben. Das soll beim R 129 nicht anders werden. Deshalb macht man sich in Sindelfingen auch Gedanken zur Lösung dieses Problems. Denn ein Problem war es zweifelsfrei geworden: auf einem Hardtop aus Aluminium lässt sich beim besten Willen kein Ski- oder Gepäckträger unterbringen. Also entsteht in mehreren Stufen ein völlig neues System.

Die ersten Untersuchungen werden an R 107-Karosserien durchgeführt, wobei von den Sindelfinger Karosserie-Entwicklern ein Punkt besonders hartnäckig verfolgt wird: der alte Traum, trotz des Hardtops offen zu fahren. Doch bei der kurzen Dachfläche des Hardtops: Wohin mit dem offenen Schiebedach? Im November 1983 schlägt die Geburtsstunde des Overfirst-Schiebedachs. Bei dieser Konstruktion kann das Schiebedach sowohl hinten in verschiedenen Stufen angehoben werden als auch in etwas angehobener Position nach hinten zurückgeschoben werden. Dann stand es allerdings über die hintere Begrenzung des Hardtops hinaus. Das stört die elegante Linienführung. Nicht nur das gewöhnungsbedürftige Aussehen des offenen Schiebedachs, sondern auch das Gewicht und der Preis dieses Hardtops führen dazu, dass diese interessante Variante in der Projektbeschreibung von 1985 nicht mehr auftaucht.

Erste Überlegungen zu einem neuen Skiträgersystem an einer R 107-Rohkarosserie.

Die Serienausführung. Sie ist ausschließlich für den R 129 konzipiert.

Ein weiterer Schritt in die endgültige Richtung.

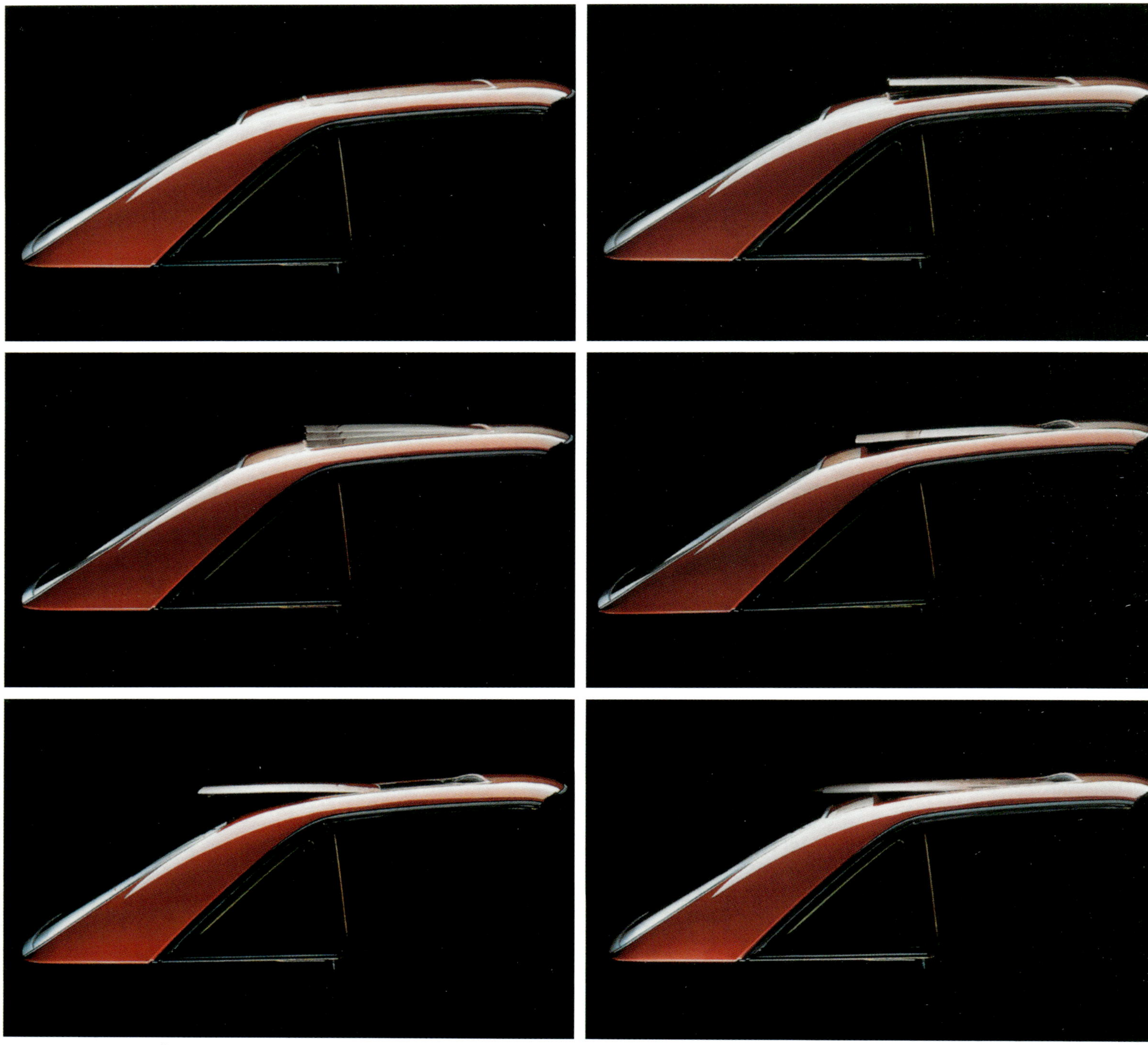

Die sechs Öffnungsvarianten des Overfirst-Schiebedachs.

# Das Glashardtop

Wer im Glashaus sitzt, sollte zwar nicht mit Steinen werfen, aber er sieht auch wesentlich mehr als der eingemauerte Hausbewohner. Ein Zweisitzer, bei dem man wettergeschützt und trotzdem draußen sitzt, das wäre der Idealfall, dachten sich Karl-Heinz Baumann und Arno Jambor. Über diese Wunschvorstellung machten sich der stets kreative Entwicklungsingenieur aus Sindelfingen und der langjährige Designer und spätere Vorentwickler ihre Gedanken. Der Witz an dieser Geschichte ist, dass beide nichts von ihren gegenseitigen Ideen und deren Realisierung wussten – ein Fallbeispiel zum Thema Kommunikation in Gesellschaftsstrukturen.

Am 10. Dezember 1988 bringt Baumann in einer Stichwortliste zum Thema Panoramadach-Pkw seine Gedanken zu einem Glashardtop zu Papier. Sein Vorgesetzter Dr. Harloff genehmigt die Realisierung. Nachdem 1989 ein Entwicklungsauftrag in Höhe von 2,5 Millionen erteilt wird, setzt Baumann seine Vorstellung in ein volltransparentes Versuchsmuster um. Es besteht aus getöntem sechs Millimeter starken PMMA – bekannter unter dem seinerzeit von der Firma Röhm geschützten Markennamen Plexiglas. Eine weiterentwickelte Ausführung wird aus Polycarbonat gefertigt.

Im September 1989 wird Baumanns Glasdach zur Versuchsfahrt mit nach Italien genommen. Karosserie-Entwicklungschef Huber ist von der schützenden Glaskuppel angetan, zumal Karl-Heinz Baumann es nicht versäumt hat, auch für Schutz vor Sonneneinstrahlung zu sorgen. Bei dieser Gelegenheit stellt sich heraus, dass im Design Arno Jambor bereits vor 1987 dem damaligen Entwicklungschef Pkw Dr. Rudolf Hörnig ein Panoramadach vorgestellt hatte. Der Entwicklungschef lehnte damals ab.

Entwicklungsingenieur Baumann hat sich bereits Gedanken zur Beschlagsicherheit eines solchen Glasdachs gemacht. Eine Sparwelle bedeutet das Aus für die Glasdachentwicklung. Nachdem diese Entwicklung eine Weile vor sich hin dümpelt, wird sie wieder aufgegriffen. Treibende Kraft dahinter ist die Marketing-Abteilung, die von diesem Projekt mehr als begeistert ist. Der

**Glashardtop nach Karl-Heinz Baumanns Vorschlag aus dem Jahr 1989.**

Glashardtop mit getöntem Glas.

Glashardtop nach Arno Jambors Vorschlag auf der Basis des serienmäßigen Hardtops.

Vorschlag Arno Jambors wird wieder aufgenommen. Er unterscheidet sich jedoch vom Serienhardtop durch größere hintere Seitenfenster und schmalere Dachrahmen. Diese Geschichte beginnt Anfang 1985. Arno Jambor ist damals im Design-Bereich zuständig für das technisch Machbare. Zusammen mit Bruno Sacco überlegt er, wie man einen geschlossenen Wagen attraktiver machen kann. Allerdings ruht auch diese Glasdachlösung lange in der Schublade. Nach Arno Jambors Vorstellungen dürfen dabei weder Wohlbefinden noch die Bezahlbarkeit auf der Strecke bleiben. Der Design-Bereich favorisiert deshalb ein Glashardtop mit seitlichem Metallrahmen. In diesen werden beim ersten Modell dann auch von der Seite zur Mitte hin zuzuziehende Jalousetten untergebracht. Für die Serienlösung wird aus Gründen der einfacheren Fertigung das Glasdach durch eine dünne Strebe hinten unterteilt. In dieser Strebe ist dann auch ein Sonnenrollo untergebracht. Rund 50 Kilogramm wiegt so eine Glaskuppel. Eine definitive Entscheidung jedoch sollte noch lange auf sich warten lassen, zu viele offene Punkte schienen noch nicht geklärt. Heute wissen wir, dass der R 129 erst ab der Modellpflege 1995 mit dem Glashardtop geliefert wurde.

# Der 300 SL Flügeltürer

## oder: Thiemes Traum

Man mag es glauben oder nicht, mancher zwickte sich sogar ins Bein, um sich davon zu überzeugen, dass er nicht träumte, stand doch da tatsächlich auf dem Stand des deutschen Karosserieentwicklers und Produzenten Karmann ein leibhaftiger 300 SL mit Stern und FLÜGELTÜREN. Ein heftiges Gewusel setzte ein. Alle Kibitze aus dem »Sternenhimmel« mit ihrer geschäftigen »Herr-Lehrer-ich-weiß-was-Mentalität« stürmten los, um ihren Vorgesetzten über das Sakrileg zu berichten. Der Stern auf einem Karosseriederivat, mag es auch von Karmann stammen, und das zu einer Zeit, wo jeder kleine Tuner von der Rechtsabteilung der Zentrale in Untertürkheim abgemahnt wird, eine Unterlassungserklärung unterschreiben muss, den Stern in Zukunft nicht mehr zu benutzen – eine Ungeheuerlichkeit! Diese Lawine der Empörung gelangte schließlich in den Vorstandsbereich, um dann dort in der wärmenden Frühlingssonne der Vorstandsgunst zu zerschmelzen wie der Schnee in der Genfer Frühlingssonne. Die ganze Aufregung war umsonst, es hatte alles seine Richtigkeit. Was war denn nun geschehen?

Träumen tun sie alle, die Kleinen und die Großen, die Armen und die Reichen, doch das Fatale an den Träumen ist, dass es eben nur bei Luftschlössern bleibt. Nicht so bei Rainer Thieme, seinerzeit Vorsitzender der Geschäftsführung des renommierten deutschen Karossiers, der Wilhelm Karmann GmbH in Osnabrück. Er wollte es allen einmal so richtig zeigen, wollte beweisen, welches handwerkliche, konstruktive und technologische Potenzial in jener Gegend Deutschlands zu Hause ist, in der vor Jahrhunderten der legendenumwobene Hermann der Cherusker dem römischen Feldherrn Varus das Fürchten beibrachte. Nein, fürchten sollten sich die Kollegen aus dem automobilen Bereich nicht, aber staunen sollten sie schon. Und das große Staunen fand dann auch prompt im März 1993 auf dem Genfer Automobilsalon statt. Dort

**Objektstudien in Genf 1993 – Mercedes-Benz Chef Helmut Werner, Pkw-Chef Jürgen Hubbert und Karmann-Chef Rainer Thieme würdigen den Flügeltürer kritisch, aber zufrieden.**

Gullwing at its best – die neue Interpretation des Flügeltürers. Was eignete sich dafür besser als ein R 129?

**Der Einstieg – früher fast eine Komödie, am Karmann-R 129 kommod.**

stand ein leibhaftiger 300 SL R 129 mit Flügeltüren. Und die Türen öffneten und schlossen sich auch noch von ganz alleine, wie von Geisterhand bewegt, wenn man nur auf die Infrarotbedienung im Schlüsselkästchen drückte. Ob dieser Perfektion, ganz im Mercedesschen Sinne, blieb dann auch den Mercedes-Benz-Vorstandsmitgliedern Helmut Werner, Werner Niefer, Jürgen Hubbert und Dr. Dieter Zetsche die Spucke weg. Im Teutoburger Wald war ganze Arbeit geleistet worden, das wurde von dem Untertürkheimer Spitzenquartett neidlos anerkannt. Dass die Vergabe des Entwicklungsauftrags für den R 170 an Karmann von diesem Lehr- und Meisterstück abhängig war, wird von Dr. Christian Eick, dem Pressesprecher und Vorstandssekretär, entschieden in Abrede gestellt. Aber geschadet hat dies auf keinen Fall, im Gegenteil. Sogar Eberhard von Kuenheim, damals noch Vorstandsvorsitzender von BMW, betrachtete sich diesen Eyecatcher mit großem Interesse.

Warum hatte sich denn Rainer Thieme gerade den R 129 als Demonstrationsobjekt auserkoren? Darauf hat Dipl.-Ing. Karl-Heinz Klus, Leiter der Technischen Entwicklung und des Prototypenbaus im Hause Karmann, eine einleuchtende Antwort: »Der R 129 ist in seiner formalen und fertigungstechnischen Perfektion eine Herausforderung, der wir uns stellen mussten. Das Thema des R 129 sollte erweitert, aber nicht verfälscht werden.« Karmann Chef Rainer Thieme hatte seiner Mannschaft also ganz bewusst eine der schwierigsten Aufgaben gestellt. Und zwar in konstruktiver und zeitlicher Hinsicht.

Der Countdown lief in Osnabrück zwischen dem 12. und 17. Oktober 1992 an. Der Genfer Salon begann einschließlich der

Einsteigen bitte, aber nur bei Karmann möglich. Leider?

Pressetage am 4. März 1993! In dieser Woche wurde das Lastenheft erstellt und vom Vorstandsvorsitzenden Thieme präzisiert. Essenzielle Bestandteile waren der Erhalt aller vorhandenen Mercedes-Benz-Sicherheitsstandards und die Übernahme möglichst vieler Originalteile. Eine Woche später erhielt Karmann vom Werk Bremen eine Trainingskarosserie zur Simulation von Gewichten. Bis Weihnachten 1992 stand das Konzept: »Die Zeit war so knapp, sie rann uns durch die Finger wie der Sand einer Eieruhr«, erinnert sich Karl-Heinz Klus.
Mit dem Werk Bremen wurden drei Abnahmestufen vereinbart. Die erste Stufe erfolgte nach der Fertigstellung des Rohbaus, die zweite Abnahme nach der Lackierung, und die dritte Stufe war schon die Endabnahme. Bis es allerdings so weit war, glühten bei Karmann in Osnabrück die Köpfe und die Finger. Über 100 Teile wurden selbst konstruiert und gefertigt. Fast 40 Kabel für die Elektrik der Türbetätigung mussten gefertigt und verlegt werden. Die Türbetätigung wird über die Infrarot-Fernbedienung elektrisch-hydraulisch ausgelöst und entriegelt, das Aufstellen erfolgt über je eine Gasdruckfeder. Aus Sicherheitsgründen kann die Türöffnung auch durch einen unter der seitlichen Kunststoffblende unsichtbar angebrachten Druckknopf ausgelöst werden. Für das Türinnenblech war eine neue Verstärkung angesagt. Anstelle der Notsitze wurden zusätzliche Querträger eingebaut. Das Hardtop ist fest mit der Karosserie verbunden. »Hätten wir etwas mehr Zeit gehabt, dann hätten wir das Hardtop auch abnehmbar darstellen können«, resümiert Prototypenchef Karl-Heinz Klus. Da das 30 Kilogramm leichte Hardtop beim Original in erster Linie nur die Funktion des Wetterschutzes erfüllt, musste der Überrollbügel neu konstruiert und unter das Hardtop gezogen werden. Die ersten Versuche und Schnitte wurden an einem separaten Hardtop vorgenommen. Insgesamt wurde der Flügeltürer 60 Kilogramm schwerer als das Original. Karmann-Chef Thiemes Forderung, die Rohrteile aus Gewichtsgründen aus Aluminium zu fertigen, konnte aus Zeitgründen nicht realisiert werden. Aluminiumrohre hätten größere Querschnitte erfordert. Probleme gab es auch so noch genügend. So war es nicht einfach, die Türen so sauber zu führen, dass sie sich nicht verkanteten. Immerhin beträgt der Öffnungswinkel nur 50 Zentimeter, das heißt, beim Öffnen schwenkt die Tür um so weit nach außen, bevor sie nach oben klappt. Bei Karmann legte man darauf besonderen Wert, um zu gewährleisten, dass man auch bei engsten Platzverhältnissen noch bequem in den Flügeltürer einsteigen konnte.
Wie gut den Karmann-Versuchsleuten die R 129-Veredelung gelungen war, konnte Karl-Heinz Klus zufällig im eigenen Hause erleben. Als der Flügeltürer fertig lackiert zur Abnahme mit geschlossenen Türen auf dem Hof stand, kam ein Mitarbeiter vorbei und wunderte sich: »Das soll der Flügeltürer sein? An dem sieht man ja gar nichts!« Karl-Heinz Klus erinnert sich heute noch ganz erleichtert: »Als ich das hörte wusste ich, das wir unsere Aufgabe perfekt gelöst hatten. Vor Genf hatte ich ab diesem Moment keine Bedenken mehr. Der Mercedes-Benz-Vorstand konnte kommen.« Und wie die Geschichte zeigt, kam er und ging zufrieden vom Karmann-Stand.

# Entwicklung und Versuch

## oder: Zwischen Theorie und Praxis

Seit Jahrzehnten hat bei Daimler/Mercedes-Benz der Versuch in der Entstehungsgeschichte eines Fahrzeugs eine besondere Bedeutung. Diese gute Tradition, die durch Namen wie Fritz Nallinger, Hans Scherenberg, Rudolf Uhlenhaut, Karl-Heinz Göschel und Kurt Obländer im besten Sinne repräsentiert wird, hat ihre Wurzeln in der Renn- und Flugmotorengeschichte des Hauses. In beiden Fällen musste immer unter großem Termindruck auf Anforderungen der Praxis unmittelbar reagiert und, was ebenso wichtig ist, die Probleme mussten immer auch in ihrem gesamten Umfeld gesehen und gelöst werden. Es sind also nicht nur Legenden, sondern Tatsachen, dass Dinge in der Praxis manches Mal schon gebaut waren, bevor eine Zeichnung aus der Konstruktion vorlag.
Dem Versuchsingenieur Wolfram Dahm fällt dazu aus seiner Jungingenieurzeit die folgende, bezeichnende Anekdote ein: Als er mit einem Kollegen dem damaligen Versuchschef Personenwagen, Dr. Rudolf Uhlenhaut, einen Lösungsvorschlag präsentierte, griff dieser spontan zum Telefonhörer und gab dem Pkw-Konstruktionschef Josef Müller die Anweisung: »Josef, ich schicke dir jetzt zwei Herren von mir, die dir etwas aushändigen. Lasse diese Angelegenheit bitte nachzeichnen, nicht nachdenken.«
Dem Zufall wird bei den Untertürkheimern und Sindelfingern überhaupt nichts überlassen, und wenn es um die Fahrversuche bei neuen Wagen geht, schon gar nicht. Im Laufe der Zeit haben sich gewisse Routinen herausgebildet, ein Pflichtprogramm, das auch der R 129 zu durchlaufen hatte.

**Des Einen Lust, des Anderen Last: Wintererprobung im Engadin.**

Da gibt es zunächst einmal die traditionellen Raids jenseits des Polarkreises, in die Tundren des Dreiländerecks Schweden-Norwegen-Finnland, die immer um die Wende der Monate Januar und Februar stattfinden. Bei diesen Fahrten fällt das Thermometer in für uns Mitteleuropäer ungeahnte Tiefen, bei trockener Kälte. Diese Gegend wird in der Finsternis der Polarnacht im Laufe der Jahre zur Spielwiese der europäischen Automobil- und Zubehörindustrie, ja sogar die cleveren Japaner bedienen sich mittlerweile der gut funktionierenden Infrastruktur in ewiger Nacht, wo sich vor Jahren um diese Zeit nur Elch, Schneehase und Polarfuchs »Gute Nacht« sagten. Dort gibt es Seen, die, sobald das Eis trägt, für Jahre hinaus nicht nur an die Fahrzeughersteller, sondern auch an Firmen wie Bosch oder Ate zur Bremsenerprobung vermietet sind. An diesem Run in die Finsternis beteiligen sich alle, die Verdeckhydrauliker, die Motoreningenieure mit ihren Benzineinspritzanlagen und Batterien für Kaltstarts, die »Klimatologen« mit Heizungen, Warmluftverteilung und Türdichtungen, die Fahrwerksingenieure mit ihren Reifen, Stoßdämpfern, Fahrwerksabstimmungen, ABS und ASR-Funktionen.

Eine weitere Winterspielwiese mit ernstem Erprobungshintergrund sind die Dolomiten und das Engadin. Hier herrschen, im Gegensatz zu Lappland, alpine Voraussetzungen und eher feuchte Kälte vor. Gerade letztere stellt wiederum anders gelagerte Anforderungen an die Elektrik mit ihren Verkabelungen sowie den dazugehörenden Verbindungen. Hier versinken dann auch schon mal Versuchskolonnen oder einzelne Fahrzeuge in blizzardähnlichen Schneeeinbrüchen. Aber auch in den USA mit dem Staat Minnesota um Duluth und Kanada findet Bedarfserprobung zum Beweis der Wintertüchtigkeit statt. Hier kommt extrem trockene und feuchte Kälte vor, die oft schlagartig einsetzt.

Schlechtwegerprobung far away in Afrika.

R 129 im afrikanischen Busch bei der Abschlusserprobung.

In heimischen Breiten gilt die Autobahn A 23 zwischen Elmshorn und Itzehoe in stürmischen Novembertagen als das Eldorado für die Seitenwinderprobung. Trotz der Windmaschinen auf der Untertürkheimer Einfahrbahn kann auf diese praxisnahen Untersuchungen nicht verzichtet werden. Windböen mit ihrer Unberechenbarkeit können dort eben nicht simuliert werden.

Die Antipoden in der Tüchtigkeitserprobung werden durch Nardo in Süditalien, den Mont Ventoux im Südosten Frankreichs, Südspanien mit der Sierra Nevada, das Death Valley in den USA und das Stilfser Joch markiert.

Einen besonders hohen Stellenwert hat für alle neuen Fahrzeuge, vom kleinen Sportflitzer bis zum Unimog, das Standardprogramm des »Heide-Dauerlaufs«, bei Pkw über 2000 Kilometer, bei Nutzfahrzeugen je nach Fahrzeug- und Einsatzspektrum von 2500 bis zu 25.000 Kilometern. Um dieses Programm durchführen zu können, wurde vor Jahrzehnten das Wegeprofil einer unsagbar katastrophal schlechten Straße in der Lüneburger-Heide aufgenommen und auf die Versuchsbahn in Untertürkheim übertragen. Seitdem gibt es in Untertürkheim die Heide-Erprobung. Die Beanspruchungen für die Fahrer bei dieser Tortur sind groß, im Pkw-Bereich tauscht der Fahrer des Schlechtweg-Dauerläufers nach einer Stunde Fahrzeit sein Volant mit dem des Stadtverkehr-Dauerläufers, die Fahrer im Nutzfahrzeugbereich werden trotz gefederter Schwingsitze nach einer Stunde Fahrzeit abgelöst. Sie sind die Einzigen, denen Mercedes-Benz während der Arbeitszeit ein Bett zum Ausruhen oder Schlafen zur Verfügung stellt.

Für den R 129 wird das Programm noch um eine Versuchsfahrt in Kenia erweitert. Zwischen dem 26. November und 6. Dezember 1988 absolvieren vier Fahrzeuge einen Dauerlauf über 25.000 Kilometer als Abnahmefahrt, um den abschließenden Entwicklungs- und Freigabestand für das Fahrwerk und die Karosserie, hier besonders die Verdeckbetätigung nach extremen Karosserieverwindungen, in der Praxis zu überprüfen. Dabei macht sich die Rallyeerfahrung aus den Endsiebzigern bezahlt.

In Nardo werden regelmäßig Bauteiletemperaturmessungen im Hochgeschwindigkeitsbereich durchgeführt. Dafür müssen am Mont Ventoux alle Fahrzeuge, die es mit Anhängerkupplung zu kaufen gibt, im niedrigen Geschwindigkeitsbereich ihre hohe Zuglast (Anhängerbetrieb) auf 2000 m schleppen. Das der SASN gehörende Hochgeschwindigkeitsoval in Nardo – die SASN ist Teil des Fiat-Konzerns – wurde zwar durch Weltrekorde bekannt, dient aber primär den Versuchsabteilungen der Automobilindustrie. An sie wird es von der SASN, wenn es nicht von Fiat genutzt wird, vermietet.

Das Stilfser Joch in Südtirol mit seiner Nordrampe zwischen Trafoi und der Passhöhe, aber auch die Rossfeld-Höhenstraße bei Berchtesgaden mauserten sich schon in der Mitte der fünfziger Jahre zum Mekka deutscher Bremsenkonstrukteure und Versuchsingenieure. Südspanien avancierte für den Versuchstross aufgrund der großen Hitze in Verbindung mit großer Höhe (Sierra Nevada), der früh einsetzenden Hitze und der relativen Nähe zum bewährten Erprobungsziel. Das Death Valley mutierte im Sommer, ähnlich wie Lappland im Winter, zum gelobten Land für die Versuchskarawanen aus allen Teilen der Erde.

Der Idle-Test – langsames Fahren unter Last bei größter Hitze – oder das Stehen in glühender Sonne hinter einer Gebäudewand mit einem im Leerlauf laufenden Motor bei eingeschalteter Klimaanlage stellen an die Kühlanlage und die Durchlüftung des Motorraums brutalste Anforderungen. Dieser Test führt beim R 129 zu den Entlüftungsgittern in Vorderkotflügel.

Das Gute, das so nah liegt und deshalb oft verschmäht wird, hat ebenfalls seinen festen Platz. Es ist der Flugplatz des vor den Toren Stuttgarts gelegenen Malmsheim und der 130 Kilometer entfernte Hockenheim-Ring. In Hockenheim werden Abstimmungs- und Dauerläufe zur Beurteilung der Bauteilefestigkeit durchgeführt. Gelegentliche Gastspiele auf der Versuchsbahn des VW-Werks in Ehra-Lessien zur Auslegung und Abstimmung von Bremsen und Motoren im Hochgeschwindigkeitsbereich machen das Fehlen eines eigenen Testgeländes deutlich. Nachdem ab 1998 in Papenburg im Norden Deutschlands – und damit weit von Stuttgart entfernt – auf einer Strecke erprobt wurde, die heute zu 100 Prozent der Daimler-Tochter MBTech gehört, sollte die Daimler AG erst 2014 im badischen Immendingen mit dem Bau eines eigenen Testgeländes beginnen.

Darüber hinaus gibt es die traditionellen Beurteilungsfahrten für Vorstandsmitglieder über den jeweiligen Entwicklungsstand, zu denen beispielsweise die Deutschlandfahrt oder die Fahrt zum Genfer Automobilsalon zählen.

Sie werden bis in den Vorstandsbereich auf breiter Basis als Entscheidungsgrundlage genutzt. Hausintern zählen die Wintererprobungen in Nordskandinavien, die Sommererprobungen im Death Valley, in Nardo, am Mont Ventoux und in Südspanien aufgrund der vorhandenen Infrastruktur mit Werkstätten zu den »Arbeitsdestinationen«. Die Erprobungsfahrten für den Vorstands- und Direktionsbereich zählen, obwohl sie alles andere als Kaffeefahrten mit Sightseeing-Programm sind, zu den Entscheidungsfahrten.

Traditionell sind bei Mercedes-Benz oft hohe und höchste Chargen ausgesprochen begeisterte, begabte und begnadete Autofahrer. Technik-Vorstand Hans Scherenberg zum Beispiel fuhr zwar unspektakulär, war aber gekonnt und unglaublich schnell unterwegs und konnte dann noch eine präzise Analyse liefern. Dasselbe galt für den stets freundlich und gemütlich dreinschauenden Dr. Kurt Obländer, der unglaublich schnell Auto fahren konnte. Professor Werner Breitschwerdt beeindruckte selbst die abgebrühtesten Mitarbeiter des Reifenherstellers Pirelli mit seinem professionell-schnellen Fahrstil und seinen hervorragenden Rundenzeiten in Hockenheim. Der ihm als VV (Daimler- beziehungsweise Mercedes-Benz-Kürzel für den Vorstandsvorsitzenden) nachfolgende Werner Niefer machte sich als leidenschaftlicher Autofahrer, der gerne sämtliche Produkte des Hauses fuhr, einen Namen.

# Erprobungsträger, Vorprototypen und Prototypen

Bei Mercedes-Benz werden die Prototypen grob unterschieden in Erprobungsträger, Vorprototypen und Prototypen. Etwa fünf Millionen Testkilometer werden während der Entwicklungszeit des R 129 abgespult. Drei R 107 wandeln sich allmählich zum R 129, elf Vorprototypen werden als Entwicklungsträger permanent weiterentwickelt. Ab 1986 entstehen dann 27 Prototypen, die zu den verschiedensten Erprobungen, auch den Crashtests, herangezogen werden. Natürlich werden diese Fahrzeuge immer auf den neuesten Stand gebracht und im Laufe ihres harten Daseins mehrfach umgerüstet, mit anderen Motoren, Getrieben und Hinterachsen. Bestes Beispiel dafür ist die Erprobung des Zwölfzylinder-Motors M 120 im R 129. Hier ein Auszug aus einem Entwicklungs-Tagebuch.

Manfred Flaig, über Jahrzehnte im Mercedes-Benz Versuch der »Drahtzieher« in Sachen SL.

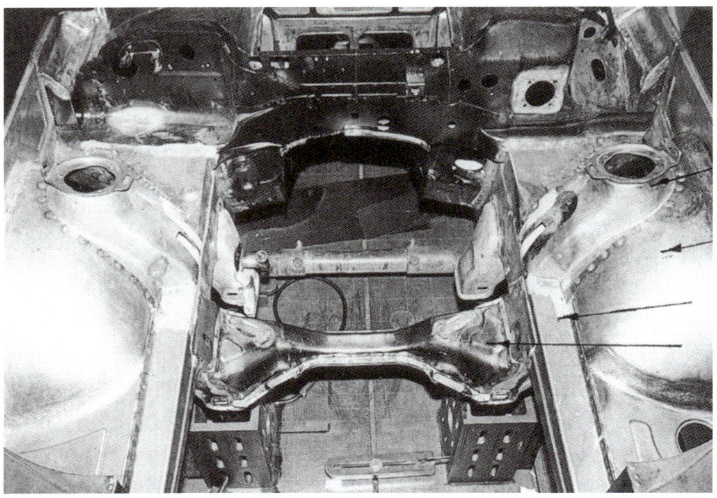

Die unsichtbare Mutation eines R 107 zu einem R 129 (R 129 E 38–101) im Jahr 1982. Geändert wurde von oben nach unten: die Konsole für den Dämpfereinbau, der Radkasten, der vordere Längsträger, der Motorquerträger.

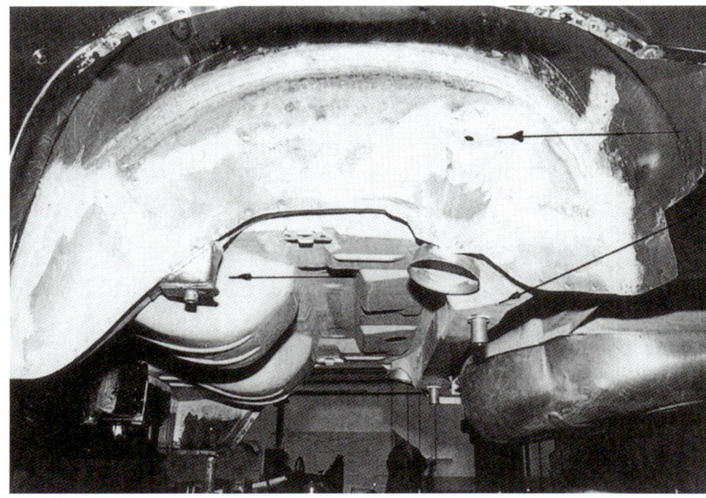

Die Änderungen zum Einbau der Raumlenkerhinterachse betrafen, von oben nach unten, die Stoßdämpferaufnahme, die vorderen Fahrschemellager mit Gewindebüchse, die Querträger über der Hinterachse.

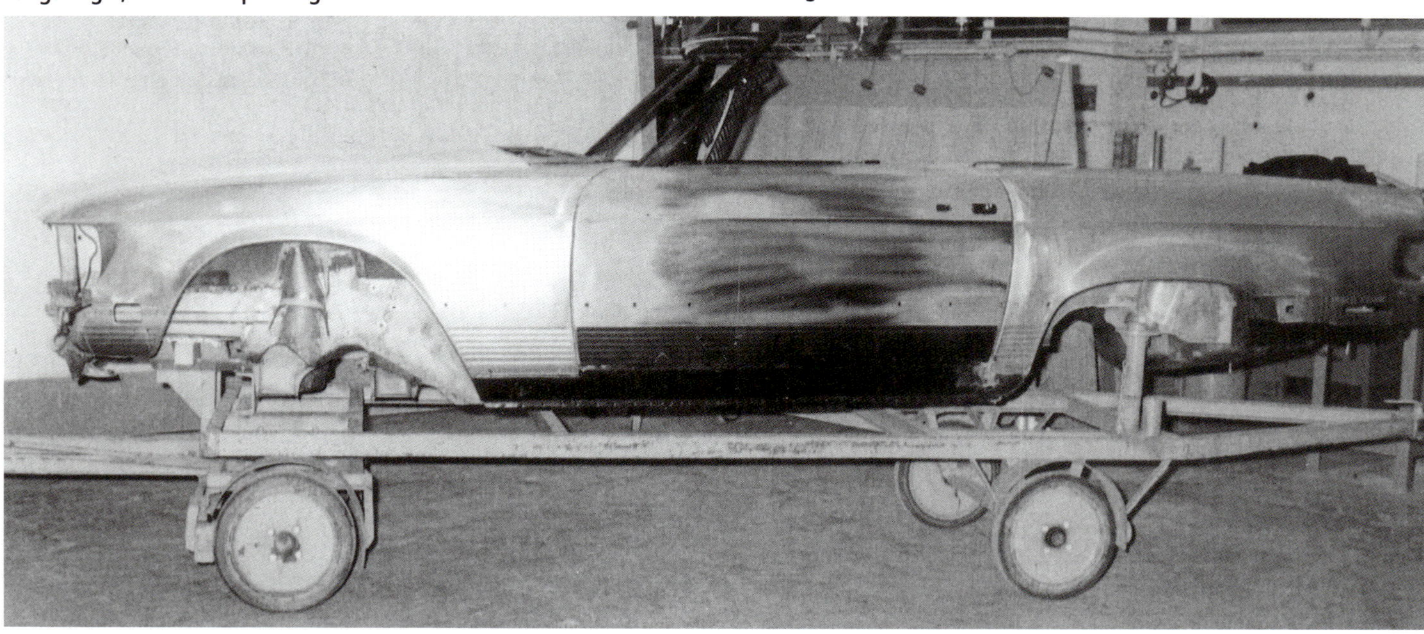

Die fertige Rohkarosserie mit ausgestellten Radausschnitten vorne und herausgezogenen Radausschnitten hinten.

Am 8. April 1975 berichtet der SL-Spezialist im Versuch, Manfred Flaig, über den Aufbau des ersten Prototyps mit neuem Vorbau, damals schon unter der Nummer R 129 E 45–51. Dieser Erprobungsträger entsteht durch den Umbau des Versuchswagens R 107 E 45–52 nach den Plänen der Konstruktion und in Zusammenarbeit mit dem Sindelfinger Karosserie-Versuch. An ihm soll Darstellung und Erprobung des separaten Aggregateraums zwischen Stirnwand und Motorraum untersucht werden.
Im März 1977 wird auf der traditionellen Fahrt zum Automobilsalon in Genf an einem R 107 im Hinblick auf den R 129 eine Doppelquerlenker-Hinterachse untersucht. Zwischen dem 7. August 1982 und dem 15. Oktober 1982 entsteht aus einer aus Sindelfingen angelieferten Serienkarosserie eines R 107 der Erprobungsträger R 129 E 38–101. In der Zwischenzeit hat bei Daimler-Benz eine kleine Revolution stattgefunden. Im Zuge der W 201-Entwicklung ist in Untertürkheim eine völlig neue Mehrfachlenker-Hinterachse entwickelt worden, die die bekannten Nachteile der Schräglenker-Hinterachse beseitigte – die Raumlenkerachse. Die wegen ihrer vielen Schub- und Stützstreben hausintern spöttisch als »Stengelesachse« titulierte Achskonstruktion ist das Produkt des Fahrwerk-Konstrukteurs Manfred von der Ohe, der zusammen mit seinem Chef Dr. Kurt Enke aus der Fahrwerks-Vorentwicklung als Vater der Raumlenkerachse gilt. Sie hat gegenüber der Doppelquerlenker-Konstruktion den Vorteil geringerer Spur- und Sturzänderungen.
Zwischen dem 25. Januar und 24. Februar 1983 nehmen an der traditionellen Winterfahrt in die arktische Kälte Nordskandinaviens auch zwei SL teil. Der R 107 E 38 mit der Versuchsnummer 164 entspricht dem Serienstand des damaligen SL; der R 129 E 38 mit der Versuchsnummer 101 sieht zwar seinem Serienpendant zum Verwechseln ähnlich, sogar der Radstand entspricht noch dem der Serie, hat aber ein W 124-Fahrwerk, das in seiner Grundstruktur dem des R 129 bis heute entspricht. SL-Versuchspapst Manfred Flaig konstatiert wesentliche Unterschiede zum damaligen Serienprodukt: »Die Verbesserung des Geradeauslaufs und der Fahrstabilität sind gegenüber dem Serienwagen R 107 beim R 129 deutlich zu erkennen. Auch der Federungskomfort war akzeptabel. Vor allem die Tendenz zum Abziehen beim Anbremsen, die infolge des großen positiven Lenkradius immer vorhanden ist, war beim R 129 nicht vorhanden. Dieser Nachteil beim R 107 wurde auf glatter Fahrbahn, bei Schnee und Eisglätte besonders deutlich.« Natürlich gibt es aufgrund des provisorischen Umbaustatus Kritikpunkte. So ist umbaubedingt ein stärkeres Karosserieschütteln als beim Serienwagen zu vermelden. Aber auch die Umstellung der Spritzdüsen auf eine mehrstrahlige Ausführung wird gefordert.

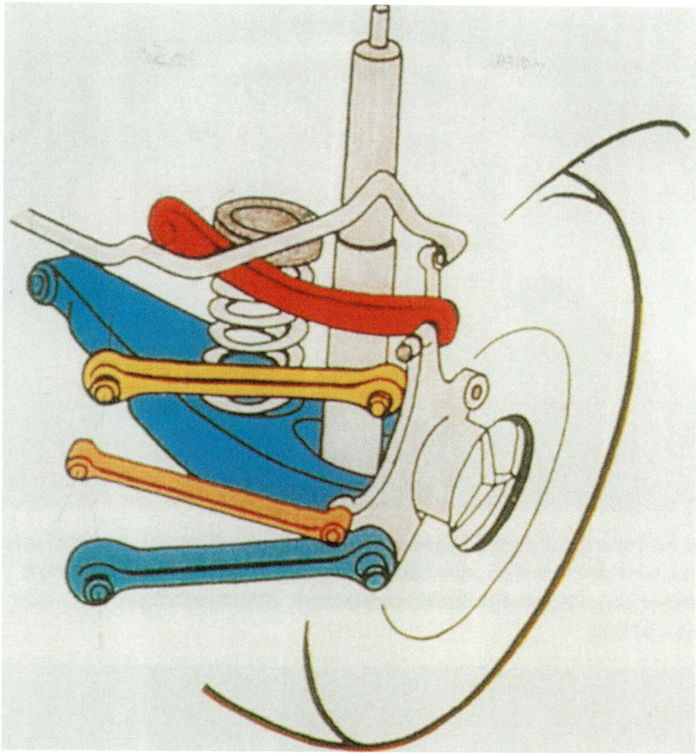

**Die Raumlenkerachse, im Versuchsalltag respektlos-liebevoll »Stengelesachse« genannt.**

Im Jahr darauf, zwischen dem 30. Januar und dem 6. Februar 1984, beteiligt sich der R 129 E 56–103 (R 107-Basis) an der Hatz am Polarkreis. Dabei ist auch ein R 107 E 30 mit den Modifikationen, wie sie ab 1985 in die Serie einfließen. Das Fahrwerk weist bereits die Raumlenker-Hinterachse auf, und dieser R 129 ist auch zum ersten Mal mit einem Alu-Hardtop ausgerüstet worden. Aufgrund der fehlenden Verschlüsse wird es verschraubt. Kein Wunder, dass bei dieser Premiere bei schnellem Fahren das Flattern der Dachfläche beanstandet wird. Manfred Flaig vermerkt die wesentlich bessere Fahrstabilität und den besseren Abrollkomfort im Vergleich zum teilnehmenden R 107. Da die Federwege an der Hinterachse noch nicht vergrößert sind, beanstandet er auf größeren Bodenwellen das Aufsetzen auf den Anschlag-Gummipuffern. Der Wischbereich des Einarm-Scheibenwischers am Prototyp gefällt ebenfalls nicht. Am Motor mit der Versuchsnummer US 3–34 beanstandet man Leistung und Ölverbrauch, den Bonanza-Effekt in den Fahrstufen eins und zwei; die Motorgeräusche werden mit Lob bedacht. Weitere Kritikpunkte betreffen das »Reinfallen« der Lenkung und das Optimieren der Gaspedal-Progression. Interessant sind auch die ermittelten Verbräuche:

Camouflage total: ein R 107, der keiner war, und niemand merkte es.

Die Techniker waren schon weiter als die Designer, wie die Entlüftungsschlitze in den vorderen Kotflügeln zeigen. Die hintere Tankklappe ist Tarnung.

Der R 129 E 56 mit seinem mächtigen 5,6-Liter-V8-Motor genehmigt sich einen Schnitt von 13,4 Litern. Der in derselben Kolonne mitfahrende R 107 E 30 jagt 13,0 Liter durch die Einspritzdüsen. Da kann man rückblickend nur den Hut ziehen und erstaunt feststellen: ganz schön perfekt für einen handgestrickten Prototyp. Die spanische Sonne scheint zwischen dem 13. und 22. September 1984 drei SL: einem R 107 E 50 mit einem leistungsgesteigerten Fünfliter-Motor mit 255 PS, dem R 129 E 56–102 mit 292 PS und dem R 129 E 30–104 mit 189 PS. Die Route führt von Stuttgart über Valencia nach Sevilla und von dort über Vitoria, die Heimat des Mercedes-Benz-Transporter-Werks, zurück nach Stuttgart. Das Fahrwerk beider R 129-Prototypen oder Erprobungsträger (ET), wie sie im Hausjargon auch genannt werden, hat einen Radstand von 2500 Millimetern und die Basis des W 124. Lediglich am E 56 ist die Hinterachse um 3° 30′ nach hinten geneigt eingebaut, um einen größeren Anfahr- und Bremsnickausgleich zu erhalten. Der Motor des Fünfsechsers gefällt in punkto Leistung Manfred Flaig ganz gut, die Laufkultur ist allerdings der des Fünfliters unterlegen (diese Tatsache ist für Dr. Obländer später ein wichtiger Grund, den E 56 gegenüber dem M 120 mit zwölf Zylindern zu streichen). Der Fahrkomfort beider Erprobungsträger R 129 geht in Ordnung, jedoch wirken beide Wagen an der Hinterachse unterdämpft. Unangenehm stößt am E 56 das starke Ausfedern an der Vorderachse beim starken Beschleunigen auf. Er wirkt auch im Vergleich mit dem Dreiliter-E 30 kopflastiger. Der E 56 nervt außerdem die Versuchsfahrer durch eine fahrzeugspezifische Eigenheit dieses Prototyps: Die linke Seitenscheibe geht zum sechsten Mal kaputt.
Vom 5. Oktober bis 9. Oktober 1984 tritt ein weiterer Erprobungsträger (E 56–102) in Nardo an, um erste Kühlleistungsmessungen über sich ergehen zu lassen, die sowohl im Höchstgeschwindigkeitsbereich als auch als Bergfahrtmessungen mit einem Bremsanhänger stattfinden. Da diesem Fahrzeug die beiden Motorhaubenschlösser fehlen, wird durch die starken Windkräfte die Motorhaube nach oben gebogen und muss mit zwei Riemen gesichert werden. Außerdem hebt der Scheibenwischer ab 140 km/h ab. Da dieses Fahrzeug mit dem großen Querstromkühler mit 32 $dm^2$ und einem Ölkühler vor dem Wasserkühler ausgerüstet ist, ergeben sich bei Fahrten im Höchstgeschwindigkeitsbereich keine Beanstandungen. Ein Öl-Wasser-Wärmetauscher wird wegen des großen Bauvolumens verworfen. Für die Bergfahrten werden an der motorfesten Lüfterhaube Öffnungen vorgeschlagen, die 5–6° bringen sollen.
An der Schwedenfahrt zwischen dem 29. Januar und dem 8. Februar 1985 beteiligt sich wieder der aus der Spanienfahrt

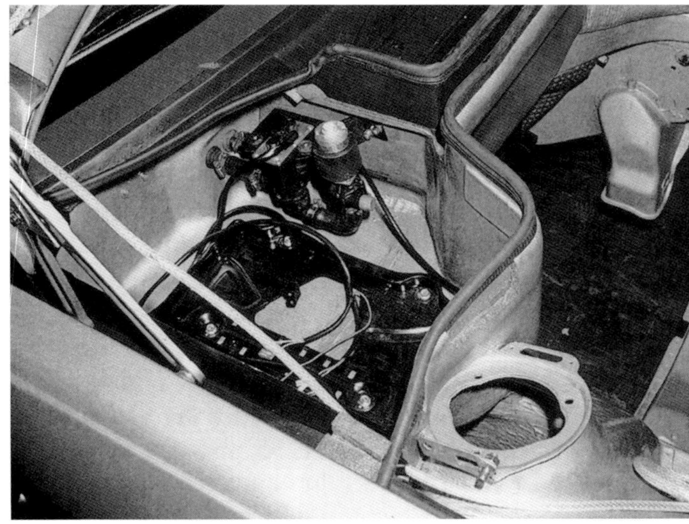

Die Batterie wurde durch eine Schottwand vom Motorraum getrennt.

schon bekannte R 129 E 56, also ein 560 SL-Prototyp. Manfred Flaig attestiert ihm ein auch gegenüber dem modifizierten R 107 noch deutlich verbessertes Fahrverhalten. Federung und Dämpfung dagegen empfindet der fahraktive Versuchsingenieur als für einen Sportwagen und schwedische Verhältnisse zu weich. Nachteilig vermerkt er bei dem drehmomentstarken Motor das Fehlen der Antischlupf-Regelung (ASR). Bei der Karosserie-Beurteilung geht dem sonst so zurückhaltenden Schwaben allerdings, verständlicherweise, etwas der Gaul durch: »Zum x-ten Mal war die Fahrerseitenscheibe gebrochen, obwohl dickeres Glas einer neuen Charge verwendet wurde. Es ist daher dringend Abhilfe zu schaffen, um für weitere Einsätze nicht immer mit einem Provisorium auskommen zu müssen. Der Wagen wird der betreffenden Abteilung zur Verfügung gestellt.«
Zwischen dem 4. und 8. November 1985 finden Fahrzeugbeurteilungen bei starkem Seitenwind auf der Autobahn A 23 zwischen Elmshorn und Itzehoe statt. Als Vergleichsindikatoren werden ein Ford Scorpio 2.0i und ein Audi 200 Turbo benutzt. Über den Grad der Seitenwindempfindlichkeit entscheiden die Parameter Schwerpunktlage, Trägheitsmoment und Giermoment. Die Größe des Giermoments wird erheblich durch die Form des Fahrzeughecks beeinflusst. Wie sagt Rüdiger Faul so treffend zur Karosseriegestaltung und Aerodynamik: »Vorne kann man sich noch relativ viel leisten, aber hinten wird's erst richtig ernst.« Dass Länge läuft, ist eine alte Erkenntnis aus der Seefahrt. Strömungserfahrungen im Wasser und in der Luft sind oft ähnlich. So nimmt es nicht Wunder, dass beispielsweise bei der Baureihe 126, der

damaligen S-Klasse, die Seitenwindempfindlichkeit mit zunehmendem Radstand abnahm. Außerdem haben die Bereifungsgrößen und vor allem die Reifenfabrikate einen erheblichen Einfluss auf die Seitenwindempfindlichkeit. Niveauabsenkung und härtere Dämpfereinstellung lassen starke Windböen unproblematischer korrigieren. Am R 129 E 56–151 wird vor allem der geplante Serienreifen Pirelli P 600 in der Größe 225/55 VR 16 (Luftdruck 2,2/2,4 bar) mit dem Continental-Sicherheitsreifen 230/40 VR 475 CTS (Luftdruck 2,6/2,8 bar) verglichen. Insgesamt, so das Fazit der Versuchsingenieure Gebhard und Flaig, macht der R 129 mit dem Pirelli-Reifen einen sicheren Fahreindruck. Die Kursabweichungen bei plötzlichem Windeinsatz bei Überholvorgängen sind gering und lassen sich zielgenau korrigieren. Über 200 km/h ist der SL gut zu beherrschen. Im Vergleich mit den anderen Teilnehmern gesellt sich der SL zu den beiden Besten, einem 560 SEL mit hydropneumatischer Federung und dem Audi 200 Turbo. Beim Sicherheitsreifen von Continental werden das unpräzise Lenkverhalten mit träger und ungenauer Reaktion auf Lenkkorrekturen und einem unsicheren Fahrgefühl gerügt.

Generell beanstanden die Versuchsingenieure die schlechte Übersichtlichkeit, vor allem die Sicht auf den rechten Vorderwagen – ein Mangel, der schon beim Vorgängermodell bestand und sich auch bei der Serie nicht ändern sollte. Ein weiterer Kritikpunkt betrifft das Flattern der Motorhaube bei hohen Geschwindigkeiten; sie wird zusätzlich abgeklebt. Als Lösung empfehlen sich zwei Haubenschlösser.

Im Jahr 1986 nimmt die Erprobung konkrete Formen an, der Erscheinungstermin rückt näher. An der Schwedenfahrt zwischen dem 12. und 22. Januar 1986 nehmen drei R 129-Vorprototypen teil: der R 129 E 56–151 mit der Karosserienummer 101 (560 SL), der R 129 E 30–152 mit der Karosserienummer 102 (300 SL) und der R 129 E 42–153 mit der Karosserienummer 103 (420 SL). Allen drei gemeinsam sind Schwächen wie das Federungsverhalten auf Trennfugen und bei kurzen Bodenwellen, das starke Stuckern und Zittern auf relativ glatter Fahrbahn, ein Motorhaubenflattern (Manfred Flaig fordert zum wiederholten Mal zwei Motorhaubenschlösser), Windgeräusche und Undichtigkeiten an den Seitenscheiben, schlechte Sichtverhältnisse und ungünstig angebrachte Bauteile wie der Schalter der Sitzverstellung oder die Fußfeststellbremse. Besonders fatal: Die automatische Heizungsregulierung funktioniert an keinem Fahrzeug einwandfrei.

Der 300 SL, mit einem mechanischen Fünfgang-Getriebe und ASD ausgerüstet, erfreut die Testmannschaft bei -18 °C durch einwandfreien Kaltstart. Auch das Getriebe mit Vier-Gassen-Schaltung gefällt. Lediglich im Leerlaufbereich tritt bei -18 °C eine kleine Zähigkeit auf, das Kupplungspedal lässt sich bei diesen Temperaturen etwas schwerer treten. Der 420 SL mit ASR und Niveauregulierung an der Hinterachse läuft nach zwei Sekunden an. Die Schneeansaugung, die bei der hohen Schneestaubentwicklung in der trockenen Kälte beim Kolonnenfahren ein nicht zu unterschätzendes Problem werden kann, ist in diesem Fall kein Thema mehr. Lobend erwähnen die Versuchsfahrer den guten Allgemeineindruck dieses Vorprototypen. Kleine Probleme bereitet die Abstimmung der E-Gas-Regulierung sowie die Zentralverriegelung. Der 560 SL hinterlässt als ältester Vorprototyp den provisorischsten Eindruck. Der Motor überzeugt durch spontanen Kaltstart, die beim 5,6-Liter-Motor doppelte Luftansaugung bereitet keine Probleme. Als Besonderheit verfügt dieses Fahrzeug über eine Parameterlenkung, wie sie später im W 140 eingebaut ist.

Der schon mit der Serienbugschürze mit den Teilbugspoilern ausgerüstete Zweisitzer beeindruckt mit einem guten Seitenwindverhalten. Alle drei SL sind mit längeren Antriebsachsübersetzungen ausgerüstet, i = 3,46 (300 SL), i = 2,47 beim 420 SL und i = 2,47 beim 560er. Unter gleichen Bedingungen verbraucht der 300 SL zwischen 10,1 und 14,6 Liter, der 420 SL lag zwischen 12,2 und 15,1 Litern, und der 560 SL als stärkstes Fahrzeug der Dreiergruppe schluckt nur zwischen 12,1 und 14,9 Litern.

Zwischen dem 4. und 5. März 1986 ist der obligatorische Genf-Tross an die Gestade des Lac Leman unterwegs. Aus dem Bereich der SL nimmt der schon von der Schwedenfahrt her bekannte 420 SL und ein 560 SL mit M 119 mit der internen Bezeichnung R 129 E 56/4–154 teil. Der Motor mit der internen Identifikation UG 1–2 ist ein Motor aus dem ersten Baulos der großvolumigen V8-Motoren mit vier Ventilen. Auch dieser 560 SL hat die Hinterachsübersetzung i = 2,47, ABS, ASR, Niveauregulierung an der Hinterachse sowie E-Gas. Räder und Bereifung entsprechen der Serienbestückung. An beiden Fahrzeugen missfallen das Stuckern auf der Autobahn, ein Querschütteln der Karosserie, das Flattern der Motorhaube (inzwischen sind auf das massive Drängen des Versuchs zwei Schlösser beschlossen worden, die aber bei diesen Fahrzeugen noch nicht eingebaut sind) und die Waschdüsen, deren Spritzstrahl bei hohen Geschwindigkeiten abgelenkt wird. Besonderes Missfallen findet die schlechte Lichtausbeute der Scheinwerfer, die durch die Tarnverkleidung hervorgerufen und als Sicherheitsrisiko bezeichnet wird.

Am 16. April 1986 wird der Bau eines SL für die Arbeitsvorbereitung (Festlegungswagen) beschlossen. Die Kosten werden auf 3,5 Millionen Mark (wobei 1,5 Millionen auf Hilfsbetriebsmittel entfielen) geschätzt. Im selben Zeitraum wird die Rohbaukarosserie eines Vorprototyps in Sindelfingen auf der 4-Kanal-Karosserieprüfanlage einer Betriebsfestigkeitsprüfung, entsprechend einer 2000-Kilometer-Heideprüfung, unterzogen. Als verbesserungswürdig stellen sich der Motorquerträger, die Dämpferbeinaufnahme und die Dachbefestigung heraus.

**Ein getarnter Schwabe in Texas als Gast auf dem Uniroyal-Rundkurs in Laredo.**

Zwischen dem 16. Juni und dem 6. Juli 1986 finden auf dem Rundkurs von Uniroyal in Laredo/Texas umfangreiche Kühlleistungsmessungen und Temperaturmessfahrten statt. Der Vorprototyp R 129 E 56/4–154 in US-Konfiguration weist die neue Motorlüfterlage mit tiefer auf die Spannrolle gesetztem Lüfter und kühlerfester Zarge auf. Die Messungen ergeben gut abnehmbare Kühlwasser-, Motoröl- und Getriebeöltemperaturen. Daraus ergibt sich der Wegfall des Motorölkühlers für USA-Fahrzeuge. Lediglich beim Idle-Test liegt die Temperatur des Kühlwassers um 4 °C zu hoch. Bei den Temperaturen einzelner Bauteile sah es ungünstiger aus. Der für die elektronischen Schaltgeräte vorgesehene Raum im hinteren Radlauf erreicht 80 °C, der Anlasssperrschalter 135 °C, die Stirnwand- und Fußraumabdeckung 135 °C, und im Kassettenfach werden 58 °C gemessen. Bei der Bergfahrt heizt sich der Aggregateraum zwischen Stirnwand und Motorraum auf 89 °C auf. Die zulässige Dauertemperatur der Batteriesäure von 60 °C wird um 13 °C überschritten.

**Dort, wo sich die Wüstentiere, einschließlich der Klapperschlangen, während des Tages zurückziehen, muss der R 129 leiden – und mit ihm die Versuchsfahrer.**

Die Fahrzyklen im Death Valley werden immer mit eingeschalteter Klimaanlage abgefahren. Die bis heute zum Standard gehörenden Messstrecken sehen bei Außentemperaturen zwischen 44 und 49 °C so aus:

- Konstantfahrt zwischen Junction Dayligth-Pass und Furnace Creek mit 55 mph in Fahrstufe D bei rund 2000/min;
- Stop and Go zwischen Furnace Creek und Stove Pipe Wells im Bereich von 0 bis 36 mph in Fahrstufe D und Nachheizen im Stand;
- Idle-Test in Stove Pipe Wells vor der Gebäudewand stehend mit 860/min in Fahrstufe D und Nachheizen im Stand.

Die Bergfahrten führen auf den 12,9 mls langen Daylight-Pass, der eine sechsprozentige Steigung aufweist. Sie werden mit dem jeweils zulässigen Gesamtgewicht gefahren und gliedern sich in drei Zyklen.

Am Fahrzeug werden die Geräuschentwicklung der Auspuffanlage, die durch Verspannung gerissene Frontscheibe, das hart schaltende Automatikgetriebe, das ausfallende E-Gas und die bei Geschwindigkeiten jenseits der 120-mph-Marke nach außen gezogenen Seitenscheiben beanstandet.

Ein Vierteljahr später, zwischen dem 3. und 9. Oktober 1986, ist wieder Nardo an der Reihe. Ziel der Exkursion an den Stiefel der italienischen Halbinsel sind dieses Mal wieder Kühlleistungs- und Bauteiletemperatur-Messungen. In Nardo werden die Messungen zum größten Teil auf den Hochgeschwindigkeitsbereich (bis 230 km/h) beschränkt. Parforceritte mit Höchstgeschwindigkeiten über 250 km/h, sind nur kurzzeitig möglich, da keine schnelllauftüchtigen Reifen montiert sind. Bei einer Außentemperatur von 26 °C monierte man die Hinterachsöltemperatur von 152 °C sowie die Temperaturen an der Getriebeölwannen-Dichtung, an der Gummikappe des Getriebe-Druckschalters, an der Lenkungskupplung (bis 206 °C ohne Abschirmblech, bis 169 °C mit Abschirmblech) sowie am Lenkhebel-Zwischenlager. Am Gesamtfahrzeug missfallen Motorleistung (-20 kW), Reifen und Kraftstoffanzeige sowie ABS, ASR in Verbindung mit E-Gas, Heckscheibenheizung, Scheinwerfereinstellung, Zentralverriegelung, die Klimaautomatik, wackelnde Außenspiegel, zu harte Armlehnenpolsterung der Türtaschendeckel und zu langsame Fensterhebermotoren.

Der erste im Heide-Dauerlauf eingesetzte Vorprototyp, der R 129 E 56–155, zeigt nach 280 und 600 Kilometern Risse an unterschiedlichen Stellen der Karosserie und andere Beanstandungen auf. Sie werden sofort dem Karosserieversuch und der Karosseriekonstruktion in Sindelfingen mitgeteilt. Die Sindelfinger haben zum Teil schon Änderungen parat oder in Vorbereitung, wie eben die oft geforderten doppelten Motorhaubenschlösser.

Im Mai 1987 ist wiederum Nardo-Time, mit einem 300 SL, R 129 E 30–157 (Vorprototyp, Karosserienummer 110, mit Fünfgang-Schaltgetriebe), einem 300 SL-24, R 129 E 30/2–205 (Prototyp, Karosserienummer 206, mit Automatik-Getriebe) sowie dem 500 SL, R 129 E 50/2–202 (Prototyp, Karosserienummer 201). Dieses Fahrzeug, das in der Höchstgeschwindigkeit nicht abgeregelt wird, wird mit einem Segel ausgerüstet, um im Bereich bis 250 km/h, als Extremsituation, Volllast zu simulieren. Normalerweise fährt der 500 SL im Bereich um 250 km/h bestenfalls im oberen Teillastbereich. Wie wichtig das Segel ist, zeigt der Vergleich der an der Lenkungskupplung gemessenen Temperaturen. Sie liegen bei 250 km/h ohne Segel um 10 °C niedriger als bei 240 km/h mit Segel. Nach den in Nardo erzielten Rundengeschwindigkeiten liegt der getarnte 300 SL bei ausgeschalteter Klimaanlage bei 229 km/h, der ungetarnte 300 SL-24 bei ausgeschalteter Klimaanlage bei 234 km/h und der ungetarnte 500 SL bei 280 km/h (mit Segel bei 242 km/h).

Aufschlussreich sind dabei auch die Kraftstoffverbrauchswerte. Der 300 SL genehmigte sich 23,2, der 300 SL-24 24,1 und der 500 SL 29,2 Liter. Die entsprechenden Werte auf der Strecke Nardo–Untertürkheim betrugen 12,9, 13,7 und 13,7 Liter. Zum Messen der Öltemperatur der Servolenkung wird ein besonderes Programm im ersten Gang bei 4000–5000/min und einem Slalom (eher einer Serpentinenfahrt gleichend) gefahren. Dabei wird im niedrigsten Gang bis zirka 5000/min voll beschleunigt, langsam heruntergebremst und anschließend anderthalb langsame Kreise mit vollem Lenkungseinschlag gefahren. Dieses Programm wird dann so lange wiederholt, bis an den Messstellen die Temperaturen konstant blieben (Beharrungstemperatur).

Am 300 SL werden Hinterachstemperaturen mit verschiedenen Übersetzungen gemessen, bei einer Übersetzung von i = 3,92 sind es 195 °C, mit i = 3,67 177 °C. Das Schaltgetriebe erreichte nach 165 km mit Vollgasfahrt eine Beharrungstemperatur von 174 °C. In der Nachheizphase stieg die Temperatur nicht mehr, sondern sank in einer Minute um 25 °C.

Am 300 SL-24 werden kritische Temperaturen an der rechten Spurstangenmanschette, dem Heizwasserschlauch der Standheizung an der Stirnwand, dem Anlasserkabel, der $c_w$-Verkleidung sowie dem Lenkzwischenhebellager gemessen.

Am 500 SL treten kritische Temperaturen an Getriebebowdenzug, Gummikappe des Druckschalters am Automatik-Getriebe, Stirnwandmatte, Lenkzwischenhebellager und Lenkungskupplung auf.

Ein Jahr vor der Präsentation in Portugal und Genf führt die Entwicklungsleitung zwischen dem 4. und 11. März 1988 eine Erprobungsfahrt nach Südspanien durch. Thema diesmal: der Entwicklungsstand des Verdecks. Manches finden die Herren akzeptabel, zum Beispiel die Tatsache, dass eine hundertprozentige Treffsicherheit beim automatischen Zuziehen in den vorderen Verschlüssen kaum zu erreichen ist, was zu dem entsprechenden Hinweis in der Betriebsanleitung führt, anderes dagegen nicht, etwa den fehlenden Einklemmschutz am Verdeckkastendeckel, die Windgeräusche der Verdecke im Dichtungsbereich oder die hintere Naht am Überrollbügel, die zu Schleifspuren am Heckfenster und zu Verschleiß am Verdeckstoff führte. Auch der abgekröpfte Deckel der Türtaschen wird kritisiert, da er oben herausstehende Gegenstände abknickte. Die wegen des Querschüttelns überarbeiteten Sitze dagegen gehen wiederum in Ordnung. Bis zur Erprobung der in Serie gefertigten Konstruktion Anfang Mai sollen die Schwachstellen ausgemerzt sein. Und vielleicht könne man dann noch ein akustisches Signal für ein nicht vollständig geschlossenes Verdeck spendieren.

# Bremsen und Räder

Der Satz »Runter kommen sie immer« aus der Fliegerei gilt im selben Maße für die Automobilbauer, denn die haben Passfahrten in ihrem Versuchsprogramm. Es fragt sich eben nur, wie.
Die ersten Bremsenmessungen mit dem R 129 am Stilfser Joch werden zwischen dem 9. und 14. September 1985 durchgeführt, und zwar mit einem 560 SL, dem R 129 E 56–151. Dieser Proband erhält vom Sindelfinger Karosserieversuch für diesen Zweck extra die seriennahe Bugschürze und Unterbodenverkleidung. Um mit früheren Messungen Vergleiche anstellen zu können, erfolgt die Abfahrt von der Passhöhe in 21 Minuten. Das Gesamtgewicht beträgt 2020 Kilogramm. Es gilt, die Tauglichkeit von 15- und 16-Zoll-Faustsätteln zu prüfen. Bei den Rädern handelt es sich um 16-zöllige BBS im Kreuzspeichen-Design. Um alternativ die Durchströmung des damals noch nicht vorhandenen Serienrads zu simulieren, erhält die BBS-Felge eine Abdeckung, die dem Öffnungsquerschnitt des späteren Serienrads entspricht. Zum Vergleich muss der 500 SL R 107 E 50–175 mit Festsattelbremsen herhalten.
Einen Monat später, vom 7. bis 12. Oktober 1985, sind die »Bremser« in Ehra-Lessien, um dort Hochgeschwindigkeitsbremsungen nach bekanntem Standardprogramm durchzuführen. Dabei zeigt sich, dass die Faustsättel eine unzureichende Grundsteifigkeit aufweisen. Der getestete Festsatteltyp M 4–40 weist zwar ausreichende Grundsteifigkeit und ein akzeptables Pedalgefühl auf, ist aber nur für den Einbau der 285-Millimeter-Bremsscheibe geeignet. Zur Verbesserung der zu hohen Grenzwerte der Bremsflüssigkeit sollen aber Bremsscheiben mit einem Durchmesser von 300 Millimetern eingesetzt werden.

**Die Tour der Leiden, der Bremsenqualen am Stilfser Joch.**

**Nach einem Satz über die Fahrbahnwelle bei voll ausgefedertem Fahrwerk ...**

... wird anschließend voll gebremst. Alpenglühen ist hier nicht gefragt, wohl aber »Bremsenglühen«.

Versuchsanordnung an einer Versuchsfelge zur Simulation der Durchströmungsverhältnisse der Serienfelge.

Die Serienbremse vom SL 280 bis 500 SL.

Ein Jahr später stellt sich die überarbeitete Bremsanlage der Testtortur. Das Votum für die Vierkolben-Festsattelbremse mit einem Scheibendurchmesser von 300 Millimetern ist eindeutig. 1989 bestätigten die Bremsentester von *auto motor und sport* in ihrem Bremsenvergleichstest vom Rossfeld bei Berchtesgaden das Ergebnis mit der Bildunterschrift: »Mercedes 500 SL souverän«, um dann fortzufahren: »Auf besonders souveräne Art und Weise erledigt der Mercedes 500 SL die alpine Prüfung. Er ist als einziger Kandidat an Vorder- und Hinterrädern mit Festsattelbremsen ausgestattet. Die Scheibentemperaturen bleiben während der Talfahrt auf niedrigem Niveau. Den maßvoll ansteigenden Pedaldruck setzt der Mercedes bis zum Schluss in eine intensive Verzögerung um.« Trotzdem erhält der 500 SL ab August 1993 vorne auf 320 Millimeter vergrößerte Bremsscheiben, analog zum E 500 und SL 600.

## Von Roten Hähnen, Scheineiligen und Sicherheitsaposteln

Natürlich ist im Versuchs- und Erprobungsbetrieb vieles zu selbstverständlicher Routine geworden. Aber manches ist bei aller Sorgfalt eben doch keine Routine. Nicht nur die Öffentlichkeit ist seinerzeit Feuer und Flamme für den R 129, der Titel des meist verkauften Cabriolets im ersten Halbjahr 1993 spricht für sich. Offensichtlich waren auch zwei Prototypen so von sich angetan, dass sie sich an sich selbst entzündeten.

Das erste Mal setzte der 560 SL R 129 E 56–202 ein flammendes Zeichen, als er, nachdem ihm ein neuer Motor eingebaut worden war, auf der Einfahrbahn Feuer fing, das schnell gelöscht werden konnte. Das Feuer war an der Engstelle des linken Auspuffkrümmers zur Abdämmung entstanden. Da die Abdämmmatte mit offener Flamme fast nicht entzündbar war, nahm man an, dass beim Einbau des Motors aus Versehen die Matte mit Kraftstoff getränkt worden war, der sich dann am heißen Auspuffkrümmer entzündete.

Das zweite Mal traf es den 560 SL R 129 E 56–156, der ebenfalls einen neuen Motor erhalten hatte. Im Gegensatz zum ersten Mal brannte die Abdämmung auf der rechten Seite hinter einer inzwischen angebrachten Abdeckfolie weg. Auch nach dem zweiten Brand wurde wieder von der Theorie der mit Kraftstoff getränkten Abdämmung nach dem Motoreinbau ausgegangen, da

weder bei den Temperatur-Messfahrten in Nardo noch in den USA Probleme aufgetreten waren. Als zusätzlicher Fehler wurde noch ein Schaden an der Antiklopf-Regelung in Betracht gezogen, da dies zu heißeren Abgasen führt. Zum Glück fanden diese beiden Vorfälle auf der Einfahrbahn in Untertürkheim statt und konnten ohne größeren Schaden schnell gelöscht werden.
Bekanntlich sind nach einem alten Sprichwort »aller guten Dinge drei«. Aber anscheinend trifft das auch auf die schlechten Dinge zu, denn am 21. März 1987 schlug der rote Hahn beim E 56–156 erneut zu. Diesmal brannte das gute Stück auf der Autobahn Heilbronn–Stuttgart in der Nähe der Ausfahrt Pleidelsheim auf einem Parkplatz bis zur Hinterkante des Fondsitzes ab. Erst nach 20 bis 30 Minuten war das Feuer gelöscht. Und da ein Unglück selten allein kommt, ergab es sich, dass auch noch Fotograf Hans-Dieter Seufert, unterwegs zu einem Fototermin in Hockenheim, zufällig des Weges kam. Die von der Hitze des Feuers schon genug gestressten Versuchsleute empfingen Bildautor Seufert nicht gerade mit frischem Sekt, Appetithäppchen und offenen Armen, wofür man vielleicht sogar menschliches Verständnis haben kann. Als er das Malheur im Bild festhielt, war das Begleitpersonal recht ungehalten und wurde noch von der anwesenden Polizei unterstützt.
Der Schadenshergang konnte durch den Grad der Zerstörungen nicht mehr eindeutig nachvollzogen werden. Aufgrund der Fahreraussage über den Ablauf erwies sich keine der zahlreich aufgestellten Theorien als schlüssig. Tatsache war, dass dieser Wagen in Sindelfingen zur Vorbaumodernisierung war und außerdem einen neuen Motor eingebaut bekam. Mit diesen Neuerungen war das Fahrzeug bereits 3000 km im Dauerlauf ohne Beanstandungen gelaufen.
Als Sofortmaßnahme wurde beschlossen, in Dauerlaufwagen keine Polyamid-Kraftstoffleitungen für die Kraftstoffdruck-Messung mehr einzubauen. Für die Serie wurde ein Änderungspaket festgelegt, auf das sämtliche Prototypen und Neuaufbauten umgerüstet wurden. Als Ersatz für den abgebrannten R 129 wurde die Rohbaukarosserie ZR 202 aufgebaut und als R 129 E 50–218 in die bestehende Wageneinteilung aufgenommen. Zur Ehre der Untertürkheimer sei festgehalten, dass die nach diesen Ereignissen von bösen Zungen geforderte Einrichtung einer pyrotechnischen Abteilung überflüssig war, es brannte von Stund an nichts mehr.
Die Altvorderen waren die Dümmsten nicht. Die alten Römer hatten mit ihrem »Brot und Spiele« den richtigen Riecher für publikumswirksame Aktionen, sie sind die Urväter unserer heutigen PR-und Marketingstrategen. Diese alte Weisheit hatte man sich auch in Untertürkheim bei der Einführung des 190 E 2.3-16 zunutze gemacht und vor der Markteinführung erst einmal in Nardo kräftig Weltrekorde in den heimischen Säckel gescheffelt. Dr. Hans Liebold, einer der beherztesten Gastreter bei Daimler-Benz, pflegte ein besonders inniges Verhältnis zum High-Speed-

**Als »Dampfmaschine« sollte der R 129 eigentlich keine Karriere machen.**

**Ein hilfsbereiter Polizist bewies am R 129 seine Eignung als Feuerwehrmann. »Die Polizei, dein Freund und Helfer!«**

**Biber sind auch im Morgengrauen munter. Fotograf Hans-Dieter Seufert, mit dem Spitznamen Biber, erwischte einen Prototyp im Stuttgarter Hinterland. Auch Norbert Haug, damals Chefredakteur der Zeitschrift *sport auto*, zählte zu den unentdeckten Frühaufstehern.**

Rund am italienischen Stiefelabsatz. Die diversen Weltrekordfahrten mit dem C 111 in den unterschiedlichsten Varianten und dem 190 E 2.3-16 markieren bis heute in den Rekordlisten der FIA technologische Highlights unter dem Stern von Untertürkheim. Und angesichts der globalen Resonanz vergangener Taten brütete er mit seinem Mitarbeiter Joachim Kaden, einem nicht weniger begeisterten und begnadeten Treiber automobiler Wesen, über einem neuen Paukenschlag zur Einführung des R 129. Ziel sollte ein Weltrekord über 24 Stunden sein, bei dem vor und nach der Rekordfahrt die Wirksamkeit des Katalysators nachgewiesen werden sollte. Als Zeitvorstellung war der September 1988 anvisiert worden. Am 18. März 1987 hatte Versuchsingenieur Joachim Kaden schon einmal eine Fahrwiderstands-Motorleistungskurve erstellt und war für eine angestrebte Geschwindigkeit von 310 km/h bei einer Hinterachsübersetzung von i = 2,24 auf einen Leistungsbedarf von 270 kW gekommen. Als allgemeine Maßnahmen schlug er die Ansaugöffnung vor dem Kühler vor, da dort dank der kühleren Ansaugluft die Sauerstoffdichte größer ist, eine Abgasanlage mit geringerem Gegendruck durch dickere Rohrdurchmesser sowie den Wegfall des Lüfters, des Klimakompressors und der Servolenkung.
Am 25. März 1987 fand eine Vorbesprechung zwischen den Vorentwicklern Dr. Liebold und Joachim Kaden sowie den Motoreningenieuren Dr. Abthoff, Weber und Frey statt. Am selben Tag wurde der Versuchsantrag unter der Projektnummer 135700 gestellt. Als Kosten waren 2,4 Mio. in Ansatz gebracht worden.
Am 28. April 1987 unterbreitete der Pkw-Versuch dieses Projekt dem Entwicklungschef Dr. Wolfgang Peter. Dann schlief es ein. Aus den Eiligen waren Scheineilige geworden.
Einen neuen SL stellt man der Presse nicht einfach so auf irgendwelchen belanglosen Sträßchen vor. Nein, Adel verpflichtet, und wenn es der der Vergangenheit ist. Da gehört zumindest auch sportliches Fahren auf einer abgesperrten Rennstrecke dazu. Wenn also schon Portugal, dann auch Estoril. Die Versuchsleute sind, oder waren zumindest damals, Pedanten, die nichts dem Zufall überließen. Und da Rennstrecken ein anderes Anforderungsprofil aufweisen als Sträßchen in der Südwestecke Europas, wurden die SL für den Rundkurs anders abgestimmt, um 20 Millimeter tiefer gesetzt, mit besonderen Bilstein-Dämpfern ausgerüstet und mit den Dunlop-Rennreifen, wie sie damals im Porsche 944 Cup eingesetzt wurden. Das Reifenprofil entsprach dem des Dunlop-Serienreifens D 40. Ob einer der zahlreichen Fachjournalisten die angewandte Sorgfalt und Fürsorge je bemerkte?
Dass sie nötig war, bewies der unvermeidliche Premierenschrott. Eine japanische Journalistin, Japaner sind bekanntlich gründliche Leute, testete die Wirksamkeit des automatisch aufklappenden Überrollbügels im Gefahrenfall. Den Überschlag auf der Rennstrecke überstanden sie und ihr Beifahrer lediglich mit dem unvermeidlichen Schreck in den Gliedern und der dazugehörenden hellen Gesichtsfarbe, ohne Blessuren. »Quod erat demonstrandum«, wie der Lateiner sagt. Auch Entwicklungschef Dr. Wolfgang Peter stellte sich während der Pressetage in den Dienst der Grenzbereichserprobung und beförderte einen Zweisitzer in die »Outbacks« von Estoril. Ohne ein gekrümmtes Haar verließ er das eindrucksvoll ondulierte Sportwagen-Monument und demonstrierte überzeugend den hohen Sicherheitsstandard des neuen Zweisitzers.

# SL-Variationen

## oder: Der Tod der frühen Jahre

Alle drei SL-Typen, nämlich 300 SL TD, 380/420 SL und 560 SL, sollten von Anfang an, oder zeitweise, eine wichtige Rolle im SL-Konzert übernehmen. Deshalb schwangen ihre Stimmen im Versuchssextett über lange Zeiträume der Entwicklung unüberhörbar mit. Unterschiedliche Entscheidungskriterien ließen sie dann allerdings verstummen.

## 300 SL TD

Ein Diesel im SL? Manchen empfindsamen Zeitgenossen überkommt ob solcher makabrer Vorstellungen ein grausliges Schütteln. Und doch ist er kein Hirngespinst. Ein Turbodieselmotor im SL war, wie übrigens schon beim Vorgänger R 107, nicht die Ausgeburt theoretischer Sandkastenspielereien, sondern eine existierende Tatsache.

Ausgelöst durch Abgasgesetzgebung und Flottenverbrauchs-Beschränkungen wird der Dieselmotor OM 603 A in den Hubraumausführungen D 30 und D 33 für die USA, Kanada und Japan in die Projektbeschreibung vom 3. Juli 1984 mit aufgenommen und im Versuch erprobt. Schon ein Jahr vorher, im Sommer 1983, quält sich SL-Spezialist Manfred Flaig durch die glühenden Hitzesenken des Death Valley, um dort umfangreiche Temperaturmessungen durchzuführen. Äußerlich kaum sichtbar, da als Vorprototyp R 129 auf der Basis des R 107 aufbauend, besitzt er innere und kleine, aber wichtige äußere Werte. Am Turbodiesel-SL, mit der offiziell umständlichen Versuchsbezeichnung R 129 D 33A102, wird erstmals wieder (nach dem 300 SL W 198) versucht, durch die Ableitung der Motorraumluft durch Kiemen im Vorderkotflügel beziehungsweise durch Bohrungen in der vorderen Türwandsäule und Aufweitungen am Hinterende des Vorderkotflügels eine wirksame Absenkung zu erreichen. Die Verbindung zum Motorraum erfolgt über seitliche Bohrungen im Radlaufblech. Beide Varianten bringen für bestimmte Fahrzustände eine Verbesserung der Maximaltemperaturen.

In der Projektbeschreibung des Jahres 1985 taucht der SL TD ein letztes Mal, in diesem Fall nur noch für USA bestimmt, auf. Danach verschwindet er wieder in der Versenkung. Von der noblen US-Kundschaft wäre der Dieselantrieb im SL, im Gegensatz zur S-Klasse, nach der Aussage der Marktforscher nicht akzeptiert worden. Vor der Sindelfinger Crash-Wand fand er sein ruhmvolles Ende. Und doch könnte sich der Autor einen SL mit einem OM 606 LA – das wäre also der seinerzeit neue Dreiliter-Dieselmotor mit Vierventilen, den es damals schon gab, mit Lader und Ladeluftkühlung, die zwar im Wettbewerb, aber noch nicht bei Mercedes-Benz eingesetzt wurden – durchaus vorstellen. Und das Ganze vielleicht noch als extrem sparsamer Direkteinspritzer? 180 PS wären mit einem solchen Konzept darstellbar und eine interessante Alternative gewesen, und angesichts der Steuerbelastungen auf den Benzinpreis hätte eine solche Variante dem Dieselmotor und dem SL neue Perspektiven mit Signalwirkung eröffnen können. War der 260 D von 1936 nicht ebenfalls ein ähnliches Experiment mit Signalwirkung, das schlussendlich zum Erfolg führte und der Daimler-Benz AG jahrzehntelang einen fast uneinholbaren Vorsprung verschafft hatte?

## 420 SL, Baumuster 129.062

Er hatte keine ruhmlose Vergangenheit, und er hielt sich ziemlich lange im heraufziehenden Tag der R 129-Zukunft. Innerhalb der Vorgänger-Baureihe R 107 hatte er schon einen beachtlichen

**Ein 300 SL TD vor seinem »ruhmreichen« Ende an der Sindelfinger Crashmauer.**

Stammbaum aufzuweisen. Der Ast des kleinen V8-Zweisitzers, beginnend beim R 107 mit dem 350 SL über zwei verschiedene 380 SL bis hin zum 420 SL, war für die relativ kurze Bauzeit von knapp einem Jahrzehnt doch recht kräftig. Dass dieser Ast schließlich doch verdorrte, lag am vierventiligen Sechszylinder-Motor. Eine Variantenvielfalt wie bei der S-Klasse war beim SL nicht gefragt. Der 380/420 SL in der Baureihe R 107 war zwar eine harmonische Lösung, aber kein faszinierendes Automobil. Entsprechend niedrig war dann seinerzeit auch der Marktanteil.

In der frühen Projektbeschreibung von 1982 taucht ein R 129 in obiger Spezifikation als E 38 auf. Zwei Jahre später, im Juli 1984, behauptet er mit dem damaligen M 116 E 38 und 204 PS seinen Stammplatz im Mittelfeld der Typenreihe. Ein gutes Jahr später, am 5. August 1985, mutiert er mit dem M 116 E 42 und 218 PS zum 420 SL. Am 17. Oktober desselben Jahres bestätigt ihn der AMP in seiner fünften Sitzung des Jahres im Zusammenhang mit einer erneuten Bestätigung des R 129-Konzepts. Ein Vierteljahr später, am 10. Dezember 1984, werfen die vierventiligen V8-

Motoren ihre Schatten voraus. Der AMP gibt in seiner fünften Sitzung 1985 zu bedenken, dass der R 129 E 42 4V im Hinblick auf einen Anlauf Mitte 1990 zu gegebener Zeit noch einmal geprüft werden solle.
An der Fahrt zum Genfer Automobilsalon am 4. und 5. März 1986, die bei Mercedes-Benz seit Jahrzehnten als Erprobungsfahrt auch für die höheren Chargen genutzt wird, beteiligt sich der R 129 E 42-153. In der Projektbeschreibung vom 24. März 1986 und der Baugruppenerläuterung vom 30. Oktober 1986 muss diese Version zugunsten des 300 SL-24 den Platz in der Typenpalette räumen, taucht dann aber wieder in der Baugruppenerläuterung vom 17. März 1988 mit dem M 119 E 42 auf. In der Wageneinteilung der Versuchsfahrzeuge vom 30. April 1987 ist er dann allerdings nicht mehr enthalten.

# 560 SL

Bereits im Herbst 1978, als klar war, dass die Tage des damals größten Motors M 100 E 69 gezählt waren, warf der M 117 E 56 seine langen Schatten voraus. Kein Wunder also, dass diese stärkste Variante beim Anlaufen der zweiten Entwicklungsphase des R 129 zu Beginn der achtziger Jahre von Anfang an mit dabei ist, wenn auch zunächst nur als Zweiventiler.
Auf der Versuchsfahrt nach Schweden vom 30. Januar bis zum 6. Februar 1984 wird der Großkolben-V8 in einem auf der Basis des R 107 aufgebauten Vorprototypen oder Erprobungsträger (versuchsintern ET genannt) R 129 mit der Versuchsnummer 103 eingebaut. Versuchsingenieur Manfred Flaig bemängelt am Spitzentriebwerk mit der Versuchsmotornummer US 3-34 den Ölverbrauch, unruhigen Leerlauf und die Leistung aufgrund der nicht auf die einflutigen Auspuffkrümmer abgestimmten Nockenwellen. An der Spanienversuchsfahrt zwischen dem 13. und 22. September 1984 nimmt der ET R 129-102 mit einem 292 PS leistenden 5,6-Liter-Motor mit der Nummer US 3-83 teil. Mit der Leistung ist Manfred Flaig zwar zufrieden, doch in dem Fall ist das Laufverhalten rauer als beim kleineren Bruder mit fünf Liter Hubraum.
Zwischen dem 5. und 9. Oktober 1984 dreht dasselbe Fahrzeug auf dem Hochgeschwindigkeitsoval in Nardo mächtig auf. Bei den Hochgeschwindigkeitsfahrten werden die Temperaturen von Hinterachse, Anlasserkabel und Servolenkungsöl gemessen. Die Höchstgeschwindigkeit des Versuchsboliden liegt zwischen 240,4 km/h und 244 km/h, bergab bis 256 km/h. Dieses Auto nimmt auch an der Schwedenfahrt zwischen dem 29. Januar und 8. Februar 1985 teil. Dem Motor attestiert Manfred Flaig ein sehr gutes Leistungsverhalten, das Motorgeräusch gilt als akzeptabel, im Bereich des höchsten Mitteldrucks hört der SL-Spezialist immer noch ungewohnt raue Töne. In der Projektbeschreibung vom 5. August 1985 wird für den 560 SL dann der neue M 119 E 56 vorgesehen, der aber noch teilweise als M 117 E56/4 bezeichnet wird.

# Der SL 280, Baumuster 129.058

## oder: Aller guten Dinge sind drei

Er ist der Kleinste und war doch einmal der Größte. Aber das ist lange, lange her: Ende 1967 liefen die ersten 280 SL in Sindelfingen vom Band. Damals war es der W 113, im Volksmund besser als Pagode bekannt, ab Januar 1968 offiziell der hubraumgrößte unter den damals gebauten SL. Als 1971 die nachfolgende Baureihe R 107 mit dem 350 SL an der Costa Brava der Presse vorgestellt wurde, fehlte zunächst das inzwischen vertraute Kürzel 280 SL. 1974 wurde er nachgeschoben, mit kräftig überarbeitetem Motor, dem M 110. Er musste zunächst aber die dringendsten Bedürfnisse der Limousinenkunden im W 114 und W 116 befriedigen, bevor er den damaligen SL beflügeln durfte. Im Herbst 1985 schlug auch sein letztes Stündchen. Das Bessere – hier in Form des M 103 – ist bekanntlich des Guten Tod, und so verschwand mit dem Erscheinen des 300 SL in der R 107-Baureihe die bekannte Bezeichnung 280 SL.

**Ein Typenzeichen aus längst vergangenen Zeiten feiert mit neuem Glanz sein Comeback.**

Als im März 1989 in Genf der R 129 das Publikum in seinen Bann zieht, denkt niemand mehr an den Zwokommaacht, zumindest scheint es so. Doch schon ein halbes Jahr vorher, im Juni 1988, wissen die Verantwortlichen der Entwicklungsbereiche die Anlauftermine für die 2,8- und 3,2-Liter-Motoren in der R 129-Hülle. Es ist also intern längst beschlossene Sache, dass es auch einen 280 SL geben würde, dieses Mal als Einstiegsdroge für die Sucht des Namens »SL«. Seit August 1993 kann den Süchtigen wieder geholfen werden.

Die Entscheidung erleichtert – so es denn überhaupt notwendig war – der Blick in bayerische Lande, und zwar nicht nur nach München, sondern auch nach Ingolstadt. Die Notwendigkeit, vor allem in der Kompakt- und Mittelklasse mehr zu bieten als bisher, beschert quasi als »Abfallprodukt« den SL neue Motoren und somit den dritten SL mit 2,8 Liter Hubraum.

# Motorbaumuster M 104.943

So klar und einfach wie beim größeren Bruder, dem 3,2-Liter, erfolgt beim 2,8-Liter-Motor die Hubraumerhöhung um 200 $cm^3$ nicht. Schließlich kann weder der vorhandene Motorblock des 2,6-Liter-Motors verwendet noch eine schon existierende Kurbelwelle einfach transplantiert werden.
Da der Motorblock des 2,6-Liter-Motors mit seinen vom Kühlwasser umspülten Zylindern ein Vergrößern der Bohrung um sieben Millimeter nicht zulässt, greift man auf den Motorblock des M 103 / M 104 mit seinen zusammengegossenen Zylindern und Kühlschlitz-Technik zurück. Die Kurbelwelle mit ihrem kurzen Hub von 73,5 mm stammt dagegen nicht aus dem Baukasten, sie ist eine Neuentwicklung. Dafür sorgt das günstige Bohrungs-Hub-Verhältnis für eine mustergültige, seidige Laufkultur, die der des in dieser Disziplin vorbildlichen Dreiliter-Motors M 103 ebenbürtig ist. Aber nicht genug dieser Ehre, er wird sogar dem Spitzenprodukt in dieser Disziplin, dem 2,5-Liter-Motor des BMW 325i und 525i, gleichberechtigt zur Seite gestellt.
Das Ziel der Motorenbauer liegt aber nicht nur in einer Hubraum- und Leistungserhöhung, sondern auch in einer rationelleren Fertigung. Für die Vier- und Sechszylinder-Ottomotoren der Baureihen M 111 E 20 und E 22 beziehungsweise M 104 E 28 und E 32 gilt nicht nur derselbe Zylinderabstand, sondern auch das einheitliche Bohrungsmaß von 89,9 mm. Bei den sonstigen technischen Details der Weiterentwicklung des M 104 in der dritten Stufe entpuppt sich die 2,8-Liter-Version als direkte Ableitung des 3,2-Liter-Motors. Das schließt den Einsatz der Motronic, des Schaltsaugrohrs mit Resonanzaufladung, der Antiklopfregelung, der ruhenden Hochspannungsverteilung und des Öl-Wasser-Wärmetauschers ebenso ein wie die Maßnahmen zur Geräuschreduzierung am Kurbelgehäuse, der Zylinderkopfhaube und des Luftfilters.

**Die wahren Werte sitzen unter der Haube: M 104 E 28, ein Motor aus Samt und Seide.**

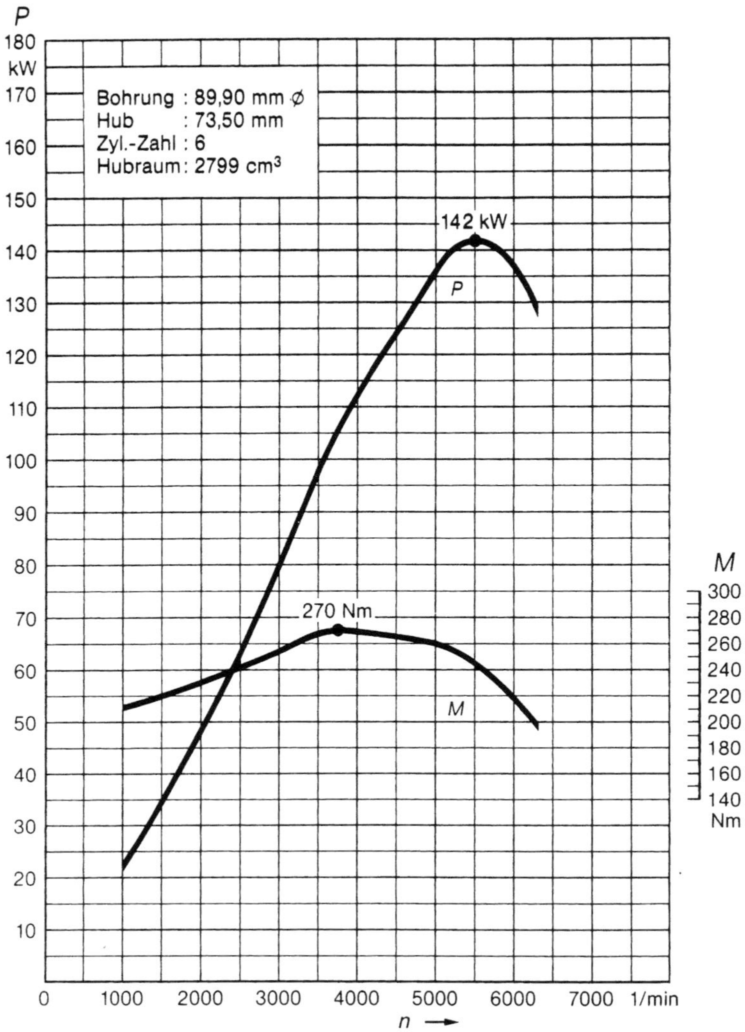


**Das Leistungsdiagramm des M 104 E 28 im SL 280.**

Diese intern »Hightech-Version« genannte Variante steht ursprünglich gar nicht auf der Liste. Am Anfang der Entwicklung des 2,8-Liters denkt man lange Zeit an eine entfeinerte Variante ohne Nockenwellenverstellung, Antiklopfregelung (AKR) und somit einer Verdichtung von 9 zu 1. Anfang 1991 entschließt man sich, nicht zuletzt mit dem Blick nach Bayern, auch den hubraumkleineren Motor technisch aufzurüsten. Die sogenannte Hightech-Version hat nicht nur 17 PS mehr Leistung, sondern auch ein Drehmoment-Maximum, das 10 Nm im Bestwert über dem der »Lowtech-Version« liegt. Noch wichtiger: Die Hightech-Version überschreitet die 260 Nm bereits bei 3000/min, das Maximum von 270 Nm liegt bei 3750/min an, und erst bei etwa 5400/min werden die 260 Nm wieder verlassen.

Der Vergleich mit dem ursprünglich geplanten Motor (Drehmomentspitze von 260 Nm bei 4000/min, abflachende Leistungskurve bei 4500/min) spricht für sich. Auch im Drehzahlkeller gibt es erhebliche Unterschiede. Den 221 Nm bei 1500/min stehen 200 Nm bei gleicher Nenndrehzahl gegenüber – Matchball für die Hightech-Version. Das Trockengewicht des Motors beträgt 214 kg für die Ausführung mit Schaltgetriebe und 209 kg für die Variante für das Automatik-Getriebe. Gegenüber der vorherigen Basisversion, dem 300 SL, sind also deutlich bessere Leistungswerte erkennbar. Sie machen aber aus dem schweren Zweisitzer immer noch kein Rennauto.

## Getriebe

Der SL 280 hat unter allen SL die größte Getriebeauswahl. Als Basisausführung kommt das Fünfgang-Schaltgetriebe G 76/27-5 in Verbindung mit der Hinterachsübersetzung i = 3,92 zum Einsatz. Diese Kombination entspricht der des Vorgängers, dem 300 SL.

Als erste Möglichkeit steht bei den Automatikgetrieben der Viergangautomat W 4 A 020 in Verbindung mit der Hinterachsübersetzung i = 3,27 zur Wahl. Hier trat gegenüber dem Vorgänger eine Änderung ein. Bei diesem war, obwohl der 300 SL den leistungsschwächeren Motor hatte, das Automatikgetriebe W 4 A 040 – ausgelegt bis 400 Nm, deshalb die letzte Zahlenkombination 040 – eingebaut. Der stärkere SL 280 bekommt aus Gründen der Fertigungsrationalisierung und Kostenoptimierung, zusammen mit den Baureihen W 202, W 124 und W 140, jetzt das kleinere Automatikgetriebe W 4 A 020, ausgelegt bis 200 Nm, eingebaut. Um dieses Getriebe beim scharfen Beschleunigen nicht zu überlasten, wird beim Schaltvorgang die Zündung zurückgenommen.

Die zweite Wahlmöglichkeit besteht im Fünfgang-Automatikgetriebe W 5 A 030, das, wie beim mechanischen Getriebe, mit der Hinterachsübersetzung i = 3,92 eingebaut wird.

Ist nun der 2,8-Liter ein Fortschritt oder ein Rückschritt gegenüber dem Dreiliter mit nur zwei Ventilen, aber größerem Hubraum? Was er behalten hat, ist die samtige Laufkultur des schon vorbildlichen Vorgängers mit 200 cm³ mehr Hubraum. Im Gegenteil, der direkte Vergleich zeigt, dass sein Laufverhalten wegen seines kurzen Hubs noch eine Spur seidiger, turbinenähnlicher geworden ist, ohne an Kraft eingebüßt zu haben. Der Motor hängt besser am Gas und dreht spontaner hoch. Durch das Schaltsaugrohr und die Nockenwellenverstellung ist er sogar elastischer als

**Für Freundinnen und Freunde des automatischen Wechsels: das Automatikgetriebe mit fünf Gängen.**

der gute, alte Dreiliter-Motor. Hier hat ausnahmsweise einmal die moderne Motorentechnik den guten alten Hubraum überholt. Was die Fahrleistungen angeht, darf man sich allerdings keinen Illusionen hingeben; die 1,7 Tonnen lassen aus dem SL 280 keinen Ausbund an Temperament werden, der auf den Dragstrips dieser Welt schwarze Striche auf den Asphalt malt – aber der Spaß am Offenfahren ist auf jeden Fall gegeben und geblieben. Der leicht heisere, aber äußerst kultivierte Sound des Vierventilers weckt tief im Unterbewusstsein Reminiszenzen an längst vergangene Zeiten. Und für die ewig Gestrigen, die das Schalten nicht lassen können: er ist der einzige SL, der noch mit mechanischem Getriebe geliefert wird.

**Messwerte**

| | *auto motor und sport* |
|---|---|
| Motor | M 104 E 28 |
| Motorleistung PS/kW | 193/142 |
| bei 1/min | 5500 |
| Literleistung PS/kW | 69/50,7 |
| max. Drehmoment Nm | 270 |
| bei 1/min | 3750 |
| Achsantrieb i = | 3,69 |
| Getriebe | Fünfgang-Wandler-Automatik W 5 A 030 |
| Testgewicht kg | 1801 |
| Beschleunigung in s | |
| 0–40 km/h | 2,8 |
| 0–60 km/h | 4,5 |
| 0–80 km/h | 6,8 |
| 0–100 km/h | 10,0 |
| 0–120 km/h | 13,9 |
| 0–140 km/h | 18,6 |
| 0–160 km/h | 25,5 |
| 0–180 km/h | 35,7 |
| $v_{max}$ km/h | 225 |
| Testverbrauch l/100 km | 13,4 |

# Der 300 SL, Baumuster 129.060

## oder: Adel verpflichtet

Wie schon beim Vorgänger, dem R 107, stellt der 300 SL das zweitkleinste Modell der Typenfamilie. Im Gegensatz zum R 107 ist der 300 SL beim R 129 von Anfang an mit dabei. Das Fahrzeug besticht durch eine außerordentliche Harmonie in der Gesamtauslegung. Am Gesamtfahrzeug bestehen bis zum 500 SL, mit Ausnahme des Motors, keine Unterschiede – ein Grund mehr, sich noch einmal mit einem alten Bekannten, dem M 103, Baumuster M 103.984 KE, zu befassen.

Während der gesamten Entwicklungsdauer steht der Dreiliter zur Diskussion, trotz des immer schwerer gewordenen Autos. Die Gewichtsexplosion um 13,9 Prozent oder 212 Kilogramm von den 1524 Kilo des schon nicht leichtfüßigen Vorgängers 300 SL / R 107 zu den 1736 Kilogramm des 300 SL /R 129 markiert immerhin einen Brocken, den es zu verdauen gilt. Denn der Motor bleibt in seiner Leistung unverändert. Dass dieser 300 SL dennoch Fahrspaß vermittelt, mag erstaunen. Gerade deshalb lohnt sich noch einmal ein Blick auf die Triebwerkentwicklung.

Dr. Kurt Obländer, ehemals Versuchs- und Motorenchef in Mercedes-Benz-Diensten und als Abgaspapst der ersten Stunde in Motorenkreisen weltbekannt, war keiner, der schnell zu Übertreibungen neigte. Das Thema M 103 zauberte zusätzlichen Glanz in sein von Haus aus freundliches Gesicht. »Der M 103 war eines unserer Glanzstücke«, stellte Dr. Obländer später selbstbewusst fest. Er erinnerte sich schmunzelnd an seine erstaunten Gegenüber von der Fachpresse, als er dieses Triebwerk vor der Präsentation

**4 = 6, eine ungewöhnliche Formel, die zum Erfolg führte. Die vier Motorenbauer (v.l.n.r.) Dr. Kurt Obländer, Manfred Schäfer, Rolf Zeller und Hans Brüggemann mit dem Sechszylinder-Erfolgsmotor M 103.**

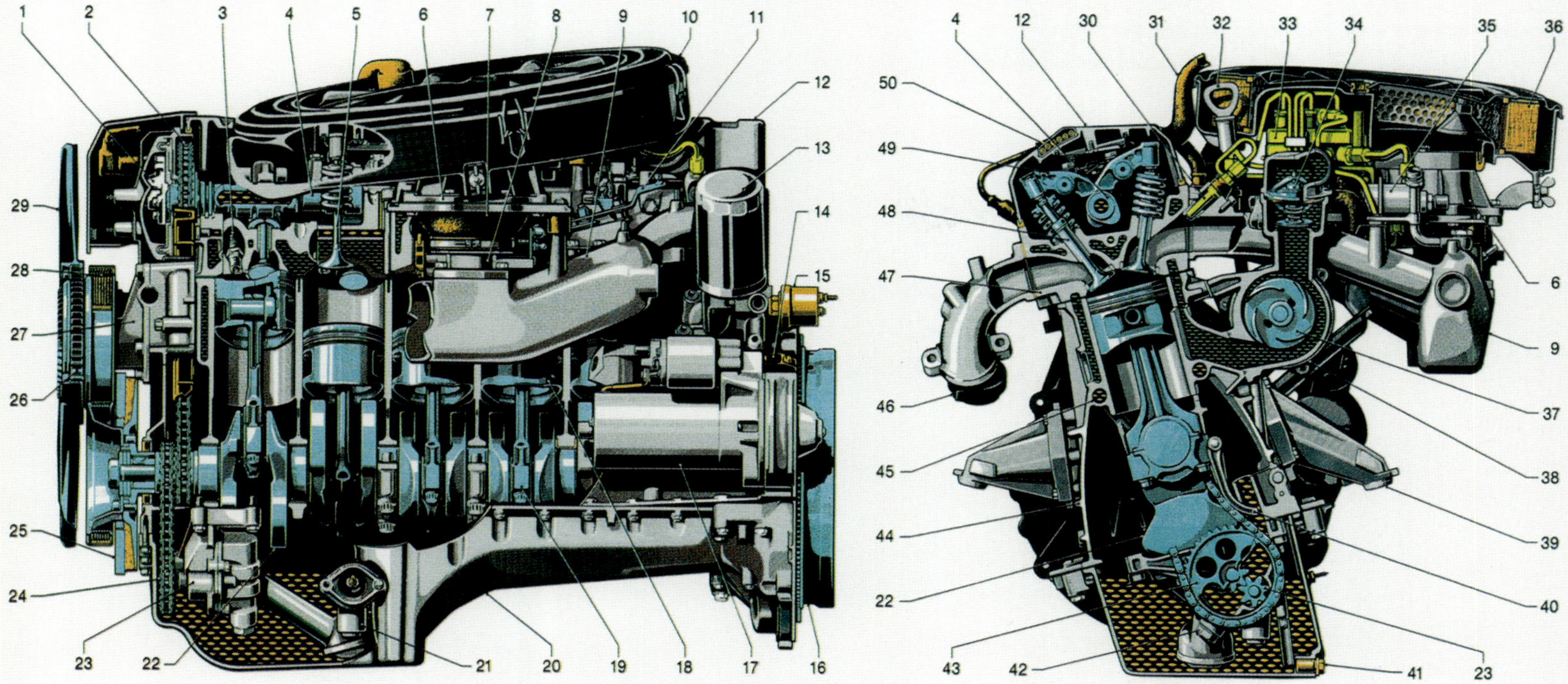

**Technische Daten:**

| | |
|---|---|
| Arbeitsverfahren ....... | Viertakt Benzin-Einspritzung |
| Nennleistung nach 80/1269/EWG | KAT 140 kW / 190 PS |
| Nenndrehmoment nach 80/1269/EWG | KAT 260 Nm |
| Zylinderzahl ........... | 6 |
| Bohrung / Hub ......... | 88,5 / 80,2 mm |
| Gesamthubraum eff. .. | 2 960 cm³ |

1 Hochspannungsverteiler
2 Einfachrollenkette (Steuerungsantrieb)
3 Zündkerze
4 Nockenwelle
5 Einlaßventil
6 Luftmengenmeser
7 Luftführungsgehäuse
8 Klappenstutzen
9 Saugrohr
10 Luftfilter
11 Regulierung
12 Zylinderkopfhaube
13 Ölfilter
14 Drehzahlgeber
15 Öldruckgeber
16 Schwungrad
17 Starter
18 Kolben
19 Pleuelstange
20 Ölwanne
21 Ölstandschalter
22 Kurbelwelle
23 Ölpumpe
24 Einfachrollenkette (Ölpumpenantrieb)
25 Schwingungsdämpfer
26 Visco-Lüfterkupplung
27 Lüfterbock
28 Keilrippenriemen
29 Lüfter
30 Einspritzventil
31 Kurbelgehäuseentlüftung
32 Ölmeßstab
33 Mengenteiler
34 Kühlwasserreglereinsatz
35 Membrandruckregler
36 Filtereinsatz
37 Wasserpumpenflügelrad
38 Wasserpumpe
39 Motorträger
40 Spannschiene
41 Verschlußschraube
42 Ölüberdruckventil
43 Ölpumpenkettenrad
44 Zylinderkurbelgehäuse
45 Hauptölkanal (Reinölseite)
46 Auspuffkrümmer
47 Zylinderkopf
48 Auslaßventil
49 Kipphebel
50 Zündleitungen

**Motor M 103**
Typ 300 SL

Mercedes-Benz AG
Stuttgart-
Untertürkheim
**FG 24 972**
Printed in Germany
8.89

ungeniert mit den Besten aus München verglich. »Ich wusste, wovon ich sprach, die anderen konnten es noch nicht wissen.« Erich Ableitner und Ernst Gobien waren diejenigen Motorenkonstrukteure, die sich Ende der siebziger Jahre mit einem neuen Sechszylinder-Motor beschäftigten. M 105 lautet das Suffix für den Nachfolger des in die Jahre gekommenen M 110. Dieser M 105 soll eine eigenständige, von den damals neuen Dieselmotoren unabhängige Motorenkonstruktion werden. Im Zuge der Weiterentwicklung entsteht dann daraus der M 103. Mit einem Trockengewicht von 206 Kilogramm (191 Kilogramm mit Automatikgetriebe) ist ihnen für einen Reihen-Sechszylinder ein relativ leichter Motor gelungen. In den Abmessungen des Kurbelgehäuses ist er mit dem Dieselmotor OM 603 identisch – aus produktionstechnischen Gründen von Vorteil, da er auf einem Band gefertigt wird.
Auf der Versuchsseite kümmern sich die Versuchsingenieure Manfred Schäfer um die Verbrennungs- und somit Abgasprobleme und Hans Brüggemann um die Mechanik des Probanden, der ja als Standardmotor auch in die Baureihen W 124, W 126 und R 107 Einzug hält. Der M 103 wird ein »bodenguter« Motor, wie die Schwaben zu sagen pflegen, wenn etwas besonders gut gelungen ist. Seidige, fast turbinenartige Laufkultur ist gepaart mit hoher Lebensdauer und moderaten Trinksitten. Mit seinem weltbekannten Urahn, dem M 198 des Ur-300 SL, ist er nicht zu vergleichen, aber er erweist sich als ein treuer, angenehmer Begleiter. Die Nockenwellenprobleme, einziger Grauschleier auf der makellos weißen Weste dieses Motors, werden schon bei der vorherigen SL-Baureihe ausgemerzt. Trotzdem ruhen sich die Untertürkheimer nicht auf ihren Lorbeeren aus. Mit der Genfer Premiere des R 129 erhält der M 103 einen offenen Brennraum, bei dem die bisherige Quetschfläche zur Durchwirbelung des Kraftstoff-Luft-Gemischs entfällt. Diese Maßnahme bringt eine Verringerung der Rohemission von unverbrannten Kohlenwasserstoffen (HC). Neu am M 103 sind:
1. Das Steuergerät KE(N3), die Warmlaufsteuerung, die Leerlaufdrehzahl 700 ± 50/min.
2. Die Lufteinblasung in die Auslasskanäle im Zylinderkopf setzt unmittelbar nach dem Motorstart die Nachverbrennung der

Abgase ein und zieht eine niedrigere Schadstoffemission nach sich. Da so bessere Voraussetzungen für die katalytische Abgasreinigung geschaffen wurden, können die beiden Vorkatalysatoren entfallen. Da die Kat-Anlagen der Motoren M 103 und M 104 identisch sind, wird auf die Kat-Anlage beim 300 SL-24 ausführlicher eingegangen.

3. Zur weiteren Reduzierung der Stickoxyde ($NO_x$) wird der Motor mit einer Abgasrückführung ausgerüstet.

4. Das Motoraggregate-Steuergerät N 16 mit dem Relais der Kraftstoffpumpe, der Steuerung von Kompressorabschaltung, Lufteinblasung und der $O_2$-Sondenbeheizung sowie die Abregeldrehzahl von maximal 6450 ± 50/min.

5. Die elektrischen Schaltpläne.

6. Das Prüfprogramm mit Buchsenkasten.

7. Die Nockenwelle, mit der Kennzahl 53 beziehungsweise 54 für die Reparatur-Nockenwelle, erhält geänderte Steuerzeiten mit geringerer Überschneidung für ein besseres Leerlaufverhalten. Die Steuerzeiten dieser Nockenwelle in °Kurbelwellenwinkel bei 2 mm Ventilhub betragen:

| Einlass öffnet n OT | Einlass n UT schließt n UT | Auslass v UT öffnet v UT | Auslass schließt v OT |
|---|---|---|---|
| 16,5° | 24° | 21,5° | 13,5° |

Motoren mit mechanischem Getriebe sind mit einem Zweimassen-Schwungrad (ZMS) ausgerüstet, um die Drehschwingungen des Triebwerks durch die unterschiedliche Verteilung der Trägheitsmomente der Primär- und der Sekundärschwungmassen zu reduzieren. Das Schaltgetriebe GL 76/27-5, Baumuster 717.434, gleicht im Aufbau und den Übersetzungsverhältnissen dem bisherigen Getriebe 717.43 und hat einen mit 0,80 ins Schnelle übersetzten fünften Gang. Durch das Zweimassen-Schwungrad werden das Lagerrohr am vorderen Getriebedeckel um 10,5 mm und die Antriebswelle um 23,3 mm gekürzt. Im Zusammenhang mit dem mechanischen Schaltgetriebe kommt die Achsübersetzung i = 3,92 zum Einsatz. In diesem Zusammenhang muss erwähnt werden, dass bei Mercedes-Benz offensichtlich mit weit mehr Akribie an der Perfektionierung von Automatikgetrieben als an der Optimierung von Schaltgetrieben gearbeitet wurde und wird. Nur so ist es zu erklären, dass Mercedes-Benz-Schaltgetriebe zu dieser Zeit seit Jahren dem Durchschnitt der Branche hinterkrochen.

Das Automatikgetriebe W 4 A 040, Baumuster 722.363, wird mit Achsübersetzung i = 3,29 zusammengespannt. Bei aller Perfektion, hier wäre lediglich eine Wandlerüberbrückungskupplung im vierten Gang zu wünschen. Noch ein Wort zum Interieur: Der 300 SL erhält einen Tachometer mit einem Endwert von 240 km/h.

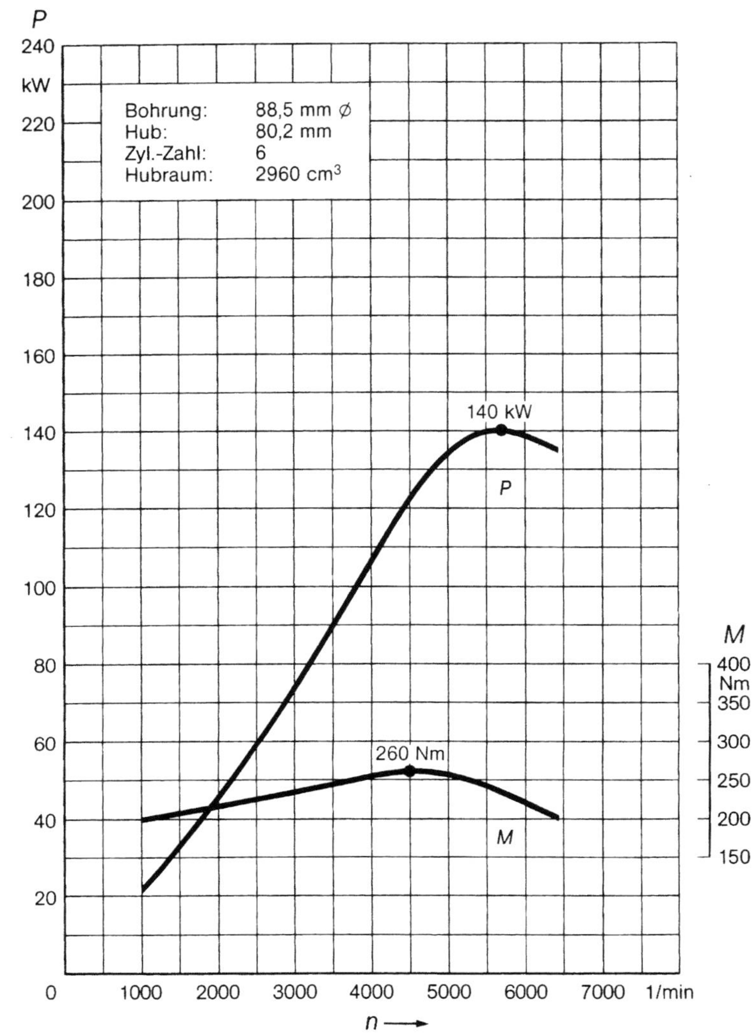


**Das Leistungsdiagramm des M 103 E 30 im 300 SL.**

# Presseecho

In der veröffentlichten Meinung spielte der 300 SL die Rolle des Mauerblümchens, wenn man sich die publizierten Tests ansieht. Zu Unrecht, denn wenn man sich mit ihm befasste, offenbarte das Aschenputtel seine wahren Qualitäten. Dass dies nicht nur die Meinung des Autors darstellt, zeigte auch der Fachjournalist Götz Leyrer von *auto motor und sport*, als er 1989 alle drei SL-Typen einem Vergleich unterzog: »Die eigentliche Überraschung dieses Vergleichs ist aber, wie gut sich der Basis-Sechszylinder in einem so schweren Auto wie dem Mercedes in Szene setzen konnte. Von Leistungsmangel war keine Rede, schon gar nicht beim Fahren mit heruntergeklapptem Verdeck. 9,5 Sekunden für die Beschleunigung von null auf 100 km/h und eine Höchstgeschwindigkeit von fast 230 km/h sind schließlich auch erhaben über den zunächst naheliegenden Verdacht kultivierter Trägheit. Der 300 SL ist zweifellos harmonisch motorisiert, zumal es wegen der passend gewählten Antriebsübersetzung nicht stört, dass das Drehmomentmaximum erst bei 4500/min erreicht wird. Zudem läuft der Zweiventiler noch etwas kultivierter als sein vierventiliges Pendant, sein Geräusch beschränkt sich auch bei hohen Drehzahlen auf ein zurückhaltendes Summen, wobei es natürlich eine Frage des persönlichen Geschmacks bleibt, ob man die kernigere Aussprache des stärkeren Motors nicht als passender für einen zweisitzigen Sportwagen empfindet.«

Was Tester Götz Leyrer damals nicht wissen konnte: Gerade die Harmonie der Leistungsentfaltung stand kurz vor der 300 SL-Präsentation auf der Kippe. Erst im allerletzten Moment – die Pressemappen waren schon gedruckt, die technischen Daten festgelegt und veröffentlicht – wurde entschieden, die Antriebsübersetzung von i = 3,67 auf i = 3,92 zu verkürzen, bei unveränderter Übersetzung des fünften Gangs von 0,80. Die Antriebsübersetzung der Fahrzeuge mit Automatikgetriebe mit i = 3,29 war von der kurzfristigen Änderung nicht betroffen.

Und noch eines lässt sich nur am 300 SL schlüssig belegen: der Einfluss der Aerodynamik und des Gewichts auf die Fahrleistungen, denn nur beim ihm wurde sowohl beim R 107 als auch beim R 129 der gleiche Motor und das gleiche Schaltgetriebe eingebaut. Der Leistungsunterschied von zwei PS zugunsten des R 129 erscheint vernachlässigbar, der Drehmomentwert blieb gegenüber dem Vorgänger gleich. Es ist deshalb interessant, sich die Fahrleistungs- und Verbrauchswerte von *auto motor und sport* einmal anzusehen, da von dieser Zeitschrift beide Fahrzeuge getestet wurden. Die Werte zeigen, dass im unteren Geschwindigkeitsbereich das hohe Gewicht durch die kürzere Übersetzung der Antriebsachse nicht kompensiert werden kann. Ab 160 km/h macht sich dann die deutlich bessere Aerodynamik in besseren Beschleunigungswerten bemerkbar. Besonders augenfällig wird die erfolgreiche Arbeit Rüdiger Fauls im Windkanal bei der über 20 km/h höheren Höchstgeschwindigkeit bei gleichem Testverbrauch trotz höherem Gewicht.

Im Gegensatz zu den meisten Testern der Fachpresse, die den 300 SL einfach übersahen, waren die deutschen Kunden von ihm recht angetan und fanden ihn attraktiv. Die größten Triumphe feierte der 300 SL nämlich vor heimischem Publikum, *auto motor und sport* führte dann den Dreiliter auch in einer Gebrauchtwagen-Empfehlung 1993 mit folgender Begründung als empfehlenswerte Motorisierung auf: »sehr gute Laufkultur, gute Fahrleistungen, angemessener Verbrauch«.

Von den bis zur Produktionseinstellung am 11. Juni 1993 gebauten 12.020 300 SL wurden in der Bundesrepublik Deutschland bis Ende Mai 1993 8473 Fahrzeuge zugelassen. Das entspricht einem Anteil von 70,5% und ist prozentual der höchste Anteil aller R 129. Vom 300 SL wurden nur 3189 Fahrzeuge ins Ausland geliefert. Das ist ein bescheidener Exportanteil von 26,53% innerhalb der 300 SL-Gesamtproduktion. Am Gesamtexport aller R 129 macht er nur 5,9% aus. Da sage noch einmal jemand, dass der Prophet im eigenen Land nichts gelte.

Am 11. Juni 1993 lief mit der Fahrgestellnummer 1290601 F 085684 der letzte 300 SL in Bremen vom Band.

**Messwerte**

| | 300 SL / R 107 | 300 SL / R 129 |
|---|---|---|
| Motor | M 103 KE | M 103 KE |
| Motorleistung PS/kW | 188/138 | 190/139,7 |
| bei 1 / min | 5700 | 5700 |
| Literleistung PS/kW | 63,5/46,6 | 64,2/47,2 |
| max. Drehmoment Nm | 260 | 260 |
| bei 1/min | 4500 | 4500 |
| Achsantrieb i = | 3,46 | 3,92 |
| Getriebe | mechanisches Fünfganggetriebe | mechanisches Fünfganggetriebe |
| Testgewicht kg | 1524 | 1736 |
| Beschleunigung in s | | |
| 0–60 km/h | 4,1 | 4,2 |
| 0–100 km/h | 8,8 | 9,5 |
| 0–120 km/h | 12,9 | 13,3 |
| 0–140 km/h | 17,2 | 18,2 |
| 0–160 km/h | 24,3 | 24,5 |
| 0–180 km/h | 34,7 | 33,5 |
| $v_{max}$ km/h | 207 | 229 |
| Elastizität s | | |
| 4. Gang | | |
| 40–60 km/h | | 5,7 s |
| 40–80 km/h | | 11,0 s |
| 40–100 km/h | | 16,5 s |
| 40–120 km/h | | 22,0 s |
| 40–140 km/h | | 27,5 s |
| 40–160 km/h | | 34,3 s |
| 5. Gang | | |
| 60–80 km/h | | 7,7 s |
| 60–100 km/h | | 15,3 s |
| 60–120 km/h | | 23,4 s |
| 60–140 km/h | | 33,4 s |
| 60–160 km/h | | 42,3 s |
| Testverbrauch l/100 km | 12,5 | 12,6 |

# Der 300 SL-24, Baumuster 129.061

## oder: Die Drehorgel

Das besondere Merkmal des 300 SL mit dem fast unschreibbaren Zusatz »Vierundzwanzigventiler« ist der Motor mit der Baumuster-Bezeichnung M 104.981 KE. Dieses Baumuster bildet neben der Baureihe M 119 die Ouvertüre zum Serieneinsatz der Vierventiltechnik – wenn man einmal von dem Exotenstatus des Sondermodells 2,5-16 mit seinen begrenzten Stückzahlen absieht – und der Nockenwellenverstellung bei Mercedes-Benz. Der M 104 wird zum Serien- und Standardtriebwerk für mehrere Baureihen. Somit ist auch die Geschichte des 300 SL-24 in erster Linie eine Motorengeschichte mit interessantem Hintergrund. Sie hat, was die Vierventiltechnik und die Nockenwellenverstellung angeht, für 2,8- und 3,2-Liter-Versionen Pilotfunktion und lange Zeit unverändert Gültigkeit.
In der Mitte zwischen dem 300 SL und dem 500 SL positioniert, übernimmt der 300 SL-24 die Rolle des sportlichen, vom Preis her interessanten Angebots für leistungshungrige SL-Fans. Ein großer Teil der Kunden bevorzugt allerdings das Gleiten im offenen Fahrzeug und das Drehmoment aus dem Drehzahl-Keller und scheut sich, die Drehzahlgrenze bis 7000/min bei kernigem Ton zu nutzen. Erst im zweiten Anlauf entsteht mit dem nachfolgenden Motorbaumuster M 104.991 eine befriedigende Lösung. Der Rückblick zeigt das deutlich.

## Kleine Entwicklungsgeschichte der Vierventiltechnik bei Mercedes-Benz

Die Geschichte der Motoren mit vier Ventilen pro Zylinder hat bei Mercedes-Benz eine über achtzigjährige Tradition. Sie lässt sich fast bis an den Anfang des vergangenen Jahrhunderts zurückverfolgen. Die Entwicklung der für den R 129 aktuellen Motoren mit vier Ventilen wurde zu Beginn der achtziger Jahre vom damaligen Technikvorstand Breitschwerdt gefordert und gefördert. Diese konsequent durchgezogene Entwicklung zur Leistungsanhebung bei gleichzeitiger Reduzierung des Schadstoffausstoßes fand im Sommer 1993 mit der Vorstellung der Dieselmotoren mit vier Ventilen für Personenwagen ihren vorläufigen Abschluss, doch der Beginn des vierblättrigen Ventilkleeblatts liegt, wie gesagt, zu diesem Zeitpunkt bereits achteinhalb Jahrzehnte zurück.
1910 baute Benz in Mannheim einen Rennwagen mit einem vierventiligen Motor. Die Ventile wurden über zwei unten liegende Nockenwellen und Stößel gesteuert. Der Vierzylinder-dohv-Motor mit 7272 $cm^3$ leistete 100 PS / 73,50 kW. Im selben Jahr wurde er bei der Prinz-Heinrich-Fahrt eingesetzt. Dieser wenig bekannte, aber interessante Motor wurde 1911 am Laboratorium für Kraftfahrzeuge der Königl.-Technischen Hochschule zu Berlin einer

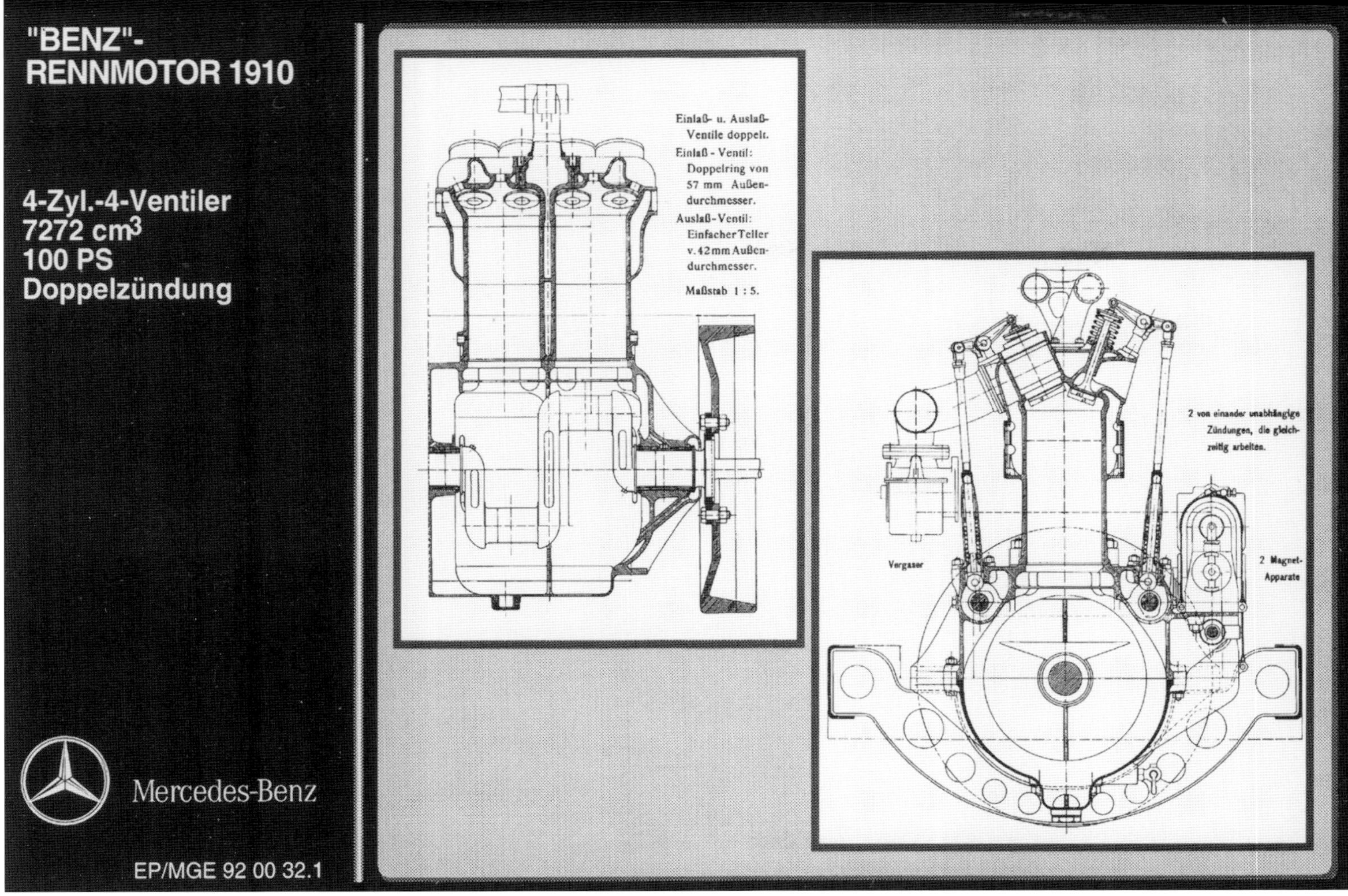


eingehenden Untersuchung unterzogen. Er stand immer im Schatten des imposanten, im Blitzen-Benz eingebauten Motors mit 200 PS / 147 kW und 21.500 $cm^3$.
1914 gewann die Daimler-Motoren-Gesellschaft (DMG) den Grand Prix von Frankreich mit einem legendären Rennwagen, der ebenfalls einen Motor mit vier Zylindern und vier Ventilen hatte. Sie wurden aber über eine oben liegende Nockenwelle gesteuert. Der Hubraum betrug 4483 $cm^3$, die Leistung war gegenüber dem Konkurrenten aus Mannheim auf 115 PS / 84,6 kW gestiegen.
1924 feierte mit dem M 218 in Monza ein weiterer Vierventil-Motor der DMG sein Debüt. Ferdinand Porsche hatte mit diesem Zweiliter-Reihenachtzylinder einen neuen Rennmotor geschaffen. Die Leistung dieses Kompressor-Motors betrug 170 PS / 125 kW. Die Rennwagen der Jahre zwischen 1933 und 1940 besaßen Hochleistungsmotoren, die, vom M 25A bis zum M 165, alle über Vierventil-Technik verfügten. Wie bekannt, wurde auch im Flugmotorenbau der Daimler-Benz AG die Vierventil-Technik eingesetzt. Die Flugmotoren der Baureihen DB 600 mit ihren unzähligen Varianten bis zum DB 632 waren Vierventilmotoren.
Ab 1958 waren die Konstrukteure der Lastwagenmotoren unter Otto Hartmann die ersten, die wieder mit vier Ventilen pro

**Vor über einem Jahrhundert: 1910 lag Benz in der Vierventiltechnik vor Daimler.**

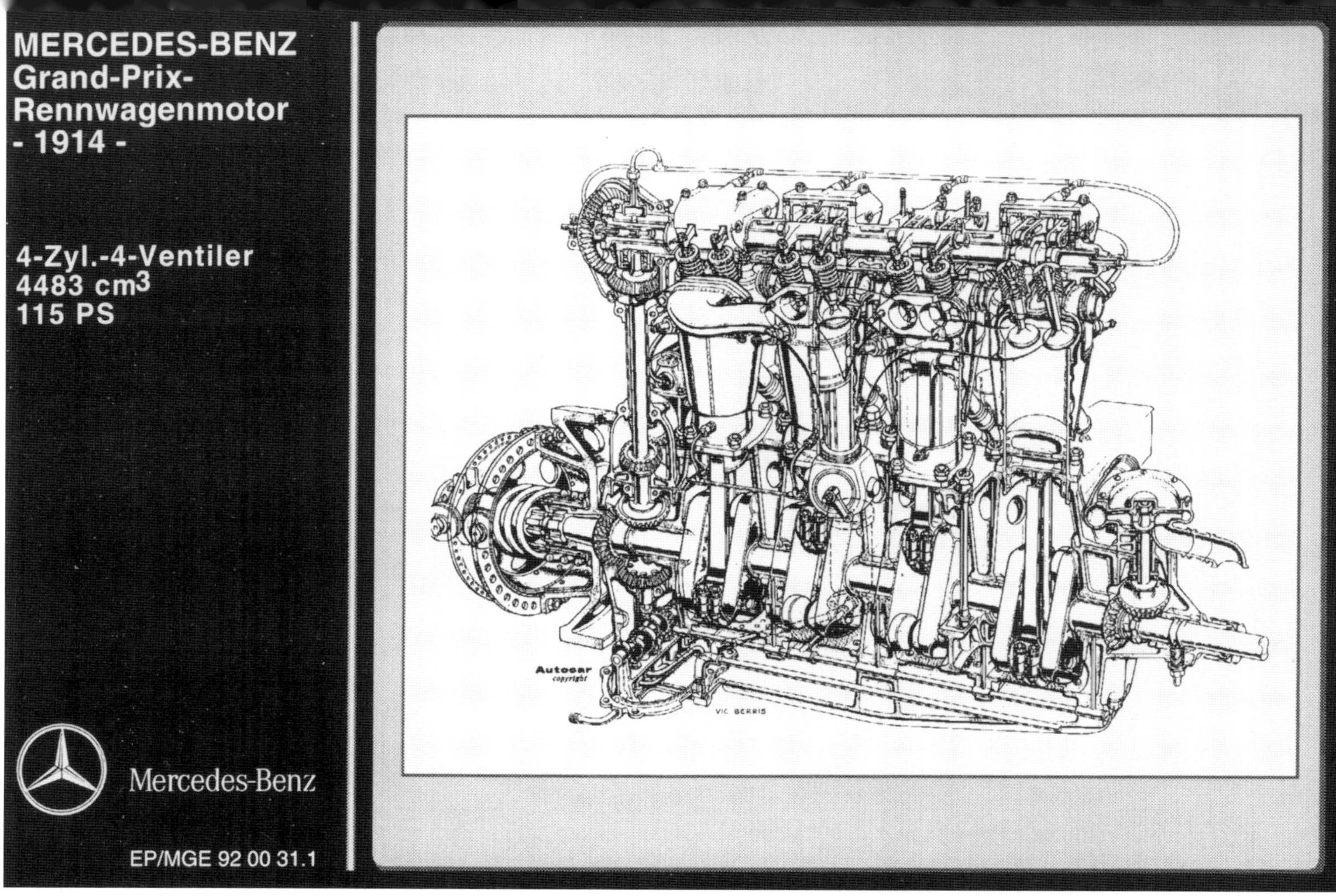


**Schwäbische Aufholjagd: der Daimlersche Siegermotor des Grand Prix von Frankreich 1914 – ebenfalls mit vier Ventilen.**

Zylinder an die Öffentlichkeit traten. Vom OM 326 bis zum OM 355 LA sorgten vier Ventile pro Zylinder für optimale Leistung und Verbrauch.

Im November 1981 berichtete der Versuchsingenieur Dr. Heinrich Reidelbach über den Aufbau des ersten Versuchsmotors M 102 SL (BC 11-1) mit einem Cosworth-16-Ventil-Zylinderkopf. Dieser Motor hatte noch einen Hubraum von 2140 $cm^3$. Der zweite Versuchsmotor mit der Nummer BC 11-3 war als Rennmotor aufgebaut. Er hatte dann mit 2299 Kubikzentimetern schon den Hubraum der späteren Serienmotoren. Diese Motoren waren aus dem Serienmotor M 102 entwickelt worden. Für spätere Sporteinsätze gedacht, war der Serienmotor mit einem Zylinderkopf mit 16 Ventilen versehen worden. Aus Termingründen war der Zylinderkopf bei Cosworth entwickelt worden.

Im August 1983 sorgten zwei 190 E in der Öffentlichkeit für Furore. Ursprünglich für den Rallye-Einsatz gedacht, fuhren sie – als Paukenschlag zur vorgesehenen Markteinführung 1984 – im süditalienischen Nardo 50.000 km mit einer Durchschnittsgeschwindigkeit von 247,9 km/h beziehungsweise 246,5 km/h neuen Weltrekord. Kernstück dieser Rekordautos sowie des späteren Serien-190 E 2.3-16 war der aus dem serienmäßigen Vierzylinder M 102 abgeleitete Motor mit vier Ventilen pro Zylinder.

Im März 1989 konnte die Öffentlichkeit in Genf im R 129 die konsequente Fortsetzung der Entwicklung bewundern. Mit dem Sechszylindermotor M 104 und seinem Pendant M 119 mit acht Zylindern hielt die Vierventil-Technik weiteren Einzug in das Modellprogramm bei Mercedes-Benz. Seit Mitte 1993 hielt die Vierventiltechnik, mit den Baureihen OM 604 bis OM 606, auch im Dieselmotor für Personenwagen ihren Einzug.

Dr. Kurt Obländer als Leiter des Motorenversuchs, ab 1985 als Versuchschef Pkw und ab 1988, nach einer der zahlreichen Umorganisationen im Hause Daimler/Mercedes-Benz, als Motorenchef Pkw, war bis zu seiner Pensionierung 1991 für die M 104-Entwicklung verantwortlich. Als sein Nachfolger Dr. Karl Kollmann seine Aufgabe übernahm, war die M 104-Entwicklung schon abgeschlossen. Der Ingenieur Ernst Gobien und, nach dessen Tod, sein Nachfolger Rolf Zeller waren in der Konstruktion für den M 104 zuständig. Im Versuch lag die Zuständigkeit bei Hans Brüggemann für die mechanische Seite und bei Manfred Schäfer für die Verbrennungsseite und die Abgasproblematik.

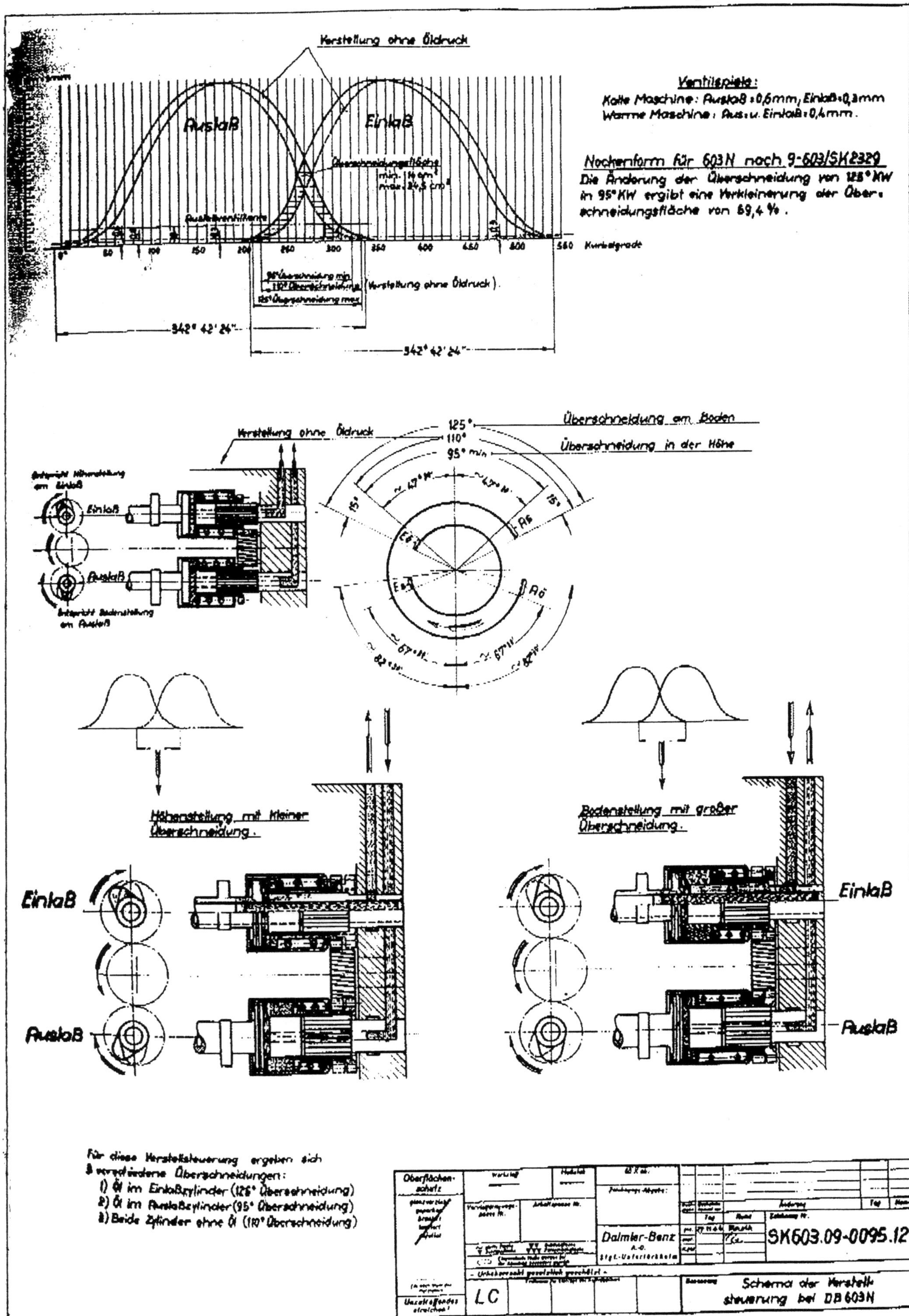


Nockenwellenversteller am Daimler-Benz-Flugmotor aus den Vierzigerjahren des vergangenen Jahrhunderts.

# Der Nockenwellen-Versteller

Bevor wir uns dem Werdegang des M 104 widmen, muss noch auf eine weitere motorische Besonderheit eingegangen werden: die Nockenwellenverstellung. Da im unteren Drehzahlbereich wegen der geringen Gasgeschwindigkeiten die Gasdynamik wenig ausgeprägt ist und zu Füllungsverlusten führt, sollte der Einlassschluss möglichst dicht am unteren Totpunkt liegen. Im Grunde ist der Nockenwellenversteller eine alte Wunschvorstellung der Motorenbauer, sozusagen die »Eierlegende Wollmilchsau«, die alles kann. Bulliges Drehmoment aus dem Drehzahlkeller wie ein belgischer Kaltblüter und Leistung bis an die Abregelgrenze höchster Drehzahlen wie ein Araberhengst. Die Nockenwellenverstellung feiert 1989 ihre Doppelpremiere bei Mercedes-Benz, sowohl im M 104 als auch im M 119, und soll einem ganzen Bündel von Forderungen gerecht werden, wie der Verbesserung der Leerlaufqualität, der Anhebung des Mitteldrucks und somit des Drehmoments im unteren Drehzahlbereich, einem Leistungszuwachs im oberen Drehzahlbereich und niedrigeren Abgasemissionswerten.
Auch hier ein Blick in den Rückspiegel:
Im Spätherbst 1944 – der erste Düsenjäger der Welt, die Me 262, hatte bereits das Ende der Kolbentriebwerke im Flugzeug eingeleitet – beschäftigte man sich in Untertürkheim noch intensiv mit der Nockenwellenverstellung am Flugmotor DB 603 N, um am Boden und in großer Höhe optimale Leistung zu erzielen. Zur Änderung der Überschneidung von 125° KW auf 95° KW wurden sowohl die Einlass- als auch die Auslassnockenwellen verdreht. Nach Kriegsende wurde diese Entwicklung nicht weiter verfolgt. Seit 1983 befassten sich externe Firmen (Pierburg und Renold) und interne Bereiche (Vorentwicklung und Versuch) wieder mit der Nockenwellenverstellung für Mercedes-Benz. Die ersten Entwürfe datierten vom Jahr 1984. Erste Versuche wurden an einem Motor des 190 E 2.3-16 durchgeführt, und zwar mit Verstellmöglichkeiten der Ein- und Auslassnockenwelle. Aus Kostengründen wurde die Schwarz-weiß-Verstellung der Einlassnockenwelle favorisiert, das heißt die Verstellung in zwei Positionen. 1985 entstanden die ersten Exemplare des Nowe-Verstellers, die dann im Mai 1985 in die ersten 38 Motoren der Baustufe I eingebaut wurden. Die ersten Versuchsexemplare waren allerdings noch erheblich größer als die spätere Serienversion.
Bis August 1986 waren vier Systeme untersucht und bewertet worden. Lösung eins war am weitesten gediehen. Sie wurde am Zylinderkopf, am Prüfstandmotor und im Fahrzeug mit positivem Ergebnis erprobt. Die Verstellung der Einlasswelle erfolgte durch den Motoröldruck über eine Schiebehülse mit Schrägverzahnung. Lösung zwei wurde ebenfalls am Zylinderkopf und im Fahrzeugmotor mit positivem Funktionsergebnis erprobt. Hier wurde die Einlasswelle durch den Motoröldruck über hydraulische Spritzversteller mit sechs Kammern verdreht. Die dritte Lösung – ein Pierburg-Vorschlag – sah die Verstellung der Einlasswelle durch den Motoröldruck auf zwei radial angeordnete Hydraulikkolben über Kurvensegmente vor. Diese an einem Zylinderkopf erprobte Lösung wurde von der Funktion her positiv beurteilt, der Verstellbereich war jedoch zu klein. Die vierte Lösung wurde nur an einem Zylinderkopf-Aggregat erprobt. Bei ihr wurde die Nockenwelle über einen Stellmotor, der das Sonnenrad eines Planetengetriebes verdrehte, verstellt. Da das Sonnenrad einen starken Verschleiß aufwies, erfolgte keine Funktionserprobung. Der Vorschlag der Firma Renold ähnelte dem ersten Vorschlag. Zum damaligen Zeitpunkt fehlte allerdings noch das Erprobungsmuster. Ende 1986 lagen die Konstruktionszeichnungen des überarbeiteten Verstellers mit Doppelschrägverzahnung, reduziertem Magnetanzugsweg und kompakterer Bauweise vor.
Und wie funktioniert nun das Ganze? Auf der Nockenwelle sitzt ein Elektromagnet, der von der KE-Einspritzanlage je nach

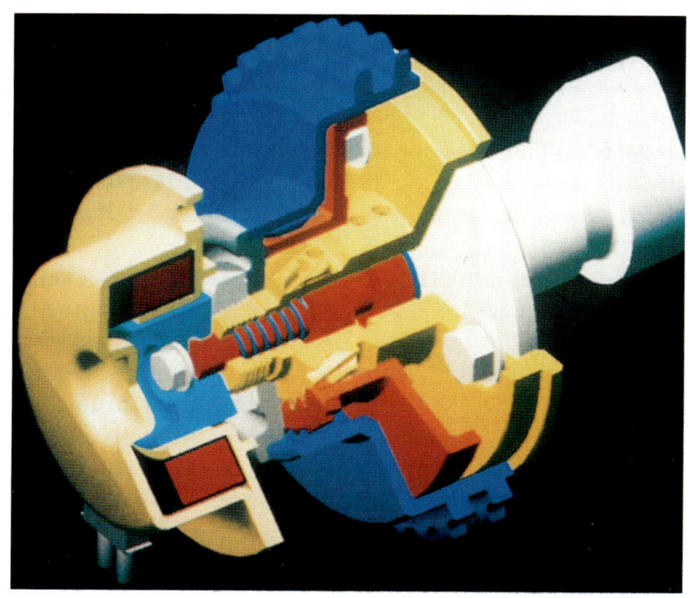

**Nockenwellenversteller der Mercedes-Benz-Serienmotoren Mitte der neunziger Jahre.**

Drehzahl und Lastzustand angesteuert wird. Die »Frühstellung« erfolgt über den Magneten, der die hydraulische Verschiebung des Stellkolbens auslöst. Durch die Außen- und Innenverzahnung des Stellkolbens wird die Nockenwelle in Richtung »Früh« verdreht. Beim M 104 beträgt der Verstellwinkel 34° KW. Die Rückstellung in die »Spätstellung« erfolgt durch eine Schraubenfeder. Diese Auslegung wurde bewusst so gewählt, um beim Ausfall der elektrischen Ansteuerung automatisch mit der Spätstellung einen ruhigen Leerlauf und ein sicheres Startverhalten gewährleisten zu können. Beim Hochdrehen des Motors durchläuft die Verstellung drei Phasen. Die Verstellzeit beträgt eine Sekunde. Phase 1 verläuft von 0 bis 1000-2000/min Spätstellung, dadurch kleinere Ventilüberschneidung mit rundem Leerlauf und wenig Restgasmenge. Bei der Phase 2, von 1000-2000 bis 5000/min, handelt es sich um eine lastabhängige Frühstellung mit größerer Ventilüberschneidung mit mehr Drehmoment und weniger Frischgasverlusten. Die Phase 3 erfolgt ab 5000/min, drehzahlabhängige Spätstellung, die Füllung wird durch den Nachladeeffekt verbessert. Beim Abstellen des Motors stellt sich automatisch die Spätstellung ein. Bis Ende April 1993 wurden im Werk Berlin-Marienfelde 500.000 Nockenwellenversteller produziert.

# Der Weg zum M 104

Da dieser Motor vom M 103 mit zwei Ventilen unmittelbar abstammt, läuft er intern zunächst unter dem Arbeitstitel M 103 II. Erst später erhält er die Bezeichnung M 104. Ursprünglich ist er auch gar nicht als Volumenmotor vorgesehen, er soll nur den R 129 und den C 124, also das Coupé der Mittelklasse, befeuern.

Am 3. Oktober 1983 wird in Sindelfingen beschlossen, einen Motor mit Vierventiltechnik auf M 103-Basis zu bauen. Ein Jahr später, am 17. Oktober 1984, wird in Sindelfingen erneut über das Projekt befunden. In der schon mehrfach erwähnten AMP-Sitzung wird der neue Vierventiler dem R 129 zugewiesen. Am 12. Dezember dieses Jahres legt der für die mechanische Seite zuständige Versuchsingenieur Hans Brüggemann seine Gedanken über die Auslegung des Kolbens und des Pleuels für den M 104 schriftlich vor. Kern seiner Ausführung: Längere Pleuel zur Reduzierung der Querkräfte und der Reibung. Auch die Kolbenkühlung durch eine Ölspritze wird von ihm angesprochen. Der neue Motor soll eine Leistung von 231 PS /170 kW aufweisen.

Insgesamt entstehen fünf Baustufen (BS) des M 104, unterteilt in BS I, BS II, BS IIA, BS IIB, BS IIC. Die Motoren der einzelnen Baustufen werden sowohl Prüfstands-Dauerläufen unterschiedlicher Länge unter unterschiedlichen Lastbedingungen als auch Fahrzeug-Dauerläufen unterschiedlicher Länge unterzogen. Der erste Motor, ein Triebwerk der Baustufe I, läuft Anfang Mai 1985. Bis Ende August 1986 entstehen 38 Motoren der Baustufe I, neun davon haben bis Ende 1986 je einen 500-Stunden-Prüfstandslauf absolviert. Bis Mitte Juli 1987 sind die 100.000-km-Dauerläufe im Fahrzeug beendet.

Von der Baustufe II ist der erste Motor Mitte Oktober 1986 lauffähig. Von dieser Baustufe werden bis Ende August 1987 48 Motoren gebaut. Bis Ende Mai 1987 bringt ein Motor einen 500-Stunden-Prüfstandslauf hinter sich; bis Ende November 1987 haben acht Motoren 500 Stunden und ein Motor ein 1000-Stunden-Martyrium auf dem Prüfstand überstanden. Die Fahrzeugdauerläufe sind mit 1 x 35.000 km, 2 x 40.000 km und 1 x 165.000 km angesetzt. Sie werden Mitte Juni 1988 beendet.

Der erste Motor der Baustufe IIA gibt (oder sollte man vielleicht »hustet« sagen?) seine ersten vier Verbrennungstakte am 1. Juni 1987 in den sommerlichen Dunst der Neckarniederungen. 17 Motoren dieser Versuchsvariante werden innerhalb von zwei Monaten in Handarbeit hergestellt. Ein 700-Stunden-Prüfstandslauf endet Ende November 1987, ein 3000-Stunden-Martyrium Ende Februar 1988. Die Fahrzeug-Dauererprobung umfasst die Zyklen 1 x 10.000 km, 1 x 35.000 km, 1 x 72.000 km und 1 x 85.000 km.

Die Baustufe IIB folgt am 1. Juli 1987 nur einen Monat nach der Ausführung A. Für die Herstellung dieser 28 Motoren benötigen die Versuchsmonteure bis Oktober 1988. Die Motorenprüfstände werden von dieser Variante für einen 700-Stunden-Lauf, der Ende November 1987, und einen 3000-Stunden-Lauf, der Ende Februar 1988 seinen Abschluss findet, belegt. Die Versuchsfahrer spulen mit den Dauerläufern 1 x 20.000 km, 2 x 30.000 km, 1 x 45.000 km und 1 x 95.000 km ab. Diese Programme werden Mitte Juni 1988 abgefahren.

Die Baustufe IIC datiert vom Dezember 1987 mit 48 Motoren, die bis Ende März 1988 gebaut werden. Ein 500-Stunden-, zwei 700-Stunden- und ein 750-Stunden-Prüfstandslauf sind das Los, das sie zu ertragen haben.

Am 1. Oktober 1988 beginnt im Untertürkheimer Werk 10 die Serienproduktion für den 300 SL-24.

Im Versuchsbetrieb werden von den 26 R 129 acht Fahrzeuge mit dem M 104 ausgerüstet, davon drei mit Schaltgetriebe. Diese Fakten gelten allerdings nur für den April 1987, da die Wagen je nach Bedarf dauernd umgebaut werden.

# Der M 104 E 30, Baumuster M 104.981 KE

Schon in den neunziger Jahren war man erschlagen von der Fülle komplexer, aufgeräumter, von Designern optisch geprägter oder manchmal auch unaufgeräumter Technik, wenn man die Motorhaube eines x-beliebigen Autos öffnete. Vor Schreck und Frust ließ man den großen Blechdeckel ganz schnell wieder zufallen. Mit dem sonoren Plopp der zugefallenen Motorhaube verdrängte man schnell das eben Erlebte, da man im Notfall der High-Tech-Fülle ohnehin hilflos ausgeliefert war.

Was man dabei nicht wusste, ist, wie sehr technisches Layout inzwischen vom vorgegebenen Platz bestimmt wird. Das ist beim M 104 kein Deut anders. Da Mercedes-Benz in der Frühphase dieser Entwicklung noch auf jeden Fall an der KE-Einspritzung festhält – obwohl andere Hersteller längst auf die Motronic, also ein vollelektronisches Motormanagement für Einspritzung und Zündung gesetzt haben –, beeinflussen die Platzverhältnisse im Motorraum die Zylinderkopfgestaltung. Um den Ansaugkrümmer mit der darübersitzenden KE (KE-5.2) und dem darauf aufgesetzten Luftfilter überhaupt unterbringen zu können, muss der Krümmer mit dem Sammelrohr stark nach unten gezogen werden. Diese Konfiguration führt bei der Einlasskanal-Gestaltung zu einer starken Krümmung nach unten. Dieser für das Leistungsverhalten ungünstige Kanal erhält intern wegen seiner charakteristischen Form den Spitznamen »Bananenkanal«.

Die beiden Nockenwellen sind siebenfach gelagert und betätigen die 24 Ventile über Hydraulik-Tassenstößel. Wegen der Dauerdrehzahl von 7000/min werden entsprechend harte Ventilfedern notwendig. Um eine geringe Flächenpressung im Bereich des maximalen Ventilhubes zu erreichen, sind die Grundkreisradien groß gewählt worden. Dieser Umstand bereitet bis heute den Tunern keine Freude. Sie bekommen bei Nockenwellen mit geänderten Steuerzeiten geometrische Raumprobleme für entsprechende Nockenprofile, bei gleichzeitig hoher Beanspruchung. Der Antrieb der beiden Nockenwellen erfolgt aus Gründen der Zuverlässigkeit nach wie vor durch eine Doppelrollenkette. Um eine einwandfreie Kettenspannung und Führung zu erhalten, sind eine U-förmige Spann- und Gleitschiene, eine U-förmige Gleitschiene zwischen den Nockenwellenrädern und ein Umlenkrad erforderlich.

Das Kurbelgehäuse entspricht weitgehend dem des M 103. Lediglich zur Aufnahme der beiden Klopfsensoren der Antiklopfregelung (AKR), die je einen Verbund von drei Zylindern überwachen und eine Verdichtung von 10 erst ermöglichen, sowie bei den Ölspritzdüsen zur Kolbenkühlung sind kleine Modifikationen notwendig. Die AKR ist auf einen Falltiefe von 10° ausgelegt, die in mehreren Schritten erfolgt. Als Falltiefe bezeichnen die Motorenleute die gesamte Spannbreite, in der die Zündung über die AKR zurückgenommen wird. Die ersten zwei Schritte der Spätstellung der Zündung erfolgen in Schritten von je 3°. Die weiteren erfolgen in 1,5°-Schritten. Der Einsatz der Kolbenbodenkühlung durch die Ölspritze reduziert die Kolbenboden-Temperatur je nach Drehzahl zwischen 25 °C und 45 °C. Der höhere Öldurchsatz erforderte eine Verbreiterung der Ölpumpenräder von 30 mm auf 34 mm. Das Übersetzungsverhältnis wird von 0,54 auf 0,75 erhöht. Ein über die Länge des Kurbelgehäuses laufendes Ölabweisblech verhindert das Ölpanschen und den Gasgehalt bei Überfüllung, hohen Drehzahlen und gealtertem Öl sowie Öldruckeinbrüche bei hohen Drehzahlen.

Der M 104 erhält im Gegensatz zum M 103 zusätzlich einen Luftölkühler, um die festgelegte Grenztemperatur des Motorenöls

**Die Hochtourigen – das Entwicklungsquartett des M 104, von links: Rolf Zeller, Hans Brüggemann, Motorenchef Dr. Kurt Obländer und Manfred Schäfer.**

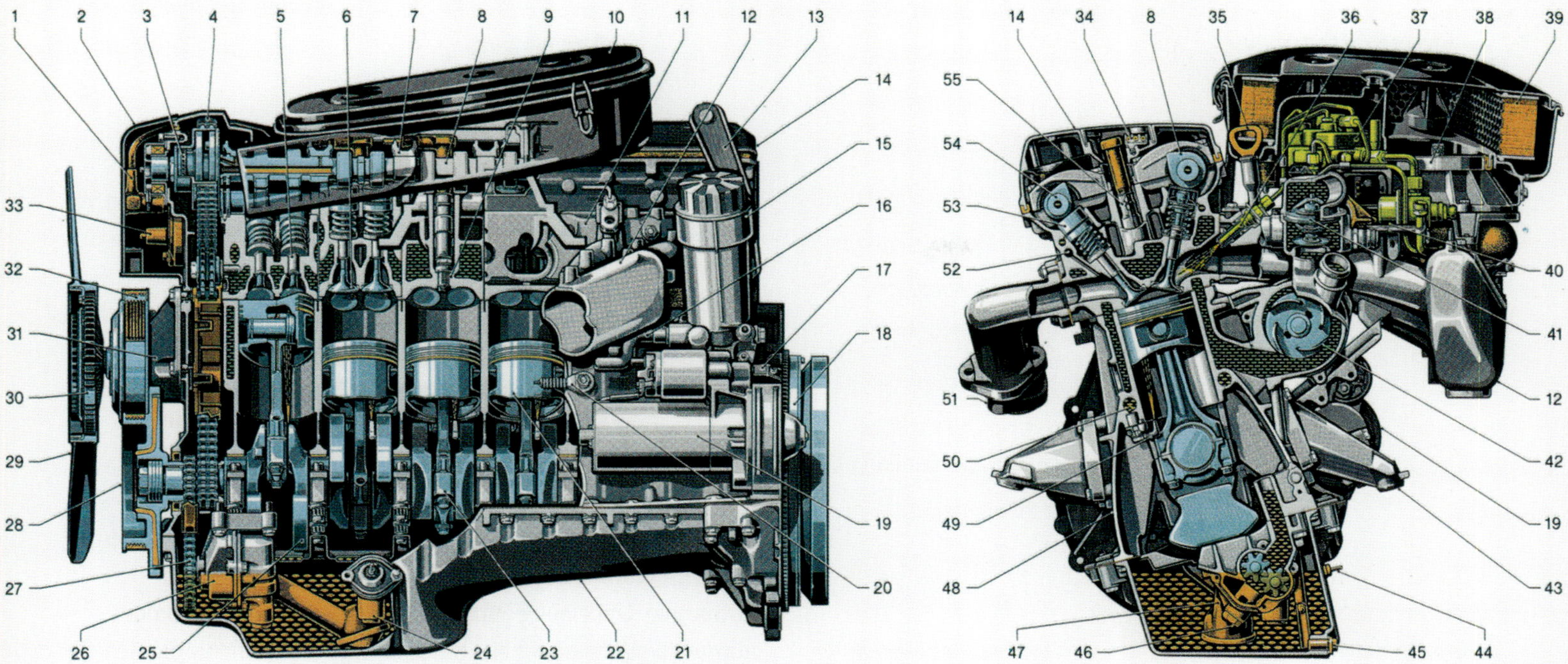

**Technische Daten:**

Arbeitsverfahren ....... Viertakt
Benzin-Einspritzung
Nennleistung KAT
nach 80/1269/EWG 170 kW / 230 PS
Nenndrehmoment KAT
nach 80/1269/EWG 272 Nm
Zylinderzahl ........... 6
Bohrung / Hub ......... 88,5 / 80,2 mm
Gesamthubraum eff. .. 2960 $cm^3$

1 Zündkabel
2 Schutzhaube
3 Nockenwellenversteller
4 Zweifach-Rollenkette
5 Auslaßventile
6 Einlaßventile
7 Nockenwellenlager
8 Einlaß-Nockenwelle
9 Zündkerze
10 Luftfilter
11 Zylinderkopf
12 Saugrohr
13 Aufhängeöse
14 Zylinderkopfhaube
15 Ölfilter
16 Ölkühlerleitung
17 Drehzahlgeber
18 Schwungrad
19 Starter
20 Klopfsensor
21 Kolben
22 Ölwanne
23 Pleuelstange
24 Ölstandschalter
25 Kurbelwelle
26 Ölpumpe
27 Einfachrollenkette (Ölpumpenantrieb)
28 Schwingungsdämpfer
29 Lüfter
30 Visco-Lüfterkupplung
31 Lüfterbock
32 Keilrippenriemen
33 Hochspannungsverteiler
34 Zündleitungen
35 Ölmeßstab
36 Einspritzventil
37 Mengenteiler
38 Luftmengenmesser
39 Luftfiltereinsatz
40 Membrandruckregler
41 Kühlwasserreglereinsatz
42 Wasserpumpenflügelrad
43 Motorträger
44 Anschluß für Ölstandschalter
45 Verschlußschraube
46 Ölüberdruckventil
47 Ölsaugkorb
48 Kurbelgehäuse
49 Ölspritzdüse
50 Hauptölkanal (Reinölseite)
51 Auspuffkrümmer
52 Lufteinblase-Bohrung
53 Hydraulischer Ventilstößel
54 Auslaßnockenwelle
55 Zündkerzen-Entstörstecker

**Motor M 104**
Typ 300 SL/24 Ventile

Mercedes-Benz AG
Stuttgart-
Untertürkheim
**FG 24973**
Printed in Germany
8.89

von 130 °C auch unter extremen Bedingungen nicht zu überschreiten. Beim R 129 ist er hinter der vorderen Stoßstange angeordnet. Mit 228 kg Trockengewicht für den Motor mit Schaltgetriebe und 213 kg für die Version mit Automatikgetriebe ist der M 104 22 kg schwerer als der M 103 – eine Gewichtsdifferenz, die sich aber beim Fahren nicht bemerkbar macht.
Mit 231 PS / 140 kW bei 6300/min tritt der M 104 als sportlichster Motor aus dem SL-Segment in Genf an die Öffentlichkeit, er bietet 21 Prozent mehr Leistung aus demselben Hubraum wie der M 103, allerdings bei einer 600/min oder 10,5 Prozent höheren Drehzahl. Diese Tatsache verschafft dem M 104 den Spitznamen »Drehorgel«, denn sein Drehvermögen lässt ihn willig mit dumpf-heiser gedämpftem Röhren bis 7000/min ausdrehen. Bescheidener sind trotz der Nockenwellenverstellung allerdings die Steigerungen des höchsten Mitteldrucks und des höchsten Drehmoments. Sie erhöhen sich gegenüber dem M 103 von 11,0 auf 11,6 bar beziehungsweise von 260 auf 272 Nm. Und das macht sich auch in der Praxis so bemerkbar. Im Drehzahlkeller ist für den bequemen Offen-Fahrer nicht viel zu holen, da gibt es nichts, um aus dem Vollen zu schöpfen. Um das einigermaßen zu kaschieren, wird die Gesamtübersetzung sogar kürzer ausgelegt als beim zweiventiligen Bruder. Diese kürzere Antriebsübersetzung führt in Verbindung mit den leicht angehobenen Drehmomentwerten zu etwas besseren Elastizitätswerten als beim M 103.
Die Katalysatoranlage ergibt bei einer Fläche von 202 $cm^2$ und einer Länge von 218 cm ein Volumen von 4166 $cm^3$. Die Anlage wird im Vergleich zu der des 300 SL / R 107 so verbessert, dass die Gegendruckabsenkung im oberen Teillastbereich bei über 80 Prozent liegt. Die Abstimmung der Vorrohrgeometrie und der Einlaufhutzen in den Katalysator machen das möglich.
Als Standardgetriebe wird das mechanische Fünfgang-Getriebe GL 76/30-5, Baumuster 717.451, mit direkt übersetztem fünften Gang und links hinten liegendem ersten Gang verbaut. Dieses Schaltschema – es gab es früher auch bei Porsche und im 190 E 2.5-16, es gibt es in den Transportern des Hauses – wird in Testberichten häufig kritisiert. Mir ist das etwas unverständlich, da

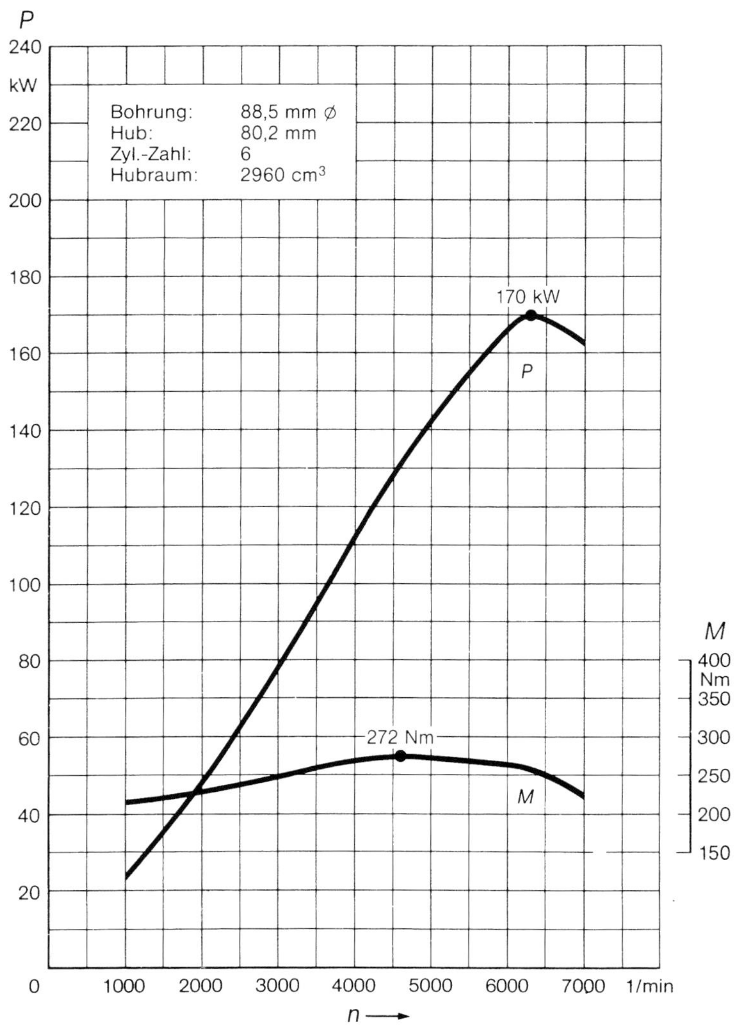


**Das Leistungsdiagramm des M 104 E 30 im 300 SL-24.**

ich seit Jahren selbst mehrmals täglich zwischen den beiden Schaltschemata wechsle und bei 110.000 km Jahresfahrleistung weder Probleme mit dem einen noch mit dem anderen Schaltschema habe.

Das Viergang-Automatikgetriebe W 4 A 040, Baumuster 722.352, wird von Anfang an als Alternative zum Fünfgang-Schaltgetriebe gegen Aufpreis geliefert. Bei beiden genannten Getrieben wird die Antriebsachsübersetzung i = 3,27 verwendet.

Ab Herbst 1989 steht dann auch das Fünfgang-Automatikgetriebe W 5 A 030, Baumuster 722.500, als weitere Alternative in der Preisliste. Bei ihm ist der fünfte Gang mit i = 0,75 ins Schnelle übersetzt und die Antriebsübersetzung auf i = 3,69 verkürzt. Trotz der kürzeren Antriebsübersetzung wirkt sich durch den lang übersetzten fünften Gang das reduzierte Geräuschniveau aus. Bei dem auf hohe Drehzahlen ausgelegten Motor kommt dieses Getriebe nur unvollständig zur Geltung. Im Gegenteil, in der Praxis ergeben sich weder in der Beschleunigung noch im Verbrauch Vorteile. Die Höchstgeschwindigkeit ist fast 10 km/h niedriger als mit den beiden anderen Getrieben. Als Pluspunkt ist der niedrigere Geräuschpegel zu bewerten. Optimal harmoniert diese Kombination erst mit dem M 104 E 32 im SL 320, der dieselbe Leistung bei niedrigerer Drehzahl abgibt und über ein deutlich höheres Drehmoment und einen besseren Drehmomentverlauf verfügt. Deshalb gehört dieses Getriebe dort zur Standardausrüstung; ein Schaltgetriebe wird im SL 320 nicht mehr angeboten.

Der 300 SL-24 als 1,8-Tonner macht es mit seinen fülligen Pfunden dem Motor nicht gerade leicht, ein Gefühl leichtfüßiger Beschwingtheit zu vermitteln, *auto motor und sport* ermittelt für einen -24 mit Schaltgetriebe ein Leergewicht von 1816 kg, bei der *Automobil Revue* aus Bern wiegt ein anderes Testfahrzeug mit Automatikgetriebe 1810 kg und somit 120 kg mehr als das offizielle Leergewicht.

Da nun ein auf hohe Drehzahlen ausgelegter Motor und ein hohes Eigengewicht nicht gerade eine glückliche Kombination darstellen, haben auch die wohlwollendsten Tester der Fachpresse ihre liebe Not mit der Ausgewogenheit dieses SL. Die *Automobil Revue* titelt im Doppeltest von 300 SL-24 und 500 SL das Dreiliter-Kapitel mit der vielsagenden Überschrift »300 SL-24: sparsam, aber ...«, um dann fortzufahren: »Der geprüfte 300 SL-24 hält das Ärgernis über einen hohen Verbrauch, sofern es überhaupt eines ist, in wahrhaft vernünftigen Grenzen: Der ebenfalls mit vierstufiger Automatik dotierte 300 SL-24 bescheidete sich mit nur 12,2 l / 100 km. Wer damit noch immer nicht zufrieden ist, der sollte entweder die teurere 5-Gang-Automatik mit ›langer‹ fünfter Stufe ordern, oder aber mit dem manuellen 5-Gang-Schaltgetriebe vorliebnehmen. Erkauft wird der im Vergleich zum V8 um 2,3 Liter je 100 km günstigere Treibstoffkonsum allerdings mit einem spürbaren Minus an Temperament. Doch weder der dumpfe, mitunter kräftige Auspuffsound noch die horrenden Drehzahlen vermögen darüber hinwegzutäuschen, dass der 231 PS starke Dreiliter viel Masse zu bewegen hat: 9,3 s für 0–100 km/h sind auch mit einem halb so teuren, ebenfalls mit Automatik versehenen 190 E 2.6 zu realisieren. Auf der Autobahn einmal in rascher Fahrt, läuft er leichtfüßig dahin und legt bei Bedarf auch noch recht zügig Fahrt zu.«

Götz Leyrer meint 1989 in *auto motor und sport* anlässlich eines Vergleichstest aller drei damals verfügbaren SL: »Kombiniert mit dem eng gestuften Fünfganggetriebe, bei dem der erste Gang links hinten liegt, erinnert dieser Motor tatsächlich am meisten an die Sportwagen-Tradition des Mercedes SL. Er hängt sehr gut am Gas und dreht mit einer Mühelosigkeit hoch, ab 4000/min mit einem kräftig zunehmenden Auspuffsound, der den Spaß am

offenen Fahren durchaus vorteilhaft unterstützt, ohne jemals zu einer Lärmbelästigung zu werden. Die kleinen Drehzahlsprünge beim Hochschalten sind eine harmonische Ergänzung der hier gebotenen Motordynamik, das Fünfganggetriebe schaltet sich so leicht, dass der Fahrer sehr gern zum Schalthebel greift. Man kann durchaus schaltfaul dahinbummeln mit dem 300 SL-24; der Motor wirkt auch bei niedrigen Drehzahlen geschmeidig, wenn auch nicht gerade besonders kraftvoll. Trotz variabler Ventilsteuerzeiten durch Verstellung der beiden obenliegenden Nockenwellen (Anm. des Autors: hier irrte Tester Götz Leyrer, es wird nur die Einlasswelle verdreht) ist der Vierventiler kein Drehmoment-Motor mit bulligem Durchzugsvermögen, seine Stärke liegt klar im oberen Drehzahlbereich wie bei allen anderen Mercedes Sechszylindern auch.« Und zum Verbrauch notiert Chronist Leyrer: »Aber die beiden Sechszylinder, bei den Vergleichsfahrten mit identischem Tempo unterwegs, sind eben doch deutlich sparsamer, wobei der 300 SL-24 nur dann etwas mehr verbraucht als der 300 SL, wenn seine Mehrleistung wirklich ausgenutzt wird. Das beste Preis-Leistungs-Verhältnis findet der Käufer beim 300 SL, das sportlichste Auto ist der 300 SL-24.«
Nur im anschließenden Dauertest über 100.000 km bekleckert sich der als hurtiger Sportler ausgewiesene Untertürkheimer nicht gerade mit dem Ruhm des hohen Anspruchs. Ein schwer schaltbares Getriebe vom ersten in den zweiten Gang und ein am Dauertestende herausspringender dritter Gang, Ölverbräuche, als gelte es Tonnen von Ölsardinen einzulegen, und eine Motorüberholung mit neuen Kolben bei fast 74.000 km, jede Menge Karosserietrouble, angefangen von zweimal durchgescheuerten Sitzbezügen und einem durchgesessenen Sitzkissen bis hin zu nicht schließenden Motorhauben und lockeren Sicherheitsgurten, sind ein trauriges Beispiel für ein verloren gegangenes Qualitätsverständnis unter dem Stern bei unverändert hohem Preisanspruch an den Kunden.
Der letzte 300 SL-24 mit der Fahrgestellendnummer 85612 läuft am 7. Juni 1993 nach 26.985 gebauten Fahrzeuge vom Bremer Band. Das entspricht einem Produktionsanteil von 30,88 Prozent aller gebauten SL. Mit 9450 bis Ende Mai 1993 in Deutschland zugelassenen Wagen haben die 24-Ventiler einen Anteil von 35,01 Prozent an dem der gebauten Zweisitzer dieses Modells. Die 17.137 exportierten 300 SL-24 bedeuten einen Exportanteil von 31,73 Prozent am SL-Gesamtexport. Insgesamt gehen 63,5 Prozent aller gebauten -24 in den Export. In den USA spielt der 300 SL-24 im Vergleich zu den Achtzylinder-Modellen nur eine geringere Rolle, nur 34,04 Prozent tragen den Vierventiler unter der Haube.

**Messwerte 300 SL-24**

| | | | | | |
|---|---|---|---|---|---|
| Motor | M 104 KE | | | | |
| Motorleistung PS/kW | 231/170 | | | | |
| bei 1/min | 6300 | | | | |
| Literleistung PS/kW | 78/57,4 | | | | |
| Max. Drehmoment Nm | 272 | | | | |
| bei 1/min | 4600 | | | | |
| Achsantrieb i = | 3,27 | | | | |
| Getriebe | Fünfgang-Schaltgetriebe | | | | |
| Viergang-Wandler-Automatik | W 4 A 040 | | | | |
| | *auto motor und sport* | | | *Auto Zeitung* | *Automobil-Revue Bern* |
| | Test | Dauertest | | Test | Test |
| km Stand | – | 4851 | 101765 | – | 10600 |
| Testgewicht kg | 1816 | 1820 | | | 1810 |
| Beschleunigung in s | | | | | |
| 0–60 km/h | 4,3 | 4,1 | 4,1 | 4,2 | 4,6 |
| 0–80 km/h | 6,5 | 6,1 | 6,0 | 6,4 | 6,6 |
| 0–100 km/h | 9,4 | 8,6 | 8,5 | 8,9 | 9,3 |
| 0–120 km/h | 13,0 | 12,1 | 11,9 | 12,4 | 12,9 |
| 0–140 km/h | 17,3 | 16,1 | 15,8 | 16,6 | 16,9 |
| 0–160 km/h | 23,4 | 21,9 | 21,4 | – | 21,8 |
| 0–180 km/h | 31,3 | 29,0 | 28,5 | – | 29,6 |
| 0–200 km/h | – | – | – | – | 39,1 |
| 0–220 km/h | – | – | – | – | 56,4 |
| $v_{max}$ km/h | 237 | 239,8 | 240 | 241 | 235 |
| Elastizität in s | | | | | |
| 4. Gang in Stellung D | | | | | |
| 40–60 km/h | 5,3 | 5,5 | 5,3 | – | – |
| 40–80 km/h | 10,5 | 10,3 | 10,2 | – | – |
| 40–100 km/h | 15,4 | 15,3 | 15,3 | – | – |
| 40–120 km/h | 20,2 | 20,1 | 20,2 | – | – |
| 40–140 km/h | 25,3 | 25,1 | 25,2 | – | – |
| 40–160 km/h | 31,4 | 31,0 | 31,2 | – | – |
| 5. Gang | | | | | |
| 60–80 km/h | 6,6 | 6,6 | 6,2 | 6,4 | 3,8 |
| 60–100 km/h | 13,1 | 13,2 | 12,5 | 12,5 | 6,5 |
| 60–120 km/h | 19,8 | 20,0 | 19,1 | 18,5 | 10,1 |
| 60–140 km/h | 26,6 | 26,6 | 25,6 | 25,3 | 14,1 |
| 60–160 km/h | 34,2 | 34,1 | 33,0 | – | 19,0 |
| 60–180 km/h | – | – | – | – | 26,8 |
| 60–200 km/h | – | – | – | – | 36,3 |
| 60–220 km/h | – | – | – | – | 53,6 |
| Testverbrauch l/100 km | 13,4 | 13,7 | | 15,7 | 12,2 |

# Der SL 320, Baumuster 129.063

## oder: Evolution, die so nicht genannt wird

Die bemerkenswerte Änderung am SL 320 ist die Motor-Getriebeeinheit. Als Motor kommt das Baumuster 104.991 mit Bosch/VDO-Motronic, Heißfilm-Luftmassenmessung (HFM), Antiklopf-Regelung (AKR), Resonanz-Saugrohr und ruhender Hochspannungsverteilung mit drei Zündspulen zum Einbau. Als Getriebe wird aus Komfort- und Geräuschgründen nur noch das automatische Fünfgang-Getriebe W 5 A 030 eingebaut. Freunde des Schaltgetriebes haben das Nachsehen, aber sie sind, nach Mercedes-Benz-Auffassung auch beim sportlichen Zweisitzer, ohnehin eine aussterbende Spezies. Unbewusst wird hier deutlich, dass seinerzeit bei Mercedes-Benz die SL eher den zweisitzigen Cabriolets als den Sportwagen zugeordnet werden.

Fortschrittsparade: der M 104 E 32 und seine Väter. Von links: Manfred Schäfer, Dr. Kurt Obländer, Hans Brüggemann und Rolf Zeller.

## Motorbaumuster 104.991

Der vorhergehende Motor – das Baumuster 104.981 –, der im 300 SL-24 eingebaut war, mutierte vom eigentlichen Sportmotor unter den Mercedes-Benz-Sechszylindern in zwei Entwicklungsschritten zum späteren Paradestück. Zwei wesentliche Forderungen waren die Geräuschreduzierung einerseits und die drastische Anhebung des Mitteldrucks und somit des Drehmoments bei niedrigeren Drehzahlen als beim Dreiliter-Motor andererseits. Eine Anhebung der Höchstleistung war in beiden Entwicklungsstufen

nicht beabsichtigt. Die vorhandene Leistung wurde als ausreichend betrachtet, sie sollte jedoch bei wesentlich niedrigerer Drehzahl erreicht werden. Somit begann die kurze, aber intensive Evolutionsphase dieses Motors, die in zwei Stufen verlief.
In der ersten Entwicklungsstufe erfolgt 1991 mit der Einführung der neuen S-Klasse die Erhöhung des Hubraums auf 3,2 Liter (genau von 2960 $cm^3$ auf 3199 $cm^3$). Erreicht wird das durch die Vergrößerung der Bohrung von 88,5 mm auf 89,9 mm sowie die Verlängerung des Hubs von 80,2 mm auf 84 mm durch die Verwendung der Kurbelwelle aus dem Dieselmotor OM 603. Diese Maßnahme wird übrigens seit Jahren erfolgreich von renommierten Tunern wie AMG, Carlsson und Hagmann praktiziert. Durch die Versteifung der Kurbelwelle kann die Steifigkeit trotz des längeren Hubs auf dem Niveau der Kurbelwelle des Dreiliter-Motors gehalten werden.
Der Geräuschreduzierung dienen bei der Nockenwellen-Antriebskette der Ersatz der Umlenkrolle durch eine lange, gebogene Gleitschiene und eine neue Verzahnungsgeometrie der Nockenwellen-Kettenräder mit einem steileren Flanken-Öffnungswinkel. Aus denselben Gründen erhält das Kurbelgehäuse auf der Außenwand zusätzliche, kreuzweise angebrachte Verstärkungsrippen, die außerdem noch zur Schwingungsreduzierung beitragen. Und da man sich schon bei der Überarbeitung des Kurbelgehäuses befindet, werden zur Reduzierung der Pumpverluste bei hohen Drehzahlen im Kurbelraum zusätzliche seitliche Durchbrüche eingeführt. Die Verrippung des Ölwannentopfes, die eingeengten

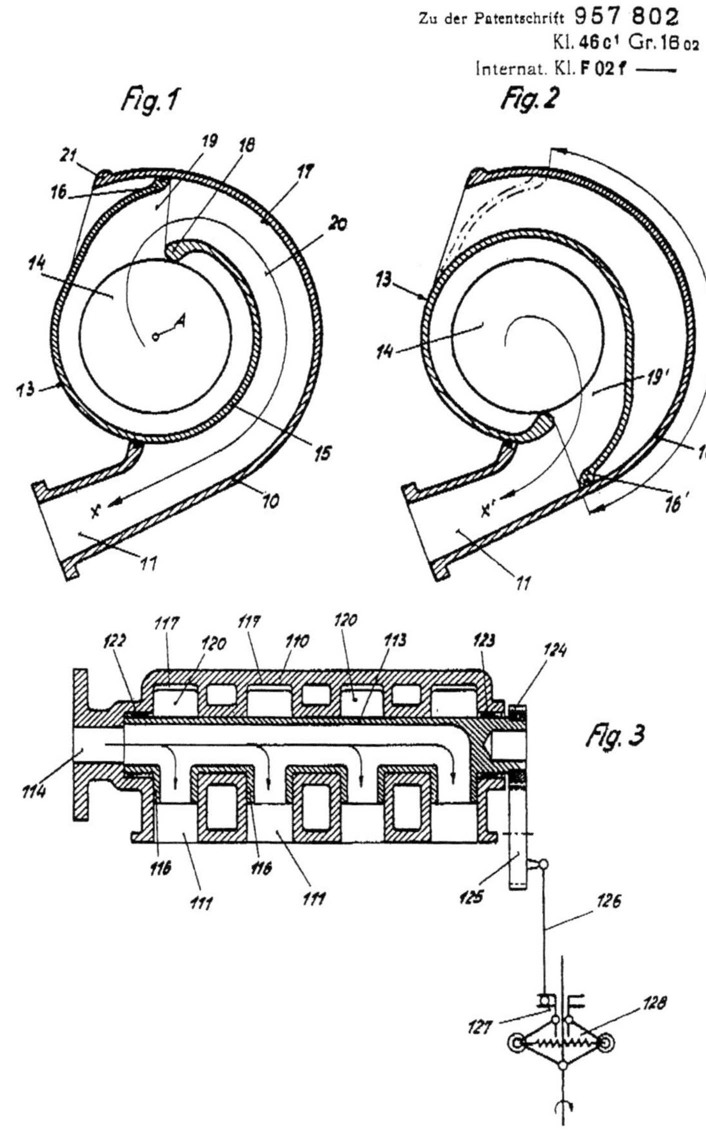


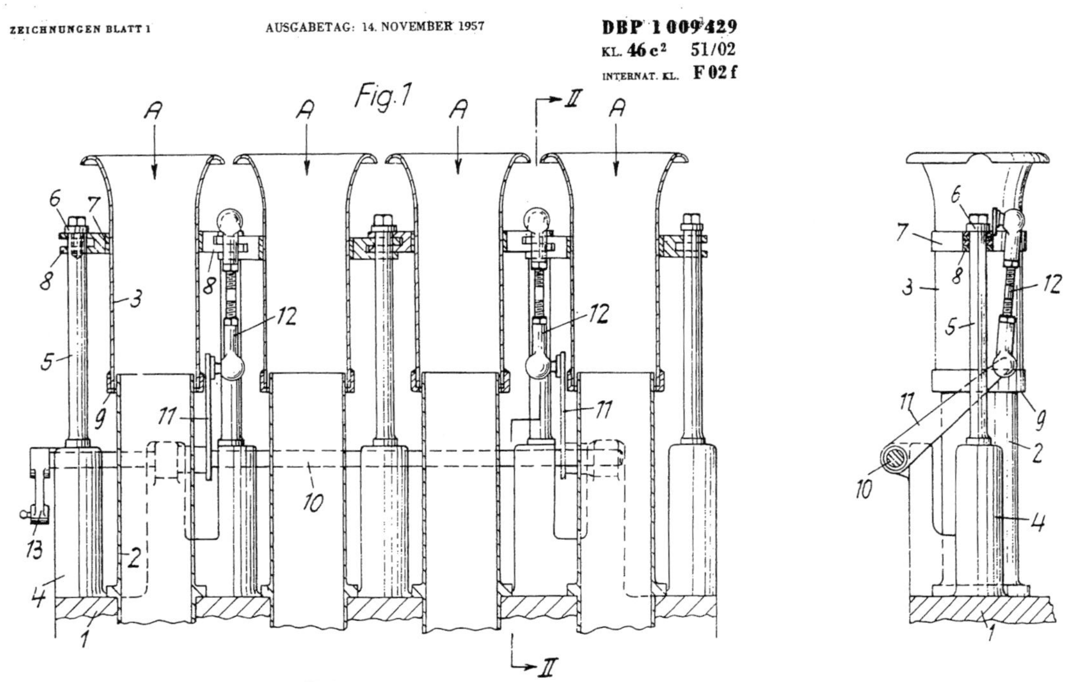


**Schema längenvariabler Saugrohre des Daimler-Benz-Motorenkonstrukteurs Hans Gassmann.**

Grundlagerspiel-Toleranzen und die Änderung des Vornockens der Nockenwelle zur Reduzierung der Beschleunigungsrate mit ihren unerwünschten Schwingungen sind weitere Maßnahmen, die der Geräuschverminderung dienen. In dieser Phase erhalten die Zylinderköpfe die geänderte Form des Einlasskanals mit der günstigeren Kanalführung, die auch die Verwendung im Zwölfzylinder-Motor ermöglicht. Der Ventilschaftdurchmesser wird um je einen Millimeter reduziert.

Die zweite Entwicklungsstufe ist gekennzeichnet von der Verwendung eines Resonanz-Schaltsaugrohrs. Aufgrund der bei Vierventil-Motoren vorhandenen Drehmomentschwäche im unteren Drehzahlbereich besteht gerade beim M 104 dringender Handlungsbedarf, das Lastverhalten im unteren und mittleren Drehzahlbereich zu verbessern. Die Anwendung von längenvariablen Saugrohren mit unterschiedlichen Durchmessern und das Ausnutzen des Resonanzeffekts zur Steigerung der Zylinderfüllung sind im Grunde alte physikalische Erkenntnisse.

Auch diese Anwendung hat, wie vieles bei Mercedes-Benz, durchaus, wenn auch wenig bekannt, Tradition. Im Zuge der Rennmotorenentwicklung in den fünfziger Jahren beschäftigte sich der Motorenkonstrukteur Hans Gassmann in Untertürkheim intensiv mit der Anwendung dieser physikalischen Gegebenheiten. Am 7. Mai 1954 erhielt er das Patent Nr. 957802 und am 18. Juni 1955 das Patent Nr. 1009429 für längenvariable Ansaugrohre. Hans Gassmann setzte sie am Rennmotor M 196 für die Rennsaison 1956 um. Da Daimler-Benz jedoch im Jahr 1955 beschlossen hatte, sich nicht mehr im Rennsport zu engagieren, kam das längenvariable Ansaugrohr am M 196, wie übrigens noch andere interessante Entwicklungen, nicht zum Einsatz.

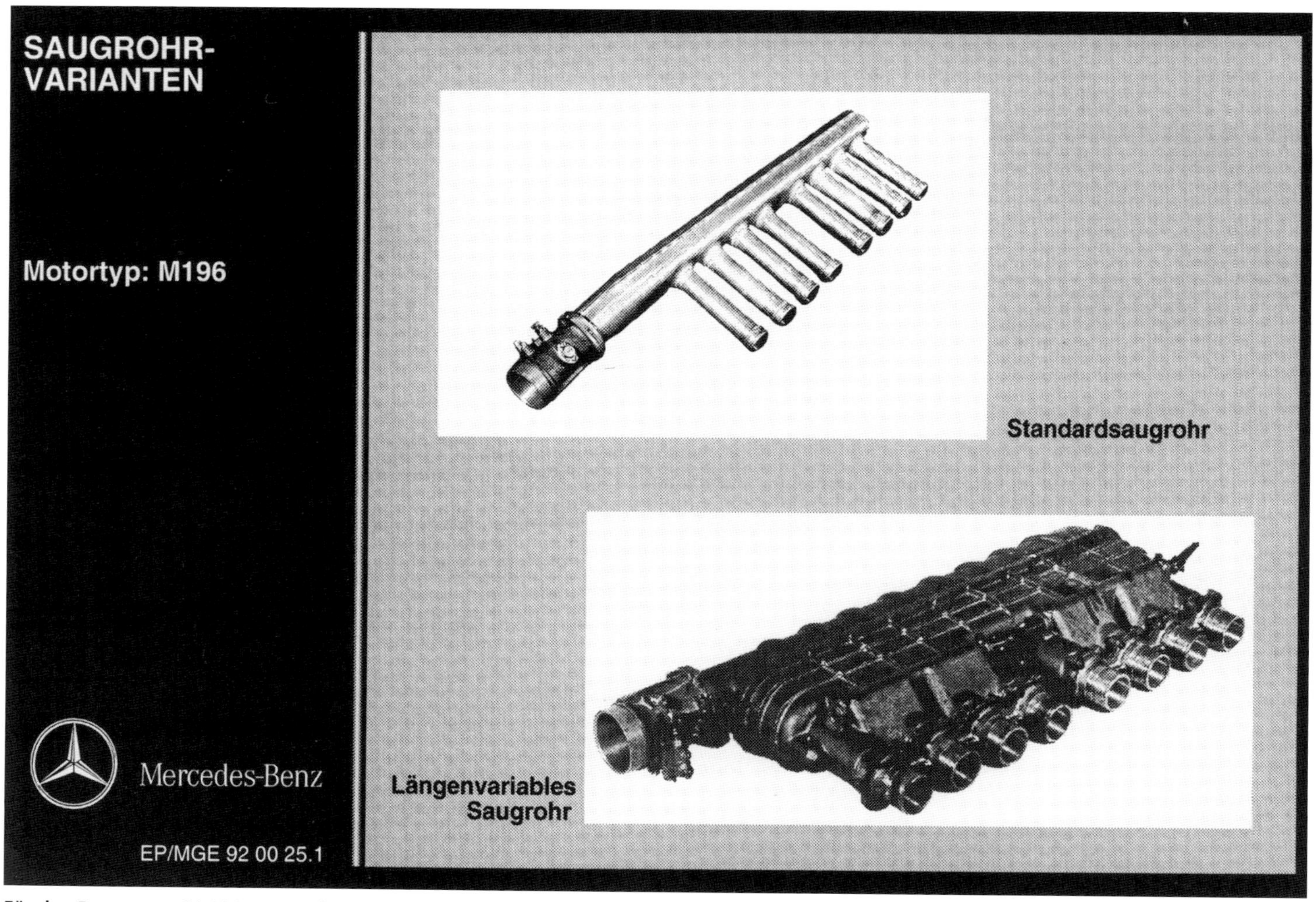


Für den Rennmotor M 196 vorgesehenes Saugrohr nach dem Patent Hans Gassmanns.

Im aktuellen Fall wird der Sechszylinder im Drehzahlbereich zwischen 2200 und zirka 3400/min ansaugseitig durch eine Klappe – die Resonanzklappe – in zwei Dreizylinder aufgeteilt. Die so gewonnene größere Saugrohrlänge führt zu einer besseren Füllung der Zylinder und somit zu einem höheren Mitteldruck/ Drehmomentwert. Darunter ist aufgrund der realisierbaren Saugrohrlängen noch keine Mitteldruck-/Drehmomentverbesserung möglich. Hier wird sie durch den frühen Einlassschluss – Nockenwellenverstellung – erreicht. Hier ergänzen sich gegenseitig die Nockenwellenverstellung und das einstufige Resonanzsystem. Andererseits ist auch den Untertürkheimern nicht verborgen geblieben, dass die Entwicklung der Vierventil-Sechszylinder ausschließlich mit der einstufigen Nockenwellenverstellung eben nur eine halbe Sache gewesen ist. Und halbherzige Perfektion gibt es nun mal nicht, so etwas zahlt sich nicht aus. In der Vergangenheit hatten zudem BMW am M 5 und Opel – »Ausgerechnet Opel!«, wie einmal ein Motorenmann unter dem Stern verzweifelt ausrief – mit dem »Dual Ram System« am Omega überzeugend demonstriert, wie wirkungsvoll das Resonanzsaugrohr einsetzbar ist.

Im Oktober 1989 führt der Motoren-Versuchsingenieur Dr. Dieter Scherenberg erste Versuche mit einem Resonanzsaugrohr am M 104 durch und erreichte eine deutliche Drehmomentverbesserung zwischen 2500 und 3500/min. Im November 1989 bittet er die Motorenkonstruktion um Unterstützung bei der Darstellung des Saugrohres. Im Dezember 1989 entstehen erste Skizzen mit Anordnungsbeispielen für den Einbau im Fahrzeug, unter anderen war auch die spätere Serienlösung. Ende Januar 1990 werden in einer EP/M-Sitzung der Crème der Untertürkheimer Motorenpäpste vier verschiedene Saugrohr-Anordnungen mit den dazugehörenden Volllastverlauf-Kurven präsentiert. Das Gremium beschließt, das Resonanzsaugrohr aus Kunststoff herzustellen und bis Anfang März zeichnen zu lassen. Die Entscheidung für das Kunststoffsaugrohr liegt im 50 Prozent geringeren Gewicht gegenüber einem Alu-Saugrohr. Außerdem ist der Kunststoff recyclingfähig. Im Februar und März 1990 finden dann im Motorenversuch Optimierungs- und Abstimmungsversuche zur Länge und dem Durchmesser der Saugrohrgeometrie statt. Diese Erkenntnisse werden dann von der Motoren-Konstruktion mit eingearbeitet. Die Saugarme verjüngen sich konisch von 50 mm auf 40 mm zum Zylinderkopf. Die Steuerung der Resonanzklappe und der Nockenwellenverstellung und die Abstimmung aufeinander ist ohne den Einsatz eines modernen, elektronischen Motormanagements nicht mehr möglich. Das musste man auch in Untertürkheim endlich einsehen, wo man sich lange gegen dessen

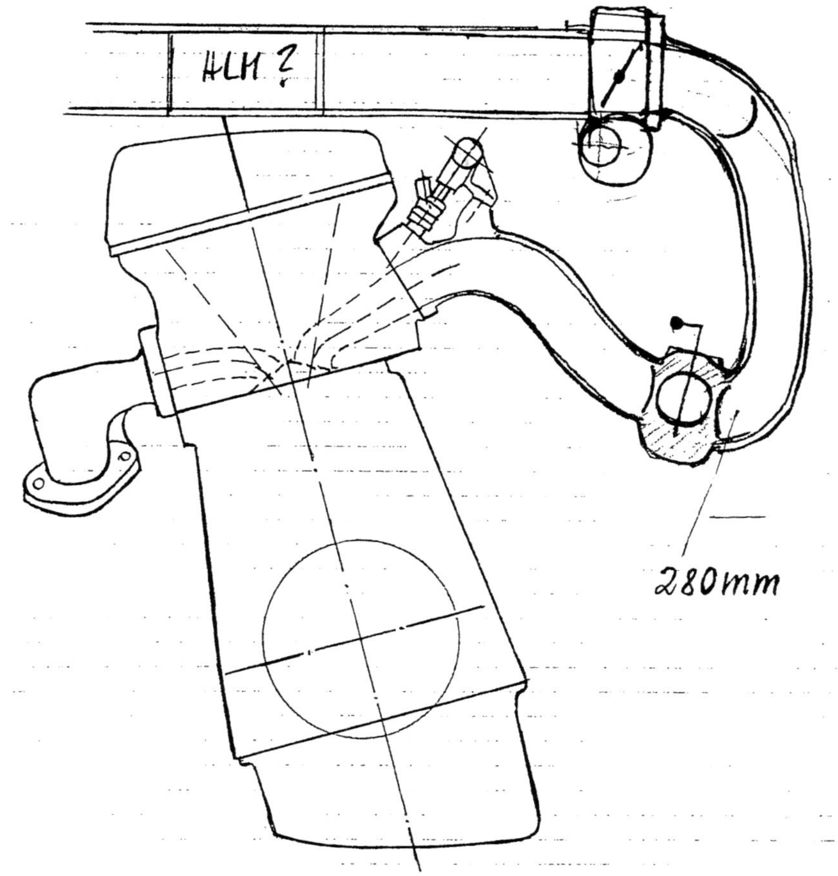


**Rohskizze des Vorentwicklers Dr. Dieter Scherenberg für das spätere Saugrohr am M 104.**

Einsatz gewehrt hatte und anderen die Vorreiterrolle überließ. Mit dem Einsatz der Motronic am M 104 geht unbemerkt eine kleine Revolution einher.

Bosch, jahrzehntelang Hauslieferant für Einspritzsysteme, teilt in diesem Fall mit VDO. Bei der VDO-Motronic MSE III ist das Leerlaufregelteil in die Motronic integriert. Der Einbau erfolgt in alle Fahrzeuge ohne Tempomat und/oder ohne ASR, außerdem in alle nach Japan gelieferten Fahrzeuge. Die BOSCH-Motronic M 3.4 hat keine Regeleinheit für die Leerlaufdrehzahl. Diese Regelung wird durch die Tempomat- beziehungsweise die ASR-Regelung übernommen. Alle in die USA gelieferten Fahrzeuge werden mit der BOSCH-Motronic ausgerüstet, da bei ihr eine On-Board-Diagnose (OBD) erfolgt. Der Autor schildert diesen Sachverhalt, der seinerzeit keine besondere Bedeutung gehabt haben mag, deshalb so ausführlich, da diese Frage inzwischen bei Reimporten durchaus eine Rolle spielen kann.

Das Ergebnis kann sich sehen lassen. Die Drehzahl, bei der die Höchstleistung von 170 kW / 231 PS anfällt, sinkt beim aktuellen

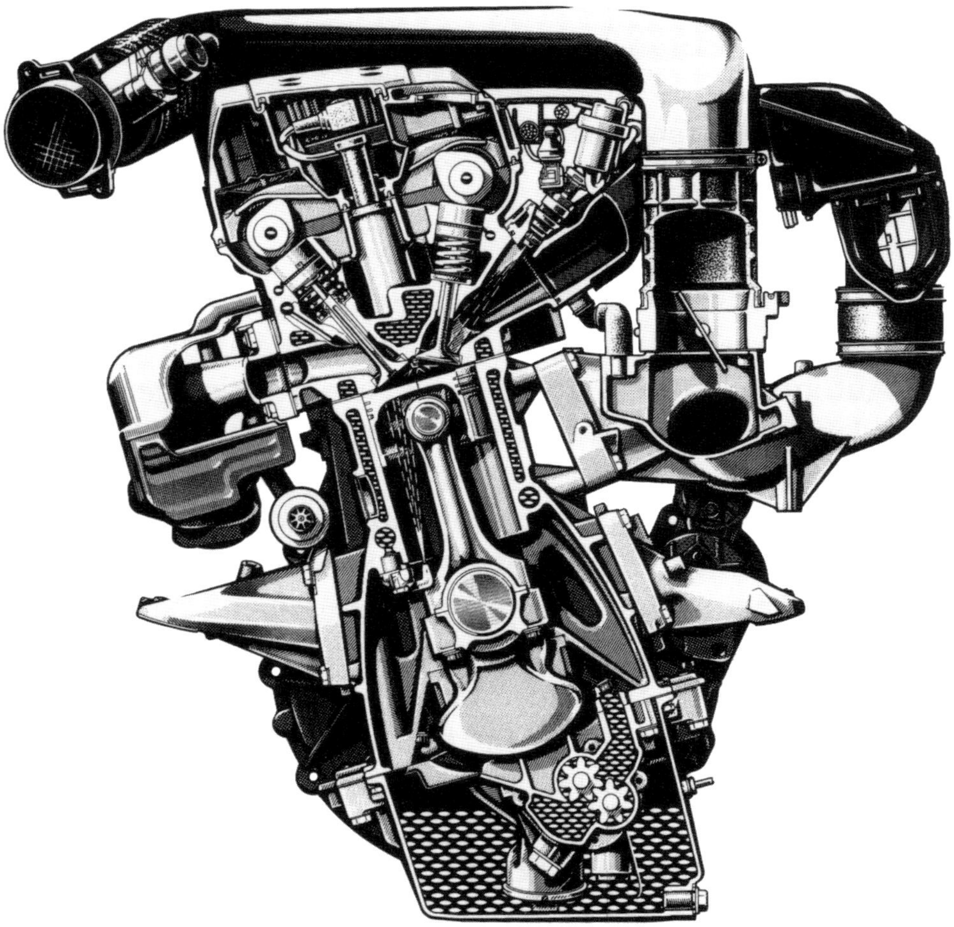

Ende gut, alles gut: ein Motor der in allen Drehzahlbereichen »Power satt« liefert.

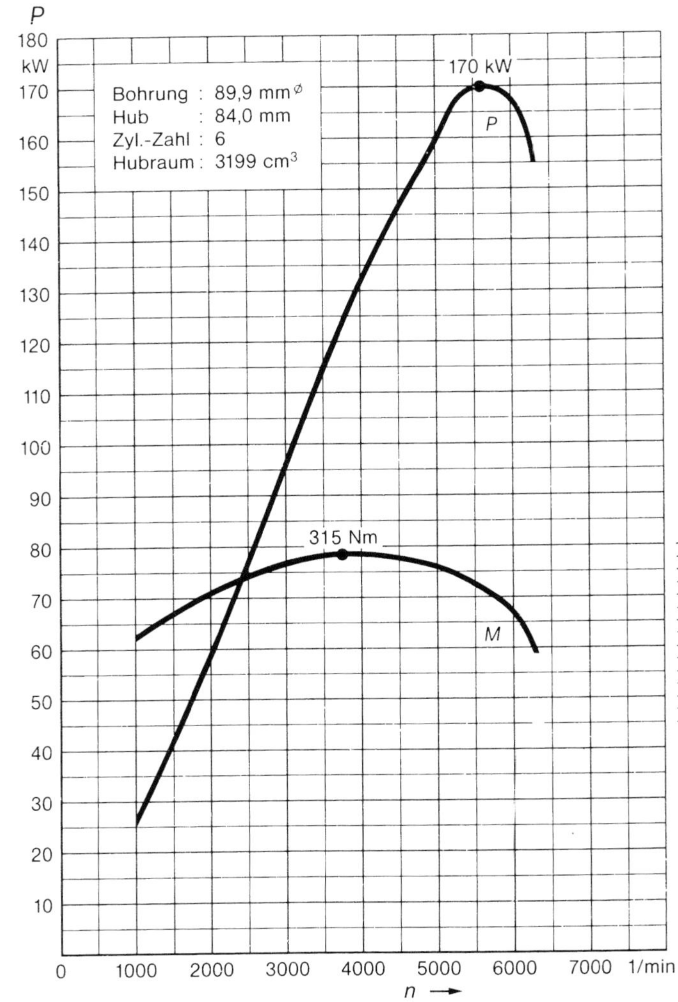


Das Leistungsdiagramm des M 104 E 32 im SL 320.

Motor im Vergleich zum M 104 in der Dreiliter-Version von 6300/min auf 5500/min, bei gleichzeitiger Erhöhung des Mitteldrucks von 11,5 bar bei 4600/min auf 12,2 bar bei nur noch 3750/min. Damit synchron verläuft die Steigerung des max. Drehmoments von 272 Nm auf 310 Nm bei denselben Drehzahlen wie denen des Mitteldrucks. Mit einer Hubraumerhöhung und Drehzahlsenkung alleine wären diese Ergebnisse allerdings nicht zu erzielen gewesen. Das Motorengewicht (Trockengewicht mit Luftfilter ohne Sonderausstattungen wie dem Klimakompressor) – es kommt ja nur die Ausführung für das Automatikgetriebe infrage – reduzierte sich gegenüber dem des Dreiliters um zwei auf 211 kg.

Was bietet nun der SL 320, außer dem höheren Anschaffungspreis, mehr als der 300 SL-24? Von den reinen Fahrleistungen her gesehen, nicht wesentlich mehr. Das liegt nicht nur an dem jetzt serienmäßigen Automatikgetriebe mit fünf Gängen, sondern auch an der gleich gebliebenen Höchstleistung von 231 PS / 170 kW, die jetzt bei 5600/min anstatt bei 6300/min erreicht wird. Wichtiger für den Alltagsbetrieb wiegen dagegen die größere Laufkultur sowie das drastisch angehobene Drehmoment in den unteren und mittleren Drehzahlbereichen. Gerade bei einem so oft offen gefahrenen Automobil wie dem SL sind das unverzichtbare Eigenschaften. Dass auch hier mit einem Leergewicht, das an die 1,8 Tonnen heranreicht, keine Wunder vollbracht werden können, steht auf einem anderen Blatt und kann nicht dem Motor in die Schuhe geschoben werden, die Tester der Fachpresse waren jedoch voll des Lobes. Jens Bobien bezeichnete ihn in der Kölner *Auto Zeitung* als erste Wahl, um fortzufahren: »Vorbei die

**Das Prachtwerk im Prachtauto – was will man mehr?**

Lethargie im Drehzahlkeller. Schon bei niedrigen Drehzahlen ist genug Kraft vorhanden, das haben die Techniker mit Bravour geschafft. Erstaunlich, zu welcher Leichtfüßigkeit der 3,2-Liter dem schweren Cabrio verhilft. Derartiges kennt man sonst nur von kaum schwereren SL 500 mit dem bulligen V8-Triebwerk. Bis 2500 Touren grollt der Sechsender zudem fast ebenso wie der Achter, bei hohen Drehzahlen klingt er wie ein Renntriebwerk. Die sehr gut abgestimmte Kombination aus Motor und Getriebe macht diesen SL zur ersten Wahl in der Modellpalette«. Und Gert Hack von *auto motor und sport*, der dem 500 SL bei seinem Erscheinen in seinem Test schon Lorbeerkränze wand urteilte: »Noch deutlicher wird der Fortschritt beim SL 320 spürbar, der den in der Leistungscharakteristik unbefriedigenden 300 SL-24 ablöst. Im Preis ist eine Fünfgangautomatik inbegriffen, die in ihrer Abstufung und Schaltcharakteristik ausgezeichnet mit dem durchzugsstarken 3,2-Liter-Sechszylinder harmoniert«.

**Messwerte**

| | *auto motor und sport* |
|---|---|
| Motor | M 104 E 32 Motronic |
| Motorleistung PS/kW | 231/170 |
| bei 1/min | 5600 |
| Literleistung PS/kW | 71,9/53,1 |
| Max. Drehmoment Nm | 315 |
| bei 1/min | 3750 |
| Achsantrieb i = | 3,69 |
| Getriebe | Fünfgang-Wandler-Automatik W 5 A 030 |
| Testgewicht kg | 1800 |
| Beschleunigung in s | |
| 0–60 km/h | 4,0 |
| 0–80 km/h | 6,0 |
| 0–100 km/h | 8,6 |
| 0–120 km/h | 11,9 |
| 0–140 km/h | 16,0 |
| 0–160 km/h | 21,6 |
| 0–180 km/h | 29,3 |
| 0–200 km/h | – |
| $v_{max}$ km/h | 240 |
| Testverbrauch l/100 km | 14,0 |

# Der 500 SL, Baumuster 129.066

## oder: Vom König zum Vizekönig

Auch vor dem zweitgrößten SL macht die ab 1. Juni 1993 eingeführte Umbenennung nicht halt. Man kann dies als Äußerlichkeit ohne substantielle Auswirkung abtun. Entscheidender dagegen ist die im Herbst 1992 unter Ausschluss der Öffentlichkeit erfolgende Einführung des Einheitsdeck-Motors mit LH-Einspritzung. Diese Änderung führt zu einer neuen Baumuster- und Motorenbaumusterbezeichnung, ohne dass dies nach außen publiziert wird. Vom 500 SL gibt es demzufolge zwei Baumuster.

Schon zur Präsentation in Genf 1989 ist der 500 SL als Spitzenmodell nur König auf Zeit. Nach drei Jahren wird er zum Vizekönig in der SL-Modellhierarchie.

Doch die scheinbare Degradierung ist alles andere als das, ganz abgesehen davon, dass der Führungsanspruch des 500 SL lange vom Riesenhuber aus dem 560 SE/SEC mit 94,8 mm Hub und 5,6 Liter Hubraum in Frage gestellt wird. Diesen Umstand machen sich die Tuner von AMG über Carlsson bis hin zu Hagmann zunutze, die auf dieser Grundlage ihre Sechsliter-V8-SL konzipieren. Brabus – die Westfalen sind für ihren eigenen Kopf bekannt, was nicht negativ zu sehen ist – verwendet eine eigene Kurbelwelle. Trotzdem gilt der Fünfliter in weiten Kreisen als die harmonischste Wahl innerhalb der SL-Viererbande, vorausgesetzt, man kann sich überhaupt einen leisten und muss sich seine Brötchen nicht am Band oder als Sachbearbeiter in irgendeinem Großraumbüro verdienen. »Die Motor-Getriebekombination des 500 SL ist

**»Halb acht« zum Strahlen. Die vier Motorenkonstrukteure (v.l.n.r.) Hans Karl Weining, Hans-Jürgen Strauber, Rolf Ohlendorf und Dr. Kurt Obländer stehen hinter ihrem »V8-Prachtbau«, dem M 119.**

die derzeit beste Antriebseinheit in dieser Hubraumklasse.« Dieser Satz von Gert Hack aus dem 500 SL-Test in *auto motor und sport* aus dem Jahre 1989 hat selbst noch ein halbes Jahrzehnt später seine volle Gültigkeit und zwingt zu einer intensiveren Betrachtung der V8-Motorengeschichte und ihrer Köpfe.

# Motorbaumuster M 119.960 KE

Über Jahrzehnte hinweg wird die Geschichte des V8-Motors fast ausschließlich in den Vereinigten Staaten geschrieben. Nach zaghaften Versuchen in den auslaufenden Fünfzigern und zu Beginn der sechziger Jahre verlagert sich der Schwerpunkt allmählich nach Europa: aus dem amerikanischen wird allmählich ein schwäbisches V8-Wunder. Doch genau genommen handelt es sich um ein norddeutsches. Die V8-Geschichte bei Daimler/Mercedes-Benz ist ohne die Namen Adolf Wente und Rolf Ohlendorf undenkbar. Adolf Wente stößt als schleswig-holsteinischer Schiffsmotorenbauer in schwäbische Lande und hält unter seinem dem Wankelmotor sehr zugetanen Chef Wolf-Dieter Bensinger die Fahne des Hubkolbenmotors hoch. Adolf Wente zeichnet unter anderem für die Motorenkonstruktionen der späten fünfziger Jahre verantwortlich. 1957 betritt ein junger Motorenkonstrukteur aus Niedersachsen namens Rolf Ohlendorf die Bühne bei Mercedes. Nachdem er kurz am M 189, der Alu-Version des Sechszylinder-Dreiliter-Motors, gearbeitet hat, begleitet er schon die frühen Phasen des ersten V8-Pkw-Motors bei Daimler-Benz, des M 100, Ende der fünfziger Jahre. Seit dieser Zeit könnte man in Untertürkheim, wenn man von den laufenden Serien spricht, anstatt V8-Motor auch Ohlendorf-Motor sagen; man träfe immer das Richtige. Seine Counterparts im Versuch waren der für die Mechanik zuständige Versuchsingenieur Hans-Jürgen Strauber und auf der Abgas- und Verbrennungsseite seine Kollegen Jürgen Frey, auf dessen Initiative das Energiekonzept des Jahres 1981 am M 116 / M 117 zurückgeht, sowie Hans Karl Weining.
M 116 / M 117, das sind jene Motoren, die 1969 den eigentlichen Mercedes-Benz-Aufstieg in den Kreis der V8-Motorenproduzenten für Personenwagen einläuten. Der exklusive M 100 des Mercedes-Benz 600 und des 6,3 erblickt zwar sechs Jahre früher das Licht der staunenden Öffentlichkeit und setzt ein erstes Zeichen, ist aber eher ein exklusives Nischenprodukt als der Durchbruch in die Großserienproduktion der Achtzylinder mit dem 90°-»Victory«-Zeichen à la Winston Churchill.

Der offizielle Beginn des Vierventilers im V8-Motor lässt sich klar festlegen. Vorausgegangen ist die schon in anderem Zusammenhang (siehe das Kapitel über den 300 SL-24) erwähnte Forderung Werner Breitschwerdts nach einer Aktualisierung und Modernisierung des Motorenprogramms. Wegbereiter für die Vierventiltechnik ist, wie bekannt, der 190 E 2.3-16, der in Nardo für Furore sorgt. 1984 geht der Sechzehnventiler in Serie. Am 17. Oktober dieses Jahres beschließt der Ausschuss für Modelle und Planung (AMP) in seiner fünften Sitzung in Sindelfingen generell ein Vierventil-Motorenkonzept, allerdings mit der Einschränkung, jeweils nur die Spitzenmotorisierung einer jeden Baureihe mit der Vierventil-Technik auszustatten, im Falle der Achtzylinders also den 5,6-Liter-Motor. Die endgültige Entscheidung soll nach Vorlage der Wirtschaftlichkeits-Berechnungen erfolgen, denn es geht darum, die Vierventil-Motoren in die bestehende, aber zu erneuernde Zylinderkopf-Fertigung kostengünstig zu integrieren. Am 2. Juli 1984 liegen erste Ergebnisse über Voruntersuchungen an Tassenstößeln mit hydraulischem Ventilspielausgleich am M 119 – damals noch als M 117-Vierventil-Motor bezeichnet – vor. Am 7. Mai 1985 signalisiert der AMP in der zweiten Sitzung sein Einverständnis mit dem Vorschlag, den R 129 E 56 von Anfang an mit dem M 119 auszustatten. Am 1. Oktober wird in der vierten AMP-Sitzung des Jahres 1985 die Zustimmung erteilt, die Vierventil-Technik mit dem M 119 E 56 im R 129 einzuführen. Am 10. Dezember 1985 wird schließlich der Hauptserienanlauf für die Typen der Baureihe R 129 beschlossen; der Spitzentyp soll der 560 SL mit dem Vierventil-Motor werden. Damit wird der M 119 endgültig bestätigt. Bei dieser Zeittafel fällt auf, dass ausschließlich immer von dem hubraumstärksten V8-Motor, dem M 119 E 56, die Rede ist. Tatsächlich wird der Zwölfzylinder M 120 erst im Dezember 1986 zur Spitzenmotorisierung erhoben, was für den 5,6-Liter das Aus bedeutet.
Die Entwicklung der Vierventil-Zylinderköpfe läuft schwerpunktmäßig für die beiden Hubraumvarianten mit 5,0 beziehungsweise 5,6 Litern. Am 8. April 1986, als sich das Erscheinen des Zwölfzylinders immer mehr abzeichnet, kämpft der damalige Versuchschef Dr. Kurt Obländer als alter Motorenmann – Motorenchef wird er erst 1988 – für den Erhalt des M 119 E 50. Es gibt nämlich Strömungen im Haus (damals wie heute eher unverständlich), die sowohl den 5,6-Liter-V8-Motor als auch den 6,0-Liter-V12-Motor im Programm belassen wollen. Dr. Obländer später: »Für mich zählte und zählt nicht nur die Leistung und die Kraft, zu einem Mercedes-Benz gehört eben auch Laufkultur. Und da saß für mich der große V8-Motor mit seinem langen Hub von 94,8 mm eben

zwischen den beiden Stühlen des Fünfliters und des Zwölfzylinders mit sechs Litern.«
Am 1. Oktober 1986 wird dem Motoren-Versuch der erste M 119 – ein E 56 – zur Katalysator- und Klappenentwicklung zur Verfügung gestellt. Manfred Flaig ändert einen R 107 E 56 nach R 129-Spezifikation, um die Funktionserprobung aller abgasrelevanten Komponenten durchzuführen. Am 4. Februar 1987 werden vom Versuch für die Serien-Großerprobung des M 119 50 Motoren und acht Fahrzeuge für den Fuhrpark geplant. Um für den R 129 Auspuffkrümmer und Lüfter erproben zu können, sind am W 126 umfangreiche Vorbau-Änderungen nötig, die nur an Fahrzeugen mit HP-Federung durchgeführt werden können. Der Bau dieser acht Fahrzeuge wird dann am 20. Februar 1987 beschlossen.
Gefordert werden die Durchbrüche in den Lagerstühlen gegen die Ölverschäumung, wobei die gebohrten Durchbrüche aus Kostengründen (doppelte Kosten für gegossene Löcher) den Vorzug erhalten. Im Zusammenhang mit den Durchbrüchen muss das Kennfeld der Antiklopf-Regelung neu abgestimmt werden.
Keramik-Portliner in den Auslasskanälen zur Abgastemperaturerhöhung erweisen sich als nicht dauerlastfest. Ein Problem stellt die unbefriedigende Klingelgrenze bei einer Verdichtung bis E 10 dar. Als unzureichend stellen sich Lösungsvorschläge heraus wie die Verdoppelung des Kühlwasserdurchsatzes, eine Kühlwassermischung mit 50-prozentiger Frostschutzmittel-Beigabe, die Temperaturabsenkung der Kühlflüssigkeit um zirka 45 °C und die Wasserspritzen im Zylinderkopf.
Bis zum 6. Februar 1987 haben neun Motoren M 119 E 56 der Baustufen eins und zwei 73.731 km in Versuchswagen zurückgelegt, darunter fünf R 129. Ein Motor M 119 E 50 kommt im R 129 auf rund 8000 Kilometer. Im Wagendauerlauf legt ein M 119 E 56 6066 Kilometer zurück. Als ein gutes Jahr darauf, am 9. März 1988, der Entwicklungsstand des M 119 erneut besprochen wird, sind, neben der Klärung etlicher versuchsüblicher Routinearbeiten, zwei Probleme bereits behoben. Nur durch die Kolbenkühlung mittels Spritzöl an der Baustufe zwei kann die Klingelgrenze bei Volllast verbessert werden. Bei der Montage eines Auspuffkrümmers mit Mittenabgang werden ohne weitere Maßnahmen deutliche Temperaturabsenkungen im Zylinderkopf erreicht. Nachgedacht wird auch über die Nockenform, falls die Produktion doch ohne Nockenwellenversteller anlaufen sollte. Die Gesamt-Motoren-Erprobungsintensität beträgt für den M 119 E 50 imposante 765.701 km und für den M 119 E 56 immerhin 441.394 km. Dabei werden auch 14 R 129 eingesetzt.

## Der Motorblock

Beide, der M 116 als Motor mit zunächst Graugussblock und 3,5 Liter und dann mit Aluminium-Motorblock und 3,8 beziehungsweise 4,2 Liter Hubraum und der größere M 117 mit zunächst 4,5-Liter-Graugussblock und dann ab 1978 mit 5,0-Liter-Aluminium-Motorblock (ab 1986 mit 5,6 Litern), bilden die Basis für den M 119. Er erhält unabhängig von der Motorblockgröße und dem Hubraum nur noch eine Motorbezeichnung. Der M 119, und das gilt für sämtliche folgenden Baumuster, unterscheidet sich im Motorblock nicht wesentlich von seinen erfolgreichen Vorfahren mit dem 90°-Closed-Deck-Zylinderblock aus der übereutektischen Aluminiumlegierung, Reynolds 390. Mercedes-Benz-typisch sind auch die zusammengegossenen Zylinder, die anstelle eines Wassermantels über kleine Wasser-Durchbrüche etwa in der Mitte der Hubhöhe verfügen. Eine Besonderheit am M 119 gegenüber seinen Vorgängern sind die Bohrungen im Bereich der Lagerstühle. Die aus dem Rennmotorenbau bekannte Lösung verringert die Reibleistung des Motors, indem sie den unter den Kolben bewegten Gasmassen einen Ausgleich erlaubt und nicht wie ein zusammenzupressendes Gaspolster wirkt. Die Pumpverluste des Motors werden so reduziert. Die ebene Kolbenoberfläche besitzt vier gleich große Ventiltaschen, sodass die Kolben für beide Zylinderbänke verwendet werden können.
Die geschmiedeten Pleuel werden im Kolben geführt. Die notwendige Schmierung des Kolbenbolzens erfolgt durch eine Stichbohrung im Pleuel. Darüber hinaus ist im Pleuelkopf eine Spritzbohrung so angebracht, dass der Kolbenboden zusätzlich durch Spritzöl gekühlt wird. Um dem Übel der Kaltschlammbildung zu Leibe zu rücken, wird das Kurbelgehäuse bei Teillast mit gefilterter Luft durchströmt. Für die Kühlung des Motors werden sowohl das Kurbelgehäuse als auch die Zylinderköpfe durch eine kombinierte Längs- und Querspülung durchströmt. Der Schmierölkreislauf entspricht weitgehend dem der Vorgängerbaureihen. Um den höheren Ölbedarf der Zylinderköpfe zu decken, wird die Fördermenge der kettengetriebenen Zahnradölpumpe erhöht. Spezielle Bleche in der Ölwanne schirmen die dort mündenden Ölrückläufe gegenüber der Gaswalze der Kurbelwelle ab.

## Die Zylinderköpfe

Einen besonderen konstruktiven Aufwand erfordert die Gestaltung der Vierventil-Zylinderköpfe. Einerseits steht nur begrenzter Bauraum zur Verfügung, auf der anderen Seite hat der Motor mit

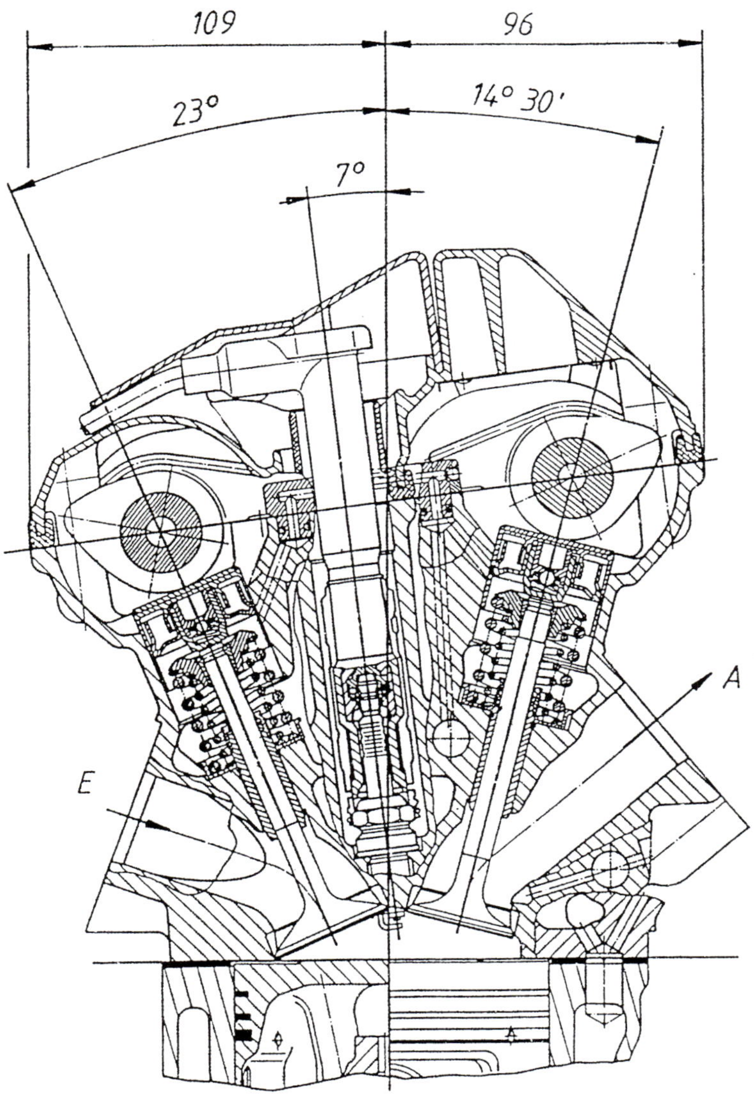


**Asymmetrischer Neigungswinkel von Ein- und Auslassnockenwelle im Zylinderkopf des M 119.**

seinem 90°-V-Winkel und den Vierventil-Köpfen einen erheblichen Platzbedarf. Um Platz zu sparen, hängen Rolf Ohlendorf und seine Konstrukteure die Ventile im asymmetrischen V-Winkel. Die außen liegenden Auslassventile, die, wie bei Mercedes-Benz üblich, zur Kühlung über eine Natrium-Füllung verfügen, haben nur einen Winkel von 14°30' zur Zylinderachse. Die innen liegenden Einlassventile weisen dagegen einen Winkel von 23° auf. Die Ventildurchmesser werden so groß wie irgend möglich gewählt. Die Einlassventile haben einen von 38 mm – Schaftstärke 8 mm –, die Auslassventile einen von 33 mm – Schaftstärke 9 mm. Im Vergleich zum Vorgängermotor M 117 betragen die Verbesserungen der Durchströmwerte je nach Ventilhub bis über 50 Prozent. Hier liegt der Beweis klar auf der Hand, was später auch bei der Betrachtung der Drehmomentwerte und deren Verlauf deutlich wird, dass nämlich die Vierventil-Technik eben doch wesentlich mehr ist als die Technikverliebtheit weltfremder Ingenieure.

Um die Zündkerze zentral im Brennraum zu platzieren, ist sie um 7° schräg eingebaut. Weil die Einspritzdüsen möglichst nahe an den Einlassventilen sitzen sollen, werden die Einlasskanäle an der Trennfläche zum Saugrohr zusammengeführt. Dagegen werden die Auslasskanäle getrennt aus dem Zylinderkopf geführt. Die Zusammenführung erfolgt erst in den Abgaskrümmern.

Die vier Nockenwellen aus Schalenhartguss sind zur Schmierung hohlgebohrt. Die Verstellung der Einlassnockenwellen (siehe Kapitel 300 SL-24) erfolgt nach demselben System wie bei den Sechs- und Zwölfzylindermotoren. Während die Einlassnockenwellen im Leerlauf in der »späten« Einstellung mit kleiner Ventilüberschneidung verharren, werden sie ab etwa 1000/min um 20° KW in Richtung früh verstellt. Das bringt nicht nur eine Verbesserung des Drehmoments zwischen 1000/min und 4500/min, sondern auch eine erhebliche Reduzierung der Schadstoff-Motorrohemissionen. Mit Abgasrückführung (AGR) und Nockenwellenverstellung sinkt der $NO_x$-Ausstoß bei 90 km/h von vorher 100 auf 21 Prozent. Bei den HC-Werten sinken die Werte auf 85 Prozent. Die Nockenwellenverstellung wird beim M 119 auch zur Leistungsbegrenzung beim Erreichen der limitierten Höchstgeschwindigkeit von 250 km/h eingesetzt. Der vorhandene Leistungsüberschuss wird durch die Frühverstellung der Einlasswellen und die Gemischabmagerung sanft abgebaut.

Ein weiteres Problem bilden zunächst die Tassenstößel der Auslassventile. Ihre starke Schräglage reduziert den Ölvorratsraum im Hydraulikelement und führt beim Kaltstart zu Klappergeräuschen. Nach zahlreichen Versuchen am Dieselmotor OM 601 werden in die Tassenstößel eine Rücklaufsperre eingebaut und die Ölversorgungsbohrung so angeordnet, dass ein Leerlaufen nach dem Abstellen des Motors unterbunden wird.

# Das Motormanagement

Im Hause Mercedes-Benz trennt man sich ungern von Bewährtem. Und so bleibt es auch für den M 119 bei der Bosch KE-Jetronic, wenn auch in der weiterentwickelten 5.1-Version. Die Erweiterung umfasst die Ansteuerung des Phasenwandlers für die Einlasssteuerzeiten, die Abgasrückführung, die Sekundärlufteinblasung und die zylinderselektive Antiklopfregelung und Kennfeldadaption. Letztere arbeiten mit zwei Hochspannungsverteilern, die von den Auslassnockenwellen angetrieben werden. Der Zündwinkelverstellbereich kann auf zirka 90° KW vergrößert werden. Die

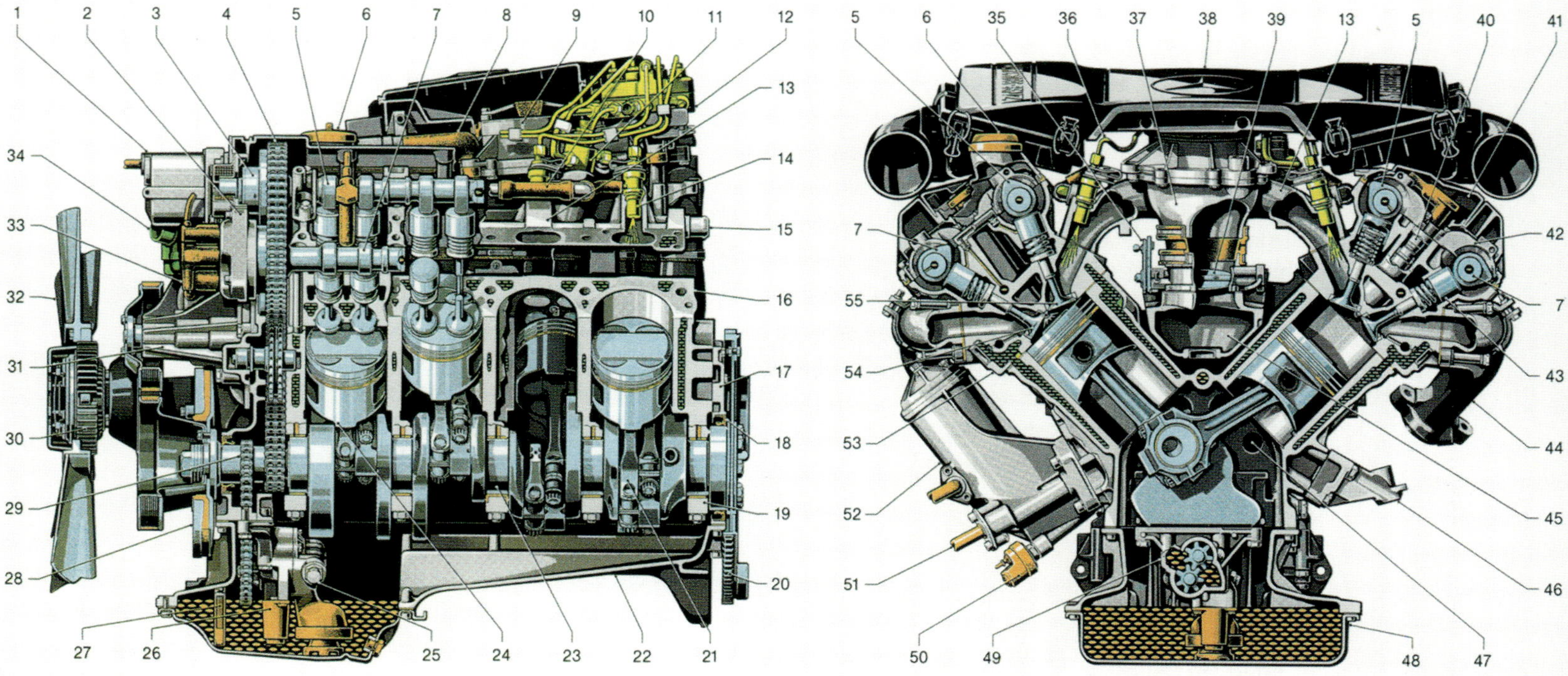

**Technische Daten:**

| | |
|---|---|
| Arbeitsverfahren ....... | Viertakt |
| | Benzin-Einspritzung |
| Nennleistung | KAT |
| nach 80/1269/EWG | 240 kW / 326 PS |
| Nenndrehmoment | KAT |
| nach 80/1269/EWG | 450 Nm |
| Zylinderzahl ........... | 8 |
| Bohrung / Hub ......... | 96,5 / 85,5 mm |
| Gesamthubraum eff. .. | 4 973 cm³ |

1 E-Gas (electron. Gaspedal-Betätigung)
2 Hochspannungsverteiler
3 Nockenwellenversteller
4 Zweifach-Rollenkette
5 Einlaß-Nockenwelle
6 Öleinfüllstutzen
7 Auslaß-Nockenwelle
8 Formschlauch (Leerlaufsteller)
9 Luftmengenmesser
10 Formschlauch (Leerlaufluft)
11 Membrandruckregler
12 Mengenteiler
13 Saugrohr
14 Einspritzventil
15 Heizwasservorlauf
16 Zylinderkurbelgehäuse
17 Abschlußdeckel
18 Dichtring
19 Kurbelwellenlagerdeckel
20 Anlaßzahnkranz
21 Pleuelstange
22 Ölwanne-Oberteil
23 Kurbelwelle
24 Kolben
25 Ölüberdruckventil
26 Ölstandschalter
27 Ölmeßstab
28 Schwingungsdämpfer
29 Einfachrollenkette (Ölpumpenantrieb)
30 Visco-Lüfterkupplung
31 Wasserpumpe
32 Lüfter
33 Zündleitung
34 Einlaufstutzen (Wasser)
35 Regulierung
36 Kraftstoffleitung
37 Luftführungsgehäuse
38 Luftfilter
39 Drosselklappe
40 Zündkerze mit Entstörstecker
41 Zylinderkopfhaube
42 Nockenwellenlager
43 Hydraulischer Ventilstößel
44 Auspuffkrümmer
45 Saugrohrunterteil
46 Motorträger
47 Druck-Ausgleichsbohrung
48 Ölwanne-Unterteil
49 Ölpumpe
50 Druckgeber
51 Ölkühlerleitung
52 Ölfilter
53 Zylinderkopf
54 Auslaßventil
55 Einlaßventil

**Motor M 119**
Typ 500 SL/32 Ventile

Mercedes-Benz AG
Stuttgart-Untertürkheim
FG 24 974
Printed in Germany
8.89

Sauganlage liegt, wie gehabt, zwischen den Zylinderbänken. Die Luft wird über zwei Ansaugschnorchel links und rechts neben dem Kühler angesaugt. Sie wird über einen neu entwickelten Plattenluftfilter, der erstaunlicherweise bei 240 kW nur einen Verlust von 1 kW aufweist, über den Luftmengenmesser und den Drosselklappenbereich in den auf dem Boden des V liegenden Luftsammler geleitet. Von diesem wird sie durch die gebogenen Ansaugrohre den gegenüberliegenden Zylindern zugeführt.

Um die Katalysatoren nach dem Kaltstart sofort zum Anspringen zu bringen, wird von einer vom Motor separat angetriebenen Flügelzellenpumpe durch separate Kanäle Luft hinter die Auslassventile geblasen. Durch die Nachoxidation des HC und CO im Abgaskanal erhöht sich die Abgastemperatur und heizt die Katalysatoren auf. Eine elektromagnetische Kupplung gewährleistet, dass die Pumpe nur während der Warmlaufphase mitläuft. Zusätzlich wird die Zündung im untersten Lastbereich, wie schon dargelegt, in Richtung spät gestellt. Bei der Katalysatorauslegung spielen neben den Konversionsraten in den einzelnen Disziplinen vor allem auch die Reduzierung des Druckverlustes durch den Katalysator und die Verbesserung des Alterungsverhaltens eine entscheidende Rolle. Bei einer Fläche von 202 cm² und einer Länge von 304 cm ergibt sich für den 500 SL ein Volumen von 6153 cm³. Der Gegendruck in der Anlage wird im Vergleich zum Vorgänger um über 80 Prozent gesenkt. Wesentlicher als die Konversionsrate im Neuzustand von fast 99 Prozent ist die Umwandlungsrate nach 50.000 km unter schärfsten Fahrbedingungen; sie liegt dann immer noch über 96 Prozent. Dieser Wert ist immer noch besser als der sehr gute Wert der für Kalifornien zugelassenen Anlage des Vorgängers, der im Neuzustand bei knapp 95 Prozent lag und nach 50.000 km auf unter 92 Prozent fiel, dies allerdings bei erheblichen Leistungseinbußen.

Die Drehzahlbegrenzung ist variabel. Die kurzzeitige Abregeldrehzahl liegt bei 6300 ± 50/min. Wird die Drehzahl von 6000/min länger als 10 sec. überschritten, wird die Höchstdrehzahl auf 6000/min begrenzt. Diese Begrenzung wird erst dann aufgehoben, wenn 5500/min unterschritten werden.

# Der Unterschied zum M 117

Das, was der 500 SL / R 129 an Leistung und Drehmoment im Vergleich zum 500 SL / R 107 bietet, kann getrost als gewaltige Leistungsexplosion bezeichnet werden. Der Fortschritt wird umso deutlicher, als das Ganze bei geringerem Verbrauch und besseren Abgaswerten realisiert wird. Die Leistung stieg mit dem neuen Vierventilmotor von 164 kW / 223 PS bei 4700/min beim M 117 im R 107 mit KAT auf 240 kW / 326 PS bei 5500/min beim M 119 des 500 SL. Zieht man die niedrigere Drehzahl von 4700/min, bei der der M 117 seine Höchstleistung erreicht, zum Vergleich heran, steht der M 119 immer noch wesentlich besser da. Bei dieser Drehzahl wuchtet der drahtige Nachfolger mit 220 kW / 299 PS einen Wert auf die Kurbelwelle, den der M 117 nur als 5,6-Liter, und dann auch noch ohne Katalysator erreichte. Das maximale Drehmoment erhöht sich von bescheidenen 365 Nm bei 3500/min um 23 Prozent auf stattliche 450 Nm bei 4000/min. Der Bestwert des Vorgängers im SL steht beim M 119 schon kurz über der Leerlaufdrehzahl bei 1000/min an. Die 24 kg, die der M 119 mit seinen 239 kg Trockengewicht schwerer gerät als sein betagter Vorgänger, lassen sich angesichts dieser überzeugenden Leistungsdaten leicht verschmerzen.
Der 500 SL ebenso wie der SL 500 werden ausschließlich mit dem Viergang-Wandler-Automatikgetriebe W 4 A 040, Baumuster 722.353, mit der Hinterachsübersetzung i = 2,65 geliefert. Die Bremsanlage entspricht bis August 1993 der der übrigen SL, mit Ausnahme des 600 SL. Die Drehstabbestückung wird für den schwereren Achtzylinder-Motor gegenüber den Sechszylinder-Ausführungen geändert, vorn von 30 mm auf 29 mm reduziert, hinten um 3 mm auf 13 mm verstärkt.

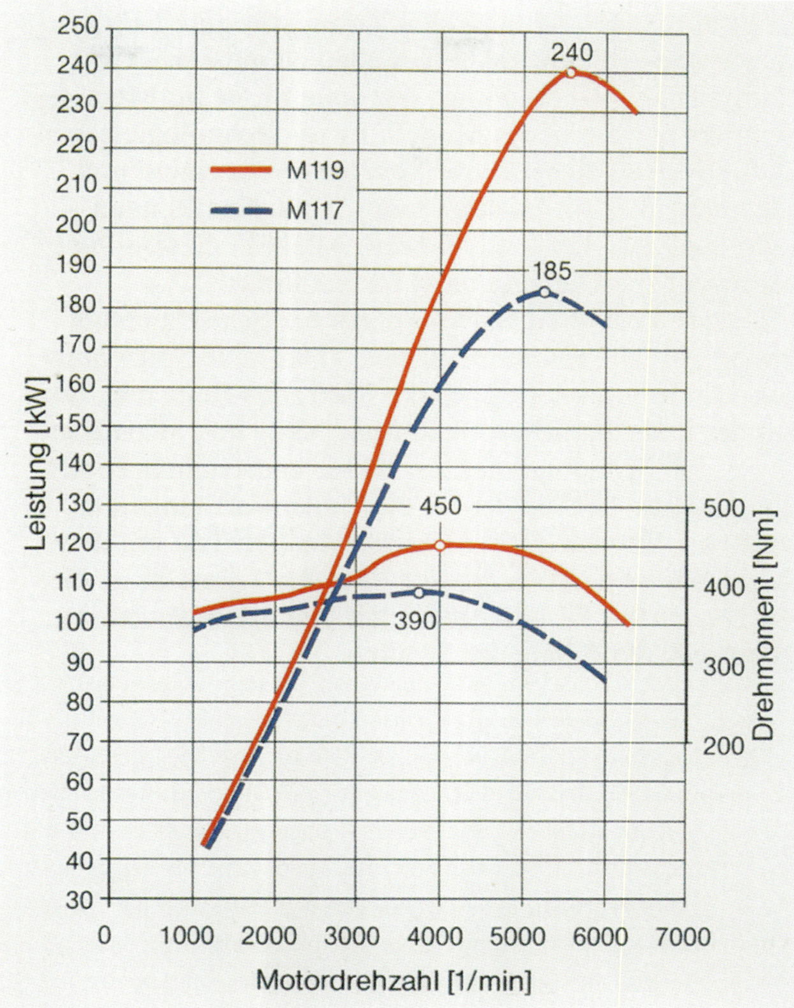


**Leistungs- und Drehmomentvergleich zwischen dem M 119 und dem Vorgänger mit zwei Ventilen, dem M 117.**

# Meinungen und Wertungen der Fachpresse

Unbestreitbar war der 500 SL der Favorit der Tester der globalen Fachpresse. Über keinen R 129 finden sich so viele Tests wie über den 500 SL. Vom prosaischen »der Wagen der Athene – Athene, die Königin der Künste« in *L'Automobile* oder »Mercedes-Benz 500 SL, denke, es ist der Duesenberg SJ der neunziger Jahre« in *Car and Driver* über den abgehobenen »König der Lüfte« in der *Auto Zeitung* aus Köln und der Frage mit historischem Bezug »Lebt die Legende?« in *auto motor und sport* bis hin zum helvetisch-nüchtern beschreibenden »Mercedes-Benz SL« der *Automobil Revue* aus Bern lauten die Überschriften der Tests. Eines ist allen Tests zu eigen – Begeisterung.
»Der SL ist aus jedem Blickwinkel formschön – egal, ob offen, geschlossen oder gar mit Alu-Hardtop. Ein Roadster wie eine technische Wundertüte – in jeder Ecke steckt eine kleine Überraschung«, verhieß Wolf-Henning Fanslau in der *Auto Zeitung* aus Köln, um fortzufahren: »Auf Landstraßen fährt sich das Stern-Schiff so handlich wie ein viel kleineres Auto. Der 500 SL hat auch mit Seitenwind und Spurrillen kaum Probleme. Der Fahrwerkskomfort ist auch auf schlechter Fahrbahn brauchbar, nur Querrillen bei langsamer Fahrt lassen den SL stuckern. Im Stadtverkehr stört die

eingeschränkte Sicht nach vorn. Er fährt sanft und ohne Reifenquietschen an, macht keinen Motorlärm, summt nur zornig – und schon meldet der Beifahrer, dass die 1000-Meter-Marke überschritten ist. Die musikalischen Tester weiden sich am V8-Brabbeln. Der SL lässt keinen kalt.«

Gert Hack begeisterte sich in *auto motor und sport*: »Der neue Fünfliter-Vierventiler hat so viel Leistung, wie ein Sportwagen der oberen Kategorie haben muss, um ernst genommen zu werden. Der Fahrer merkt, dass hier ein ungeheuer durchzugskräftiger Motor am Werk ist. Die bullige Motorcharakteristik bringt ein äußerst souveränes Fahren, ohne hektische Schaltvorgänge und ohne den Zwang, für gute Fahrleistungen hohe Drehzahlen bemühen zu müssen.« Gert Hacks Fazit: »Keine Frage, der neue SL ist für Mercedes mehr als nur ein neues Modell. Er ist Technologieträger und universell einsetzbarer Sportwagen in einem und ganz nebenbei ein faszinierendes Auto. Nur Rennen sollte man mit ihm keine fahren. Allein in diesem Punkt vermag er die Legende nicht fortzuführen.«

Unsere kritischen Nachbarn aus der Schweiz resümierten in der *Automobil Revue*: »Das neue Spitzenprodukt der renommierten Marke Mercedes-Benz mag zwar mit der ursprünglichen Bedeutung ›SL‹ und ›Roadster‹ in gewissem Widerspruch stehen, doch in Tat und Wahrheit sind diese Bezeichnungen speziell im Falle des neuen 500 SL mit gekonnter, bisher unerreichter Perfektion und mit viel Eleganz in die Gegenwart umgesetzt worden.« *Car and Driver* beschloss seinen Test mit dem Satz: »Wie sein extravaganter Vorfahre (Anm. des Autors: gemeint ist hier der Duesenberg SJ) aus den dreißiger Jahren, ist der 500 der König der Straße.«

| Messwerte | | | | |
|---|---|---|---|---|
| Motor | M 119 KE | | | |
| Motorleistung PS/kW | 326/240 | | | |
| bei 1/min | 5500 | | | |
| Literleistung PS/kW | 65,5/48,3 | | | |
| Max. Drehmomment Nm | 450 | | | |
| bei 1/min | 4000 | | | |
| Achsantrieb i = | 2,65 | | | |
| Getriebe | Viergang-Wandler-Automatikgetriebe W 4 A 040 | | | |
| | *auto motor und sport I* | *auto motor und sport II* | *Auto Zeitung* | *Automobil Revue Bern* |
| Testgewicht kg | 1894 | 1908 | 1830 | 1880 |
| Beschleunigung in s | | | | |
| 0–40 km/h | – | 2,4 | 2,5 | 2,3 |
| 0–60 km/h | 3,9 | 3,7 | 3,7 | 3,6 |
| 0–80 km/h | 5,4 | 5,1 | 5,2 | 5,0 |
| 0–100 km/h | 7,2 | 6,9 | 7,1 | 6,8 |
| 0–120 km/h | 9,4 | 9,1 | 9,2 | 9,0 |
| 0–140 km/h | 12,5 | 12,1 | 12,1 | 11,8 |
| 0–160 km/h | 16,0 | 15,4 | 15,4 | 15,2 |
| 0–180 km/h | 20,3 | 19,5 | 19,2 | 18,9 |
| 0–200 km/h | 28,0 | 25,5 | 25,2 | 24,7 |
| 0–220 km/h | – | – | – | 33,0 |
| $v_{max}$ km/h | 252 | 250 | 250 | 250 |
| Testverbrauch l/100 km | 14,8 | 15,9 | 17,2 | 14,5 |

# Messwerte

Bei der Betrachtung der Messwerte wird klar, dass es unter den Testwagen, eben ganz so wie in der Serie, deutliche Streuungen geben kann. Besonders evident war das bei den beiden Messungen von *auto motor und sport* mit zwei verschiedenen Testwagen. Interessant ist außerdem, dass der bei den zweiten, besseren Beschleunigungs-Messungen von den Stuttgartern gemessene Testwagen mit dem Testwagen der *Automobil Revue* aus Bern identisch ist. Und, last but not least, zeigen sich auch bei identischen Fahrzeugen unterschiedliche Testverbräuche, je nachdem, wie schwer der Gasfuß der Testcrew eben war.

Vom 500 SL, Baumuster 129.066, oder einfach KE, wie er intern zur Unterscheidung vom nachfolgenden Baumuster genannt wird, entstehen bis Ende 1992 38.629 Fahrzeuge. Mit einem Anteil von 49,25 Prozent aller gebauten SL stellt er bis Ende 1992 den Löwenanteil. Mit 10.948 in Deutschland bis Ende 1992 zugelassenen Fünflitern – hier allerdings einschließlich der ab Juli 1992 produzierten SL mit LH-Einspritzung – bleiben 26,5 Prozent dieses Modells in heimischen Landen. 27.884 Fünfliter-SL gehen in den Export, ihr Anteil liegt somit bei 55 Prozent. Alle exportierten SL zusammengerechnet, entfallen 72,18 Prozent auf den Großkolben-SL. Auch beim Export in die USA dominiert der Achtzylinder. Die 14.254 bis Ende 1992 über den großen Teich gelieferten Zweisitzer bedeuten einen Anteil von 28,12 Prozent am SL-Gesamtexport, einen Anteil von 36,89 Prozent an der Gesamtproduktion der Modellreihe und 57,46 Prozent am SL-Export in die USA. Am 24. September 1992 läuft mit der Fahrgestellendnummer 72215 der letzte 500 SL des Baumusters 129.066 vom Band.

# Der 500 SL / SL 500, Baumuster 129.067

## oder: Der König ist tot, es lebe der König

Ein anderes Einspritzsystem und eine andere Deckhöhe führten innerhalb einer bestehenden Serie zu einem neuen Baumuster. Der Kunde merkt nichts davon, die Leistungsdaten verändern sich nur geringfügig, die Leistung sinkt, das Drehmoment steigt an – was sind die Hintergründe?

Seit der Mitte der achtziger Jahre rückt aus Kosten-, Fertigungs- und Einbauplatzgründen das Thema des Einheitsdeckmotors in den Vordergrund. Zur Erinnerung: Die zwei V8-Motoren bei Mercedes-Benz haben unterschiedliche Deckhöhen. Der 4,2-Liter-Motor M 119 geht auf den 3,5-Liter-Motor M 116 zurück,

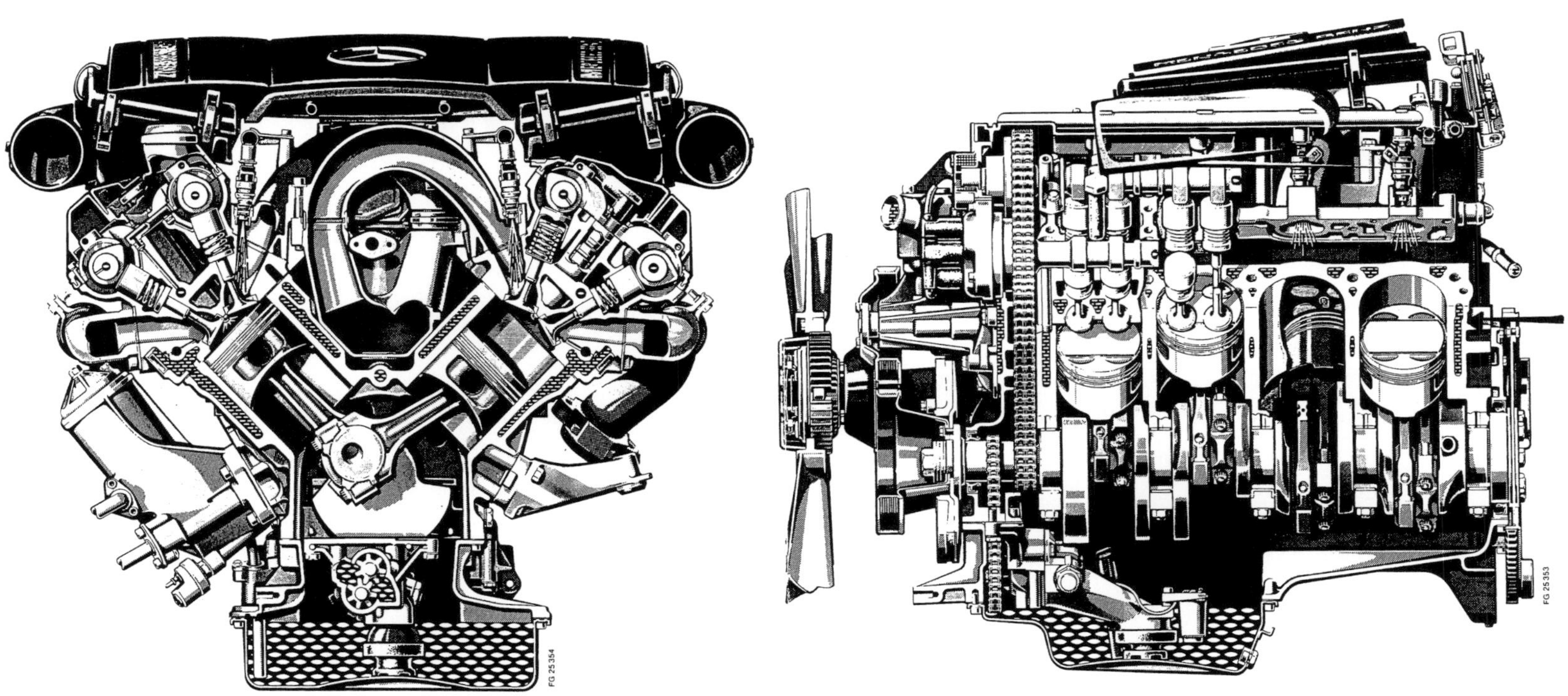

**Der Einheitsdeckmotor (M 119.972 LH) des 500 SL / SL 500 mit LH-Einspritzung. Im Querschnitt ist das geänderte Saugrohr und im Längsschnitt die um 16,4 mm reduzierte Deckhöhe (siehe Pfeil) im Vergleich zum M 119.960 KE zu sehen.**

während der Fünfliter M 119 seinen Ursprung im 4,5-Liter M 117 hat, der eine 16,5 mm größere Deckhöhe aufweist und somit auch mehr Einbauraum beansprucht. Beide Motoren wurden Mitte der sechziger Jahre von Adolf Wente und Rolf Ohlendorf konzipiert. Der Einheitsdeckmotor wird im Herbst 1990 erstmals im 500 E realisiert. Ihm folgt ein halbes Jahr später mit der neuen S-Klasse die Baureihe W 140. Beim R 129 erfolgt die Umsetzung des Einheitsdeckmotors in der letzten Stufe im Herbst 1992 im 500 SL.

# Motorbaumuster M 119.972 LH

Das Kurbelgehäuse des neuen Baumusters hat gegenüber dem Baumuster 119.960 eine um 16,5 mm verringerte Deckhöhe. Dadurch reduzierte sich der oszillierende Massenanteil des von 154,5 mm auf 149 mm verkürzten Pleuels um 26 Prozent. Die Kolben sind gewichtsreduziert und haben einen asymmetrischen, verkürzten Schaft. Die Kolbenringe sind entsprechend den geänderten Kolbenringnuten niederer und in Stegbreite und Tangentialkraft reduziert. Die Breite der Kurbelwellen-Lageschalen ist mit Ausnahme des Passlagers um 4 mm verkleinert. Die Breite der Pleuel-Lagerschalen ist 2 mm geringer. Dehnschaftschrauben ersetzen die bisher verwendeten Bolzen mit Muttern zur Pleuellagerbefestigung. Am Kolben bewirkt die Absenkung der Feuersteghöhe um ein Fünftel die Reduzierung der Kohlenwasserstoffemission. Der Kolbenbolzen-Außendurchmesser wird von 26 auf 24 mm reduziert, die Länge wächst von 60 auf 62 mm. Die Kettenführung der Doppelrollenkette ist der niedrigeren Deckhöhe angepasst, das Umlenkrad durch eine Gleitschiene ersetzt. Am Zylinderkopf sind die Einlasskanäle überarbeitet, die Ventilschaftdurchmesser auf 7 mm reduziert. Die geänderte Ventiltellergeometrie der Einlassventile vergrößert den freien Strömungsquerschnitt. Trotz der Verringerung der Zylinderdeckhöhe gibt es durch den Wegfall der KE-Einspritzung mehr Platz für die Saugrohrgestaltung. Sie sind um 100 mm verlängert worden.Die vier Nockenwellen haben eine geänderte Nockenform mit reduziertem Ventilhub, geänderten Steuerzeiten und geänderten Kennzahlen mit 98 und 96 für die rechte beziehungsweise linke Einlassnockenwelle und 02 sowie 00 für die rechte/linke Auslassnockenwelle. Sie haben folgende Steuerzeiten in der Spätstellung des Nockenwellenverstellers: Eö n OT 33°, Es n UT 42°, Aö v OT 10°, As v OT 11°. Im Zusammenspiel mit dem von 20° auf 25° erweiterten Verstellbereich des Nockenwellenverstellers ist eine weitere Steigerung des volumetrischen Wirkungsgrades im nahezu gesamten Drehzahlbereich erreicht worden. Das bedeutet in der Praxis, dass der Wert des maximalen Drehmoments trotz der zurückgenommenen Volllastanreicherung gegenüber dem Vorgänger um 20 Nm von 450 auf 470 Nm ansteigt. Damit kommt dieser Gebrauchsmotor als Saugmotor dem Idealwert von 100 Nm pro Liter Hubraum sehr nahe, der sonst nur von speziellen Sportmotoren wie dem des BMW M3 übertroffen wird.
Die Ventilfedern sind als Kegelfedern ausgebildet, wobei die Ventilfederteller den Federn angepasst sind. Das Gewicht der

**Was sonst nur die Werkstatt sieht – das geänderte Saugrohr für die LH-Einspritzung (rechts) im Vergleich mit dem Saugrohr für die KE-Einspritzung (links).**

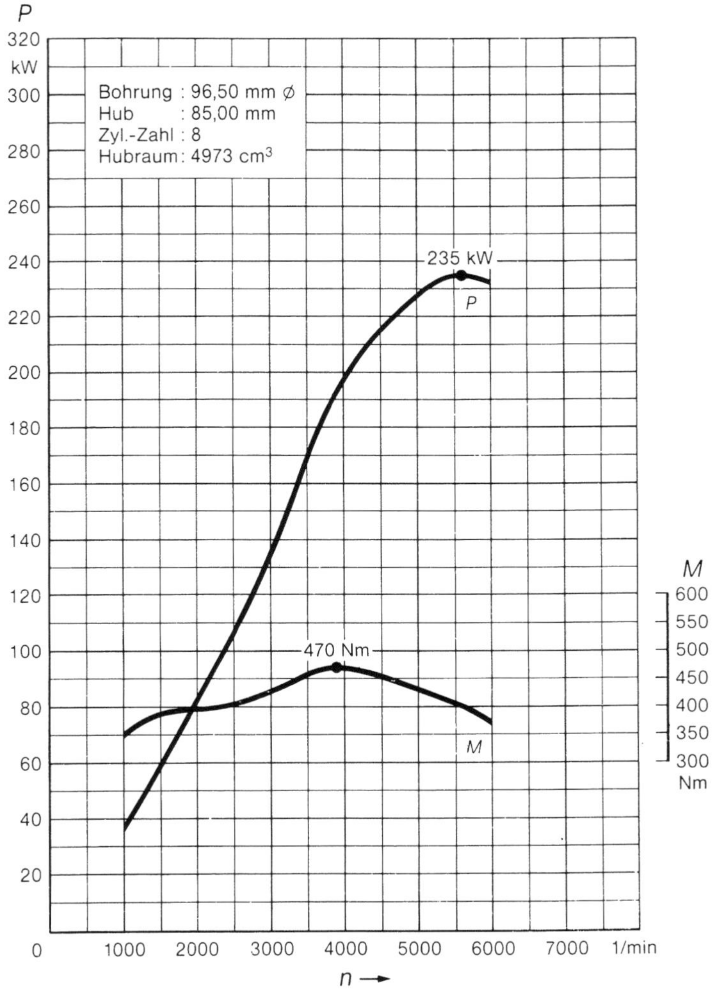


**Das Leistungsdiagramm des M 119 E 50 LH im 500 SL / SL 500.**

Tassenstößel ist durch den Wegfall der Ölrücklaufsperre von 82 auf 64 g gesunken. Neu ist ebenfalls die bereits im 500 E eingeführte elektronische LH-Benzineinspritzung (LH: L für Luftmassenmessung, H für Hitzdraht) mit zylinderindividueller Kraftstoffzuteilung. Sie erfüllt die Forderung nach Eigendiagnose sowie Katalysatorschutz und gewährleistet die Einhaltung der kalifornischen Abgasgesetzgebung. Die Höchstleistung sank durch die schon erwähnte Aufhebung der Volllastanreicherung von 326 PS auf 320 PS beziehungsweise von 240 kW auf 235 kW.
Am 30. 07. 1993 läuft mit der Fahrgestellendnummer 088967 der 500 SL mit der großen Bremsenanlage des 600 SL vom Band, an der Vorderachse mit dessen 320 mm großen Bremsscheiben, hinten mit den 300 mm großen Bremsscheiben des 600 SL.

# Messwerte

Besitzer eines mit LH-Einspritzung ausgerüsteten Fünfliters müssen angesichts der fehlenden sechs PS nicht gleich in die Trauer des Leistungsschwundes verfallen. Die erreichbaren Beschleunigungswerte, an der Höchstgeschwindigkeit ändert sich ja eh nichts, sind zwar eine Kleinigkeit schlechter als die des KE-Motors, liegen aber eher im Bereich der Serien-Leistungstoleranzen. Die von *sport auto* gemessenen Werte zeigen dies deutlich.
Der von allen gelobte Fünfliter hat es in einem Markt, der insgesamt schrumpft, nicht leicht. Er muss Marktanteile an die Sechszylinder und an den V-Kollegen mit den vier weiteren Zylindern abgeben. Beträgt der Produktionsanteil des Großkolben-V8 per Ende 1992 noch 46,3 Prozent, so sinkt er per Ende September 1993 auf 32,46 Prozent. Im selben Zeitraum geht der USA-Anteil des Fünfliters von 71,8 auf 60,2 Prozent zurück. Im Export nach Japan bis Ende 1993 beträgt der Anteil 77,7 Prozent. Im Export nach Westeuropa reduzierte sich der Anteil im angegebenen Zeitraum von 36,5 auf 24,7 Prozent. Überflüssig ist er deshalb noch lange nicht.
Ab Januar 1994 erhält der SL 500 ein Kurbelgehäuse in Open-Deck-Ausführung. Der Einsatz erfolgt ab der Fahrgestellendnummer 96971 und der Motorendnummer 8661.

| **Messwerte** | |
|---|---|
| Motor | M 119 LH |
| Motorleistung PS/kW | 320/235 |
| bei 1/min | 5600 |
| Literleistung PS/kW | 64,3/47,3 |
| Max. Drehmoment Nm | 470 |
| bei 1/min | 3900 |
| Achsantrieb i = | 2,65 |
| Getriebe | Viergang-Wandler-Automatikgetriebe W 4 A 040 |
| | *sport auto* |
| Testgewicht kg | 1894 (vollgetankt ohne Hardtop) |
| Beschleunigung in s | |
| 0–40 km/h | 2,6 |
| 0–60 km/h | 3,8 |
| 0–80 km/h | 5,3 |
| 0–100 km/h | 7,3 |
| 0–120 km/h | 9,6 |
| 0–140 km/h | 12.7 |
| 0–160 km/h | 16,2 |
| 0–180 km/h | 20,6 |
| 0–200 km/h | 27,0 |
| $v_{max}$ km/h | 250 |
| Testverbrauch l/100 km | 16,7 |

# Der 600 SL / SL 600, Baumuster 129.076

## oder: Kraft und Herrlichkeit oder bare Unvernunft

Der R 129 mit dem Sechsliter-Motor weist während des ersten Jahres seiner Bauzeit noch die traditionelle Typen-Schreibweise auf. Über Jahrzehnte hinweg signalisiert die Zahl meistens den Hubraum, die Buchstaben die Einordnung innerhalb der Mercedes-Benz-Klassifikation. Mit der Einführung der Baureihe W 202 wird eine neue Nomenklatur eingeführt. Die Zweisitzer behalten ihre Bezeichnung SL. Allerdings werden die Buchstaben jetzt in Übereinstimmung mit den anderen Typenreihen vor die den Hubraum angebende Zahl gesetzt.
Bei Erscheinen des 600 SL muss man in den Annalen der Mercedes-Benz-Geschichte schon über sechs Jahrzehnte zurückblättern, um auf ein käufliches zweisitziges Cabriolet mit einem Hubraum von mindestens sechs Litern zu stoßen. Aber nicht allein die Motorgröße macht den Reiz dieses SL-Topmodells aus, es ist nicht nur Masse, sondern vor allem Klasse. Der V12-Motor mit einem V-Winkel von 60° überzeugt durch das Fehlen von freien Kräften und Momenten mit einer turbinenähnlichen Laufkultur. Der V12 hat bei Mercedes-Benz Tradition, wenn auch eine sehr versteckte. Deshalb kann man sich mit dem 600 SL nicht beschäftigen, ohne sich nicht auch mit der Geschichte der Zwölfzylinder unter dem Stern auseinandergesetzt zu haben. Da V12-Motoren eine Ausnahmeerscheinung sind, die einem nicht jeden Tag und an jeder Straßenecke begegnen, stellen die fünfeinhalb Jahrzehnte Entwicklung dieser außergewöhnlichen Motorengattung eine interessante Geschichte dar, die schließlich im Falle des SL mit dem 600 SL den krönenden Abschluss bildet.

## V12-Rückblick

Mercedes-Benz und der V12-Motor im Personenwagen ist ein Kapitel für sich. Damit haben sich die Untertürkheimer in der Vergangenheit stets sehr schwer getan. Im Gegensatz dazu standen solch renommierte Automobilbauer wie Hispano-Suiza, Bentley, Rolls-Royce, Maybach, Ferrari, Jaguar oder schließlich auch BMW, um nur einige Beispiele zu nennen.
Rückblickend muss man die Entwicklung eines V12-Motors für den Personenwagen in Untertürkheim mit der Echternacher Springprozession vergleichen: drei Schritte vor und zwei Schritte zurück. Man hatte unter dem Stern immer ein ambivalentes Verhältnis zum V12-Motor, der Krone des Motorenbaus. Das führte dann dazu, dass die Schwaben einmal zu spät, ein zweites Mal über Zeichnungen nicht hinaus kamen und beim dritten Mal den Zug fast schon wieder verpasst hatten. An der schieren Größe kann es nicht gelegen haben, da war man im Schwabenland nie zimperlich. Bei Hubräumen von bis zu 7,7 Litern vor dem Krieg und bis zu 6,9 Litern in der jüngeren Vergangenheit hatte man keine Berührungsängste mit großvolumigen Motoren.
Wenn die Untertürkheimer auf Zwölfzylinder-Motoren angesprochen wurden, wiesen sie immer stolz, aber auch etwas verschämt auf den DAB V12-Rennmotor und auf die sehr glorreichen Dreiliter-Kompressor-Rennmotoren M 154 / M 163 mit Vierventil-Technik und Doppelnockenwellen der Jahre 1938/39, die damals technologische Weltspitze verkörpernden Flugmotoren DB

Der Querschnitt des V12-Motors M 148 zeigt den fortschrittlichen halbkugelförmigen Brennraum.

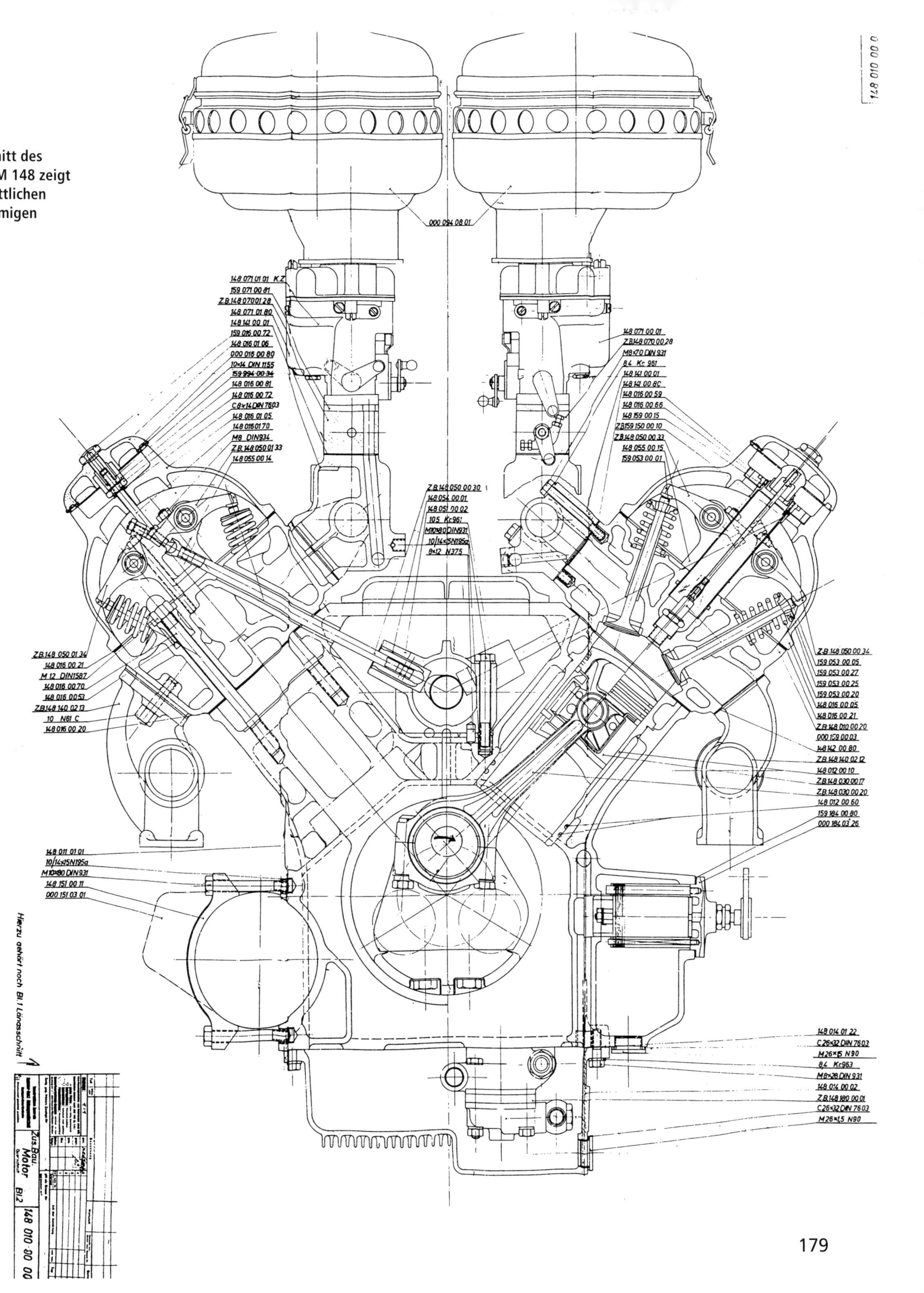

600–610 und natürlich auf die dicken Brocken der Nutzfahrzeug-, Lokomotiv- und Stationärmotoren hin. Das waren zwar in der Tat alles V12-Motoren, aber sie waren nie und nimmer für einen Personenwagen bestimmt oder geeignet. Trotzdem muss der Stachel, nicht zur feinen Elite der Motorenbauer im Pkw-Bereich zu gehören, tief gesessen haben. Schon vor dem Krieg fuhren nämlich die wirklich noblen Leute, so hieß es, keinen Mercedes-Benz Kompressor, sondern einen Maybach Zeppelin, und der hatte mit seinem V12-Motor weltweit den Ruf, der deutsche Rolls-Royce zu sein.

Fast niemand weiß heute noch, dass aber zwischen 1938 und 1943 in Untertürkheim die beachtliche Zahl von 3420 V12-Motoren mit 6 beziehungsweise 6,5 Litern Hubraum gebaut wurden, aber nur etwa 20 Versuchsfahrzeuge. Und das kam so: Mitte der dreißiger Jahre kam Hans Gustav Röhr mit seinen engsten Mitarbeitern von Adler zu Daimler-Benz und brachte frischen Wind in den Bereich der Personenwagenkonstruktion. In Röhrs Team befand sich der Motorenkonstrukteur Wilhelm Syring. Syrings Aufgabe hatte zwei Schwerpunkte. Er musste das heterogene Pkw-Motorenprogramm der Daimler-Benz AG auf Vordermann bringen. Es bestand aus Reihenmotoren mit Hubräumen zwischen 1,7 und 5 Litern und mit vier, sechs und acht Zylindern und stehenden Ventilen. Zwischen 5,4 und 7,7 Litern waren die Kompressormotoren mit ohv-Reihen-Achtzylindermotoren angesagt. Mit dieser Erneuerung sollten neben einer rationellen Fertigung nach dem Baukastenprinzip moderne Motoren mit mehr Leistung und geringerem Verbrauch einhergehen. Letzteres war der zweite Schwerpunkt der Aufgabe Wilhelm Syrings.

Ein Markenzeichen Syringscher Motoren von vier bis zwölf Zylindern ist der halbkugelige Brennraum mit zentraler Zündkerzenlage und kurzen Durchbrennzeiten sowie V-förmig hängenden Ventilen, die von der unten liegenden Nockenwelle über Stößel betätigt wurden. Ein weiteres Spezifikum seiner Motorenkonstruktionen war die kurze Baulänge. Bei den V-Motoren ließ er sich etwas Besonderes einfallen: Die Hubzapfen der Kurbelwelle, die sich neben den im Block angebrachten Hauptlagern befanden, hatte nur eine Kurbelwange. Die andere war in das Hauptlager integriert. Dies hatte zur Folge, dass die als Tonnenlager ausgebildeten Hauptlager einen riesigen Durchmesser, nämlich den der Kurbelwellenkröpfung plus der Stärke des Lagermetalls, aufweisen mussten. Am Anfang gab es Probleme mit der Schmierung dieser als Gleitlager ausgebildeten Lager. Es war nämlich schwierig, den Schmierkeil auf den ganzen Lagerumfang gleichmäßig zu verteilen. Der Ölfilm hat die Tendenz, unter Druck eher nach der Seite auszuweichen. Maybach hatte deshalb die ebenfalls als Tonnenlager ausgeführten Hauptlager seiner V12-Panzermotoren als Rollenlager konstruiert.

Als oberer Eckpunkt in der Motorenpalette war der Sechsliter-V12-Motor M 148 vorgesehen. Er sollte als Ersatz für den 5,4-Liter-Kompressormotor M 29 dienen. Er sollte aber auch in der Kompressorausführung M 157 neue Maßstäbe für einen großen Sportwagen im Stile des 540 K Roadsters setzen. Längerfristig sollte die Kompressorausführung M 157 den riesigen 7,7 Liter-Reihenmotor mit acht Zylindern, den M 150 des »Großen Mercedes«, ersetzen.

Der Kriegsbeginn im Jahr 1939 brachte die ganze Entwicklung durcheinander. Es wurden zwar noch Versuchsfahrzeuge als Pullmanlimousine, Cabriolet F und Cabriolet B gebaut, außerdem waren für Hitler ein Offener Tourenwagen, für Göring gleich zwei Cabriolets D in Arbeit. Fertig wurden diese Fahrzeuge allerdings nie, obwohl an ihnen bis Ende 1941 in Sindelfingen und Untertürkheim gearbeitet wurde. Interessante Karrieren erlebten Wilhelm Syrings Sechs- und Zwölfzylinder-Motoren dennoch, aber sie verliefen anders als von den Konzern-Vätern ursprünglich geplant. Die Sechszylinder-Motoren fanden sich noch einigermaßen autogerecht im Feuerwehr- und Kübelwagen wieder. Den Zwölfzylinder-Motoren blühte dagegen eine wenig automobile Erfolgsgeschichte. Als Ironie des Schicksals muss angemerkt werden, dass im Fahrzeugeinsatz wahrscheinlich nie so viele Zwölfzylinder-Motoren gebaut worden wären. Vom 540 K und dem Großen Mercedes in seiner letzten Ausführung als W 150 wurden nämlich nur 544 Fahrzeuge gebaut.

Für das Oberkommando der Wehrmacht (OKW) bezogen die Finsterwalder Maschinenfabrik GmbH (Fimag) und für das Oberkommando der Marine (OKM) die Siemens-Schuckert-Werke (SSW) seit langem von der Daimler-Benz AG den Fünfliter-Motor M 08 aus dem Pkw Typ Nürburg als Antriebsaggregat für die Stromversorgung der Flak-Scheinwerfer. Der Motor M 08 war als Reihenmotor mit stehenden Ventilen sehr lang. Seine Leistung reichte für die steigenden Anforderungen nicht immer aus. In diese Lücke sprang nun die Daimler-Benz AG mit dem M 148 als Stationärmotor. Er war wesentlich kompakter und leistungsfähiger als der betagte M 08. Für den Einsatz in den Flakstellungen wurden die Motoren auf Flüssiggasbetrieb umgestellt und die Drehzahl auf 2200/min begrenzt. 489 kg Trockengewicht einschließlich dem Übersetzungsgetriebe brachten diese Motoren auf die Waage. Für sich gesehen erscheint das Gewicht von fast einer halben Tonne erschreckend hoch. Wenn man aber bedenkt, dass es sich hierbei um einen Motor mit Grauguss-Zylinderköpfen handelte und in dieser Zahl außerdem noch das Gewicht des Übersetzungsgetriebes für den Generatorantrieb enthalten ist, muss man auch heute noch den Hut vor Wilhelm Syrings Konstruktion ziehen.

Die als Tonnenlager (siehe Pfeil) ausgebildeten Hauptlager des M 148/173, eine Besonderheit der V12-Motorenkonstruktion Wilhelm Syrings.

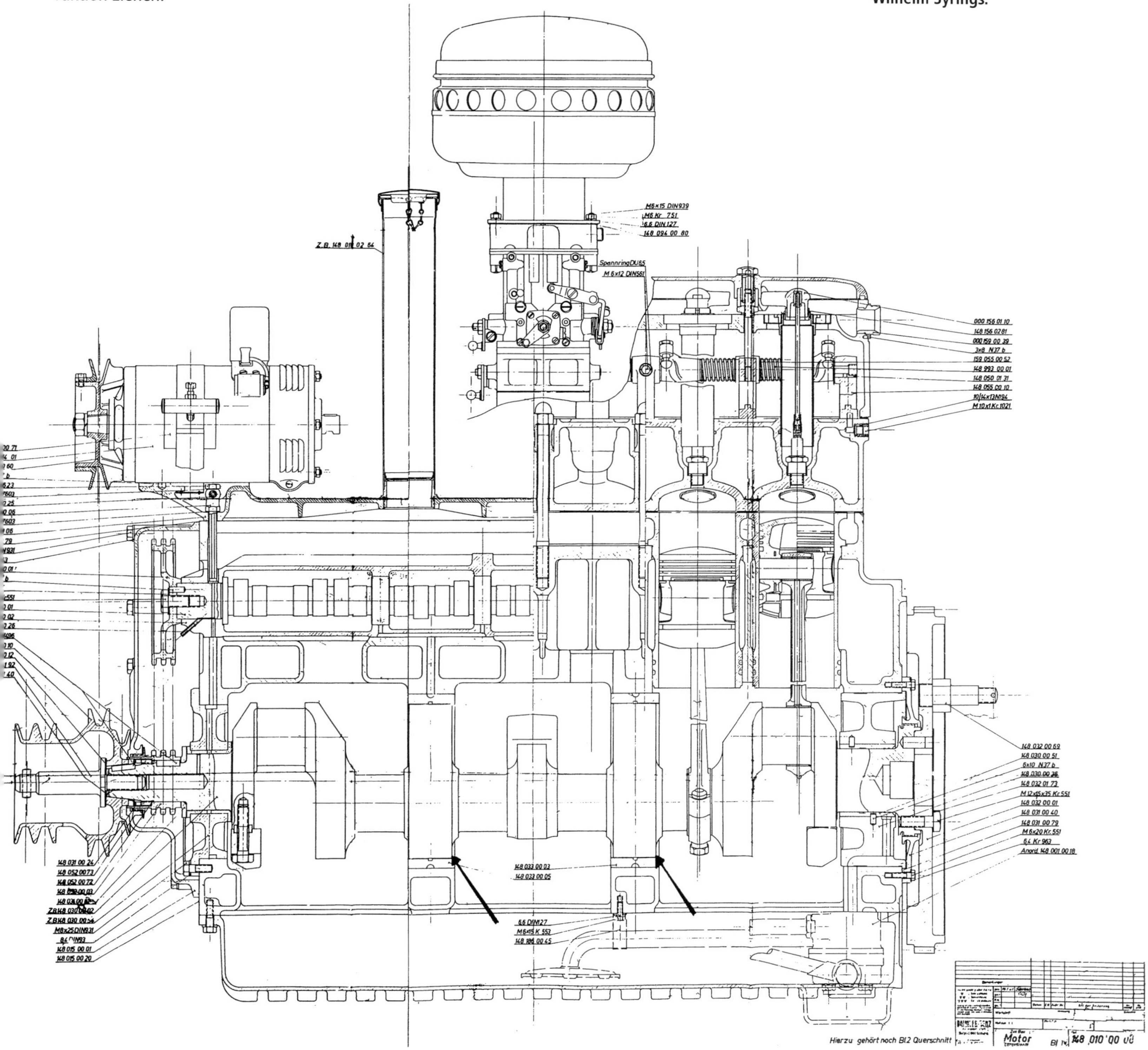

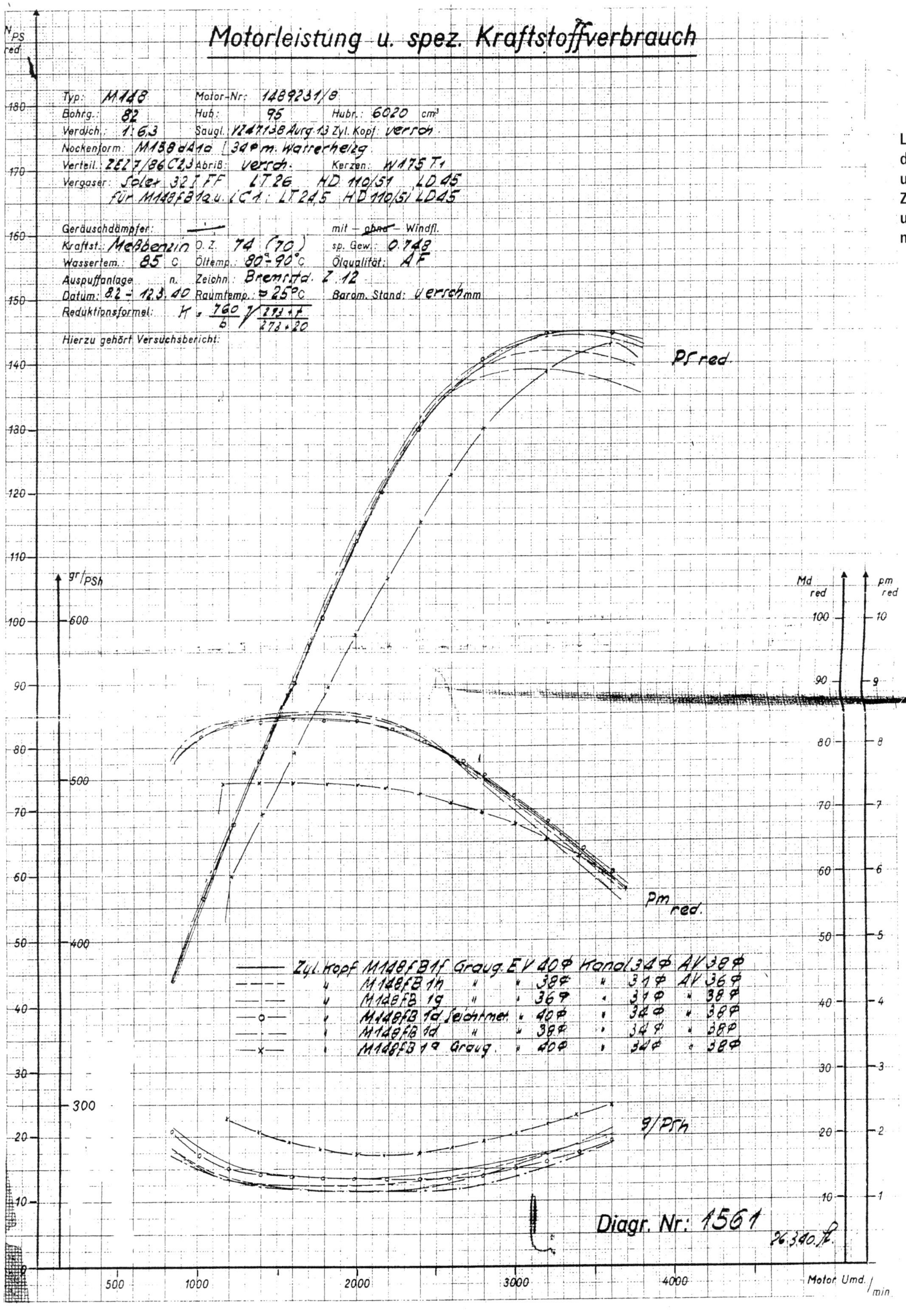


Leistungskurven des M 148 mit unterschiedlichen Zylinderköpfen und Kanaldurchmessern.

**Solitär, der erste »600«, sollte die noble Hülle für den ersten V12-Motor im Pkw bei Daimler-Benz abgeben. Die W 148-Pullmann-Limousine stand in den Startlöchern, um die Nachfolge des »Großen Mercedes« 770 (W 150) anzutreten.**

**Das Cabriolet F des 600 (W 148) für die frischlufthungrigen Großen der Gesellschaft – wer immer das damals war – im Sindelfinger Karosserieversuch von Hermann Ahrens Abteilung »Sonderwagenbau« im Jahr 1940.**

**Auf kürzerem Radstand – 3415 mm – als W 157, das Cabriolet B. Im Hintergrund das aus Luftschutzgründen getarnte Sindelfinger Verwaltungsgebäude. Es war Krieg, und die Prioritäten lagen auf anderen Gebieten.**

**Der Krieg verhalf dem V12, hier als M 173, zu einer nicht vorhergesehenen Karriere als Generatorantrieb für Flak-Scheinwerfer.**

Dem Einsatz als Stationärmotor verdankt der Zwölfzylinder schließlich noch eine weitere Entwicklungsstufe. Der M 173, so hieß der größere Bruder des M 148, hatte einen halben Liter mehr Hubraum durch das Vergrößern der Bohrung um drei auf 85 mm erhalten. Diese Hubraumvergrößerung verhalf dem Motor zu mehr Drehmoment. Ein weiterer wesentlicher Punkt war, dass bei diesem Motor auch der V-Winkel von 80° auf 60°, bei geänderter Zündfolge, reduziert wurde. Dadurch hatte dieser Motor günstigere Einbaumaße, weil die Zylinderbänke nicht mehr so weit nach außen ragten. Der M 173 war 9,5 cm schmaler als der M 148. Für den stationären Betrieb ausreichend war die Bestückung des Motors mit nur einem Solex-Doppelvergaser. Ab Februar 1943 wurde der Nockenwellenantrieb von schrägverzahnten Zahnrädern auf den Antrieb mit Duplexkette umgestellt. Es gab sogar Umbauzeichnungen für den Fall, dass ein M 148 durch einen M 173 ersetzt werden musste. Die Untertürkheimer waren auch im Krieg die alten Autofreaks, die sie nun einmal waren, geblieben. Sie ließen es sich nicht nehmen, auch diesen Motor in einem Fahrzeug, wenn auch nur kurz, zu erproben.

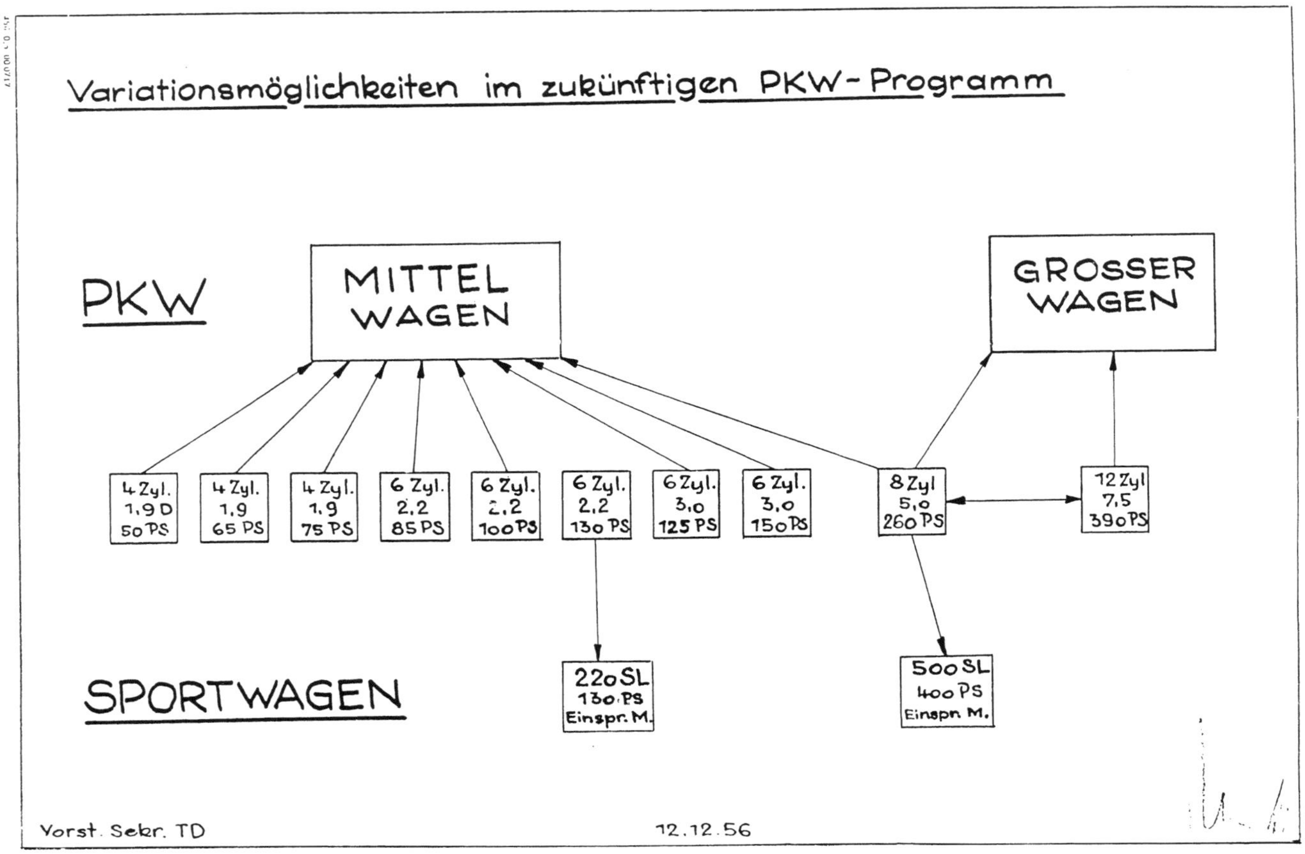


**Denkmodell des Technikchefs Fritz Nallinger für das Pkw-Programm der Daimler-Benz AG vom Dezember 1956, in dem auch der 750 mit V12-Motor seinen Platz hatte.**

Als ich Rudolf Uhlenhaut vor vielen Jahren einmal fragte, warum man nach dem Krieg Wilhelm Syrings Motorenbaureihen nicht weiter gebaut und entwickelt hätte – immerhin waren die Fertigungsanlagen in Untertürkheim trotz der Bombardements noch vorhanden –, nannte er folgende Gründe: Die Brennräume waren zu klein und verhinderten größere Ventildurchmesser. Sie waren nötig, um bei dem schlechten Benzin jener Jahre eine entsprechende Füllung zu bekommen. Die Auslegung der Motoren als Langhuber. Die langen Stößel des Ventiltriebs standen den angestrebten Drehzahlen von bis zu 6000/min im Wege. Die V-Motoren hatten eine zu hohe Reibleistung, bedingt durch die beschriebene Kurbelwellenkonstruktion. Die Daimler-Benz-Ingenieure fingen deshalb nach dem Krieg, mit Ausnahme des Sechszylinder-Motors, wieder ganz von vorne an.
In der Mitte der fünfziger Jahre herrschte in Untertürkheim große Aufbruchsstimmung. Dem Rennsport hatte man Lebewohl gesagt. Neue Modelle, soweit sie nicht schon erschienen waren, warfen vom Personenwagen bis zum Unimog ihre Schatten voraus. Ein wesentlicher Faktor dabei war nach wie vor das Motorenprogramm im Pkw- und Lkw-Bereich.
Interessante Einblicke in die Vorstellungen für ein zukünftiges Personenwagen-Programm bietet die 20. Folge des Pkw-Entwicklungsprogramms vom 15. Mai 1957, das von Technik-Vorstand Professor Fritz Nallinger, Pkw-Konstruktionschef Josef Müller und Pkw-Chef Rudolf Uhlenhaut abgezeichnet war. Im Segment der Großen Wagen war dem W 100, wie der spätere Typ 600 intern von Anfang an hieß, als 500 mit einem Fünfliter-V8-Motor die Rolle eines Volumenmodells mit größeren Stückzahlen zugedacht worden. Er sollte als Gegenstück zu den großen amerikanischen Limousinen jener Jahre die Fahne des europäischen Automobilbaus hoch halten.
Als absolutes Topmodell schloss der 750 (W 101) die Typenskala nach oben ab. Adolf Wente, der zweite Mann in der Motorenkonstruktion nach Wolf-Dieter Bensinger, hatte die Aufgabe übernom-

men, für den geplanten »Großen Mercedes« die adäquate Antriebsquelle zu konstruieren. Da auch bei der Konstruktion von Oberklasse-Fahrzeugen die Ökonomie nicht außer Acht bleiben darf, baute er seinen Zwölfzylinder in klassischer Baukastenmanier auf dem V8-Motor auf. Das bedingte auch die Übernahme des V-Winkels von 90° für den V12-Motor M 101. Das war allerdings nicht ganz unproblematisch, da V12-Motoren mit einem V-Winkel von 90° im Gegensatz zu V8-90°-Motoren ungleiche Zündabstände und oberhalb der vierten Ordnung freie Momente haben. Mit einem Bohrungs-Hub-Verhältnis von 95 x 88 mm kam der 415 kg (Trockengewicht) schwere Brocken von einem Motor auf 7485 cm³. Er war mit einer Leistung von 380 PS vorgesehen. Die im Laufe der Entwicklung des W 100 vorgenommene Hubraumerhöhung des M 100 von fünf auf schließlich 6,3 Liter Hubraum, später im W 116 sogar auf 6,9 Liter, ließ die Entwicklung des Zwölfzylinders M 101 dann im Keller der Motoren-Geschichte von Daimler-Benz verschwinden.

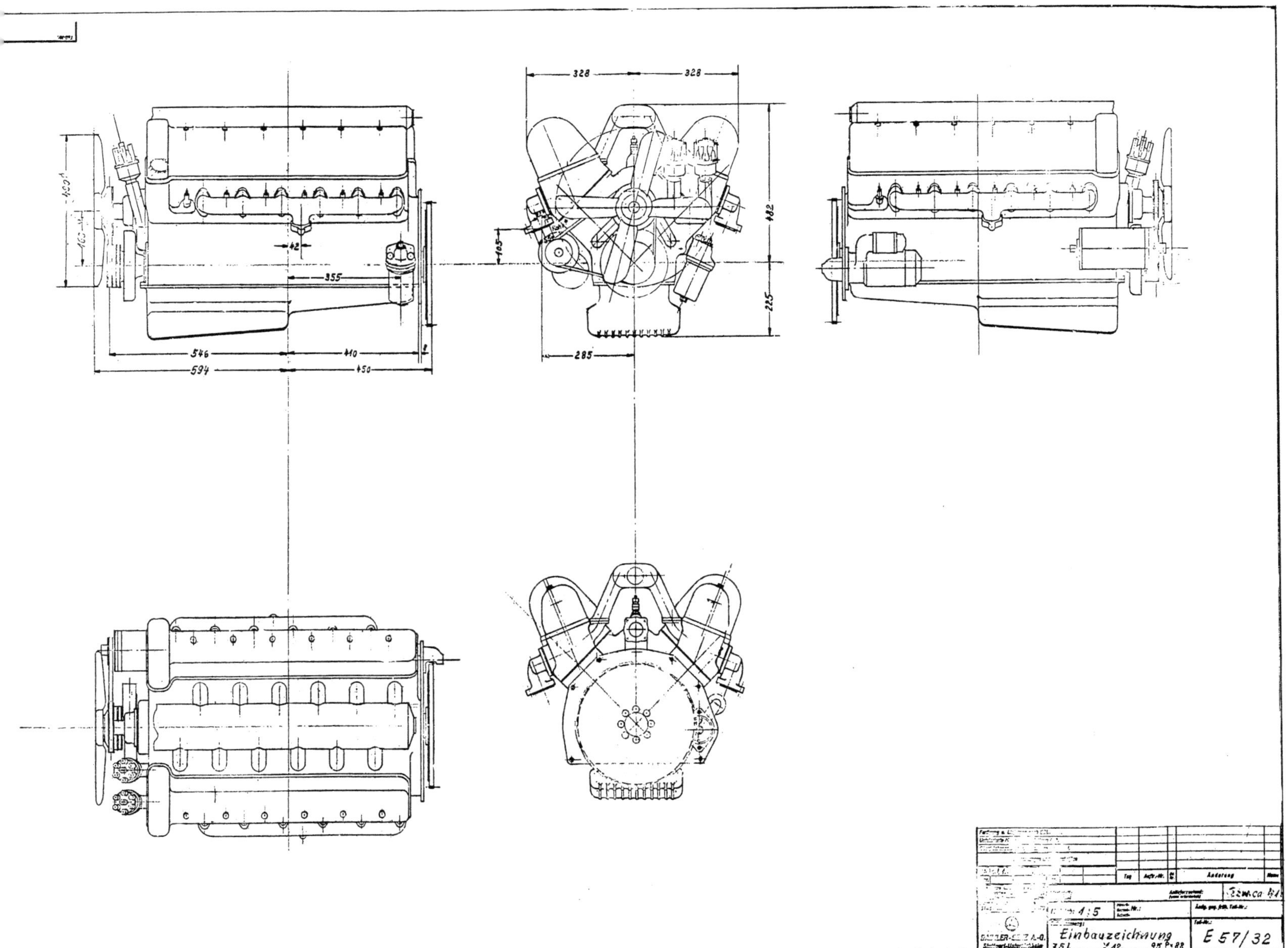


Einbauzeichnung des Motorenkonstrukteurs Adolf Wente für den V12-Motor M 101.

Fast zwei Jahrzehnte später war es wieder einmal so weit. Der damalige Entwicklungschef Scherenberg hatte seine Mitarbeiter gebeten, sich über einen V10- beziehungsweise V12-Motor auf der Basis des M 117 Gedanken zu machen. Der Anlass war einmal mehr eine Umbruchsituation im Personenwagen-Programm bei Daimler-Benz. Der Nachfolger der damaligen S-Klasse W 116 stand in Gestalt des W 126 beziehungsweise W 135 in den Startlöchern der Entwicklung. Der 600, von dem im Sindelfinger Versuch zwei Face-Lift-Ausführungen existierten, war auch noch nicht endgültig zu den Akten gelegt worden. Die Motorenkonstruktion fasste im Januar 1976 ihre Untersuchungen wie folgt zusammen: »Ein auf 10 beziehungsweise 12 Zylinder verlängerter V8-90°-Motor ist aufgrund des für diese Zylinderzahlen nicht optimalen V-Winkels von 90° bezüglich des dynamischen Verhaltens einem Achtzylinder gleichen Hubvolumens unterlegen. Beide Bauarten haben im Gegensatz zum V8-90°-Motor ungleiche Zündabstände und als Folge daraus Torsionserregerordnungen, die einem Fünf- beziehungsweise Sechszylinder-Motor entsprechen. Der V10-90°-Motor hat ein um die Motorhochachse oszillierendes freies Moment zweiter Ordnung, das sich theoretisch durch zwei Ausgleichswellen beseitigen lässt; der konstruktive Aufwand hierfür rechtfertigt jedoch den Ausgleich dieses relativ kleinen Moments nicht. Der V12-90°-Motor dagegen hat bis zur vierten Ordnung kein freies Moment, gegenüber dem V10-90°-Motor jedoch den Nachteil einer größeren Ungleichmäßigkeit der Zündabstände.«
Genau ein Jahr darauf, im Januar 1977, beschäftigten sich die Motorenentwickler in einem Bericht mit einem auf dem V6-Versuchsmotor M 106 mit 60° V-Winkel aufbauenden V12-Motor mit Doppelkröpfungen beziehungsweise einem V12-Motor mit nebeneinander liegenden Pleueln auf Basis des M 117. Im April desselben Jahres wurde Prof. Dr. Scherenberg gebeten, wegen des erheblichen Aufwandes und der damit verbundenen Kapazitätsbindung von der provisorischen Darstellung eines V12-Motors mit 90° V-Winkel Abstand zu nehmen. Danach wurde es still um einen V12-Motor unter dem Stern.
Anfang der achtziger Jahre kam Unruhe aus München, nicht nur in der Politik in Gestalt des bayerischen Ministerpräsidenten F. J. Strauß, schöpferische Unruhe kam auch wie eh und je vom geachteten und mehr und mehr beachteten Mitbewerber BMW. Am 9. September 1983 fragte deshalb Daimler-Benz-Chef Werner Breitschwerdt seinen Entwicklungschef Dr. Rudolf Hörnig, ob, wenn BMW mit einem V12-Motor komme, ein V12-Motor auf der Basis des M 103 darstellbar sei, oder ob hierzu als Alternative ein V8-Motor mit vier Ventilen denkbar wäre.

# KOMO V12

Der KOMO ist bis heute in Mercedes-Benz- Kreisen fast so bekannt wie die grünen Männchen vom Mars. KOMO steht als Kurzform für den Baureihen-Begriff Kompaktmotor. Der KOMO wurde Ende der siebziger Jahre als Baureihe in der Forschung der Daimler-Benz AG entwickelt. Er feierte 1980 im Forschungsauto 2000 als V6-Motor seine unauffällige Premiere und döste weiterhin klammheimlich vor sich hin. Über Jahre hinweg gibt es z. B. einen 2,5-Liter-V8-Motor, der in einen 190 E eingebaut ist.
Am 11. April 1984 wurde in der Entwicklungsleiter-Besprechung beschlossen, der Anregung von Professor Breitschwerdt zu folgen und einen V12-Motor zu entwickeln. Als Vorstellungstermin wurde die IAA 1985 anvisiert. Unter den Professoren Christ und Gwinner wurde in der Forschung von den Ingenieuren Dr. Hermann Hiereth, Gert Withalm und Roland Merkle die Arbeit in Angriff genommen.

**Der KOMO V12, das unbekannte Wesen – Wegbereiter für den M 120.**

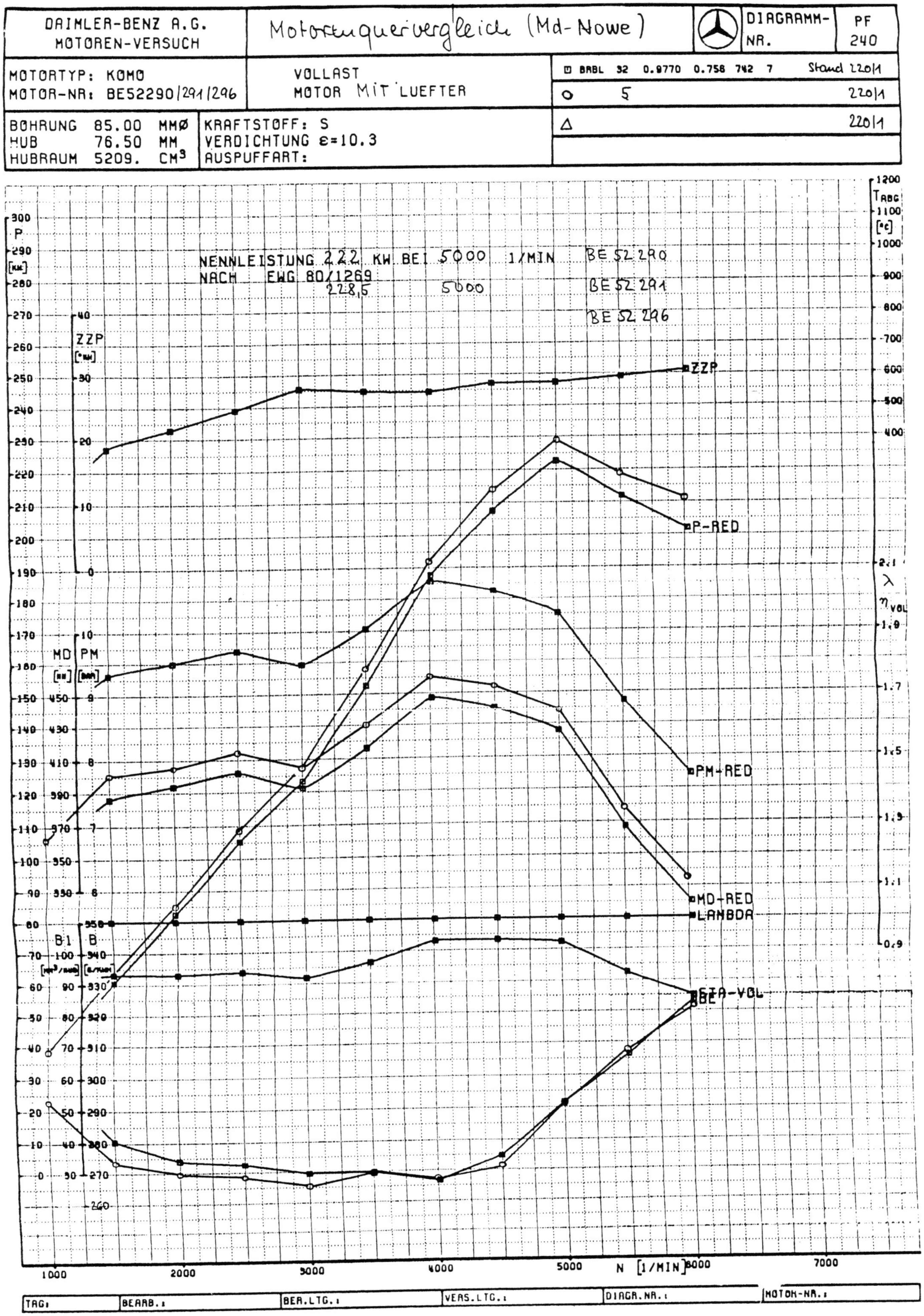


Leistungsdiagramm des KOMO-V12-Motors.

Die Basis bildete der Forschungsmotor KOMO. Der V-Winkel betrug 60°, bei einem Bohrungs-Hub-Verhältnis von 85/76,5 mm wurde ein Hubraum von 5209 $cm^3$ erreicht. Selbstverständlich hatte dieser Motor vier Ventile pro Zylinder, die V-förmig angeordnet waren, die Zündkerze saß in der Mitte des Brennraums. Damals wie heute unterschied sich der KOMO-V12-Motor von den Mercedes-Benz-Serienmotoren durch den Zylinderabstand (101 mm), den Motorblock aus eutektischem Aluminiumdruckguss in Open-deck-Bauweise, die halbnassen Zylinderlaufbuchsen aus übereutektischem Aluminiumguss, einer Brennraumabdichtung nur über den Buchsenrand, das tragende, besonders steife Aluminium-Unterteil, die links und rechts austauschbaren Zylinderköpfe, den Zahnradantrieb der vier Nockenwellen und der Nebenaggregate und das geringe Motorengewicht. Der KOMO V12 wog 290 kg. Das Kostenlimit für diese Entwicklung wurde auf fünf Millionen Mark festgelegt.

Am 29. Juli 1985 lief der erste Motor auf dem Prüfstand. Die Leistung betrug 230 kW / 312,8 PS bei einem maximalen Drehmoment von 455 Nm bei 4000/min. Dieser Motor wurde dann sofort in einen 560 SEL eingebaut und im Versuch gefahren. Anfang 1986 wurde er auf dem VW-Versuchsgelände in Ehra-Lessin gemessen. Die Höchstgeschwindigkeit betrug 247,5 km/h. In der Beschleunigung lag er bis 100 km/h gleichauf mit einem 560 SEL mit dem damaligen Serienmotor M 117 / E 56 mit 300 PS. Ab 140 km/h zog er dem Achtzylinder davon und war bis 200 km/h eine Sekunde, bis 220 km/h sogar zwei Sekunden schneller als das Serienfahrzeug. Die Achsübersetzung entsprach mit i = 2,65 bei beiden Wagen dem Serienstand. Im gesamten Teillastverbrauch lag der Zwölfzylinder zwischen 0,5 und 1,5 Liter über dem 560 SEL. Besondere Anerkennung fand der Zwölfzylinder – wie konnte es anders sein – für seine ausgezeichnete Laufkultur über den gesamten Drehzahlbereich und die fahrzeuggerechte, kompakte Gestaltung.

Am 5. Dezember 1985 wurde entschieden, das Projekt des KOMO-V12-Motors nicht weiter zu verfolgen. Ausschlaggebend für diesen Beschluss war die mangelnde Seriennähe des KOMO V12 zu den Fertigungseinrichtungen der vorhandenen Sechszylinder-Motoren. Der damals für die Produktion zuständige Vorstand Werner Niefer war von einer zusätzlichen Produktionslinie nicht begeistert. Am 20. September 1985 erhielt Entwicklungschef Dr. Rudolf Hörnig von seinen Forschern eine Aufstellung der wichtigsten Daten für ein Gespräch mit ausgewählten Journalisten. Die Daten für einen Motor mit sechs Litern Hubraum wurden hochgerechnet. Am 10. März 1986, das Thema KOMO V12 war eigentlich abgehakt, nahmen die Motorenentwickler ihren Probanden noch einmal auf den Prüfstand, um einen Vergleich mit einer Drehmoment- und einer Leistungsnockenwelle zu bremsen. Das Ergebnis waren 238,5 kW / 324 PS bei 5000/min bei einem maximalem Drehmoment von 455 Nm / 5000/min. Die Drehmomentnockenwelle ergab eine Leistung von 222 kW / 302 PS bei 5000/min und 450 Nm / 4000/min.

## Der M 120, Baumuster 120.981

Offiziell ist die Entscheidung, einen V12 zu bauen, um die Jahreswende 1985/86 noch nicht gefallen. Trotzdem arbeiten die Motorenkonstrukteure emsig an dem neuen »Krönungsmotor«. BMW in München hatte mit seinem weißblauen V12-Motor die Marschrichtung vorgegeben. Da will man sich in Untertürkheim nicht mit dem durchaus veritablen M 119 E 56 begnügen, denn V12-Adel verpflichtet. Schon in der Vorkriegszeit, als Maybach im Zeppelin und Horch im 600/670 V12-Motoren einbauten, konnte man kein Paroli bieten. Diese Scharte wird nun ausgemerzt.

Der damalige Versuchs- und spätere Motorenchef, Dr. Kurt Obländer, genoss nicht nur als Motoren-, Abgas- und Verbrennungsfachmann internationale Reputation, er war auch ein international bekannter Hobbyornithologe und Förderer von Umweltschutzprojekten. Trotzdem, oder vielleicht gerade deswegen, bekannte er sich uneingeschränkt zum M 120. Es entsprach seinem subtilen Verständnis von Kultur, wenn er zu der Entscheidung gegen den M 119 E 56 und für den M 120 plausibel darlegte: »Es ist keine Kunst, einen Motor als Dampfhammer mit viel Leistung und Drehmoment zu machen. Ich möchte aber Drehmoment und Leistung, gerade in einem Mercedes-Benz, mit einem gewissen Komfort und einer bestimmten Kultur erleben. Da gehört gewissermaßen zu der Kraft auch die Herrlichkeit. Das konnten der M 117 und der M 119 als 5,6-Liter nie bieten, auch wenn der 5,6-Liter im Laufe der Produktionszeit als M 117 immer besser wurde.« Und gefragt, wie es mit dem schlechten Gewissen angesichts des Sechsliter-Motors aussehen würde, meinte Dr. Obländer engagiert und spontan: »Der M 120 ist für Mercedes und die deutsche Automobilindustrie ein wichtiger Technologieträger, das sehe ich auch noch nach fünf Jahren so. Wir haben bei diesem Motor Dinge verwirklicht, die zurzeit noch nicht zu marktfähigen Preisen zur Verfügung stehen und deshalb bei preiswerten Fahrzeugen noch nicht einsetzbar sind. Als Beispiel

**Immer wieder Sonntag empfindet das Quartett, wenn es sich hinter dem Star unter den Sternen versammelt. V.l.n.r.: Motorenchef Dr. Kurt Obländer, die Motoreningenieure Jürgen Willand und Siegfried Lenz sowie Projektleiter Hans Brüggemann.**

**Herztransplantation – da staunt der Laie, und der Ingenieur Wolf-Dieter Wagner wundert sich immer noch, dass es ihm gelang, den M 120 dem R 129 zu einzupflanzen.**

sei der Datenbus genannt. Es hat sich in der Vergangenheit gezeigt, wofür der 300 SL ein Beispiel ist, dass Neuheiten immer in exklusiven Fahrzeugen ihren Anfang nehmen, um dann in die Großserie einzufließen. Ein Beispiel ist, dass die Zündzeitpunkte der einzelnen Zylinder individuell angepasst und korrigiert werden können. Im Motormanagement hat man Möglichkeiten realisiert, die Warmlaufphase extrem zu verkürzen, um ein schnelles Aufheizen des riesigen Katalysators mit seinem Volumen von sieben Litern zu ermöglichen. Das schwere Fahrzeug machte enorme Anstrengungen notwendig, um unterhalb der sehr scharfen gesetzlichen Abgasgrenzwerten zu bleiben. Da die Abgas-Grenzwerte zum Beispiel in USA absolute Werte sind, das wird oft übersehen und ist ein wichtiger Knackpunkt, darf auch ein schweres oder leistungsstarkes Fahrzeug in g/mi (Gramm pro Meile) nicht mehr emittieren als zum Beispiel ein Auto der Polo- oder Golf-Klasse. Das bedeutet, der Reinigungsgrad der Abgase muss beim leistungsstarken Fahrzeug deutlich besser sein.«

Kurt Obländer bestimmt seinen Versuchsingenieur Hans Brüggemann, neben seiner Funktion als Abteilungsleiter in der Motorenmechanik, zum Projektleiter für den M 120. Die an der Serienferne gescheiterten Vorarbeiten durch das KOMO-Projekt führen zum Sechszylinder-Reihenmotor als V12-Basis, und zwar in seiner weiterentwickelten Form mit dem Vierventil-Zylinderkopf.

Ab Januar 1986 werden die ersten Überlegungen in Entwürfe, auf der Basis des späteren M 104, umgesetzt. Beim Motorblock greift man auf die umfangreichen Erfahrungen zurück, die mit den Achtzylinder-Motoren gemacht wurden. Das bedeutet auch für den M 120 Motorblöcke aus übereutektischem Aluminumguss in Closed-deck-Bauweise. Dieses Konzept führt im Endeffekt zu dem bemerkenswerten Ergebnis, dass der Motorblock des Zwölfzylinders M 120 mit 41 kg nur 400 Gramm mehr wiegt als der viel gelobte und als Beispiel für fortschrittlichen Leichtbau gepriesene Gusseisenmotorblock des Audi-V6-Motors, der aus raffiniertem Dünnwandguss hergestellt wird. Die Vierventil-Zylinderköpfe stellt der in großen Stückzahlen eingeplante Sechszylinder M 104 bereit, was Entwicklungs- und Stückkosten sowie Entwicklungszeit durch Übernahme der Großserienteile spart.

Im März 1986 beginnt in der Motorenkonstruktion unter Ernst Gobien die Feinarbeit. Nach dessen Tod übernimmt sein Kollege Rolf Zeller, als Abteilungsleiter in der Motorenkonstruktion für die Sechszylinder-Motoren, den konstruktiven Part. Für den Einbau des M 120 in den R 129 verdient sich der Motorenkonstrukteur Wolf-Dieter Wagner Meriten. Später wird der M 120 vom V8-Motorenkonstrukteur Rolf Ohlendorf betreut.

Die konstruktive Zuordnung des Zwölfzylinder-Motors zu der mit den Sechszylindern befassten Abteilung macht Sinn, da ja so weit wie irgend möglich Teile des M 104 verwendet werden sollen. Zunächst muss der Zylinderkopf umgearbeitet werden. Die Kanalführung des Einlasskanals mit seiner charakteristischen Bananenform ist für den Zwölfzylindermotor mit seinem engen V-Winkel unbrauchbar. Da aber auch der Sechszylinder-Motor M 104 mit LH-Einspritzung und später der Motronic ebenfalls eine geänderte Kanalführung erfordern, kann dies gleich mitberücksichtigt werden.

Am 30. Oktober 1986 wird mitgeteilt, dass Entwicklungschef Dr. Wolfgang Peter für den Entscheidungsprozess zugunsten des M 120 noch drei bis vier Monate ansetzt. Es geht allerdings schneller.

Am 9. Dezember löst der Ausschuss für Modelle und Planung (AMP) mit der Entwicklungsfreigabe für den M 120 und dem offiziellen Countdown für den Zwölfzylinder dennoch keine hektische Betriebsamkeit aus, man war schon vorher fleißig gewesen. Der M 119 E 56 wird übrigens zugunsten des Sechsliters gestrichen. In einer für Mercedes-Benz-Verhältnisse eher ungewohnten Schnelligkeit laufen alle folgenden Entwicklungsschritte ab. Ohne die bereits geleisteten Vorarbeiten wären diese Fortschritte allerdings so nie möglich gewesen.

Bereits Ende 1986 wird mit der Motorteilefertigung, in diesem Fall den Kurbelgehäusen, begonnen.

Am 24. Februar 1987 macht der Motorenversuch, hier insbesondere die für die Verbrennung zuständigen Ingenieure, auf die elektronische Bosch-Einspritzung für den M 120 aufmerksam. Sie versprachen sich vom Einsatz dieser Technologie einen schmaler bauenden Motor im Bereich der Sauganlage, erhebliche Kosteneinsparungen und einen erweiterten und verbesserten Funktionsumfang.

Am 26. Februar 1987 nimmt man den ersten lauffähigen Motor M 120 für den Oktober des Jahres ins Visier. Am 2. April 1987 erklärt Vertriebsvorstand Eberhard Herzog anlässlich der zweiten KUP-Sitzung des Jahres 1987, dass der Vertrieb den V12-Motor auch im R 129 wünsche. Man erwarte sich davon zwar insgesamt keine höheren Stückzahlen im SL-Segment, die V12-Stückzahlen gingen zu Lasten der V8-Stückzahlen. Wenn aber der V12-Motor schon im W 140 und C 140 angeboten werden solle, benötige der Vertrieb den V12-Motor aus Prestigegründen auch im R 129. Sein Vorstandskollege Klaus-Dieter Vöhringer beziffert die Mehrselbstkosten für den V12-Motor anhand der geschätzten Investitionen auf rund 14.000 Mark.

**Ästhetisch ein Genuss und technisch eine Meisterleistung – der M 120 im R 129.**

Am 30. November 1987, pünktlich zum 60. Geburtstag Kurt Obländers, präsentiert Projektleiter Hans Brüggemann den ersten auf dem Prüfstand laufenden Zwölfzylinder-Motor M 120. Natürlich unterscheidet sich dieser Motor der Baustufe I noch in wichtigen Punkten von der späteren Serienausführung, insbesondere in der KE-Einspritzung. Auf sie wird zurückgegriffen, um die ersten Motoren zum Laufen zu bringen und erste Erfahrungen zu sammeln. Ein Foto dieses Motors taucht später in Presseveröffentlichungen auf, und der Wettbewerber wundert sich, dass Mercedes-Benz an einem neuen Motor noch die relativ betagte KE-Einspritzung verwendet. Dieses Mal drehen allerdings Kurt Obländer und seine Motoreningenieure der Konkurrenz eine lange Nase.

Von den Motoren der Baustufe I werden etwa 40 Exemplare gebaut. Viele dieser Motoren haben noch ein Kurbelgehäuse aus Sandguss. Da diese Motoren im Zylinderkopfbereich aus zwei zusammengesetzten Sechszylindern bestehen, haben sie noch einen zweifachen Kettentrieb mit zwei Kettenspannern sowie entsprechende Umlenkräder und Spannschienen. Das führt in der Folge bei der Nockenwelle der um 20 mm nach hinten versetzten linken Zylinderbank zu Nockenwellenbrüchen.

An einem Teil dieser frühen Motoren sind auch noch Gussauspuffkrümmer verbaut worden – mit all ihren Nachteilen: Sie heizen durch die Strahlungswärme den Motorraum zu stark auf (Oberflächentemperatur bei Volllast: Gusskrümmer 770 °C, doppelwandi-

ger Blechkrümmer mit Isolierschicht 400 °C). Durch den Wärmeverlust der Abgase im Gusskrümmer verzögert sich das Anspringen des Katalysators. Und die vier Gusskrümmer wiegen fünf bis sechs Kilo mehr als die Blechkrümmer.
Von der Baustufe II werden rund 70 Motoren gebaut, die zum Teil auch in die Fahrerprobung gehen. Auf den Motorenprüfständen absolvieren sie die unterschiedlichsten Prüfzyklen, wie Geräuschuntersuchungen, Kalt- und Heißstarts, Volllastläufe nach Kaltstarts und über Tage hinweg, ECE-Zyklen und was sonst noch das Repertoire der Versuchsfolterkammer an großen und kleinen Gemeinheiten für ein Motorenleben herzugeben imstande ist.
An den Motoren der Baustufe II wird die subtile Optimierungsarbeit deutlich, die nötig ist, um einen Motor zu der Perfektion zu bringen, die man von ihm als Spitzenmotor erwartet. Beim M 120 betrifft diese immense Fleißarbeit vor allem Maßnahmen zur Reduzierung der Motorgeräusche. Die Feinarbeit an den Motoren der Baustufe II umfasst eine Doppelrollenkette für den Nockenwellenantrieb. Der Keilrippenriemen wird von sechs auf acht Rillen erweitert. Dadurch erhöht sich die Lebensdauer auf das Vierfache, die Schlupfraten sinken um das Dreifache. Das Kurbelgehäuse wird zur Geräuschoptimierung im unteren Bereich stark verrippt, dazu dienen auch die Ölrücklaufkanäle. Der Motor-Getriebe-Verband wird versteift, das Grundlagerspiel reduziert und das Ansaugrohr durch eine Gummidichtung vom Zylinderkopf abgekoppelt. Zur Vermeidung von Körperschallübertragungen mit hohen Frequenzpegeln erhalten die Zylinderkopfhauben innen Versteifungsrippen. Außerdem werden Ölwanne/Blechtopf verrippt, der Zweimassen-Schwingungsdämpfer der Kurbelwelle optimiert, der Kettentrieb erhält eine gebogene Gleitschiene ohne Umlenkräder. Dazu kommt die geräuschärmere Verzahnung der Nockenwellen-Kettenräder, die Nockenwellen werden mit

**Das Geburtstagsgeschenk. Der M 120 der Baustufe I, der zum ersten Mal am 30. November 1987 zu Motorenchefs Dr. Obländer 60. Geburtstag lief. Dieser Motor war noch mit KE-Einspritzung ausgerüstet. Als dieses Bild in der Presse lanciert wurde, gaben die listigen Presseleute von Mercedes-Benz eine Leistung von nur zirka 355 PS / 260 kW an – denn sie wissen, was sie tun.**

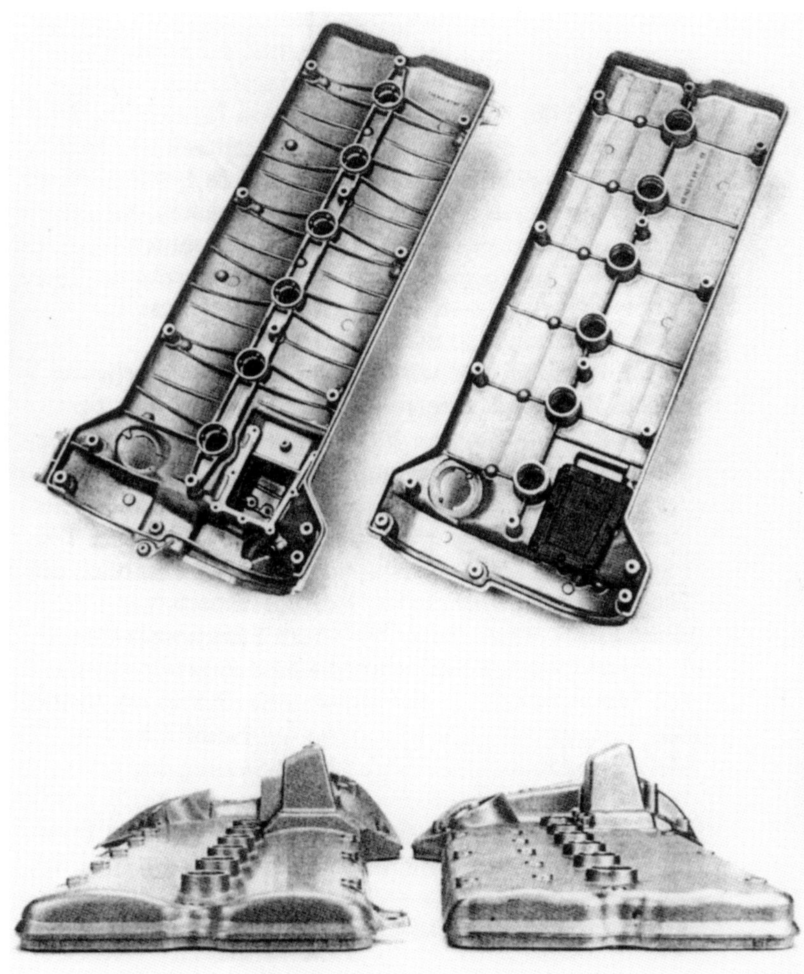

**Erwartungshorizont: ein Zwölfzylinder soll mechanisch leise sein. Geräuschoptimierte Ventilhauben des M 120 (links).**

geräuschoptimiertem Vornocken versehen und das Zahnspiel im Nockenwellenversteller verringert. BS-II-Motoren haben eine Register-Ölpumpe anstelle einer extrem breiten Zahnrad-Ölpumpe, mit Kunststoff abgedeckte Einspritzventile, einen Luftfilter mit versteiftem, ausgeschäumtem Gehäuse sowie Venturi-Düse. Außerdem wird die Lüfterdrehzahl bei vergrößertem Lüfterdurchmesser abgesenkt und die Verbrennungsauslegung im Hinblick auf den Zündzeitpunkt, die Steuerzeiten und den Nockenwellen-Verstellbereich optimiert. Das Tüpfelchen auf dem i stellen die zylinderselektiven Zündkennfelder dar.
Im R 129 werden von den Baustufen I und II 15 Motoren erprobt. Für den Serienversuch entstehen rund 90 Motoren, von denen 35 im R 129 erprobt werden. Wegen der knappen Anzahl von Versuchsfahrzeugen des W 140 werden mehr M 120-Motoren im R 129 erprobt als ursprünglich vorgesehen. In den Fahrzeugen R 129 werden aus den beiden Baustufen und dem Serienversuch 50 Motoren erprobt, wobei sich die gemeinsame Erprobung im W 140 und R 129 nicht trennen lässt.
Seine Premiere erlebt der M 120 im März 1991 im W 140 als Baumuster M 120.980. Im Sommer 1992 gelangt er als Baumuster 120.981 im R 129 zu weiteren Ehren, allerdings mit einer von 408 PS / 300 kW auf 395 PS / 295 kW reduzierten Leistung und einem von 580 Nm um 10 Nm verringerten Drehmomentmaximum aufgrund der zurückgenommenen Volllastanreicherung. Trotzdem stehen bereits bei 2000/min etwa 90 Prozent des maximalen Drehmoments zur Verfügung. Der Höchstwert wird bei einer Drehzahl von 3800/min erreicht und zeigt, dass weniger Wert auf absolute Höchstleistung gelegt, sondern ein hohes Drehmoment bei niederen Drehzahlen das Ziel der Motorenbauer war. Dieses Ergebnis kann nur durch ein ganzes Bündel von aufeinander abgestimmten Maßnahmen erzielt werden, so durch das Verdichtungsverhältnis von 10,0 in Verbindung mit zylinderselektiver Antiklopfregelung, Verstellung der Einlassnockenwellen und Abstimmung der Ansaug- und Auspuffanlage.

## Das Oberhaus

Nach der Änderung der Einlasskanalführung und der Einführung der Längs- und Querdurchströmung der Zylinderköpfe durch das Kühlwasser entsprechen die Zylinderköpfe der rechten Zylinderbank hundertprozentig denen der Sechszylinder-Motoren. Die Zylinderköpfe der linken Zylinderbank sind spiegelbildlich und entsprechen den Köpfen der rechten Zylinderbank bis auf den geänderten Kettenkasten aufgrund des Zylinderversatzes um 20 mm. Sie können deshalb fertigungsmäßig auf denselben Produktionsanlagen bearbeitet werden. Das bedeutet auch die Reduzierung der Ventilschaftdurchmesser von 9 auf 8 mm beim Auslassventil und von 8 auf 7 mm beim Einlassventil gegenüber dem Dreiliter-Motor. Der Neigungswinkel der Ventile zueinander beträgt 50°. Die Verstellung der Einlassnockenwelle beträgt 32° KW und erfolgt nach dem bekannten Verstellprinzip. Die Zylinderkopfdeckel sind aus Magnesium-Druckguss und wiegen nur 1,3 kg. Bei der Gestaltung der Sauganlage bedient man sich eines konstruktiven Tricks. Bei optimaler Abstimmung der Schwinglänge der Saugrohre hätte der Sammler direkt über den zentral platzierten Zündkerzen gelegen. Deshalb erweitern sich die Saugrohre im Durchmesser vom Einlasskanal zum Sammelbehälter kontinuierlich. Da die Saugrohre bei einem V-Winkel von nur 60° nicht wie beim V8-Motor innerhalb der beiden Zylinderbänke untergebracht werden können, liegen die Sammelrohre verschränkt gegenüber der dazugehörigen Zylinderbank. An den Sammelrohren sind die elektronisch geregelten Drosselklappensteller befestigt. Die Hitzdraht-Luftmassenmesser sind durch flexible Luftführungsgehäuse mit den Sammelrohren verbunden und an den karosserieseitig befestigten Luftfiltern montiert. Bei den zweistrahligen Einspritzventilen, die durch eine zentrale Kraftstoff-Verteilerleitung gespeist werden, sind die beiden Kraftstoffstrahlen auf die Mitte der Einlassventile gerichtet. Sie wurden gegenüber der ursprünglichen Ausführung von vier Strahlen auf zwei Kraftstoffstrahlen umgestellt. Die vier hohlgebohrten Nockenwellen aus Schalenhartguss werden durch eine Doppelrollenkette mit 170 Gliedern angetrieben. Sie bietet verschiedene Vorteile wie eine geringe Kettengliederzahl, um unnötige Kettenlängung auszuschließen; ein kurzes Kettentrum zwischen den Zylinderbänken, um eine Veränderung der Steuerzeiten zwischen den beiden Bänken zu vermeiden; eine Abdichtung des Kettendurchlaufs zwischen den Zylinderbänken und die Zwangsführung der Steuerkette durch gebogene Gleitschienen, was die Eigenschwingungen reduziert.
Auf der Stirnseite der beiden Auslassnockenwellen ist je ein Hochspannungsverteiler montiert.
Die Blechauspuffkrümmer mit Abgasrückführventilen sind doppelwandig. Die Außenschale besteht aus 1,5 mm starkem Edelstahlblech. Die Innenschale besteht aus 1 mm starkem, hochtemperaturfähigem Material. Zwischen beiden ist eine 4 mm starke Isolationsschicht aus Keramik- und Glasfasergewebe eingepresst. Zum Ausgleich der unterschiedlichen Längendehnung sind schwimmende Schiebesitze angeordnet.

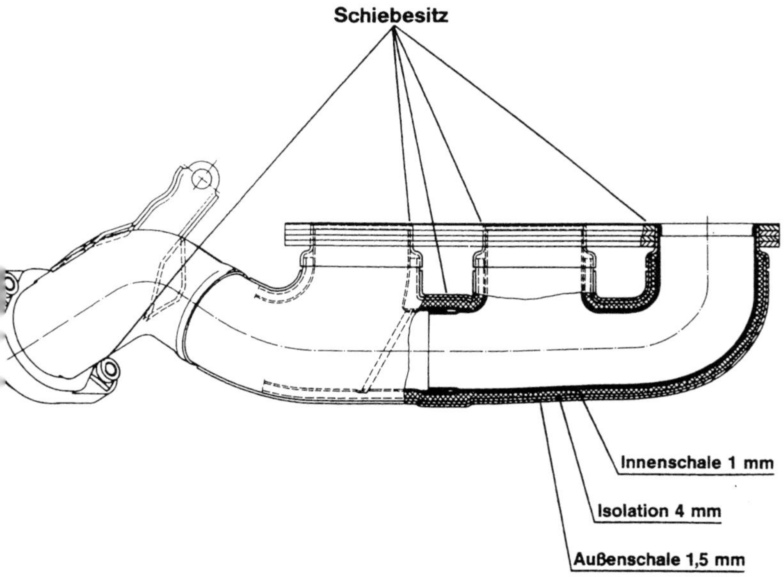


**Für saubere Umwelt unerlässlich, schön eingepackt, damit ja nichts kalt wird: die Auspuffkrümmer mit dem Thermosflaschen-Effekt.**

# Das Werkhaus

Das Closed-deck-Kurbelgehäuse im 60°-Zylinderwinkel besteht aus einer übereutektischen AlSi17Cu4Mg-Legierung und wird im Niederdruck-Gießverfahren in einer Stahlkokille mit Sandkernen gegossen. Um dem Kurbelgehäuse die nötige Steifigkeit zu verleihen und gleichzeitig die Körperschallübertragung an die Umgebung zu reduzieren, werden an den entsprechenden Stellen Versteifungsrippen angebracht. In diesen Verbund werden auch die sechs zusätzlichen Ölrücklaufkanäle, vom Zylinderkopf in das Kurbelgehäuse, mit eingeschlossen. Diese Kanäle werden auch zur Be- und Entlüftung herangezogen. Darüber hinaus erfolgt der Ölrücklauf aus den beiden Zylinderköpfen über die zwei Kettenschächte.

Die Körperschallsensoren der Antiklopfregelung sind im Inneren des V der beiden Zylinderbänke untergebracht. Der Anlasser kann wahlweise, je nachdem, ob es sich um eine rechts- oder linksgelenkte Ausführung handelt, rechts oder links montiert werden. Im vorderen Bereich des Kurbelgehäuses sind jeweils links und rechts die Befestigungsaugen der Aggregateträger angegossen. Dahinter befinden sich die Flansche der Motorträger. Der Zylinderbank-Versatz beträgt 20 mm, da zwei Pleuel nebeneinander auf einem Hubzapfen sitzen. Der mittlere Lagerstuhl ist von je zwei Bohrungen durchbrochen. Sie ermöglichen einen Druckausgleich der von den Kolben bewegten Gasmassen. So werden die Pumpverluste reduziert und die Ölverschäumung verhindert.

Die Hauptabmessungen des Triebwerks und der Kurbelwelle entsprechen denen des Sechszylinder-Reihenmotors. Der Zylinderabstand beträgt bei beiden 97 mm. Maßgleichheit besteht auch bei den Haupt- und Pleuellagerdurchmessern mit 58 beziehungsweise 48 mm. Die Lager sind induktiv gehärtet. Die Zylinderbohrung beträgt 89 mm, die Reparaturstufe I hat den Durchmesser 89,35 mm, die Reparaturstufe II den Durchmesser 89,70 mm. Die Gleichartigkeit fängt übrigens schon im Entstehungsprozess an, da beide Kurbelwellen in einer Ebene geschmiedet und sofort anschließend, noch rotglühend, getwistet werden.

Für den optimalen Massenausgleich sorgen die zwölf Gegengewichte der 29 kg schweren Kurbelwelle. Am vorderen Kurbelwellenende befinden sich die beiden Kettenräder für den Antrieb der Steuerkette und die Antriebskette der Ölpumpe und ein Zweimassen-Schwingungstilger, der gleichzeitig die Riemenscheibe für den Antrieb des Keilrippen-Riemens aufnimmt.

Das geschmiedete Pleuel ist 154 mm lang und somit wesentlich länger als das der Sechszylinder-Motoren. Es sorgt mit seinem günstigen Pleuelstangenverhältnis von 0,26 für eine reduzierte Reibleistung. Der Pleuelschaft ist mit einer Tieflochbohrung versehen, durch die das Pleuelauge geschmiert und der Kolbenboden mit Spritzöl gekühlt wird.

Die Drei-Ring-Kolben sind eisenbeschichtet und im Bereich des Kolbenbodens und der ersten Kolbenringnut vernickelt. Damit die Nickelschicht nicht verletzt wird, sind die Kolbenkennzahl und die Gruppennummer auf dem Kolbenboden mit Farbe aufgestempelt. Sie haben vier gleich große Ventiltaschen und sind deshalb in beiden Zylinderbänken einzubauen.

# Das Unterhaus

Noch nie war Untertage-Arbeit so aufwendig, und sie haben vieles gemeinsam, die Bergleute bei ihrer Untertage-Arbeit und die Ölpumpe bei ihrer Tätigkeit in der Ölwanne. Man nimmt sie bei der Arbeit nicht wahr, setzt aber ihre Tätigkeit einfach als selbstverständlich voraus. Bekommt man sie irgendwann einmal nach ihrer Arbeit zu Gesicht, dann sind sie kohlrabenschwarz, und man sollte tunlichst allzu intensiven Kontakt mit ihnen vermeiden. Stellen sie aber ihren Dienst ein, wird es teuer; großes Wehklagen hebt allenthalben an. Darüber hinaus steckt in der Arbeit der beiden eine Menge Technologie, von der Be- und Entlüftung angefangen bis hin zu Gaswalzen. Zuverlässig sollen sie sein, und hören soll man sie bei ihrer Arbeit bitteschön auch nicht, aber effizient soll die Tätigkeit dann wiederum doch sein. Schlagwetterexplosionen kommen im Untertagebau der Ölwanne nicht vor, aber wenn es dort einmal kracht, gibt es kapitale Schäden in den Untiefen des schwarzen Goldes. Und wer von den Versuchsingenieuren und Monteuren einmal einen Motor auf dem Prüfstand explodieren sah, der weiß, welche Energie in den umherfliegenden Brocken steckt.

Das alles wissen die Untertürkheimer Entwickler längst, als sie sich an die Schmierölversorgung mit all ihren Tücken wagen. Zwischen 7,5 und 9,5 Liter des edlen Saftes werden da im Triebwerks-Keller gebunkert, doch ist es mit dem einfachen Verwahren des teuren Gebräus nicht getan. Etwas mehr Aufwand ist angesagt – und wird gerne auch geleistet.

Die Kurbelwelle ist nach unten mit einem Führungsblech von der Ölwanne abgeschirmt. Dieses Blech fängt das von der Gaswalze – sie wird von der rotierenden Kurbelwelle und den Pleueln erzeugt – mitgerissene Öl ab und leitet es in die Ölwanne. Durch diese Abschirmung wird verhindert, dass der Ölsumpf in der Ölwanne von der Gaswalze beeinflusst wird. Dadurch wird der Gasgehalt des Öls verringert und die Panscharbeit des Triebwerks reduziert.

Die Ölwanne besteht aus zwei Teilen. Das Oberteil ist aus Alu-Sandguss. Sein Pfiff besteht aus dem »Privatzugang zum Ölsumpf für den Ölrücklauf vom Zylinderkopf«, wie Projektleiter Hans Brüggemann die beiden gesonderten Kanäle bezeichnet, die das Öl direkt unterhalb des Ölspiegels in den Ölsumpf einleiten. Das Unterteil besteht, aus Verformungsgründen bei einem eventuellen Bodenkontakt, aus Blech. Aus Geräuschgründen befinden sich auf dem Boden der Ölwanne Versteifungen.

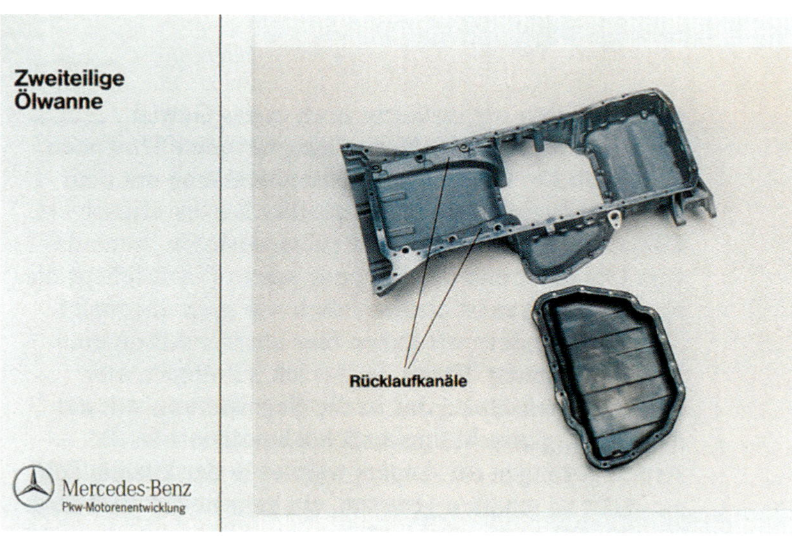


Die Ölpumpe wird durch eine Einfach-Rollenkette von der Kurbelwelle angetrieben. Um so widersprüchliche Forderungen wie Schmiersicherheit bei allen Drehzahlen und Ölviskositäten sowie eine möglichst geringe Antriebsleistung unter einen Hut zu bringen, wird eine Registerölpumpe mit zwei Radkammern entwickelt. Über einen Regelkolben werden die zwei Kammern angesteuert. Eine normale Ölpumpe hätte 4,5 cm breite Pumpenräder mit hoher Leistungsaufnahme und hohen Geräuschen erfordert.

Die Betriebsbedingungen der Registerölpumpe sind der Zweikammerbetrieb bei heißem Öl im unteren Drehzahlbereich, der Einkammerbetrieb bei steigendem Gegendruck durch kälteres Öl sowie die Absteuerstellung bei weiter ansteigendem Gegendruck. Im praktischen Versuch kann ein Reibleistungsgewinn im Stadtzyklus-Verbrauchstest von zirka 0,3 kW gemessen werden. Die Ölkühlung erfolgt über einen thermostatgesteuerten Luftölkühler. Um der Ölverschlammung einen Riegel vorzuschieben, wird auf eine konsequente Be- und Entlüftung des Motors Wert gelegt, die durch folgende Maßnahmen erreicht wird, nämlich eine intensive Kurbelgehäusebelüftung bei Teillast, eine gleichmäßige Verteilung der Gase in beiden Zylinderbänken sowie ständigem und gleichmäßigem Unterdruck im Kurbelgehäuse von weniger als 25 mbar.

Mit 295 kg – so schwer ist der M 120 – krönt Dr. Kurt Obländer seinen Abschied als Pkw-Motorenchef der Mercedes-Benz AG, der er sein ganzes Berufsleben lang angehört hat, mit der Spitze des Motorenbaus, dem V12Motor.

Dr. Kurt Obländer sah das eher im übertragenen Sinne. Da waren die 295 kg Trockengewicht ohne Klimakompressor für den V12-Motor als »leichte Pfunde« im Sinne von schwerer, erfolgreicher Arbeit zu sehen. Und deshalb drückte die Krone den freundlich dreinblickenden »Motorenprofessor vom Daimler« auch gar nicht. Im Gegenteil, er freute sich über das Leichtgewicht. Und um das zu unterstreichen, schüttelte er locker noch ein paar Vergleichszahlen aus dem Ärmel: »Schauen Sie sich den Sechszylinder einmal in seiner neuesten Ausführung mit dem Kunststoffsaugrohr und der Motronic an, der wiegt 211 kg, der Fünfliter mit LH-Einspritzung kommt auf 236 kg, und der so gelobte KOMO-12 war mit 290 kg gerade mal 5 kg leichter. Aber der hatte ein Open-deck-Gehäuse und war nur auf fünf Liter Hubraum ausgelegt. Da liegen wir mit dem M 120 richtig gut. Mit einer Open-deck-Bauweise könnten wir vielleicht noch etwas Gewicht einsparen und billiger in der Herstellung werden.« Und noch etwas fiel Dr. Obländer im Zusammenhang mit dem M 120 und seiner Person sympathisch selbstkritisch ein: »Wissen Sie, es klingt ja ganz pressewirksam, wenn da vom Obländer und der Krönung

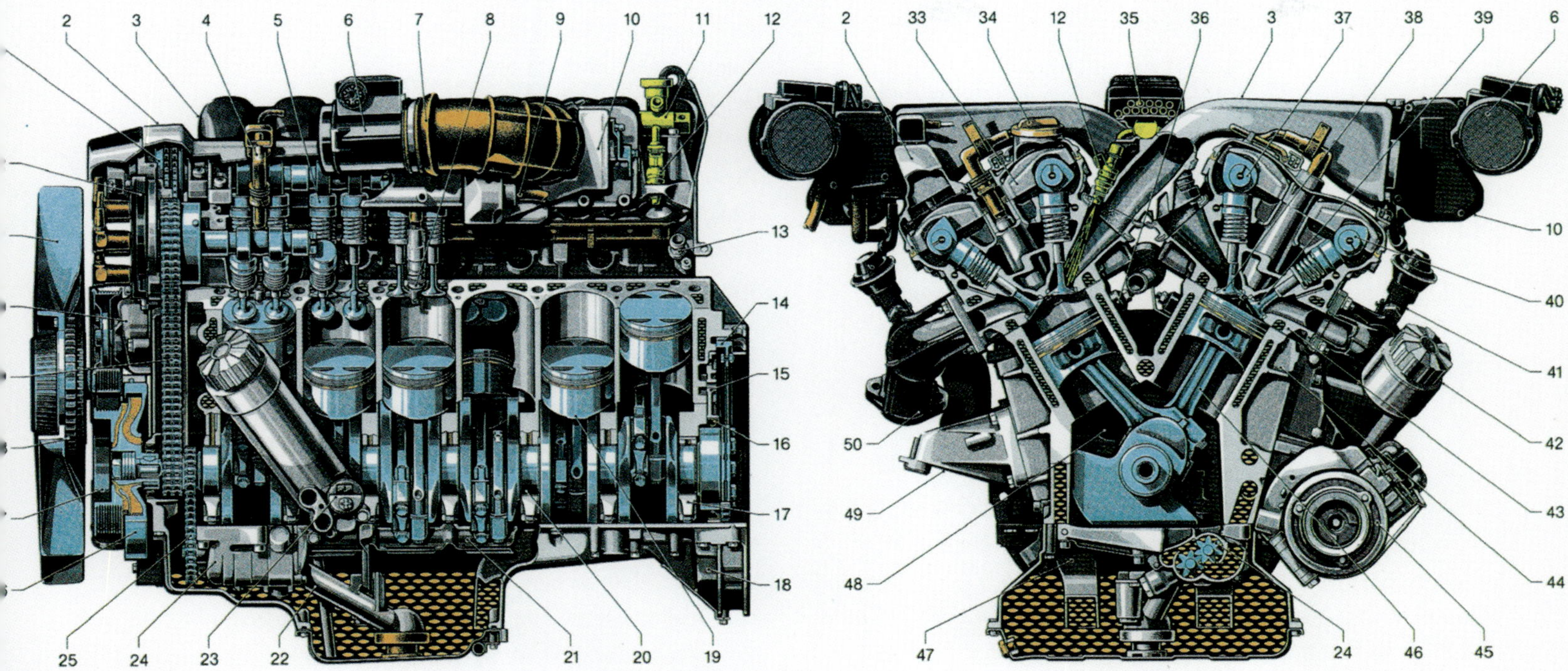

**…chnische Daten:**

…beitsverfahren ....... Viertakt
Benzin-Einspritzung
KAT

…linderzahl ............ 12
…hrung/Hub .......... 89,0/80,2 mm
…samthubraum eff. .. 5987 cm³

1 Kettenrad mit Nockenwellenversteller
2 Zylinderkopfhaube
3 Saugrohr
4 Zündkerzenstecker
5 Hydraulischer Ventilstößel
6 Hitzdraht-Luftmassenmesser (HLM)
7 Luftführungsgehäuse
8 Zündkerze
9 Anschlußkabel (E-Gas-Steller)
10 E-Gas-Steller
11 Kraftstoffverteilerleitung
12 Einspritzventil
13 Heizwasservorlauf
14 Anlaßzahnkranz
15 Abschlußdeckel
16 Dichtring
17 Kurbelwellenlagerdeckel
18 Ölwanne
19 Kolben
20 Kurbelwelle
21 Ölabschirmblech
22 Ölsaugrohr
23 Druckgeber
24 Ölpumpe
25 Einfachrollenkette (Ölpumpenantrieb)
26 Schwingungsdämpfer
27 Riemenscheibe (Kurbelwelle)
28 Visco-Lüfterkupplung
29 Zweifach-Rollenkette
30 Wasserpumpe
31 Lüfter
32 Zündverteiler
33 Nockenwellenlager
34 Öleinfüllverschluß
35 Zündleitungen
36 Klopfsensor
37 Einlaß-Nockenwelle
38 Einlaßventil
39 Auslaßventil
40 Auslaß-Nockenwelle
41 Abgasrückführventil
42 Ölfilter
43 Zylinderkopf
44 Kurbelgehäuse
45 Kältemittelverdichter
46 Pleuelstange
47 Ölrücklaufkanal
48 Druck-Ausgleichbohrung
49 Motorträger
50 Auspuffkrümmer

**…otor M 120**
…yp 600 SL

Mercedes-Benz AG
Stuttgart-
Untertürkheim
**FG 25 407**
Printed in Germany

seines Berufslebens die Rede ist, aber es ist ebenso falsch wie auch ungerecht. Nicht ich, sondern wir haben hier unserer Arbeit eine Krone aufgesetzt. Etwas, an das ich mit ungeheurer Freude zurückdenke, das ist die Begeisterung, mit der damals die ganze Mannschaft hochmotiviert an die Arbeit gegangen ist. Anders wäre es in der kurzen Zeit gar nicht zu schaffen gewesen, ein ganz neues Triebwerk einschließlich aller Typprüfungen und Zulassungsprozeduren auf die Beine zu stellen. Da war so etwas wie Aufbruchsstimmung zu spüren, wie ich sie aus meiner Anfangszeit beim Daimler aus der Mitte der fünfziger Jahre kenne, damals arbeiteten wir am 300 SL.«

Natürlich gibt es auch am M 120 noch etwas zu verbessern. So hatte beispielsweise der an der Verbrennung arbeitende Versuchsingenieur Jürgen Willand einen Katalysator mit einem asymmetrischen Querschnitt vorgeschlagen. »Für uns schieden Metallkatalysatoren, bis auf den Evo II, aus. Damit hätte er einen größeren Querschnitt mit der Folge eines geringeren Abgasgegendrucks und der Auswirkung einer höheren Leistung bei niedrigerem Verbrauch bekommen. Aber auch bei diesem Motor mussten aus Kostengründen Kompromisse geschlossen werden.«

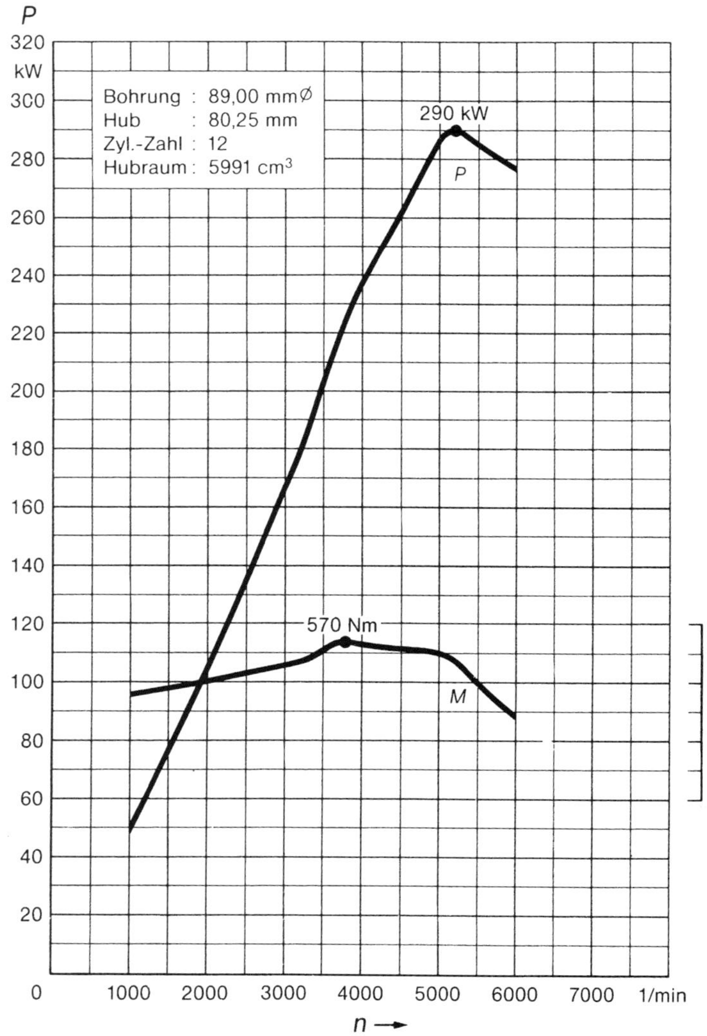


**Das Leistungsdiagramm des M 120 E 60 im 600 SL / SL 600.**

# Die Abgasanlage

Waren früher Abgas- oder Auspuffanlagen, wie sie volkstümlicher genannt wurden, mehr oder weniger simple Geräuschkiller, so sind sie heute zu einer Wissenschaft für sich geworden. Durch das Reduzieren des Schadstoffausstoßes mittels Katalysatoren sind solche Anlagen nur noch mit Hilfe der Elektronik beherrschbar. Das ist beim 600 SL deutlich sichtbar. Von den Blech-Abgaskrümmern war schon die Rede.

Von unten betrachtet fallen, außer den 60 mm dicken Auspuffrohren, im wahrsten Sinne des Wortes die zwei riesigen Katalysatoren ins Auge. Mit einem Querschnitt von 217,4 cm², einer Länge von 315 cm und einem Inhalt von 6630 cm³ ermöglichen sie eine optimale Umwandlung. Sie haben einen um 8 Prozent größeres Volumen als diejenigen des SL 500, sind aber wiederum aufgrund der Platzverhältnisse im Unterboden um 0,42 l kleiner als im W 140. Die Katalysatoren werden nach dem Kaltstart geheizt. Das Aufheizen erfolgt im Verbund von Zündung, Einspritzung und Füllungssteuerung. Zur Steigerung des Aufheizeffektes während der Warmlaufphase werden die Schaltpunkte des Automatikgetriebes nach oben verschoben. Die Bündelung und zeitliche Abstimmung dieser und weiterer Maßnahmen wäre ohne den Einsatz des Datenbus CAN nicht machbar. Zur Halterung der Monolithen werden statt des bisher verwendeten Drahtgestricks wie in der S-Klasse Quellmatten verwendet.

# Die kleinen und die großen Unterschiede

Von außen sieht man überhaupt keinen Unterschied, wären da nicht das Typenzeichen auf dem Kofferraumdeckel und die beiden V12-Schildchen an den Kühlluft-Auslässen in den vorderen Kotflügeln. Aber die kann man ja auf Wunsch auch weglassen und sich genüsslich der klammheimlichen Freude hingeben. Wegfall-SA heißt so etwas in der wenig prosaischen Sprache der Mercedesschen Verkaufsterminologie.

Aufgrund der im R 129 anderen Einbauverhältnisse als im W 140 werden am Motor die Ölwanne, der Luftfilter, die Kraftstoff-, Kühlmittel- und Entlüftungsleitungen, die Verkabelung der Motorelektrik, die Auspuffkrümmer sowie die Abgasanlage geändert.

Mit dem Einsatz des Zwölfzylinder-Motors müssen sich einige Komponenten, wenn man einmal von der Ausstattung absieht, Überarbeitungen und Änderungen gefallen lassen. Der M 120, er war ja nicht von Anfang an vorgesehen, kommt sozusagen als Nachzügler erst später in das Gesamtkonzept des R 129.

Die Fahrwerksänderungen sind bescheiden und betreffen nur die Bremsen. Sie sind bis August 1993 vom SL 280 bis zum SL 500 gleich dimensioniert. Beim SL 600 sind die vorderen, belüfteten Bremsscheiben auf 320 mm im Durchmesser gewachsen und haben in der Stärke um 2 mm, von 28 mm auf 30 mm, zugenommen. Diese Scheiben sind seitengebunden und entsprechend gekennzeichnet, da sie über gebogene Luftleitschaufeln zur gezielten Wärmeabführung verfügen. Die hinteren Bremsscheiben werden im Durchmesser von 278 mm auf 300 mm vergrößert. Während sie bei den kleineren Modellen unbelüftet und 9 mm stark sind, haben sie beim Sechsliter eine Stärke von 22 mm und sind belüftet. Darüber hinaus wird beim SL 600 zur besseren Verteilung der Bremskräfte auf Vorder- und Hinterachse das

ABS III mit einem automatisch umschaltbaren Tandem-Hauptbremszylinder eingebaut. Das Verteilungsverhältnis beträgt 65,6 zu 34,4. Bei Geschwindigkeiten über 170 km/h, bei hohen Kurvengeschwindigkeiten und beim Ausfall des ABS beträgt der Verteilungsgrad 74,3 zu 25,7.
Die Antischlupfregelung ASR gehört wie der Tempomat beim SL 600 zur Grundausstattung, die ab Juni 1993 für alle Modelle des R 129 durch eine verbesserte Ausführung ersetzt wird. Sie berücksichtigt auch das momentane Motordrehmoment als weitere Steuergröße.
Größere, aber unsichtbare Änderungen muss sich die Rohkarosserie durch den Einbau des M 120 gefallen lassen. Sie kommen allen Modellen des R 129 zugute und umfassen neu abgestimmte Blechdicken und Verformungssicken des Vorbaus. Für die LH-Einspritzung muss der Stirnwandbereich umkonstruiert werden, das gilt auch für den SL 500 mit LH-Einspritzung. Das Steuergerät der LH-Einspritzung passt nicht in den bis dahin vorgesehenen Raum, und die vierflutige Abgasanlage des M 120 erfordert mehr Platz, was zu Änderungen am Kardantunnel, dem vorderen Abschleppbügel, den Radeinbauten rechts und links, dem Querträger unter dem Windschutz und zu Modifikationen an der Konsole des linken Dämpferbeins führt. Der SL 600 hat das verstärkte Automatikgetriebe W 4 A 055, wie es auch in die Zwölfzylinder-Modelle der S-Klasse eingebaut wird.

An der Vorderachse unterscheidet sich der SL 600 durch ein im Querlenker eingeschweißtes Traggelenk. Am Achsschenkel erhalten generell alle R 129 seit Februar 1992 eine auf 14 mm vergrößerte Bohrung für die Federbein-Befestigung (vorher 12 mm). Die Radnaben erhalten eingeschränkte Toleranzen an der ABS-Rotorverzahnung. Diese Radnaben sind mit zwei roten Punkten gekennzeichnet.
Der hintere Gelenkwellenteil ist beim SL 600 an den Enden im Durchmesser von 80 mm auf 60 mm reduziert. Sollte bei einem Frontalaufprall der Motor mit verschoben werden, ist dadurch eine gezielte Gelenkwellenverkürzung möglich.
Ein Sonderfall ergibt sich beim SL 600 für die Erfüllung der USA-Vorschrift FMVSS 208 – Frontalaufprall mit 50 km/h auf eine Barriere mit ±30° Aufprallwinkel. Eine in Europa schon fast nicht mehr zu verstehende Besonderheit ist, dass diese Vorschrift aufgrund der geringen Gurtanlegequote in den USA mit beiden Rückhaltesystemen erfüllt werden muss – das bedeutet also, sowohl unangeschnallt, aber mit Airbag und Knieschutz, als auch angeschnallt mit Airbag und Knieschutz. Wegen des langen Zwölfzylinder-Motors wird deshalb bei der USA-Version der vordere Querträger um 50 mm verlängert. Daher ragt auch die Stoßstange in dieser Ausführung 50 mm weiter nach vorne heraus. Für alle nach USA gelieferten SL rückt die mittlere Lenkradposition um 20 mm nach hinten. Mit der Einführung des SL 600 wird der untere Teil des Armaturenbretts für den Fall schwerer Frontalkollisionen bei allen R 129 weiter optimiert.

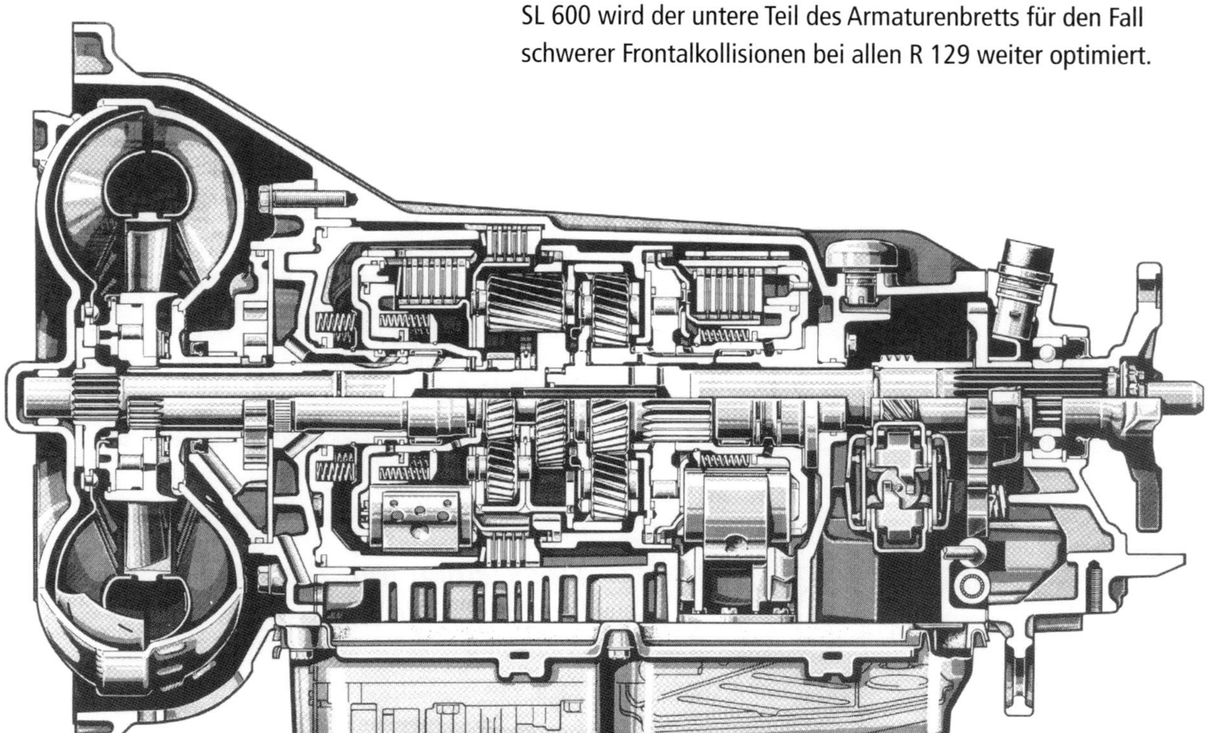

**Lastzunahme – das den höheren Anforderungen des M 120 angepasste Automatikgetriebe W 4 A 055.**

**Vergleich der um 50 mm vorgezogenen Stoßstange des SL 600 in der USA-Ausführung mit der normalen Ausführung.**

Um den saftigen Mehrpreis zwischen SL 600 und SL 500 von 60.202,50 Mark oder 37,75 Prozent (Stand Mai 1993) erträglicher zu gestalten, wird beim Topmodell die Ausstattung weiter komplettiert. Sie umfasst folgende Positionen:

- Wurzelholz-Einlagen und Verkleidungen in der Mittelkonsole
- Jalousie der Ablage in Wurzelholz
- Wurzelholz-Einlage in der Schaltkulisse
- Rahmen der Schaltkulisse in Hämatit-Eloxal
- Wählhebel des Automatikgetriebes in einer Holz-Leder-Kombination
- Instrumentengehäuse in Farbe der Instrumententafel
- Metallic-Lackierung
- wärmedämmendes Glas, für Rechtslenker wärmedämmendes Glas mit Bandfilter
- Klimatisierungsautomatik
- elektrische Sitz-, Lenksäulen- und Spiegelverstellung mit Memoryschaltung
- Innenspiegel automatisch, stufenlos zwischen 6 und 80 Prozent abblendbar
- Sitzheizung
- Lederpolsterung
- Radio Becker 2000
- ADS, Adaptives Dämpfungs System mit Niveauregulierung
- ASR, Antischlupfregelung.

Die Gewichtszunahme gegenüber dem schon nicht leichten SL 500 beträgt rund 110 kg, von denen nur zirka 55 kg dem größeren Motor zuzuordnen sind, der Rest entfällt auf die erweiterte Ausstattung.

Für Typenbeobachter und Reimporteure späterer Jahre muss auf folgende Besonderheiten hingewiesen werden:

- Die in die Golf-Staaten gelieferten SL 600 erhalten die Hinterachsübersetzung i = 2,24 anstelle der Serienübersetzung i = 2,65. Die Übersetzung i = 2,24 ist die längste im Mercedes-Benz Personenwagenprogramm und war von Herbst 1981 bis zum Produktionsende 1989 auch im W/V/C 126 in der Fünfliter-Version eingebaut.
- In die USA gelieferte SL 600 haben den um 50 mm vorgezogenen vorderen Stoßfänger.

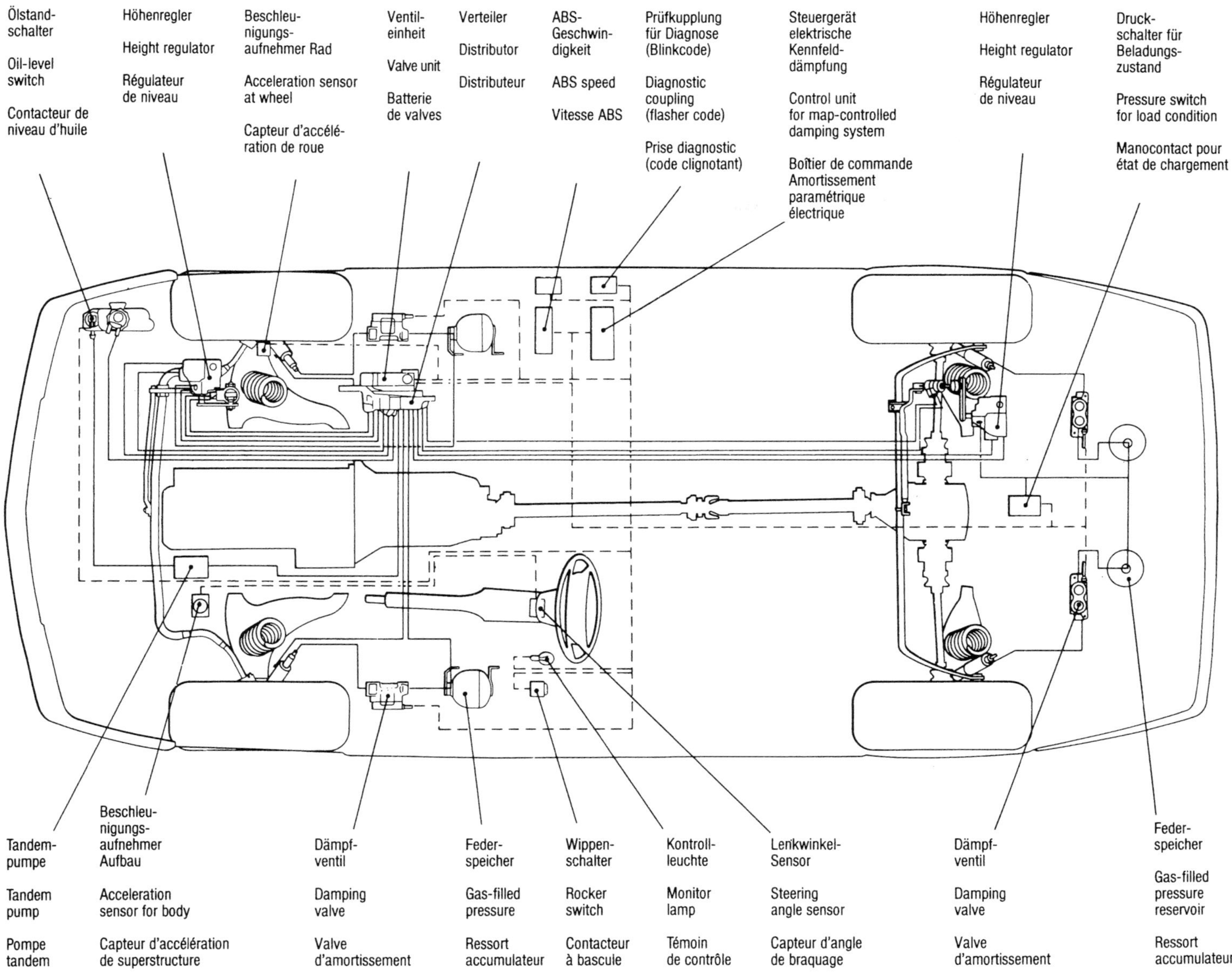


**Schema des im SL 600 serienmäßig eingebauten ADS (Adaptives Dämpfungs-System).**

Wie beeindruckend der SL 600 im oberen Geschwindigkeitsbereich noch weiterbeschleunigt und Werte leise aus dem Ärmel schüttelt, die jedem zeitgenössischen Sportwagen einen Ehrenplatz sichern, zeigt der Vergleich der Messwerte mit dem Carrera 4. Bis 180 km/h liegt der Carrera noch eine halbe Sekunde vor dem Zwölfender aus dem Stuttgarter Nachbarvorort. Bis 240 km/h hat der leise Riese dann allerdings nicht nur Boden gut gemacht, sondern erreicht diese magische Zahl noch 2,9 Sekunden früher als der anerkannt agile Zuffenhausener Sportwagen. Und diese 2,9 Sekunden demonstrieren in diesem Geschwindigkeitsbereich Welten. Selbst der 911 Carrera von 1993, der mit der Plattschnauze und dem breiten Turbo-Hintern, liegt zwischen 200 km/h und 220 km/h gleichauf. Die genannten Beschleunigungswerte wurden von der *Automobil Revue Bern* ermittelt. Ein SL 500 wurde in dieser Disziplin nicht gemessen. Natürlich kann man immer wieder darüber trefflich streiten, ob diese Vergleichswerte nicht eher akademischen Charakter haben und heute inopportun sind. Sie zeigen aber auf jeden Fall, wie beeindruckend und souverän dieser SL sich in solchen Geschwindigkeitsbereichen bewegt, als gebe es für ihn keine Fahrwiderstände.

Beim Vergleichen der Messwerte kann man zu zweierlei Betrachtungspunkten kommen. Der eine wäre die Position, dass eine zwei Sekunden bessere Beschleunigungszeit von 0–200 km/h zwischen dem SL 500 und dem SL 600 nun wirklich keine 60.000 Mark Mehrpreis wert seien, zumal bei einem Cabriolet, das doch weitgehend offen gefahren wird, und wenn – sind beim Offenfahren diese zwei Sekunden Zeitdifferenz so wichtig?

Außerdem braucht der Sechsliter im Schnitt zwei Liter Benzin mehr auf 100 km. Der andere Punkt besteht in der Exklusivität des Zwölfzylinders und Fahrleistungen, die auch noch jenseits von 200 km/h in Bereichen liegen, die von renommierten, sportlichen Fahrzeugen nicht erreicht und nur von ganz wenigen übertroffen werden. Das geschieht dazu noch mit einer beispiellosen Lässigkeit, ohne Krawall und Kraftmeierei, die einfach immer wieder beeindruckend ist. Niki Lauda nimmt für sich, da für ihn das Mehrgewicht des Zwölfzylinders kaum spürbar ist, noch einen weiteren Punkt in der Beurteilung des 600 SL in Anspruch. »Der SL hat für mich generell einen Frauen-Touch. Der Zwölfzylinder wertet für mich das ganze Auto deshalb auf, weil er eine männlichere Sache ist als der V8, weil sich der SL deutlich in Richtung Männerwelt entwickelt«, stellt der mehrfache Formel-1-Weltmeister, Airline-Betreiber und Ferrari-Berater fest.

Wäre als letzter Kritikpunkt noch das Thema des Verbrauchs zu beleuchten. Hier scheint in letzter Zeit eine gewisse Schizophrenie in der Beurteilung eingetreten zu sein. Dieselben Leute, die sich heute über einen 450 SLC freuen – er erzielte damals bei der *Automobil Revue* Testverbräuche von 19,7 l/100 km für den 4,5-Liter beziehungsweise 18,6 l/100 km für den Fünfliter, oder bei *auto motor und sport* Referenzwerte von 20,8 (18,2) l/100 km – und diesen Verbrauch auch akzeptieren, beanstanden zur gleichen Zeit den Benzinverbrauch des SL 600, der bei den Schweizern mit 16,3 l/100 km und bei den Schwaben mit 18.7 l/100 km sein Testpensum absolvierte. Dabei wird gerne ein den Testverbrauch in die Höhe treibender Faktor übersehen: Die begrenzte zur Verfügung stehende Zeit und die selbstverständliche Art der Leistungsentfaltung auch in hohen Geschwindigkeiten führt gerade beim Zwölfzylinder dazu, diesen Lustfaktor auch auszunutzen. Und das schlägt sich eben auch im Verbrauch nieder. Dass dies sich im Falle der Dauerbenutzung ändert, zeigt eklatant der Vergleich der Testverbräuche, der bei *auto motor und sport* beispielsweise beim 600 SEL im Test bei 20;7 l/100 km und im Dauertest mit 16,4 l/100 km erheblich darunter lag. Was beim Betrachten dieser Werte gerne vergessen wird, ist auch die Tatsache, dass ein SL 600 heute zwischen 300 und 400 kg schwerer ist als seine Vorfahren (wobei natürlich die Frage mehr als berechtigt ist, ob ein Zweisitzer nun wirklich zwei Tonnen wiegen muss), wesentlich bessere Fahrleistungen erreicht und in der Abgasqualität Welten zwischen damals und heute liegen.

Abgesehen davon: Das Verbrauchsthema wird gerade bei Mercedes-Benz-Fahrzeugen immer gerne in den Vordergrund gestellt, wogegen es bei Typen anderer Fabrikate mit ähnlichen Werten oft nur eine Marginalie in der Beurteilung bildet. Mercedes-Benz-

| Messwerte | |
|---|---|
| Motor | M120 |
| Motorleistung PS/kW | 395/290 |
| bei 1/min | 5200 |
| Literleistung PS/kW | 66/48,4 |
| Max. Drehmoment Nm | 570 |
| bei 1 / min | 3800 |
| Achsantrieb i = | 2,65 |
| Getriebe | Viergang-Wandler-Automatikgetriebe W 4 A 05 |

| | *auto motor und sport* | *sport auto I* | *sport auto II* | *Automobil Revue Bern* | *Auto B* |
|---|---|---|---|---|---|
| Testgewicht kg | 2022 mit Hardtop | 1995 ohne Hardtop | 1999 ohne Hardtop | 2020 mit Hardtop | 1990 – |
| Beschleunigung in s | | | | | |
| 0–40 km/h | 2,1 | 2,4 | 2,3 | 2,3 | – |
| 0–60 km/h | 3,4 | 3,6 | 3,3 | 3,4 | 3,3 |
| 0–80 km/h | 4,8 | 5,1 | 4,8 | 4,8 | 4,7 |
| 0–100 km/h | 6,5 | 6,8 | 6,4 | 6,4 | 6,5 |
| 0–120 km/h | 8,8 | 8,6 | 8,3 | 8,4 | 8,6 |
| 0–140 km/h | 11,7 | 11,3 | 11,1 | 11,2 | 11,7 |
| 0–160 km/h | 15,0 | 14,6 | 14,3 | 14,2 | 14,9 |
| 0–180 km/h | 18,9 | 17,8 | 18,2 | 17,7 | 18,8 |
| 0–200 km/h | 26,2 | 23,8 | 25,5 | 22,8 | 24,7 |
| 0–220 km/h | – | – | – | 28,7 | – |
| 0–240 km/h | – | – | – | 36,5 | – |
| $v_{max}$ km/h | 254 | 254 | 250 | 250 | 250 |
| Testverbrauch l/100 km | | 17,1 | 18,7 | 16,3 | 17,7 |

| Beschleunigung in s von 200–240 km/h | |
|---|---|
| 600 SL | 13,7 |
| 500 E | 16,6 |
| 600 SEL | 17,1 |
| BMW M5 | 16,0 |
| BMW 850i | 19,6 |
| Porsche 928 GT | 16,6 |
| Porsche Carrera 4 | 17,1 |

Produkte, so scheint es, eignen sich in der deutschen Presse hervorragend als Symbolfiguren für belehrenden Zeitgeistopportunismus.

Ausländische Betrachter stehen diesem Phänomen oft ratlos gegenüber. John Lamm von der amerikanischen Fachzeitschrift *Road & Track* schrieb in der Juliausgabe 1993 in einer Kolumne über den SL 600: »Mercedes-Benz 600 SL (Anm. des Autors: er schreibt bezeichnenderweise 600 SL und nicht SL 600), es geht nichts über das V12-Gefühl. Zeiten angespannter Wirtschaftslage sind nicht das beste Umfeld für das Debüt eines Sechsliter-V12-Sportwagens, und wir maßen uns nicht an, Ihnen zu sagen, der Mercedes-Benz 600 SL sei das wichtigste Auto des Jahres. Aber sicher ist er das großartigste Automobil. Wie großartig? Seine Kraft ist so weich, so leise, so sanft, dass sie jeden beeindruckte, der ihn fuhr, vom Aushilfsredakteur bis zum Parkplatzzuteiler. Ein junger Parkplatz-Diener lehnte es ab, der Auskunft der weiblichen Redakteurin in den besten Jahren zu glauben, bis er das V12-Emblem an der Seite entdeckte. Fahren Sie den 600 SL, egal wie, der Unterschied ist dramatisch. Schon der 500 SL lieferte uns alles, was wir von einem Mercedes erwarteten (0–60 mph in 6,4 Sekunden, ein ausgezeichnetes Handling und Sicherheit), der V12 setzt noch eine neue Dimension drauf auf diesen luxuriösen Sportwagen. Eines davon ist die reine Kraft. Die Beschleunigung bis 60 mph – von uns gemessen – unterbietet er um weitere 0,4 Sekunden, aber was am meisten beeindruckt, ist das Drehmoment, das er in der Hinterhand hat, wenn man einen oder zwei Gänge zurückschaltet. Einige von uns wundert es, dass der 600 SL V12, wie der BMW 850, so leise ist. Wir würden lieber das klare mechanische Schnurren hören, das von einem guten V12 kommt. Aber Sanftheit ist die Art, in welcher der 600 SL auf Fahrbahnzustände reagiert, egal ob man gleitet oder ihm die Sporen gibt. Sogar beim Fahren und ›Um-die-Ecken-Wickeln‹ auf einsamen Straßen – das zusätzliche Gewicht des Motors wird einem nicht bewusst. Der 600 SL drückt nicht ..., er zieht. Da ist erst einmal der Preis für den V12 zu bezahlen, zum Ersten in Form der Benzinverbrauchs-Steuer von $ 3000, und danach für den Benzinverbrauch von 13–14 mpg im Durchschnitt, aber das ist nur Kleingeld verglichen mit dem Preis auf dem Preisschild von $ 119.500. Es ist eine Schande: Das Hauptproblem des 600 SL ist Pech. Als die Sportwagenentwicklung begann, schien die V12-Entwicklung logisch, aber jetzt scheint sie nicht mehr in die Prioritäten dieser Welt zu passen. Dennoch ist es ein großartiges Automobil.«

## Marktplatz

Ist nun der SL 600 eine Antwort auf eine nicht gestellte Frage, was Vorstandsmitglied Jürgen Hubbert als Leiter des Geschäftsbereichs Personenwagen bei Mercedes-Benz einmal generell als den Fehler der Vergangenheit bezeichnet hat, oder die bare Unvernunft, wie im Kapiteluntertitel vermerkt, ist er also ein Flop? Die Kunden sehen das offensichtlich anders. Zwischen Oktober 1992 und Dezember 1993 werden 11.599 SL mit V-Motoren gebaut. Bei einem Anteil des SL 600 von 3410 Fahrzeugen haben 29,4 Prozent der Produktion der SL V-Motoren mit 12 Zylindern. Anders herum betrachtet: Der Anteil des SL 600 an der Produktionszahl des SL 500 beträgt 41,64 Prozent. 1993 stehen 6090 gebauten SL 500 üppige 2066 produzierte SL 600 gegenüber, wobei der prozentuale Gesamtanteil der Zwölfzylinder an der gesamten SL-Produktion bis Ende 1993 elf Prozent ausmacht.

Der USA-Export zwischen Oktober 1992 und September 1993 sieht wie folgt aus: 2823 gelieferten SL 500 stehen 1031 gelieferte SL 600 gegenüber. Das bedeutet, dass der V12 einen Anteil von 36,52 Prozent an den gelieferten Fünflitern hat, oder 26,75 Prozent Anteil an allen mit V-Motoren gelieferten SL. Am gesamten R 129-Export in die USA hat der SL 600 in 1993 einen Anteil von 18,43 Prozent.

Für die Zulassungen in Deutschland ergibt sich 1993 im Vergleich zum Vorjahr folgendes Bild: 1992 macht der Anteil der Fünfliter an den SL-Gesamtzulassungen 4615 Fahrzeuge = 39,77 Prozent aus. Im Jahr 1993 sinkt dieser Anteil auf 2340 Fahrzeuge (24,74 Prozent). Vom SL 600 werden dagegen 817 Fahrzeuge (8,63 Prozent) zugelassen. Und von den 1993 nach Japan ausgeführten SL (insgesamt 1118 an der Zahl) sind 113 mit Zwölfzylindermotor ausgestattet, was einem Anteil von 10,10 Prozent entspricht. In diesem gehobenen Marktsegment braucht sich der SL 600 also nun wirklich nicht zu verstecken. Wer das finanzielle und fahrerische Potenzial hat, dem eröffnen sich, auch gegenüber dem SL 500, noch neue Dimensionen, ohne dass er sie nach außen demonstriert und sein Umfeld provoziert.

Und wie bot sich seinerzeit nun die Zukunft des Zwölfzylinders dar? Griff jetzt, da der Schritt zum Königsmotor endlich getan wurde, wieder die Verzagtheit der Mittelmäßigkeit um sich? Der damals neue Pkw-Entwicklungschef, Dr. Dieter Zetsche, schien von diesen Strömungen nicht angekränkelt zu sein. Für ihn gehörten nicht nur ein intelligent gemachtes Nahverkehrsautomobil oder verbrauchsgünstige, schadstoffarme Dieselmotoren zum Mercedes-Benz-Programm der Zukunft. Als Herausforderung gehörte auch ein Zwölfzylinder dazu, der, in Verbindung mit dem späteren Fünfgang-Automatikgetriebe W 5 A 580 und bis dahin nicht realisierten Motor-Technologien zu erstaunlich niedrigen Verbräuchen und Schadstoffemissionen bei ungeschmälerter Laufkultur fähig war. Da musste einem um die Fortschreibung der Produktion des M 120 bis über die Jahrtausendwende nicht bange sein.

# Frühlingsfahrt

## oder: Für Männer, die Pfeife rauchen

Fritz B. Busch, Deutschlands bekanntester Automobil-Essayist, sammelte nicht nur fleißig Automobile für sein voralpenländisches Automobilmuseum, er veröffentlichte auch in den frühen sechziger Jahren in *auto motor und sport* unter dem Titel »Für Männer, die Pfeife rauchen« seine Impressionen, die er mit kernigen, offenen Automobilen vom Schlage eines Austin-Healey oder Jaguar E-Type erfahren hatte.
Als alter Pfeifenraucher machte ich die Erfahrung, dass sich in offenen Autos aufgrund der Luftwirbel die Pfeife von selbst raucht, da diese in der Cabrio-Zeitrechnung noch »vor Götz«, also vor der Erfindung des Windschotts, entstanden sind.
Als Hans-Dieter Seufert mir mitteilte, in der Tiefgarage stehe ein 500 SL mit Stoffdach und Windschott, war mir klar, dass die rührigen Leute von der Presseabteilung wissen, was sie tun. Auch sonst hatte man diesem Wagen alles das mit in die Wiege gelegt, was später in den Kleinanzeigen so gerne als Vollausstattung auftaucht und manchmal auch Unnützes mit Teurem vermischt. Die gesamte Mercedes-Benz-Abkürzungsskala von ABS und ASR über ADS bis hin zur MRA gab sich ein lässiges Stelldichein.
Der frühe Aprilmorgen lockte mit glasklarem Himmel, Sonnenschein – und Temperaturen um den Gefrierpunkt. Da auch die mittelfristigen Wettervorhersagen ein konstantes Hochdruckgebiet prognostizierten, stand also mutigem Offenfahren und Pfeifenrauchen nichts mehr im Wege. Die acht gestopften Pfeifen harrten des Rauchopfers, denn ich wollte wissen, ob es möglich ist, den bestimmten Punkt beim Pfeifenrauchen zu erreichen, bei dem die Pfeife so kernig schmeckt, dass man den Rauch am liebsten beißen möchte. Aber das gelingt nur, wenn die Glut nicht zu heiß, der Tabak nicht zu trocken und nicht zu fest gestopft ist. Und ich war gespannt wie ein Flitzebogen, wie es sich im offenen Auto bei Geschwindigkeiten zwischen 150 und 200 km/h aushalten lässt, die waren nämlich auf der Bodenseeautobahn nötig, um den leicht ins Rutschen geratenen Zeitplan einzuhalten.
Selbst auf die Gefahr hin, von alten, gestandenen Windgesichtern nun als Softie verhöhnt zu werden, wagte ich ab der Raststätte Schönbuch den für meine Verhältnisse mutigen Versuch des Offenfahrens mit Windschott bei Temperaturen um den Gefrierpunkt. Mit Mütze, Anorak und eingeschalteter Sitz- und Wagenheizung genoss ich den Himmel über mir, das Autofahren, meine Pfeifen, überhaupt das ganze Leben, und war der glücklichste Mensch auf Erden. Sicher, der Wind zupft einen leicht am Kopf, und auch zwischen den Sitzen kommen im Lendenbereich leichte Zugerscheinungen auf, doch das sind Lappalien, die sich leicht beheben lassen.
Das gemütliche Knurren des V8-Motors geht in den Windgeräuschen fast unter, und die jederzeit abrufbare Überschussleistung vermittelt gelassenes Reisen, von Getriebenwerden keine Spur – und das trotz Geschwindigkeiten bis 200 km/h.
Der beeindruckende Geradeauslauf bei hohen Tempi des doch recht kurzen SL trägt das Seine zum entspannten Reisen bei, der Geräuschpegel im offenen Auto hält sich in Grenzen, man fühlt sich weder belästigt, noch ermüdet man. Das offene Highspeed-Erlebnis wurde in Stockach vom Wandern über den Bodanrück, Konstanz, den Thurgau und St. Gallen in das Rheintal abgelöst.

Die Menschen in den Städten und Orten schauten interessiert und verwundert, wobei nie ganz klar wurde, ob der SL oder der Mut zum Offenfahren, dessen es im SL gar nicht bedarf, ihre Aufmerksamkeit erregte. Sie waren, trotz des Sonnenscheins, wegen der niedrigen Temperaturen noch warm angezogen.

Stefan, der im Ruf-Porsche als alter Kenner der Vogelfluglinie in das Tessin die Pace machte und die kleinen Sträßchen des Bodensee-Hinterlandes wie seine Hosentasche kennt, verhalf mir ungewollt zu weiteren SL-Erkenntnissen, die Vorbehalte ausräumten. Da war einmal die Frage des Handlings. Der V8-Motor ist nun einmal trotz Aluminiumblock und Aluminiumkopf mit seinen vier Nockenwellen und 32 Ventilen nicht gerade den Leichtgewichten zuzuordnen. Macht er das Fahrzeug nicht doch unhandlich? Zum anderen spukte mir da im Hinterkopf immer noch der heimliche Wunsch nach einem Schaltgetriebe herum.

Mit einiger Verblüffung registrierte ich, was im Laufe der nächsten Tage im Hinterland des Lago Maggiore noch deutlicher wurde: die erstaunliche Handlichkeit des Zweitonners, denn so viel bringt ein 500 SL nun einmal mit dieser Ausstattung auf die Waage. Just for fun spult man kleine und kleinste Sträßchen ab, ohne das Fahren als Arbeit oder Anstrengung zu empfinden. Zum weiteren Lustgewinn trägt neben dem Offenfahren die bullige Motorcharakteristik mit der Kraft aus dem Drehzahlkeller bei. Ob man das Automatikgetriebe schalten lässt oder selbst eingreift, ist dem Gusto des Piloten überlassen; Spaß bereitet beides. Kein Zweifel, Gert Hack hat in seinem Test in *auto motor und sport* völlig zu recht geschrieben: »Keine Frage: Die Motor-Getriebekombination des 500 SL ist die derzeit beste Antriebseinheit in dieser Hubraumklasse.« Dem war auch fünf Jahre später noch nichts hinzuzufügen.

Die Auffahrt zum San-Bernardino-Tunnel offenbarte den »Dr. Jekyll / Mr. Hyde«-Charakter, die zwei Gesichter des 500 SL. Eine Unaufmerksamkeit hatte mich Stefan als Pfadfinder verlieren lassen. Also turnte ich, so schnell es der SL und meine Fähigkeiten zuließen, in Richtung Tunnelportal. Der V8-Motor hämmerte mit zornigem Grollen und einer Leichtigkeit in den Gängen bis 6000/min, das die samtige Kraftentfaltung aus dem Drehzahlkeller der letzten Stunden in Vergessenheit geraten ließ.

Dasselbe galt für das neutrale Eigenlenkverhalten in den langen, schnellen Wechselkurven der N 13, in denen sich eine erstaunliche Querbeschleunigung aufbauen lässt. Erinnerungen an einen EVO II, das seinerzeit wohl handlichste und fahraktivste Auto unter dem Stern, wurden da zwangsläufig wach. Und das alles bei offenem Dach, brüllender Frühjahrssonne mit dem typischen Ozongeruch, strahlend blauem Himmel, eingerahmt von den Schneefeldern der Dreitausender des Hinterrheintales – ich hätte vor Freude laut singen und jauchzen können, was ich mir allerdings eingedenk meiner brennenden Pfeife und dem dann folgenden Glutregen auf Polster und Kleider verkniffen habe. Verflogen waren die Erinnerungen an das gemütliche Wandern durch das Voralpengebiet.

Und dann kam die Finsternis des Tunnels mit der erschreckenden Erkenntnis, dass es in einem Tunnel nicht nur fürchterlich stinkt, sondern auch entsetzlich laut ist. Auch diese Erkenntnis geht den in ihren Blechgehäusen dahingleitenden Zeitgenossen verloren – zugegeben, man kann auf sie verzichten. Ausgespuckt vom Südportal des San-Bernardino-Tunnels, wird plötzlich der Kontrast deutlich zwischen dem harten Licht der Alpennordseite mit ihren seriös-ernsthaften, kantigen Bewohnern und dem samtig-heiteren Licht des Tessins mit seinen Pastellfarben, das mit seiner Lichterfülle mediterrane Leichtigkeit, Fröhlichkeit und Lebensfreude vermittelt. Nicht umsonst ließen sich seit Jahrhunderten die Maler immer wieder vom Licht des Tessins inspirieren. Namen aus der jüngeren Vergangenheit wie Hans Arp, Paul Klee und Maurice Utrillo sind ein schlagender Beweis dafür.

Das Mesolcina mit seinen Düften nach warmer Erde und schon erwachter Natur ist etwas, was selbst den fahraktivsten Quertreiber unter den Kurvenschindern, im offenen SL zumindest, nicht unberührt lassen kann. Ich gestehe, dass ich mir in meine Fahrgewohnheiten nur äußerst ungerne hineinreden lasse. Dieser SL aber, mit seinen zwei Gesichtern, erzog mich auf seine unnachahmlich stille Art und Weise. Ich konnte weder motzen noch den Anflug einer Widerrede entgegensetzen. Die Harmonie zwischen Licht, Landschaft und SL wirkt auf angenehme Weise beruhigend, ohne zu provozieren. Das Erleben und Genießen der Landschaft und des Reisens ist in diesem Fahrzeug in einer Art und Weise perfektioniert worden, die, ohne einem den Spaß am Fahrerlebnis zu nehmen, fast nicht mehr zu überbieten ist.

Menschen, die sich im Alltagsstress den Scheuklappenblick für das unabdingbar Wesentliche zugelegt haben, kann man nur einen Ausflug mit einem SL verordnen. Da entdeckt man plötzlich wieder die blühenden Rhododendren, die Magnolien oder die Azaleen in den Vorgärten, erfreut sich an ihrer Farbenpracht; man entdeckt das Zusammenspiel von Formen und Farben, auch denen des SL, wird nachdenklich und heiter zugleich. Ein Zwiespalt tut sich auf. Was soll man mehr bewundern: die blühenden Kamelien, den Rosmarin, Veilchen und Gänseblümchen, die alten Bauernhäuser mit ihren Blumengärten, Kakteen, Oleandern und Kastanien, oder den Spaß am Offenfahren im SL? Meine Empfehlung:

beides. Der SL ist die ideale Antistresstherapie. Nur schade, dass meine Krankenkasse seine heilende Wirkung noch nicht entdeckt hat.
Der nächste Tag beschert neue SL-Erkenntnisse. Das Sopraceneri, wie der nördliche Teil des Tessins genannt wird, mit dem winkligengen Centovalli zwischen Locarno und Domodossola, sowie das noch engere Val Cannobina mit seiner nicht enden wollenden Folge von Kurven unterschiedlicher Gemeinheiten nehmen einen gefangen. Die Straße, in der Linienführung einer Korkenzieherhasel wie aus dem Gesicht geschnitten, lässt die beachtliche Breite des Fahrzeugs bewusst werden. Auch die Übersicht über das vordere rechte Karosserieende erschien mir jetzt nicht mehr optimal und ließ mich mit der Höhenverstellung des Sitzes laborieren, ohne zu vernünftigen Ergebnissen zu kommen. Zum wiederholten Mal nervte der breite Spiegelfuß der beiden Außenspiegel.
Aber diese Punkte waren von den Versuchsingenieuren Flaig und Gebhard schon im Januar 1986 beanstandet worden und schienen seit dem R 107 ein Dauerthema zu sein. Auch ist der Verstellweg des Sitzes nach hinten durch die Verdeckkastenbegrenzung zu kurz. Hinzu kamen bei offenem Fahrzeug, welligem Straßenbelag und lustvoll-schnellem Kurvenfahren sowie der Sport-Einstellung des Adaptiven Dämpfer-Systems (ADS) ganz leichte Querschüttelerscheinungen am Windschutzscheibenrahmen. Gerechterweise

muss hier aber angemerkt werden, dass andere Cabriolets unter denselben Bedingungen ganze Orgien von Sinusschwingungen feiern, und zwar nicht nur am Rahmen der Windschutzscheibe. Trotz Laborierens mit dem Luftdruck war ein verzögertes Ansprechen der Lenkung in der Mittellage nicht ganz zu eliminieren. Ob es sich hier um eine spezifische Eigenart der montierten Dunlop-Reifen handelte, konnte ich in der Kürze der Zeit nicht feststellen. Verblüffend war die Handlichkeit des Schwergewichts auch auf den kleinen Sträßchen. Sie führte in Verbindung mit dem weitgehend neutralen Eigenlenkverhalten zu ungetrübtem Fahrvergnügen. Lediglich die Antriebsschlupf-Regelung (ASR) hätte ich mir gelegentlich abschaltbar gewünscht, wie es seinerzeit auch von BMW praktiziert wurde. Eine fahraktive Mitarbeiterin des Hauses Mercedes-Benz – so etwas gibt es tatsächlich – hatte es sich damals nicht nehmen lassen, vom 190 D bis zum 500 SL nach Möglichkeit jedes Fahrzeug einmal zu fahren. Sie sagte dazu: »Da muss viel kommen, damit ich beim Autofahren das gleiche Glücksgefühl habe wie beim SL, da geht einem einfach das Herz auf.«

Als ich nach der Fotofahrt den 500 SL am Cannstatter Tor in Untertürkheim wieder ablieferte, fiel mir dieser einfache, aber überzeugende Satz wieder ein. Ich wüsste keinen Besseren.

S-K

3915

S-KS 8915

S KS 8915

S KS 8915

S-KS 8915

S-KS 8915

S-KS 8915

# AMG

## oder: Die Aufrecht-Motoren-Gesellschaft

Zwei Jahrzehnte war Hans-Werner Aufrecht die Hefe im Brotteig der glorreichen Renngeschichte der Daimler-Benz AG. So gesehen macht die in Anlehnung an die glorreiche Daimler-Motoren-Gesellschaft (DMG) gewählte Unterzeile durchaus Sinn. Tatsächlich bedeutet das Kürzel AMG Aufrecht, Melcher, Großaspach. Gegen Widerstände und Verbote der großen Mutter Daimler-Benz hat es der beharrliche Schwabe immer wieder geschafft, das Fähnchen des sportlichen Automobils mit dem Stern hochzuhalten, das hat ihm im Mutterhaus nicht immer nur Freunde und Freude gebracht. Im Gegenteil, es gab Zeiten, da wurde Aufrechts Tun in Untertürkheim nicht gerade als aufrechtes Tun betrachtet.

Hans Scherenberg war damals nicht einmal von Knowhow-Transfer unter ehemaligen Kollegen begeistert, geschweige denn von aktiver Unterstützung. Wenn man dagegen Hans-Werner Aufrecht in den 1990er-Jahren bei den DTM-Festivals Seite an Seite mit den Vorständen Helmut Werner, Jürgen Hubbert und Sportchef Norbert Haug im Fernsehen Statements abgeben sah, dann war diese Vergangenheit vergessen. Geflissentlich konnte man dann auch übersehen, wie viel Mut, Ausdauer, Entbehrung und Begeisterung Hans-Werner Aufrecht und Erhard Melcher über zwei Jahrzehnte zuvor aufgebracht haben mussten, als sie ihren sicheren Job als Mitarbeiter des Pkw-Versuchs in Untertürkheim an den Nagel hängten und in einer Burgstaller Mühle ungewissen Zeiten entgegen gingen. Hier hat, Gott sei Dank, die Ausdauer über die Kurzsichtigkeit gesiegt.

Als der R 129 herauskam, war es keine Frage der Logik, sondern nur eine Frage der Zeit, wann in Affalterbach der i-Punkt auf das damalige R 129-Programm gesetzt werden würde. Eine Zäsur erfolgte, als Ende 1990 der Kooperations-Vertrag zwischen der Mercedes-Benz AG und AMG geschlossen wurde. Seit diesem Zeitpunkt werden komplette AMG-Produkte über das Vertriebsnetz der Mercedes-Benz AG angeboten. Allerdings ist mit dieser Vereinbarung auch das Einhalten der freiwilligen Beschränkung der Höchstgeschwindigkeit auf 250 km/h zwingend, wie es gemäß einer freiwilligen Vereinbarung zwischen BMW und Mercedes-Benz seit Jahren praktiziert wird. Das bedeutet jedoch nicht, dass bisherige und zukünftige AMG-Kunden nicht direkt von AMG bedient werden.

In den Jahren, in denen der R 129 produziert wurde, beschrieb Hans-Werner Aufrecht die Position seines Hauses zwischen Mercedes-Benz und seinen Kunden einmal wie folgt: »Ich sehe die Herausforderung immer noch darin, das SL-Syndrom des Kunden, dem der SL von 1952–1956 noch im Kopf steckt, zu heilen. Es ist unsere Aufgabe, den anderen Anspruch des Kunden gegenüber dem Serienprodukt Mercedes-Benz zu erfüllen.« Und noch ein weiteres Bonbon wurde den Affalterbachern zuteil. Von den Fahrzeugveredlern ist im Sternbereich ausschließlich AMG berechtigt, offiziell seine Automobile mit dem Stern zu zeigen. Diese Ehre wird beispielsweise auf der weißblauen Seite nur Burckhard Bovensiepens Firma Alpina zugesprochen. Die Überwachung der Einhaltung dieser Absprachen wird übrigens von den Rechtsabteilungen der Konzerne mit großem Eifer und sorgfältiger Akribie betrieben. Wehe, es erscheint ein Testbericht mit Bildern

der Produkte eines Tuners, auf dem das jeweilige Markenzeichen nicht entfernt wurde. Ein Anschreiben der Hausjuristen mit zu unterschreibender Unterlassungserklärung »wg. Warenzeichen-Missbrauchs« ist dem Nachlässigen so sicher wie das berühmte Amen in der Kirche.
Über das technische und optische Verändern und Verbessern von Mercedes-Benz-Produkten hinaus haben die Affalterbacher eine weitere interessante Marktlücke entdeckt, die bei den Schwaben als »AMG-Manufaktur« läuft. In diesem Bereich können auch die ausgefallensten Kundenwünsche im Hinblick auf Lackierung und Ausstattung erfüllt werden. Vom violetten SL mit mintfarbener Leder-Innenausstattung bis zum gelben Zweisitzer mit erdbeerrotem Innendesign ist dort einschließlich neuester Highlights der Telekommunikation alles möglich – und das Geschäft blüht.

# AMG 500 SL 6.0 M 119 E 60 KE

Schon 1984, also fünf Jahre vor dem Erscheinen des R 129, konnte man in Affalterbach V8-Motoren mit 32 Ventilen bekommen. Aufgrund seiner bärigen Kraftentfaltung hatte dieser Motor in den USA schnell seinen Spitznamen weg, der »Hammer« war geboren. Noch heute kursiert die Legende von Hans-Werner Aufrechts Telefonat aus den USA mit Erhard Melcher, in dem er die Initialzündung zur Entwicklung des AMG-Vierventilers auf der V8 Basis des M 117 gab. Gelegentlich konnte man noch Jahre später in den AMG-Hallen Kundenfahrzeuge mit Lkw-Laufzeiten vorfinden. 250.000 km Laufleistung gehörten da zu den Normalfällen. Auf Nachfragen bekam man mit begeistertem Gesicht die Auskunft: »Das ist eben der Hammer.«
Für den 500 SL musste also, das war klar, mehr geboten werden. Allzu schwierig gestaltete sich die Suche nach nutzbaren Möglichkeiten nicht. Der 5,6-Liter lief ursprünglich ja auch in Untertürkheim, da lag es eben nahe, nach dem Motto der Kochrezepte »Man nehme, so man hat«, einfach ins Ersatzteilregal zu greifen und sich der Kurbelwelle des Baumusters 117.968, des 5,6-Liter-Motors mit 94,8 mm Hub, zu bedienen. Damit begnügte man sich aber nicht. Die Sechs vor dem Komma der Hubraumdefinition musste her. Die Zylinderbohrung des Basismotors M 119.960 KE wurde von 96,5 mm auf 100 ± 0,2 mm erweitert. Dabei war immer noch Platz für eine Reparaturstufe mit 100,5 ± 0,2 mm. Die Zylinderkopfdichtung, zu erkennen an überstehenden Lappen an der Seite der Zylinder vier beziehungsweise acht, hat einen vergrößerten Durchmesser von 101 mm (102 mm für die Reparaturstufe). Der AMG-Motor ist an der zusätzlichen Motornummer »AMG 119 6.0« mit der fortlaufenden Nummer zu identifizieren. Sie wird an der linken Zylinderbank auf der Schwungradseite über der MB-Motornummer eingeschlagen. Am Zylinderkopf ist die Auflage der Einlassfederteller um 0,7 mm abgesenkt. Darüberhinaus werden die Ein- und Auslasskanäle in klassischer Tuningmanier erweitert, feinbearbeitet und die Kanaleintritte an das Saugrohr angepasst. Die Ansaugkrümmerdichtungen werden auf Überstände kontrolliert und nachgearbeitet. Für den Sechsliter-AMG-Motor wurden andere Zündkerzen verwendet als beim Serien-SL. Bosch F 7 DCO, Beru 14F-7DUO oder Champion C9 YCC sorgen für Zündstoff. Die Volllastzündwinkel werden um 3° zurückgenommen.
Das Pleuelauge wird durch den um zwei Millimeter kleineren Kolbenbolzen mit einer Pleuelbüchse auf einen lichten Durchmesser von 24 mm gebracht. Für erhöhten Gasdurchsatz sorgen Nockenwellen mit etwas mehr Hub. Um Verwechslungen auszuschließen, sind die Einlassnockenwellen von hinten auf dem Flansch mit der Kennzahl »15«, die Auslasswellen mit der Kennzahl »10« markiert. Die Steuerzeiten mit dem Nockenwellenversteller in Stellung spät (Eö n OT 23° ± 1°, As v OT 14° ± 1°) werden durch das Verdrehen der Flanschwelle des Nockenwellenverstellers auf der Einlassseite und des Nockenwellenrades auf der Auslassseite eingestellt. Dazu müssen die drei Bohrungen zu Langlöchern umgearbeitet werden. Die geänderte Flanschwelle wird durch den Buchstaben B markiert. Die KE-Einspritzanlage ist dem erhöhten Gasdurchsatz angepasst.
ADS und ASR sind bei den AMG-Fahrzeugen von Anfang an serienmäßig. Nach der Kooperations-Vereinbarung nahm sich das »Mutterhaus« den Leistungsträger aus Affalterbach zur genauen Begutachtung vor, um ihm, da er ja jetzt in der vollen Produktverantwortung der Untertürkheimer stand, auf den Zahn zu fühlen. Als Fazit dieser Prüfungen blieben fünf kW (sieben PS) auf dem Altar der EG-Zertifizierung, sodass die Leistungsangabe von 381 PS (280 kW) auf 374 PS (275 kW) zurückgenommen wurde. Der Wert des maximalen Drehmoments von 550 Nm bei 4000/min änderte sich nicht.
Die Ölfüllmenge, das ist wichtig und unbedingt zu beachten, ist bei diesem AMG-6,0-Liter-Motor zur Vermeidung der Ölverschäumung aufgrund des langen Hubs um einen Liter von acht auf sieben Liter reduziert worden. Bei diesen Motoren darf Öl nur bis zur Mitte zwischen der Max.- und Min.-Markierung des Ölmessstabes nachgefüllt werden. Beim Automatikgetriebe wird der

Modulierdruck von 4,0 bar auf 4,8 bar erhöht.

Auch bei der Rad- und Reifenbestückung gehen die Affalterbacher eigene Wege. Auf der Vorderachse werden auf dreiteiligen 8,5 J x 17 H2 ET 17-Rädern laufrichtungsgebundene Reifen der Größe 235/45 ZR 17 der Fabrikate Dunlop oder Bridgestone montiert, auf der Hinterachse drehen dreiteilige Räder 10,0 J x 17 H2 ET 17 in der Größe 255/40 ZR 17. Als Notrad wird ein serienmäßiges Leichtmetallrad mit entsprechender Reifenbestückung verwendet. Um diese Reifengrößen unterzubringen, sind bei den AMG-Fahrzeugen schon ab Werk die vorderen und hinteren Kotflügelkanten in einem bestimmten Bereich des oberen Radausschnitts um 110° umgebördelt.

Der Tachometer erhält in der AMG-Version ein Zifferblatt mit AMG-Logo, einer 300-km/h-Skala ohne Schaltpunktmarkierungen und einer entsprechend abgestimmten Elektronik des Instruments. Das Farbenangebot für AMG-SL umfasst die Farben 199 blauschwarz, 481 bornit, 512 almandinrot, 744 brillantsilber, 040 schwarz und 147 articweiß. Der von Claus Hieke als ehemaligem Designer in Sindelfinger Diensten entwickelte Anbausatz besteht aus einem AMG-Frontspoiler mit integrierten DE-Nebelscheinwerfern, AMG-Seitenschwellern, AMG-Heckschürze und dreiteiligem AMG-Heckspoiler. Den weich fließenden Linien des Originals verleiht Klaus Hiekes Anbausatz zum Teil herbe, fast kantige Züge. Lässt man seinen SL bei AMG direkt bearbeiten, kann man auf den Spoilersatz verzichten und sich auf technische und/oder innenarchitektonische Veränderungen beschränken. Beim Erwerb über die Mercedes-Benz-Verkaufsorganisation sind die in Wagenfarbe lackierten Anbauteile enthalten.

Welchen Eindruck macht nun »Aufrechts Genuss«? Clauspeter Becker, Genießer in *auto motor und sport*-Diensten und seit Jahren eher für den »Über-Stock-und-Stein-Bereich« der Fourwheeler vom Schlage der Mercedes-G, Land- und Range Rover sowie sämtlicher Jeep-Derivate und ihrer japanischen Neffen und Enkel zuständig, urteilte im Frühjahr 1990, also noch in der Vorkastrationsära, über die Blitzen-Benze aus Aufrechts Küche mit ihrem vornehm finsteren Anthrazit nach Art des Hauses AMG: »Die Taten, die der AMG-SL zuwege bringt, sind eine schöne Lektion über die Gediegenheit eines edlen Tempraments, das an die 1,9 Tonnen Solidität und Luxus gebunden ist. Die Art und Weise, wie der Getunte alle Beschleunigungszeiten klar für sich entscheidet, bleibt angenehm und einem Mercedes stets angemessen. Aber das Wahrnehmen von feinen und auch teuren Unterschieden bleibt nicht allein der Stoppuhr überlassen. Der Schub, der einem hier bei jeder Drehzahl hart im Nacken sitzt, hat beim stärkeren SL eine körperlich spürbar druckvollere Qualität und an seinem oberen Ende auch die weit größere Länge. Frei von der moralischen Fessel des elektronischen Tempobegrenzers darf der Motor des AMG-SL in allen Gängen ausdrehen, was zu der stolzen, aber im Alltagsgebrauch absolut theoretischen Höchstgeschwindigkeit von 286 km/h führt« (allerdings in Verbindung mit der Hinterachsübersetzung i = 2,24, Anm. des Autors).

Für die gewissenhafte Arbeit der AMG-Werker sprechen nach Auffassung des Testers die geringen Windgeräusche auch bei höchsten Tempi sowie die Abstimmung des Fahrwerks. Nur der dank Breitreifen und härterer Dämpferauslegung verschlechterte Abrollkomfort störte den genießenden Tester Clauspeter Becker. Klaus Rosshuber, Flitzemann in *sport auto*-Diensten, kam zu ähnlichen Ergebnissen wie der Kollege Becker von der Nachbarzeitschrift im selben Verlagshaus. Für ihn litt der Fahrkomfort des Probanden nur unwesentlich.

**Messwerte**

| | | |
|---|---|---|
| Motor | M 119 AMG 6.0 | |
| Motorleistung PS/kW | 381/280 | |
| bei U/min | 5800 | |
| Literleistung PS/kW | 64/47 | |
| Max. Drehmoment Nm | 550 | |
| bei U/min | 4000 | |
| Achsantrieb i = | 2,24 | |
| Getriebe | Viergang-Automatikgetriebe W 4 A 040 | |
| | *auto motor und sport* | *sport auto* |
| Gesamtgewicht kg | 1905 | 1905 |
| Beschleunigung in s | | |
| 0–40 km/h | – | 2,2 |
| 0–60 km/h | 3,3 | 3,4 |
| 0–80 km/h | 4,7 | 4,9 |
| 0–100 km/h | 6,6 | 6,7 |
| 0–120 km/h | 8,7 | 8,9 |
| 0–140 km/h | 11,5 | 11,5 |
| 0–160 km/h | 15,1 | 15,1 |
| 0–180 km/h | 19,3 | 19,2 |
| 0–200 km/h | 25,0 | 24,2 |
| $v_{max}$ km/h | 286 | 282 |
| Testverbrauch l/100 km | 17,4 | – |

# AMG SL 500 6.0 – SL 60 AMG M 119 E 60 LH

Die Einführung des M 119.972, also des Einheitsdeckmotors mit LH-Einspritzung, führte beim AMG-Motor zu einer im Vergleich zum Serienausgangsprodukt konträren Entwicklung im Leistungsbereich und zu Mehrarbeit in der Herstellung. Während beim Fünfliter-Serienmotor die Leistung von 326 PS auf 320 PS durch den Wegfall der Volllastanreicherung gesunken ist, steigt sie beim Sechsliter-AMG-Motor wieder auf die ursprüngliche Höhe von 381 PS. Der Wert des maximalen Drehmoments steigt durch die geänderte Saugrohrkonfiguration der LH-Einspritzung von bisher 550 Nm bei 4000/min auf 580 Nm bei 3750/min. Bei der Mutation zum Sechsliter-Motor änderte sich das Folgende gegenüber der KE-Variante mit dem großen Block:

- Zylinderbohrung Durchmesser jetzt 100,15 mm ± 0,15 mm als Standardmaß;
- Reparaturstufe Durchmesser jetzt 100,515 mm ± 0,15 mm.

Die zusätzliche AMG-Motornummer erhält jetzt die Bezeichnung »AMG 1199760« plus der fortlaufenden Nummer an der bisherigen Stelle über der Mercedes-Benz-Motornummer. Die Kurbelwelle mit 94,8 mm Hub wird am Gegengewichtsradius auf R82-0,3 verkleinert und neu gewuchtet. Am Pleuel werden die Pleuellager-Schraubenauflagen um 2,5 mm abgesenkt, die Gewichtsausgleichstücke bearbeitet, um den Freigang zum Kurbelgehäuse sicherzustellen. Die Steuerzeiten mit dem Nockenwellenversteller in Stellung spät betragen jetzt: Eö n OT 30° ± 2°, As v OT 15° ± 2°. Das Steuergerät der EZL (Teile-Nr. H WA 124545 07 32) ist mit dem geänderten Datenstand für den vergrößerten Hubraum versehen.

Wem die Bremsleistung nicht genügt, dem kann auch bei AMG – und das relativ preiswert – geholfen werden. Dank dem SL 600 bauen die AMG-Techniker für 5000 Mark auch die größere Bremsanlage des Zwölfzylinders an der Vorderachse ein. Ab dem 30. Juli 1993 ist sie beim SL 500 6.0 serienmäßig. Interessant ist, dass Mercedes-Benz die Bremsanlage des Zwölfzylinders an der Vorderachse serienmäßig seit einiger Zeit auch beim E 500 und nach dem Facelift beim E 400 einbaut. Ab dem 1. September 1993 wird der Sechsliter-V8 aus Affalterbach in den Preislisten des Hauses mit einer neuen Bezeichnung geführt, wodurch Verwechslungen mit dem Zwölfzylinder gleichen Hubraums vermieden werden sollen. SL 60 AMG heißt nun der Großkolben-Achtzylinder aus Aufrechts Leistungsschmiede.

**Leistungskurve des M 120-AMG.**

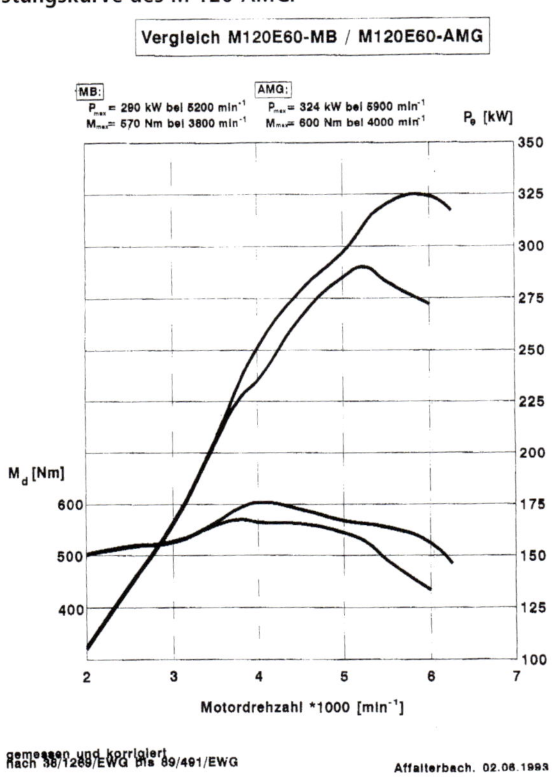


# SL 600 AMG, der aktivere SL

Bei der Tradition des Hauses AMG konnte es natürlich nicht ausbleiben, dass der Ruf der Kunden nach mehr Leistung auch für den Zwölfzylinder laut wurde. Hans-Werner Aufrechts Mannen werden diesem Wunsch durch klassische Leistungssteigerungs-Maßnahmen gerecht, als da sind intensive Bearbeitung der Zylinderköpfe auf der Einlass- wie auf der Auslassseite und entsprechende Anpassung der LH-Einspritzung. Allzu schwierig ist diese Arbeit ja nicht, da die Köpfe mit denen des 3,2-Liter-Motors M 104 gleich beziehungsweise identisch sind. Als Leistung zaubert man in Affalterbach 440 PS (324 kW) bei 5900/min und 600 Nm Drehmoment bei 4000/min aus dem gewiss nicht schwächlichen M 120 und stellt somit den gebührenden Abstand zum eigenen Sechsliter-V8-Motor wieder her. Dass dabei der Kunde die Möglichkeit hat, zwischen vier Hinterachsübersetzungen (i = 2,24, 2,47, 2,65, 2,82) zu wählen, gehört zur selbstverständlichen Tradition des Hauses.

Bei der serienmäßigen Achsuntersetzung von i = 2,65 ermittelten die Affalterbacher 5,9 Sekunden für den klassischen 0–100-km/h-Sprint. Der stehende Kilometer wird nach 24,9 Sekunden passiert.

# Brabus

## oder: Der Oberpower

Westfalen und Schwaben haben mehr gemeinsam, als in süddeutschen Landen gemeinhin bekannt ist. Im Gegenteil, man kann einem bodenständigen, beharrlichen Westfalen nichts Schlimmeres antun, als ihn mit seinem Nachbarn, dem leichtfüßigen und weitläufigen Rheinländer Düsseldorfer Prägung, in einen Topf zu werfen. Gerade das aber wird im Süddeutschen oft getan, und es rächt sich dann bitter, weil man die »Blötschköppe«, wie die zähen und eigenwilligen Westfalen gerne frotzelnd von ihren »Haupstädtern« betitelt werden, falsch ein- und sich bitter verschätzt.
Ein Wunder ist es deshalb nicht, wenn sich am Nordwestrand des Ruhrpotts in den 80er- und 90er-Jahren des vergangenen Jahrhunderts ein Powerzentrum für Mercedes-Benz-Fahrzeuge etablierte, dem nach Untertürkheimer Definition eher ein Piratenstatus zukommt, denn den Stern dürfen Bodo Buschmanns Kreationen – ebenso wie die der anderen Tuner – nicht tragen. Nichtsdestotrotz machen die Brabus-Automobile auf Stern-Basis durch interessante und gut gemachte Motor- und Fahrwerksvarianten von sich reden. In den Testabteilungen der Fachpresse, wo man gelegentlich mehr hören kann, als nachher in den Tests steht, gefallen die Westfalenpfeile durch ihre anspruchslose Robustheit. Aber Bodo Buschmann und sein Techniker Ulrich Gauffrés zollen auch ihren Basisprodukten hohes Lob: »Nicht nur, dass wir von der Mercedes-Benz-Sicherheit leben, die dort wie nirgendwo sonst eingebaut wird, es gibt gewisse Dinge, die man einfach nicht besser machen kann als die Untertürkheimer, das muss man neidlos anerkennen.«
Brabus-Chef Buschmann hatte ein geschicktes Händchen bewiesen, als er sich aus der Mercedes-Benz-Vorentwicklung seinerzeit den jungen Ingenieur Ulrich Gauffrés anlachte, auf dass dieser für ihn Motoren mit mehr Power entwickle. Motorenmann Gauffrés huldigt zunächst einer alten, aber wirkungsvollen Leistungsformel, die lange unmodern schien, und die da lautet: »Hubraum ist durch nichts zu ersetzen, es sei denn, durch noch mehr Hubraum.« Power aus dem Drehzahlkeller gibt es in erster Linie über den Hubraum. Der Motoreningenieur ist nach Möglichkeit bestrebt, das serienmäßige Drehzahlniveau beizubehalten. So ist es kein Wunder, dass die Werte des maximalen Drehmoments bei ähnlichen Drehzahlen anfallen wie beim Serienmotor. Geräusch- und somit Komfortgründe sind die Haupttriebfedern, denn ein Brabus soll der Hausphilosophie zufolge nach wie vor ein Mercedes-Benz sein, nur ein viel stärkerer.
»Ein Motor muss aus der Leerlaufdrehzahl heraus herzhaft zubeißen können, einen stabilen Leerlauf haben und sich im Start- und Warmlaufverhalten genauso kultiviert benehmen wie ein Serienmotor«, lautet Ulrich Gauffrés Credo. Man scheut bei Brabus keinen Aufwand, um dieser Devise zu entsprechen. So lässt Brabus für seine Motoren die Kurbelwellen in England von Spezialisten aus dem Vollen fräsen. Damit aus den Hubraumriesen keine saufenden Saurier werden, nehmen sich die Westfalen mit derselben Akribie der Gaswechselsteuerung und der Feinabstimmung der Elektronik auf die gewachsenen Hubraumvolumina an. Natürlich werden da auch die klassischen Tuningmaßnahmen mit größeren Ventilen, erweiterten und geglätteten Kanälen, erhöhter Verdichtung und Nockenwellen mit größerem Hub angewandt. Änderungen an den Kanälen werden auf der Fließbank entwickelt. Ein besonderes Entwicklungs-Highlight leisteten sich Bodo Buschmann und seine Techniker, indem sie eine eigene Bremsan-

lage entwickelten. Dass dies ein mutiges und schwieriges Unterfangen war, macht die Bemerkung Ulrich Gauffrés deutlich, als er dazu meinte: »Um eine gute Bremse zu machen, braucht man unter Umständen länger, als um einen guten Motor auf die Bremse (gemeint ist hier die Motorenbremse; Anm. des Autors) zu bekommen.« Für zirka 15.000 Mark »verhelfen innenbelüftete Spezialbremsscheiben, vorne gelocht, mit Gruppe-C-verdächtigen Vierkolben-Alusätteln an der Vorderachse und Alusätteln mit innenbelüfteten Bremsscheiben hinten mit ihrem knallharten Druckpunkt zu ungewöhnlich guten Verzögerungswerten«, wie *sport auto* 1992 nach einem Fahrbericht enthusiastisch vernehmen ließ.

Wie beim Mitbewerber AMG steigt auch bei Brabus in den 1990er-Jahren die Zahl der Kunden, die die Inneneinrichtung ihres Automobils verändern, nach dem Motto: außen bieder, aber wie's drinnen aussieht, geht keinen was an. Von der Farb- über die Materialauswahl sind dem exzessiven Strapazieren des Bankkontos, wie im Technikbereich, fast keine Grenzen gesetzt. Mit kuschelweichem Leder, das Lichtjahre von der knarzigen Härte der Serienleder-Ausstattung entfernt ist, kann auf Wunsch alles überzogen werden, was des Kunden Herz begehrt.

## Brabus 6–32

»Der SL ist das Auto, von dem Leute träumen«, ist Bodo Buschmanns Erfahrung mit dem Glanzstück aus Untertürkheim, und sein Motorenentwickler Ulrich Gauffrés hält gerade die Mast am V8-Motor für eine seiner leichtesten Übungen: »Der war leicht auf Leistung zu bringen«, referiert er leise. Die Kurbelwelle als Herzstück des Motors wird bei den eigenwilligen Westfalen ausgemustert und durch eine eigene Kurbelwelle ersetzt. Dafür dürfen die Serien-Pleuel weiter ihr Dasein fristen. Allerdings kommen auch sie nicht ungeschoren davon. Sie werden, wie auch alle anderen rotierenden und oszillierenden Teile des Kurbeltriebs, fein gewuchtet. Die Bearbeitung von Zylinderkopf und Ansaugtrakt entspricht den gängigen Gepflogenheiten verantwortungsbewusster Leistungsfahnder. Sie weist keine wesentlichen Unterschiede zu dem auf, was auch in schwäbischen Landen beim Advanced Tuning als Stand der Dinge betrachtet wird.

Ein besonderes Thema ist die Aufhebung der $v_{max}$-Beschränkung. Die Bottroper bedienen sich dazu der Hilfe einer zusätzlichen Steuerelektronik, die dem Computer das Märchen vom Erreichen von höchstens 245 km/h erzählt. Das hat zur Folge, dass die Zündung nicht zurückgenommen wird, der Nockenwellenversteller nicht in Tätigkeit tritt und die notwendige Einspritzmenge zur Verfügung steht. Die Höchstdrehzahl von 6000/min wird nicht angetastet. Als Leistungsoutput geben die Westfalen glatte 300 kW / 408 PS bei 5500/min an. Die Differenz von 27 PS im Vergleich zum AMG-SL machte sich in einem Vergleichstest von *sport auto* nicht bemerkbar.

Bei der von Brabus beibehaltenen Serienübersetzung von i = 2,65 erreichte der SL eine Höchstgeschwindigkeit von 272 km/h. Das Fazit des Vergleichstests: »Die Wahl des Lieferanten bleibt in beiden Fällen reine Geschmackssache. Denn die Leistungssteigerung ist beiden Anbietern nahezu perfekt gelungen. Laufkultur, Kraftentfaltung und Fahrleistungen geben keinen Anlass zu kritischen Anmerkungen. Spannend bleibt allenfalls die Frage, ob die Mercedes-Techniker diesen einmal ins Leben gerufenen Standard durch den Einsatz von vier weiteren Zylindern noch überbieten können.«

## Brabus-SL 600 6.9

Es ist nicht die Größe, es ist die Leistung, die bei Buschmann zum King-Size-Format heranwächst. 509 PS / 374 kW bei zivilen 5400/min und ein brachiales Drehmoment von 710 Nm bei gemütlichen 3700/min katapultieren den Zweitonner mit dem unerbittlichen Nachdruck eines Dragsters in die schwindelnden Höhen des physikalischen Begriffs v = Geschwindigkeit. Und das Ganze »aber bitte mit Sahne«, oder, um mit Ullrich Gauffrés zu sprechen: »Die Mercedes-Kultur ist für mich die oberste Messlatte. Zur Kraft gehört auch die Kultur, hier soll der Kunde keine Kompromisse eingehen. Hätte unser Zwölfzylinder nicht die seidenweiche Laufkultur des Serien-Zwölfzylinders, hätten wir unsere Hausaufgaben nicht richtig gemacht.« Aus diesem Grund und wegen des sauberen Abgases wird auf eine größere Ventilüberschneidung verzichtet. Lediglich der Ventilhub wird erhöht.

Um diese Leistungen zu erbringen, ist auf der Basis des M 120 ein gigantisches Umbauprogramm erforderlich. Eine der leichtesten Übungen ist dabei die Erweiterung der Kolbenbohrung von 89 mm auf 90 mm. Um vom Serienhub von 80,2 mm auf 90 mm Brabus-Hub zu kommen, wird nach alter Brabus-Manier eine neue Kurbelwelle aus Vollmaterial gefertigt. Mit der Bearbeitung des Zylinderkopfs mit den 48 Ventilen und der entsprechenden Saugrohrapplikation ist ein ausgesuchter Spezialist sechs Arbeitstage beschäftigt.

Eine Glanzleistung ist die Anpassung der Steuerelektronik, da jede Zylinderbank über eine separate LH-Steuerung verfügt, die über

einen Datenbus miteinander verbunden sind. Auf einem nagelneuen amerikanischen Super-Flow-Prüfstand werden in 100/min-Schritten die Kennfelder für die Einspritz- und Zündanlage abgenommen und angepasst.
Die Fahrleistungen werden dann auch hochgesteckten Erwartungen gerecht, entsprechen eher dem Katapultstart vom Deck eines Flugzeugträgers und degradieren das gewiss nicht asthmatische Serienprodukt zu einem betulichen Cabriolet. Womit wieder einmal anschaulich bewiesen wäre, dass im Leben vieles eben nur relativ ist. Noch besser zur Sache gehen nur Boliden vom Schlage eines Ferrari 512 TR, wobei die Cavallos aus Maranello fast 400 kg weniger zu bewegen haben und auch nicht gegen den Wandlerschlupf des Automatikgetriebes anstampfen müssen.
Mit der Serienübesetzung i = 2,65 werden 100 km/h in 4,9 Sekunden und 200 km/h in 17,6 Sekunden erreicht. Erst bei 286 km/h verharrt die Tachonadel. Wer sich mit geringfügig schlechteren Beschleunigungswerten bescheidet, dem wird zum Ausgleich eine um 20 km/h höhere Endgeschwindigkeit zuteil. Mit der alternativ angebotenen Achsübersetzung i = 2,47 betragen die Beschleunigungswerte für 0–100 km/h 5,3 und für 0–200 km/h 18,8 Sekunden. Die Höchstgeschwindigkeit liegt dann bei gestoppten 306 km/h.
Das Ganze vollzieht sich in einer unvergleichlichen Kombination aus Leichtigkeit, Kraft und Kultur. In einem Ferrari oder Ruf-Porsche fühlt man sich in einen der Rennstrecke entlaufenen Wettbewerbswagen mit allen seinen berauschenden Akkorden der Sound-Droge versetzt. Im Brabus 6.9 genießt man eher die Selbstverständlichkeit, in einer Concorde dem transsonischen Bereich zuzustreben.

# Mit dem 500 SL in Graubünden

## oder: Ein Wintermärchen

Ein 500 SL in Graubünden und ein Wintermärchen. Was, bitteschön, werden Sie, lieber Leser, jetzt zu Recht fragen, hat der 500 SL in Graubünden mit einem Wintermärchen zu tun? Ist nicht gerade dieses Auto dort und im Winter ein Anachronismus? Ist es dort nicht so überflüssig wie ein Ferrari F 40 mit seinen breiten Sommerreifen bei einem Eisrennen auf dem Silvaplaner-See? Wäre man da nicht eher besser aufgehoben, wenn man sich mit einem der seinerzeitigen Trendautos wie dem BMW M 5 Touring oder einem Audi Avant S 4.2 bewegen würde, die Skier lässig durch die Heckklappe geschoben, souverän den weißen Schnee im Fourwheelspin zu schmutzigbraunem Mahlgut verarbeitend? Wintermärchen – das klingt nach klirrender Kälte und kuschelig-warmer Ofenbank, nach Bratäpfeln und aromatischem Glühweinduft, nach weiten Schneefeldern, nach felsigen Berggipfeln in kristallkalter Bergluft, nach fröhlich tollenden Kindern, warm eingemummelt in ihre wattigen Skiklamotten, die der traurigen Geschichte vom armen Mädchen mit den Zündhölzern lauschen. Zu heutigen Wintermärchen gehören mondäne Skizentren mit ihren lustigen alten und jungen Skifahrern und den manchmal reichen, aber traurigen älteren Menschen, in teure Kaschmirpullover und Mäntel gewandet oder edle Pelze gehüllt. Und zu meinem ganz speziellen Wintermärchen gehört der silberfarbene 500 SL.

Geduckt kauerte er neben der romanischen Dorfkirche mit ihrem gedrungenen, massigen Turm, dem Kirchenschiff, eine Architektur der klaren Linien. Ein Widerspruch? Mitnichten, meine ich. Das bullige Gesicht, das trotzdem nicht plump in die Welt schaut, die klaren, schnörkellosen Linien der silberfarbenen Karosserie, all das bildete nicht nur einen Kontrast zu der Dorfkirche mit ihren grob behauenen Quadern, sondern ergab in dem gleißenden Sonnenlicht eines klirrenden Wintertages ein Bild von zeitloser Harmonie. Hier erlebt die Vernunft eines geräumigen Kombis ihr Waterloo durch die Emotion, die von dem Design dieses Zweisitzers in Reinskulptur ausgeht.

Die zeitloseste Harmonie hat die Faszination einer ausgebrannten Silvesterrakete am Neujahrsmorgen, wenn der Schein nur als Verpackung der Leere dient. Da es bis heute noch nicht sein kann, dass aus schwäbischen Landen Inhaltloses frisch auf den Tisch kommt, wechselte ich mit großer Erwartung von einem 300 E in den 500 SL. Man steigt nicht ein, man gleitet in einen SL hinein, und sitzt man dann, empfindet man das Auto wie einen gut sitzenden, maßgeschneiderten, bequemen Schuh. Breit ist er, fuhr es mir spontan beim Fahrzeugwechsel durch den Kopf, sehr erwachsen wirkend, und den rechten Kotflügel kann ich auch nur ahnen, links stört der linke Außenspiegel mit seinem hohen Spiegelfuß. Da sind die Lösungen bei Porsche, Ferrari und am neuen BMW M 3 mit ihren dünnen Trägern funktioneller, man sieht einfach besser.

Ein Sportwagen? Der Innenraum des Zweisitzers mit seiner, an einer Limousine gemessenen, fast heimeligen Enge und die durch

die großen Fensterflächen geschaffene Transparenz zur Außenwelt vermitteln mir ein Gefühl von Geborgenheit, ohne von der Außenwelt ausgeschlossen zu sein. Dazu gehört auch das »Geräuschklima«. Ich nehme das Fahren und den Motor akustisch wahr, ohne Dissonanzen oder Lärm ausgesetzt zu sein.
Das Armaturenbrett, von den Testern der Fachpresse wegen seiner gewollten Familienähnlichkeit innerhalb des Mercedes-Benz-Pkw-Programms oft kritisch als Taxilook apostrophiert, vermittelt mit seinen fünf Rundinstrumenten den Eindruck des Besonderen. Nur fremd wirkt es nicht, und dafür bin ich dankbar. Wenn ich bei einer Jahreskilometerleistung von 110.000 km oft zwischen Pkw, Transporter und Lkw, und das manchmal mehrmals am Tag, wechsle, empfinde ich die Gleichheit und Unverwechselbarkeit der Schalter, Bedienungshebel und Instrumente bei Mercedes-Benz-Fahrzeugen als wohltuend. Dazu zählt auch der oft geschmähte Kombischalter für Blinker, Abblenden, Scheibenwischer und -wascher auf der linken Seite des Lenkrads.
Eine Wohltat empfängt den Fahrer auch nach dem Starten des Großkolben-V8-Motors. Es tut sich eigentlich nichts, dies allerdings nur, solange man nicht den Drehzahlmesser beachtet, denn dann registriert man eben doch, dass der Motor läuft. Fast, aber nur fast, wäre ich hier geneigt, schon von einem V12-Schnurren zu sprechen, denn Dank der Nockenwellenverstellung und elektronischer Leerlaufstabilisierung werden die 600 Umdrehungen akustisch fast nicht wahrgenommen, und Vibrationen glänzen durch Abwesenheit.
Vom Feinsten ist das Erleben des Motors. Beim Durchfahren des Domleschgs Richtung Thusis und Via Mala, auf der Landstraße neben der N 13 über Rhäzüns und Cazis, werden Erinnerungen an die D-Züge der Nachkriegszeit wach. Das weit entfernte, in Watte gepackte Grummeln beim leichten Beschleunigen aus den Orten und Weilern und das perfekte Zusammenspiel mit dem Automatik-Getriebe ähnelt ein wenig dem Beschleunigen eines D-Zuges aus einem Bahnhof heraus. Erinnernswert, aber Realität ist der sanfte, doch nachdrückliche Schub des Fünfliter-V8-Motors.
Besonders faszinierend gestaltet sich dieses Erlebnis zwischen Tiefencastel und der Julier Passhöhe. Egal, ob aus niederen oder mittleren Geschwindigkeiten, aus niederen, mittleren oder hohen Drehzahlen: Es steht immer Leistung satt zur Verfügung. Selbst bei einem Motor mit relativ großem Hubraum beeindruckt die fast unendliche Leistungsabgabe über das breite Drehzahlband. Bei hohen Drehzahlen erfreut nicht nur der nicht enden wollende Biss, sondern auch der diskrete Übergang vom gedämpft vor sich hin murmelnden V8-Motor amerikanischer Provenienz der fünfziger Jahre zum weit entfernt zornig hämmernden V8-Motor einer Renn-Corvette. Er lässt das melodische Stakkato jener legendären Big-Block-Leistungsspender der Can-Am-Serie wiedererwachen. Und wie der relativ kurze SL mit seinem schweren V8-Motor im Bug leicht tigernd die Kehren zwischen Mulegns und dem Marmorera See emporstürmt, ist begeisternd. In den Kehren zupft zwar die ASR an den Antriebsrädern dezent die Überschussleistung weg, verhindert andererseits das Ausschütten ungebührlich hoher Adrenalinmengen und erspart dem Gegenverkehr dafür den Anblick eines quer aus den Kehren herausbeschleunigenden Silberpfeils. Bei nassen und rutschigen Straßenbelägen gibt es sicher nichts Besseres.
Das Erklettern einer Straßenkante aus dem Stand auf glatt gefahrener Schneedecke verhindert die ASR allerdings ebenso zuverlässig, der Widerstand war zu groß und der Untergrund zu glatt. Nobody is perfect, aber die ASR ist doch schon erstaunlich perfekt, und sie macht – ich wollte es nicht wahrhaben – aus so einem »unwinterlichen« Auto wie dem SL mit seinem kurzen Radstand und seinem schweren, starken Frontmotor ein erstaunlich wintertüchtiges und somit ganzjahrestaugliches Automobil. Es lässt die Schrecken starkmotorisierter, kopflastiger Heckschleudern der Vergangenheit angehören. Plötzlich ist es möglich, schmale, steile, verschneite Wege zu erklimmen, deren Befahren mit einem SL ich vorher eigentlich nur in den Bereich der Märchenwelt verwiesen hätte.
Und wenn »Märchen« eine unwirkliche, aber wunderschöne Geschichte bedeutet, dann passt ein R 129, auch im Winter, nicht in diese Kategorie: Der Wagen macht auch bei Schnee und Eis wirklich viel Spaß – im Gegensatz zu früheren SL, die sich oft nicht gerade märchenhaft fahren ließen.
Wenn »Märchen« aber eine traumhaft schöne Geschichte bezeichnet, die nur für wenige zu erreichen ist, dann allerdings ist ein 500 SL im Winter wirklich ein Märchen – Glückwunsch an all diejenigen, die es erleben. Und bitte kein Neid. Wie sagt der Kölner so treffend: »Ma mood och jönne könne« (für Nicht-Rheinländer: »Man muss auch gönnen können«). Und fast hatte ich das Gefühl, als würde »unser« in Sankt Moritz geparkter SL mit den ironisch nach unten gezogenen Mundwinkeln seiner Blinkerenden den zum achten Mal vorbeigleitenden weißen Rolls-Royce Corniche betrachten und leise flüstern: »Mann, hast Du's nötig«.
Sicher ist im Winter, mit Skiern, Anoraks, Skischuhen, Boots, Handschuhen und allem, was sonst noch an raumfüllenden Accessoires dazu gehört, einer der heutigen Lustkombis vernünfti-

ger als ein SL. Aber es ist auch eine alte Erfahrung, dass die Lebensqualität oft nachdrücklicher von ein bisschen Unvernunft als von der reinen Vernunft geprägt wird. Und da kann der SL mit seiner neidlosen Zeitlosigkeit allemal mithalten. Oder haben Sie schon einmal erlebt, dass sich das Bernina-Massiv in seiner imposanten Erscheinung ändert? Da muss man mit Franz Beckenbauer fast Mitleid haben, als er von seinem gut dotierten Mercedes-Benz-Sponsorvertrag zu einem noch besser honorierten Mitsubishi-Engagement wechselte und bei der Rückgabe des 500 SL wehmütig verkündete: »Wer geht schon gerne weg von Mercedes-Benz, das ist der Inbegriff des Automobils, und der SL ist für mich das beste Auto der Welt.«

Als ich Hans-Dieter Seufert mit dem 500 SL am winterlichen Horizont des Engadins gen Stuttgart entschwinden sah und wieder den 300 E bestieg, da hatte ich plötzlich Verständnis für den Beckenbauer Franz. Wo er recht hat, hat er recht.

S-KS 8915

S-KS 8915

S-KS 8915

S KS 8915

# Die erste Modellpflege im September 1995

## oder: Ein Bestseller auf der Höhe der Zeit

Nach über sechs Jahren Bauzeit präsentiert Mercedes-Benz im September 1995 auf der IAA in Frankfurt (Main) ein vorsichtiges Facelift der Baureihe 129. Auf optischem und technischem Gebiet wurden vorsichtige Retuschen vorgenommen, welche die Modellreihe aufwerteten, ohne die bisherigen Fahrzeuge abzuwerten. Dazu bestand auch überhaupt kein Anlass, war doch der SL der Baureihe 129 im Jahr 1993 das meistverkaufte Cabriolet in Deutschland gewesen.[1]

[1] *Produkt aktuell*: »Der SL: Die Legende lebt weiter ...«, Juli 1995

**Auch nach sechs Jahren Bauzeit gab es am R 129 noch nicht viel zu verbessern. Das erste Facelift umfasste daher nur sehr behutsame Veränderungen.**

# Außendesign

Für jeden sofort zu erkennen sind die neu gestalteten Räder im 12-Loch-Design mit glanzgedrehtem Felgenkranz. Sie lösen das bisherige Standardrad im 15-Loch-Design ab. Die auf Wunsch lieferbaren Achtloch-Räder (außer beim SL 600, da gehören sie zum serienmäßigen Lieferumfang) werden jetzt auf Wunsch in glanzgedrehter Ausführung geliefert.
Auch die jetzt in Wagenfarbe lackierten Seitenteile aus Kunststoff an den Türen und Kotflügeln mögen manchem Interessierten auffallen. Aber zu erkennen, dass die jetzt ebenfalls in Wagenfarbe lackierten vorderen und hinteren Stoßfänger das Fahrzeug um

Noch am ehesten ins Auge stachen die neu gestalteten Räder im 12-Loch-Design, hier an einem SL 500.

Die Anzahl der Querlamellen im Plakettengrill des SL wird im Zuge der Modellpflege von sieben auf sechs reduziert.

30 Millimeter auf 4500 Millimeter verlängern, bedarf schon eines besonders geschulten Auges.
Die sogenannten Entlüftungsöffnungen in den Seitenteilen der vorderen Kotflügel erfahren ebenfalls eine stilistische Überarbeitung, von der kantig-rechteckigen Form hin zu einer fließenden Tropfenform. Als sogenannte Entlüftungsöffnungen bezeichnet sie der Autor, weil sie keinerlei funktionale Aufgaben haben, wie etwa beim 300 SL (W 198), sie sind funktionslose Designelemente.
Der Plakettengrill des überarbeiteten SL fällt durch die von sieben auf sechs reduzierte Anzahl der Querlamellen auf. Die Tatsache, dass die alten Grills zum Redaktionsschluss (Frühjahr 2014) nicht mehr lieferbar sind, führt u. a. dazu, dass diese Grills heute auch an älteren Fahrzeugen der Baureihe R 129 zu finden sind.
Im unteren Bereich des vorderen Stoßfängers erhält die bisher durch zwei Querstreben unterteilte Belüftungsöffnung jetzt eine Öffnung mit einer in der Mitte angeordnete Querstrebe.
Nicht nur eine stilistische, sondern auch eine funktionale Aufgabe erfüllen die auf Wunsch lieferbaren Xenon-Scheinwerfer, die mit ihrer doppelten Lichtstärke die Fahrbahn viel besser ausleuchten, womit sie einen wesentlichen Sicherheitsfaktor darstellen. Die darunter in der Bugschürze angebrachten Nebelscheinwerfer erhalten neue Abdeckgläser und Freiformreflektoren.
Die Rückleuchten werden mit den im Marketingdeutsch bichromatisch genannten zweifarbigen Deckgläsern ausgerüstet.

**Die Rückleuchten am SL erhalten zweifarbige Deckgläser.**

# Die erste Modellpflege im September 1995
oder: Ein Bestseller auf der Höhe der Zeit

## Serienausstattung

Die Anzahl der Lackierungen ist mit der Modellpflege 1995 drastisch reduziert worden. Standen zwischen 1989 und 1995 noch 13 Unilacke zur Auswahl, so reduzierte sich die Wahlmöglichkeit zwischen 1995 und 1998 auf vier Möglichkeiten. Es waren die Lackfarben Schwarz (040), Polarweiß (149), Imperialrot (582) und Dunkelblau (904).
Bei den Metalliclacken reduzierte sich die Wahlmöglichkeit von 25 Lacken zwischen 1989 und 1995 auf 13 Möglichkeiten. Es waren die Lackfarben Smaragdschwarz (189), Blauschwarz (199), Obsidianschwarz (197), Onyxgrau (721), Bornit (481), Rubin (572), Rauchsilber (702), Brillantsilber (744), Beryll (888), Vivianitgrün (279), Turmalingrün (269), Azuritblau (366) und Aquamarinblau (341)

## Panoramadach

Eine Neuerung ist das auf der IAA im September 1995 vorgestellte Glas-Hardtop, intern und treffender auch Panoramadach genannt, das bereits 1993 erstmals der Weltöffentlichkeit präsentiert wurde und Anfang 1996 in Serie geht. Das aus fünf Millime-

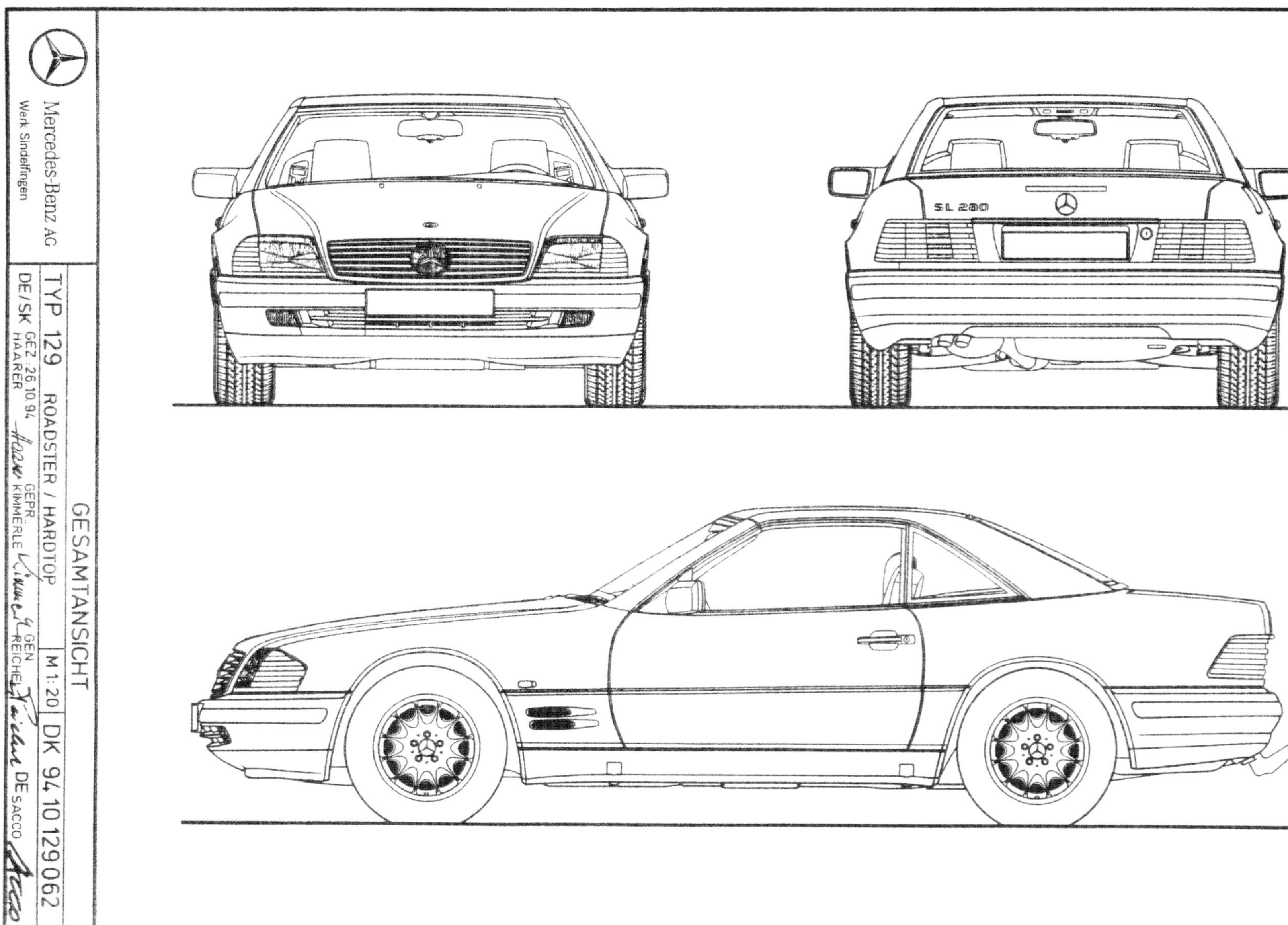


**R 129 mit Hardtop nach der Modellpflege 1995. Zeichnung aus der Design-Abteilung.**

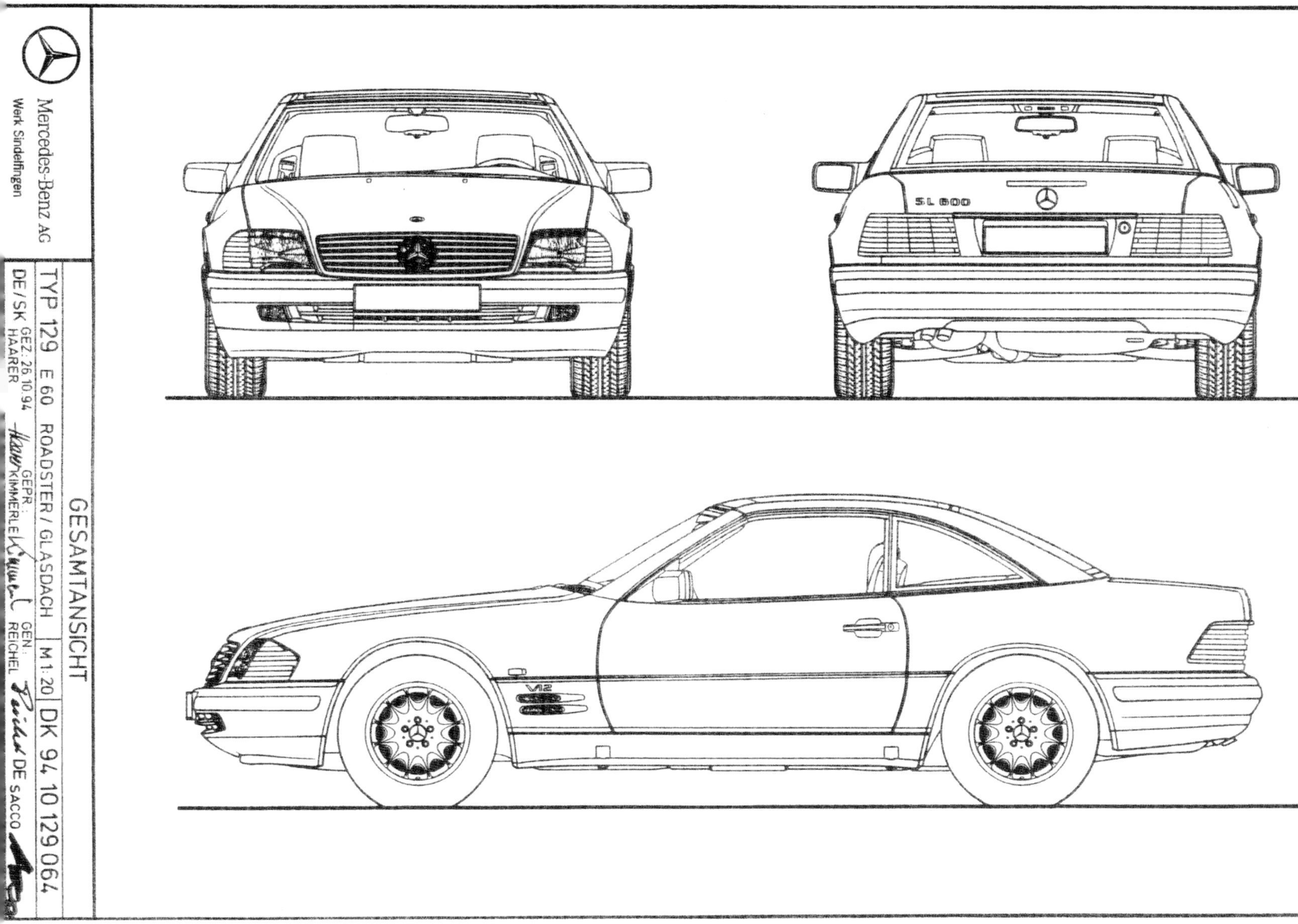


**R 129 mit Panoramadach genanntem Glas-Hardtop. Zeichnung aus der Design-Abteilung.**

ter starkem Einscheiben-Sicherheitsglas bestehende Dachelement des Panoramadachs geht fast übergangslos in die Heckscheibe über, die aus fünf Millimeter starkem Verbundglas besteht. Das gläserne Dachelement verfügt über eine starke Wärmedämmung und hat eine Lichtdurchlässigkeit von nur 15 Prozent gegenüber einer Lichtdurchlässigkeit von 75 Prozent bei der Heckscheibe. Trotzdem vermittelt dieses Panoramadach ein nahezu irreales Raumgefühl. Man fühlt sich auf der einen Seite im Freien mit einer unbeschreiblichen Rundumsicht, sitzt aber auf der anderen Seite wettergeschützt im wohltemperierten Inneren. Von der Seite gesehen zeigt sich beim Hardtop mit dem gläsernen Dachelement ein weiterer Unterschied zum normalen Hardtop. Die C-Säule des Glas-Hardtops ist wesentlich schlanker und ermöglicht so auch ein größeres Dreieckfenster des Dachaufbaus als beim Serienhardtop. Dies führt auch bei Seiteneinstrahlung des Lichts zu größerer Helligkeit im Fahrzeug. Manche Kunden finden auch die größere Glasfläche in Relation zum Gesamtkorpus der Karosserie ausgewogener und harmonischer. Einen Nachteil hat das Glas-Hardtop gegenüber dem normalen Hardtop aus Aluminium, es ist vier Kilogramm schwerer[2]. Mit einem Hardtoplift an der Garagendecke, der auch einer Person den Wechsel erlaubt, spielen die vier Kilogramm dann keine wesentliche Rolle mehr.

[2] Mitteilung von Rainer Mark vom 28-11-2013

Eine Besonderheit, die nur etwa 15 Fahrzeugen zugute kommt, ist das elektrisch betätigte Sonnenrollo, das in der mittleren Querverstrebung untergebracht ist. Bei der überwiegenden Zahl der Panoramadächer wird dieses Sonnenrollo von Hand betätigt.
Bei den Kunden findet diese zu Beginn DM 5405,-[3] .und am Produktionsende DM 5479,06 bzw. € 2801,40 teure Sonderausstattung lebhaften Zuspruch. Ursprünglich nur als reizvolle Designvariante gedacht, entpuppt sich das gläserne Panoramadach als Verkaufsschlager.
Im Zeitraum zwischen 1996 und dem Produktionsende der Baureihe 129 im Sommer 2001 werden 103.171 der sportlichen Zweisitzer gebaut. In dieser Zeit sind 10.486[4] Panoramadächer hergestellt worden. Man kann ohne Einschränkung davon ausgehen, dass gut 10 Prozent der in diesem Zeitraum gebauten R 129 mit dem Panoramadach ausgerüstet waren.

## Wasserbasislacke

Besonders weist Mercedes-Benz bei den ab der Modellpflege 1995 gelieferten Fahrzeugen auf die drastische Reduzierung der Verwendung herkömmlicher Lösungsmittel hin, die durch die jetzt eingesetzten »Wasserbasislacke« möglich wird. In diesen Lacken werden die bisher verwendeten Lösungsmittel weitgehend durch Wasser ersetzt.

[3] Preisliste vom 29. Januar 1997
[4] Mitteilung von Rainer Mark vom 28-11-2013 über die gebauten Glas-Hardtops

## Innendesign

Im Innendesign werden ebenfalls neue Akzente gesetzt, teils auch in Verbindung mit erweiterten Sicherheitsaspekten. Markantes Beispiel hierfür sind die beiden Seitenairbags mit einem Volumen von 16 l in den Türen, die zu einer Umgestaltung der Türverkleidung und der Türtasche führen. Allerdings gehört die Türtasche nicht mehr zum Schließbereich der inneren Zentralverriegelung. Die Türverriegelung wird durch den von der S-Klasse (W 140) übernommenen Sicherungsknopf sichtbar gemacht und ersetzt den bisherigen Sicherungshebel am seitlichen Haltegriff.
Optisch am schnellsten erkennt man die 1995 modellgepflegten Fahrzeuge im Innenraum am Lenkrad und der Sitzgrafik. Das Lenkrad entspricht im Design jetzt dem SLK-Lenkrad mit seinen beiden Signaltasten links und rechts des Airbags. Im Unterschied zum Lenkrad im SLK (380 Millimeter Durchmesser und Mercedes-Benz-Plakette mit Lorbeerkranz auf dem Airbag) hat das Lenkrad im SL einen Durchmesser von 390 Millimeter und einen auf dem Airbag reliefartig geprägten Mercedes-Stern. Somit ist das ab der Modellpflege 1995 eingesetzte Lenkrad 10 Millimeter kleiner als das bisher verwendete Lenkrad, das einen Durchmesser von 400 Millimeter aufwies.
Im SL 600 wird das Lenkrad im Design der S-Klasse-Limousine des Typs S 600 in der Leder-Wurzelnuss-Ausführung geliefert, im SL 600 aber mit dem gegenüber dem S 600 kleineren Durchmesser von 390 Millimeter. Diese Ausführung ist für die anderen

**Das neue Lenkrad mit den Signaltasten links und rechts des Airbags, hier im Sondermodell »Mille Miglia«.**

Modelle zum Preis von DM 1115,50 als Sonderausstattung ebenfalls lieferbar.
AMG wiederum verwendete bei den Miniserien des SL 70 AMG exklusiv das Lenkrad im SLK-Design, hier allerdings in der schon beim SL 600 angeführten Leder-Wurzelnuss-Ausführung.
Ein weiteres Unterscheidungsmerkmal der ab September 1995 gelieferten Fahrzeuge sind die überarbeiteten Sitze. Auffallend ist die neue Sitzgrafik mit einem anderen Verlauf der Steppnähte. Die bisher linear über die Sitzkissen und Rückenlehnen verlaufenden Absteppungen laufen jetzt in einem halbkreisförmigen Bogen auf der Sitzfläche und der Rückenlehne aus. Die Polsterung der Sitze ist weicher abgestimmt, der Seitenhalt verbessert worden.

## Multikontursitz

Eine Neuheit ist der optional lieferbare Multikontursitz, der es erlaubt, durch die pneumatische Anpassung die Lehnenkontur zu verändern und die Sitztiefe stufenlos durch aufblasbare Luftkammern um bis zu 40 Millimeter zu verlängern. Die Längs- und Querkontur der Sitzlehne kann durch separate Luftkammern im Lendenbereich und im Bereich der seitlichen Randwülste verändert und angepasst werden.
Bei der meistens bestellten Lederausstattung ändern sich die Farben Schwarz, Grau, Blau, Champignon, Safran und Mittelrot nicht. Bei der Ausstattungsvariante »Leder exclusiv« sind die Flächen der Sitze zweifarbig in den Farbkobinationen Schwarz/Mittelgrau, Grau/Mittelgrau, Champignon/Steinmittel mit kontrastfarbigen Kappnähten abgesetzt. Lediglich bei der selten gewählten Stoffausstattung wird das karierte Streifenmuster durch das schwarze Stoffmuster »Tango« ersetzt.
Optional sind die Sitze auch als Multikontursitze lieferbar.
Weitere Änderungen sind der von der E-Klasse W 210 übernommene Kombi-Hebel, der optional anstelle des Cassettenfachs mit Aschenbecher lieferbare Cup-Holder und der Holz-Zierstab im oberen Türbereich.
Ab der Modellpflege wird die bisher optional lieferbare Klimaanlage durch die Klimatisierungsautomatik ersetzt.

# Technik

## Motoren

Besondere Maßnahmen zur Abgasreduzierung werden aus Anlass der Modellpflegemaßnahmen 1995 bei den V8- und V12-Motoren getroffen.

### *V8-Motor M 119*

Beim Fünfliter-V8-Motor ersetzt das neue Motorbaumuster 119.982 ME den Vorgänger, von dem es sich in den folgenden Maßnahmen unterscheidet: Gewichtserleichterte Kolben, verringerte Massen im Bereich der Ventilsteuerung sowie eine geänderte Kurbelwelle dienen der Verringerung der Reibleistung des Motors.
Durch den Einsatz der elektronischen Motorsteuerung ME sind jetzt die Steuerung von Einspritzung, Zündung und der Luftmenge in einem Gerät integriert. Über einen CAN-Datenbus vernetzt sind die Motorsteuerung mit den Steuergeräten des neuen Automatischen Fünfgang-Getriebes (NAG), der Anti-Schlupf-Regelung (ASR) und der Infrarot-Fernbedienung sowie der Zentralverriegelung. Außerdem ersetzen Einzelzündspulen für jeden Zylinder die Zündstromzuteilung über je einen Verteiler pro Zylinderbank.
Durch diese individuelle Steuerung der Zündung wird in Verbindung mit der Verbrennungsüberwachung eine erhöhte Langzeitstabilität des Katalysators erreicht.
Zur Steuerung der Funktionen von Motor-, Getriebe- und Traktionskontrolle wird eine Momenten-Schnittstelle eingeführt, über die alle Motoreingriffe führen und die motorspezifische Anpassungen überflüssig macht.
Die geänderte Abgasanlage führt zu schnellerem Aufheizen der Katalysatoren nach dem Kaltstart. Optimierte Katalysatoren führen dazu, dass die in den USA vorgeschriebenen $NO_x$-Emissionen so weit unterschritten werden, dass weltweit die Abgasrückführung überflüssig wird. Neu sind die verbesserte Steuerung des Warmlaufs und der Ersatz des Hitzdraht-Luftmassenmessers durch einen Heißfilm-Luftmassenmesser.
Das neue E-Gas-System verbindet das Gaspedal mit der Motorsteuerung ME. Hierbei wird die Pedalstellung des Gaspedals von einem Pedalwertgeber erfasst und elektrisch auf das Drosselklappenstellglied übertragen. Durch besondere Maßnahmen der Software ist die Notlaufeigenschaft gesichert, die durch eine E-Gas-Warnanlage im Kombiinstrument angezeigt wird.

### *V12-Motor M 120*

Bei den V12-Motoren ersetzt das Motorenbaumuster 120.983 ME mit Einzelzündspulen und elektronischer Motorsteuerung das bisherige Baumuster. Die Drehzahlerfassung und Erkennung von aussetzender Verbrennung entspricht der bei den V8-Motoren nach den vorgenommenen Maßnahmen. Die elektronische Motorsteuerung ME 1.0 vereint in einem Gerät Zünd-, Einspritz- sowie Luftsteuerung wie bei den V8-Motoren.

## Das Neue Automatik-Getriebe (NAG)

Mit der Modellpflege 1995 setzt die Einführung einer neuen Generation von Automatik-Getrieben bei Mercedes-Benz ein. Diese Neuen Fünfgang-Automatik-Getriebe mit Wandlerüberbrückungskupplung, intern als NAG bezeichnet, lösen stufenweise die bisherigen Viergang-Wandler-Automatik-Getriebe ab. Begonnen wird ab September 1995 bei den Fahrzeugen der S- und SL-Klasse mit der Einführung bei den stärksten Typen mit V8- und V12-Motoren, um dann Mitte 1996 bei den beiden Sechszylinder-Typen SL 280 und SL 320 fortgesetzt zu werden. Beim SL 280 wird das Fünfgang-Automatik-Getriebe optional, beim SL 320 serienmäßig eingebaut.
Neu am neuen Automatik-Getriebe ist nicht nur die weitere Gangspreizung durch fünf Gänge, wobei der fünfte Gang immer mit der Übersetzung von 0,83 ins Schnelle übersetzt ist, sondern auch der Übergang von der hydraulischen zur elektronischen Steuerung des Getriebes. Sie ermöglicht durch einen Hochleistungsrechner die selbsttätige Anpassung des Schaltverhaltens an die jeweilige Fahrsituation. Der Abgleich der Sensorinformationen der jeweiligen Fahrsituation mit den gespeicherten Soll-Werten löst die situationsgerechten Schaltvorgänge aus. Das Erkennen von Kurvenfahrten, Steigungen oder Gefällstrecken soll die Schaltpunkte so verschieben, dass plötzliche Gangwechsel stattfinden. Das Erfassen der Geschwindigkeit der Gaspedalbewegungen veranlasst die Elektronik Rückschlüsse auf den Fahrstil des Fahrers zu ziehen und in entsprechende Schaltimpulse umzusetzen.
Um Schaltrucke nach Möglichkeit zu unterbinden und die Übergänge fließend zu gestalten, nimmt die Motorelektronik vor dem Gangwechsel die Zündung kurz zurück.
Eine weitere Neuheit des NAG ist die elektronisch gesteuerte Wandlerüberbrückung, die schon bei niedrigen Geschwindigkeiten ab dem dritten Gang zugeschaltet wird, sowie der Tempomat und 30-km/h-Begrenzer. Per Druck auf den auf der Mittelkonsole angebrachten Kippschalter mit der Kennung W wird ein spezielles Winterfahrprogramm aktiviert. Es soll durch Anfahren im zweiten Gang und einen länger übersetzten Rückwärtsgang das Anfahren auf glatten Fahrbahnen erleichtern.
Ein weiterer Vorteil des NAG gegenüber dem bisherigen Automatikgetriebe ist die Reduzierung des Gewichts um 30 Prozent und die der Länge um 20 Prozent.
Bei einem Ausfall des Getriebes sorgt die Getriebe-Elektronik dafür, dass die Wandlerüberbrückung geöffnet wird und der eingeschaltete Gang als Fahrgang erhalten bleibt. Bei einem Neustart wird über den Wählhebel die zweite Phase des Notprogramms aktiviert, über die dann der zweite Gang hydraulisch eingeschaltet wird.
Die zunächst vorgesehene lebenslange Ölfüllung des Getriebes, es wurde sogar die Ölablassschraube eingespart, wird im Laufe der Zeit je nach Bedarf und Lastanfall auf eine Getriebespülung mit anschließender Neubefüllung umgestellt. Der einzige Nachteil des NAG gegenüber dem bisherigen Getriebe ist der Wegfall der Sekundärölpumpe im Getriebe. Der Gewichts- und Kostenersparnis steht bei dem NAG die fehlende Möglichkeit gegenüber, das Fahrzeug über längere Strecken abzuschleppen, ähnlich wie es bei einem Fahrzeug mit mechanischem Schaltgetriebe möglich ist und beim alten Automatik-Getriebe möglich war.

# Sicherheit

## ADS

Das bisher beim SL 600 serienmäßige und bei den anderen Typen optional lieferbare mechanisch-hydraulische Automatische Dämpfersystem ADS mit Niveauregulierung an beiden Achsen wird durch das elektronische System ADS II abgelöst, es ist wie vorher beim SL 600 serienmäßig und für alle restlichen Typen optional lieferbar. Beim ADS II werden die Bewegungen des Aufbaus weiter reduziert. Dieses neue System ist ein teiltragendes hydropneumatisches Federsystem, das über zwei Niveaustellungen zur Erhöhung der Bodenfreiheit verfügt, die in Abhängigkeit von der gefahrenen Geschwindigkeit automatisch abgesenkt werden, um die Fahrstabilität nicht zu gefährden.

## ASR

Die beim SL 500 serienmäßige Anti-Schlupf-Regelung bewirkt durch elektronischen Eingriff in die Motorregelung eine Verringerung des Motormoments sowie durch den gezielten Bremseneingriff an den durchdrehenden Antriebsrädern eine Verbesserung der Traktion auf rutschigem Untergrund. Durch die Umschaltmöglichkeit auf eine reine Traktionsfunktion wird beim Einsatz von Schneeketten im Tiefschnee oder auf sandigem sowie mit Kies bedecktem Boden im unteren Geschwindigkeitsbereich der nötige Schlupf für ein Fortkommen erhalten.

## ESP

Das Elektronische Stabilitäts-Programm ESP gehört beim SL 600 zum serienmäßigen Lieferumfang, beim SL 500 ist es optional

lieferbar. Durch gezielten Bremseneingriff und, wenn nötig, Reduzierung der Motorleistung wird im Grenzbereich, abhängig von den Parametern Querbeschleunigung und Fahrbahngriffigkeit, ein Schleudern, Umkippen oder Abfliegen des Fahrzeugs verhindert. Möglich werden diese Funktionen durch unmittelbaren Datenaustausch und die Erweiterung der ASR-Sensorik um die Parameter Lenkwinkel, Raddrehzahl und Drehgeschwindigkeit des Fahrzeugs um die Hochachse. Beim Abweichen von vorgegebenen Sollwerten wird das Fahrzeug durch gezielten Bremseneingriff automatisch stabilisiert.
Unabdingbare Voraussetzung für eine Stabilisierung ist eine den Straßenverhältnissen (Winterbetrieb) angepasste Bereifung.

## ETS

Das bei den Sechszylindertypen SL 280 und SL 320 eingesetzte Elektronische Traktions-System ETS ersetzt das bis dahin verwendete Automatische Sperrdifferential und bremst durch gezielten Bremseneingriff das durchdrehende Rad ab. Dieser Regeleingriff erfolgt bis zu einer Geschwindigkeit von 40 km/h und bleibt dann bis 80 km/h erhalten. Angezeigt wird das eingeschaltete ETS durch die blinkende Kontrollleuchte im Kombiinstrument.

## Xenon-Scheinwerfer

Optional werden für alle Typen Xenon-Scheinwerfer angeboten. Das in Zusammenarbeit mit BOSCH entwickelte Scheinwerfersystem mit Gasentladungslampen ermöglicht eine intensivere Ausleuchtung der Fahrbahn. Dabei wird die Reichweite um 50 Prozent erhöht, aber auch die intensivere Ausleuchtung des Fahrbahnrands erweist sich als wichtiger Sicherheitsaspekt. Für eine Minimierung der Blendung des Gegenverkehrs sorgt eine dynamische Leuchtweiten-Regulierung, die automatisch die optimale Ausrichtung des Lichtkegels in Relation zum gegebenen Fahrbahnzustand gewährleistet. Außerdem wird die Lageveränderung beim Anfahren und Bremsen automatisch ausgeglichen. Die Lebensdauer der Gasentladungslampe ist zwei- bis fünfmal höher als die einer herkömmlichen H4-Lampe. Als zusätzlicher Effekt kommt noch ein um ein Viertel niedrigerer Stromverbrauch hinzu.

## Sidebags

Mit der Modellpflege wird auch, als wesentlicher Sicherheitsfaktor, der Sidebag eingeführt. Parallel zu dem in der E-Klasse der Baureihe 210 eingeführten System verfügt der unter der Seitenverkleidung der Türe installierte Sidebag über ein Volumen von 16 Litern. Durch einen Seitenaufprall ausgelöst, reißt der Airbag eine Naht in der Seitenverkleidung auf und sichert Fahrer bzw. Beifahrer .Dadurch werden auch Belastungen im Bereich der Brust ebenso reduziert wie die Pendelbewegungen des Kopfes. Da das Auslösen des Sidebags einschließlich seiner vollen Entfaltung aufgrund der räumlichen Verhältnisse einen geringeren zeitlichen Vorlauf hat als beim Frontairbag, ist das zentrale Auslösegerät für Gurtstraffer und Frontairbags durch Sensoren seitlich unter dem Sitz ergänzt.

**Der Einbau des Sidebags machte im Rahmen der Modellpflege eine Umgestaltung von Türverkleidung und Türtasche notwendig.**

# Änderungen 1996

## SL 280 und SL 320

Ab Mitte 1996 erhalten die beiden Typen SL 280 und SL 320 das auf sie abgestimmte Automatikgetriebe NAG (W 5 A 330 ) mit elektronischer Steuerung und Wandler-Überbrückungskupplung. Während es beim größeren SL 320 zur Serienausstattung gehört, ist es beim mit dem kleineren Motor ausgerüsteten SL 280 optional lieferbar. Durch die geänderten Übersetzungen des Getriebes, hier besonders der von 0,75 auf 0,83 reduzierten Übersetzung des fünften Gangs, werden geänderte Übersetzungen der Antriebsachse verbaut. Durch die kürzere Übersetzung des fünften Gangs ist der Sprung vom vierten zum fünften Gang kleiner, die Abstufung harmonischer, durch die kürzere Übersetzung des fünften Gangs wird bei gleicher bzw. annähernd gleicher Übersetzung die Beschleunigung besser. Da beim SL 280 die Übersetzung der Antriebsachse mit i = 3,67 zu bisher i = 3,69 annähernd gleich ist, bestehen bei 1000/min im vierten Gang mit 32,62 km/h zu 32,44 km/h keine gravierenden Unterschiede. Anders gelagert ist der Fall beim fünften Gang: hier stehen jetzt 39,3 km/h bisherigen 43,25 km/h bei 1000/min Motordrehzahl gegenüber. Das bedeutet im fünften Gang eine deutlich bessere Zugkraft als bisher, was bei einem Gesamtgewicht von fast 2,2 Tonnen nicht unerheblich ist. Beim SL 320 änderte sich die Antriebsachsübersetzung von i = 3,69 auf i = 3,45. Dadurch werden folgende Werte erreicht: im vierten Gang werden bei 1000/min 34,7 km/h gegenüber bisher 32,43 km/h erreicht, im fünften Gang beträgt der Unterschied 41,8 km/h zu 43,15 km/h.[5]

Die Motoren M 104 E 28 und E 32 erhalten die Motorsteuerung ME 2.1, die in einem Steuergerät die Funktionen von Zündung, Einspritzung, Leerlaufregelung, Tempomat, E-Gas und Onboard-Diagnose (OBD) zusammenfasst und die Datenvernetzung mit dem CAN-Datenbus möglich macht. Mit dem Motorsteuergerät sind das Getriebesteuergerät für das Automatikgetriebe, die ABS-, ASR-und ESP-Steuergeräte, die Wegfahrsperre und das Kombiinstrument vernetzt. Das elektronische Traktions-System ETS wird durch die Antischlupfregelung ASR ersetzt.

Ab April 1996 wird die Sitzbelegungserkennung eingeführt, die ab September 1997 eine Erweiterung durch eine Kindersitzerkennung »Baby Smart« erfährt.

Im Juni 1996[6] erhalten alle Typen den Regensensor für den automatischen Einsatz des Scheibenwischers und die Anpassung der Wischgeschwindigkeit an die Regenmenge.

Ab dem 1. Dezember 1996 (für die USA ab 1. Juni 1997) erfolgt mit dem AJ1996/2 die Einführung des Bremsassistenten BAS. Bei Notbremsungen ergibt sich eine Verkürzung der Bremswege, weil bei Notbremsungen sofort die volle Bremskraft eingesetzt wird. Da die meisten Fahrer aus mangelnder Übung selten voll bremsen, ist dies ein Beitrag zur Verkehrssicherheit. Zum gleichen Zeitraum ist auch für die kleineren Typen SL 280 und SL 320 das ESP optional verfügbar.

Die Antriebsschlupfregelung wird auch für die Typen mit dem Reihensechszylindermotor SL 280 und SL 320 serienmäßig eingeführt.

[5] Übersetzungen lt. PKW-Verkaufstaschenbuch 2/1995
[6] lt. Preisliste vom 3. Juni 1996

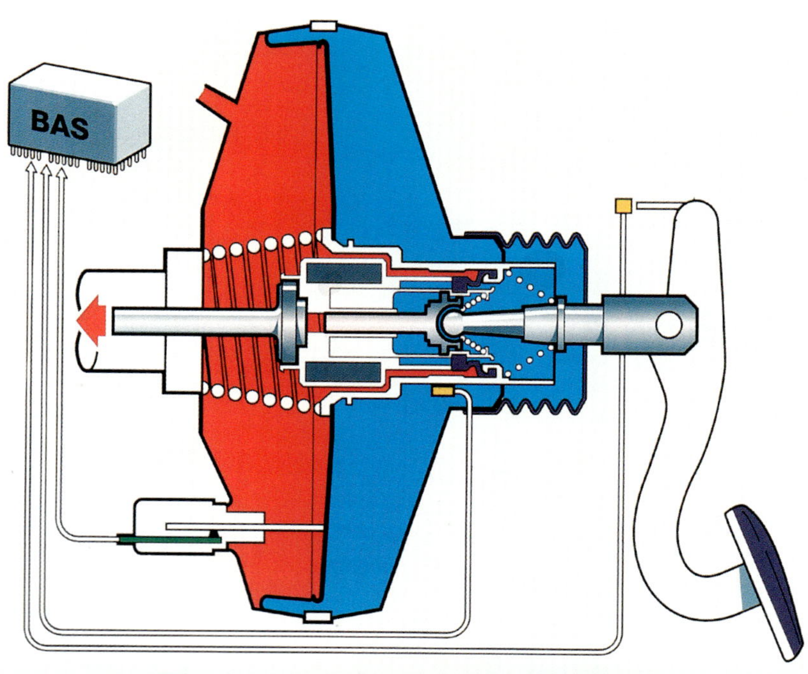


**Schemazeichnung Bremsassistent BAS, der bei Notbremsungen gewährleistet, dass die volle Bremskraft eingesetzt wird.**

# Änderungen 1997

Im Laufe des Jahres 1997 werden Änderungen durchgeführt, deren Anlass zum einen Teil die Anpassungen an andere Baureihen ist, zum anderen aber auch der Anpassung sich ändernder Zulassungsvorschriften geschuldet ist.

| | |
|---|---|
| Ab März 1997 | Summer für eingeschaltete Feststellbremse |
| Ab April 1997 | Wartungsintervallanzeige »Assyst« (WIA 2) |
| Ab Juni 1997 | Zusätzliche Blinkleuchten in den vorderen Kotflügeln mit weißen Streuscheiben lt. EU-Zulassungsvorschrift |
| | Heckdeckel Fernentriegelung mit Parkleuchte |
| | Staubfilter |
| | Crashsensor |
| | Dritte Bremsleuchte im Kofferraumdeckel in Leuchtdioden-Technik lt. EU-Zulassungsvorschrift |
| | Tempomat mit zwischen 30 km/h und $v_{max}$ variablem Geschwindigkeitsbegrenzer für die Typen SL 500 und SL 600 |

Für in die USA gelieferte Fahrzeuge werden aufgrund dort geltender gesetzlicher Vorschriften folgende Änderungen eingeführt:

Kraftstoffverdunstungsanlage, die das Verdampfen von Kohlenwasserstoffen in die Atmosphäre durch den Einsatz eines Aktivkohlefilters verhindert. Dieser Verdunstungseffekt erhöht sich gravierend bei steigenden Umgebungstemperaturen. Die im Aktivkohlefilter gespeicherten Kohlenwasserstoffemissionen erfüllen die von den US-Behörden geforderte Vermeidung von Verdampfungsverlusten. Der Filter wird bei laufendem Motor dadurch regeneriert, dass durch den Unterdruck im Saugrohr Frischluft über den Aktivkohlefilter angesaugt und das Gemisch dem Motor zur Verbrennung zugeführt wird. Die beim Betanken entstehenden Kohlenwasserstoffe werden im Einfüllstutzen des Tanks abgesaugt und über einen Kondensatabscheider dem Aktivkohlefilter zur Zwischenlagerung zugeleitet und gelangen von dort zum Motor zur Verbrennung.

| | |
|---|---|
| September 1997 | Kindersitzerkennung »Baby Smart« auf dem Beifahrersitz |

**Auch nach der ersten Modellpflege äußerst einladend: Der SL setzt Maßstäbe unter den offenen Zweisitzern.**

# Die zweite Modellpflege im April 1998

## oder: Ein neues Glanzlicht an der Spitze

Auf dem Turiner Automobilsalon des Jahres 1998 präsentieren sich die SL-Modelle noch einmal mit einer umfangreichen Überarbeitung, die weit über optische Retuschen hinausgeht. Die wichtigste Änderung betrifft die Einführung von zwei neuen Motorenbaumustern im Bereich von 2,8 Litern und 3,2 Litern Hubraum sowie einem mit fünf Litern Hubraum. Trotzdem werden auch in der Außen- und Innengestaltung Änderungen vorgenommen.

**SL 500 nach der zweiten Modellpflege von 1998. Auffälligste Änderung gegenüber den Vorgängermodellen waren die neuen Standardfelgen im Fünfloch-Design.**

## Außendesign

Die auffälligste Änderung im Außendesign ist der Übergang von 16- auf 17-Zoll-Räder. Alle Modelle werden auf die Serienbereifung 245/45 ZR17 W mit Rädern der Größe 8¼J x 17 umgestellt. Ein Fünfloch-Design mit trapezförmigen Fenstern und breiten Speichen kennzeichnet das neue Felgengesicht der Standardfelge. Optional ersetzen 17-Zoll-Alu-Räder mit schmalen Speichen und großen Radfenstern die bisherigen Achtlochfelgen. Die jeweiligen AMG-Versionen weichen von der Serienbereifung von Anfang an durch Mischbereifung an Vorder- und Hinterachse ab.
Für die Umstellung auf die 17-Zoll-Räder und -Bereifung werden die Radhausverkleidung, das Lenkgetriebe und die Reserveradmulde geändert.
Die Sondermodelle der Jahre 2000 und 2001 werden mit der Mischbereifung 245/40 R18 vorne und 275/35 R18 hinten auf Sechsspeichenrädern der Größe 8½J x 18 ET 25 vorne und 9½J x 18 ET 23 hinten geliefert.
Als Ersatzrad kommt eine Leichtbauversion zum Einsatz, die sich durch ein besonders niedriges Gewicht auszeichnet und durch eine besondere Lackierung als Ersatzrad erkennbar ist. Durch die gleiche Größe wie bei der Serienbereifung und die identische Bereifung unterliegt diese Rad- Reifenkombination keinerlei Geschwindigkeitsbeschränkung. Die Laufleistung des Rades ist auf 20.000 Kilometer begrenzt.
Die Farben Magmarot, Bernsteinrot und Circongrün ersetzen die bisherigen Farben Imperialrot, Rubinrot und Turmalingrün. Mineralgrün erweitert als zusätzliche Außen- und Verdeckfarbe die bisherige Farbpalette.
Der SL zeigt wieder »Rohr«. Das Endrohr der Abgasanlage ist wieder sichtbar. Dafür war eine leichte Anpassung der Heckschürze erforderlich.
Die Außenspiegel werden in der Form denen des SLK angeglichen und sind elektrisch anklappbar. Die Deckgläser der Heckleuchten besitzen nur noch zwei Querstege. Das Deckglas ist mit Ausnahme des Rückfahrlichts monochromatisch. Die Farbe wird durch Filter hinter der Lichtscheibe verstärkt.
Türgriffe und Schließzylinder werden in Wagenfarbe lackiert.

**Die Außenspiegel werden im Zuge der Modellpflege an die des SLK angeglichen und sind elektrisch anklappbar, ...**

… die Deckgläser der Heckleuchten besitzen nur noch zwei Querstege und sind mit Ausnahme des Rückfahrlichts monochromatisch.

## Innendesign

Ab 1998 erfolgt mit der Modellpflege die letzte Änderung im Lenkraddesign. Bei der Hupenbetätigung kehrt man wieder zu der Signalauslösung durch das Drücken des Airbags zurück. Die unteren Speichen des 390 mm großen Lenkrads stehen jetzt wieder enger zusammen, ähnlich wie bei dem ursprünglichen Sportlenkrad. Den Airbag ziert jetzt ein verchromter Mercedes-Benz-Reliefstern.

Beim SL 600 ist das Lenkrad in der Leder-Holz-Kombination serienmäßig, für die anderen Typen optional gegen Aufpreis lieferbar.

Alle Anzeigeinstrumente werden mit einem dünnen Chromrahmen eingefasst. Die Frontrahmen, in welche die Instrumente eingebettet sind, werden in der jeweiligen Ausstattungsfarbe ausgeführt. Im Jahr 2000 erhalten 708 Fahrzeuge des auf den SL 320 und SL 500 beschränkten Sondermodells »SL Edition« einen Hintergrund der Instrumentenanlage in gebürsteter Aluminium-Optik.

Ein letztes Mal wird 1998 auch das Design der Lenkräder für den R 129 geändert, in deren Mitte jetzt ein verchromter Mercedes-Stern prangt. Die Anzeigeinstrumente erhalten einen schmalen Chromrahmen.

Nappaleder gehört ab 1998 in allen Modellen zur Serienausstattung, das Lenkrad in der Leder-Holz-Kombination dagegen ist außer beim SL 600 aufpreispflichtig.

Dasselbe gilt für die eingerahmte Platte der Schaltkulisse des Wählhebels.
Bei allen Modellen ab Juni 1998 wird die Anzeige des Öldrucks durch eine Temperaturanzeige für das Motoröl ersetzt.
Bei den Modellen mit den V-Motoren M 112 und M 113 informiert das Service-System ASSYST im Kombiinstrument über die Restlaufzeit bis zum nächsten Ölwechsel. Über besondere Sensoren wird die von der Fahrweise beeinflusste reale Beanspruchung des Motors ermittelt.
Im Beifahrerfußraum ergänzt ein am Getriebetunnel angebrachtes und in Ausstattungsfarbe gehaltenes Netz die Ablagemöglichkeiten für Kleinteile.
Die Platte der Schaltkulisse erhält einen hämatitfarbenen Rahmen und ist in der gleichen Holzmaserung ausgeführt wie die Mittelkonsole und der Aschenbecher.
Das Sonnenrollo des Panoramadachs wird optional elektrisch auf Knopfdruck bewegt. Ein in der Mitte angebrachter Schleppspriegel unterbindet das Durchhängen des Sonnenrollos.
Mit dem Wegfall der Stoffinnenausstattung wird die Nappaleder-Ausstattung für alle Modelle serienmäßig. Für in Deutschland ausgelieferte Fahrzeuge gehört auch die Sitzheizung zum serienmäßigen Lieferumfang.
Für die Innenausstattung sind die drei neuen Farben Helios, Java und Oriongrau sowie wie bisher blau und schwarz lieferbar. Bei den Verblendungen aus Holz können Kastanie und Wurzelnussholz dunkel ohne Aufpreis als Alternative gewählt werden.

# Technik

## Die V6-Motoren M 112 und der V8-Motor M 113

Die Sechszylinder Reihenmotoren mit 2,8 Liter und 3,2 Liter Hubraum der Baureihe 104 werden durch neue V6-Motoren, die unter der Leitung des Motorenchefs Dr. Karl Kollmann entwickelt wurden, abgelöst. Das Gleiche geschieht mit den V8-Motoren der Baureihe 119. Die neuen Motoren der Baureihe 112 (V6-Motoren) und M 113 (V8-Motoren) zeichnen sich aus Kostengründen durch ein weitgehendes Gleichteileprinzip aus und werden in dem für diese beiden Motorenreihen neu errichteten Motorenwerk in Bad Cannstatt produziert. Aus den genannten Gründen weisen auch die V6-Motoren den gleichen Zylinderbankwinkel von 90 Grad auf wie die V8-Motoren. Um den ungünstigen Momenten- und Schwingungsverlauf bei V6-Motoren mit 90 Grad V-Winkel zu kompensieren, kommt bei den V6-Motoren eine Ausgleichswelle zum Einsatz. Eine Besonderheit beider Motorenbaureihen ist der Übergang von der Vierventiltechnik zur Dreiventiltechnik mit zwei Einlassventilen und nur einem Auslassventil sowie einer oben liegenden Nockenwelle je Zylinderbank. Als Neuheit verfügen sie über ein Schaltsaugrohr. Um dennoch die verschärften Abgasanforderungen erfüllen zu können, ist in diesem Fall beim Dreiventilmotor der Einsatz von zwei Zündkerzen erforderlich, die beim Vierventilmotor nicht notwendig sind.

Sechszylinder-Motor M 112.

Achtzylinder-Motor M 113.

## Sicherheit und Komfort

Für die Typen SL 280 und SL 320 ist das ESP optional mit Automatikgetriebe lieferbar. In diesem Fall erhalten diese Typen vorne die leistungsfähigeren Bremsscheiben der Dimension 334 x 32 mm, die auch in den Typen SL 500 und SL 600 verbaut werden, anstelle der noch bei den Modellen ohne ESP verbauten Bremsscheiben der Dimension 300 x 28 mm.
Das eingeführte ESP-System 1.3 wurde im Leistungsumfang insofern verbessert, als es für den Druckaufbau das beim Bremsassistenten vorhandene System verwendet.
In das optionale Paket »Einbruch- und Diebstahlwarnanlage« (EDW) ist jetzt auch automatisch der Abschleppschutz integriert.
Der Startablauf wird bei allen Fahrzeugen mit Automatik-Getriebe automatisiert. Das bedeutet, dass eine kurze Drehung des Zündschlüssels bis zum Anschlag genügt, um den Start des Motors einzuleiten.
Der Geschwindigkeitsbegrenzer »Speedtronic« ist nach dem SL 500 und SL 600 mit dem Einsatz der V-Motoren für alle Fahrzeuge serienmäßig.
Das Ersatzrad wird jetzt aus Gewichts- und Kostengründen durch ein sogenanntes »Strukturrad« ersetzt, das den ungehinderten Betrieb bis zum Ersatz des defekten Rades möglich macht, aber aufgrund seiner leichteren Struktur nicht für den Dauerbetrieb geeignet ist. Skeptiker können immer noch ein vollwertiges Ersatzrad mitführen, die noch vorhandene Ersatzradmulde macht das möglich – im Gegensatz zur heute vielfach geübten Praxis, die keine Möglichkeit mehr zur Unterbringung eines normalen Ersatzrades vorsieht.

### APS

Optional wird nun auch für den SL das Auto-Pilot-System (APS) der Generation 4 lieferbar. Diese Generation bietet die Möglichkeit einer Erweiterung zum »Dynamischen APS«" mit dem Namen DynAPS in Verbindung mit dem Handy Nokia 3110 und einer Telematikbox. Somit ist – zunächst nur für Deutschland – eine dynamische Routenführung nach bestehender Verkehrslage möglich.
Im Bereich der Radioauswahl machen die neuen Radiogeräte Audio 10 und Audio 30 auf sich aufmerksam. Das »Audio 10 CD«-System löst den Vorgänger »Spezial« ab.

## Änderungen ab Modelljahr 2000

Die Funktionen des in den USA angebotenen Notrufsystems Emergency-Call (E-Call) werden um folgende Funktionen erweitert:

- Aufzeichnung der letzten Standorte beim Service-Provider
- Streckeninterpolation bei fehlendem GPS-Empfang
- Anzeige der Statusmeldungen von TeleAid USA im Kombiinstrument

Ausschließlich für die USA steht ebenfalls das Audio 30 mit Linguatronic zur Verfügung, das für das Modelljahr 2001 mit den Zusatzfunktionen »Anklopfen« und »Makeln« ausgerüstet wird.
Für Japan ist als SA ebenfalls ein E-Call-System lieferbar.
Das ESP ist ab dem 1. August 1999 für alle Typen und Getriebevarianten lieferbar.

# Die zweite Modellpflege im April 1998

oder: Ein neues Glanzlicht an der Spitze

Die Anzeige im Multifunktionsdisplay wird im Untermenü »Tages- und Gesamtwegstrecke« um eine digitale Geschwindigkeitsanzeige erweitert.
Das Farbenangebot stellt sich wie folgt dar:
Unilacke: Firnweiß 9143, Schwarz 9040, Dunkelblau 5904, Magmarot 3586.
Metalliclacke: Obsidianschwarz 9197,Smaragdschwarz 9189, Tansanitblau 5359, ersetzt Azuritblau, Brillantsilber 9744, Travertinbeige 1693, Bernsteinrot 3548, Argonitblau 5941, ersetzt Aquamarin, Circongrün 6257.
Sondermetallicfarben: Mineralgrün 6814, Prismatingrün 6810.
Die Kraftstoffanlage wird dahingehend geändert, dass das bisherige ORVR-System durch ein Schwimmerventil ersetzt wird.
Die Kunststoffteile im Innenraum werden softlackiert. Das betrifft u. a. die Dachbedieneinheit, die Lüfterdüsen und den Rückspiegel.
Bei der SA Leder exclusiv wird Nappaleder verwendet, das auch für die Türbeläge, den Dachrahmen und den Verdeckkasten eingesetzt wird.

Im Jahr 2000 gibt es kurz vor Erscheinen des Nachfolgers noch einmal letzte Änderungen an den Modellen der Baureihe R 129.

Interieur des SL 500 aus dem Jahr 2000.

## SL 280

**Baumuster: 129 059**
**Bauzeit: 10.1997 / 06.1998–06.2001**

Mitte 1998 findet diese Umstellung im SL-Programm statt. Der SL 280 hat jetzt eine Leistung von 204 PS. Die ehemals noch für die Modelle mit dem Reihensechszylindermotor M 104 leistungsbeschränkende Versicherungsgrenze war in der Zwischenzeit weggefallen. Das Drehmoment hat sich nicht verändert, es steht allerdings jetzt in einem breiteren Bereich zwischen 3000 und 5000/min zur Verfügung. Der SL mit V6-Motor wird ebenfalls serienmäßig mit einem Fünfgang-Schaltgetriebe geliefert.
Getriebe und Antriebsachsübersetzungen entsprechen denen des Modells mit dem Reihensechszylindermotor. Die Höchstgeschwindigkeit beträgt 232 km/h. Optional wird ein Automatikgetriebe mit fünf Schaltstufen angeboten. Mit diesem Getriebe beträgt die Höchstgeschwindigkeit 228 km/h.
An der Vorderachse werden bei Fahrzeugen mit ESP die auch bei den Acht- und Zwölfzylindermodellen verwendeten Bremsscheiben der Größe 334 x 32 mm eingebaut. An der Hinterachse werden generell leistungsfähigere Bremsscheiben der Dimension 300 x 22 mm eingebaut, die bis dahin den stärkeren Modellen vorbehalten waren.
Der Motor M 112 erhält für das Änderungsjahr 1999/2 im Dezember 1999 eine neue Generatorgeneration.
Das ESP ist ab Produktionsbeginn als SA lieferbar und gehört ab März 2000 zum serienmäßigen Lieferumfang.
1704 SL 280 mit V6-Motor werden in den drei Jahren bis zum Produktionsende der Baureihe 129 im Juni 2001 gebaut.

## SL 320

**Baumuster: 129 064**
**Bauzeit: 10.1997 / 06.1998–07.2001**

Der SL 320 mit dem V6-Motor hat gegenüber seinem Vorgänger eine um acht PS niedrigere Motorleistung. Dafür liegt das Drehmoment des Dreiventilmotors mit Schaltsaugrohr mit 315 Nm auf der Höhe des Vorgängers und ist über einen breiteren Drehzahlbereich verfügbar.
Der Motor M 112 erhält für das Änderungsjahr 1999/2 im Dezember 1999 eine neue Generatorgeneration.
Das ESP ist ab Produktionsbeginn als SA lieferbar und gehört ab

März 2000 zum serienmäßigen Lieferumfang.
An der Vorderachse werden bei Fahrzeugen mit ESP die auch bei den Acht- und Zwölfzylindermodellen verwendeten Bremsscheiben der Größe 334 x 32 mm eingebaut. An der Hinterachse werden generell leistungsfähigere Bremsscheiben der Dimension 300 x 22 mm eingebaut, die bis dahin den stärkeren Modellen vorbehalten waren.
Auch dieser SL 320 wird ausschließlich mit dem automatischen Fünfgang-Getriebe geliefert.
7070 SL 320 mit V6-Motor verlassen in drei Jahren bis zum Produktionsende im Juli 2001 das Werk Bremen.

# SL 500

**Baumuster: 129 068**
**Bauzeit: 10.1997 / 06.1998 – 07.2001**
Die Einführung der neuen Motorengeneration M 113 mit drei Ventilen, phasenversetzter Doppelzündung und Schaltsaugrohr sowie je einer Nockenwelle je Zylinderbank erfolgt beim SL im Juni 1998. Vorgestellt werden die äußerlich fast unmerklich modifizierten Roadster auf dem Turiner Automobilsalon im April 1998. Die neuen sparsamen Motoren mit einer Leistung von 306 PS und einem Drehmoment von 460 Nm erreichen ihre Vorgänger nicht ganz.
Allerdings steht das Drehmoment in dem weiten Bereich von 2700/min bis 4250/min bereit und lässt so eine kraftvolle Beschleunigung aus niedrigen Drehzahlen zu. Die Beschleunigungswerte[7] betragen 6,9 s von 0–100 km/h und 27 s von 0–200 km/h, die Höchstgeschwindigkeit wird bei 250 km/h abgeregelt. Meistens streut die Abregelung bis zu 260 km/h.
Mit diesen Werten muss der SL 500 (R 129) sich nicht vor seinem Nachfolger, dem SL 500 (R 230) verstecken, der es mit Werten von 7,1 s bzw. 27,1 s sogar einen Wimperschlag schlechter kann. Und im Testverbrauch benötigt der »alte R 230« bei *auto motor und sport* 0,7 Liter weniger als der Nachfolger (R 230). 14,6 zu 15,3 l lauten die Werte des SL 500 (R 129)8[8] im Vergleich zum SL 500 (R 230)[9].
Vorne werden leistungsfähigere Bremsscheiben der Dimension 334 x 32 mm eingebaut.
Ein deutlicher Fortschritt und wichtiger Sicherheitsfaktor ist das nach dem SL 600 jetzt auch für den SL 500 lieferbare Stabilitätssystem ESP.
Mit 23.704 gebauten SL 500 erweist sich der Fünfliter mit riesigem Abstand als der eigentliche Stückzahlkönig unter den SL der letzten Bauperiode. Das letzte produzierte Fahrzeug der Baureihe 129 ist ein SL 500 mit der Fahrgestellnummer 129068 1 F 204940, das sich im Bestand der Sammlung des Mercedes-Benz-Werks Bremen befindet (Stand Februar 2014).

# SL 600

**Baumuster: 129 076**
**Bauzeit: 06.1998–05.2001**
Der SL 600 ist der einzige Vertreter der Baureihe, dessen Motorenkonzept von September 1995 bis zum Ende der Produktionszeit im Mai 2001 unverändert beibehalten wird. Trotzdem ist es nicht zu übersehen, dass die in der Fachpresse getesteten späten SL 600 deutlich mehr Leistung haben müssen als die frühen 600 SL. Und das unabhängig von dem seit September 1995 eingeführten Fünfgang-Automatikgetriebe, das sich auf die gemessenen Beschleunigungswerte aufgrund gleicher Antriebsachsübersetzung und nur unwesentlich geänderter Gangstufen nicht erheblich auswirken kann. So liegt z. B. die bei der Fachzeitschrift *auto motor und sport* publizierte Beschleunigungszeit von 0–200 km/h beim 600 SL im Jahr 1992[10] bei 26,2 s, während 1999[11] mit dem SL 600 mit nominell gleicher Leistung nur noch 20,0 s benötigt werden, um die gleiche Geschwindigkeit zu erreichen. Hier hat man in Untertürkheim im Laufe der »Jahre der Reife« doch noch einige Pferde aktivieren können, die bis dahin vor sich hin geschlummert haben, ohne dass sich das in der Veränderung der offiziellen PS-Zahl niedergeschlagen hat. Denn 6,2 Sekunden Differenz sind normalerweise mit nicht unbeträchtlicher Erhöhung der Motorleistung verbunden.
Für die USA wird der SL 600 mit dem 5-Loch-Rad geliefert, während er sonst mit dem 5-Speichen-Rad ausgeliefert wird.
Vorne werden leistungsfähigere Bremsscheiben der Dimension 334 x 32 mm eingebaut, die die bisherigen Scheiben der Dimension 320 x 30 mm ersetzten. Die hinteren Bremsscheiben werden auf 22 mm verbreitert.
Da sich beim SL 600 auch nach der zweiten Modellpflege das Baumuster nicht änderte, die Produktionszahlen aber immer nach Baumustern jahresweise erfasst werden, kann für den SL 600 nur die Produktionszahl der gesamten Jahre 1998 bis Mai 2001 angegeben werden, die 1862 Fahrzeuge beträgt.

---
[7] *auto motor und sport* Heft 16/1998
[8] Ebd.
[9] *auto motor und sport* Heft 23/2001, Testwerte SL 500 R 230
[10] *auto motor und sport* Heft 16/1992
[11] *auto motor und sport* Heft 1/1999

## SL 55 AMG

**Baumuster: 129 069**
**Bauzeit: 05.1999–07.2001**

Um nach der Umstellung auf die Generation der Dreiventilmotoren den Freunden der AMG-Versionen eine Alternative zu bieten, wird bei AMG in Affalterbach der Fünflitermotor im Hubraum um zehn Prozent aufgestockt. Das 5,5-Liter-Triebwerk M 113 leistet 354 PS bei 5500/min, verfügt über ein Drehmoment von 530 Nm bei 3000/min und erreicht eine Höchstgeschwindigkeit von 270 km/h. Die Leistungswerte liegen deutlich unter denen des Vorgängers SL 60 AMG, dessen Motor M 119 bereits 1990 381 PS erreichte und auch mit einer Höchstgeschwindigkeit von 286 km/h[12] deutlich schneller war. Sicher ist das mit ein Grund, weshalb in diesem sehr leistungsorientierten Produktsegment auch nur 65 Fahrzeuge[13] gebaut werden. Die Zielgruppe steigt dann lieber gleich auf den SL 70 oder SL 73 AMG um. Der SL 55 AMG erhält vorne leistungsfähigere Bremsscheiben der Größe 334 x 32 mm und hinten solche der Größe 300 x 32 mm.
Der Umbau von einem normalen SL 500 zum SL 55 AMG erfolgte in Affalterbach und entsprach dem im Kapitel des SL 73 geschilderten Umfang.

[12] *auto motor und sport* Heft 9/1990
[13] R-129-Kaufberatung des R-129-Clubs mit Hinweis auf die Daimler AG

Der SL 60 AMG wurde schon ein Jahr nach der Modellpflege von 1998 durch den SL 55 AMG ersetzt.

**Leistungsmäßig fiel der SL 55 AMG deutlich hinter seinen Vorgänger zurück. Wahrscheinlich war er auch deshalb nicht besonders gefragt.**

## SL 70 AMG

**Baumuster: 129 076**

**Bauzeit: Herbst 1996–1999**[14]

Als AMG 1993 seine 440-, später 444-PS-Variante des V12-Motors M 120 anbietet, ist eigentlich schon klar, dass das »Sportabzeichen von Mercedes-Benz«, wie sich AMG gerne bezeichnet, mit dieser Version nicht lange im Markt bleiben würde. Ein Jahr nach der ersten großen Modellpflege und der Einführung des automatischen Fünfgang-Getriebes bietet AMG den Siebenliter-Motor mit 496 PS / 365 kW an. Der gestiegenen Motorleistung von 102 PS steht eine Erhöhung des Drehmomentwertes um 150 Nm bzw. 26,3 Prozent gegenüber dem normalen Motor gegenüber. Bei Aufhebung der Höchstgeschwindigkeitsgrenze von 250 km/h sind 300 km/h erreichbar.

Bei einer Neubestellung werden die Wagen als komplette SL 600 vom Produktionswerk in Bremen nach Affalterbach geliefert und dort mit dem Motor, dem angepassten Getriebe sowie den zu dem Ausrüstungspaket gehörenden Karosserieteilen wie Schweller, Bug- und Heckschürze und dementsprechenden Räder-Reifenpaket versehen. Anschließend werden sie als originale SL 70 AMG über den Mercedes-Benz-Vertriebsweg an die Kunden ausgeliefert.

Da von AMG keine Informationen über die umgerüsteten Fahrzeu-

[14] Mitteilung AMG vom April 2014

ge zu erhalten sind, müssen diese Fahrzeuge als in den Produktionszahlen des SL 600 enthalten gesehen werden.
Die Fahrzeuge wurden von Bremen nach Affalterbach geliefert und dort mit dem Technikpaket Code 010 I (7,0-ltr.-Motor, verstärktes Getriebe und Auspuffanlage), dem Stylingpaket Code 772 (Frontspoiler mit Nebelscheinwerfern, Heckschürze, Seitenschwellern sowie in Wagenfarbe lackiertem Flankenschutz) und dem Räder-Reifenpaket Code 794 oder 793 ausgestattet. Diese beiden ausschließlich lieferbaren Rad-Reifenkombinationen der in den Technischen Daten angegebenen Rad-Reifendimensionen unterscheiden sich lediglich dadurch, dass der Code 793 zweiteilige Räder enthält, die bei gleichen Abmessungen DM 3480,- teurer waren als der Satz mit einteiligen Rädern. Der Preis eines SL 70 AMG lag seinerzeit etwa DM 16.000,- unter dem eines SL 73 AMG.

## SL 73 AMG

**Baumuster: 129 076**
**Bauzeit: 04.1998–05.2001**
Mit der 7,3-Liter-AMG-Version des Zwölfzylindermotors M 120 setzt man 1999 in Affalterbach der Baureihe des R 129 in neues Glanzlicht auf. 1998 beginnt die Entwicklung des SL 73 AMG zunächst für das Königshaus des Sultans von Brunei als exklusives Topmodell für diesen Großkunden, um sich von den in die Golfstaaten, nach Europa und Japan gelieferten SL 70 AMG abzuheben. Als mittelständisch geprägtes Unternehmen ist man seinerzeit bestrebt, auch den Wünschen dieses exklusiven Großkunden nachzukommen, da dieser bereits seit Jahren einen umfangreichen Fuhrpark von außergewöhnlichen AMG-Fahrzeugen besitzt.

**Im Jahr 1999 präsentiert AMG sein bislang stärkstes Straßenfahrzeug: den SL 73 AMG mit 386 kW / 525 PS Leistung.**

## Die zweite Modellpflege im April 1998

oder: Ein neues Glanzlicht an der Spitze

Eine Hubraumerhöhung von 1,3 Litern führt mit 7,3 Litern Gesamthubraum zu dem größten Personenwagenmotor von Mercedes-Benz nach dem Krieg. Und genau bei dieser Hubraumerweiterung um fast ein Viertel gegenüber der ursprünglichen Sechsliter-Version ist es nicht einfach mit einer noch größeren Bohrung oder einer Hubverlängerung getan. Hier setzen die Raumverhältnisse im vorhandenen Zylinderblock natürliche Grenzen. Die bei einem längeren Hub auch notwendigen größeren Ausgleichgewichte an den Hubzapfen finden bei der Drehbewegung keinen Platz mehr im dann zu engen Kurbelgehäuse. Die findigen Konstrukteure um den damaligen Leiter der Motorenentwicklung Bernd Ramler setzen deshalb bei den Gegengewichten Wolframstopfen ein, die sich bei AMG bereits im Rennsport bewährt hatten. Dort setzte man die Schwermetallstopfen ein, um einen hohen Ausgleichsgrad bei niedrigem Durchmesser zu erhalten. Aufgrund seines höheren spezifischen Gewichts macht Wolfram Gegengewichte mit einen geringeren Raumbedarf möglich. Um aber die Gewichtsbilanz der bewegten Massen nicht zu erhöhen und die Laufkultur des Motors zu verschlechtern, setzt Ramler bei den Pleuelstangen auf im Rennmotorenbau bewährte Titanpleuel des österreichischen Spezialisten Pankl aus Wörgl und dazu geschmiedete Kolben ein. Das Großkolbentriebwerk im SL 73 glänzt mit einer Leistungssteigerung um 130 auf 525 PS bei 5500/min und einem Drehmomentanstieg um 180 auf 750 Nm bei 4000/min gegenüber dem Sechsliter-Serienmotor.[15]

[15] *auto motor und sport* Heft 1/1999, Leistungswerte für den SL 73 AMG

**Bärenstarkes Prachtstück: Der 7,3 Liter große V12 im SL 73.**

Interessant ist, dass dieser Motor dann auch die Basis bildet für den ab 2002 in den italienischen Hochleitungssportwagen Pagani Zonda S eingebauten 555 PS / 408 kW starken V12-Motor. Die Unterstützung Paganis erfolgt seinerzeit auf Wunsch und mit Billigung der Konzernzentrale in Untertürkheim.
2005 in der Version des Pagani Zonda F erhält der Motor eine Leistung von 602 PS / 443 kW, für die Clubsportvariante werden 650 PS / 478 kW angegeben.[16] Um diese Leistung zu erreichen, überarbeitet Bernd Ramler bei AMG auch den Ansaugtrakt, der sich mittlerweile deutlich von dem des ursprünglichen Serienmotors unterscheidet. Generell unterscheiden sich die im Pagani Zonda eingebauten Motoren vom Serienmotor M 120 durch die Verwendung einer bei Hochleistungssportwagen üblichen Trockensumpfschmierung.
AMG stimmt das Fahrwerk und das Getriebe auf die beachtlich gestiegene Leistung ab. Noch erstaunlicher als die reine Höchstgeschwindigkeit von 307 km/h ist die Beschleunigung. Auch hier sind es nicht nur die reinen Zahlenwerte, die überzeugen. Noch beeindruckender ist, mit welcher Selbstverständlichkeit und Leichtigkeit sich Geschwindigkeiten auch jenseits der 250 km/h durch einen einfachen Druck auf das Gaspedal einstellen. Nur 15 Sekunden vergehen, bis 200 km/h erreicht sind. Ein Porsche Turbo, in jenen Jahren für Fahrleistungen durchaus das Maß der Dinge in Deutschland, kann es mit 15,1 Sekunden[17] auch nicht besser, nur nicht so komfortabel. Und wenn man den Angaben zur Höchstgeschwindigkeit glauben darf, ist der SL 73 auch noch zehn Kilometer schneller. Noch ein Seitenblick auf den Verbrauch: hier liegen damals die beiden Spitzenmodelle relativ dicht beieinander. Der Testverbrauch beim SL 73 beträgt seinerzeit 17,9 Liter – bei minimalen und maximalen Eckwerten von 11,7 l und 21,1 l[18] –, beim Porsche Turbo sind es mit 16,9 l ein Liter weniger – bei minimalen und maximalen Eckwerten von 10,7 l und 21,1 l[19]. Aber das sind dann wohl eher akademische Betrachtungen, die bei der infrage kommenden Klientel keine Rolle spielen.

**Hinter diesem Kürzel verbirgt sich das Nonplusultra der R 129-Baureihe.**

[16] *sport auto* Heft 8/2005
[17] *auto motor und sport* Heft 10/1998
[18] *auto motor und sport* Heft 1/1999
[19] *auto motor und sport* Heft 10/1998

**Auch das Interieur des SL 73 atmet komfortable Gelassenheit und genau die Ruhe, in der die Kraft liegt.**

## Die zweite Modellpflege im April 1998
### oder: Ein neues Glanzlicht an der Spitze

Der SL 73 erhält wie der kleinere Bruder SL 55 größer dimensionierte Bremsscheiben an Vorder- und Hinterachse. Vorne beträgt die Größe jetzt 334 x 32 mm und hinten 300 x 32 mm.

Die Fahrzeuge wurden von Bremen nach Affalterbach geliefert und dort mit dem Technikpaket Code 012 I (7,3-ltr.-Motor einschließlich Abgasanlage und 300-km/h-Tachometer), dem Stylingpaket Code 772 (Frontspoiler mit Nebelscheinwerfern, Heckschürze, Seitenschwellern sowie in Wagenfarbe lackiertem Flankenschutz) und dem Räder-Reifenpaket der Codes 794 oder 793 ausgestattet. Diese beiden ausschließlich lieferbaren Rad-Reifen-Kombinationen der in den Technischen Daten angegebenen Rad-Reifendimensionen unterscheiden sich lediglich dadurch voneinander, dass der Code 793 zweiteilige Räder enthält, die bei gleichen Abmessungen DM 3480,- teurer waren als der Satz mit einteiligen Rädern.

85 SL 73 AMG werden zwischen April 1999 und Mai 2001 gebaut. Der SL 73 AMG wird wie der SL 70 AMG offiziell nicht in den USA angeboten und verkauft.

[20] Kaufberatung R-129-Club mit Hinweis auf die Daimler AG

85 Exemplare des Flaggschiffs der Baureihe R 129 werden zwischen 1999 und 2001 gebaut.

LB PA 882

SL 73

AMG
LB PA 882
D

0
20
40
60
80
100
120
140
160
180
200
220
240
260
280
300
km/h
AMG
km
10
20

# Die Sondermodelle »Special Edition«

## oder: Es geht noch exklusiver

Beim R 129 werden zum ersten Mal werksseitig SL-Sondermodelle eingeführt, die sich durch besondere Ausstattungsdetails von den normalen Serienfahrzeugen unterscheiden. Mit den liebevoll auf den jeweiligen Titel des Sondermodells abgestimmten Zubehörfeatures bieten sie in dem Ausstattungspaket nicht nur Exklusivität gegenüber der Serie, sondern auch einen Preisvorteil. Außerdem sorgen sie seinerzeit durch die Fokussierung auf die Baureihe für deren Umsatzbelebung. Zwischen 1995 und 2001 werden 17 Sonderserien geschaffen mit unterschiedlich hohen Auflagen, die sich zwischen 10 und 1515 Fahrzeugen bewegten. Im Jahr 1995 wurden das erste Mal zwei Sondermodelle mit unterschiedlichen Stückzahlen und dementsprechend sich unterscheidendem Seltenheitswert auf den Markt gebracht.

Für nachfolgende Generationen ist es wichtig zu wissen, dass erst ab 50 Fahrzeugen eine Dokumentationspflicht besteht. Dies ist entscheidend, weil es bei Miniserien bis zu 49 Stück in der Zukunft schwierig sein wird, spezifische Ersatzteile für solche Sondermodelle zu bekommen. Es empfiehlt sich deshalb gerade bei diesen Fahrzeugen, bei ausstattungsrelevanten Teilen besondere Sorgfalt walten zu lassen.

# 1995

## »Mille Miglia«

»Mille Miglia« heißen die 10 VIP-Sondermodelle, die als Begleitfahrzeuge bei der Mille Miglia eingesetzt werden. Der Ausstattungsumfang entspricht der Sondermodell-Reihe »Special Edition«, unterscheidet sich aber von dieser durch weitere Merkmale wie z. B. das Mille-Miglia-Logo im Bereich der kiemenartigen Ziergitter in den Seitenteilen der Kotflügel. An den Ziergittern der Vorderkotflügel ist als Unterscheidungsmerkmal eine kleine schwarz-weiß karierte Flagge angebracht.

Nur zehn Exemplare werden von der »Mille Miglia« VIP-Edition gebaut.

Der Ausstattungsumfang entspricht dem der Sondermodell-Reihe »Special Edition«.

»1000 Miglia«-Emblem am Kotflügel.

Schaltknauf des zehnten von zehn Exemplaren.

Innenausstattung in Leder-Stoff-Kombination.

## »SL Special Edition«

Die »SL Special Edition« desselben Jahres war als SL 280, SL 320 und SL 500 lieferbar.

| | |
|---|---|
| Stückzahl: | 630 |
| **Exterieur:** | |
| Außenlackierung: | Brillantsilber (Code 744), umfasst auch die Stoßfänger und Verkleidungsteile aus Kunststoff |
| Verdeckstoff: | rot |
| Räder: | 8¼J x 17 Sechsspeichen-Leichtmetallräder EVO II |
| Bereifung: | Breitreifen der Größe 245/45 ZR 17 vierfach |
| Zierelement: | schwarz-weiß karierte Zielflagge hinter dem Ziergitter rechts und links seitlich am Kotflügel |

| | |
|---|---|
| **Interieur:** | |
| Klimatisierungs-Automatik: | Serie |
| Sitze: | Ledersitze schwarz mit roten Sitz- und Lehnenmittelteilen, Ziernähte rot; Sitzheizung |
| Türmittelfeld: | rotes Lackleder |
| Abdeckungen: | Mittelkonsole und Türeinlagen in Kohlefaser-optik |
| Lenkrad + Wählhebel: | Lederlenkrad, Durchmesser 390 Millimeter, Lederschalthebel |
| Bodenteppiche | Velours schwarz mit roter Einfassung |

**Die »SL Special Edition« ist als SL 280, SL 320 und SL 500 lieferbar.**

**17 Zoll große Sechsspeichen-Leichtmetallräder EVO II.**

**Zielflagge hinter den Ziergittern am Kotflügel.**

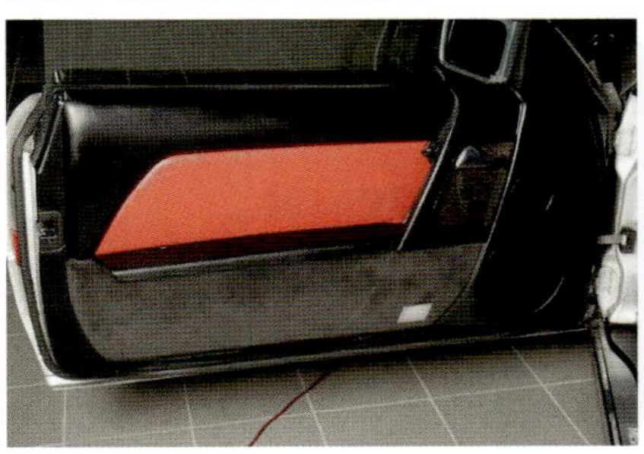

**Rotes Lackleder im Türmittelfeld.**

**Schwarze Ledersitze mit roten Sitz- und Lehnenmittelteilen.**

**Mittelkonsole in Kohlefaseroptik.**

**Lederlenkrad mit 390 Millimetern Durchmesser.**

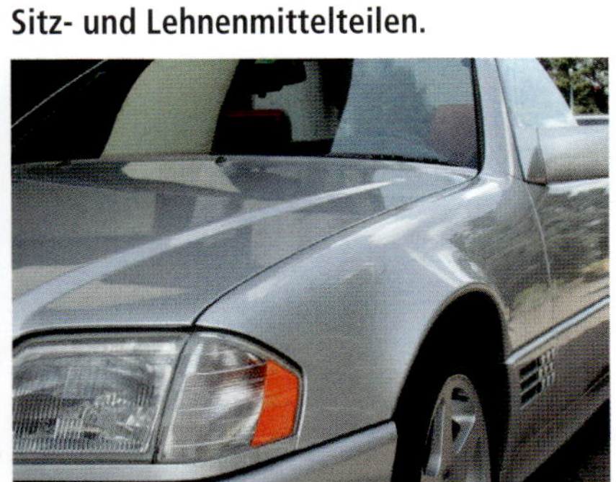

**Stoßfänger in Wagenfarbe Brillantsilber.**

**Lederschaltknauf mit Mercedes-Stern.**

# 1997

## »40th Anniversary Roadster Edition«

»40th Anniversary Roadster Edition« (Code 908) wurde die für den US-Markt bestimmte Sonderserie genannt, die aus Anlass der 1957 erfolgten Vorstellung des 300 SL Roadsters kreiert wird. Sie umfasst die beiden Typen SL 320 und SL 500, die aber in ihrer Ausstattung und Erscheinung unterschiedlich gestaltet sind.

Gesamtstückzahl: 750

**SL 320:**

**Exterieur:**

| | |
|---|---|
| Außenlackierung: | designo-blau (MB 012) – Quarz Blue Metallic, umfasst auch die Stoßfänger und Verkleidungsteile aus Kunststoff |
| Verdeckstoff: | blau |
| Räder: | 8J x 16 Standard 12-Loch |
| Bereifung: | Standard 225/55 VR 16 |
| Zierelement: | Keine |

**Interieur:**

| | |
|---|---|
| Sitze: | Ledersitze in designo-grau; Sitzheizung |
| Türmittelfelder: | designo-grau einfarbig |
| Abdeckungen: | designo-blau |
| Lenkrad + Wählhebel: | Holz-Leder-Ausführung in designo-blau (magic eyes) |
| Verzierung: | Abdeckung Mittelkonsole und Türzierstäbe in designo-blau (magic eyes) |
| Audioanlage: | 6-fach CD-Wechsler |
| Bodenteppiche: | mit Stickerei »40th Anniversary Roadster« |

**SL 500:**

**Exterieur:**

| | |
|---|---|
| Außenlackierung: | designo-rot (Cimson Metallic), umfasst auch die Stoßfänger und Verkleidungsteile aus Kunststoff |
| Verdeckstoff: | schwarz |
| Räder: | 8¼J x 17 Sechsspeichen-Leichtmetallräder EVO II |
| Bereifung: | 245/45 ZR 17 |
| Zierelement: | Keine |

**Interieur:**

| | |
|---|---|
| Sitze: | Ledersitze in designo-champignon uni; Sitzheizung |
| Türmittelfelder: | designo-champignon uni |
| Abdeckungen: | Kastanie |
| Lenkrad + Wählhebel: | Holz-Leder-Ausführung in Kastanie |
| Verzierung: | Abdeckung Mittelkonsole und Türzierstäbe in Kastanie (8 G 25) |
| Audioanlage: | 6-fach CD-Wechsler |
| Bodenteppiche: | mit Stickerei »40th Anniversary Roadster« |

**»40th Anniversary Roadster Edition« als SL 320 in designo-blau und als SL 500 in designo-rot.**

**Interieur SL 320 »40th Anniversary Roadster Edition«.**

**Interieur SL 500 »40th Anniversary Roadster Edition«.**

## »AMG SL 60 Limited Edition«

»AMG SL 60 Limited Edition« war die limitierte Sonderausgabe von AMG. Vom normalen SL 60 AMG unterscheidet sich die Limited Edition in folgenden Punkten:

| | |
|---|---|
| Stückzahl: | 25 |
| **Exterieur:** | |
| Außenlackierung: | Silber |
| Verdeckstoff: | Schwarz |
| **Interieur:** | |
| Sitze: | Ledersitze in schwarz mit silbernen Mittelteilen |
| Einstiegsschiene: | Nummeriert mit der fortlaufenden Nummer: 1/25; 2/25 etc. |
| Zusatzausstattung: | Rimowa-Koffer in silber mit schwarzem Polster ausgeschlagen;<br>1 Flasche Champagner mit 2 Riedel-Sektkelchen;<br>1 Musik-CD mit Lederhülle, dem Fahrzeug entsprechend fortlaufend nummeriert |

# 1998

## »Special Edition«

»Special Edition« (Code 901) ist eine auf 500 Fahrzeuge begrenzte Sonderserie, die alle SL-Modelle (SL 280 bis SL 600) mit Ausnahme des SL 60 AMG umfasst. Sie zeichnet sich durch folgende Besonderheiten aus:

| | |
|---|---|
| Stückzahl: | 500 |
| **Exterieur:** | |
| Außenlackierung: | Obsidianschwarz |
| Verdeckstoff: | rot |
| Räder: | 8½J x 18 AMG-Leichtmetallräder vierfach |
| Bereifung: | Breitreifen der Größe 245/40 ZR 18 vierfach |
| Zierelement: | Plakette mit dem »Special Edition«-Logo auf dem Ziergitter rechts und links seitlich am Kotflügel |
| Getriebe: | Der SL 280 erhält serienmäßig das automatische Fünfganggetriebe |
| **Interieur:** | |
| Sitze: | Ledersitze in designo-rot mit schwarzen Ziernähten auf Sitzkissen, Rückenlehne und Kopfstütze; Sitzheizung<br>Fondsitze |
| Sidebags: | Abdeckung in designo-rot mit schwarzen Ziernähten und SRS-Plaketten |
| Abdeckungen: | Mittelkonsole, Rahmen der Schaltkulisse und Türzierstäbe in schwarzem Wurzelnussdekor |
| Lenkrad + Wählhebel: | schwarze Wurzelnuss-Leder-Kombination |
| Verzierung: | Plakette »Special Edition« auf der Mittelkonsole |
| Kombiinstrument: | Rot mit Frontrahmen |
| Einstiegsleisten: | Edelstahl mit Schriftzug »Special Edition« |
| Bodenteppiche | Velours schwarz mit Keder in designo-rot |

Die 1998er »Special Edition« ist mit 18 Zoll großen AMG-Leichtmetallrädern ausgestattet.

Plakette mit dem »Special Edition«-Logo am Kotflügel.

Zur Lackierung in Obsidianschwarz gehört ein rotes Verdeck.

Die »Special Edition« ist auf 500 Fahrzeuge limitiert.

Ledersitze in designo-rot.

Außer dem SL 60 AMG sind alle SL-Modelle als »Special Edition« erhältlich.

## »designo MB UK«

»designo MB UK« (Code P 05) heißt eine auf 150 Fahrzeuge limitierte Sonderserie, die auf Wunsch von Mercedes-Benz UK für den Britischen Markt kreiert wird. Diese Sonderedition ist in allen Motorisierungsstufen lieferbar. Ab dem SL 500 gehört das Glashardtop zum serienmäßigen Lieferumfang.

| | |
|---|---|
| Stückzahl: | 150 |
| **Exterieur:** | |
| Außenlackierung: | designo-variocolor 1 (blau-grün) |
| Verdeckstoff: | Blau |
| Räder: | 8¼J x 17 Sechsspeichen-Leichtmetallräder EVO II für SL 320<br>8 x 18 ET 31 AMG »neues AMG Monoblockrad« ab SL 500 |
| Lichtanlage: | Xenon |
| Zierelement: | Keine |
| **Interieur:** | |
| Sitze: | Ledersitze in designo-grau uni, elektrisch verstellbar; Sitzheizung<br>Fondsitze (SL 320) |
| Sidebags: | grau |
| Abdeckungen: | Mittelkonsole, Rahmen der Schaltkulisse und Türzierstäbe in Wurzelnussdekor dunkel |
| Lenkrad + Wählhebel: | Wurzelnuss-Leder-Kombination; Lenksäule elektrisch verstellbar (SL 320) |
| Anbauteile: | Kunststoff grau |
| Einstiegsleisten: | Edelstahl mit Schriftzug »Special Edition« |

## »designo MB Japan«

»designo MB Japan« (Code P 06) ist eine limitierte Sonderserie für den japanischen Markt, die für alle Typen lieferbar ist und folgende Besonderheiten aufweist:

| | |
|---|---|
| Stückzahl: | 67 |
| **Exterieur:** | |
| Hardtop: | Glashardtop |
| Außenlackierung: | designo-variocolor 1 (blau-grün) |
| Verdeckstoff: | Blau |
| Räder: | 8¼J x 17 Sechsspeichen-Leichtmetallräder EVO II für SL 320 |
| ESP: | Serie |
| Lichtanlage: | Xenon |
| Zierelement: | Keine |
| **Interieur:** | Grundausstattung Leder exklusiv grau mit Ziernaht ultramarin |
| Sitze: | Ledersitze in designo-ultramarin zweifarbig |
| Türverkleidungen: | designo-ultramarin zweifarbig |
| Abdeckungen: | Mittelkonsole und Zierteile der Schaltkulisse und Türzierstäbe in magic eyes Wurzelnussdekor dunkel |
| Lenkrad: | Holz-Leder-Lenkrad in magic eyes-designo-ultramarin<br>Fahrer-Airbag mit designo-Zierfaden ultramarin |
| Wählhebel: | Holz-Leder, magic eyes-designo-ultramarin |
| Fußmatten: | designo mit Stickerei und Keder designo-ultramarin |

Die Sonderausführung »desgino MB Japan« ist stets blau-grün lackiert.

Zweifarbige Ledersitze in »designo-ultramarin«.

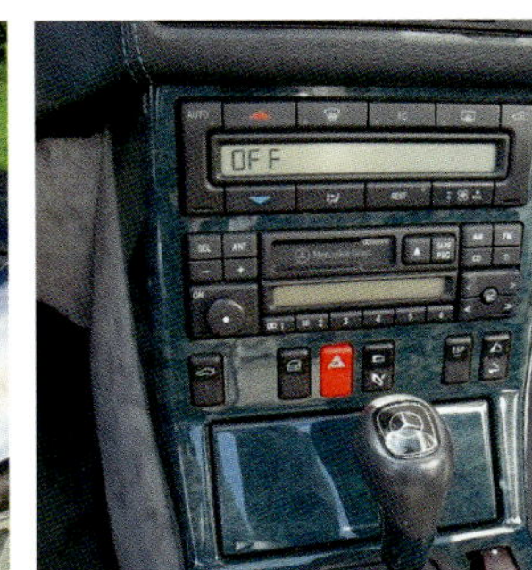

Mittelkonsole in Wurzelnussdekor magic eyes.

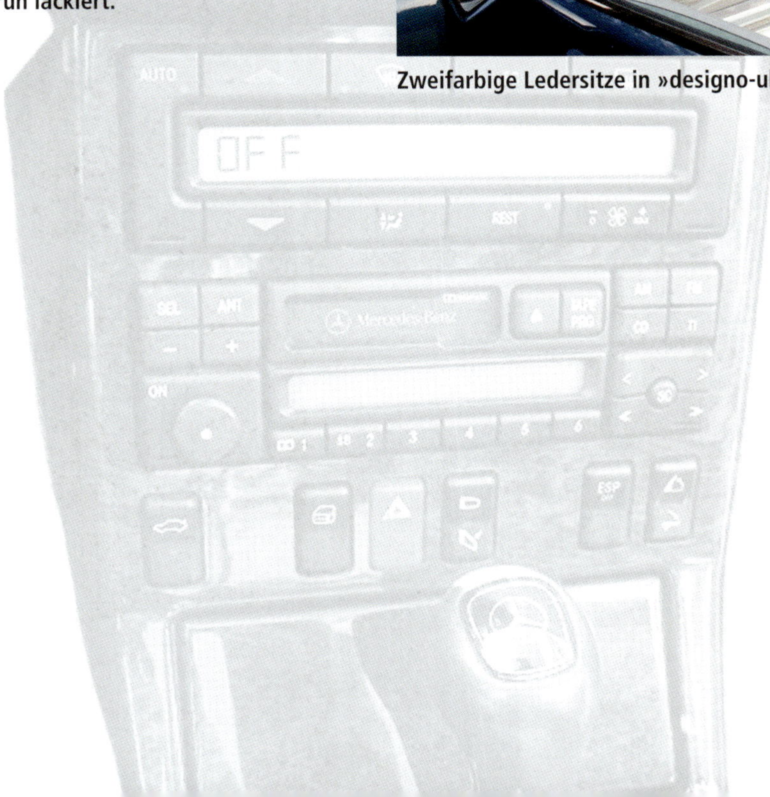

# 1999

## »Mille Miglia«

»Mille Miglia«: Nach fünf Jahren wird die VIP-Sondermodell-Kleinstserie von 12 Fahrzeugen anlässlich der historischen Mille Miglia wiederbelebt. Sie baut auf dem SL 55 AMG auf.

| | |
|---|---|
| Stückzahl: | 12 |
| **Exterieur:** | |
| Außenlackierung: | designo-silber |
| Anbauteile: | designo-silber hochglanzlackiert |
| Verdeckstoff: | schwarz (Code 740) |
| Zierelemente: | »Mille Miglia«-Plaketten an den beiden Kotflügeln und auf dem Heckdeckel |

Die »Mille Miglia« VIP-Edition von 1999 baut auf dem SL 55 AMG auf.

»Mille Miglia«-Plakette am Kotflügel ...

... und am Kofferraumdeckel.

Interieur, Cockpit und Ausstattungsdetail der »Mille Miglia« VIP-Edition 1999.

# 2000

## »SL Edition«

Die »SL Edition« (Code P 28) ist gedacht für eine Belebung des R-129-Absatzes. Lieferbar ist diese Edition mit der dritthöchsten Stückzahl nur als SL 320 und SL 500. Sie weist folgende Unterschiede zum Serienfahrzeug auf:

| | |
|---|---|
| Stückzahl: | 708 |
| **Exterieur:** | |
| Außenlackierung: | designo-Mysticblau, Brillantsilber |
| Verdeckstoff: | Mysticblau, Schwarz bei Lackierung Brillantsilber |
| Räder vorne: | Leichtmetallräder zweiteilig, 6-Loch-Design 8,5J x 18 ET 25 |
| Bereifung vorne: | 245/40 ZR 18 |
| Räder hinten: | Leichtmetallräder zweiteilig, 6-Loch-Design, 9,5J x 18 ET 23 |
| Bereifung hinten: | 275/35 ZR 18 |
| Radnabenabdeckung: | Klassisches Mercedes-Benz-Emblem mit silbernem Lorbeerkranz auf blauem Grund |
| Bremssattel: | Silber lackiert |
| Bremsscheibe vorne: | gelocht |
| Abgasanlage | Endrohrblende aus poliertem Edelstahl |
| Zierstäbe: | Alu-Chromglanz |
| Zierelement: | Plakette mit dem »SL Edition«-Logo rechts und links seitlich am Kotflügel |
| **Interieur:** | |
| Vordersitze: | Nappaleder schwarz mit silbernem Unterzug; Sitzkissen, Rückenlehne und Kopfstütze perforiert |
| Notsitze: | wie oben |
| Lenkrad + Wählhebel: | Leder-Holz-Ausführung |
| Holzausstattung: | Vogelaugenahorn schwarz mit metallischem Effekt |
| Kombiinstrument: | Frontrahmen in Aluminium-Struktur, weiße Zeiger |
| Verzierung: | Plakette »SL Edition« auf der Mittelkonsole |
| Schaltkulisse: | Abdeckung in Aluminium-Struktur mit Chromrahmen |
| Einstiegsleisten: | Edelstahl mit beleuchtetem Schriftzug »SL Edition« |
| Windschott: | Rahmen glanzverchromt |
| Fußmatten: | Velours mit Silberfaden und Plakette »SL« |

Insgesamt werden von der 2000er »SL Edition« 708 Exemplare gebaut.

Die »SL Edition« des Jahres 2000 gibt es in Brillantsilber oder in designo-Mysticblau und als SL 320 oder als SL 500.

Sitze in schwarzem Nappaleder, Edelstahl-Einstiegsleiste mit beleuchtetem Schriftzug »SL Edition«.

Frontrahmen des Kombiinstruments in Aluminium-Struktur.

Holzzierleiste in Vogelaugenahorn schwarz mit metallischem Effekt.

# »Formula One Edition«

»Formula One Edition« wird die für das Indianapolis-Rennen der Formel I im Jahr 2000 gebaute Kleinstserie von VIP-Sondermodellen genannt. Sie bauen auf dem SL 500 auf.

Stückzahl: 20

Ganze 20 Exemplare werden von den VIP-Sondermodellen »Formula One Edition« gebaut.

Nicht gerade dezent weist der Schriftzug auf der Motorhaube auf die Abstammung aus der Kleinstserie hin.

Deutlich zurückhaltender ist da schon die entsprechende Plakette, die seitlich an den Kotflügeln angebracht ist.

Die »Formula One Edition« baut auf dem SL 500 auf.

Das Indianapolis-Rennen der Formel 1 im Jahr 2000 bot den willkommenen Anlass, diese Kleinst-Edition aufzulegen.

## »Final Edition«

»Final Edition« (Code P 029) ist wieder eine Serie, welche, mit Ausnahme der beiden AMG-Modelle SL 55 und SL 73, die gesamte Typenpalette vom SL 280 bis zum SL 600 umfasst. Sie hebt sich durch folgende Abweichungen von der Serie ab:

| | |
|---|---|
| Stückzahl: | 674 |
| **Exterieur:** | |
| Außenlackierung: | designo Brillantschwarz<br>Silver Arrow |
| Verdeckstoff: | schwarz |
| Räder vorne: | AMG Leichtmetallräder einteilig, 5-Loch-Design, 8,5J x 18 ET 25 |
| Reifen vorne: | 245/40 ZR 18 |
| Räder hinten: | AMG Leichtmetallräder einteilig, 5-Loch-Design, 9,5J x 18 ET 23 |
| Reifen hinten: | 275/35 ZR 18 |
| Radnabenabdeckung: | Klassisches Mercedes-Benz-Emblem mit silbernem Lorbeerkranz auf blauem Grund |
| Zierelement: | Plakette mit dem »SL Final Edition«-Logo rechts und links seitlich am Kotflügel |
| Scheinwerfer: | Xenon-Scheinwerfer mit Reinigungsanlage und dynamischer Leuchtweitenregulierung |
| **Interieur:** | |
| Vordersitze: | Leder exklusiv schwarz mit Nadelstich-Perforation und Ziernaht an den Sitzen |
| Türmittelfelder + Armauflage: | in der Kontrastfarbe Oriongrau |
| Lenkrad + Wählhebel: | Leder designo-Holzausführung |
| Lenksäule: | elektrisch verstellbar |
| Fahrer- und Beifahrersitz: | Verstellung mit Memory |
| Radio: | MB Audio 30 APS |
| Holzausstattung: | Curlyahorn designo natur, Domverlängerung und Rollo in Holz |
| Kombiinstrument: | Chromrahmen und Chromringe um die Instrumente, weiße Zeiger, Mittelabdeckung für Zeiger in Aluminium |
| Verzierung: | Plakette »Final Edition« auf der Mittelkonsole |
| Schaltkulisse: | mit Chromrahmen |
| Einstiegsleisten: | Edelstahl mit beleuchtetem Schriftzug »Final Edition« |
| Windschott: | Rahmen glanzverchromt |
| Fußmatten: | Velours mit Keder in Silber und Plakette »SL« |

**Bis auf die AMG-Modelle SL 55 und SL 73 sind alle SL-Typen in der »Final Edition« vertreten.**

**Die »Final Edition« gibt es nur in designo-Brillantschwarz oder in Silver Arrow.**

674 Exemplare der »Final Edition« werden gebaut.

Plakette »Final Edition« auf der Mittelkonsole, hier hinter dem Schaltknauf zu erkennen.

Velours-Fußmatten mit Keder in Silber.

Holzausstattung Curlyahorn designo natur.

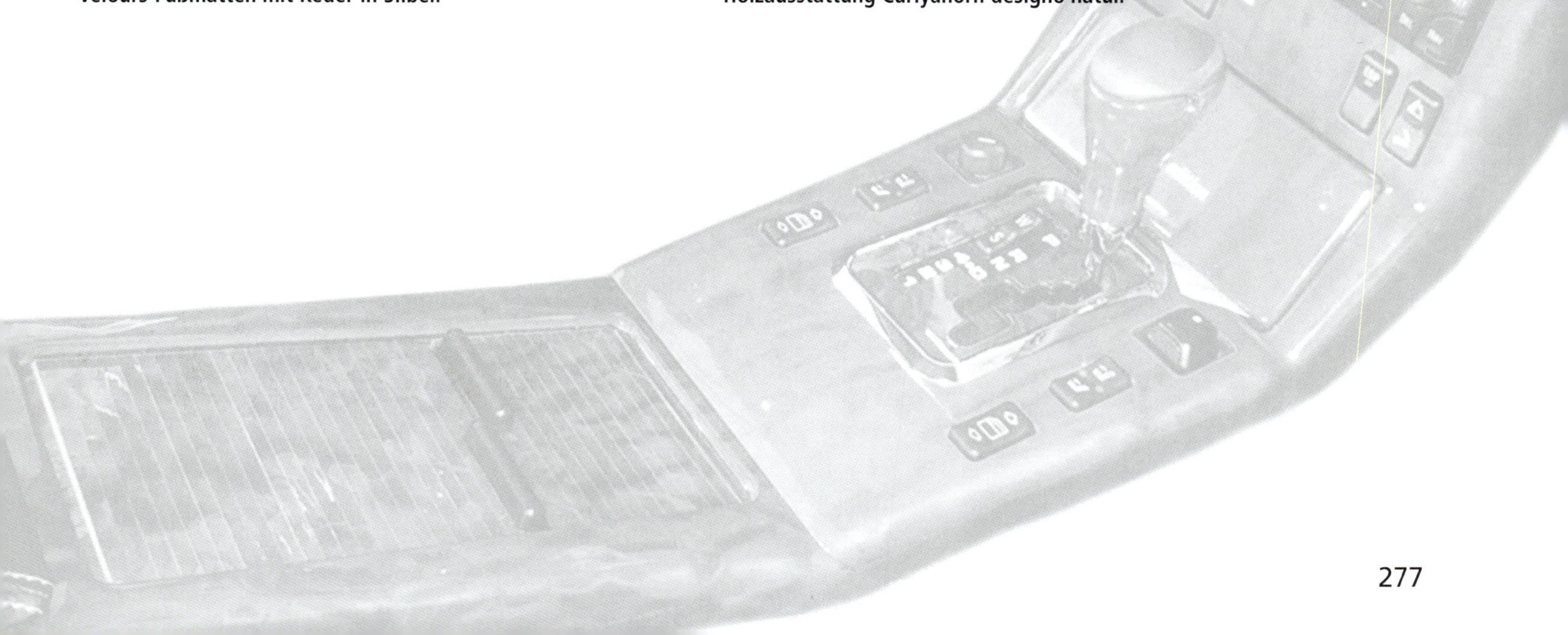

# Die Sondermodelle »Special Edition«

oder: Es geht noch exklusiver

## »Mille Miglia«

Dieses VIP-Sondermodell des Jahres 2000 baut als SL 500 auf der Basis des Sondermodells »SL Edition« auf.

| | |
|---|---|
| Stückzahl: | 12 |
| **Exterieur:** | |
| Außenlackierung: | Brillantsilber, Code 744 |
| Verdeckstoff: | schwarz, Code 740 |
| Räder vorne: | Leichtmetallräder zweiteilig, 6-Loch-Design, 8,5J x 18 ET 25 |
| Bereifung vorne: | 245/40 ZR 18 |
| Räder hinten: | Leichtmetallräder zweiteilig, 6-Loch-Design, 9,5J x 18 ET 23 |
| Bereifung hinten: | 275/35 ZR 18 |
| Radnabenabdeckung: | Klassisches Mercedes-Benz-Emblem mit silbernem Lorbeerkranz auf blauem Grund |
| Bremssattel: | Silber lackiert |
| Bremsscheibe vorne: | gelocht |
| Abgasanlage | Endrohrblende aus poliertem Edelstahl |
| Zierstäbe: | Alu-Chromglanz für A-Säule seitlich, Kühlergrill, Heckdeckelleiste Hardtop und Glasdach |
| Zierelement: | Plakette mit dem »Mille Miglia Edition 2000«-Logo rechts und links seitlich am Kotflügel<br>Plakette auf dem Heckdeckel »Mille Miglia« |

| | |
|---|---|
| **Interieur:** | |
| Vordersitze: | Nappaleder schwarz perforiert mit silbernem Unterzug; Sitzkissen, Rückenlehne und Kopfstütze perforiert |
| Notsitze (Code 565): | wie oben |
| Lenkrad + Wählhebel: | Lederlenkrad mit Perforation und klassischem Mercedes-Benz-Emblem mit silbernem Lorbeerkranz auf blauem Grund; Wählhebel mit perforiertem Leder und »Mille Miglia Team«-Plakette |
| Holzausstattung: | Vogelaugenahorn schwarz mit metallischem Effekt |
| Kombiinstrument: | Frontrahmen in Aluminium-Struktur, weiße Zeiger |
| Verzierung: | »Mille Miglia«-Emblem mit Nummerierung 1/12, 2/12 usw. auf dem Ascherdeckel am Dom |
| Schaltkulisse: | Abdeckung in Aluminium-Struktur mit Chromrahmen |
| Einstiegsleisten: | Edelstahl mit beleuchtetem Schriftzug »Mille Miglia 2000 Edition« |
| Windschott: | Rahmen glanzverchromt |
| Fußmatten: | Velours mit Silberfaden und gesticktem »Mille Miglia«-Emblem |

**Auch die »Mille Miglia«-Edition des Jahres 2000 ist wieder ein VIP-Sondermodell und wird nur zwölf Mal gebaut.**

**Windschott mit glanzverchomtem Rahmen.**

**Edelstahl-Einstiegsleisten mit beleuchtetem Schriftzug »Mille Miglia 2000 Edition«.**

# »designo-Vintage Edition UK«

Die »designo-Vintage Edition UK« (Code Y 82) umfasst die Typen SL 280 und SL 320.

| | |
|---|---|
| Stückzahl: | 49 |
| **Exterieur:** | |
| Außenlackierung: | designo alanitgrün |
| Verdeckstoff: | schwarz, Code 740 |
| Räder vorne: | Leichtmetallräder zweiteilig, 6-Loch-Design, 8,5J x 18 ET 25 |
| Bereifung vorne: | 245/40 ZR 18 |
| Räder hinten: | Leichtmetallräder zweiteilig, 6-Loch-Design, 9,5J x 18 ET 23 |
| Bereifung hinten: | 275/35 ZR 18 |
| Radnabenabdeckung: | Klassisches Mercedes-Benz-Emblem mit silbernem Lorbeerkranz auf schwarzem Grund |
| **Interieur:** | |
| Vordersitze: | Nappaleder Java einfarbig; mit Memory |
| Holzausstattung: | Walnuss dunkel |
| Fußmatten: | Velours mit Java-Ledereinfassung und designo-Emblem |

**Die »designo-Vintage Edition UK« ist alanitgrün lackiert. Es gibt sie als SL 280 und als SL 320.**

## »designo-Heritage Edition UK«

Die »designo-Heritage Edition UK« (Code 81) umfasst die Typen SL 280 und SL 320.

Stückzahl: 49

**Exterieur:**

Außenlackierung: designo almandineschwarz
Verdeckstoff: schwarz
Räder vorne: Leichtmetallräder zweiteilig, 6-Loch-Design, 8,5J x 18 ET 25
Bereifung vorne: 245/40 ZR 18
Räder hinten: Leichtmetallräder zweiteilig, 6-Loch-Design, 9,5J x 18 ET 23
Bereifung hinten: 275/35 ZR 18
Radnabenabdeckung: Klassisches Mercedes-Benz-Emblem mit silbernem Lorbeerkranz auf schwarzem Grund

**Interieur:**

Windschott: Rahmen hochglanzverchromt
Vordersitze: Leder designo Bordeaux/Schwarz; mit Memory
Holzausstattung: Ahorn dunkel
Kombiinstrument: Frontrahmen in Aluminium-Struktur, weiße Zeiger
Schaltkulisse: Abdeckung in Aluminium-Struktur mit Chromrahmen
Fußmatten: Velours Bordeaux, Ledereinfassung und designo-Emblem

**Auch die »designo-Heritage Edition UK« gibt es als SL 280 und als SL 320, sie ist aber in rötlich schimmerndem almandineschwarz lackiert.**

# 2001

## »Silver Arrow Edition USA«

»Silver Arrow Edition USA« (Code P 30) ist die zum Auslauf der Produktion des R 129 für den US-Markt platzierte Sonderserie, die für die Modelle SL 500 und SL 600 in unterschiedlichen Stückzahlen und Ausstattungsvarianten gebaut wird.

**SL 500:**

| | |
|---|---|
| Stückzahl: | 1415 |
| **Exterieur:** | |
| Hardtop: | Standard |
| Außenlackierung: | »Silver Arrow«-Metallic (Code 777 U) |
| Anbauteile: | in Wagenfarbe hochglanzlackiert |
| Verdeckstoff: | schwarz mit zusätzlich hellen Fäden für Punkteffekt |
| Zierstäbe: | Alu-Chromglanz anstatt Hämatit |
| Räder vorne: | AMG Leichtmetallräder Monoblock lackiert, 8,5J x 18 ET 25 |
| Reifen vorne: | 245/40 ZR 18 |
| Räder hinten: | AMG Leichtmetallräder Monoblock lackiert, 9,5J x 18 ET 23 |
| Reifen hinten: | 275/35 ZR 18 |
| Radnabenabdeckung: | Klassisches Mercedes-Benz-Emblem mit silbernem Lorbeerkranz auf blauem Grund |
| Bremsscheiben: | vorne gelocht |
| Bremssättel: | silber lackiert |
| Zierelemente: | Plakette mit dem »Silver Arrow Edition«-Logo rechts und links seitlich am Kotflügel; Finnen am Kotflügel; Zierstäbe in Alu-Chromglanz statt Hämatit |
| Sportpaket | Code 772 ohne die Plakette »Sport« |
| Interieur: | |
| Vordersitze: | Leder zweifarbig schwarz/silber (7 D 61) |
| Türmittelfelder + Armauflage: | in der Kontrastfarbe Oriongrau |
| Lenkrad + Wählhebel: | Leder zweifarbig schwarz/silber |
| Holzausstattung: | Vogelaugenahorn schwarz mit Metalleffekt; Domverlängerung und Rollo in Holz |
| Kombiinstrument: | Frontrahmen in Alu-Struktur, Chromringe um die Instrumente, weiße Zeiger, Mittelabdeckung für Zeiger in Aluminium |
| Verzierung: | Logo »Silver Arrow Edition« im Dom-Bereich und in der Rückenlehne geprägt |
| Schaltkulisse: | Abdeckung in Alu-Struktur, mit Chromrahmen |
| Einstiegsleisten: | mit geprägtem Schriftzug »Silver Arrow Edition« |
| Windschott: | Rahmen glanzverchromt |
| Fußmatten: | Velours mit Keder in Leder |
| Pedale: | wie R 170 mit Noppen |

**SL 600:**

| | |
|---|---|
| Stückzahl: | 100 |
| Exterieur: | |
| Hardtop: | Panorama-Glashardtop |
| Verdeckstoff: | blau, Code 744 |
| Außenlackierung: | »Silver Arrow«-Metallic (Code 777 U) |
| Anbauteile: | in Wagenfarbe hochglanzlackiert |
| Kühlergrill: | Alu seidenglanzpoliert |
| Zierstäbe: | Alu-Chromglanz statt Hämatit |
| Räder vorne: | AMG Leichtmetallräder Monoblock lackiert, 8,5J x 18 ET 25 |
| Reifen vorne: | 245/40 ZR 18 |
| Räder hinten: | AMG Leichtmetallräder Monoblock lackiert, 9,5 J x 18 ET 23 |
| Reifen hinten: | 275/35 ZR 18 |
| Radnabenabdeckung: | Klassisches Mercedes-Benz-Emblem mit silbernem Lorbeerkranz auf blauem Grund |
| Bremsscheiben: | vorne + hinten gelocht |
| Bremssättel: | silber lackiert |
| Zierelemente: | Plakette mit dem »Silver Arrow Edition«-Logo rechts und links seitlich am Kotflügel; Finnen am Kotflügelgräting; Zierstäbe in Alu-Chromglanz statt Hämatit |
| Sportpaket | Code 772 ohne die Plakette »Sport« |
| **Interieur:** | |
| Vordersitze: | Leder zweifarbig schwarz/azurit (7 D 61) |
| Türmittelfelder + Armauflage: | in der Kontrastfarbe Oriongrau |
| Lenkrad | Holz/Leder |
| Wählhebel: | Vogelaugenahorn |
| Holzausstattung: | Vogelaugenahorn schwarz mit Metalleffekt; Domverlängerung und Rollo in Holz |
| Kombiinstrument: | Frontrahmen in Alu-Struktur, Chromringe um die Instrumente, weiße Zeiger, Mittelabdeckung für Zeiger in Aluminium |
| Verzierung: | Logo »Silver Arrow Edition« im Dom-Bereich und in der Rückenlehne geprägt |

| | |
|---|---|
| Schaltkulisse: | Abdeckung in Alu-Struktur, mit Chromrahmen |
| Einstiegsleisten: | mit geprägtem Schriftzug »Silver Arrow Edition« |
| Windschott: | Rahmen glanzverchromt |
| Fußmatten: | Velours mit Keder in Leder |
| Pedale: | wie R 170 mit Noppen |

**Die »Silver Arrow Edition USA« wird 1415 Mal als SL 500 und 100 Mal als SL 600 aufgelegt.**

**Finnen am Kotflügel der »Silver Arrow Edition USA«.**

**Das Panorama-Glashardtop blieb auch in dieser Sonder-Edition dem SL 600 vorbehalten.**

**Lenkrad, gelochte Bremsscheibe und silbern lackierte Bremssättel des SL 600 der »Silver Arrow Edition«.**

# »Silver Arrow Edition UK«

Die »Silver Arrow Edition UK« (Code P 30) entspricht der »Silver Arrow Edition USA« des SL 500 mit folgenden Ausnahmen:

Stückzahl: 100

1. diese Fahrzeuge werden nur als Rechtslenker geliefert
2. diese Fahrzeuge werden ausschließlich mit dem Panorama-Glashardtop geliefert
3. die zweiteiligen Felgen haben einen polierten Alurand

# »Mille Miglia«

Für das letzte VIP-Sondermodell, das einmal mehr die Bezeichnung »Mille Miglia« trägt (Code PA 1), wird als Basisfahrzeug der SL 600 in der Version »Silver Arrow Edition« verwendet, von dem es sich aber in folgenden Details unterscheidet:

| | |
|---|---|
| Stückzahl: | 13 |
| **Exterieur:** | |
| Kühlergrill: | Alu seidenglanzpoliert |
| Verdeckstoff: | schwarz, Code 740 |
| Scheinwerfer: | Xenon; inkl. Scheinwerferwaschanlage (Code 612) |
| Zierstäbe: | A-Säule, Hardtop, Heckdeckel, Finnen an den Kotflügeln Alu hochglanzpoliert |
| Zierelemente: | Finnen am Kotflügelgräting; Plaketten an den vorderen Kotflügeln »Mille Miglia 2001«, Zierstäbe in Alu-Chromglanz statt Hämatit; Heckdeckelplakette »Mille Miglia« |
| Räder vorne: | zweiteilig, 8,5J x 18 ET 25 |
| Räder hinten | zweiteilig, 9,5J x 18 ET 23 |
| Auspuffblende: | Edelstahl poliert |
| **Interieur:** | |
| Sitzanlage: | Nappa schwarz mit silbernem Unterzug; Aufnäher mit dem Schriftzug »Mille Miglia« Fondsitze Code 565 |
| Lenkrad: | Holz/Leder in Vogelaugenahorn/Anthrazit metallic |
| Wählhebel: | Holz/Leder in Vogelaugenahorn/Anthrazit metallic mit einer Plakette »Mille Miglia Edition 2001« und Durchnummerierung von 1 bis 13 |
| Ascherdeckel: | Logo »Mille Miglia Edition 2001« |
| Verdeckkastendeckel: | Alu hochglanzpoliert |
| B-Säulenabdeckung: | Alu hochglanzpoliert |
| Einstiegsschiene: | Schriftzug »Mille Miglia Edition 2001«, weiß beleuchtet |
| Fußmatten: | Velourteppich mit gestickter Mille-Miglia-Plakette und Einfassung mit Silberfaden |

Auf dem SL 600 der »Silver Arrow Edition« basiert das letzte VIP-Sondermodell, das einmal mehr »Mille Miglia« heißt.

13 Mal wird der letzte »Mille Miglia« der Baureihe R 129 gebaut. Das VIP-Sondermodell weist Finnen am Kotflügelgräting auf.

Auf den schwarzen Rücklehnen prangt in Rot ein »Mille Miglia«-Aufnäher.

# Der Drive-by-wire-SL

## oder: Das Fahren mit dem Sidestick

Was sich wie eine Geschichte aus einem Science-Fiction-Film ansieht, wird von der Forschung bei Mercedes-Benz 1998 in die Tat umgesetzt. Um die Fiktion Realität werden zu lassen, entwickeln die Forscher zunächst einen Sidestick, mit dem sich die komplexen Anforderungen der Fahrzeugbewegung in die Tat umsetzen lassen. So wird für die Lenkung des Fahrzeugs der Stick nach links oder rechts bewegt, je nachdem, welche Fahrtrichtung gewünscht wird. Ein in den Stick eingebauter Gleichstrommotor sorgt für die Lenkwiderstände, um durch den Stick ein realitätsnahes Gefühl beim Lenkvorgang zu übertragen. Ein auf Zug und Druck reagierendes elektrisches Messglied setzt die Brems- und Beschleunigungswünsche des Fahrers in die gewünschten Bewegungsabläufe um.

Die Forscher bei Mercedes-Benz sind der Meinung, dass ein Fahrsicherheitssystem wie das Drive-by-wire-System umfassender ist als die bisherigen BAS-, ABS- oder ESP-Systeme. Umfassender deshalb, weil es sowohl in die Motorsteuerung, die Bremse und die Lenkung eingreift und so das Fahrzeug im Grenzbereich optimal steuert, auch wenn der Fahrer überfordert ist. Um dieses Ziel zu erreichen, ersetzen die Forscher die hydraulischen und mechanischen Verbindungen durch Stellmotoren und Schaltelemente, die von einem »fehlertoleranten« Rechnersystem gesteuert werden.

Die von den Forschern Friedrich Böttiger und Avshalom Suissa entwickelten Algorithmen ermöglichen es, Informationen über Fahrerwünsche, Fahrbahnzustand und Fahrzeugzustand in Handlungsanweisungen an die Aktuatoren umzusetzen. Gesteuert von Rechnern, wird jedes Ausbrechen des Fahrzeugs auf glatter Fahrbahn oder bei Seitenwind verhindert. So ist der Fahrer durch die Stabilisierungsalgorithmen des Drive-by-wire-Systems immer im sicheren Bereich des Fahrens.

Dieser R 129, der heute im Mercedes-Benz-Museum steht, diente 1998 zur Erprobung eines Drive-by-Wire-Systems mit Side-Sticks für Lenkung, Gas und Bremse, entwickelt von der damaligen DaimlerChrysler-Forschung.

# Der Drive-by-wire-SL

oder: Das Fahren mit dem Sidestick

Mit dem Sidestick kann der Fahrer lenken, Gas geben und bremsen. Auch Blinker und Hupe werden mit dem Stick betätigt.

Zwei Sidesticks ersetzen als Bedienelemente Lenkrad und Pedale.

# Der Drive-by-wire-SL

oder: Das Fahren mit dem Sidestick

**Droht der Fahrer, die Kontrolle über das Fahrzeug zu verlieren, hält ihn das Drive-by-wire-System im sicheren Bereich.**

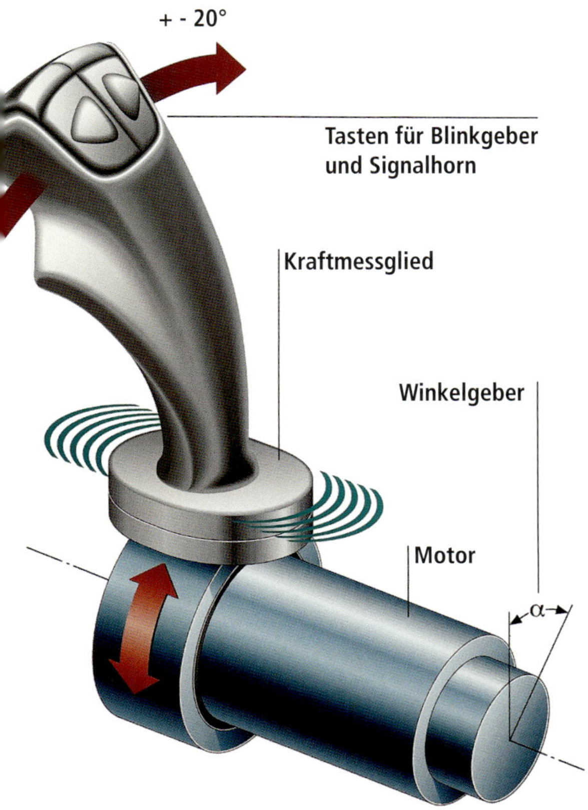


Funktionsschema des Sidesticks.

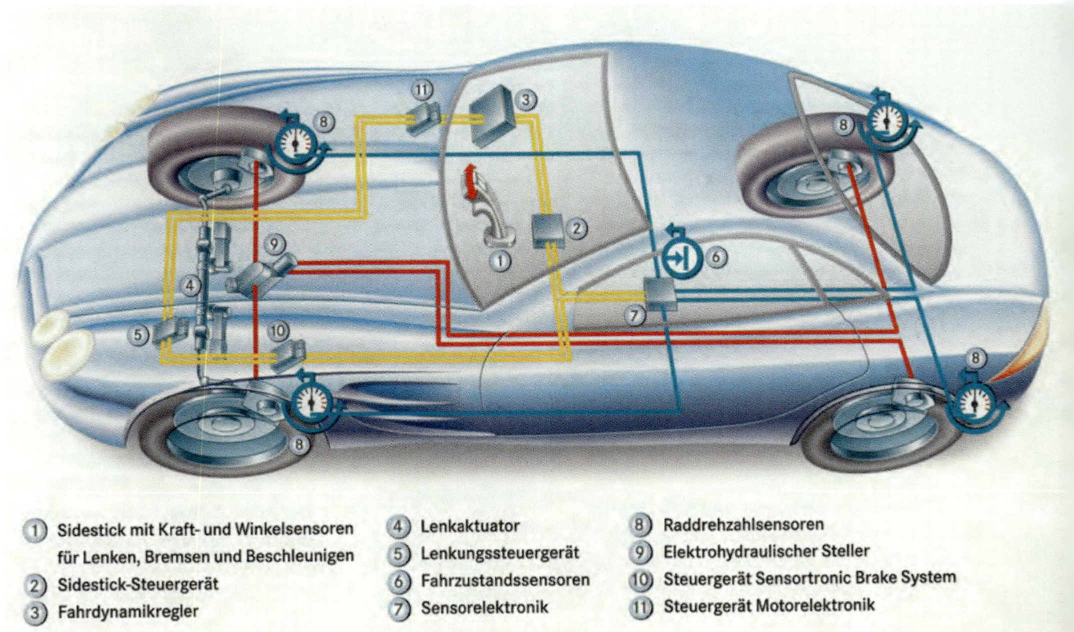


Das Drive-by-wire-System besteht aus Sensoren und Steuerelementen, die über einen redundanten Datenbus (gelb) miteinander verbunden sind. Zur Sicherheit sind alle Komponenten doppelt vorhanden.

Das Drive-by-wire-System in der praktischen Erprobung. In die Serie hat es das fortschrittliche System allerdings auch bei Redaktionsschluss 2014 noch nicht geschafft.

# Technische Daten

| Typ<br>Baureihe<br>Baumuster | SL 280<br>R 129 E 28<br>129.058 | 300 SL<br>R 129 E 30<br>129.060 | 300 SL-24<br>R 129 E 30<br>129.061 | SL 320<br>R 129 E 32<br>129.063 | 500 SL<br>R 129 E 50 KE<br>129.066 |
|---|---|---|---|---|---|
| **Motor:** | | | | | |
| Baureihe: | M 104 E 28 | M 103 E 30 | M 104 E 30 | M 104 E 32 | M 119 E 50 KE |
| Baumuster | 104.943 | 103.984 KE | 104.981 KE | 104.991 | 119.960 KE |
| Arbeitsverfahren | | | | | |
| Zylinderzahl-Anordnung | 6-Reihe | 6-Reihe | 6-Reihe | 6-Reihe | V8 90° |
| Bohrung/Hub mm | 89,9/73,5 | 88,5/80,2 | 88,5/80,2 | 89,9/84 | 96,5/85 |
| Normalmaß | 89900<br>89918 | 88498/88500<br>88528/888518 | 88498/88500<br>88528/88518 | 89900<br>89918 | 96498<br>96528 |
| Reparaturstufen ∅ | 90150/90400<br>90168/90418 | 89000/89500<br>89018/89518 | 89000/89500<br>89018/89518 | 90150/90400<br>90168/90418 | 96998/97498<br>97023/97523 |
| Gesamthubraum $cm^3$ | 2799 | 2960 | 2960 | 3199 | 4973 |
| Verdichtungsverhältnis ε | 10 | 9,2 | 10 | 10 | 10 |
| Zylinderabstand mm | 97 | 97 | 97 | 97 | 113 |
| Zylinderdeckhöhe mm | | | | | 245,45 |
| Pleuellänge mm | 149 | 145 | 145 | 145 | 154,5 |
| Kurbelwellenhauptlager ∅ | 58 | 58 | 58 | 58 | 64 |
| Kurbelwellenhubzapfen ∅ | 48 | 48 | 48 | 48 | 48 |
| Hauptlager | 7 | 7 | 7 | 7 | 5 |
| Höchstleistung in kW/PS | 142/193 | 140/190 | 170/231 | 170/231 | 240/326 |
| Bei l/min | 5500 | 5700 | 6300 | 5600 | 5500 |
| Höchstdrehzahl l/min | 6400 | 6500 | 7000 | 6400 | 6000 |
| Literleistung in kW/PS | 50,7/68,95 | 47,3/64,2 | 57,4/78,0 | 53,14/72,2 | 48,26/65,55 |
| mittl. Kolbengeschwindigkeit bei Höchstleistung in kW/PS | 13,5 | 15,2 | 16,8 | | 11,3 |
| max. Drehmoment Nm bei l/min | 270/3750 | 260/4500 | 272/4600 | 315/3750 | 450/4000 |
| Max. mittl. Arbeitsdruck in bar | 12,1 | 11,0 | 11,6 | 12,4 | 11,4 |
| Nockenwellenzahl | 2 | 1 | 2 | 2 | 4 |
| Nockenwellenanordnung | DOHC | OHC | DOHC | DOHC | 2 × DOHC |
| Ventilzahl je Zylinder | 4 (V 50°) | 2 (V 45°) | 4 (V 50°) | 4 (V 50°) | 4 (V 37°30′) |
| Nockenwellenkennzahl: | | | | | |
| Einlaß links | | 53 | | | |
| Einlaß rechts | | | | | |
| Auslaß links | | | | | |
| Auslaß rechts | | | | | |
| Einlaß links: | | | | | |
| öffnet nach OT/NOWE spät | – | 16,5° | – | – | – |
| schließt nach UT/NOWE spät | – | 24° | – | – | – |
| öffnet nach OT/NOWE früh | – | – | – | – | – |
| schließt nach UT/NOWE früh | – | – | – | – | – |
| Einlaß rechts: | | | | | |
| öffnet nach OT/NOWE spät | – | | – | – | – |
| schließt nach UT/NOWE spät | – | – | – | – | – |
| öffnet nach OT/NOWE früh | – | – | – | – | – |
| schließt nach UT/NOW früh | – | – | – | – | – |
| Auslaß links: öffnet vor UT | – | 22° | – | – | – |
| schließt vor OT | – | 14° | – | – | – |
| Auslaß rechts: öffnet vor UT | – | – | – | – | – |
| schließt vor OT | – | – | – | – | – |
| Einlaßventil öffnet nach OT | | | | | |
| Auslaßventil schließt vor OT | | | | | |
| Einlaßventil ∅ mm | 35 | 43 | 35 | 35 | 38 |
| Auslaßventil ∅ mm | 31 | 39 | 31 | 31 | 33 |
| Steuerung | ← Tassenstößel mit hydraulischem Ventilspielausgleich → | | | | |
| Gemischaufbereitung | Bosch Motronic 3.4<br>VDO-Motronic MSE III | Bosch KE 3 | Bosch KE-JETRONIC | Bosch Motronic M 3.4<br>VDO-Motronic MSE III | Bosch KE-JETRONIC |
| Zündkerzen | BERU 14F-8 DUO,<br>Bosch F8 DCC,<br>Champion C 10 YCC | BERU 14K-8 DUO<br>Bosch H8 DCO,<br>Champion S 10 YCC | BERU 14F-8 DUO,<br>Bosch F8 DCC,<br>Champion C 10 YCC | BERU 14F-8 DUO,<br>Bosch F8 DCC,<br>Champion C 10 YCC | BERU 14F-8 DUO,<br>Bosch F8 DCC,<br>Champion C 10 YCC |
| Ölfüllmenge mit Filter | 7,5 | 6 | 7,5 | 7,5 | 8,0 |
| Ölwanne max./min. | 7,0/5,0 | 5,7/3,7 | 7,0/5,0 | 7,0/5,0 | 7,5/5,5 |
| Batterie Spannung V | 12 | 12 | 12 | | 12 |
| Batterie-Kapazität Ah | 100 | bis 1/90 72, bis 3/91 92,<br>ab 3/91 100 | | 100 | siehe 300 SL |
| Kaltstartstrom A | | 420 | 450 | | 450 |
| Drehstromlichtmaschine W | 1540 | 1400 | 1400 | 1540 | 1400 |
| Füllmenge Kühlanlage mit Heizung L | 11,0 | 9,0 | 9,0 | 11,0 | 15,0 |
| Temperatur max. °C | 120 | 120 | 120 | 120 | 120 |

| **500 SL/SL 500<br>R 129 E 50 LH<br>129.067** | **600 SL/SL 600<br>R 129 E 60<br>129.076** | **AMG 500<br>SL 6,0<br>129.066** | **SL 60<br>AMG<br>129.067** | **AMG 600 SL<br>R 129 E 60<br>129.076** | **500 SL 6,0<br>Brabus<br>R 129 E 60** | **600 SL 6,9<br>Brabus** |
|---|---|---|---|---|---|---|
| M 119 E 50 LH | M 120 E 60 | | | | | |
| 119.972 LH | 120.981 LH | 119.960 KE | 119.972 LH | | | |
| V8 90° | V12 60° | V8 90° | | V12 60° | V8 90° | V12 60° |
| 96,5/85 | 89,0/80,2 | 100/94,8 | | 89,0/80,2 | 100/94,8 | 90/90 |
| 96498 | 89000 | 100,0 ± 0,02 | 100,01 ± 0,015 | Serie | | |
| 96528 | 89018 | | | | | |
| 89018/89518 | 89350/89700 | 100,1 ± 0,02 | 100,0 ± 0,015 | Serie | | |
| 97023/97523 | 89374/89724 | | | | | |
| 4973 | 5987 | 5956 | | 5987 | 5956 | 6871 |
| 10 | 10 | 10 | | 10 | 10 | 10 |
| 113 | 97 | 113 | | 97 | 113 | 97 |
| 229,0 | | | | | | |
| 149 | 154 | 154,5 | 149 | 154 | | |
| 64 | 58 | 64 | | 58 | | |
| 48 | 48 | 48 | | 48 | | |
| 5 | 7 | 5 | | 7 | 5 | 7 |
| 235/320 | 290/395 | 275/374 | 280/381 | 324/440 | 300/408 | 374/509 |
| 5600 | 5200 | 5250 | 5500 | 5900 | 5600 | 5400 |
| 6000 | 6000 | 6000 | | 6000 | 6000 | 6000 |
| 47,25/64,35 | 48,43/65,98 | 46,1/62,8 | 47,0/63,96 | 54,11/73,5 | 50,4/68,5 | 54,43/74,1 |
| 11,3 | 13,9 | 16,6 | 17,4 | 15,77 | | |
| 470/3900 | 570/3800 | 550/4000 | 580/3750 | 600/4000 | 604/3800 | 710/3700 |
| | 12,0 | | | | | |
| 4 | 4 | 4 | | 4 | 4 | 4 |
| 2 × DOHC | 2 × DOHC | 2 × DOHC | | 2 × DOHC | 2 × DOHC | 2 × DOHC |
| 4 (V 37°30′) | 4 (V 50°) | 4 (V 37°30′) | | 4 (V 50°) | 4 (V 37°30′) | 4 (V 50°) |
| 7273 | | | | | | |
| 7475 | | | | | | |
| 7677 | | | | | | |
| 7879 | | | | | | |
| 29° | – | | | | | |
| 39° | – | | | | | |
| 4° | – | | | | | |
| 14° | – | | | | | |
| 28° | – | | | | | |
| 38° | – | | | | | |
| 3° | – | | | | | |
| 13° | – | | | | | |
| 14° | – | | | | | |
| 14° | – | | | | | |
| 15° | – | | | | | |
| 15° | – | | | | | |
| | | 23° ± 1° | 30° ± 1° | | | |
| | | 14° ± 1° | 15° ±1° | | | |
| 38 | 35 | 38 | | 35 | 38 | 35 |
| 33 | 31 | 33 | | 31 | 33 | 31 |
| ← Tassenstößel mit hydraulischem Ventilspielausgleich → | | | | | | |
| Bosch LH-TRONIC | Bosch LH-TRONIC | KE | LH | Bosch LH-TRONIC | KE/LH | LH-TRONIC |
| BERU 14F-8 DUO, | BERU 14F-8 DUO, | BERU 14F-7 DUO, | BERU 14F-7 DUO, | | | |
| Bosch F8 DCC, | Bosch F8 DCC, | Bosch F7 DCO, | Bosch F7 DCO, | | | |
| Champion C 10 YCC | Champion C 10 YCC | | | | | |
| 8,0 | 10,0 | 7,0 | | 10 | – | 10 |
| 9,7/7,5 | 7,0/5,5 | 7,0/5,5 | | 9,5/7,5 | – | 9,5/7,5 |
| 12 | 12 | 12 | | 12 | | |
| 100 | 100 | siehe 300 SL | | 120 | siehe 300 SL | 120 |
| 450 | | 450 | | | | |
| 1400/ab | 1680 | 1400/ab Mai 93: 1680 | | 1680 | 1400/ab | 1680 |
| Mai 93: 1680 | | | | | Mai 93 1680 | |
| 15,0 | 20,0 | 15,0 | | 20,0 | 15,0 | 20,0 |
| 120 | 120 | 120 | | 120 | 120 | 120 |

| **Typ**<br>**Baureihe**<br>**Baumuster** | **SL 280**<br>**R 129 E 28**<br>**129.058** | **300 SL**<br>**R 129 E 30**<br>**129.060** | **300 SL-24**<br>**R 129 E 30**<br>**129.061** | **SL 320**<br>**R 129 E 32**<br>**129.063** | **500 SL**<br>**R 129 E 50 KE**<br>**129.066** |
|---|---|---|---|---|---|
| **Getriebe:**<br>Serienausführung:<br>Wandlerfaktor | GL 76/27-5 | GL 76/27-5 | GL 76/30-5 | W 5A 030<br>1,82 | W 4A 040<br>1,95 |
| Getriebeart | Mechanisches Fünfgang-Getriebe | | | Autom. 5-Gang mit Wandler | Automatisches Viergang-getriebe mit Wandler |
| Gang-Übersetzungen | 3,86/2,18/1,38/1,0/0,8/R 4,22 | | 4,15/2,52/1,69/<br>1,24/1,0/R 4,15 | 3,87/2,25/1,44/<br>1,0/0,75/R 5,59 | 3,87/2,25/1,44/<br>1,0/R 5,59 |
| Gesamt-Übersetzung i= | 3,92 | 3,92 | 3,46 | 3,69 | 2,65 |
| Ölfüllmenge | | | | | |
| bei Neubefüllung | 1,5 | 1,5 | 1,6 | 7,3 | 8,6 |
| bei Ölwechsel | | | | 6,2 | 7,7 |
| Geschwindigkeit bei 1000/min<br>im höchsten Gang<br>mit Serienbereifung in km/h | 38,1 | 38,1 | 34,6 | 43,2 | 45,2 |
| Sonderausstattung<br>Wandlerfaktor | W 4A 020<br>1,82 | W 4A 040<br>1,98 | W 4A 040<br>1,98 | – | – |
| Getriebeart | Autom. Vierganggetriebe mit Wandler | | | | |
| Gang-Übersetzungen | 4,25/2,41/1,49/<br>1,0/R 5,59 | 3,87/2,25/1,44/1,0/R 5,59 | | | |
| Gesamt-Übersetzung i = | 3,27 | 3,29 | 3,46 | | |
| Ölfüllmenge | | | | | |
| bei Neubefüllung | 6,6 | 7,3 | 7,3 | – | – |
| bei Ölwechsel | 5,5 | 6,2 | 6,2 | | |
| Sonderausstattung | W 5A 030 | | W 5A 030 | | |
| Wanddlerfaktor | 1,82 | | 1,82 | | |
| Getriebeart | Automatik mit Wandler | | Automatik mit Wandler | | |
| Gang-Übersetzungen | 3,87/2,25/1,44/<br>1,0/0,75/R 5,59 | | 3,87/2,25/1,44/<br>1,0/0,75/R 5,59 | | |
| Gesamt-Übersetzung i= | 3,69 | | 3,69 | | |
| Ölfüllmenge | | | | | |
| bei Neubefüllung | 7,3 | – | 7,3 | – | – |
| bei Ölwechsel | 6,2 | | 6,2 | | |

| **Typ**<br>**Baureihe**<br>**Baumuster** | **SL 280**<br>**R 129 E 28**<br>**129.058** | **SL 280**<br>**R 129 E 28**<br>**129.058** | **300 SL**<br>**R 129 E 30**<br>**129.060** | **300 SL**<br>**R 129 E 30**<br>**129.060** | **300 SL-24**<br>**R 129 E 30**<br>**129.061** | **300 SL-24**<br>**R 129 E 30**<br>**129.061** |
|---|---|---|---|---|---|---|
| **Fahrleistungen**<br>Geschwindigkeiten km/h | mech. Getriebe<br>5-Gang | Automatik<br>4-Gang/5-Gang | mech. Getriebe<br>5-Gang | Automatik 4-Gang | mech. Getriebe<br>5-Gang | Automatik<br>4-Gang/5-Gang |
| 1. Gang | 53 | 56/55 | 52 | 61 | 62 | 65/62 |
| 2. Gang | 92 | 98/93 | 91 | 104 | 101 | 111/104 |
| 3. Gang | 145 | 158/145 | 142 | 161 | 149 | 172/161 |
| 4. Gang | 199 | 225/209 | 195 | 223 | 202 | 235/230 |
| 5. Gang | 230 | –/225 | 228 | – | 240 | –/230 |
| Höchstgeschwindigkeit | | /225 | 229 | | 242 | 235 |
| lt. Test | | ams | ams | | ams | AR |
| Steigfähigkeit in % | | | | | | |
| 1. Gang | 47 | 47/47 | 48 | 48 | 48 | 48/48 |
| 2. Gang | 32 | 38/38 | 34 | 30 | 36 | 35/37 |
| 3. Gang | 18 | 17/19 | 19 | 16 | 22 | 17/19 |
| 4. Gang | 12 | 9/11 | 12 | 9 | 14 | 10/11 |
| 5. Gang | 8 | –/4 | 8 | – | 10 | –/4,5 |

| **500 SL / SL 500<br>R 129 E50 LH<br>129.067** | **600 SL / SL 600<br>R 129 E 60<br>129.076** | **AMG 500 SL 6,0<br>SL 60 AMG<br>129.067** | **AMG 600 SL<br>R 129 E 60<br>129.076** | **500 SL 6,0<br>Brabus<br>R 129 E 60** | **600 SL 6,9<br>Brabus** |
|---|---|---|---|---|---|
| W 4A 040<br>1,95 | W 4A 055<br>1,80 | W 4A 040 | W 4A 055 | W 4A 040 | W 4A 055 |
| Automatisches Vierganggetriebe mit Wandler | | | | | |
| 3,87 / 2,25 / 1,44 / 1,0 / R 5,59 | | | | | |
| 2,65 | 2,65 | 2,24, auf Wunsch auch 2,47 2,65 und 2,82 | | 2,65 | |
| 8,6<br>7,7<br>45,2 | 8,6<br>7,7<br>45,2 | 8,6<br>7,7<br>53,0 | 8,6<br>7,7 | 8,6<br>7,7 | 8,6<br>7,7 |
| – | – | – | – | – | – |
| – | – | – | – | – | – |
| – | – | – | – | – | – |

| **SL 320<br>R 129 E 32<br>129.063** | **500 SL<br>R 129 E 50 KE<br>129.066** | **500 SL / SL 500<br>R 129 E50 LH<br>129.067** | **600 SL / SL 600<br>R 129 E 60<br>129.076** | **AMG 500 SL 6,0<br>SL 60 AMG<br>129.067** | **AMG 600 SL<br>R 129 E 60<br>129.076** | **500 SL 6,0<br>Brabus** | **600 SL 6,9<br>Brabus** |
|---|---|---|---|---|---|---|---|
| Automatik 5-Gang | Automatik 4-Gang | Automatik 4-Gang | Automatik 4-Gang | | | | |
| | 71<br>121<br>190<br>250<br>– | 71<br>121<br>190<br>250<br>– | 73<br>124<br>192<br>250<br>– | | | | |
| 240 | 252 | | 254 | 286 / 282 | | 272 / i = 2,65 | 286 / i=2,65<br>306 / i=2,47 |
| ams | ams | | ams | ams / Sportauto | | Sportauto | lt. Brabus gestoppt |
| | 47<br>47<br>27<br>13<br>– | | 45<br>45<br>34<br>15<br>– | | | | |

| Typ<br>Baureihe<br>Baumuster | SL 280<br>R 129 E 28<br>129.058 | 300 SL<br>R 129 E 30<br>129.060 | 300 SL-24<br>R 129 E 30<br>129.061 | SL 320<br>R 129 E 32<br>129.063 | 500 SL<br>R 129 E 50 KE<br>129.066 |
|---|---|---|---|---|---|
| **Fahrwerk:** | | | | | |
| Räder | 8J × 16H2ET34 | 8J × 16H2ET34 | 8J × 16H2ET34 | 8J × 16H2ET34 | 8J × 16H2ET34 |
| Bereifung | 225/55 ZR 16 | 225/55 ZR 16 | 225/55 ZR 16 | 225/55 ZR 16 | 225/55 ZR 16 |
| Abrollumfang mm | 1995 | 1995 | 1995 | 1995 | 1995 |
| Bremsscheiben Ø mm vorne/Dicke mm | 300/28 belüftet | 300/28 belüftet | 300/28 belüftet | 300/28 belüftet | 300/28 belüftet |
| Bremsscheiben Ø mm hinten/Dicke mm | 278/9 massiv | 278/9 massiv | 278/9 massiv | 278/9 massiv | 278/9 massiv |
| Bremsweg nach »ams«: | | | | | |
| aus 100 km/h kalt | – | – | – | 37,8 m (10,2 m/s²) | 42,9 m (9 m/s²) |
| aus 100 km/h warm | – | – | – | 45,4 m (8,5 m/s²) | 41,9 m (9,2 m/s²) |
| Radstand | 2515 | 2515 | 2515 | 2515 | 2515 |
| Spurweite: | | | | | |
| vorn mm | 1535 | 1535 | 1535 | 1535 | 1535 |
| hinten mm | 1525 | 1525 | 1525 | 1525 | 1525 |
| Radeinschlag: | | | | | |
| innen ° | 40 | 40 | 40 | 40 | 40 |
| außen ° | 32,5 | 32,5 | 32,5 | 32,5 | 32,5 |
| Wendekreis Ø m | | | | | |
| links/rechts | 10,8/10,7 | 10,8/10,7 | 10,8/10,7 | 10,8/10,7 | 10,8/10,7 |
| Lenkradumdrehungen | 3¼ | 3¼ | 3¼ | 3¼ | 3¼ |
| Lenkübersetzung | 15,5:1 | 15,5:1 | 15,5:1 | 15,5:1 | 15,5:1 |
| **Karosserie:** | | | | | |
| Länge mm | 4470 | 4470 | 4470 | 4470 | 4470 |
| Breite mm | 1812 | 1812 | 1812 | 1812 | 1812 |
| Höhe mm | | | | | |
| mit Hardtop | 1295 | 1295 | 1295 | 1295 | 1295 |
| mit Stoffdach | 1305 | 1305 | 1305 | 1305 | 1305 |
| Bodenfreiheit mm | 125 | 125 | 125 | 125 | 125 |
| bei ADS möglich | + 30 | + 30 | + 30 | + 30 | + 30 |
| Überhanglänge | | | | | |
| vorn mm | 940 | 940 | 940 | 940 | 940 |
| hinten mm | 1015 | 1015 | 1015 | 1015 | 1015 |
| Innenbreite mm | 1465 | 1465 | 1465 | 1465 | 1465 |
| Innenhöhe mm | ca. 895 | ca. 895 | ca. 895 | ca. 895 | ca. 895 |
| Sitztiefe mm | 480 | 480 | 480 | 480 | 480 |
| Knickmaß | 940–1150 | 940–1150 | 940–1150 | 940–1150 | 940–1150 |
| Kofferrauminhalt nach VDA 1 | 265 | | | | |
| Lenkrad Ø mm | 400 | 400 | 400 | 400 | 400 |
| Sportlenkrad Ø mm | 390 | 390 | 390 | 390 | 390 |
| Tankinhalt l | 80 | 80 | 80 | 80 | 80 |
| Leergewicht kg Werksangabe | 1780 | 1700 | 1740 | 1780 | 1770 |
| Gewicht Hardtop | 30 | 30 | 30 | 30 | 30 |
| Leergewicht Testwagen: | | | | | |
| ams | 1801 | 1736 | 1826 | 1800 | 1894/1908 |
| sport auto | – | – | – | – | – |
| Automobil-Revue Bern | – | – | 1810 | – | 1880 o. Hardtop |
| Achslast kg | | | | | |
| vorn | 920/51,1% | – | – | 920/51,1% | – |
| hinten | 881/48,9% | – | – | 880/48,9% | – |
| zul. Gesamtgewicht | 2170 | 2090 | 2130/2190 | 2170 | 2160 |
| zul. Anhängelast ungebremst | 750 | 750 | | | |
| gebremst bei 12% Steigung | 1500 | 1500 | | | |
| cw-Wert mit Hardtop | 0,315 | 0,315 | 0,315 | 0,315 | 0,315 |
| F-Wert mit Hardtop | 1,97 | 1,97 | 1,97 | 1,97 | 1,97 |
| cw-Wert mit Stoffdach | 0,334 | 0,334 | 0,334 | 0,334 | 0,334 |
| cw-Wert offen: | | | | | |
| – mit geschl. Seitenscheiben | 0,407 | 0,407 | 0,407 | 0,407 | 0,407 |
| – mit offenen Scheiben | 0,429 | 0,429 | 0,429 | 0,429 | 0,429 |
| – mit geschl. Seitenscheiben u. Windschott | 0,413 | 0,413 | 0,413 | 0,413 | 0,413 |
| cw × F-Wert mit Hardtop | 0,621 | 0,621 | 0,621 | 0,621 | 0,621 |

| 500 SL/SL 500<br>R 129 E50 LH<br>129.067 | 600 SL/SL 600<br>R 129 E 60<br>129.076 | AMG 500 SL 6,0<br>SL 60 AMG<br>129.067 | AMG 600 SL<br>R 129 E 60<br>129.076 | 500 SL 6,0<br>Brabus | 600 SL 6,9<br>Brabus |
|---|---|---|---|---|---|
| 8J x 16H2ET34 | 8J x 16H2ET34 | Vorderachse: 8.5J x 17H2ET18<br>Hinterachse: 10.0J x 17H2ET17 | | Vorderachse Monoblock I+II 9.5 x 18/2ET26,<br>III 8J x 17H2ET30<br>Hinterachse wie Vorderachse | |
| 225/55 ZR 16 | 225/55 ZR 16 | Vorderachse: 235/45 x 17<br>Hinterachse: 265/40 x 17 | | Vorderachse: I+II 245/45 x 18, 245/40 x 18<br>III 235/45,255/45+255/40 x 18<br>Hinterachse: I+II 245/40, 275/35, 285/35 x 18<br>III 235/45,255/45+255/40 x 18 | |
| 1995 | 1995 | – | – | – | – |
| bis 30. 7. 93 300/28<br>belüftet, dann 320/30<br>wie 600 SL | 320/30 belüftet | siehe Serienausführung | | Serienausführung, auf Wunsch Brabus Bremsanlage | |
| bis 30. 7. 93 278/9<br>massiv, dann 300/22<br>wie 600 SL | 300/22 belüftet | siehe Serienausführung | | Serienausführung, auf Wunsch Brabus Bremsanlage | |
| –<br>–<br>2515 | 41,1 m (9,4 m/s$^2$)<br>39,8 m (9,7 m/s$^2$)<br>2515 | 41,9 m (9,2 m/s$^2$)<br>44,9 m (8,6 m/s$^2$)<br>2515 | –<br>–<br>2515 | –<br>–<br>2515 | –<br>–<br>2515 |
| 1535<br>1525 | 1535<br>1525 | 1567<br>1557 | 1567<br>1557 | –<br>– | –<br>– |
| 40<br>32,5 | 40<br>32,5 | –<br>– | –<br>– | –<br>– | –<br>– |
| 10,8/10,7<br>$3^{1}/_{4}$<br>15,5:1 | 10,8/10,7<br>$3^{1}/_{4}$<br>15,5:1 | –<br>$3^{1}/_{4}$<br>15,5:1 | –<br>$3^{1}/_{4}$<br>15,5:1 | –<br>$3^{1}/_{4}$<br>15,5:1 | –<br>$3^{1}/_{4}$<br>15,5:1 |
| 4470<br>1812 | 4470<br>1812 | 4470<br>1812 | 4470<br>1812 | 4470<br>1812 | 4470<br>1812 |
| 1295<br>1305<br>125<br>+ 30 | 1295<br>1305<br>bis 155<br>DA ADS Serie | 1283<br>–<br>–<br>– | –<br>–<br>–<br>– | –<br>–<br>–<br>– | –<br>–<br>–<br>– |
| 940<br>1015<br>1465<br>ca. 895<br>480<br>940–1150 | 940<br>1015<br>1465<br>ca. 895<br>480<br>940–1150 | 940<br>1015<br>1465<br>ca. 895<br>480<br>940–1150 | 940<br>1015<br>1465<br>ca. 895<br>480<br>940–1150 | 940<br>1015<br>1465<br>ca. 895<br>480<br>940–1150 | 940<br>1015<br>1465<br>ca. 895<br>480<br>940–1150 |
| 400<br>390<br>80<br>1800<br>30 | 400<br>390<br>80<br>1980<br>30 | 80<br>–<br>30 | 80<br>–<br>30 | 80<br>–<br>30 | 80<br>–<br>30 |
| –<br>1894 o. Hardtop<br>– | 2022<br>1995 o. Hardtop<br>2020 | 1905<br>1905<br>– | –<br>–<br>– | –<br>–<br>– | –<br>–<br>– |
| –<br>–<br>2190 | 1090/53,9%<br>932/46,1%<br>2320 | 966/50,7%<br>939/49,3%<br>2160 | –<br>–<br>– | –<br>–<br>– | –<br>–<br>– |
| 0,315<br>1,97<br>0,334 | 0,315<br>1,97<br>0,334 | | | | |
| 0,407<br>0,429 | 0,407<br>0,429 | | | | |
| 0,413<br>0,621 | 0,413<br>0,621 | | | | |

| Typ<br>Baureihe<br>Baumuster<br>Produktionszeitraum | SL 280<br>R 129 E 28<br>129.058<br>09.1995–06.1998 | SL 280<br>R 129 E 28<br>129.059<br>10.1997/06.1998–06.2001 | SL 320<br>R 129 E 32<br>129.063<br>02.1993/06.1993–06.1998 | SL 320<br>R 129 E 32<br>129.064<br>10.1997/06.1998–07.2001 | SL 500<br>R 129 E 50<br>129.067<br>09.1995–06.1998 |
|---|---|---|---|---|---|
| **Motor:** | | | | | |
| Baureihe | M 104 E 28 | M 112 E 28 | M 104 E 32 | M 112 E 32 | M 119 E 50 |
| Baumuster | 104.943 | 112.923 ME | 104.991 HFM,<br>ab 06.1996: 104.991 | 112.943 ME | 119.972 LH |
| Zyl.-Anordnung | Reihe 6 | V6 | Reihe 6 | V6 | V8 |
| Bohrung/Hub mm | 89,9 x 73,5 | 89,9 x 73,5 | 89,9 x 84 | 89,9 x 84 | 96,5 x 85 |
| Hubraum cm³ | 2799 | 2799 | 3199 | 3199 | 4973 |
| Verdichtungsverhältnis € | 10 | 10 | 10 | 10 | 10 |
| Zylinderabstand mm | 97 | | 97 | | 113 |
| Zylinderdeckhöhe mm | | | | | 229 |
| Pleuellänge mm | 149 | | 145 | | 149 |
| Kurbelwellenhauptlager Ø | 58 | | 58 | | 64 |
| Kurbelwellenhubzapfen Ø | 48 | | 48 | | 48 |
| Hauptlager | 7 | 4 | 7 | 4 | 5 |
| Höchstleistung kW/PS | 142/193 | 150/204 | 170/231 | 165/224 | 235/320 |
| bei 1/min | 5500 | 5700 | 5600 | 5600 | 5600 |
| Literleistung in kW/PS | 50,7/68,95 | 53,6/72,9 | 53,13/72,21 | 51,58/70,0 | 47,25/64,35 |
| mittl. Kolbengeschw. bei Höchstleistung m/s | 13,5 | 13,97 | 15,68 | 15,68 | 15,87 |
| max. Drehmoment Nm | 270 | 270 | 315 | 315 | 470 |
| bei 1/min | 3750 | 3000–5000 | 3750 | 3000–4800 | 3900 |
| Mittl. Arbeitsdruck in bar | 12,1 | | 12,4 | | |
| Nockenwellenanordnung | dohc | 2 x ohc | dohc | 2 x ohc | 2 x dohc |
| Nockenwellenzahl | 2 | 2 x 1 | 2 | 2 x 1 | 2 x 2 |
| Ventilzahl je Zylinder | 4 (50°) | 2 Einlass, 1 Auslass | 4 (50°) | 2 Einlass, 1 Auslass | 4 (37°30') |
| Einlassventil Ø mm | 35 | | 35 | | 38 |
| Auslassventil Ø mm | 31 | | 31 | | 33 |
| Steuerung | 2 obenliegende Nockenwellen, dohc, Einlass-Nockenwelle verstellbar | je 1 obenliegende Nockenwelle pro Zylinderbank | 2 obenliegende Nockenwellen, dohc, Einlassnockenwellen verstellbar | je 1 obenliegende Nockenwelle pro Zylinderbank | je 2 obenliegende Nockenwelle pro Zylinderbank, Einlassnockenwellen verstellbar |
| Gemischaufbereitung | Bosch Motronic 3.4 mit HFM und Schaltsaugrohr, ab 06.1996 Bosch ME 2.1 und Schaltsaugrohr | Bosch ME 2.0, mikroprozessorgesteuerte Einspritzanlage mit Heißfilm-Luftmassenmessung und Schaltsaugrohr. Ab 06.2000 Bosch ME 2.8 Motorsteuerung | Bosch Motronic 3.4 mit HFM und Schaltsaugrohr, ab 06.1996 Bosch ME 2.1 und Schaltsaugrohr | Bosch ME 2.0, mikroprozessorgesteuerte Einspritzanlage mit Heißfilm-Luftmassenmessung und Schaltsaugrohr. Ab 06.2000: Bosch ME 2.8 Motorsteuerung | Bosch LH-Tronic, mikroprozessorgesteuert, ab 09.1995 Bosch ME 1.0 Motorsteuerung |
| Zündkerzenzahl pro Zyl. | 1 | 2 | 1 | 2 | 1 |
| Zündkerzen | Bosch F 8 DCC, Beru 14F-8DUO, Champion C 10 YCC | Bosch FR8DPP 33+ (Platin), Champion RC 10 WY PB4 (Iridium), KC 10 PY PB4 (Platin) | Bosch F 8 DCC, Beru 14F-8DUO, Champion C 10 YCC | Bosch FR 8 DPP 33+ (Platin), Champion RC 10 WY PB 34 (Iridium), KC 10 PY PB 4 (Platin) | BERU 14F-8 DUO, Bosch F8 DCC, Champion C 10 YCC |
| Ölfüllmenge mit Filter l | 7,5 | 7,5 | 7,5 | 7,5 | 8 |
| Ölwanne max./min. l | 7,0/5,0 | 7,0/5,0 | 7,0/5,0 | 7,0/5,0 | 7,5/5,5 |
| Batteriespannung V | 12 | 12 | 12 | 12 | 12 |
| Batterie-Kapazität Ah | 100 | 100 | 100 | 100 | 100 |
| Drehstromlichtmaschine W | 1540 | 1540 | 1540 | 1540 | 1680 |
| Füllmenge Kühlanlage mit Heizung l | 11 | 11 | 11 | 11 | 15 |
| Temp. max. °C | 120 | 120 | 120 | 120 | 120 |
| **Getriebe:** | | | | | |
| Serienausführung | 717.444 | GL76/29-5 | W 5 A 030, ab 06.1996: W 5 A 330 | W 5 A 330 | W 4 A 040 722.364, ab 09.1995: W 5 A 580 722.620 |
| Getriebeart | 5-Gang-Schaltgetriebe | 5-Gang-Schaltgetriebe | 5-Gang-Automatikgetriebe | 5-Gang-Automatikgetriebe | 4-Gang-, ab 09.1995 5-Gang-Automatikgetriebe |

| SL 500<br>R 129 E 50<br>129.068<br>06.1998–7.2001 | SL 600<br>R 129 E 60<br>129.076<br>09.1995–05.2001 | SL 55 AMG<br>R 129 E 55<br>129.068<br>05.1999–07.2001 | SL 60 AMG<br>R 129 E 60 AMG<br>129.067<br>04.1996–05.1998 | SL 70 AMG<br>R 129 E 70<br>129.076<br>Herbst 1996–1999 | SL 73 AMG<br>R 129 E 73<br>129.076<br>1998–2001 |
|---|---|---|---|---|---|
| M 112 E 50 | M 120 E 60 | M 113 E 55 | M 119 E 60 AMG | M 120 E 70 | M 120 E 73 |
| 113.961 ME | 120.983 ME | 113.985 | 119.972 AMG | 120.983 | 120.990 ME |
| V8 | V12 | V8 | V8 | V12 | V12 |
| 97,0 x 84,0 | 89,0 x 80,2 | 97,0 x 92,0 | 100,0 x 94,8 | 91 x 90,4 | 91,5 x 92,4 |
| 4966 | 5987 | 5439 | 5956 | 7055 | 7291 |
| 10 | 10 | 10,5 | 10 | 10 | 10,5 |
| | 97 | | 113 | 97 | 97 |
| | | | 229 | | |
| | 154 | | | | |
| | 58 | | 58 | | |
| | 48 | | 48 | | |
| 5 | 7 | 5 | 5 | 7 | 7 |
| 225/306 | 290/395 | 260/354 | 280/381 | 365/496 | 386/525 |
| 5600 | 5200 | 5500 | 5500 | 5500 | 5500 |
| 45,31/61,62 | 48,43/65,98 | 47,8/64,36 | 47,01/63,97 | 51,74/70,3 | 52,94/72 |
| 15,68 | 13,9 | 16,86 | 17,38 | 16,57 | 16,94 |
| 460 | 570 | 530 | 580 | 720 | 750 |
| 2700–4250 | 3800 | 3000 | 3750 | 3900 | 4000 |
| | | | | | |
| 2 x ohc | 2 x dohc | 2 x ohc | 2 x dohc | 2 x dohc | 2 x dohc |
| 2 x 1 | 2 x 2 | 2 x 1 | 2 x 2 | | |
| 2 Einlass, 1 Auslass | 4 (50°) | 2 Einlass, 1 Auslass | 4 (37°30') | 4 (50°) | 4 (50°) |
| | 35 | | | 35 | 35 |
| | 31 | | | 31 | 31 |
| je 1 obenliegende Nockenwelle pro Zylinderbank | je 2 obenliegende Nockenwellen pro Zylinderbank, dohc, Einlass-Nockenwellen verstellbar | je 1 obenliegende Nockenwelle pro Zylinderbank, ohc | je 2 obenliegende Nockenwelle pro Zylinderbank, Einlassnockenwellen verstellbar | 2 obenliegende Nockenwellen, dohc, Einlass-Nockenwelle verstellbar | je 2 obenliegende Nockenwellen pro Zylinderbank, dohc, Einlass-Nockenwellen verstellbar |
| Bosch ME 2.0 mit Heißfilm-Luftmassenmesser und Schaltsaugrohr, ab 02.2000: Bosch ME 2.8 | Bosch ME 1.0 Motorsteuerung; mikroprozessorgesteuerte Einspritzanlage mit Heißfilm-Luftmassenmessung | Bosch ME 2.0 mit Heißfilm-Luftmassenmesser und Schaltsaugrohr | Bosch LH-Tronic, mikroprozessorgesteuert, ab 09.1995 Bosch ME 1.0 Motorsteuerung | Bosch ME 1.0 Motorsteuerung; mikroprozessorgesteuerte Einspritzanlage mit Heißfilm-Luftmassenmessung | Bosch ME 1.0 Motorsteuerung; mikroprozessorgesteuerte Einspritzanlage mit Heißfilm-Luftmassenmessung |
| 2 | 1 | 2 | 1 | 1 | 1 |
| FR 8 DPP 33+ (Platin), Champion RC 10 WY PB4 (Iridium), KC 10 PY PB4 (Platin) | | RC 10 WY PB4 (Platin) | | | |
| 8 | 10 | 8 | 8 | 10 | 10 |
| 7,5/5,5 | 9,5/7,5 | 7,5/5,5 | 7,5/5,5 | 9,5/7,5 | 9,5/7,5 |
| 12 | 12 | 12 | 12 | 12 | 12 |
| 100 | 100 | 100 | 100 | 100 | 100 |
| 1540 | 1540 | 1540 | 1540 | 1540 | 1540 |
| 15 | 20 | 15 | 15 | 20 | 20 |
| 120 | 120 | 120 | 120 | 120 | 120 |
| | | | | | |
| W 5 A 580 | W 5 A 580 | W 5 A 580 | W 5 A 580 | W 5 A 580 | W 5 A 580 |
| 5-Gang-Automatikgetriebe | 5-Gang-Automatikgetriebe | 5-Gang-Automatikgetriebe | 5-Gang-Automatikgetriebe | 5-Gang-Automatikgetriebe | 5-Gang-Automatikgetriebe |

| **Typ**<br>**Baureihe**<br>**Baumuster**<br>**Produktionszeitraum** | **SL 280**<br>**R 129 E 28**<br>**129.058**<br>**09.1995–06.1998** | **SL 280**<br>**R 129 E 28**<br>**129.059**<br>**10.1997/06.1998–06.2001** | **SL 320**<br>**R 129 E 32**<br>**129.063**<br>**02.1993/06.1993–06.1998** | **SL 320**<br>**R 129 E 32**<br>**129.064**<br>**10.1997/06.1998–07.2001** | **SL 500**<br>**R 129 E 50**<br>**129.067**<br>**09.1995–06.1998** |
|---|---|---|---|---|---|
| Wandlerfaktor | | | | | |
| Gangübersetzung | 3,86/2,18/1,38/1,0/0,8/R 4,22 | 3,86/2,18/1,36/1,00/0,80/R 4,22 | 3,87/2.25/1,44/1,0/0,75/ R5,59, ab 06.1996: 3,93/2,41/1,49/1,0/0,83/R 3,10 | 3,93/2,41/1,49/1,0/0,83/R 3,10 | 5-Gang-Automatikgetriebe: 3,59/2,19/1,41/1,0/0,83/R 3,16 |
| Antriebsachsübersetzung | 3,89 | 3,89 | 3,69, ab 06.1996: 3,45 | 3,45 | 2,65 |
| v bei 1000/min im höchsten Gang km/h | 38,5 | 38,5 | 43,25; ab 06.1996: 41,8 | 41,8 | 4-Gang 45,17; 5-Gang 54,42 |
| Ölmenge | | | | | |
| bei Neubefüllung l | 1,5 | 1,5 | 7,3 | 7,3 | |
| bei Ölwechsel l | 1,5 | 1,5 | 6,2 | 6,2 | 7,7 |
| Sonderausstattung | W 5 A 330 | W 5 A 330 | keine SA | keine SA | keine SA |
| Getriebeart | 5-Gang-Automatikgetriebe | 5-Gang-Automatikgetriebe | | | |
| Gangübersetzung | 3,93/2,41/1,49/1,0/0,83/R 3,10 | 3,93/2,41/1,49/1,0/0,83/R 3,10 | | | |
| Antriebsachsübersetzung | 3,67 | 3,67 | | | |
| v bei 1000/min im höchsten Gang km/h | 39,3 | 39,3 | | | |
| Ölmenge l: | | | | | |
| bei Neubefüllung | 7,3 | 7,3 | | | |
| bei Ölwechsel | 6,2 | 6,2 | | | |
| **Fahrleistungen:** | Schaltgetriebe | Schaltgetriebe | kein Schaltgetriebe | kein Schaltgetriebe | kein Schaltgetriebe |
| v in km/h: | | | | | |
| 1. Gang | 53 | 48 | | | |
| 2. Gang | 92 | 84 | | | |
| 3. Gang | 145 | 134 | | | |
| 4. Gang | 199 | 186 | | | |
| 5. Gang | 230 | 232 | | | |
| Steigfähigkeit in %: | | | | | |
| 1. Gang | 47 | 48 | | | |
| 2. Gang | 32 | 33 | | | |
| 3. Gang | 18 | 19 | | | |
| 4. Gang | 12 | 13 | | | |
| 5. Gang | 8 | 9 | | | |
| **Fahrleistungen:** | Automatikgetriebe | Automatikgetriebe | Automatikgetriebe | Automatikgetriebe | Automatikgetriebe |
| v in km/h: | | | W 5 A 030 W 5 A 330 | W 5 A 330 | 5-Gang |
| 1. Gang | 55 | 49 | 55 56 | 52 | 74 |
| 2. Gang | 93 | 80 | 93 91 | 85 | 122 |
| 3. Gang | 145 | 129 | 145 148 | 137 | 191 |
| 4. Gang | 209 | 194 | 209 222 | 206 | 250 |
| 5. Gang | 225 | 228 | 240 240 | 238 | 250 |
| Steigfähigkeit in %: | | | | | |
| 1. Gang | 47 | 48 | 47 47 | 48 | 47 |
| 2. Gang | 34 | 40 | 47 47 | 48 | 47 |
| 3. Gang | 19 | 20 | 25 21 | 23 | 21 |
| 4. Gang | 11 | 12 | 13 12 | 13 | 12 |
| 5. Gang | 7 | 7,5 | 5,5 7,5 | 8 | 7,5 |

| SL 500<br>R 129 E 50<br>129.068<br>06.1998–7.2001 | SL 600<br>R 129 E 60<br>129.076<br>09.1995–05.2001 | SL 55 AMG<br>R 129 E 55<br>129.068<br>05.1999–07.2001 | SL 60 AMG<br>R 129 E 60 AMG<br>129.067<br>04.1996–05.1998 | SL 70 AMG<br>R 129 E 70<br>129.076<br>Herbst 1996–1999 | SL 73 AMG<br>R 129 E 73<br>129.076<br>1998–2001 |
|---|---|---|---|---|---|
| 3,59/2,19/1,41/1,0/0,83/R 3,16 | 3,59/2,19/1,41/1,00/0,83/R 3,16 | 3,59/2,19/1,41/1,0/0,83/R 3,16 | 3,59/2,19/1,41/1,00/0,83/R 3,16 | 3,59/2,19/1,41/1,00/0,83/R 3,16 | 3,59/2,19/1,41/1,00/0,83/R 3,16 |
| 2,65 | 2,65 | 2,82 | 3,06 | 2,65 | 2,65 |
| 54,29 | 54,42; ab 06.1998: 54,29 | 51,01 | 47,13 | 54,42; ab 06.1998: 54,29 km/h | 54,29 |
| | | | | | |
| 7,7 | 7,7 | 7,7 | 7,7 | 7,7 | 7,7 |
| keine SA | keine SA | keine SA | keine SA | keine SA | keine SA |
| | | | | | |
| kein Schaltgetriebe | kein Schaltgetriebe | kein Schaltgetriebe | kein Schaltgetriebe | kein Schaltgetriebe | kein Schaltgetriebe |
| | | | | | |
| Automatikgetriebe | Automatikgetriebe | Automatkgetriebe | Automatikgetriebe | Automatikgetriebe | Automatikgetriebe |
| W 5 A 580 | W 5 A 580 | W 5 A 580 | W 5 A 580 | W 5 A 580 | W 5 A 580 |
| 74 | 74 | 71 | 73 | 75 | 75 |
| 122 | 122 | 116 | 121 | 125 | 125 |
| 191 | 191 | 180 | 187 | 195 | 195 |
| 250 | 250 | 254 | 234 | 275 | 275 |
| 250 | 250 | 250/270 | 250/285 | 250/300 | 307 |
| | | | | | |
| 47 | 45 | | 46 | | 47 |
| 47 | 44 | | 46 | | 47 |
| 24 | 26 | | 28 | | 28 |
| 14 | 15 | | 17 | | 18 |
| 7,5 | 9,5 | | 9,5 | | 12 |

| Typ<br>Baureihe<br>Baumuster<br>Produktionszeitraum | **SL 280**<br>**R 129 E 28**<br>**129.058**<br>**09.1995–06.1998** | **SL 280**<br>**R 129 E 28**<br>**129.059**<br>**10.1997/06.1998–06.2001** | **SL 320**<br>**R 129 E 32**<br>**129.063**<br>**02.1993/06.1993–06.1998** | **SL 320**<br>**R 129 E 32**<br>**129.064**<br>**10.1997/06.1998–07.2001** | **SL 500**<br>**R 129 E 50**<br>**129.067**<br>**09.1995–06.1998** |
|---|---|---|---|---|---|
| **Fahrwerk:** | | | | | |
| Räder Serie | 8 J x 16 H2 ET 34, 8- oder 12-Loch | 8¼ J x 17 H2 ET 34, 5-Speichen oder EVO II | 8 J x 16 H2 ET 34, 8- oder 12-Loch | 8¼ J x 17 H2 ET 34, 5-Speichen oder EVO II | 8J x 16 H2 ET 34, 8- oder 12-Loch |
| Räder optional | vorne 8½ J x 17 H2 ET 18 5-Loch, hinten 10 J x 17 H2 ET 17 5-Loch; ab Mitte 1996 vorne 8½ J x 18 H2 ET 47, hinten 10 J x 18 H2 ET 25 5-Loch oder 5-Speichen | vorne 8 J x 18 H2 ET 31 5-Loch Styling II, hinten 9 J x 18 H2 ET 35 5- Loch Styling II; vorne 8½ J x 18 ET 25 5-Loch Styling I, hinten 9½ J x 18 ET 23 5-Loch Styling I; mehrteilige AMG-Räder: vorne 8½ J x 18 H2 ET 25 5-Speichen Styling II, hinten 10 J x 18 ET 23 5-Loch Styling II | vorne 8½ J x 17 H2 ET 18 5-Loch, hinten 10 J x 17 H2 ET 17 5-Loch; ab Mitte 1996 vorne 8½ J x 18 H2 ET 47, hinten 10 J x 18 H2 ET 25 5-Loch oder 5-Speichen | vorne 8 J x 18 H2 ET 31 5-Loch Styling I), hinten 9 J x 18 H2 ET 35 5-Loch Styling II; vorne 8½ J x 18 ET 25 5-Loch Styling I, hinten 9½ J x 18 ET 23 5-Loch Styling I; mehrteilige AMG-Räder: vorne 8½ J x 18 H2 ET 25 5-Speichen Styling II, hinten 10 J x 18 ET 23 5 -Loch Styling II | vorne 8½ J x 17 H2 ET 18 5-Loch, hinten 10 J x 17 H2 ET 17 5-Loch; ab Mitte 1996 vorne 8½ J x 18 H2 ET 47, hinten 10 J x 18 H2 ET 25 5-Loch oder 5-Speichen |
| Reifen Serie | 225/55 ZR 16 | 245/45 R 17 W | 225/55 ZR 16 | 245/45 R 17 W | 225/55 ZR 16 |
| Reifen optional | vorne 235/45 ZR 17, hinten 255/40 ZR 17; ab Mitte 1996: 225/45 ZR 18, vorne 245/40 ZR 18, hinten275/35 ZR 18 | vorne 245/40 ZR 18, hinten 275/35 ZR 18 | vorne 235/45 ZR 17, hinten 255/40 ZR 17; ab Mitte 1996: 225/45 ZR 18, vorne 245/40 ZR 18, hinten275/35 ZR 18 | vorne 245/40 ZR 18, hinten 275/35 ZR 18 | vorne 235/45 ZR 17, hinten 255/40 ZR 17; ab Mitte 1996: 225/45 ZR 18, vorne 245/40 ZR 18, hinten275/35 ZR 18 |
| Abrollumfang Serienbereifung mm | 1995 | 1990 | 1995 | 1990 | 1995 |
| Bremsen | hydraulische Zweikreis-Bremsanlage mit Unterdruck-Bremskraftverstärker und Anti-Blockier-System, ab 12.1996 mit Bremsassistent (BAS). Bremsscheiben vorne innenbelüftet, hinten massiv | hydraulische Zweikreis-Bremsanlage mit Unterdruck-Bremskraftverstärker, ABS, BAS, ASR, ab 03.2000 mit ESP. Bremsscheiben vorne inenbelüftet, hinten massiv. | hydraulische Zweikreis-Bremsanlage mit Unterdruck-Bremskraftverstärker und Anti-Blockier-System, ab 12.19 96 mit Bremsassistent (BAS). Bremsscheiben vorne innenbelüftet, hinten massiv | hydraulische Zweikreis-Bremsanlage mit Unterdruck-Bremskraftverstärker und Anti-Blockier-System, ab 12.1996 mit Bremsassistent (BAS). Bremsscheiben vorne innenbelüftet, hinten massiv | hydraulische Zweikreis-Bremsanlage mit Unterdruck-Bremskraftverstärker und Anti-Blockier-System, ab 12.1996 mit Bremsassistent (BAS). Bremsscheiben vorne innenbelüftet, hinten massiv |
| Bremsscheiben vorn Ø/ Dicke mm | 300/28 | 300/28 | 300/28 | 300/28 | 320/30 |
| Bremsscheiben hinten Ø/ Dicke mm | 278/9, ab 09.1995: 290/10 | 290/10 | 278/9, ab 09.1995: 290/10 | 300/22 | 300/22 |
| Bremsweg: Testwerte nach *auto motor und sport* (ams) oder *sport auto* (spa) | | | | | |
| aus 100 km/h kalt m | 37,8 ams | k. A. | | | 37,2 spa |
| aus 100 km/h warm m | 45,4 ams | k. A. | | | 36,9 spa |
| Heft | 06/1997 | | | | 01/1994 |
| Radstand mm | 2515 | 2515 | 2515 | 2515 | 2515 |
| Spurweite vorn mm | 1535 | 1535 | 1535 | 1535 | 1535 |
| Spurweite hinten mm | 1523 | 1525 | 1523 | 1525 | 1523 |
| Wendekreis Ø m | 10,79 | 11,29 | 10,75 | 11,29 | 10,75 |
| Lenkradumdrehungen | 3,25 | 3,25 | 3 | 3 | 3 |
| Lenkübersetzung | 15,5:1 | 15,5:1 | 15,53:1 | 15,53:1 | 15,53:1 |
| **Karosserie:** | | | | | |
| Länge mm | 4499 | 4499 | 4470, ab 09.1995: 4499 | 4499 | 4499 |
| Breite mm | 1812 | 1812 | 1812 | 1812 | 1812 |
| Höhe mm: | | | | | |
| mit Glashardtop | 1302 | 1302 | 1302 | 1302 | 1302 |
| mit Hardtop | 1293 | 1288 | 1293 | 1293 | 1293 |
| mit Stoffdach | 1303 | 1300 | 1303 | 1303 | 1305 |
| Bodenfreiheit mm | 124 | 122 | 124 | 122 | 124 |

| **SL 500 R 129 E 50 129.068 06.1998–7.2001** | **SL 600 R 129 E 60 129.076 09.1995–05.2001** | **SL 55 AMG R 129 E 55 129.068 05.1999–07.2001** | **SL 60 AMG R 129 E 60 AMG 129.067 04.1996–05.1998** | **SL 70 AMG R 129 E 70 129.076 Herbst 1996–1999** | **SL 73 AMG R 129 E 73 129.076 1998–2001** |
|---|---|---|---|---|---|
| | | | | | |
| 8¼ J x 17 H2 ET 34, 5-Speichen oder EVO II | 8 J x 16 H2 ET 34, 8 Loch; ab 06.1998: 8¼ J x 17 H2 ET 34 | 8½ J x 18 H2 ET 25 vorne, 9½ J x 18 H2 ET 23 hinten | | 8½ J x 18 H2 ET 25 vorne, 9½ J x 18 H2 ET 23 hinten | 8½ J x 18 H2 ET 25 vorne, 9½ J x 18 H2 ET 23 hinten |
| vorne 8 J x 18 H2 ET 31 5-Loch Styling II, hinten 9 J x 18 H2 ET 35 5- Loch Styling II; vorne 8½ J x 18 ET 25 5-Loch Styling I, hinten 9½ J x 18 ET 23 5-Loch Styling I; mehrteilige AMG-Räder: vorne 8½ J x 18 H2 ET 25 5-Speichen Styling II, hinten 10 J x 18 ET 23 5 -Loch Styling II | vorne 8½ J x 17 H2 ET 18 5-Loch, hinten 10 J x 17 H2 ET 17 5-Loch; ab Mitte 1996 vorne 8½ J x 18 H2 ET 47, hinten 10 J x 18 H2 ET 25 5-Loch oder 5-Speichen; vorne 8 J x 18 H2 ET 31 5-Loch Styling II, hinten 9 J x 18 H2 ET 35 5-Loch Styling II; vorne 8½ J x 18 ET 25 5-Loch Styling I, hinten 9½ J x 18 ET 23 5-Loch Styling I; mehrteilige AMG-Räder: vorne 8½ J x 18 H2 ET 25 5-Speichen Styling II, hinten 10 J x 18 ET 23 5-Loch Styling II | keine Optionsräder | | keine Optionsräder | keine Optionsräder |
| 245/45 R 17 W | 225/55 ZR 16, ab 06.1998: 245/45 R 17 W | 245/40 ZR 18 vorne, 275/35 ZR 18 hinten | | 245/40 ZR 18 vorne, 275/35 ZR 18 hinten | 245/40 ZR 18 vorne, 275/35 ZR 18 hinten |
| vorne 245/40 ZR 18, hinten 275/35 ZR 18 | vorne 235/45 ZR 17, hinten 255/40 ZR 17; ab Mitte 1996 225/45 ZR 18, vorne 245/40 ZR 18, hinten 275/35 ZR 18, ab 06.1998 vorne 245/40 ZR 18, hinten 275/35 ZR 18 | keine Optionsbereifung | | keine Optionsbereifung | keine Optionsbereifung |
| 1990 | 1995, ab 06.1998: 1990 | 1995 | 1995 | 1995 | 1995 |
| hydraulische Zweikreis-Bremsanlage mit Unterdruck-Bremskraftverstärker und Anti-Blockier-System, ab 12.1996 mit Bremsassistent (BAS). Bremsscheiben vorne innenbelüftet, hinten massiv | hydraulische Zweikreis-Bremsanlage mit Unterdruck-Bremskraftverstärker und Anti-Blockier-System, ab 12.1996 mit Bremsassistent (BAS). Bremsscheiben vorne innenbelüftet, hinten massiv | hydraulische Zweikreis-Bremsanlage mit Unterdruck-Bremskraftverstärker und Anti-Blockier-System, ab 12.1996 mit Bremsassistent (BAS). Bremsscheiben vorne innenbelüftet, hinten massiv | | hydraulische Zweikreis-Bremsanlage mit Unterdruck-Bremskraftverstärker und Anti-Blockier-System, ab 12.1996 mit Bremsassistent (BAS). Bremsscheiben vorne innenbelüftet, hinten massiv | hydraulische Zweikreis-Bremsanlage mit Unterdruck-Bremskraftverstärker und Anti-Blockier-System, ab 12.1996 mit Bremsassistent (BAS). Bremsscheiben vorne innenbelüftet, hinten massiv |
| 334/32 | 320/30, ab 06.1998: 334/32 | 334/32 | 320/30 | 334/32 | 334/32 |
| 300/22 | 300/22 | 300/32 | 300/22 | 300/32 | 300/32 |
| | | | | | |
| 38,6 ams | 38,6 ams | | | | 38,6 |
| 40,7 ams | 39,2 ams | | | | 38,6 |
| 16/1998 | 01/1999 | | | | 01/1999 |
| 2515 | 2515 | 2515 | 2515 | 2515 | 2515 |
| 1535 | 1535 | 1535 | 1535 | 1535 | 1535 |
| 1525 | 1523, ab 06.1998: 1525 | 1545 | 1521 | 1545 | 1545 |
| 10,75 | 10,75 ab 06.1998: 11,25 | | 11,25 | 11,25 | 11,25 |
| 3 | 3 | 3 | 3 | 3 | 3 |
| 15,53:1 | 15,53:1 | 15,53:1 | 15.53:1 | 15,53:1 | 15,53:1 |
| | | | | | |
| 4499 | 4449 | 4449 | 4449 | 4449 | 4449 |
| 1812 | 1812 | 1812 | 1812 | 1812 | 1812 |
| | | | | | |
| 1302 | 1302 | 1302 | 1302 | 1302 | 1302 |
| 1293 | 1293 | 1293 | 1293 | 1293 | 1275 |
| 1305 | 1305 | 1305 | 1305 | 1305 | 1305 |
| 124 | | 124 | 134 | | |

| **Typ**<br>**Baureihe**<br>**Baumuster**<br>**Produktionszeitraum** | **SL 280**<br>**R 129 E 28**<br>**129.058**<br>**09.1995–06.1998** | **SL 280**<br>**R 129 E 28**<br>**129.059**<br>**10.1997/06.1998–06.2001** | **SL 320**<br>**R 129 E 32**<br>**129.063**<br>**02.1993/06.1993–06.1998** | **SL 320**<br>**R 129 E 32**<br>**129.064**<br>**10.1997/06.1998–07.2001** | **SL 500**<br>**R 129 E 50**<br>**129.067**<br>**09.1995–06.1998** |
|---|---|---|---|---|---|
| bei ADS mögliche Erhöhung | 154 | 152 | 154 | 152 | 154 |
| Überhanglänge mm: | | | | | |
| vorn | 969 | 969 | 969 | 969 | 969 |
| hinten | 1015 | 1015 | 1015 | 1015 | 1015 |
| Innenbreite mm | 1460 | 1460 | 1460 | 1460 | 1460 |
| Innenhöhe mm: | | | | | |
| mit Hardtop | 943 | 943 | | 943 | 943 |
| mit Stoffdach | 933 | 933 | | 933 | 933 |
| Sitztiefe mm | 497 | 497 | 497 | 497 | 497 |
| Kofferrauminhalt nach VDA l | 265 | 265 | 265 | 265 | 265 |
| Lenkrad Ø mm | 400 | 400 | 400 | 400 | 400 |
| Sportlenkrad Ø mm | 390 | 390 | 390 | 390 | 390 |
| Tankinhalt l | 80 | 80 | 80 | 80 | 80 |
| Leergewicht kg | 1830 | 1810 | 1780 1850 | 1830 | 1910 |
| nach Richtlinie | DIN 70020 mit Kraftstoff, Reserverad und Werkzeug | EG 92/21 mit Fahrer (68 kg), Gepäck (7 kg), Tank zu 90% gefüllt | DIN 70020 mit Kraftstoff, Reserverad und Werkszeug; ab 09.1995 nach EG 92/21 mit Fahrer (68 kg), Gepäck (7 kg), Tank zu 90% gefüllt | | EG 92/21 mit Fahrer (68 kg), Gepäck (7 kg), Tank zu 90% gefüllt |
| Gewicht Hardtop kg | 30 | 30 | 30 | 30 | 30 |
| Gewicht Glashardtop kg | 34 | 34 | 34 | 34 | 34 |
| **Test-Daten:** | | | | | |
| Leergewichte Testwagen kg: | | | | | |
| *auto motor und sport*, voll getankt | 1764 | | 1800 k. A. | | |
| *Automobil Revue*, Schweiz | | | | | |
| *sport auto* | | | | | 1878 |
| Zul. Achsl. kg: | | | | | |
| vorn | 1000 | 1000 | 1020 | 1020 | 1080 |
| hinten | 1170 | 1170 | 1170 | 1170 | 1170 |
| Zul. Gesamtgew. kg | 2150 | 2130 | 2170 | 2150 | 2230 |
| Zul. Anhängelast ungebremst kg | 750 | 750 | 750 | 750 | 750 |
| Zul. Anhängelast gebremst bei 12% Steigung kg | 1500 | 1500 | 1500 | 1500 | 1500 |
| Zul. Anhängelast für Pferdetransporte kg | 1900 | 1900 | 1900 | 1900 | 1900 |
| cw-Wert mit Hardtop | 0,325 | 0,319 | 0,32 | 0,32 | 0,32 |
| F-Wert mit Hardtop | 1,97 | 1,97 | 1,97 | 1,97 | 1,97 |
| cw-x-F-Wert mit Hardtop | 0,639 | 0,627 | 0,63 | 0,63 | 0,63 |
| cw-Wert mit Stoffdach | 0,334 | 0,334 | 0,334 | 0,334 | 0,334 |
| cw-Werte offen: | | | | | |
| mit geschl. Seitenscheiben | 0,407 | 0,407 | 0,407 | 0,407 | 0,407 |
| mit offenen Scheiben | 0,429 | 0,429 | 0,429 | 0,429 | 0,429 |
| mit geschl. Seitenscheiben + Windschott | 0,413 | 0,413 | 0,413 | 0,413 | 0,413 |
| Beschleunigung s: | | | | | |
| 0–100 km/h | 8,6 | k. A. | 8,6 k. A. | k. A. | 6,9 |
| 0–180 km/h | 28,3 | k. A. | 29,3 k. A. | k. A. | 20,7 |
| 0–200 km/h | | | | | 28,2 |
| Getestet von: | ams 06/1996 | | ams 23/1993<br>k. A. | | spa 01/1994 |

| | | | | | |
|---|---|---|---|---|---|
| **SL 500**<br>**R 129 E 50**<br>**129.068**<br>**06.1998–7.2001** | **SL 600**<br>**R 129 E 60**<br>**129.076**<br>**09.1995–05.2001** | **SL 55 AMG**<br>**R 129 E 55**<br>**129.068**<br>**05.1999–07.2001** | **SL 60 AMG**<br>**R 129 E 60 AMG**<br>**129.067**<br>**04.1996–05.1998** | **SL 70 AMG**<br>**R 129 E 70**<br>**129.076**<br>**Herbst 1996–1999** | **SL 73 AMG**<br>**R 129 E 73**<br>**129.076**<br>**1998–2001** |
| 154 | 154 | | | | |
| | | | | | |
| 969 | 969 | 969 | 969 | 969 | 969 |
| 1015 | 1015 | 1015 | 1015 | 1015 | 1015 |
| 1460 | 1460 | 1460 | 1460 | 1460 | 1460 |
| | | | | | |
| 943 | 943 | 943 | 943 | | 943 |
| 933 | 933 | 933 | 933 | | 933 |
| 497 | 497 | 497 | 497 | 497 | 497 |
| 265 | 265 | 265 | 265 | 265 | 265 |
| 400 | 400 | kein Normallenkrad | kein Normallenkrad | kein Normallenkrad | kein Normallenkrad |
| 390 | 390 | 390 | 390 | 390 | |
| 80 | 80 | 80 | 80 | 80 | 80 |
| 1890 | 2050 | 1890 | 1930 | | 2050 |
| EG 92/21 mit Fahrer (68 kg), Gepäck (7 kg), Tank zu 90% gefüllt | EG 92/21 mit Fahrer (68 kg), Gepäck (7 kg), Tank zu 90% gefüllt | EG 92/21 mit Fahrer (68 kg), Gepäck (7 kg), Tank zu 90% gefüllt | EG 92/21 mit Fahrer (68 kg), Gepäck (7 kg), Tank zu 90% gefüllt | | EG 92/21 mit Fahrer (68 kg), Gepäck (7 kg), Tank zu 90% gefüllt |
| 30 | 30 | 30 | 30 | | |
| 34 | 34 | 34 | 34 | | |
| | | | | | |
| | | | | | |
| 1755 | 1902 | | | | 1951 mit Glashardtop |
| 1860 | | | | | |
| | | | 1830 | | |
| | | | | | |
| 1060 | 1150 | | 1040 | | 1150 |
| 1170 | 1190 | | 1170 | | 1190 |
| 2210 | 2320 | | 2190 | | 2320 |
| 750 | k. Anhängerkupplg. | k. Anhängerkupplg. | k. Anhängerkupplg. | k. Anhängerkupplg. | k. Anhängerkupplg. |
| 1500 | k. Anhängerkupplg. | k. Anhängerkupplg. | k. Anhängerkupplg. | k. Anhängerkupplg. | k. Anhängerkupplg. |
| 1900 | k. Anhängerkupplg. | k. Anhängerkupplg. | k. Anhängerkupplg. | k. Anhängerkupplg. | k. Anhängerkupplg. |
| 0,32 | 0,32 | k. A. | k. A. | k. A. | k. A. |
| 1,97 | 1,97 | k. A. | 6 | k. A. | k. A. |
| 0,63 | 0,63 | k. A. | 16,4 | k. A. | k. A. |
| 0,334 | 0,334 | k. A. | k. A. | k. A. | k. A. |
| | | | | | |
| 0,407 | 0,407 | k. A. | k. A. | k. A. | k. A. |
| 0,429 | 0,429 | k. A. | k. A. | k. A. | k. A. |
| 0,413 | 0,413 | k. A. | k. A. | k. A. | k. A. |
| | | | | | |
| 6,9 7,1 | 5,8 | k. A. | 6,0 | k. A. | 4,8 |
| k. A. k. A. | 15,9 | k. A. | 16,4 | k. A. | 12,1 |
| 27 k. A. | 20 | k. A. | 21,5 | k. A. | 15 |
| ams 16/1998<br>AR 104/2001 | ams 01/1999 | | spa 09/1996 | | ams 01/1999 |

# Produktionszahlen der Baureihe R 129

| Typ / Model | Code | 1988 | 1989 | 1990 | 1991 | 1992 | 1993 | 1994 | 1995 | 1996 | 1997 | 1998 | 1999 | 2000 | 2001 | Total |
|---|---|---|---|---|---|---|---|---|---|---|---|---|---|---|---|---|
| SL 280 | 129.058 | | | | | 3 | 1927 | 2961 | 2178 | 1556 | 1316 | 378 | | | | 10.319 |
| SL 280 (M 112) | 129.059 | | | | | | | | | | 3 | 594 | 647 | 302 | 158 | 1704 |
| 300 SL | 129.060 | 27 | 407 | 2236 | 3115 | 4543 | 1692 | | | | | | | | | 12.020 |
| 300 SL-24 | 129.061 | 28 | 1507 | 7902 | 7833 | 7417 | 2297 | | | | | | | | | 26.984 |
| SL 320 | 129.063 | | | | | 3 | 4688 | 6795 | 7497 | 6872 | 4832 | 1536 | | | | 32.223 |
| SL 320 (M 112) | 129.064 | | | | | | | | | | 3 | 2317 | 2297 | 1657 | 796 | 7070 |
| 500 SL | 129.066 | 31 | 3413 | 10.649 | 15.053 | 9483 | | | | | | | | | | 38.629 |
| 500 SL / SL 500 | 129.067 | | | | | 2682 | 6090 | 6172 | 7538 | 6097 | 8118 | 4501 | | | | 41.198 |
| SL 500 (M 113) | 129.068 | | | | | | | | | | 2 | 5619 | 8864 | 5755 | 3464 | 23.704 |
| 600 SL / SL 600 | 129.076 | | | | 3 | 2107 | 2066 | 1526 | 1112 | 1249 | 1164 | 821 | 557 | 286 | 198 | 11.089 |
| **R 129 total** | | 86 | 5.327 | 20.787 | 26.004 | 26.238 | 18.760 | 17.454 | 18.325 | 15.774 | 15.438 | 15.766 | 12.365 | 8.000 | 4.616 | 204.940 |

Letzter 300 SL mit Fahrgestellnummer 1290601 F 085684 am 11. 6. 1993
Letzter 300 SL-24 mit Fahrgestellnummer 1290611 F 085612 am 7. 6. 1993
Letzter 500 SL KE mit Fahrgestellendnummer 072215 am 24. 9. 1993

# Export der Baureihe R 129

| Typ / Model | Code | 1989 | 1990 | 1991 | 1992 | 1993 | 1994 | 1995 | 1996 | 1997 | 1998 | 1999 | 2000 | 2001 | Total |
|---|---|---|---|---|---|---|---|---|---|---|---|---|---|---|---|
| SL 280 | 129.058 | | | | | 543 | 1295 | 979 | 709 | 648 | 102 | | | | 4276 |
| SL 280 (M 112) | 129.059 | | | | | | | | | | 314 | 260 | 158 | 61 | 793 |
| 300 SL | 129.060 | 67 | 1011 | 833 | 1033 | 249 | 1 | | | | | | | | 3194 |
| 300 SL-24 | 129.061 | 894 | 6070 | 5333 | 3993 | 921 | | | | | | | | | 17.211 |
| SL 320 | 129.063 | | | | | 1808 | 3971 | 4861 | 5020 | 2936 | 671 | 1 | | | 19.268 |
| SL 320 (M 112) | 129.064 | | | | | | | | | | 1292 | 970 | 910 | 304 | 3476 |
| 500 SL | 129.066 | 1602 | 8823 | 11.729 | 5730 | 12 | 1 | | | | | | | | 27.897 |
| 500 SL / SL 500 | 129.067 | | | | 2123 | 3751 | 4896 | 6335 | 5085 | 7330 | 4264 | | | | 33.784 |
| SL 500 (M 113) | 129.068 | | | | | | | | | | 5116 | 8498 | 5644 | 3292 | 22.550 |
| 600 SL / SL 600 | 129.076 | | | | 1512 | 1347 | 1250 | 933 | 1063 | 1091 | 753 | 506 | 284 | 197 | 8936 |
| R 129 total | | 2563 | 15.904 | 17.895 | 14.391 | 8631 | 11.414 | 13.108 | 11.877 | 12.005 | 12.512 | 10.235 | 6996 | 3854 | 141.385 |

# USA-Export der Baureihe R 129

| Typ / Model | Code | 1989 | 1990 | 1991 | 1992 | 1993 | 1994 | 1995 | 1996 | 1997 | 1998 | 1999 | 2000 | 2001 | Total |
|---|---|---|---|---|---|---|---|---|---|---|---|---|---|---|---|
| 300 SL | 129.060 | | 1 | 1 | 1 | | | | | | | | | | 3 |
| 300 SL-24 | 129.061 | 525 | 4498 | 2654 | 908 | 183 | | | | | | | | | 8768 |
| SL 320 | 129.063 | | | | | 643 | 1998 | 2418 | 2764 | 825 | | | | | 8648 |
| 500 SL | 129.066 | 647 | 5314 | 6260 | 2033 | | | | | | | | | | 14.254 |
| 500 SL / SL 500 | 129.067 | | | | 1413 | 2360 | 2797 | 4710 | 3404 | 5765 | 3607 | | | | 24.056 |
| SL 500 (M 113) | 129.068 | | | | | | | | | | 4314 | 7864 | 5247 | 3017 | 20.442 |
| 600 SL / SL 600 | 129.076 | | | | 551 | 733 | 803 | 659 | 688 | 806 | 609 | 431 | 262 | 194 | 5736 |
| R 129 total | | 1172 | 9813 | 8915 | 4906 | 3919 | 5598 | 7787 | 6856 | 7w396 | 8530 | 8295 | 5509 | 3211 | 81.907 |

## Zulassungen des R 129 in Deutschland bis 1993

| | 1988 | 1989 | 1990 | 1991 | 1992 | 1993 | Total Modell | Prozentualer Anteil an Modell-produktion |
|---|---|---|---|---|---|---|---|---|
| SL 280 | – | – | – | – | | 716 | 716 | 37,1 |
| 300 SL | – | 239 | 1119 | 2147 | 3469 | 1791 | 8765 | 72,92 |
| 300 SL-24 | 12 | 466 | 1615 | 2488 | 3320 | 1804 | 9705 | 35,97 |
| SL 320 | – | – | – | – | 3 | 1976 | 1979 | 42,18 |
| 500 SL-KE | 23 | 1472 | 1919 | 2903 | } 4615 | | } 13272 | – |
| SL 500-LH | – | – | – | – | | 2340 | | |
| SL 600 | – | – | – | 1 | 316 | 817 | 1134 | 27,15 |
| 500 SL 60 | | | 3 | 11 | 11 | 15 | 40 | – |
| Total | 35 | 2177 | 4656 | 7550 | 11734 | 9459 | 35611 | |

## Entwicklung der Verkaufspreise (Preise in DM)

| Preisliste | SL 280 M 104 | SL 280 M 112 | 300 SL | 300 SL-24 | SL 320 M 104 | SL 320 M 112 | SL 500 M 119 | SL 500 M 113 | SL 600 M 120 | SL60 AMG | SL 55 AMG | SL 73 AMG | MwSt. |
|---|---|---|---|---|---|---|---|---|---|---|---|---|---|
| März 1989 | | | 89.490,- | 99.180,- | | | 124.500,- | | | | | | 14 % |
| Januar 1990 | | | 93.879,- | 103.854,- | | | 131.271,- | | | | | | 14 % |
| Oktober 1990 | | | 99.066,- | 108.927,- | | | 141.816,- | | | | | | 14 % |
| März 1991 | | | 99.066,- | 108.927,- | | | 141.816,- | | | | | | 14 % |
| Juni 1991 | | | 102.771,- | 112.917,- | | | 146.775,- | | | | | | 14 % |
| Septem-ber 1991 | | | 104.481,- | 114.627,- | | | 148.485,- | | | | | | 14 % |
| Februar 1992 | | | 108.642,- | 115.824,- | | | 152.931,- | | | | | | 14 % |
| Oktober 1992 | | | 109.440,- | 116.622,- | | | 153.729,- | | 217.740,- | | | | 14 % |
| Januar 1993 | | | 113.505,- | 120.922,50 | | | 159.447,50 | | 219.650,- | | | | 15 % |
| Mai 1993 | 114.655,- | | | | 125.925,- | | 160.310,- | | 220.110,- | | | | 15 % |
| Septem-ber 1993 | 114.655,- | | | | 125.925,- | | 160.310,- | | 220.110,- | 195.580,- | | | 15 % |
| März 1994 | 114.655,- | | | | 125.925,- | | 160.310,- | | 220.110,- | 194.580,- | | | 15 % |
| August 1994 | 117.875,- | | | | 129.317,50 | | 163.070.- | | 223.330,- | 197.915,- | | | 15 % |
| Septem-ber 1995 | 122.475.- | | | | 133.917,50 | | 167.670,- | | 223.330,- | 217.465,- | | | 15 % |
| Februar 1996 | 122.475,- | | | | 133.917,50 | | 167.670,- | | 223.330,- | 217.465,- | | | 15 % |
| Juni 1996 | 122.475,- | | | | 133.917,50 | | 167.670,- | | 223.330,- | 217.465,- | | | 15 % |
| März 1997 | 124.200,- | | | | 135.585,- | | 169.395,- | | 223.330,- | 219.190,- | | | 15 % |
| Juni 1997 | 124.200,- | | | | 135.585,- | | 169.395,- | | 223.330,- | 219.190,- | | | 15 % |
| Septem-ber 1997 | 124.200,- | | | | 135.585,- | | 169.395,- | | 223.330,- | 219.190,- | | | 15 % |
| Juni 1998 | | 127.020,- | | | | 138.504,- | | 173.420,- | 225.272,- | | | | 16 % |
| Februar 1999 | | 128.180,- | | | | 139.664,- | | 174.580,- | 226.432,- | | | | 16 % |
| August 1999 | | 128.760,- | | | | 140.244,- | | 174.580,- | 226.432,- | | | | 16 % |
| April 2000 | | 129.920,- | | | | 141.404,- | | 175.740,- | 226.432,- | | 229.935,20 | 337.351,20 | 16 % |
| Septem-ber 2000 | | 129.920,- | | | - | 141.404,- | | 175.740,- | 226.432,- | | | | 16 % |
| Januar 2001 | | 131.134,48 | | | | 142.705,17 | | 176.963,49 | 226.432,- | | | | 16 % |
| Euro | | 67.048,- | | | | 72.964,- | | 90.480,- | | | | | 16 % |

Die Entwicklung der Verkaufspreise bedarf der Kommentierung. Im Laufe der Jahre wurde sowohl die Serienausstattung als auch der Umfang der SAs, wie die Sonderausstattungen im Hausjargon genannt werden, erweitert.
Ab 2. Januar 1990 wurde die Batterie mit 72 Ah durch einen Stromspeicher mit 92 Ah ersetzt. Gleichzeitig hielt das Lederlenkrad mit dem dazu passenden Lederknauf des Schalthebels Einzug in das noble Interieur. Extra zu bezahlen, aber jetzt endlich lieferbar waren: die Viergang-Automatik-Getriebe der Sechszylinder-Modelle, Mercedes- Benz Telefon-Anlagen, die Klimatisierungsautomatik, das Adaptive Dämpfer-System (ADS), die verstellbare Lenksäule in Verbindung mit der Sitz- und Innenspiegel-Verstellung mit Memory-Speicher und die zwei Notsitze im Fond anstelle der Gepäckablage. Ab Werk waren jetzt auch Winterreifen und das Conti-Tire-System CTS zu beziehen, gegen Aufpreis versteht sich.
Ab 1. Oktober 1990 durften sich die Kunden des 500 SL ohne Aufpreis der geschätzten Auswahl von Metallic-Lackierungen bedienen, die Antischlupfregelung ASR gehörte von Stund an ebenfalls zur Serienausrüstung des V8, bis dahin mussten auch die Kunden des Spitzenmodells dafür DM 3933,- extra bezahlen. Bei den SAs hielt das Automatische Fünfgang-Getriebe Einzug im 300 SL-24, für Radiohörer wurde die Becker-Serie 2000 eingeführt.
Ab 1. März 1991 wurde für alle Modelle, rechtzeitig zum Winterende, um in der beginnenden warmen Jahreszeit den Kaltstart zu garantieren, die Batteriekapazität erneut erhöht, dieses Mal von 92 Ah auf 100 Ah. Bei den SAs fanden die Achtloch-Felgen Einzug ins Programm.
Ab 2. Juni 1991 wurde die Serienausstattung um die Ausstiegsleuchten in den Türen erweitert, im Bereich der Sonderausstattungen konnte ohne Mehrpreis auch das Lenkrad mit einem Ø von 390 mm bestellt werden.
Ab 11. September 1991 wurde der Fahrer-Airbag zwar noch als Sonderausstattung angeboten, die Neuigkeit war aber, dass er keinen Aufpreis mehr kostete. Und unter dem Code 210 konnte das serienmäßige Hardtop erstmals ab der Preisliste vom 11. September 1991 abbestellt werden. Diese Möglichkeit bestand bis einschließlich zur Preisliste vom 2. Januar 1993, die am 10. Mai 1993 von einer neuen Preisliste abgelöst wurde, in der diese Möglichkeit nicht mehr aufgeführt wird. Das bedeutet, *nur* zwischen dem 11. September 1991 und dem 10. Mai 1993 konnte man den R 129 gegen den Minderpreis von DM 3.254,50 auch ohne Hardtop bestellen. Zu jedem anderen Zeitpunkt war das Hardtop bis zum Produktionsende *immer* Bestandteil des serienmäßigen Lieferumfangs. Andere Aussagen, die heute gerne von Gebrauchtwagenverkäufern gemacht werden, entsprechen nicht den Tatsachen.
Ab 2. Oktober 1992 wurden alle R 129 serienmäßig mit Airbag für Fahrer und Beifahrer und einer Zweiklang-Fanfare geliefert. Musikfans konnten ab sofort einen Sechsfach-CD-Wechsler gegen Aufpreis ordern, später stellte sich heraus, dass dies im SL 600 nicht möglich war.
Ab 2. Januar 1993 blieb bei der Serienausstattung zwar alles beim Alten, doch dafür verzeichnete die Verführungsliste der SAs einige zusätzliche Positionen, die zum Geldausgeben verleiteten, wie die sinnvolle Einbruch- und Wegfahrsperre mit Diebstahl-Warnanlage oder der automatisch abblendbare Innenspiegel (im SL 600 Serie), die Leder-Exklusiv-Innenausstattung oder das wärmedämmende Glas rundum mit heizbarer Heckscheibe.
Für September 1993 war dann auch der Einsatz der ASR im SL 280 mit mechanischem Getriebe vorgesehen.
Ab Mai 1994 gehört das Windschott zur Serienausstattung, und das Fünfgang-Automatikgetriebe wird im SL 320 serienmäßig geliefert. Optional ist die elektrisch verstellbare Lenksäule für alle Modelle lieferbar.
Nach der Modellpflege 1995 gehören ab Juni 1996 der Bremsassistent und der Regensensor zum serienmäßigen Lieferumfang. Optional ist 1996 endlich das Glas-Hardtop anstelle des normalen Hardtops lieferbar, nachdem die Schwierigkeiten mit dem elektrischen Antrieb des innen liegenden Sonnenschutzes überwunden waren.
Serienmäßig eingeführt werden im Jahr 1997 zusätzliche weiße Blinkleuchten, die Fernentriegelung des Kofferraumdeckels, die automatische Verriegelung und Notöffnung der Türen, der Staubfilter, die Zentralverriegelung mit Innenschalter, der Crash-Sensor (Juni), die dritte Bremsleuchte (September) sowie die Wartungsintervallanzeige »Assyst«.

This price list supercedes any previous price lists. Subject to changes in design, fittings and prices. Errors excepted.
Prices in DM and EURO ex Affalterbach works. Prices effective as of April 1, 1999.
**Mercedes-AMG GmbH** · Daimlerstrasse 1 · D-71563 Affalterbach · Tel. +49 (0)7144 /3020 · Fax +49 (0)7144 /302120
A member of the DaimlerChrysler group.

AMG

AMG

# Price list

Valid from April 1, 1999

## CLK-Coupé
## and CLK-Cabriolet
## CL-Coupé
## SLK
## SL

Mercedes-Benz

## Special equipment for the Roadster (SL)

| Description | Code | SL 280 | SL 320 | SL 500 | SL 600 | SL 60 AMG | List price without VAT ex works DM | Purchase price incl. 16% VAT. ex works DM | List price without VAT ex works EUR | Purchase price incl. 16% VAT. ex works EUR |
|---|---|---|---|---|---|---|---|---|---|---|
| **SL 73 engineering package** (from June 1999) (1)<br>386 kW (525 HP) at 5500 rpm<br>750 Nm at 4000 rpm through engine conversion up to 7.3 litre<br>incl. AMG exhaust system and AMG speedometer | 012I | | | | ● | | 85.500,00 | **99.180,00** | 43.715,47 | **50.709,94** |
| **SL 70 engineering package**<br>365 kW (496 HP) at 5500 rpm<br>720 Nm at 3900 rpm through engine conversion up to 7.0 litre<br>incl. AMG sports exhaust system and adaptation of gearbox | 010I | | | | ● | | 70.394,00 | **81.657,04** | 35.991,89 | **41.750,59** |
| Remove and fit engine | | | | | 🔧 | | 2.400,00 | **2.784,00** | 1.227,10 | **1.423,44** |
| **SL 60 engineering package** (from 10/92 to 6/98)<br>280 kW (381 HP) at 5500 rpm<br>580 Nm at 3500 - 4500 rpm through engine conversion up to 6.0 litre | 005I | | | ● | | ❑ | 34.450,00 | **39.962,00** | 17.614,01 | **20.432,25** |
| Remove and fit engine | | | | 🔧 | | | 2.100,00 | **2.436,00** | 1.073,71 | **1.245,51** |
| **SL 55 engineering package** (1)<br>260 kW (354 HP) at 5500 rpm<br>530 Nm to 3000 rpm<br>through engine conversion up to 5.5 litre<br>incl. AMG exhaust system, modified rear axle and AMG speedometer | 014I | | | ● | | | 32.000,00 | **37.120,00** | 16.361,34 | **18.979,16** |
| **AMG suspension kit** (without ADS) | 302I | ● | ● | ● | | ● | 2.500,00 | **2.900,00** | 1.278,23 | **1.482,75** |
| Installation | | 🔧 | 🔧 | 🔧 | | 🔧 | 820,00 | **951,20** | 419,26 | **486,34** |
| **AMG wheel combinations** | | | | | | | | | | |
| FA/RA: 8.5J x 17 ET 18 (multi-piece) (2) (3) | 453I | ● | ● | | | | 6.900,00 | **8.004,00** | 3.527,91 | **4.092,38** |
| FA: 8.5J x 17 ET 18 (multi-piece) (2) (3)<br>RA: 10J x 17 ET 17 (multi-piece) | 454I | ● | ● | | | | 7.360,00 | **8.537,60** | 3.763,11 | **4.365,21** |
| FA/RA: 8J x 18 ET 31 (2) | 473I | ● | ● | | | | 3.080,00 | **3.572,80** | 1.574,78 | **1.826,74** |
| FA/RA: 8.5J x 18 ET 25 (multi-piece) | 470I | ● | ● | | | | 7.500,00 | **8.700,00** | 3.834,69 | **4.448,24** |
| FA: 8J x 18 ET 31 (2)<br>RA: 9J x 18 ET 35 | 474I | ● | ● | | | | 3.200,00 | **3.712,00** | 1.636,13 | **1.897,92** |
| FA/RA: 8.5J x 18 ET 25 | 456I | ● | ● | ● | ● | ● | 3.280,00 | **3.804,80** | 1.677,04 | **1.945,36** |
| FA: 8.5J x 18 ET 25<br>RA: 9.5J x 18 ET 23 | 455I | ● | ● | ● | ● | ● | 3.400,00 | **3.944,00** | 1.738,39 | **2.016,53** |
| VA: 8.5J x 18 ET 25 (multi-piece)<br>RA: 10J x 18 ET 25 (multi-piece) | 471I | ● | ● | ● | ● | ❑ | 8.050,00 | **9.338,00** | 4.115,90 | **4.774,44** |
| **Tyres** | | ● | ● | ● | ● | ● | On inquiry | | | |
| **Installation,** only combined with associated technical reworking | 820I | ● | ● | ● | ● | ● | 180,00 | **208,80** | 92,03 | **106,76** |
| **Technical reworking** | | | | | | | | | | |
| for code 453I, 470I, 473I | 381I | ● | ● | ● | ● | ● | 500,00 | **580,00** | 255,65 | **296,55** |
| for code 454I, 474I, 455I, 471I | 832I | ● | ● | ● | ● | ● | 1.200,00 | **1.392,00** | 613,55 | **711,72** |

(1) only in conjunction with MB code 793/794 (AMG alloy wheels) and MB code 772 (AMG styling package)
(2) only for SL 500, SL 600 and SL 60 AMG up to June '98
(3) suitable till June '98

80 ● Available as trim plus invoiced fitting and painting costs
❑ Standard with basic vehicle SF – standard IF – multi-colored

■ Additional charge to be basic equipment with stated trim variant
🔧 Installation / painting costs
Required official approvals on inquiry 81

## Special equipment for the Roadster (SL)

| Description | Code | SL 280 | SL 320 | SL 500 | SL 600 | SL 60 AMG | List price without VAT ex works DM | Purchase price incl. 16% VAT. ex works DM | List price without VAT ex works EUR | Purchase price incl. 16% VAT. ex works EUR |
|---|---|---|---|---|---|---|---|---|---|---|
| **Painting of wheel centre parts, Monoblock** only combined with code 473I or 474I or 455I or 456I uni-color or metallic paintwork | 801I | ● | ● | ● | ● | ● | 560,00 | 649,60 | 286,32 | 332,14 |
| designo metallic paintwork | | ● | ● | ● | ● | ● | 660,00 | 765,60 | 337,45 | 391,45 |
| designo Varicolor paintwork | | ● | ● | ● | ● | ● | 690,00 | 800,40 | 352,79 | 409,24 |
| designo LCP paintwork | | ● | ● | ● | ● | ● | 850,00 | 986,00 | 434,60 | 504,13 |
| **Multi-piece,** only combined with code 453I or 454I or 470I or 471I uni-color or metallic paintwork | 802I | ● | ● | ● | ● | ● | 1.040,00 | 1.206,40 | 531,74 | 616,82 |
| designo metallic paintwork | | ● | ● | ● | ● | ● | 1.225,00 | 1.421,00 | 626,33 | 726,55 |
| designo Varicolor paintwork | | ● | ● | ● | ● | ● | 1.285,00 | 1.490,60 | 657,01 | 762,13 |
| designo LCP paintwork | | ● | ● | ● | ● | ● | 1.575,00 | 1.827,00 | 805,28 | 934,13 |
| **Wheel bolts,** lockable | 510I | ● | ● | ● | ● | ● | 80,00 | 92,80 | 40,90 | 47,45 |
| **AMG rear muffler** (from 06/98) | 152I | 🔧 | 🔧 | 🔧 | 🔧 | ❑ | 2.630,00 | 3.050,80 | 1.344,70 | 1.559,85 |
| Installation | | | | | | ❑ | 130,00 | 150,80 | 66,47 | 77,10 |
| **AMG tail-pipe cover,** oval, chrom-plated (from 06/98) | 153I | 🔧 | 🔧 | 🔧 | 🔧 | 🔧 | 290,00 | 336,40 | 148,27 | 172,00 |
| Installation | | | | | | | 80,00 | 92,80 | 40,90 | 47,45 |
| **AMG styling package** (from 09/95) (1) Front spoiler with fog lamp, rear skirt and side skirts, as well as side protection painted in vehicle color | 772 | ● | ● | ● | ● | ❑ | 5.620,00 | 6.519,20 | 2.873,46 | 3.333,21 |
| | | 🔧 | 🔧 | 🔧 | 🔧 | | | | | |
| uni-color or metallic paintwork incl. installation | | | | | | ❑ | 2.225,00 | 2.581,00 | 1.137,62 | 1.319,64 |
| Additional charge designo metallic paintwork | | ■ | ■ | ■ | ■ | ❑ | 1.265,00 | 1.467,40 | 646,78 | 750,27 |
| Additional charge designo Varicolor paintwork | | ■ | ■ | ■ | ■ | ❑ | 1.680,00 | 1.948,80 | 858,97 | 996,41 |
| Additional charge designo LCP paintwork | | ■ | ■ | ■ | ■ | ❑ | 3.765,00 | 4.367,40 | 1.925,01 | 2.233,02 |
| **AMG rear spoiler,** three-piece (up to 09/96) | 280I | 🔧 | 🔧 | 🔧 | 🔧 | 🔧 | 790,00 | 916,40 | 403,92 | 468,55 |
| uni-color or metallic paintwork incl. installation | | | | | | | 735,00 | 852,60 | 375,80 | 435,93 |
| Additional charge designo metallic paintwork | | ■ | ■ | ■ | ■ | ■ | 130,00 | 150,80 | 66,47 | 77,10 |
| Additional charge designo Varicolor paintwork | | ■ | ■ | ■ | ■ | ■ | 175,00 | 203,00 | 89,48 | 103,79 |
| Additional charge designo LCP paintwork | | ■ | ■ | ■ | ■ | ■ | 380,00 | 440,80 | 194,29 | 225,38 |
| **AMG rear wing** (from 9/95) without 3rd brake light | 271I | 🔧 | 🔧 | 🔧 | 🔧 | 🔧 | 1.075,00 | 1.247,00 | 549,64 | 637,58 |
| uni-color or metallic paintwork incl. installation | | | | | | | 540,00 | 626,40 | 276,10 | 320,27 |
| Additional charge designo metallic paintwork | | ■ | ■ | ■ | ■ | ■ | 95,00 | 110,20 | 48,57 | 56,34 |
| Additional charge designo Varicolor paintwork | | ■ | ■ | ■ | ■ | ■ | 130,00 | 150,80 | 66,47 | 77,10 |
| Additional charge designo LCP paintwork | | ■ | ■ | ■ | ■ | ■ | 280,00 | 324,80 | 143,16 | 166,07 |
| **Side panelling in vehicle color** uni-color or metallic paintwork | 500I | ● | ● | ● | ● | ❑ | 1.700,00 | 1.972,00 | 869,20 | 1.008,27 |

(1) not in conjunction with MB code 550 (trailer coupling)

● Available as trim plus invoiced fitting and painting costs

■ Additional charge to be basic equipment with stated trim variant

| Special equipment for the Roadster (SL)<br>Description | Code | SL 280 | SL 320 | SL 500 | SL 600 | SL 60 AMG | List price without VAT ex works DM | Purchase price incl. 16% VAT. ex works DM | List price without VAT ex works EUR | Purchase price incl. 16% VAT. ex works EUR |
|---|---|---|---|---|---|---|---|---|---|---|
| **MB standard components in vèhicle color** Front spoiler, protective side mouldings, side skirts and rear under-bumper dam uni-color or metallic paintwork | 501I | ● | ● | ● | ● | | 3.815,00 | 4.425,40 | 1.950,58 | 2.262,67 |
| **Small parts in vehicle color** Wiper cover, spray jets as well as door handles uni-color or metallic paintwork | 502I | ● | ● | ● | ● | ● | 1.800,00 | 2.088,00 | 920,33 | 1.067,58 |
| designo metallic paintwork | | ● | ● | ● | ● | ● | 2.120,00 | 2.459,20 | 1.083,94 | 1.257,37 |
| designo Varicolor paintwork | | ● | ● | ● | ● | ● | 2.225,00 | 2.581,00 | 1.137,62 | 1.319,64 |
| designo LCP paintwork | | ● | ● | ● | ● | ● | 2.730,00 | 3.166,80 | 1.395,83 | 1.619,16 |
| **AMG speedometer 300 km/h** (in exchange) (WIA from model year `98) | 122I | ● 🔧 | ● 🔧 | ● 🔧 | ● 🔧 | ● 🔧 | 1.185,00 | 1.374,60 | 605,88 | 702,82 |
| Removal and fitting | | | | | | | 105,00 | 121,80 | 53,69 | 62,28 |
| **AMG speedometer 300 km/h** (in exchange) with colored instrument dials in back-lit technique, five-piece (up to model year `98) | 784I | ● 🔧 | ● 🔧 | ● 🔧 | ● 🔧 | ● 🔧 | 2.200,00 | 2.552,00 | 1.124,84 | 1.304,82 |
| Removal and fitting | | | | | | | 105,00 | 121,80 | 53,69 | 62,28 |
| **Set of door sills with AMG logo,** in stainless steel, two-piece | 785I | 🔧 | 🔧 | 🔧 | 🔧 | 🔧 | 810,00 | 939,60 | 414,15 | 480,41 |
| Installation | | | | | | | 100,00 | 116,00 | 51,13 | 59,31 |
| **Set of door sills with AMG logo, with courtesy lights** two-piece | 792I | 🔧 | 🔧 | 🔧 | 🔧 | 🔧 | 990,00 | 1.148,40 | 506,18 | 587,17 |
| Installation | | | | | | | 290,00 | 336,40 | 148,27 | 172,00 |
| **AMG logo** for trunk lid in chrome | 292I | 🔧 | 🔧 | 🔧 | 🔧 | 🔧 | 35,00 | 40,60 | 17,90 | 20,76 |
| Installation | | | | | | | 15,00 | 17,40 | 7,67 | 8,90 |



● Available as trim plus invoiced fitting and painting costs
❑ Standard with basic vehicle SF – standard IF – multi-colored

■ Additional charge to be basic equipment with stated trim variant
🔧 Installation / painting costs
Required official approvals on inquiry

# Special equipment for the Roadster (SL) Equipment and trim

| Description | Code | Wood: Burr walnut SF | Wood: Swedish birch SF | Swedish birch IF | Chestnut SF | Leather | Other | List price without VAT ex works DM | Purchase price incl. 16% VAT. ex works DM | List price without VAT ex works EUR | Purchase price incl. 16% VAT. ex works EUR |
|---|---|---|---|---|---|---|---|---|---|---|---|
| **LEATHER TRIM / CARPET FITTINGS** | | | | | | | | | | | |
| **Complete leather trim** (from 09/95)<br>Seat unit front complete, door trim complete (incl. sidebags), centre console, roll bar, top storage well cover, A-pillar trim, windscreen trim, sun visors, AMG logo in back-rest | 725I | | | | | ● | | 16.820,00 | 19.511,20 | 8.599,93 | 9.975,92 |
| Additional charge for complete leather trim combined with<br>MB code 316 (Standard telephone in center console) and MB code 317 (mobol phone in center console) | | | | | | ■ | | 420,00 | 487,20 | 214,74 | 249,10 |
| MB code 312 / 278 (telephone console laterally on the dome) | | | | | | ■ | | 560,00 | 649,60 | 286,32 | 332,14 |
| MB code 565 (rear seats) | | | | | | ■ | | 2.750,00 | 3.190,00 | 1.406,05 | 1.631,02 |
| **Additional charge for complete leather trim, two-colored**<br>e.g. seat centres, door and head restraint centre pieces | 780I | | | | | ● | | 420,00 | 487,20 | 214,74 | 249,10 |
| **Retrofitting rear seats** (from 09/95)<br>Not combined with MB code 810 (Sound system) | 783I | | | | | ● | | 3.680,00 | 4.268,80 | 1.881,55 | 2.182,60 |
| **Cover for seat adjustment,** two-piece (from 09/95) (1)<br>Not combined with code 651I<br>(AMG cover plates for seat adjusting unit) | 733I | | | | | ● | | 440,00 | 510,40 | 224,97 | 260,96 |
| **Instrument panel** (1)<br>Instrument panel, trim for steering column (electr. adjustable), spectacle tray, leather-covered, passenger airbag, leather-covered<br>Note: with light leather colors, the upper part is executed in a dark contrast color | 713I | | | | | ● | | 3.150,00 | 3.654,00 | 1.610,57 | 1.868,26 |
| **Hardtop** (1) | 717I | | | | | ● | | 2.350,00 | 2.726,00 | 1.201,54 | 1.393,78 |
| combined with MB code 415 (panoramic glass roof) | | | | | | ● | | 2.450,00 | 2.842,00 | 1.252,67 | 1.453,09 |
| **Interior rear view mirror in leather** (1) | 727I | | | | | ● | | 830,00 | 962,80 | 424,37 | 492,27 |
| **Front frame for instrument cluster** colored as trim<br>paint finish without chrome rings | 683I | | | | | | ● | 610,00 | 707,60 | 311,89 | 361,79 |
| in leather without chrome rings | 705I | | | | | ● | | 990,00 | 1.148,40 | 506,18 | 587,17 |
| **Maintenance map** of leather in color of the interior trim | 701I | | | | | ● | | 240,00 | 278,40 | 122,71 | 142,34 |
| **Carpet,** color-matched (from 09/95) | 752I | | | | | | ● | 3.880,00 | 4.500,80 | 1.983,81 | 2.301,22 |
| combined with<br>code 725I (complete leather trim) | | | | | | | ● | 2.680,00 | 3.108,80 | 1.370,26 | 1.589,50 |
| MB code 565 (rear seats) | | | | | | | ● | 3.180,00 | 3.688,80 | 1.625,91 | 1.886,05 |
| MB code 565 and code 725I (complete leather trim) | | | | | | | ● | 1.980,00 | 2.296,80 | 1.012,36 | 1.174,34 |
| **Luggage compartment** with color-matched carpet | 758I | | | | | | ● | 1.920,00 | 2.227,20 | 981,68 | 1.138,75 |
| **Floor mats** with AMG logo and piping<br>Front, two-piece, with attachment | 759I | | | | | | ● | 570,00 | 661,20 | 291,44 | 338,07 |

(1) Prices only applicable in conjunction with complete leather trim (code 725I). Otherwise other prices apply.



● Available as trim plus invoiced fitting and painting costs
❑ Standard with basic vehicle SF – standard IF – multi-colored

■ Additional charge to be basic equipment with stated trim variant
S→S Installation / painting costs
Required official approvals on inquiry

## Special equipment for the Roadster (SL) Equipment and trim

| Description | Code | Wood: Burr walnut SF | Wood: Swedish birch SF | Swedish birch IF | Chestnut SF | Leather | Other | List price without VAT ex works DM | Purchase price incl. 16% VAT. ex works DM | List price without VAT ex works EUR | Purchase price incl. 16% VAT. ex works EUR |
|---|---|---|---|---|---|---|---|---|---|---|---|
| **TRIM PANELLING** | | | | | | | | | | | |
| **AMG wood trim set for MB standard** (from 09/95) All models, except SL600 | 655I | | ● | ● | | | | 2.320,00 | **2.691,20** | 1.186,20 | **1.375,99** |
| SL 600 (without shift lever and steering wheel) | | | ● | ● | | | | 4.980,00 | **5.776,80** | 2.546,23 | **2.953,60** |
| Installation | | | 🔧 | 🔧 | | | | 350,00 | **406,00** | 178,95 | **207,58** |
| **AMG wood trim set for interior,** two-piece | 656I | ● | | | | | | 1.580,00 | **1.832,80** | 807,84 | **937,10** |
| Frame for door-operated courtesy light [e], | | | ● | | | | | 2.150,00 | **2.494,00** | 1.099,28 | **1.275,16** |
| centre arm rest front [f] | | | | ● | | | | 2.750,00 | **3.190,00** | 1.406,05 | **1.631,02** |
| | | | | | ● | | | 2.150,00 | **2.494,00** | 1.099,28 | **1.275,16** |
| Installation, without code 725I (complete leather trim) | | 🔧 | 🔧 | 🔧 | 🔧 | | | 240,00 | **278,40** | 122,71 | **142,34** |
| Installation, with code 725I (complete leather trim) | | 🔧 | 🔧 | 🔧 | 🔧 | | | 0,00 | **0,00** | 0,00 | **0,00** |
| **AMG-door wood trim set I,** four-piece (from 09/95) | 677I | ● | | | | | | 2.280,00 | **2.644,80** | 1.165,75 | **1.352,27** |
| Cover for door pockets (two-piece) [a], | | | ● | | | | | 2.750,00 | **3.190,00** | 1.406,05 | **1.631,02** |
| recessed grips for door opener (two-piece) [b] | | | | ● | | | | 3.790,00 | **4.396,40** | 1.937,80 | **2.247,84** |
| | | | | | ● | | | 2.750,00 | **3.190,00** | 1.406,05 | **1.631,02** |
| Installation, without code 725I (complete leather trim) | | 🔧 | 🔧 | 🔧 | 🔧 | | | 290,00 | **336,40** | 148,27 | **172,00** |
| Installation, with code 725I (complete leather trim) | | 🔧 | 🔧 | 🔧 | 🔧 | | | 0,00 | **0,00** | 0,00 | **0,00** |
| **AMG-door wood trim set II,** two-piece (from 09/95) | 678I | ● | | | | | | 1.280,00 | **1.484,80** | 654,45 | **759,17** |
| Loudspeaker covers [d] | | | ● | | | | | 1.680,00 | **1.948,80** | 858,97 | **996,41** |
| | | | | ● | | | | 1.980,00 | **2.296,80** | 1.012,36 | **1.174,34** |
| | | | | | ● | | | 1.680,00 | **1.948,80** | 858,97 | **996,41** |
| Installation, without code 725I (complete leather trim) | | 🔧 | 🔧 | 🔧 | 🔧 | | | 250,00 | **290,00** | 127,82 | **148,27** |
| Installation, with code 725I (complete leather trim) | | 🔧 | 🔧 | 🔧 | 🔧 | | | 90,00 | **104,40** | 46,02 | **53,38** |
| **AMG cover plates for seat adjusting unit** [c] | 651I | ● | | | | | | 880,00 | **1.020,80** | 449,94 | **521,93** |
| not in conjunction with code 733I | | | ● | | | | | 980,00 | **1.136,80** | 501,07 | **581,24** |
| (cover for seat adjustment, two-piece) | | | | ● | | | | 1.180,00 | **1.368,80** | 603,32 | **699,86** |
| | | | | | ● | | | 980,00 | **1.136,80** | 501,07 | **581,24** |
| Installation, without code 725I (complete leather trim) | | 🔧 | 🔧 | 🔧 | 🔧 | | | 370,00 | **429,20** | 189,18 | **219,45** |
| Installation, with code 725I (complete leather trim) | | 🔧 | 🔧 | 🔧 | 🔧 | | | 190,00 | **220,40** | 97,15 | **112,69** |
| **Wood cover plate for instrument cluster** | 682I | ● | | | | | | 1.650,00 | **1.914,00** | 843,63 | **978,61** |
| | | | ● | | | | | 1.750,00 | **2.030,00** | 894,76 | **1.037,92** |
| | | | | ● | | | | 1.950,00 | **2.262,00** | 997,02 | **1.156,54** |
| | | | | | ● | | | 1.750,00 | **2.030,00** | 894,76 | **1.037,92** |
| Installation | | 🔧 | 🔧 | 🔧 | 🔧 | | | 105,00 | **121,80** | 53,69 | **62,28** |

90 ● Available as trim plus invoiced fitting and painting costs

■ Additional charge to be basic equipment with stated trim variant 91

# Special equipment for the Roadster (SL) Equipment and trim

| Description | Code | Wood: Burr walnut SF | Wood: Swedish birch SF | Swedish birch IF | Chestnut SF | Leather | Other | List price without VAT ex works DM | Purchase price incl. 16% VAT. ex works DM | List price without VAT ex works EUR | Purchase price incl. 16% VAT. ex works EUR |
|---|---|---|---|---|---|---|---|---|---|---|---|
| **ADDITIONAL EQUIPMENT** | | | | | | | | | | | |
| **Telephone console** with loudspeaker | | | | | | | | | | | |
| - Leather/carpet combination, leather in same color as interior trim | 703I | | | | | ● | | 260,00 | 301,60 | 132,94 | 154,21 |
| - Wood/carpet combination, carpet in same color as interior trim | 684I | ● | | | | | | 590,00 | 684,40 | 301,66 | 349,93 |
| | | | ● | | | | | 680,00 | 788,80 | 347,68 | 403,31 |
| | | | | ● | | | | 720,00 | 835,20 | 368,13 | 427,03 |
| | | | | | ● | | | 680,00 | 788,80 | 347,68 | 403,31 |
| **AMG stainless steel shift gate** for automatic transmission | 695I | | | | | | ● | 290,00 | 336,40 | 148,27 | 172,00 |
| **SHIFT LEVERS / STEERING WHEELS** | | | | | | | | | | | |
| **Leather covering for shift lever in color of the interior trim** | | | | | | | | | | | |
| Uni-colored, incl. installation | 615I | | | | | ● | | 180,00 | 208,80 | 92,03 | 106,76 |
| Two-colored E55 design, incl. installation | 617I | | | | | ● | | 180,00 | 208,80 | 92,03 | 106,76 |
| **Wooden shift lever** | 602I | ● | | | | | | 250,00 | 290,00 | 127,82 | 148,27 |
| | | | ● | | ● | | | 380,00 | 440,80 | 194,29 | 225,38 |
| | | | | ● | | | | 480,00 | 556,80 | 245,42 | 284,69 |
| Installation | | 🔧 | 🔧 | 🔧 | 🔧 | | | 50,00 | 58,00 | 25,56 | 29,65 |
| **Wooden shift lever** with AMG logo | 603I | ● | | | | | | 320,00 | 371,20 | 163,61 | 189,79 |
| | | | ● | | | | | 420,00 | 487,20 | 214,74 | 249,10 |
| Installation | | 🔧 | 🔧 | | | | | 50,00 | 58,00 | 25,56 | 29,65 |
| **Wooden shift lever** (round contour) with AMG badge | 608I | ● | | | | | | 390,00 | 452,40 | 199,40 | 231,31 |
| | | | ● | | ● | | | 460,00 | 533,60 | 235,19 | 272,83 |
| | | | | ● | | | | 580,00 | 672,80 | 296,55 | 344,00 |
| Installation | | 🔧 | 🔧 | 🔧 | 🔧 | | | 50,00 | 58,00 | 25,56 | 29,65 |
| **Wood/leather shift lever** (MB version) Leather in color of the interior trim | 604I | ● | | | | | | 420,00 | 487,20 | 214,74 | 249,10 |
| | | | ● | | ● | | | 600,00 | 696,00 | 306,78 | 355,86 |
| | | | | ● | | | | 690,00 | 800,40 | 352,79 | 409,24 |
| Installation | | 🔧 | 🔧 | 🔧 | 🔧 | | | 50,00 | 58,00 | 25,56 | 29,65 |
| **Wooden shift lever** with gold badge (750 GG) incl. individual engraving | 605I | ● | | | | | | 1.650,00 | 1.914,00 | 843,63 | 978,61 |
| | | | ● | | ● | | | 1.750,00 | 2.030,00 | 894,76 | 1.037,92 |
| | | | | ● | | | | 1.900,00 | 2.204,00 | 971,45 | 1.126,89 |
| Installation | | 🔧 | 🔧 | 🔧 | 🔧 | | | 50,00 | 58,00 | 25,56 | 29,65 |
| **Wood/leather shift lever** in AMG design | 612I | ● | | | | | | 520,00 | 603,20 | 265,87 | 308,41 |
| | | | ● | | ● | | | 580,00 | 672,80 | 296,55 | 344,00 |
| | | | | ● | | | | 680,00 | 788,80 | 347,68 | 403,31 |
| Installation | | 🔧 | 🔧 | 🔧 | 🔧 | | | 50,00 | 58,00 | 25,56 | 29,65 |
| **Wood/leather shift lever** in AMG design with badge, as per code 612I | 606I | | | | | | | | On inquiry | | |



● Available as trim plus invoiced fitting and painting costs

■ Additional charge to be basic equipment with stated trim variant

# Special equipment for the Roadster (SL) Equipment and trim

| Description | Code | Wood: Burr walnut SF | Wood: Swedish birch SF | Swedish birch IF | Chestnut SF | Leather | Other | List price without VAT ex works DM | Purchase price incl. 16% VAT. ex works DM | List price without VAT ex works EUR | Purchase price incl. 16% VAT. ex works EUR |
|---|---|---|---|---|---|---|---|---|---|---|---|
| **Leather covering for steering wheel in color of the interior trim** (1) Complete leather covering, airbag color-matched only combined with MB code 289 (MB wood/leather steering wheel) uni-colored | 634I | | | | | ● | | 1.980,00 | **2.296,80** | 1.012,36 | **1.174,34** |
| **AMG ergonomic sport steering wheel** (380mm) (2) | | | | | | | | | | | |
| Rim leather-covered in black (uni-colored) | 639I | | | | | ● | | 750,00 | **870,00** | 383,47 | **444,82** |
| Completely covered in leather (uni-colored) | 625I | | | | | ● | | 950,00 | **1.102,00** | 485,73 | **563,44** |
| Completely covered in leather (two-colored), C36 design | 626I | | | | | ● | | 1.150,00 | **1.334,00** | 587,99 | **682,06** |
| Rim covered in leather (uni- or two-colored), C43 design, base: black | 098I | | | | | ● | | 820,00 | **951,20** | 419,26 | **486,34** |
| Completely covered in leather (uni- or two-colored), C43 design | 097I | | | | | ● | | 1.020,00 | **1.183,20** | 521,52 | **604,96** |
| Installation for code 639I, 625I, 626I, 098I, 097I | | | | | | 🔧 | | 180,00 | **208,80** | 92,03 | **106,76** |
| **AMG wood/leather steering wheel in R170 design** (390mm) (2) | 623I | ● | | | | | | 2.100,00 | **2.436,00** | 1.073,71 | **1.245,51** |
| Two wooden segments, only steering wheel rim leather-covered, black | | | ● | | ● | | | 2.300,00 | **2.668,00** | 1.175,97 | **1.364,13** |
| In part airbag (code 645I) required | | | | ● | | | | 2.450,00 | **2.842,00** | 1.252,67 | **1.453,09** |
| Installation | | 🔧 | 🔧 | 🔧 | 🔧 | | | 180,00 | **208,80** | 92,03 | **106,76** |
| **AMG wood/leather steering wheel in R170 design** (390mm) (2) | 624I | ● | | | | | | 2.350,00 | **2.726,00** | 1.201,54 | **1.393,78** |
| Two wooden segments, completely covered in leather | | | ● | | ● | | | 2.550,00 | **2.958,00** | 1.303,79 | **1.512,40** |
| In part airbag (code 646I or 645I) required | | | | ● | | | | 2.750,00 | **3.190,00** | 1.406,05 | **1.631,02** |
| Installation | | 🔧 | 🔧 | 🔧 | 🔧 | | | 180,00 | **208,80** | 92,03 | **106,76** |
| **AMG wood/leather steering wheel in Ergo design** (380mm) (2) | 632I | ● | | | | | | 2.280,00 | **2.644,80** | 1.165,75 | **1.352,27** |
| Completely covered in leather | | | ● | | ● | | | 2.550,00 | **2.958,00** | 1.303,79 | **1.512,40** |
| In part airbag (code 646I or 645I) required | | | | ● | | | | 2.750,00 | **3.190,00** | 1.406,05 | **1.631,02** |
| Installation | | 🔧 | 🔧 | 🔧 | 🔧 | | | 180,00 | **208,80** | 92,03 | **106,76** |
| **Airbag retrofitting and color matching** AMG airbag (R170 design) with logo, dyed in colors as desired, matching horn buttons combined with code: 625I or 626I or 097I or 624I or 632I | 646I | | | | | | ● | 1.400,00 | **1.624,00** | 715,81 | **830,34** |
| AMG airbag (R170 design), black, with logo, uni-colored, horn buttons black combined with code: 639I or 625I or 626I or 098I or 097I or 623I or 624I or 632I Version in anthracite only combined with code: 625I or 626I or 097I or 624I or 632I | 645I | | | | | | ● | 375,00 | **435,00** | 191,73 | **222,41** |
| **Leather covering of the horn buttons,** only for R170 design | 687I | | | | | ● | | 180,00 | **208,80** | 92,03 | **106,76** |
| **LEATHER CARE** | | | | | | | | | | | |
| **Leather care products** for cleaning and care of leather trim | | | | | | | | | | | |
| Leather cleaner (200ml) | 731I | | | | | | ● | 14,80 | **17,17** | 7,57 | **8,78** |
| Leather balsam (200ml) | 732I | | | | | | ● | 24,80 | **28,77** | 12,68 | **14,71** |

(1) standard in SL 600

(2) from model year 99, only in conjunction with AMG airbag (R170 design)

Note: prices are independent of basic MB trim (fabric or leather)



● Available as trim plus invoiced fitting and painting costs
❑ Standard with basic vehicle SF – standard IF – multi-colored

■ Additional charge to be basic equipment with stated trim variant
🔧 Installation / painting costs
Required official approvals on inquiry

# Special equipment for the Roadster (SL) Equipment and trim

| Description | Code | Carbon fibre SF | Carbon fibre IF | List price without VAT ex works DM | Purchase price incl. 16% VAT. ex works DM | List price without VAT ex works EUR | Purchase price incl. 16% VAT. ex works EUR |
|---|---|---|---|---|---|---|---|
| **TRIM PANELLING** | | | | | | | |
| **AMG trim set for MB standard** (from 09/95) | 655I | ● | | 3.490,00 | 4.048,40 | 1.784,41 | 2.069,91 |
| All models, except SL600 | | | ● | | On inquiry | | |
| SL 600 (without shift lever and steering wheel) | | ● | | 3.950,00 | 4.582,00 | 2.019,60 | 2.342,74 |
| | | | ● | | On inquiry | | |
| Installation | | 🔧 | 🔧 | 350,00 | 406,00 | 178,95 | 207,58 |
| **AMG trim set for interior,** two-piece | 656I | ● | | 1.450,00 | 1.682,00 | 741,37 | 859,99 |
| | | | ● | | On inquiry | | |
| Installation, without code 725I (complete leather trim) | | 🔧 | 🔧 | 240,00 | 278,40 | 122,71 | 142,34 |
| Installation, with code 725I (complete leather trim) | | 🔧 | 🔧 | 0,00 | 0,00 | 0,00 | 0,00 |
| **AMG-door trim set I,** four-piece (from 09/95) | 677I | ● | | 2.590,00 | 3.004,40 | 1.324,25 | 1.536,13 |
| Cover for door pockets (two-piece) [a], recessed grips for door opener (two-piece) [b] | | | ● | 3.800,00 | 4.408,00 | 1.942,91 | 2.253,78 |
| Installation, without code 725I (complete leather trim) | | 🔧 | 🔧 | 290,00 | 336,40 | 148,27 | 172,00 |
| Installation, with code 725I (complete leather trim) | | 🔧 | 🔧 | 0,00 | 0,00 | 0,00 | 0,00 |
| **AMG-door trim set II,** two-piece (from 09/95) | 678I | ● | | | On inquiry | | |
| Loudspeaker covers [d] | | | ● | 1.770,00 | 2.053,20 | 904,99 | 1.049,78 |
| Installation, without code 725I (complete leather trim) | | 🔧 | 🔧 | 250,00 | 290,00 | 127,82 | 148,27 |
| Installation, with code 725I (complete leather trim) | | 🔧 | 🔧 | 90,00 | 104,40 | 46,02 | 53,38 |
| **AMG cover plates for seat adjusting unit** [c] | 651I | ● | | 480,00 | 556,80 | 245,42 | 284,69 |
| not in conjunction with code 733I (cover for seat adjustment) | | | ● | 515,00 | 597,40 | 263,32 | 305,45 |
| Installation, without code 725I (complete leather trim) | | 🔧 | 🔧 | 370,00 | 429,20 | 189,18 | 219,45 |
| Installation, with code 725I (complete leather trim) | | 🔧 | 🔧 | 190,00 | 220,40 | 97,15 | 112,69 |
| **Cover plate for instrument cluster** | 682I | ● | | 1.950,00 | 2.262,00 | 997,02 | 1.156,54 |
| | | | ● | 1.930,00 | 2.238,80 | 986,79 | 1.144,68 |
| Installation | | 🔧 | 🔧 | 105,00 | 121,80 | 53,69 | 62,28 |
| **ADDITIONAL EQUIPMENT** | | | | | | | |
| **Telephone console** with loudspeaker - Carbon fibre/carpet combination, | 684I | ● | | 820,00 | 951,20 | 419,26 | 486,34 |
| carpet in same color as interior trim | | | ● | 890,00 | 1.032,40 | 455,05 | 527,86 |
| **SHIFT LEVERS / STEERING WHEELS** | | | | | | | |
| **Carbon/leather shift lever** | 612I | ● | | 680,00 | 788,80 | 347,68 | 403,31 |
| in AMG design | | | ● | 620,00 | 719,20 | 317,00 | 367,72 |
| Installation | | 🔧 | 🔧 | 50,00 | 58,00 | 25,56 | 29,65 |
| **AMG Carbon/leather steering wheel in Ergo design** (1) | 632I | ● | | 2.750,00 | 3.190,00 | 1.406,05 | 1.631,02 |
| (380mm), completely covered in leather | | | ● | 2.600,00 | 3.016,00 | 1.329,36 | 1.542,06 |
| In part airbag (code 646I or 645I) required | | | | | | | |
| Installation | | 🔧 | 🔧 | 180,00 | 208,80 | 92,03 | 106,76 |

(1) from model year 99, only in conjunction with AMG airbag (R170 design)

Note: prices are independent of basic MB trim (fabric or leather)



● Available as trim plus invoiced fitting and painting costs
❑ Standard with basic vehicle SF – standard IF – multi-colored

■ Additional charge to be basic equipment with stated trim variant
🔧 Installation / painting costs
Required official approvals on inquiry

## Die Fahrgestellnummer

Die ehemaligen Fahrgestellnummern, Indiz für die Zahl des gebauten Fahrzeugs, sind im Laufe der Jahre durch die Fahrzeug-Identifikations-Nummer (FIN) nach ISO ersetzt worden. Diese Nummer gibt Auskunft über weitere individuelle Details des Fahrzeugs.
Weltweit gibt es zwei unterschiedliche Nummernkreise, die sich auf die nordamerikanischen Länder USA und Kanada bzw. die restlichen Länder (Rest of the World) beziehen. Wie Nummern nach dem World-Manufacturer-Identifier-System aussehen und was sie bedeuten, soll an zwei Beispielen des letzten produzierten bzw. eines spät gebauten R 129 dargestellt werden:

Beispiel einer Fahrgestellnummer für alle Länder außer USA und Kanada:

WDB 129 068 1 F 204940

| | | |
|---|---|---|
| WDB | = | Herstellerkennung (Deutschland Daimler-Benz) |
| 129 | = | Baureihe |
| 068 | = | Modell bzw. Typ, in diesem Fall SL 500 mit M 113 |
| 1 | = | steht für Linkslenker (2 steht für Rechtslenker) |
| F | = | Produktionswerk (A-E betrifft das Werk Sindelfingen, F-H das Werk Bremen) |
| 204940 | = | die fortlaufende Produktionszahl der Baureihe, unabhängig von dem einzelnen Typ |

Beispiel einer Fahrgestellnummer für die USA oder Kanada:

WDB F A 68 F 6 2 F 203024

| | | |
|---|---|---|
| WDB | = | Herstellerkennung (Deutschland Daimler-Benz) |
| F | = | Baureihenbezeichnung innerhalb des WIM-Systems, das F steht für den R 129 |
| A | = | Art des Verbrennungsmotors (A = Benzinmotor, B = Dieselmotor) |
| 68 | = | Modell bzw. Typ, in diesem Fall SL 500 mit M 113 |
| F | = | Airbag als Rückhaltesystem |
| 6 | = | Prüf- und Kontrollziffer |
| 2 | = | Modelljahr-Codierung nur für USA: Buchstaben K–Y betreffen die Jahre 1989 bis 2000, ab dem Jahr 2001 beginnt die Codierung mit der Zahl 1 |
| F | = | Produktionswerk (A–E betreffen das Werk Sindelfingen, F–H das Werk Bremen) |
| 203024 | = | die fortlaufende Produktionszahl der Baureihe, unabhängig von dem einzelnen Typ |

## Ausstattungen Stoffpolsterung 300 SL, 300 SL-24, 500 SL

300 SL 300 SL-24 500 SL

Bm 129

STOFFPOLSTERUNG

| TYP<br>BAUMUSTER | | 300 SL<br>129.060 | 300 SL-24<br>129.061 | 500 SL<br>129.066 | | | | | |
|---|---|---|---|---|---|---|---|---|---|
| Teilbenennung | Werkstoff | Code-Nummern 071 | 072 | 073 | 074 | 075 | 076 | 077 | 078 |
| Bezug Sitze Mitte Kissen und Lehne | Polsterstoff Sportiv | 9A80 schwarz | 5A94 blau | 8E72 brasil | 8E68 dattel | 8E64 cremebeige | 6B48 piniengrün | 3B27 mittelrot | 7C07 grau |
| Bezug seitlich / Böden für Kissen und Lehne und Bezug Kopfstütze | Polsterstoff uni | 9A81 schwarz | 5A95 blau | 8E73 brasil | 8E69 dattel | 8E65 cremebeige | 6B49 piniengrün | 3B28 mittelrot | 7C08 grau |
| Verkleidung Fahrerlehne (Spannteil) | Kunstleder | 9045 schwarz | 5070 blau | 8310 brasil | 8320 dattel | 8411 cremebeige | 6121 piniengrün | 3111 mittelrot | 7095 grau |
| Türbelag | Folie | 9045 schwarz | 5070 blau | 8310 brasil | 8320 dattel | 8411 cremebeige | 6121 piniengrün | 3111 mittelrot | 7095 grau |
| Einsatz Türbelag | Polsterstoff Sportiv | 9A80 schwarz | 5A94 blau | 8E72 brasil | 8E68 dattel | 8E64 cremebeige | 6B48 piniengrün | 3B27 mittelrot | 7C07 grau |
| Instrumententafel | Folie | 9045 schwarz | 5070 blau | 8310 brasil | 8317 dunkelbraun | 8317 dunkelbraun | 6121 piniengrün | 3111 mittelrot | 7102 dunkelgrau |
| Holzteile | Edelholz-Furnier | Wurzelnuss | | | | | | | |
| Himmel für Coupé-Dach | Folie | 7137 grau | 7137 grau | 8420 dattel | 8420 dattel | 8417 cremebeige | 8417 cremebeige | 8417 cremebeige | 7137 grau |
| Bodenbelag | Velours-Teppich | 9A82 schwarz | 5A96 blau | 8E74 brasil | 8E70 dattel | 8E66 cremebeige | 6B50 piniengrün | 3B29 mittelrot | 7C09 grau |
| Belag Kofferboden | Nadelfilz-stoff | 9A76 schwarz | 5A91 blau | 8E54 brasil | 8E65 dattel | 8E86 cremebeige | 6B45 piniengrün | 3B24 mittelrot | 7C21 grau |
| Innenhimmel für Faltdach | Textil | 8E87 beige | bei allen 3 Verdeckstoff-Farben 740 schwarz, 744 blau, 746 braun | | | | | | |

| Lackierungen | | Erkennbarkeit in % |
|---|---|---|
| Serienlackierungen | | |
| 751 | liasgrau | 26 |
| 147 | arktikweiß | 73 |
| 900 | surfblau | 6 |
| 540 | barolorot | 10 |
| 651 | pueblobeige | 17 |
| 815 | achatgrün | 6 |
| 623 | hellelfenbein | 77 |
| 904 | dunkelblau | 4 |
| 568 | signalrot | 38 |
| 040 | schwarz | 5 |
| Metallic-Lackierungen | | |
| 735 | astralsilber | |
| 355 | diamantblau | |
| 929 | nautikblau | |
| 172 | anthrazitgrau | |
| 199 | blauschwarz | |
| 512 | almandinrot | |
| 702 | rauchsilber | |
| 587 | pajettrot | |
| 254 | nachtgrün | |
| 261 | nelkengrün | |
| 122 | perlmuttgrau | |
| 432 | bisonbraun | |
| 441 | impala | |
| Verdeck | | |
| 740 | schwarz | |
| 744 | blau | |
| 746 | braun | |





## Ausstattungen Lederpolsterung 300 SL, 300 SL-24, 500 SL

LEDERPOLSTERUNG

| TYP<br>BAUMUSTER | | 300 SL<br>129.060 | 300 SL-24<br>129.061 | 500 SL<br>129.066 | | | | | |
|---|---|---|---|---|---|---|---|---|---|
| Teilbenennung | Werkstoff | Code-Nummern 271 | 272 | 273 | 274 | 275 | 276 | 277 | 278 |
| Bezug Sitze Mitte Kissen und Lehne | Leder perforiert weich | 9A84 schwarz | 5A98 blau | 8E78 brasil | 8E79 dattel | 8E80 cremebeige | 6B52 piniengrün | 3B32 mittelrot | 7C12 grau |
| Seitenkasten und seitliche Böden der Sitze | Leder glatt weich | 9A84 schwarz | 5A98 blau | 8E78 brasil | 8E79 dattel | 8E80 cremebeige | 6B52 piniengrün | 3B32 mittelrot | 7C12 grau |
| Verkleidung Fahrerlehne (Spannteil) | Leder glatt weich | 9A84 schwarz | 5A98 blau | 8E78 brasil | 8E79 dattel | 8E80 cremebeige | 6B52 piniengrün | 3B32 mittelrot | 7C12 grau |
| Kopfstützen | Leder glatt weich | 9A84 schwarz | 5A98 blau | 8E78 brasil | 8E79 dattel | 8E80 cremebeige | 6B52 piniengrün | 3B32 mittelrot | 7C12 grau |
| Bezug Türverkleidung | Folie | 9045 schwarz | 5070 blau | 8310 brasil | 8320 dattel | 8411 cremebeige | 6121 piniengrün | 3111 mittelrot | 7095 grau |
| Einsatz Türbelag Mitte | Leder weich | 9A84 schwarz | 5A98 blau | 8E78 brasil | 8E79 dattel | 8E80 cremebeige | 6B52 piniengrün | 3B32 mittelrot | 7C12 grau |
| Instrumententafel | Folie | 9045 schwarz | 5070 blau | 8310 brasil | 8317 dunkelbraun | 8317 dunkelbraun | 6121 piniengrün | 3111 mittelrot | 7102 grau |
| Holzteile | Edelholz-Furnier | Wurzelnuss | | | | | | | |
| Himmel für Coupé-Dach | Folie | 7137 grau | 7137 grau | 8420 dattel | 8420 dattel | 8417 cremebeige | 8417 cremebeige | 8417 cremebeige | 7137 grau |
| Bodenbelag | Velours-Teppich | 9A82 d.anthrazit | 5A96 blau | 8E74 brasil | 8E70 dattel | 8E66 cremebeige | 6B50 piniengrün | 3B29 mittelrot | 7C09 grau |
| Belag Kofferboden | Nadelfilz-stoff | 9A76 d.anthrazit | 5A91 blau | 8E54 brasil | 8E85 dattel | 8E86 cremebeige | 6B45 piniengrün | 3B24 mittelrot | 7C21 grau |
| Innenhimmel für Faltdach | Textil | 8E87 beige | bei allen 3 Verdeckstoff-Farben 740 schwarz, 744 blau, 746 braun | | | | | | |

| Lackierungen | | Erkennbarkeit in % |
|---|---|---|
| Serienlackierungen | | |
| 751 | liasgrau | 26 |
| 147 | arkticweiß | 73 |
| 900 | surfblau | 6 |
| 540 | barolorot | 10 |
| 651 | pueblobeige | 17 |
| 815 | achatgrün | 6 |
| 623 | hellelfenbein | 77 |
| 904 | dunkelblau | 4 |
| 568 | signalrot | 38 |
| 040 | schwarz | 5 |
| Metallic-Lackierungen | | |
| 735 | astralsilber | |
| 355 | diamantblau | |
| 929 | nautikblau | |
| 172 | anthrazitgrau | |
| 199 | blauschwarz | |
| 512 | almandinrot | |
| 702 | rauchsilber | |
| 587 | pajettrot | |
| 254 | nachtgrün | |
| 261 | nelkengrün | |
| 122 | perlmuttgrau | |
| 432 | bisonbraun | |
| 441 | impala | |
| Verdeck | | |
| 740 | schwarz | |
| 744 | blau | |
| 746 | braun | |

300 SL 300 SL-24 500 SL

Bm 129

# Ausstattungen
# Lack- und Polsterkombinationen 300 SL, 300 SL-24, 500 SL

| Bug-/Heckschürze, Flankenschutz in | safaribeige 631 | navarrarot 521 | tartanrot 515 | andorblau 301 | rioblau 309 | kiwigrün 211 |
|---|---|---|---|---|---|---|
| gültig für: | | | | | | |
| Serienlackierungen | 623 | 540 | 568 | 900 | 904 | 815 |
| Metallic-Lackierungen | | 512, 587 | | 355, 929 | | 254, 261 |
| **Bug-/Heckschürze, Flankenschutz in** | **muschelgrau 176** | **stratusgrau 177** | **altograu 700** | **satograu 738** | **chincilla 477** | |
| gültig für: | | | | | | |
| Serienlackierungen | 651 | 751 | 040 | 147 | | |
| Metallic-Lackierungen | 172, 702 | 735 | 122, 199 | | 432, 441 | |

VTKW-KB-Ausstattung 1/90

## Ausstattungen Stoffpolsterung SL 280, SL 320, SL 500

| Typ | SL 280 | SL 320 | SL 500 |
|---|---|---|---|
| Baumuster | 129.058 | 129.063 | 129.067 |

STOFF-POLSTERUNG

| Teilbenennung | Werkstoff | 071 | 072 | 074 | 075 | 077 | 078 |
|---|---|---|---|---|---|---|---|
| Bezug Sitze Mitte Kissen und Lehne | Polsterstoff Sportiv | 9A80 schwarz | 5A94 blau | 8F52 safran | 8F41 champignon | 3B27 mittelrot | 7C07 grau |
| Bezug seitl. / Böden für Kissen u. Lehne u. Bezug Kopfst. | Polsterstoff uni | 9A81 schwarz | 5A95 blau | 8E53 safran | 8F42 champignon | 3B28 mittelrot | 7C08 grau |
| Verkleidung Fahrerlehne (Spannteil) | Kunstleder | 9045 schwarz | 5070 blau | 8F19 safran | 8F33 champignon | 3111 mittelrot | 7095 grau |
| Bezug Türverkleidung | Folie | 9045 schwarz | 5070 blau | 8F19 safran | 8F33 champignon | 3111 mittelrot | 7095 grau |
| Einsatz Türbelag | Polsterstoff Sportiv | 9A80 schwarz | 5A94 blau | 8F52 safran | 8F41 champignon | 3B27 mittelrot | 7C07 grau |
| Instrumententafel | Folie | 9A77 schwarz | 5A92 blau | 8E59 d.braun | 8E59 d.braun | 3B25 mittelrot | 7C02 d.grau |
| Holzteile | Edelholz-Furnier | Wurzelnuß | | | | | |
| Himmel für Coupé-Dach | Folie | 7C53 grau | 7C53 grau | 8F49 dattel | 8F40 champignon | 8F40 champignon | 7C53 grau |
| Bodenbelag | Velours-Teppich | 9A82 schwarz | 5A96 blau | 8F24 safran | 8F36 champignon | 3B29 mittelrot | 7C09 grau |
| Belag Kofferboden | Nadelfilzstoff | 9A76 schwarz | 5A91 blau | 8F22 safran | 8F34 champignon | 3B24 mittelrot | 7C21 grau |
| Innenhimmel für Faltdach | Textil | 8E87 beige | bei allen 3 Verdeckstoff-Farben 740 schwarz, 744 blau, 746 braun | | | | |

312 Stand: 10. 5. 1993 ▲ = geändert Änderungen vorbehalten

## Ausstattungen Lederpolsterung SL 280, SL 320, SL 500, SL 600

| Typ | SL 280 | SL 320 | SL 500 | SL 600 |
|---|---|---|---|---|
| Baumuster | 129.058 | 129.063 | 129.067 | 129.076 |

LEDER-Polsterung

| Teilbenennung | Werkstoff | 271 | 272 | 274 | 275 | 277 | 278 |
|---|---|---|---|---|---|---|---|
| Bezug Sitze Mitte Kissen und Lehne | Leder perforiert weich | 9A84 schwarz | 5A98 blau | 8F19 safran | 8F33 champignon | 3B32 mittelrot | 7C12 grau |
| Seitenbacken und seitliche Böden der Sitze | Leder glatt weich | 9A84 schwarz | 5A98 blau | 8F19 safran | 8F33 champignon | 3B32 mittelrot | 7C12 grau |
| Verkleidung Fahrerlehne (Spannteil) | Kunstleder | 9045 schwarz | 5070 blau | 8F19 safran | 8F33 champignon | 3111 mittelrot | 7095 grau |
| Kopfstützen | Leder glatt weich | 9A84 schwarz | 5A98 blau | 8F19 safran | 8F33 champignon | 3B32 mittelrot | 7C12 grau |
| Bezug Türverkleidung | Folie | 9045 schwarz | 5070 blau | 8F19 safran | 8F33 champignon | 3111 mittelrot | 7095 grau |
| Einsatz Türbelag Mitte | Leder weich | 9A84 schwarz | 5A98 blau | 8F19 safran | 8F33 champignon | 3B32 mittelrot | 7C12 grau |
| Instrumententafel | Folie | 9A77 schwarz | 5A92 blau | 8E59 d.braun | 8E59 d.braun | 3B25 mittelrot | 7C02 d.grau |
| Holzteile | Edelholz-Furnier | Wurzelnuß | | | | | |
| Himmel für Coupé-Dach | Folie | 7C53 grau | 7C53 grau | 8F49 dattel | 8F40 champignon | 8F40 champignon | 7C53 grau |
| Bodenbelag | Velours-Teppich | 9A82 d.anthraz. | 5A96 blau | 8F24 safran | 8F36 champignon | 3B29 mittelrot | 7C09 grau |
| Belag Kofferboden | Nadelfilzstoff | 9A76 schwarz | 5A91 blau | 8F22 safran | 8F34 champignon | 3B24 mittelrot | 7C21 grau |
| Innenhimmel f. Faltdach | Textil | 8E87 beige | bei allen 3 Verdeckstoff-Farben 740 schwarz, 744 blau, 746 braun | | | | |

Änderungen vorbehalten ▲ = geändert Stand: 10. 5. 1993 313

Bm 129
SL 280 SL 320 SL 500 SL 600

## Ausstattungen Leder-Exclusiv SL 280, SL 320, SL 500, SL 600

| Typ Baumuster | SL 280 129.058 | SL 320 129.063 | SL 500 129.067 | SL 600 129.076 |
|---|---|---|---|---|

LEDER-AUSSTATTUNG - EXCLUSIV

| Teilbenennung | Werkstoff | 571 | 575 | 578 |
|---|---|---|---|---|
| Bezug Sitze Mitte Kissen und Lehne | Polsterleder | 9A84 schwarz | 8F33 champignon | 7C12 grau |
| **Ziernaht** Sitzbezüge, Kopfstützen Gurtbringer u. Türbeläge | Kontrast-Nähfaden | 7C70 mittelgrau | 8F75 d.braun | 7C63 anthrazit |
| **Ziernaht** Instrumententafel | Kontrast-Nähfaden | 7C70 mittelgrau | 8F70 braun | 7C70 mittelgrau |
| Seitenbacken, seitl. Böden der Sitze u. Kopfstützen | Leder | 9A84 schwarz | 8F33 champignon | 7C12 grau |
| Verkleidung Fahrerlehne (Spannteil) | Leder | 9A84 schwarz | 8F33 champignon | 7C12 grau |
| Einsatz Türbelag Mitte | Leder | 9A84 schwarz | 8F33 champignon | 7C12 grau |
| Bezug Türverkleidung | Vlies-Kunstleder | 9B06 schwarz | 8F74 champignon | 7C57 grau |
| Instrumententafel | Vlies-Kunstleder | 9B06 schwarz | 8F72 d.braun | 7C59 d.grau |
| **Holzteile** | **Edelholz-Furnier** | **Wurzelnuß** | | |
| Himmel für Coupé-Dach | Fertighimmel | 7C53 grau | 8F40 champignon | 7C53 grau |
| Bodenbelag | Velours-Teppich | 9A82 schwarz | 8F36 champignon | 7C09 grau |
| Belag Kofferboden | Velours-Vlies | 9A76 schwarz | 8F34 champignon | 7C21 grau |
| Innenhimmel für Faltdach | Textil | 8E87 beige | bei allen 3 Verdeck-Stoff-Farben 740 schwarz, 744 blau, 746 braun | |

VT-KB - Ausstattung 8/92

## Ausstattungen Lack- und Polsterkombinationen SL 280, SL 320, SL 500, SL 600

| Bug-/Heckschürze, Flankenschutz in | safaribeige 631 | navarrarot 521 | tartanrot 515 | andorblau 301 | rioblau 309 | kiwigrün 211 |
|---|---|---|---|---|---|---|
| gültig für: Serienlackierungen | | | 582 | | 904 | |
| Metallic-Lackierungen | | 512 | | 355, 929 | | 254 |

| Bug-/Heckschürze, Flankenschutz in | muschelgrau 176 | stratusgrau 177 | altograu 700 | satograu 738 | karminbraun 482 |
|---|---|---|---|---|---|
| gültig für: Serienlackierungen | | 751 | 040 | 149 | |
| Metallic-Lackierungen | 172, 702 | 744 | 199 | | 432, 441 |

VTKW-KB-Ausstattung 5/93

## Ausstattungen Stoffpolsterung SL 280, SL 320, SL 500

SL 280 SL 320 SL 500 SL 600 SL 60 AMG

Bm 129

Änderungen vorbehalten ▲ = geändert Stand: 1. 3. 1994 383

| Typ | SL 280 | SL 320 | SL 500 | | | | |
|---|---|---|---|---|---|---|---|
| Baumuster | 129.058 | 129.063 | 129.067 | | | | STOFF-POLSTERUNG |

| Ausstattungs-Code | | 071 | 072 | 074 | 075 | 077 | 078 |
|---|---|---|---|---|---|---|---|
| Bezug Mitte für Kissen und Lehne | P.Stoff Sportiv | 9A80 schwarz | 5A94 blau | 8F52 safran | 8F41 champign. | 3B27 mittelrot | 7C07 grau |
| Bezug seitl./Böden f. Kissen Lehne und Bezug Kopfstützen | P.Stoff uni | 9A81 schwarz | 5A95 blau | 8F53 safran | 8F42 champign. | 3B28 mittelrot | 7C08 grau |
| Bezug Verkleidung Fahrerlehne | K.-Leder | 9045 schwarz | 5070 blau | 8F19 safran | 8F33 champign. | 3111 mittelrot | 7095 grau |
| Bezug Türverkleidung außen | PVC-Schaumfolie | 9045 schwarz | 5070 blau | 8F19 safran | 8F33 champign. | 3111 mittelrot | 7095 grau |
| Bezug Türverkleidung Mitte | P.Stoff Sportiv | 9A80 schwarz | 5A94 blau | 8F52 safran | 8F41 champign. | 3B27 mittelrot | 7C07 grau |
| Instrumententafel | Tiefziehfolie | 9A77 schwarz | 5A92 blau | 8E59 d.braun | 8E59 d.braun | 3B25 mittelrot | 7C02 d.grau |
| **Holzteile** | **Edelholz-Furnier** | | **Wurzelnuß** | | | | |
| Verkleidung Coupé-Dach (Himmel) | Fertighimmel | 7C53 grau | 7C53 grau | 8F49 dattel | 8F40 champign. | 8F40 champign. | 7C53 grau |
| Verkleidung Innenhimmel für Faltdach | PES-Gewirke | 7D09 grau | 7D09 grau | 8G26 beige | 8G26 beige | 8G26 beige | 7D09 grau |
| Belag Fahrer- u. Fondboden | Velours-Teppich | 9A82 schwarz | 5A96 blau | 8F24 safran | 8F36 champign. | 3B29 mittelrot | 7C09 grau |
| Belag Kofferraum | Nadelfilzstoff | 9A76 schwarz | 5A91 blau | 8F22 safran | 8F34 champign. | 3B24 mittelrot | 7C21 grau |
| Verdeckstoff-Farbe außen | 740 schwarz, 744 d.blau, 746 d.braun | | | | | | |

VT-KCB/lü 10/93

## Ausstattungen Lederpolsterung SL 280, SL 320, SL 500, SL 600, SL 60 AMG

SL 280 SL 320 SL 500 SL 600 SL 60 AMG

Bm 129

384 Stand: 1. 3. 1994 ▲ = geändert Änderungen vorbehalten

| Typ | SL 280 | SL 320 | SL 500 | SL 600 | SL 60 AMG | | |
|---|---|---|---|---|---|---|---|
| Baumuster | 129.058 | 129.063 | 129.067 | 129.076 | | | LEDER-POLSTERUNG |

| Ausstattungs-Code | | 271 | 272 | 274 | 275 | 277 | 278 |
|---|---|---|---|---|---|---|---|
| Bezug Mitte für Kissen und Lehne | Polsterleder weich | 9A84 schwarz | 5A98 blau | 8F19 safran | 8F33 champign. | 3B32 mittelrot | 7C12 grau |
| Bezug seitl./Böden f. Kissen Lehne und Bezug Kopfstützen | Polsterleder weich | 9A84 schwarz | 5A98 blau | 8F19 safran | 8F33 champign. | 3B32 mittelrot | 7C12 grau |
| Bezug Verkleidung Fahrerlehne | K.-Leder | 9045 schwarz | 5070 blau | 8F19 safran | 8F33 champign. | 3111 mittelrot | 7095 grau |
| Bezug Türverkleidung außen | PVC-Schaumfolie | 9045 schwarz | 5070 blau | 8F19 safran | 8F33 champign. | 3111 mittelrot | 7095 grau |
| Bezug Türverkleidung Mitte | Polsterleder | 9A84 schwarz | 5A98 blau | 8F19 safran | 8F33 champign. | 3B32 mittelrot | 7C12 grau |
| Instrumententafel | Tiefziehfolie | 9A77 schwarz | 5A92 blau | 8E59 d.braun | 8E59 d.braun | 3B25 mittelrot | 7C02 d.grau |
| **Holzteile** | **Edelholz-Furnier** | | **Wurzelnuß** | | | | |
| Verkleidung Coupé-Dach (Himmel) | Fertighimmel | 7C53 grau | 7C53 grau | 8F49 dattel | 8F40 champign. | 8F40 champign. | 7C53 grau |
| Verkleidung Innenhimmel für Faltdach | PES-Gewirke | 7D09 grau | 7D09 grau | 8G26 beige | 8G26 beige | 8G26 beige | 7D09 grau |
| Belag Fahrer- u. Fondboden | Velours-Teppich | 9A82 schwarz | 5A96 blau | 8F24 safran | 8F36 champign. | 3B29 mittelrot | 7C09 grau |
| Belag Kofferraum | Nadelfilzstoff | 9A76 schwarz | 5A91 blau | 8F22 safran | 8F34 champign. | 3B24 mittelrot | 7C21 grau |
| Verdeckstoff-Farbe außen | | 740 schwarz, 744 d.blau, 746 d.braun | | | | | |

VT-KCB/lü 10/93

## Ausstattungen Leder-Exclusiv SL 280, SL 320, SL 500, SL 600, SL 60 AMG

**SL 280 SL 320 SL 500 SL 600 SL 60 AMG**

Bm 129

| Typ | SL 280 | SL 320 | SL 500 | SL 600 | SL 60 AMG |
|---|---|---|---|---|---|
| Baumuster | 129.058 | 129.063 | 129.067 | 129.076 | |

**LEDER-AUSSTATTUNG - EXCLUSIV**

| Teilbenennung | Werkstoff | 571 | 575 | 578 |
|---|---|---|---|---|
| Bezug Sitze Mitte Kissen und Lehne | Polsterleder | 9A84 schwarz | 8F33 champignon | 7C12 grau |
| Ziernaht Sitzbezüge, Kopfstützen Gurtbringer u. Türbeläge | Kontrast-Nähfaden | 7C70 mittelgrau | 8F75 d.braun | 7C63 anthrazit |
| Ziernaht Instrumententafel | Kontrast-Nähfaden | 7C70 mittelgrau | 8F70 braun | 7C70 mittelgrau |
| Seitenbacken, seitl. Böden der Sitze u. Kopfstützen Verkleidung Fahrerlehne | Leder | 9A84 schwarz | 8F33 champignon | 7C12 grau |
| Einsatz Türbelag Mitte | Leder | 9A84 schwarz | 8F33 champignon | 7C12 grau |
| Bezug Türverkleidung | Vlies-Kunstleder | 9B06 schwarz | 8F74 champignon | 7C57 grau |
| Instrumententafel | Vlies-Kunstleder | 9B06 schwarz | 8F72 d.braun | 7C59 d.grau |
| **Holzteile** | **Edelholz-Furnier** | **Wurzelnuß** | | |
| Verkleidung Coupé-Dach (Himmel) | Fertighimmel | 7C53 grau | 8F40 champignon | 7C53 grau |
| Verkleidung Innenhimmel für Faltdach | PES-Gewirke | 7D09 grau | 8G26 beige | 7D09 grau |
| Belag Fahrer- u. Fondboden | Velours-Teppich | 9A82 schwarz | 8F36 champignon | 7C09 grau |
| Belag Kofferraum | Velours-Vlies | 9A76 schwarz | 8F34 champignon | 7C21 grau |
| Verdeckstoff-Farbe außen | 740 schwarz, 744 d.blau, 746 d.braun | | | |

VT-KCB 11/93



## Ausstattungen Lack- und Polsterkombinationen SL 280, SL 320, SL 500, SL 600

**SL 280 SL 320 SL 500 SL 600 SL 60 AMG**

Bm 129

| Bug-/Heckschürze, Flankenschutz in | safaribeige 631 | navarrarot 521 | tartanrot 515 | andorblau 301 | rioblau 309 | kiwigrün 211 |
|---|---|---|---|---|---|---|
| gültig für: Serienlackierungen | | | 582 | | 904 | |
| Metallic-Lackierungen | | 512 | | 355, 929 | | 254 |

| Bug-/Heckschürze, Flankenschutz in | muschelgrau 176 | stratusgrau 177 | altograu 700 | satograu 738 | karminbraun 482 |
|---|---|---|---|---|---|
| gültig für: Serienlackierungen | | 751 | 040 | 149 | |
| Metallic-Lackierungen | 172, 702 | 744 | 199 | | 432, 441 |

VTKW-KB-Ausstattung 5/93

Änderungen vorbehalten

▲ = geändert

## Ausstattungen Stoffpolsterung SL 280, SL 320, SL 500

| Typ | | SL 280 | SL 320 | SL 500 | |
|---|---|---|---|---|---|
| Baumuster | | 129.058 | 129.063 | 129.067 | |

**STOFF-POLSTERUNG**

| Ausstattungs-Code | | 071 | 072 | 075 | 078 |
|---|---|---|---|---|---|
| Bezug Mitte für Kissen und Lehne | P.Stoff Sportiv | 9A80 schwarz | 5A94 blau | 8F41 champign. | 7C07 grau |
| Bezug seitl./Böden f. Kissen Lehne und Bezug Kopfstützen | P.Stoff uni | 9A81 schwarz | 5A95 blau | 8F42 champign. | 7C08 grau |
| Bezug Verkleidung Fahrerlehne | K.-Leder | 9045 schwarz | 5070 blau | 8F33 champign. | 7095 grau |
| Bezug Türverkleidung außen | PVC-Schaumfolie | 9045 schwarz | 5070 blau | 8F33 champign. | 7095 grau |
| Bezug Türverkleidung Mitte | P.Stoff Sportiv | 9A80 schwarz | 5A94 blau | 8F41 champign. | 7C07 grau |
| Instrumententafel | Tiefziehfolie | 9A77 schwarz | 5A92 blau | 8E59 d.braun | 7C02 d.grau |
| **Holzteile** | **Edelholz-Furnier** | | **Wurzelnuß** | | |
| Verkleidung Coupé-Dach (Himmel) | Fertighimmel | 7C53 grau | 7C53 grau | 8F40 champign. | 7C53 grau |
| Verkleidung Innenhimmel für Faltdach | PES-Gewirke | 7D09 grau | 7D09 grau | 8G26 beige | 7D09 grau |
| Belag Fahrer- u. Fondboden | Velours-Teppich | 9A82 schwarz | 5A96 blau | 8F36 champign. | 7C09 grau |
| Belag Kofferraum | Nadelfilzstoff | 9A76 schwarz | 5A91 blau | 8F34 champign. | 7C21 grau |
| Verdeckstoff-Farbe außen | 740 schwarz, 744 d.blau, 746 d.braun | | | | |

VT-KCB/lü 10/93

Stand: 1. 3. 1994 453

SL 280 SL 320 SL 500 SL 600 SL 60 AMG

Bm 129

454 Stand: 1. 3. 1994

SL 280 SL 320 SL 500 SL 600 SL 60 AMG

Bm 129

## Ausstattungen Lederpolsterung SL 280, SL 320, SL 500, SL 600, SL 60 AMG

| Typ | | SL 280 | SL 320 | SL 500 | SL 600 | SL 60 AMG | |
|---|---|---|---|---|---|---|---|
| Baumuster | | 129.058 | 129.063 | 129.067 | 129.076 | | |

**LEDER-POLSTERUNG**

| Ausstattungs-Code | | 271 | 272 | 274 | 275 | 277 | 278 |
|---|---|---|---|---|---|---|---|
| Bezug Mitte für Kissen und Lehne | Polsterleder weich | 9A84 schwarz | 5A98 blau | 8F19 safran | 8F33 champign. | 3B32 mittelrot | 7C12 grau |
| Bezug seitl./Böden f. Kissen Lehne und Bezug Kopfstützen | Polsterleder weich | 9A84 schwarz | 5A98 blau | 8F19 safran | 8F33 champign. | 3B32 mittelrot | 7C12 grau |
| Bezug Verkleidung Fahrerlehne | K.-Leder | 9045 schwarz | 5070 blau | 8F19 safran | 8F33 champign. | 3111 mittelrot | 7095 grau |
| Bezug Türverkleidung außen | PVC-Schaumfolie | 9045 schwarz | 5070 blau | 8F19 safran | 8F33 champign. | 3111 mittelrot | 7095 grau |
| Bezug Türverkleidung Mitte | Polsterleder | 9A84 schwarz | 5A98 blau | 8F19 safran | 8F33 champign. | 3B32 mittelrot | 7C12 grau |
| Instrumententafel | Tiefziehfolie | 9A77 schwarz | 5A92 blau | 8E59 d.braun | 8E59 d.braun | 3B25 mittelrot | 7C02 d.grau |
| **Holzteile** | **Edelholz-Furnier** | | **Wurzelnuß** | | | | |
| Verkleidung Coupé-Dach (Himmel) | Fertighimmel | 7C53 grau | 7C53 grau | 8F49 dattel | 8F40 champign. | 8F40 champign. | 7C53 grau |
| Verkleidung Innenhimmel für Faltdach | PES-Gewirke | 7D09 grau | 7D09 grau | 8G26 beige | 8G26 beige | 8G26 beige | 7D09 grau |
| Belag Fahrer- u. Fondboden | Velours-Teppich | 9A82 schwarz | 5A96 blau | 8F24 safran | 8F36 champign. | 3B29 mittelrot | 7C09 grau |
| Belag Kofferraum | Nadelfilzstoff | 9A76 schwarz | 5A91 blau | 8F22 safran | 8F34 champign. | 3B24 mittelrot | 7C21 grau |
| Verdeckstoff-Farbe außen | | 740 schwarz, 744 d.blau, 746 d.braun | | | | | |

VT-KCB/lü 10/93

▲ = geändert

Änderungen vorbehalten

| Typ | SL 280 | SL 320 | SL 500 | SL 600 | SL 60 AMG |
|---|---|---|---|---|---|
| Baumuster | 129.058 | 129.063 | 129.067 | 129.076 | |

**LEDER-AUSSTATTUNG - EXCLUSIV**

| **Teilbenennung** | **Werkstoff** | **571** | **575** | **578** |
|---|---|---|---|---|
| Bezug Sitze Mitte Kissen und Lehne | Polsterleder | 9A84 schwarz | 8F33 champignon | 7C12 grau |
| **Ziernaht** Sitzbezüge, Kopfstützen Gurtbringer u. Türbeläge | Kontrast-Nähfaden | 7C70 mittelgrau | 8F75 d.braun | 7C63 anthrazit |
| **Ziernaht** Instrumententafel | Kontrast-Nähfaden | 7C70 mittelgrau | 8F70 braun | 7C70 mittelgrau |
| Seitenbacken, seitl. Böden der Sitze u. Kopfstützen Verkleidung Fahrerlehne | Leder | 9A84 schwarz | 8F33 champignon | 7C12 grau |
| Einsatz Türbelag Mitte | Leder | 9A84 schwarz | 8F33 champignon | 7C12 grau |
| Bezug Türverkleidung | Vlies-Kunstleder | 9B06 schwarz | 8F74 champignon | 7C57 grau |
| Instrumententafel | Vlies-Kunstleder | 9B06 schwarz | 8F72 d.braun | 7C59 d.grau |
| **Holzteile** | **Edelholz-Furnier** | **Wurzelnuß** | | |
| Verkleidung Coupé-Dach (Himmel) | Fertighimmel | 7C53 grau | 8F40 champignon | 7C53 grau |
| Verkleidung Innenhimmel für Faltdach | PES-Gewirke | 7D09 grau | 8G26 beige | 7D09 grau |
| Belag Fahrer- u. Fondboden | Velours-Teppich | 9A82 schwarz | 8F36 champignon | 7C09 grau |
| Belag Kofferraum | Velours-Vlies | 9A76 schwarz | 8F34 champignon | 7C21 grau |
| Verdeckstoff-Farbe außen | 740 schwarz, 744 d.blau, 746 d.braun | | | |

VT-KCB 11/93





| | | | | | | |
|---|---|---|---|---|---|---|
| Bug-/Heckschürze, Flankenschutz in | safaribeige 631 | navarrarot 521 | tartanrot 515 | andorblau 301 | rioblau 309 | kiwigrün 211 |
| gültig für: Serienlackierungen | | | 582 | | 904 | |
| Metallic-Lackierungen | | 512 | | 355, 929 | | 254 |
| Bug-/Heckschürze, Flankenschutz in | muscheigrau 176 | stratusgrau 177 | altograu 700 | satograu 738 | karminbraun 482 | |
| gültig für: Serienlackierungen | | 751 | 040 | 149 | | |
| Metallic-Lackierungen | 172, 702 | 744 | 199 | | 432, 441 | |

VTKW-KB-Ausstattung 5/93

Änderungen vorbehalten · ▲ = geändert · Stand: 2. 6. 1997 · 429

Ausstattungen Stoffpolsterung SL 280, SL 320, SL 500

SL 280 SL 320 SL 500 SL 600 SL 60 AMG

Bm 129

## R 129 (SL) — Stoffpolsterung

| Ausstattungs-Code | | 061 schwarz |
|---|---|---|
| Instrumententafel | Tiefziehfolie | 9A77 schwarz |
| Lenkrad/Schalthebel | Leder genarbt glatt | 9045 grau |
| Bezug Mitte f. Kissen u. Lehne | P.-Stoff (Tango) | 9B37 schwarz |
| Bezug seitl. Böden f. Kissen u. Lehne u. Bezug Kopfstütze | P.-Stoff uni | 9B17 schwarz |
| Bezug Verkleidung Fahrerlehne | K.-Leder | 9045 schwarz |
| Bezug Mittelfeld Türbelag | P.-Stoff (Tango) | 9B37 schwarz |
| Bezug Türverkleidung außen | TPO-Schaumfolie | 9C17 schwarz |
| Verkleidung Coupedach (Himmel) | Fertighimmel | 7C53 grau |
| Verkleidung Innenhimmel für Faltdach | PES-Gewirke | 7D09 grau |
| **Holzteile** | **Edelholz-Furnier** | **Wurzelnuß** |
| Belag Fahrer- u. Fondboden | Velours-Teppich | 9A82 schwarz |
| Belag Kofferboden | Nadelfilzstoff | 9A76 schwarz |
| Verdeckstoff außen | 740 schwarz, 744 d.blau, 746 d.braun | |

VT-KCB/IL 2/97 (STOFF.XLS)

430 · Stand: 2. 6. 1997 · ▲ = geändert · Änderungen vorbehalten

SL 280 SL 320 SL 500 SL 600 SL 60 AMG

Bm 129

Ausstattungen Lederpolsterung SL 280, SL 320, SL 500 SL 600, SL 60 AMG

## R 129 (SL) — Leder-Polsterung

| Ausstattungs - Code | | 261 schwarz | 262 blau | 264 safran | 265 champign. | 267 mittelrot | 268 grau |
|---|---|---|---|---|---|---|---|
| Instrumententafel | Tiefziehfolie | 9A77 schwarz | 5A92 blau | 8E60 brasil | 8F86 steinmittel | 3B25 mittelrot | 7C02 d.grau |
| Lenkrad | Leder genarbt | 9045 schwarz | 5070 blau | 8310 brasil | 8F86 steinmittel | 3111 mittelrot | 7102 d.grau |
| Bezug Mitte f. Kissen u. Lehne, Bezug seitl. Böden f. Kissen u. Lehne u. Bezug Kopfstütze | Leder | 9A84 schwarz | 5A98 blau | 8F19 safran | 8F33 champignon | 3B32 mittelrot | 7C12 grau |
| Bezug Verkleidung Fahrerlehne | K.-Leder | 9045 schwarz | 5070 blau | 8F19 safran | 8F33 champignon | 3111 mittelrot | 7095 grau |
| Bezug Mittelfeld Türbelag (Faltenbildung) | Leder | 9A84 schwarz | 5A98 blau | 8F19 safran | 8F33 champignon | 3B32 mittelrot | 7C12 grau |
| Bezug Türverkleidung außen | PVC-Schaumfolie | 9C17 schwarz | 5C30 blau | 8H29 safran | 8H28 champignon | 3C22 mittelrot | 7E05 grau |
| Verkleidung Coupedach (Himmel) | PVC-Fertighimmel | 7C53 grau | 7C53 grau | 8F49 dattel | 8F40 champignon | 8F40 champignon | 7149 grau |
| Verkleidung Innenhimmel für Faltdach | PES-Gewirke | 7D09 grau | 7D09 grau | 8G26 beige | 8G26 beige | 8G26 beige | 7D09 grau |
| **Holzteile** | **Edelholz-Furnier** | **Bei allen Ausstattungen Wurzelnuß** | | | | | |
| Belag Fahrer- u. Fondboden | Velours-Teppich | 9A82 schwarz | 5A96 blau | 8F24 safran | 8F36 champignon | 3B29 mittelrot | 7C09 grau |
| Belag Kofferboden | Dilour | 9A76 schwarz | 5A91 blau | 8F22 safran | 8F34 champignon | 3B24 mittelrot | 7C21 grau |
| Verdeckstoff außen | | 740 schwarz, 744 d.blau, 746 d.braun | | | | | |

VT-KCB/IL 2/97 (LEDER.XLS)

## R 129 (SL)

## Leder III (Volleder)

| **Ausstattungs - Code** | | **561** **schwarz** | **565** **champignon** | **568** **grau** |
|---|---|---|---|---|
| Instrumententafel | Leder | 9A84 schwarz | 8F86 steinmittel | 7C23 dunkelgrau |
| Lenkrad/Schalthebel | Leder genarbt | 9045 schwarz | 8F86 steinmittel | 7102 dunkelgrau |
| Bezug Mitte f. Kissen u. Lehne | Leder | 7C75 graumittel | 8F33 champignon | 7C12 grau |
| Bezug seitl. Böden f. Kissen u. Lehne/ Bezug Kopfstütze, Verkleidung Fahrer-lehne (Spannteil) | Leder | 9A84 schwarz | 8F86 steinmittel | 7C75 graumittel |
| **Ziernaht:** Türbelag u. alle belederten Teile mit Funktionsnaht sowie Instr.Tafel | Kontrast-Nähfaden 20/3 | 7C70 mittelgrau | 8F86 steinmittel | 7C70 mittelgrau |
| Bezug Mittelfeld Türbelag | Leder | 7C75 graumittel | 8F86 steinmittel | 7C75 graumittel |
| Bezug Türverkleidung außen | Leder | 9A84 schwarz | 8F33 champignon | 7C12 grau |
| Verkleidung Coupedach (Himmel) | PVC-Fertighimmel | 7C53 grau | 8F40 champignon | 7D53 grau |
| Verkleidung Innenhimmel für Faltdach | PES-Gewirke | 7D09 grau | 8G26 beige | 7D09 grau |
| **Holzteile** | **Edelholz-Furnier** | **Wurzelnuß** | | |
| Belag Fahrer- u. Fondboden | Velours-Teppich | 9A82 schwarz | 8F36 champignon | 7C09 grau |
| Belag Kofferboden | Dilour | 9A76 schwarz | 8F34 champignon | 7C21 grau |
| Verdeckstoff außen | | 704 schwarz, 744 d.blau, 746 d.braun | | |

VT-KCB/IL 2/97 (VOLLLED.XLS)

# SL - R 129 — Leder 1 Nappa

| Ausstattungs - Code | | 231<br>schwarz | 232<br>blau | 234<br>java | 238<br>oriongrau | 239<br>helios |
|---|---|---|---|---|---|---|
| Instrumententafel | Tiefziehfolie | 9A77<br>schwarz | 5A92<br>blau | 1A47<br>java-d. | 7E16<br>o.grau-d. | 1A49<br>heliosm. |
| Lenkrad | Leder geprägt | 9045<br>schwarz | 5070<br>blau | 1A78<br>java-d. | 7E70<br>o.grau-d. | 1A77<br>heliosm. |
| Holz/Leder-Lenkrad u. Schalthebel | Holz/Leder geprägt | 9045<br>schwarz | 5070<br>blau | 1A78<br>java-d. | 7E70<br>o.grau-d. | 1A77<br>heliosm. |
| **Sitzanlage**: Bezug Mitte f. Kissen u. Lehne, Bezug Boden vo. u. seitl./Seiten-backen, Kopfstütze/Fond-Arml. | Leder ungeprägt | 9B97<br>schwarz | 5C04<br>blau | 1A20<br>java | 7E03<br>oriongrau | 1A30<br>helios |
| Bezug Verkleidung Fahrerlehne li./re. oben (Gurtaustr.) | K.-Leder | 9045<br>schwarz | 5070<br>blau | 1A46<br>java | 7E15<br>oriongrau | 1A48<br>helios |
| Sicherheitsgurt | Textilband | 9A86<br>schwarz | 5A97<br>blau | 1A23<br>java | 7D50<br>oriongrau | 1A33<br>helios |
| **Türen**: Bezug Mittelfeld Türbelag | Leder geprägt | 9A84<br>schwarz | 5A98<br>blau | 1A19<br>java | 7D44<br>oriongrau | 1A29<br>helios |
| Bezug Türverkleidung außen, Bezug Spiegeldreieck | TPO-Schaumfolie | 9C17<br>schwarz | 5C30<br>blau | 1A46<br>java | 7E15<br>oriongrau | 1A48<br>helios |
| **Coupé-Dach**: Verkleidung Himmel | PVC-Folie | 7D52<br>o.grau | 7D52<br>o.grau | 1A50<br>java | 7D52<br>o.grau | 1A51<br>helios |
| **Stoff-Dach**: Verkleidung Innenhimmel für Faltdach | PES-Gewirke | 7D09<br>grau | 7D09<br>grau | 8G26<br>beige | 7D09<br>grau | 8G26<br>beige |
| **Glasdach**: Verdeck Innenhimmel | Je nach Verdeckfarbe: | 7D09 grau oder 8G26 beige (SMSL-Nr. 0000 2983 7882) | | | | |
| Bezug Überrollbügel | K.-Leder | 9045<br>schwarz | 5070<br>blau | 1A46<br>java | 7E15<br>oriongrau | 1A48<br>helios |
| **Holzteile** | | **8G25 Kastanie (SA: 8G88 Wurzelnuß)** | | | | |
| Bodenbelag | Velours-Teppich | 9A82<br>schwarz | 5A96<br>blau | 1A44<br>java | 7E14<br>oriongrau | 1A45<br>helios |
| Kofferraum | Dilour | 9A76<br>schwarz | 5A91<br>blau | 1A62<br>java | 7D49<br>oriongrau | 1A57<br>helios |



# SL - R 129 — Leder Nappa Exclusiv

| Ausstattungs - Code | | 511<br>schwarz | 514<br>java | 518<br>oriongrau | 519<br>helios |
|---|---|---|---|---|---|
| Instrumententafel | Leder geprägt | 9A84<br>schwarz | 1A41<br>java-d. | 7E04<br>o.grau-d. | 1A40<br>heliosm. |
| Lenkrad | Leder geprägt | 9045<br>schwarz | 1A41<br>java-d. | 7E04<br>o.grau-d. | 1A40<br>heliosm. |
| Holz/Leder-Lenkrad u. Schalthebel | Wurzelnuß/Leder | 9045<br>schwarz | 1A41<br>java-d. | 7E04<br>o.grau-d. | 1A40<br>heliosm. |
| Ziernaht für Instrumententafel | Nähfaden | 9A84<br>mittelgrau | 1A41<br>java-d. | 7D54<br>o.grau-d. | 1A40<br>heliosm. |
| **Sitzanlage**: Bezug Mitte f. Kissen u. Lehne, Bezug Boden vo.u.seitl./Seitenbacken/ Kopfstütze/Fo-Armlehne/Spannteil | Leder ungeprägt | 9B97<br>schwarz | 1A20<br>java | 7E03<br>oriongrau | 1A30<br>helios |
| Fahrerkissen außen/innen, Bezug Verkl. li./re. Fahrerlehne oben | Leder ungeprägt | 9B97<br>schwarz | 1A20<br>java | 7E03<br>oriongrau | 1A30<br>helios |
| Nähfaden f. Polsterung vo/Lehnenholm, Spannteil/Gurtaustritt | Nähfaden | 9A84<br>schwarz | 1A19<br>java | 7D44<br>oriongrau | 1A29<br>helios |
| **Türen**: Bezug Mittelfeld Türbelag, Türverkleidung außen, Spiegeldreieck | Leder geprägt | 9B97<br>schwarz | 1A20<br>java | 7E03<br>oriongrau | 1A30<br>helios |
| **Coupé-Dach**: Verkleidung Himmel | PVC-Folie | 7C53<br>grau | 1A50<br>java | 7C53<br>grau | 1A51<br>helios |
| **Stoff-Dach**: Verkleidung Innenhimmel f. Faltdach | PES-Gewirke | 7D09<br>grau | 8G26<br>beige | 7D09<br>grau | 8G26<br>beige |
| **Glasdach**: Verdeck Innenhimmel | Je nach Verdeckfarbe: | 7D09 grau oder 8G29 beige (SMSL-Nr. 0000 2983 7882) | | | |
| Bezug Überrollbügel | PUR-MB-Tex | 9B73<br>schwarz | 1A25<br>java | 7D69<br>oriongrau | 1A35<br>helios |
| **Zierteile** | **Holz** | **8G88 Wurzelnuß** | | | |
| Bodenbelag | Velours-Teppich | 9A82<br>schwarz | 1A44<br>java | 7E14<br>oriongrau | 1A45<br>helios |
| Kofferraum | Dilour | 9A76<br>schwarz | 1A56<br>java | 7E33<br>oriongrau | 1A60<br>helios |

## Ausstattungs-Code Leder Nappa

| | | 231 schwarz | 232 blau | 234 java | 238 oriongrau | 239 helios |
|---|---|---|---|---|---|---|
| **Instrumententafel:** Bezug Instrumententafel | Tiefziehfolie | 9A77 schwarz | 5A92 blau | 1A47 java-d. | 7E16 o. grau d. | 1A49 heliosm. |
| Lenkrad | Leder geprägt | 9045 schwarz | 5070 blau | 1A78 java-d. | 7E70 o. grau d. | 1A77 heliosm. |
| Holz/Leder-Lenkrad u. Schalthebel | Holz/Leder geprägt | 9045 schwarz | 5070 blau | 1A78 java-d. | 7E70 o. grau d. | 1A77 heliosm. |
| **Sitzanlage:** Bezug Mitte f. Kissen u. Lehne, Bezug Boden vo. u. seitl./ Seitenbacken, Kopfstütze/Fond-Arml. | Leder ungeprägt | 9B97 schwarz | 5C04 blau | 1A20 java | 7E03 oriongrau | 1A30 helios |
| Bezug Verkleidung Fahrerlehne li./re. oben (Gurtaustr.) | K.-Leder | 9045 schwarz | 5070 blau | 1A46 java | 7E15 oriongrau | 1A48 helios |
| Sicherheitsgurt | Textilband | 9A86 schwarz | 5A97 blau | 1A23 java | 7D50 oriongrau | 1A33 helios |
| **Türen:** Bezug Mittelfeld Türbelag | Leder geprägt | 9A84 schwarz | 5A98 blau | 1A19 java | 7D44 oriongrau | 1A29 helios |
| Bezug Türverkleidung außen, Bezug Spiegeldreieck | TPO-Schaumfolie | 9C17 schwarz | 5C30 blau | 1A46 java | 7E15 oriongrau | 1A48 helios |
| **Coupé-Dach:** Verkleidung Himmel | PVC-Folie | 7D52 oriongrau | 7D52 oriongrau | 1A50 java | 7D52 oriongrau | 1A51 helios |
| **Stoff-Dach:** Verkleidung Innenhimmel für Faltdach | PES-Gewirke | 7D09 grau | 7D09 grau | 8G26 beige | 7D09 grau | 8G26 beige |
| **Glasdach:** Verdeck Innenhimmel | Je nach Verdeckfarbe | 7D09 grau oder 8G26 beige (SMSL-Nr. 0000 2983 7882) | | | | |
| Bezug Überrollbügel | K.-Leder | 9045 schwarz | 5070 blau | 1A46 java | 7E15 oriongrau | 1A48 helios |
| **Bodenbelag Fahrer- und Fondboden:** | Velourssteppich | 9A82 schwarz | 5A96 blau | 1A44 java | 7E14 oriongrau | 1A45 helios |
| **Kofferraum Bodenbelag:** | Dilour | 9A76 schwarz | 5A91 blau | 1A62 java | 7D49 oriongrau | 1A57 helios |



Änderungen vorbehalten

## Ausstattungs-Code Leder Nappa »EXCLUSIV«

| | | 511 schwarz | 514 java | 518 oriongrau | 519 helios |
|---|---|---|---|---|---|
| **Instrumententafel** Bezug Instrumententafel | Leder geprägt | 9A84 schwarz | 1A41 java-d. | 7E04 o. grau d. | 1A40 heliosm. |
| Lenkrad | Leder geprägt | 9045 schwarz | 1A41 java-d. | 7E04 o. grau d. | 1A40 heliosm. |
| Holz/Leder-Lenkrad u. Schalthebel | Wurzelnuß/Leder | 9045 schwarz | 1A41 java-d. | 7E04 o. grau d. | 1A40 heliosm. |
| **Sitzanlage:** Bezug Mitte f. Kissen u. Lehne, Bezug Boden vo. u. seitl./Seitenbacken/ Kopfstütze/Fo-Arml./Spannteil | Leder ungeprägt | 9B97 schwarz | 1A20 java | 7E03 oriongrau | 1A30 helios |
| Fahrerkissen außen/innen, Bezug Verkl. li./re., Fahrerlehne oben | Leder ungeprägt | 9B97 schwarz | 1A20 java | 7E03 oriongrau | 1A30 helios |
| Nähfaden f. Polsterung vo/Lehnenholm, Spannteil/Gurtaustritt | Nähfaden | 9A84 schwarz | 1A19 java | 7D44 oriongrau | 1A29 helios |
| **Türen:** Bezug Mittelfeld Türbelag, Türverkleidung außen, Spiegeldreieck | Leder geprägt | 9B97 schwarz | 1A20 java | 7E03 oriongrau | 1A30 helios |
| **Coupé-Dach:** Verkleidung Himmel | PVC-Folie | 7C53 grau | 1A50 java | 7C53 grau | 1A51 helios |
| **Stoff-Dach:** Verkleidung Innenhimmel für Faltdach | PES-Gewirke | 7D09 grau | 8G26 beige | 7D09 grau | 8G26 beige |
| **Glasdach:** Verdeck Innenhimmel | Je nach Verdeckfarbe | 7D09 grau oder 8G29 beige (SMSL-Nr. 0000 2983 7882) | | | |
| Bezug Überrollbügel | PUR-MB-Tex | 9B73 schwarz | 1A25 java | 7D69 oriongrau | 1A35 helios |
| **Bodenbelag Fahrer- und Fondboden:** | Velourssteppich | 9A82 schwarz | 1A44 java | 7E14 oriongrau | 1A45 helios |
| **Kofferraum Bodenbelag:** | Dilour | 9A76 schwarz | 1A56 java | 7E33 oriongrau | 1A60 helios |

| Ausstattungs-Code Leder Nappa | | 231 schwarz | 232 blau | 234 java | 238 oriongrau | 239 helios |
|---|---|---|---|---|---|---|
| **Instrumententafel:** | | 9A77 | 5A92 | 1A47 | 7E16 | 1A49 |
| Bezug Instrumententafel | Tiefziehfolie | schwarz | blau | java-d. | o. grau d. | heliosm. |
| **Lenkrad:** | | 9C67 | 5D67 | 1A61 | 7E36 | 1A63 |
| Holz/Leder | Leder geprägt | schwarz | blau | java-d. | o. grau d. | heliosm. |
| **Schalthebel:** | | 9045 | 5070 | 1A78 | 7E70 | 1A77 |
| Holz/Leder | Holz/Leder ungeprägt | schwarz | blau | java-d. | o. grau d. | heliosm. |
| **Sitzanlage:** | | | | | | |
| Bezug Mitte f. Kissen u. Lehne, Bezug Boden vo. u. seitl./ Seitenbacken, Kopfstütze/Fond-Arml. | Leder ungeprägt | 9B97 schwarz | 5C04 blau | 1A20 java | 7E03 oriongrau | 1A30 helios |
| Bezug Verkleidung Fahrerlehne li./re. oben (Gurtaustr.) | K.-Leder | 9045 schwarz | 5070 blau | 1A46 java | 7E15 oriongrau | 1A48 helios |
| Sicherheitsgurt | Textilband | 9A86 schwarz | 5A97 blau | 1A23 java | 7D50 oriongrau | 1A33 helios |
| **Türen:** | | 9A84 | 5A98 | 1A19 | 7D44 | 1A29 |
| Bezug Mittelfeld Türbelag | Leder geprägt | schwarz | blau | java | oriongrau | helios |
| Bezug Türverkleidung außen, Bezug Spiegeldreieck | TPO-Schaumfolie | 9C17 schwarz | 5C30 blau | 1A46 java | 7E15 oriongrau | 1A48 helios |
| **Coupé-Dach:** | | 7D52 | 7D52 | 1A50 | 7D52 | 1A51 |
| Verkleidung Himmel | PVC-Folie | oriongrau | oriongrau | java | oriongrau | helios |
| **Stoff-Dach:** | | 7D09 | 7D09 | 8G26 | 7D09 | 8G26 |
| Verkleidung Innenhimmel für Faltdach | PES-Gewirke | grau | grau | beige | grau | beige |
| **Glasdach:** | | 9045 | 5070 | 1A46 | 7E15 | 1A48 |
| Bezug seitl. li./re. mit C-Säule | PVC-Folie | schwarz | blau | java | oriongrau | helios |
| Bezug Überrollbügel | K.-Leder | 9045 schwarz | 5070 blau | 1A46 java | 7E15 oriongrau | 1A48 helios |
| **Bodenbelag Fahrer- und Fondboden:** | Veloursteppich | 9A82 schwarz | 5A96 blau | 1A44 java | 7E14 oriongrau | 1A45 helios |
| **Kofferraum Bodenbelag:** | Dilour | 9A76 schwarz | 5A91 blau | 1A62 java | 7D49 oriongrau | 1A57 helios |



| Ausstattungs-Code Leder Nappa »EXCLUSIV« | | 511 schwarz | 514 java | 518 oriongrau | 519 helios |
|---|---|---|---|---|---|
| **Instrumententafel** | | 9B97 | 1A42 | 7E12 | 1A43 |
| Bezug Instrumententafel | Leder ungeprägt | schwarz | java-d. | o. grau d. | heliosm. |
| **Lenkrad:** | | 9C67 | 1A61 | 7E36 | 1A63 |
| Holz/Leder | Leder geprägt | schwarz | java-d. | o. grau d. | heliosm. |
| **Schalthebel:** | | 9045 | 1A41 | 7E04 | 1A40 |
| Holz/Leder | Wurzelnuss/Leder | schwarz | java-d. | o. grau d. | heliosm. |
| **Sitzanlage:** | | | | | |
| Bezug Mitte f. Kissen u. Lehne, Bezug Boden vo. u. seitl./Seitenbacken/ Kopfstütze/Fo-Arml./Spannteil | Leder ungeprägt | 9B97 schwarz | 1A20 java | 7E03 oriongrau | 1A30 helios |
| Fahrerkissen außen/innen, Bezug Verkl. li./re., Fahrerlehne oben | Leder ungeprägt | 9B97 schwarz | 1A20 java | 7E03 oriongrau | 1A30 helios |
| Nähfaden f. Polsterung vo/Lehnen-holm, Spannteil/Gurtaustritt | Nähfaden | 9A84 schwarz | 1A19 java | 7D44 oriongrau | 1A29 helios |
| **Türen:** | | | | | |
| Bezug Mittelfeld Türbelag, Türverkleidung außen, Spiegeldreieck | Leder ungeprägt | 9B97 schwarz | 1A20 java | 7E03 oriongrau | 1A30 helios |
| **Coupé-Dach:** | | 7D52 | 1A50 | 7D52 | 1A51 |
| Verkleidung Himmel | PVC-Folie | oriongrau | java | oriongrau | helios |
| **Stoff-Dach:** | | 7D09 | 8G26 | 7D09 | 8G26 |
| Verkleidung Innenhimmel für Faltdach | PES-Gewirke | grau | beige | grau | beige |
| **Glasdach:** | | 9045 | 1A46 | 7E15 | 1A48 |
| Bezug seitl. li./re. mit C-Säule | PVC-Folie | schwarz | java | oriongrau | helios |
| Bezug Überrollbügel | Leder ungeprägt | 9B73 schwarz | 1A25 java | 7D69 oriongrau | 1A35 helios |
| **Bodenbelag Fahrer- und Fondboden:** | Veloursteppich | 9A82 schwarz | 1A44 java | 7E14 oriongrau | 1A45 helios |
| **Kofferraum Bodenbelag:** | Dilour | 9A76 schwarz | 1A56 java | 7E33 oriongrau | 1A60 helios |

# Änderungsliste ab Einsatz der Vorserienproduktion 7/88

Einsatz der Hauptserie 11/88
USA Vorserie 06/89
USA Hauptserie 10/89
Australien Vorserie 08/89
Australien Hauptserie 12/89
Japan Vorserie 06/89
Japan Hauptserie 09/89
Schweiz Vorserie 06/89
Schweiz Hauptserie 08/89
SL 600 Vorserie 12/91
SL 600 Hauptserie 03/92
SL 600 USA Vorserie 03/92
SL 600 USA Hauptserie 06/92
SL 500 LH Vorserie 07/92
SL 500 LH Hauptserie 09/92, war 06/92

| Typ | ab Fahrgestell-endnummer | Einsatztag | Änderung |
|---|---|---|---|
| alle R 129 | | 01.08.88 | Abdeckungen für elektr. Geräte, Vorserienteile, freigegeben. Querträger und Verstärkung li + rs neu, Zwischenlösung. |
| | | 01.09.88 | Abdeckung rs für Kabelkanal im Motorraum, Vorserienteil. Überrollbügel, Funktions- und Montageverbesserung. |
| | | 03.10.88 | Trennwand rs wird aus Kostengründen als Spritzteil ausgelegt. |
| | | 28.10.88 | Neue Abdeckungen für elektr. Geräte freigegeben, Serienteile. |
| | | 01.11.88 | Instrumententafel, Änderung muss an jedem Fahrzeug, das verkauft wird, nachgearbeitet werden. Abdeckung an Lehnenholm der Sitze. |
| 300 SL | | 01.11.88 | Neue Gelenkwelle. |
| alle R 129 | | 10.11.88 | Vergrößerung des Verdeckkastens und bessere Entwässerung. |
| | | 21.11.88 | Einsatz geteilter Verdeckspriegel. |
| | | 01.12.88 | Neues Steuergerät für Scheinwerfer-Reinigungsanlage. |
| | | 09.12.88 | Schloss-Abdeckblende, Blech verchromt. |
| | | 19.12.88 | Abdeckung li für Kabelkanal Vorserienteil. |
| | | 02.01.89 | Gehäuse mit Ablageschale geändert. Relais der Lehnenverstellung geändert. |
| | | 16.01.89 | Folgeänderung durch Blechdickenerhöhung der Verstärkung am Längsträger. |
| | | 24.01.89 | Änderung der Motorhaubendämmung und damit der Versteifung sowie des Motorhaubenbügels hinten + vorne. |
| | | 01.02.89 | Neue Abdeckung für Verdeckantrieb. Fertige Fahrzeuge sind umzurüsten. |
| | | 03.02.89 | Neue Leitungsverlegung innere Zentralverriegelung. Abschirmung für Mittelschalldämpfer geändert. Verstärkung für Motorhaube geändert. Neuer Querträger unter Windschutz. |
| | | 13.02.89 | Abdeckung für Kabelkanal im Motorraum, Serienteil ab 1. Kundenfahrzeug. Abdeckung li für Kabelkanal. Neue Aufnahme für Werkstattwagenheber im Bereich Längsträger unten, wie C 124. |
| | | 20.02.89 | Neue Abdämmung für Kofferraum lt. TB v. 21.07.88. Neuer Griff für Auslösung der Fußfeststellbremse ab 1. Kundenfahrzeug, alte Teile austauschen. |
| | | 22.02.89 | Neue Abdeckung am linken hinteren Längsträger, wird durch Nachschalldämpfer zu heiß. Ab 1. Kundenfahrzeug. |
| | | 01.03.89 | Entlüftungsklappe am Hinterkotflügel neu, um Klappergeräusche bei Türenschließen zu vermeiden. Kopfstütze ab 1. Kundenwagen. |
| | 000206 | 14.03.89 | Stoßstange geändert, Halter und Befestigungswinkel neu, muss ab 1. Kundenfahrzeug geändert werden, ebenso Batteriekapazität von 12 V / 72 Ah auf 12 V / 92 Ah erhöht. Fertige Fahrzeuge müssen umgerüstet werden. |
| 300 SL-24 | | 14.03.89 | Hinterachsübersetzung i = 3,46 bei 4-Gang-Autom. |
| 300 SL | | 14.03.89 | ab 1. Kundenfahrzeug Achsübersetzung i = 3,92, auch mit ASD. |
| alle R 129 | | 14.03.89 | Batterie 92 Ah als SA ungültig, wird Serie. |

| Typ | ab Fahrgestell-endnummer | Einsatztag | Änderung |
|---|---|---|---|
| alle R 129 | | 14.03.89 | Einpresstiefe des Scheibenrades geändert.<br>Schlauch vom Kühler zum Ausgleichbehälter. |
| 300 SL / 300 SL-24 | | 14.03.89 | Leitungsverlegung für E-Gasstellmotor. |
| alle R 129 | 000359 | 21.03.89 | ab erstem Kundenfahrzeug neuer Sensor für Gurtstraffer. |
| | | 03.04.89 | Großversuch für 3 Monate, Aufhängering an der Auspuffanlage mit verbesserter Reißfestigkeit.<br>Querträger und Verstärkung. Heckscheibendicke von 4 auf 4,5 mm geändert.<br>Sitzkissen erhalten zusätzlich Steckklammer und Unterlage, Sitzbezug erhält Befestigungsstreifen hinzu.<br>Änderung des Abschleppbügels. Prägung in A-Säule geändert. Geänderte Zierstäbe und Unterlage der Windschutzscheibe.<br>Hauptboden und Abschirmung wg. besserem Schwingungsverhalten. Warndreieck-Ausschnitt an der Heckdeckelverkleidung vergrößert.<br>Radeinbau vorne li + re aus ziehtechnischen Gründen geändert. |
| | | 10.04.89 | Neuer Halter zur Befestigung des 02-Sondenkabels am Tunnel. |
| | | 17.04.89 | Geänderte Abdeckung für Steinschlagschutz. |
| 300 SL-24 | | 12.04.89 | Einsatz ASR. |
| 500 SL / 300 SL-24 | | 02.05.89 | Hinterachswelle ab 1. Kundenfahrzeug. |
| alle R 129 | | 02.05.89 | Für Ledermanschette-Abdeckung am Metallrohr kommen neben Schwarz die Farben Blau, Brasil, Piniengrün, Mittelrot, Dunkelgrau und Dunkelbraun zum Einsatz.<br>Umstellung der Trennwand von Vorserien- auf Serienteile. Verbesserung der Punktschweißqualität bei Abdeckung und Längsträgerverstärkung vorne li + rs, Bohrungen für Befestigung der Kühlrohr- und Kraftstoffleitung.<br>Farbe Rammschutz wegen besserer Abstimmung zur Außenlackierung geändert: Sinabeige wird Safaribeige, Korsarrot wird Tartarrot.<br>Geänderte Abdeckung, Abstand zum Kühlwasserbehälter vergrößert.<br>Beschriftung für Typenschild und Fahrgestellnummer geändert.<br>Neues Relais für Wischermotor. Griff für Sicherungshaken der Motorhaube geändert.<br>Heizkissen geändert.<br>Abdeckung der Ersatzradmulde geändert.<br>Neue Klappe für heizbare Heckscheibe.<br>Neue Abdichtung an der Stoffhalteschiene. |
| | | 08.05.89 | Halteschiene li + rs an Coupé-Dach Seitenfenster.<br>Mulde des Tankeinfüllstutzens geändert.<br>Neue Griffleiste am Heckdeckel. |
| | | 16.05.89 | Neues Gummilager für Hinterachse an Rahmenboden. |
| 300 SL-24 | | 01.06.89 | Hinterachsübersetzung i = 3,46 als SA ungültig, wird Serie Einsatz SA Kat-Wegfall. |
| alle R 129 | | 01.06.89 | Für Kanada ab VS 06/89 und HS 10/89 Instrumente km-Anzeige, Sonderlichtschaltung für Tag-, Nebel- und Parklicht.<br>VS 01.06.89, HS 01.08.89 bei Tempomat mit engl. Beschriftung, Schalter am Mantelrohr. Einsatz für Fahrerairbag.<br>Verdeckkasten mit neuer Unterlage, Verkleidung li und rs Form geändert mit neuer Aussparung.<br>Leuchteinheit bei ADS, nicht USA, Leuchteinheit Linksverkehr ohne LWR und asym. Licht. Leuchteinheit Rechtsverkehr gelb ohne LWR bei Niveaueinst. Luftfilter mit Zyklonabscheider für staubreiche Länder. Radio Mexico Compact Disc. Lautsprecher Soundsystem bei Radio Mexico CD.<br>Sitzschale geändert, da Sitzschale an Sitzschiene streift.<br>Neue Abdeckung oben auf dem Wasserkühler.<br>Abdeckung für Elektronik und Halter geändert. Verbesserte Montage für beheizten Wasserchlauch der Scheibenwaschdüsen.<br>Geänderte Heckleuchte.<br>Fensterheber geändert, neuer Getriebemotor mit Varistor zur Dämpfung der Abschaltspitzen.<br>Motorhaubenbügel geändert.<br>Bediengerät für Klimat. Automat geändert.<br>Abdämmung der Motorhaube geändert.<br>Lüfter geändert, bessere Haltbarkeit der Viskokupplung.<br>Geänderte Abdichtung für Verdeckkastendeckel.<br>Hohlraum und Lippe geändert. |

| Typ | ab Fahrgestell-endnummer | Einsatztag | Änderung |
|---|---|---|---|
| alle R 129 | | 01.06.89 | Halter für Wagenheber geändert. |
| | | | Geänderte Fußbodenbeläge. |
| | | | Neuer Dach-Rohbau, geringere Wärmeleitung in Dachbeplankung beim Anschweißen des Fenstersteges. |
| 300 SL / 300 SL-24 | | 01.06.89 | Verbesserte Bedienung der Schaltung unter Berücksichtigung der Einbauverhältnisse. |
| 500 SL | | 01.06.89 | Kühlwasserschlauch geändert. |
| 300 SL / 300 SL-24 | | 12.06.89 | Gummilager und Anschlag neu für Hinterachse an Rahmenboden vorn zur Reduzierung des Lastwechselschlags. Ab 1. Kundenfahrzeug muss nachgerüstet werden. |
| alle R 129 | | 13.06.89 | Geänderter Ventilblock an Verdeckkasten. Vorderwand ls + rs und an B-Säule rs. |
| | | 19.06.89 | Einsatz der Wagenpapiertasche aus schwarzem Leder. |
| | | | Geändertes Sitzgestell. |
| Einzelfahrzeuge | 000981, 000987, 001025, 001061 | 30.06.89 | Durch Firmennamenänderung von Daimler-Benz in Mercedes-Benz werden die Typenschilder geändert. |
| alle R 129 | 001130 | 30.06.89 | Durch Firmennamenänderung von Daimler-Benz in Mercedes-Benz werden die Typenschilder geändert. |
| | | 01.07.89 | Neuer Wasserablauf am Zylinder Verdeckantrieb. |
| | | | Halter und Abdeckung für Leitungen des Verdeckantriebs in der Ersatzradmulde. |
| | | 03.07.89 | Neuer Sensor für Gurtstraffer. |
| | | | Für Länder mit hohen Temperaturen Wegfall der Heizung für Scheibenwaschanlage. |
| | | | Zusatzbeleuchtung nur bei Radio mit Cassette. |
| | | | Neue Abdichtschiene li + rs, Beseitigung von Kundenbeanstandungen. |
| | | | Rosette für Lichtschalter geändert. |
| | | | Abdeckung für Wischeranlage am Wasserableiter geändert. Vorderer Halter für Wagenheberaufnahme geändert. |
| | | | Regenrinne unter Windschutz wegen verbessertem Restwasserablauf geändert. |
| | | | Vorbauschweißung von Punkt- auf Schweißflansch aus Platzgründen umgestellt. |
| 300 SL | | 03.07.89 | Neuer Luftfilter aus Geräuschgründen freigegeben. |
| 300 SL / 300 SL-24 | | 03.07.89 | Neue Hinweisschilder Motoreinstelldaten, da sich die Kühlwassertemperatur geändert hat. |
| 300 SL-24 RL | | 03.07.89 | VS 5 Gg Autom. Getriebe WA 030, HS 02.10.89. |
| 500 SL | | 03.07.89 | Für Unterdruckleistung anderes Rückschlagventil. |
| alle R 129 | | 10.07.89 | Neue Zapfen am Hardtop. Halteschiene li + rs geändert für Coupé-Dach Heckfenster. |
| | | 17.07.89 | Neues Band am Eckspriegel, Geräuschminimierung. Luftkanäle im Bereich des Bedienelements geändert. Lager, Platte und Konsole geändert. Stoffhaltebügel kollidierte mit Coupé-Dachlagerung. Querträger unten und Stirnwand oben geändert zur Änderung der Wischeranlage. |
| 300 SL-24 | | 20.07.89 | Durch Vergrößerung des Pedalweges beim Gaspedal bessere Dosierbarkeit. |
| alle R 129 | | ab 25.07.89 | einfließend: Neugestaltung der Anschlussdichtfläche zum Hardtop bzw. Verdeck. |
| | | 27.07.89 | Bei Airbag-Fahrzeugen neuer Gasgenerator. |
| | | 31.07.89 | Beide Vorderkotflügel Flanschbeschnitt geändert und am Halter-Blinkleuchte Schraublöcher verkleinert. |
| | 001769 | 01.08.89 | An den Vorbau-Längsträgern wird zusätzlich links und rechts ein Winkelblech eingeschweißt. |
| | | 01.08.89 | Einsatz SA Windschott, Einlage zur Betriebsanleitung. Für Norwegen, Island, Schweden Sonderlichtschaltung Tag-, Nebel-, Parklicht. |
| | | | Produktionsbeginn RL. |
| | | | Verschluss für Handschuhkastendeckel und Verschluss für IZV-HSK wegen unerwünschten Lichtaustritts zwischen Drucktasten und der Fuge zur mittl. Düse geändert. |
| | | | Verdeckrahmen und Griffmulde geändert. |
| | | | Neue Halteschiene für Kurbelfenster in beiden Türen, Beplankung geändert, Anschlag von außen nachstellbar. |
| | | | Abdeckung der Türen geändert. Verbesserung des Wasserablaufs. |
| | | | Konsole für Mantelrohrbefestigung, Konsole am Querträger unter Instrumententafel geändert, Umstellung von Punkt- auf MA-Schweißung. |
| | | | Heizungs- und Klimakasten geändert. |
| | | | Neue Abdichtung und neuer Belag Verdeckkastendeckel, Verbesserung der Anlage am Zierstab. |

| Typ | ab Fahrgestell-endnummer | Einsatztag | Änderung |
|---|---|---|---|
| 300 SL | | 01.08.89 | Einsatz ASR. |
| 300 SL-24 | | 01.08.89 | ECE-Schild für Schweden. |
| 300 SL / 300 SL-24 | | 01.08.89 | Neue Unterdruckleitung. |
| 500 SL | | 01.08.89 | Abgasreinigung-Fahrzeugseitig MJ 90 Schweden/Norwegen. |
| | | | Ab Produktionsbeginn RL mit M 119 neue Leitungsverlegung für Servolenkung. |
| alle R 129 | | 02.08.89 | Neue Verstärkung der Längsträger und geänderte Konsole. |
| | | 14.08.89 | Neue Schiene an Stoffhalteschiene. |
| | | | Neue Blende für Heckmittelstück. |
| | 001950 | 21.08.89 | Neuer Kühlwasser-Ausgleichsbehälter. |
| | | 01.09.89 | ECE Schild nur für Israel und England. |
| | | | Sitzauflagen geändert und neue Einlagen zur Komfortverbesserung. |
| | | | Schutzblech zur Reduzierung der Temperaturen an den Gelenken des Lenkgestänges. |
| | | | Neue Schiene am Verdeckkastendeckel. |
| | | | Heckdeckel-Innenteil geändert zur Vermeidung der Reibung bei Schließen des Heckdeckels. Halter für Hydr. Leitung an Verdeckkasten-Wand verstärkt. Neue Schutzkappe für Anhängerkontrollgerät am Heckmittelstück innen. |
| | | | Dichtungsrahmen am Heckdeckel für besseres Schließen geändert. |
| | | | Neue Rückzugsfeder für Shift-Lock freigegeben. |
| | | | Verlegung des Motorhaubenzugs, dadurch Rahmen li für Leuchteinheit geändert. |
| | | | Änderung Verdeckkastendeckel. Einsatz Conti CTS Reifen-Felgensystem. |
| | | | Einsatz Reiserechner nur in deutscher Sprache. |
| | | | Neue Abdämmung für Trennwand. Beschichtung am Rahmenteil der Sitzlehne entfernt. Innenteil der Türen geändert. |
| | | | Abdichtung der Windschutzscheibe geändert. |
| | | | Neue Tank-Verkleidung. |
| | | | Kissenrahmen geändert, Einlage und Unterlage neu. |
| | | | Neuer Schalter für Leuchtweitenregulierung. |
| | | | Geänderte Schiene und Abdichtung beidseitig sowie Halter neu für seitl. Abdeckung Verdeck. |
| 300 SL / 300 SL-24 | | 01.09.89 | Überlaufbehälter wieder nötig aus Betriebssicherheit. |
| alle R 129 | | 15.09.89 | Neue Unterlage im Sitzkissen. Beseitigung von Knackgeräuschen. |
| | | 20.09.89 | Optimierung der Ausfahrbewegung des Griffes am Kühlergrill. |
| | | | Deckel auf Scheiben-/Scheinwerferwaschwasserbehälter von Ø 57 in Ø 61,7 geändert. |
| | | | Neue Verschlüsse am Windschutzrahmen + verstärkte Hydraulik-Zylinder für größere Ver- und Entriegelungskräfte. |
| | | 01.10.89 | Instrumententafel geändert wegen Erfüllung FMVSS 208 ab 1. USA-Wagen. |
| | | 02.10.89 | Polyamidzwirn für alle Nähte freigegeben. |
| | | | Kaltlufthutze mit zusätzlichen Stützrippen, Verbesserung der Wärmestabilität. |
| | | | Neue Klammer zur Befestigung des hinteren Bezugs an der Stoffhalteschiene. |
| | | | Türinnenteile geändert, Ausbeulung im Schlossbereich überarbeitet. |
| | | | Neuer Airbag, vergrößerter Luftsack mit speziell abgestimmten Gasgeneratoren, USA-Fahrzeuge ab Prod.-Beginn. |
| | | | Für RL neue Leitungen für Autom. Getriebe. |
| | | | Für RL neue Ölleitungen mit RNR/ADS und ASD. |
| | | | Neue Blechschraube für Innenteil der Türtasche. |
| | | | Dachrahmen innen und Steg li + rs geändert. |
| | | | Abstimmung mit Dachrahmen außen und Verkleidung. |
| | | | Einsatz ADS-System, Federn erhalten Gummibeilagen. |
| | | | Neue Hauptleitungssätze für Motor. |
| | | | Abstand zwischen A-Säulenverkleidung und Türbelag vergrößert. |
| | | | Geänderte Scharnierhebel für Verdeckkastendeckel sowie neue Unterlagen, damit der Verdeckkastendeckel in der Höhe justiert werden kann. |
| 300 SL / 300 SL-24 | | 02.10.89 | Verkleidung im Motorraum vorne für Seitenteile bei Einbau Tempomatik. |
| alle R 129 | | 19.10.89 | Für Hardtop neue Unterlage hinten, innen. |
| | | 20.10.89 | Zur Reduzierung der Bodentemperaturen neue Abdämmung an Getriebetunnel li/re, auf Fondtunnel und Fahrerboden innen. |

| Typ | ab Fahrgestell-endnummer | Einsatztag | Änderung |
|---|---|---|---|
| alle R 129 | | 30.10.89 | Fließender Einsatz der geänderten Beplankung am Spiegeldreieck. Beschnitt geändert. |
| | | 01.11.89 | Decklackumstellung bei Metallic von Lösungsmittel auf Wasserbasis. |
| | | | Ventilblock rechts für Überrollbügel und Verdeck, um gegenseitige Beeinflussung zu vermeiden. |
| | | | Abdichtung zwischen Spiegeldreieck und Türbelag. |
| | | | Abdeckung Mitteltunnel erhält li und rs Langlöcher und Kabeldurchbrüche für Lambdasonde und Überhitzungssensor für Japan. |
| | | | Radeinbau vorne li und rs geändert zur besseren Montage der Zusatzblinkleuchte. |
| | | | Neue Abdeckung + Verkleidung + neue Halter im Kofferraum. |
| | | | Für RL einheitlicher Seilzug der Feststellbremse mit W 124. Geschwindigkeitsschild bei der Verwendung von M+S Reifen. |
| | | | Abdeckung auf Rückwand im mittleren und unteren Bereich verbreitert. |
| | | | Neuer Wellschlauch vom Motor zum Radlauf. |
| | | | Neuer Formschlauch für Zusatzheizung. |
| 300 SL-24 | | 01.11.89 | Elektr. Teile für ASR nur bei ASD und nicht bei ADS. |
| 300 SL-24 / 500 SL | | 01.11.89 | Neues Schaltgerät für KE-Einspritzung EZ 3, Kennfeldänderung. |
| alle R 129 | | 01.11.89 | Elektr. Teile für Zentralverriegelung, jedoch nicht bei EDW, Infrarot und USA. |
| | | | Klarlack für Uni nur für USA. |
| 300 SL-24 | | 01.11.89 | Wegfall der Abgasreinigung. |
| 500 SL | | 01.11.89 | KAT gestrichen. |
| alle R 129 | | 10.11.89 | Neues Bremsgerät durch Umstellung auf neuen ASR-Behälter. |
| | | | Fenster-Führungsschiene mit Ausschnitt und Bemessung neu, Flansch oben innen reduziert. |
| | 004297 | 13.11.89 | Neue Scharnierhebel für Verdeckkastendeckel. |
| | | | Abdeckung für Verdeck-Steuergerät geändert. |
| | | 20.11.89 | Formänderung der Türtasche. |
| | 004622 | 24.11.89 | Auflage der Sitzlehnen verstärkt zur Vermeidung von Beschädigungen der Polsterbezüge. |
| | | | Neuer ASR-Leitungssatz. |
| 300 SL / 300 SL-24 | | 01.12.89 | Mittelschaltung geändert bei RL mit Automatikgetriebe. |
| 500 SL | | 01.12.89 | Neue Tülle für geänderte Leitungsverlegung für Motorleitungssatz und E-Gas-Leitungen durch die Trennwand. |
| alle R 129 | | 01.12.89 | Bei RL entfällt Shift-Lock Mittelschaltung bei Autom., jedoch nicht für Japan und Australien. |
| | | | Neue Abdeckung der Heckdeckelscharniere bei Zusatzbremsleuchte für USA, Neuseeland und Australien. |
| | | | Neuer Bolzen für Zylinder des Verdeckantriebs am Längsträger. |
| | | | Fußfeststellbremse mit neuem Seilzug und feinerer Rastung. Schraubenlöcher am Kabelkanal unten li und rs wg. Vereinheitlichung von M 5 und M 6 umgestellt. |
| | | | Einsatz der neuen Antennen-Variante. |
| | | 05.12.89 | Neue Isoliertülle auf Flachstecker von Steuerleitung der Automatikantenne. |
| | | ab 05.12.89 | einfließend: Neuer vorderer Querträger zur Montageverbesserung für den Halter der Kühlerauflage. |
| | 005023 | 06.12.89 | Neuer Schlusslampenleitungssatz mit neuer Massestelle für die Verdecksteuerung. |
| | 005206 | 06.12.89 | Sensor geändert. |
| | 005107 | 07.12.89 | Fußbodenbelag im Fond im Bereich des Längsträgers geändert durch Sitzverstellungs-Weiterentwicklung. |
| | | 08.12.89 | Versteifung der Instrumententafel von Alu in Stahl. |
| | | | Versteifung im E-Düsenbereich entfällt. |
| | 005309 | 10.12.89 | Deckel der Tasche in der Fahrertür erhält Mechanik mit Übertotpunktfeder. |
| | 005698 | 14.12.89 | Motorhaubenbügel hinten geändert. |
| | | | Neue Verstärker an Radio-Rückwand, Störung bei Radioempfang in USA beseitigt. |
| 300 SL | | 02.01.90 | Hinterachse i = 3,29 mit Gelenkwellenflansch Lochkreis Ø 100. |
| 300 SL-24 | | 02.01.90 | Anderer Deckel bei Mittelschaltung 5 Gg. Autom. Getr. |
| 500 SL | 004987 | 02.01.90 | Neuer Deckel am Luftfilter vorne und Lagerhalter. |
| | | | Gefertigte und gelieferte Fahrzeuge sind umzurüsten wegen Scheuergefahr an der Bremsunterdruckleitung. |
| alle R 129 | | 02.01.90 | Boden re unter Notsitz geändert, größere Planfläche, um Schweißschraube besser anbringen zu können. |
| | | | A-Säule geändert. |

| Typ | ab Fahrgestell-endnummer | Einsatztag | Änderung |
|---|---|---|---|
| alle R 129 | | 02.01.90 | Düse-Mitte geändert, die Klappen verstellten sich bei hohen Belüftungstemperaturen. |
| | | | Türverkleidung geändert. |
| | | | Verdeckkastendeckel geändert. Neue Abdichtung Verdeckrahmen. Neue Stirnwandabschirmung re, neue ASR-Leitungsverlegung. Neue Abdeckung für Ersatzradmulde, neue Klammer für Abdeckung Trennwand-Ersatzradmulde. Neuer Kühlwasserschlauch für Entlüftungsleitung vom Kühler zum Ausgleichsbehälter. Trennwand zum Tank geändert. |
| | | | Änderung der Türscheiben an der Oberkante im Bereich der A-Säule und des Dachs. |
| | | 04.01.90 | Beifahrerairbag erhält neues Haltesystem für verbessertes Aufblasverhalten. ECE-Einsatz einfließend, für USA ab erstem Fahrzeug. |
| | 005865 | | Deckel für Schließzylinder geändert. |
| | | 08.01.90 | Ersatzradmulde am Anschluss am HA-Querträger geändert. |
| | 005749 | 10.01.90 | Neue Werkzeugtasche mit neuem Schlüssel und Beutel. |
| | | | Erweiterung der Rohbauvarianten für 12 Zylinder. |
| | 006266 | 11.01.90 | Fußstütze verstärkt, Auflagefläche vergrößert. |
| | | 15.01.90 | Geänderte Verkleidung an vo. und hi. Kotflügel. |
| | 005394 | 16.01.90 | Mittelschaltung für Autom. Getriebe bei Shift-Lock. |
| | 005859 | 16.01.90 | Neues Klebeschild für weltweiten Einsatz Shift-Lock. |
| 500 SL | 005981 | 16.01.90 | Einbau von Ölfiltergehäusen, bei denen sich das Standrohr nicht lösen kann. |
| | 006025 | 16.01.90 | Bei SA »Antenne-Radio« werden die Lautsprecher vo mit eingebaut. |
| | 004058 | 17.01.90 | Bei Coupé-Dach Wegfall Platte Zw. Cp.Dach. |
| | 006348 | 12.01.90 | Neues Kabelband für Hauptleitungssatz an Karosserie im Aggregateraum unter dem Elektronik-halter. |
| | 006353 | 13.01.90 | Bei Schraube für Fahrersitzbefestigung Beschichtungslänge geändert. |
| | 006552 | 13.01.90 | Neue Abdämmung zur Red. der Kofferraumboden-Temperatur. |
| 300 SL-24 | | 15.01.90 | Schaltgerät EZ 3 mit neuem Kennfeld. |
| | 006600 | 17.01.90 | Halter nur bei EDW. |
| | | 25.01.90 | Kombiinstrument geändert, in Tankanzeige wird das Symbol zusätzlich zum Reservefeld beleuchtet. |
| alle R 129 | | 01.02.90 | Längsträger hi. li + rs Beschnitt geändert. Verkleidungsteil am Sitzschienenende war nicht montierbar. Längere Blechschraube für Verdeckkasten-Befestigung Gleitschiene. |
| | | | Geänderte Blende für Kennzeichen; Kontur und Anordnung des Zollkennzeichens ändern sich. |
| | | | Neuer Bügel beidseitig, Zwangssteuerung der Abdeckung zus. mit Überrollbügel. |
| | | | Hauptboden li/re geändert. Am Hauptboden beidseitig 2 Flansche zur Fixierung der beiden Querträgerteile angebracht. |
| | 006646 | 01.02.90 | Geändertes Befestigungsmaterial für Verdeck, besserer Korrosionsschutz. |
| | 006716 | 01.02.90 | Geänderte Rosette des Lichtschalters. |
| | 006946 | 01.02.90 | Kennzeichnung wegen gesetzl. Vorschrift am Halter nachgetragen, für Hydr.-Ltg. an Vorderwand Verdeckkasten. |
| | | | Neues Hinweisschild für Anhängerbetrieb auf Kofferraumladekante. |
| | | | Kombinierte Reifendruck-Schilder für normale und CTS-Reifen. |
| | 006951 | 01.02.90 | Türkontaktschalter an A-Säule beidseitig geändert. |
| | | | Neue, kürzere Abschlagpuffer. |
| | 007080 | 01.02.90 | Halteschiene beidseitig geändert, nicht ausreichende Überdeckung des auf der Seitenscheibe Hardtop aufliegenden Steges. Am Hauptboden beidseitig Eindrückungen zugefügt. Stirnwand nach AV-Festlegung berichtigt. Radeinbau beidseitig und Verstärkung geändert. Neue Verkleidung im Fondraum beidseitig. |
| | | | Längsträger und Hinterkotflügel erhalten Eindrückungen zur Entwässerung des Verdeckkastens (Schlauchführung). |
| | 007357 | 02.02.90 | Neue Abdeckung li für elektron. Geräte, Abstand Motorhaube-Abdeckung zu gering. |
| | 007040 | 06.02.90 | Radeinbau hinten geändert zur besseren Montage der Antenne. |
| | 007660 | 08.02.90 | Freigabe der USA-Stoßfänger auch für Canada, bisherige Ausführung für Canada entfällt. |
| | | ab 13.02.90 | einfließend: Verdeck-Bezug hi/vo förmlich geändert, höhere Festigkeit. |
| | | 14.02.90 | Steuergerät für Verdeck geändert. |
| | | ab 16.02.90 | einfließend: Klammer für Trennwand und Ersatzradmulde. |
| | 008141 | 16.02.90 | Falzteil für Hinterkotflügel geändert, da Einreißen der B-Säule bei Festigkeitsprüfung auf der 12-Kanalanlage. |
| | | 26.02.90 | Verdeckrahmen-Oberteil vorne quer geändert. |
| | | | Neue Verdeckrahmen Ober- und Unterteile. |
| | | | Neuer Bügel in der Sitzlehne zur besseren Fixierung des Polsters. |

| Typ | ab Fahrgestell-endnummer | Einsatztag | Änderung |
|---|---|---|---|
| alle R 129 | | 27.02.90 | Kabelkanal an den Sitzen geändert. |
| | | 01.03.90 | Abdeckung re unter der Instrumententafel geändert. |
| | | | Einsatz einfließend von: Anschraubpunkte der Tür-Innenteile nach vorne versetzt. Querträger unter Instr.Tafel Anlagefläche li überarbeitet und li. Rohrbogen verl. |
| | | | Kissen für Fondsitz geändert. Verbesserte Radio-Entriegelung. Gehäuse mit Ablageschale geändert. |
| | | | Eindrückungen am Längsträger, um ein Verbiegen der Sitzschiene zu vermeiden. |
| | | | Überrollbügel geändert. |
| | | | Neuer Sitznäherungsschalter. |
| | | ab 01.03.90 | einfließend: Größere Verstellmöglichkeit des hinteren Dachverschlusses. |
| | 009215 RL | 01.03.90 | Für RL neue Hauptleitungssätze Motor, Motor-Karosserie. |
| 300 SL / 300 SL-24 | | 01.03.90 | Unterdruckleitung geändert. |
| 300 SL-24 | 009012 | 02.03.90 | Gelenkwellenschrauben von M 12x1, 5x55 in M 12x1, 2x57,5 geändert. |
| alle R 129 | | 02.03.90 | Belag für Heckmittelstück geändert, Längsträger wird besser überdeckt. |
| | 009114 | 02.03.90 | Neues Codierteil für Tempomat. |
| | 009358 | 09.03.90 | Neue Sicherung an der vorderen Versteifung beidseitig verhindert die seitliche Verschiebung der Kühlerbefestigung. |
| | 009303 | 10.03.90 | Verlängerter Kerzenschlüssel, damit lässt sich auch die Batterieverschraubung lösen. |
| | 009486 | 12.03.90 | Halter unter Elektronik-Abdeckung geändert. |
| | 009625 | 12.03.90 | Wegfall von »Brake« bei MPH-Instrumenten, außer für USA. |
| | | 15.03.90 | Neue Abdeckung an der Hauptsäule zur Vermeidung von Scheuerstellen bei abgelegtem Verdeck. |
| | | 19.03.90 | Querträger vo aus Festigkeitsgründen geändert. |
| | 010885 | 19.03.90 | Aufnahme Ausschnitte geändert. |
| | | 20.03.90 | Klammer für Schläuche am Flüssigkeitsbehälter der Waschanlage entfällt. |
| | 010178 | 22.03.90 | Neue Kombischraube für vorderes Kombilager an Karosserie. |
| | 010459 | 30.03.90 | Sitzkissen bei Sitzheizung geändert, verschobene Heizelemente. |
| | 010788 | 02.04.90 | B-Säule beidseitig geändert zur Montageerleichterung. |
| | | | Andere Batterie 92 Ah. |
| 300 SL-24 / 500 SL | 011092 | 04.04.90 | Für Kanada Kombiinstrumente mit ASR und ADS. |
| | | 10.04.90 | Radeinbau ls. geändert, zusätzliche Schweißschraube für Leitungsverlegung. |
| | 011348 | 10.04.90 | Abdeckung Verschluss Dachrahmen beidseitig maßlich geändert durch auftretende Bautoleranzen. |
| | | | Farbänderung: war Ausstattungsfarbe, wird tiefdunkelgrau. |
| | 011463 | 10.04.90 | Geänderte Verkleidung für Federlenker. |
| | 010959 | 18.04.90 | Änderungsumfang zum Modelljahr 91 für USA. |
| 300 SL-24 | | ab Ende 04.90 | einfließend: Neuer Hauptleitungssatz Motor-Getriebe Fünfgang. |
| alle R 129 | | 02.05.90 | Halter für CD-Verstärker geändert. |
| | | | Neue Befestigungsschrauben aus Edelstahl für die Blende unter der Leuchteinheit, aus Korrosionsgründen. |
| | | | Abdeckung Ersatzradmulde geändert durch dicke Glasfasermatte. Abdichtschiene beidseitig für Verdeck geändert. Sitzkissen geändert, Qualitätsverbesserung. |
| | | | Naht an Lehnenseitenbacken um 10 mm nach außen verlegt. |
| | 011581 | 02.05.90 | Verkleidung der Instrumenten-Tafel, Handschuhkasten, Behälter und Gehäuse: Farbe von Grau in Schwarz geändert. |
| | bis 011942 | 02.05.90 | können Stahlstifte der Pop-Nieten im Verdeckkastendeckel überstehen. |
| | 012008 | 02.05.90 | Konsole für ABS-Hydraulik, Passungsgenauigkeit bei Lochbild berichtigt. |
| | | 03.05.90 | Neue Dachverstärkung Hardtop, neue Innenverkleidung. |
| 500 SL | | 04.05.90 | Neues Codierteil für Tempomat. |
| alle R 129 | 012818 | 09.05.90 | Halter für Kraftstoffkühler geändert. |
| | 012884 | 14.05.90 | Abdichtschiene beidseitig am Verdeckrahmen seitlich und die Befestigung vorne geändert. |
| | 012971 | 14.05.90 | Umstellung der Außenverkleidung bei Signalrot USA. |
| | | 15.05.90 | Neue Blechschraube für Deckel an Blende der A-Säule. |
| | 012629 | 21.05.90 | Geänderte Verkleidung vorne. |
| | 013030 | 21.05.90 | Abschirmung und Sechskantmutter zur Verringerung der Kofferraumtemperatur. Neue Abdichtschienen am Verdeckrahmen oben seitlich. Trennwand für Verdeckkasten geändert, zusätzliche Flansche für Positionierung am Boden. |
| | | ab 30.05.90 | einfließend: Für MDJ 91 farbige Ausstattung Griff, Schalthebelgriff, Lenkrad, Airbag, Plakette. |

| Typ | ab Fahrgestell-endnummer | Einsatztag | Änderung |
|---|---|---|---|
| alle R 129 | 012313 | 01.06.90 | Änderungsumfang Modelljahr 91 für Japan. |
| | | 01.06.90 | Nur USA und Japan Einsatz ADS. Neuer Drehzahlfühler ASR. Strebe für Mantelrohrbefest. geändert. Neue Befestigungsschiene für Batterie. Geänderte Griffmulde. Neuer Verschluss für Scheibenwaschanlage. |
| | | ab 01.06.90 | einfließend: Neue Hauptleitungssätze Innenraum und Schlusslampen, geänderte Ansteuerung der Innenleuchte ab Modelljahr 91. |
| | 013210 | 05.06.90 | Zusatzbremsleuchte und Warndreieck-Halter-Wegfall, Leitungssatz-Zusatzbremsleuchte für Neuseeland. |
| | | 08.06.90 | Verbesserte Abdichtung des Verdeckkastens. |
| | 014936 | 18.06.90 | Tunnel und Sitzkonsolen geändert, um mehr Freiraum für Sitze zu erhalten. Für Einsatz M 120 muss im Tunnel beidseitig ein Loch versetzt werden. |
| | 015396 | 18.06.90 | Geänderte Verdeck-Verschlüsse mit glatter Oberfläche der Trichter. |
| | 015027 LL, 015910 RL | 18.06.90 | Motor mit Platine, Einführung der Schneelastsicherung. Motor mit Platine, Wischer und Kappe jetzt Farbe dunkelgrau (7167), war galinitgrau (7129). |
| | | ab 18.06.90 | einfließend: Sitzverstellung Fahrersitz, Vermeidung von Schabgeräuschen zwischen Abdeckung und Sitzkissen. |
| | | 22.06.90 | Neue Innenleuchte im Handschuhkasten. |
| | 015665 | 25.06.90 | Neuer Wasserablauf beidseitig am Zylinder-Verdeckantrieb. |
| | 015749 | 25.06.90 | Konsole beidseitig geändert. Neue Bügel und Dämpfer hinten zur Beseitigung des Wummerns der Heckscheibe. |
| | 015865 | 01.07.90 | Geänderte Abdeckung für Stecker der heizbaren Heckscheibe Hardtop. |
| | | 01.07.90 | Sitzgestell geändert, Geräusche bei der Lehnenverstellung. |
| | | 02.07.90 | Verkleidung beidseitig zur besseren Verstellbarkeit der Lautsprecher geändert. Radeinbau hinten beidseitig geändert. Glasradius-Außenspiegel geändert. Steckklammer mit Widerhaken für Beifahrer-Airbag freigegeben. |
| | | ab 02.07.90 | einfließend: Geänderter Verdeckkastendeckel. |
| 500 SL | | 02.07.90 | Neues Rückschlagventil in Unterdruckleitung, Geräuschbeanstandung. |
| alle R 129 | 015689 blau, 015716 creme, 015719 beige, 015753 rot, 015725 schwarz, 015769 braun, 015865 grau | 02.07.90 | Neue Halterung für heizbare Heckscheibe. |
| | | 11.07.90 | Neue Abdichtung Verdeckkastendeckel. Gehäuse Kennzeichenleuchte, größere Narbung kaschiert. |
| | | 13.07.90 | Wärmetauscher für Windschutz-Heizung geändert. |
| | | 17.07.90 | Geänderter Sensor Überrollbügel. |
| | 017457 | 26.07.90 | Bei Konsole Winkel neu, Verdrehschutz Airbagsensor bzw. Halter Zusatzheizung. |
| | | 30.07.90 | Befestigungsschiene für Zierstab an Windschutzscheibe oben geändert. |
| | | 01.08.90 | Heckdeckel-Innenteil geändert, besserer Lackablauf. Abdeckung der Sitzverstellung geändert. |
| | 018195 | 05.08.90 | Rahmen und Rahmen-Blinkleuchten-Ausschnitt geändert, um Abstand zum Blinker zu vergrößern. |
| | 018282 | 16.08.90 | Schutzblech für Lenkzwischenhebel vergrößert, Marderschutz. |
| | 018301 | 16.08.90 | Neue Türabdichtung unten und geänderte Beplankung zur Reduzierung der Verschmutzung der verchromten Einstiegsblende. |
| | 018446 | 17.08.90 | Neues Relais für Zusatzlüfter im Sicherungskasten. |
| | 018517 RL, 018547 LL | 14.08.90 | Am Topf-Pedal werk Schweißmutter gegen 4 kt. Schweißmutter getauscht. |
| | 017542 | 17.08.90 | Befestigungsschiene für Zierstab an der Windschutzscheibe oben geändert. |
| | 018616 | 24.08.90 | Befestigungswinkel für Feuerlöscher geändert für mehr Bewegungsfreiheit des linken Beines des Fahrers. |
| | 018806 | 11.09.90 | Lager und Scharnierhebel geändert, besseres Schließverhalten. |
| | 019241 | 03.09.90 | Neuer Halter EZL an Topf ABS/ASR. Abschirmung li. für M 120 freigegeben, Änderung der Materialdicke. |

| Typ | ab Fahrgestell-endnummer | Einsatztag | Änderung |
|---|---|---|---|
| alle R 129 | | 03.09.90 | Neuer Deckel Kabelkanal über EZL, Umstellung auf Serienteile. Neuer Halter EZL an Halter Kraftstoffkühler Klimaltg. Rahmenteil für Lehnenrahmen geändert. Nur für BRD, Schweiz und Österreich Freigabe Radio »Europa 2000 VK«, Radio »Grand Prix 2000 VK RDS«, Radio »Mexico 2000 VK« mit jeweils vier Lautsprechern vorne. |
| 300 SL-24, 500 SL | 019363 | 03.09.90 | KE-Steuergeräte mit geändertem Programm eingebaut. |
| alle R 129 | 019678 | 10.09.90 | In der Abschirmung beidseitig 2 Löcher vergrößert, Umstellung von Blechschrauben auf Schweißbolzen. |
| | 019992 | 13.09.90 | Neue Abdichtung an Schiene Verdeckkastendeckel, neuer Dichtrahmen im Bereich Regenrinne, Hinterkotflügel, Heckmittelstück. Neue Gleitschienen am Verdeckkasten. |
| | | 21.09.90 | Deckel der Türablage von Zweihandbedienung auf Mechanik mit Übertotpunktfeder umgestellt. |
| 500 SL | | 21.09.90 | Der Formschlauch zwischen Leersteller und Luftmengenmesser wird mit zwei Schlauchbändern befestigt. |
| alle R 129 | 020557 | 24.09.90 | Neue Verkleidung und Halter für Heckdeckel, Beschädigung von Gepäck. |
| | | 01.10.90 | Wegfall der Abdeckung an Hauptsäule (Änderung 15.3.90), da der Platz vergrößert wurde. Neue Blende und Abdichtung unter der Leuchteinheit. |
| | | 01.11.90 | Neue Abdämmung in A-Säule, am Gehäuse mit Ablageschale und Instrumenten-Tafel zur besseren Geräuschisolierung. Geänderte Rosette Entfrosterdüsen, bessere Überdeckung beim Crash. Neue Kombischraube, um ein Wandern der Höhenbegrenzung der Seitenscheibe zu verhindern. |
| | 023326 | 14.11.90 | Zusätzliches Loch mit Ø 10 mm in der Stirnwand unten rechts. |
| | 024254 | 14.11.90 | Verstärkung der Motorhaube geändert, Angleichung an C 140 Motorhaube. |
| | | 15.11.90 | Lautsprecherabdeckung in den Türen geändert. |
| | 024239 | 16.11.90 | Radio Fernbedienung Infrarot, Code 816 nur BRD, Schweiz, Österreich in Verbindung mit Becker Mexico. |
| | | 22.11.90 | Auflage für Kopfstütze geändert. |
| | | ab 23.11.90 | einfließend: Neuer Leitungssatz für ASR. |
| | | 29.11.90 | Gleitschiene geändert, wird beim Aufspannen des Verdecks zerschnitten. |
| | | ab 03.12.90 | einfließend: Umstellung der Beleuchtung der Bediengeräte Heizmatik, Tempmatik und Klima-Autom. auf Dioden. |
| | | 03.12.90 | Geänderte Sitzschale. |
| | 025296 | 05.12.90 | Neues Schutzblech zum Anlasser. |
| | | 10.12.90 | Kraftstoffpumpe geändert, neue Halter. |
| alle R 129 | 026097 | 11.12.90 | Konsole Befestigung der Diagonalstütze und Sensorhalter geändert. |
| | 026019 | 14.12.90 | Neuer Flüssigkeitsbehälter für Scheibenwaschanlage, bessere Motorraumästhetik. |
| | 025852 025980 | 17.12.90 | Neues LU-Bremsgerät. |
| | | 20.12.90 | Neuer Halter für Versteifung der Sitzlehne. |
| | 025285 | 02.01.91 | Neue Tüllen für Rücklauf der Wärmetauscherrohre und Stirnwand, Vermeidung von Gluckergeräuschen. Geänderte Verkleidung Fondraum, Verlegung des Kabels der Heckscheibenheizung. Luftleitteil am Heizungskasten zur Verbesserung der Enteisung der Windschutzscheibe geändert. Geänderter Rahmen der Kopfstütze. Geänderter Deckel für die Türen zur Vermeidung von Knackgeräuschen. Geänderter Generator für Sicherheitsgurte. |
| | | 03.01.91 | Neuer Leitungssatz Lehne-Sitz. |
| | | 08.01.91 | Überrollbügel geändert. Neuer Wärmetauscher mit Schläuchen. |
| | 026605 | 10.01.91 | Einsatz 8-Loch-Rad als SA 652. |
| | 026877 | 12.01.91 | Halter Bi-Druckpumpe geändert. Dachrahmen vo au/in neu freigegeben. |
| | 026941 | 12.01.91 | Bei Radeinbau und Verstärkung zusätzliche Schweißpunkte. Längsträger zur Erhöhung des Kräfteniveaus geändert. Loch Ø 12 mm neu. Neue Abdeckung wg. Umstellung des Abschlepphakens. |
| | 027242 | 12.01.91 | Stirnwand geändert. |
| | | 15.01.91 | Neuer Leitungssatz Magnetventil-Überrollbügel. |
| | | 21.01.91 | Halter für Handschuhkasten-Deckel mit Dämpfer und Gummiprofil. |
| 500 SL | 027983 | 21.01.91 | Neues EZ 3 Schaltgerät mit korrigierter Höhendruckübertragung. |
| alle R 129 | | 23.01.91 | Für Motorhaube neues Dämpferbein für verstärkten Haltebügel. |
| | 028158 | 24.01.91 | Beplankung der Motorhaube geändert. |

| Typ | ab Fahrgestell-endnummer | Einsatztag | Änderung |
|---|---|---|---|
| alle R 129 | | 24.01.91 | Neuer Schalter Tempomat. |
| | 028244 | 24.01.91 | In Abdeckung Waschwasserdüse zusätzliches Entwässerungsloch. |
| | | 01.02.91 | A-Säule, Änderung der Verkleidung, besserer Toleranzausgleich zur Türverkleidung und Geräuschminderung. |
| | | | 8-Loch-Rad mit M+S Reifen SA 645+652. |
| | 029070 | 06.02.91 | Neue Tülle in Trennwand, Vereinheitlichung mit LL-Version. |
| | | 07.02.91 | Handschuhkasten geändert, Steg und Löcher neu, Fanghaken gekürzt. |
| | | | Blende für Heckmittelstück unten geändert. |
| | | | Neuer Anschlag für Federbeinbefestigung. |
| | | | Halter an Verkleidung Heckdeckel geändert, verbesserte Halterung der Schlaufe beim Aufstellen der Reserveradabdeckung. |
| | | 12.02.91 | Für USA und Kanada Verkleidung der vo. Stoßfänger geändert. |
| | 029850 | 15.02.91 | Verbesserung der Abdichtung im Spaltbereich A-Säule und Dach. |
| | 029941 | 16.02.91 | Tankentlüftung an der Pumpe für Verdeckhydraulik verlegt. |
| | 030074 | 19.02.91 | Geänderte Leitung für Verteiler in den Türen. |
| | 030198 | 19.02.91 | Geänderte Leitungen. |
| | 030683 | 27.02.91 | Ölleitungs-Ø 10 mm. |
| | 032358 | 02.03.91 | Überrollbügel geändert. |
| | | 05.03.91 | Relais für Lehnenverriegelung geändert. |
| 300 SL-24 | 031786 | 14.03.91 | Beschriftung für Typschild durch Gewichtserhöhung geändert. |
| 500 SL | 031792 | 14.03.91 | dto. |
| alle R 129 | 031766 | 15.03.91 | Geänderte Gepäckablage, da Druckstellen in hinterster Sitzposition. |
| | 032708 | 15.03.91 | Neue KE 5.1 Einspritz-Steuergeräte ab Geräte-Endnr. 2232. |
| | 032110 | 18.03.91 | Verkleidung Sitzlehne geändert. |
| | 032599 | 22.03.91 | Neue KE 5.1 Einspritz-Steuergeräte ab Geräte-Endnr. 2532. |
| | 032724 | 25.03.91 | dto. ab Geräte-Endnr. 2432. |
| | 032977 | 26.03.91 | Motorhaubenscharnier geändert. |
| | | | Waschwasserleitung auf den Scharnierhebel verlegt. |
| | 032928 | 27.03.91 | Neue KE 5.1 Einspritz-Steuergeräte ab Geräte-Endnr. 2332. |
| 300 SL-24 | | 02.04.91 | Neue Schaltgeräte EZ 3. |
| alle R 129 | | 02.04.91 | Abdeckung Fahrertür-Verkleidung erhält Stützrippen. |
| | | | Bei Lackierung Signalrot sind die Verkleidungsteile auch in dieser Farbe. |
| | 033154 | 03.04.91 | Neue Befestigungsschiene. |
| | | | Neuer Kofferboden-Belag, Temperaturreduzierung. |
| | 033379 | 03.04.91 | Platte und Konsole geändert. |
| | | | Fixierloch von Ø 6 mm auf Ø 8 mm. |
| | 033153 | 04.04.91 | Für Verdeckkasten neuer Dichtrahmen und Abdichtung. |
| | | ab 08.04.91 | einfließend: Rahmenteil Sitzlehne geändert. |
| | 033737 | 11.04.91 | Neuer Verschluss mit verstärkten Hydraulikzylindern, Kolben-Ø von 11 mm auf 13,5 mm, Stangen-Ø von 6 mm auf 9 mm erhöht. |
| 500 SL | 033738 | 12.04.91 | Verstärktes Faltenlager an der Gelenkwelle. |
| alle R 129 | 033948 | 15.04.91 | Für Windschutzscheiben-Heizung neues Thermoventil, Vereinheitlichung mit W 140. |
| | 033928 | 16.04.91 | Verstärktes Steuerventil für ASD. |
| | 034106 | 17.04.91 | Geänderte Abdichtschiene beidseitig. |
| | 034121 | 17.04.91 | 2 neue Fixierlöcher für Zapfen Hardtop, deshalb Entfall der Abdichtung am Hardtop und der Füllstücke am Rahmen unten. |
| | 034494 | 18.04.91 | Besserer Korrosionsschutz für Halter Kraftstoffkühler. |
| | 034836 | 22.04.91 | Bei Verstärkung Lager Überrollbügel und bei B-Säule Schweißnaht entfernt, dafür 14 Schweißpunkte. |
| | | ab 22.04.91 | einfließend: Versteifung am Instrumentenbrett oben geändert. |
| | | 02.05.91 | Kontur beim hi. Motorträger geändert, Engstelle zum Getriebedeckel. |
| | | | Neuer Besatz für Verdeck hi. mi. |
| | | 06.05.91 | Abdichtschiene für Verdeck geändert. |
| | 035444 | 08.05.91 | Einstiegsschiene am Längsträger geändert. |
| | | | Rückstrahler Tür wg. verbesserter Abdichtung gegen Feuchtigkeit geändert. |
| | 035703 | 10.05.91 | Neue Lenkräder. |
| | 035984 | 16.05.91 | An Motorhaube Sicherungshaken geändert. Griff verlängert. |
| | 036011 | 16.05.91 | Aus Montagegründen geänderte B-Säule. |

| Typ | ab Fahrgestell-endnummer | Einsatztag | Änderung |
|---|---|---|---|
| alle R 129 | 036159 | 21.05.91 | Scheibenräder ohne Stahlbüchsen. |
| | 036641 | 27.05.91 | Bei Tempmatik Symbol Schneeflocke in EC geändert. |
| | 036821 | 28.05.91 | Geänderter Hinterkotflügel wg. Übernahme Verschlusssockel und Tankdeckel W/V 140. |
| 300 SL-24 / 500 SL | 036752 | 31.05.91 | Im Kombiinstrument fällt Kontrollleuchte »Check Engine« weg. |
| alle R 129 | | 31.05.91 | Einsatz neuer Hauptleitungssätze Motor, Motor-Karosserie und Scheinwerfer. Einsatz Seilzugbetätigung Schaltpunktanhebung. |
| | für Modelljahr 92 | 03.06.91 | Sicherheitsgurt um 150 mm verlängert, Komfortverbesserung für korpulente Personen. Formschließkupplung ersetzt Reibkupplung wg. besserem Wirkungsgrad und Vereinheitl. mit W/V 140. Wegfall der Lackierung hellelfenbein. Neue Ausstattungseinteilung Stoff und Leder. Farben Safran und Champignon ersetzen Dattel und Crembeige. Alterungsbeständigeres Einfassband für Verdeck-Spriegel. |
| 500 SL | 036747 | 03.06.91 | Serienmäßige Ausrüstung mit ASR lt. PKP 3/90. |
| alle R 129 | | 05.06.91 | Blechstärkenerhöhung von 1,25 mm auf 1,5 mm für Abdeckung vorderer Längsträger. |
| | 037447 | 05.06.91 | Halter im Querträger geändert. |
| | 037858 | 10.06.91 | Ersatzradmulde und Heckboden geändert. |
| | 038665 | 17.06.91 | Konsole für oberen Querlenker geändert. |
| | 038503 | 18.06.91 | Längsträgeränderung für modifizierte Einstiegsschiene. |
| | 038413 | 18.06.91 | Rosette und Griffmulde der Türgriffe innen geändert. |
| | 038546 | 19.06.91 | Für Absenken des Überrollbügels wird Druckbegrenzungsventil durch Druckminderventil ersetzt. |
| | 038787 | 24.06.91 | Neue Tüllen für geänderte Stirnwand, Vermeidung von Gluckergeräuschen im Heizungswärmetauscher. |
| | 038840 | 24.06.91 | Querträger oben und Verstärkung beidseitig geändert. |
| 300 SL-24 | 038361 | 27.06.91 | FCKW-freies Kältemittel R 134 A eingesetzt, damit auch neue Klimakästen, Kondensatoren und Leitungen. |
| 300 SL | 038490 | 27.06.91 | dto. |
| 500 SL | 038242 | 27.06.91 | dto. |
| 300 SL | 039198 | 28.06.91 | Neue Zündspule (A0001586203) an Konsole ABS-Hydraulikeinheit freigegeben. |
| alle R 129 | | 01.07.91 | Neues Sportlenkrad Ø 390 mm. Dichtrahmen und Abdeckung Verdeckkastendeckel geändert. |
| | 038988 | 01.07.91 | Schlüsselbox für Infrarot-Schließanlage. |
| | 039854 | 08.07.91 | Einsatzfreigabe für AMG-Fahrzeuge: Spoilerset o. Heckspoiler, Heckspoiler, Anbauteile AMG in Wagenfarbe, Typschild AMG, 500 SL 6.0, Tachometer AMG. |
| | | ab 19.07.91 | einfließend: Geänderte Gurtschlösser. |
| | 040863 | 22.07.91 | Scharnier-Sperrhaken Motorhaube geändert. |
| | | 31.07.91 | Neue Abdichtung für Dachrahmen durch geänderten Wasserablauf. |
| | 041428 | 31.07.91 | Neuer Verdeckkastendeckel. |
| | 041575 | 01.08.91 | Abdichtung für Blende A-Säule geändert. Neues Belüftungs- und Rücklaufrohr am Kraftstoffbehälter. |
| 500 SL | 041617 | 02.08.91 | Neue Zündspule (A0001586103) an Konsole ABS-Hydraulikeinheit freigegeben. |
| alle R 129 | 042228 | 09.08.91 | Vorderer Motorhaubenbügel erhält Sicke. |
| | | 15.08.91 | Neue Bedienungsanleitung Arabisch freigegeben. |
| | 042847 | 19.08.91 | Neuer Verschluss und Schaltstange, verbesserter Diebstahlschutz. |
| | 042872 | 20.08.91 | Wegfall einer Federklammer am Kombiinstrument. |
| | 043200 | 20.08.91 | Ölkühler Wegfall für Australien ab MDJ 92 wie für USA und Japan. |
| | 043260 | 23.08.91 | Neue Hydr.Pumpe für Überrollbügel. |
| | 044642 | 23.08.91 | Neuer Ventilblock für Überrollbügel. |
| 300 SL-24 | | 03.09.91 | Neuer Halter an Aufhängeöse Motor vorne. |
| alle R 129 | 043713 | 03.09.91 | Neue Türabdichtung, Korrosion an der Türunterkante. |
| | | 09.09.91 | Geänderte Verkleidung im Fond. |
| | 044147 | 11.09.91 | Ausklinkung am Heckboden beidseitig verkleinert. |
| 500 SL | 045211 | 21.09.91 | Neue verstärkte Gelenkwelle. |
| alle R 129 | 045486 | 24.09.91 | An den Türverkleidungen werden Stanzungen für Lautsprecher serienmäßig eingebracht, neue Luftleitteile und neue Verstärkung. Übernahme des Lufteinlassgitters bei Ausstattung Leder II in Serie. |
| | 045738 | 26.09.91 | Querträger oben und Verstärkung beidseitig geändert für Rest. |
| | 045741 | 26.09.91 | Türtasche und Türverkleidung geändert. |
| | 045731 | 27.09.91 | An Verkleidung beidseitig Öffnung verlegt und im Luftleitteil im oberen Bereich Rippe geändert. |

| Typ | ab Fahrgestell-endnummer | Einsatztag | Änderung |
|---|---|---|---|
| alle R 129 | | 01.10.91 | Steuergerät für Sitzverstellung geändert. |
| | 046351 | 07.10.91 | Neue Lima 110 A, neue Leitungssätze. |
| | 047306 | 17.10.91 | Serienmäßig Ausstiegsleuchten in den Türen und Zentralverriegelung für die Ablagefächer. |
| | 047549 | 21.10.91 | Abdämmung Motorhaube geändert, Maßnahme für Einbau M 120. |
| | 047138 | 22.10.91 | Dachrahmen vorne innen und Verkleidung dem veränderten Schloss angepasst zur besseren Verriegelung des Dachvorderteils. |
| | 047954 | 28.10.91 | Geänderte Rohrführung der Abgasanlage vo. |
| | 048117 | 28.10.91 | Heckscheibe Hardtop, Vereinheitlichung der Heizleiter. |
| | 048137 | 29.10.91 | Neue Auspuffleitung vorne. |
| | 048351 | 30.10.91 | Kostenoptimiertes Lenkschloss. |
| | | 01.11.91 | Geänderte Streben und Abstützung vo. zur Verbesserung des Crash-Verhaltens. |
| | 048531 | 01.11.91 | Ventilblock geändert, andere Verteilung der Schaltpunkte. |
| | 049046 | 09.11.91 | Neue Exzenterbolzen, -scheiben und Muttern für Querlenker an Karosserie. |
| | 049075 | 12.11.91 | Neue Versteifungen für Einsatz R 129 E 60.<br>Neue Motorhaube mit neuer Versteifung und neuem Bügel.<br>Neues Rückschlagventil und Schläuche für Scheibenwaschanlage. |
| | 049653 | 15.11.91 | Neue Abdeckung für Rückschlagventil, neue Motorhaube folgt. |
| | 049666 | 15.11.91 | Am Türinnenteil geänderter Lochausschnitt für Soundsystem, Klangverbesserung. |
| | 050235 | 22.11.91 | Geänderter Halter für Kickdown-Topf, um 180° gedreht. |
| 300 SL | 050779 | 30.11.91 | Halter Auspuffanlage mit 4 Gg. Autom. |
| alle R 129 | | 02.12.91 | Abschirmung links an Stirnwand geändert, Maßnahme für Einbau M 120. |
| | 051152 | 04.12.91 | Lager für Relaisbefestigung Kraftstoffpumpe geändert. |
| | | 05.12.91 | Neuer Halter und neue Abdeckung für elektr. Teileumfang ADS, für 600 SL. |
| | | 16.12.91 | Abdeckung Kissenrahmen geändert. |
| | 052104 | 02.01.92 | Fahrerairbag wird lt. GBP-Beschluss Serie.<br>Neuer Werkstoff für Abdichtung Verdeckkasten.<br>Einheitliche Sitzverkleidung bei Stoff und Leder.<br>Im Verdeckkastendeckel Unterlage freigegeben.<br>Bezüge für Kopfstützen geändert.<br>Für USA und Japan Spiegelmemory Serie. |
| | 053112 | 08.01.92 | Wasserablauf beidseitig geändert. |
| | 053179 | 13.01.92 | Neuer Leitungssatz EDW. |
| | 053559 | 14.01.92 | Unterlage geändert. |
| | | 15.01.92 | Rosette für Lichtschalter geändert.<br>Querträger unten und oben geändert. |
| 300 SL-24 | 053768 | 15.01.92 | Die Flanschwelle am NoWe-Versteller an der Einlassnockenwelle und das NoWe-Rad an der Auslassnockenwelle werden mit Torx-Bundschrauben befestigt. |
| alle R 129 | 054768 | 29.01.92 | Neue vordere Dämpferbeine. |
| | 054799 | 31.01.92 | Neue Befestigungsklips für die Befestigung der Leitungssätze am Hardtop. |
| | 054966 | 31.01.92 | Für RL neues Schutzblech am Lenkstockhebel. |
| | 055174 | 03.02.92 | Neuer Blinkerschalter und neuer Lenkwinkelsensor. Neue Heckleuchten. |
| | 056518 | 17.02.92 | Geänderte Befestigung der verst. Abdeckung und Befestigungsschiene im Bereich Dachrahmen. Verdeckrahmenunterteil geändert. |
| | 057220 | 20.02.92 | Hauptboden beidseitig geändert durch Neufestlegung der O2-Sonde. |
| | 057080 | 26.02.92 | Neuer Ausgleichsbehälter, Vereinheitlichung bei allen Motoren. |
| | 057393 | 02.03.92 | Neues Zündschaltgerät EZ 3. Neues Sportlenkrad Ø 390 mm mit Airbag, nicht für USA und Australien. Geänderter Rohbau, O2-Sonde. |
| | 056536 ECE,<br>058967 USA,<br>058883 CH | 02.03.92 | Neues Steuergerät für EDW-Anlage. |
| 600 SL | | 02.03.92 | Radeinbau vo. re. für 600 SL geändert. Neue Gelenkwelle zur Erfüllung der Crashvorschriften ab PB. |
| | 057541 | 03.03.92 | Neue Schraube für Befestigung der Trennwand am Querträger der Hinterachse. |
| alle R 129 | 057429 | 05.03.92 | Abschleppbügel geändert, Abstimmung mit HPF-Höhenregler. |
| | | ab 05.03.92 | einfließend: Neue Schlusslampenleitungssätze. |
| | 058104 RL | 09.03.92 | Neues Lenkschloss. |
| | 058566 | 12.03.92 | Änderungsumfang MDJ 93 USA. |
| | 058488 | 17.03.92 | Für Einsatz M 120 Tunnel geändert. Neue Leitungssätze für Autom. / Mech. Getriebe. |
| | 058707 | 17.03.92 | Geänderte Auspuffleitung vo., zusätzlicher Halter. |

| Typ | ab Fahrgestell-endnummer | Einsatztag | Änderung |
|---|---|---|---|
| alle R 129 | 058821 | 17.03.92 | Neue Trennwand wegen M 120. |
| | | | Neufreigabe Anschlussträger, Trennwand und neue Abdämmung der Trennwand. |
| | 058934 | 18.03.92 | Wegfall von Winkel und Befestigungen im Bereich der vorderen Blinker. |
| | 059408 | 19.03.92 | Vorderer Querträger-Kühlerauflage geändert, muss für LH-Motoren vorhanden sein. |
| 600 SL | 059894 | 25.03.92 | Wg. Abstimmung der 2. Zündspule beim 600 SL wird der Halter li. geändert. |
| | | | Radeinbau vo.re. geändert. |
| | 059898 | 25.03.92 | Radeinbau vo. li + re und Verstärkung für den Anlauf 600 SL geändert. |
| | 060133 | 30.03.92 | Für 600 SL neues Heckmittelstück mit Infrarotschließung. |
| | 060381 | 01.04.92 | Neue Verstärkungen für oberen Querträger. |
| alle R 129 | | 01.04.92 | Auf Lieferantenwunsch Steuergerät Verdeck geändert. |
| | | | Neue Abdichtungen für Verdeckkastendeckel. |
| | | | Neues Technik- und Optikpaket für AMG-Fahrzeuge. |
| | 060106 bis 060388 RL | | Großversuch Leuchteinheit mit Abdeckung bei ECE-Rechtsverkehr. |
| | 060647 | 08.04.92 | Neuer Halter für Elektronik-Abdeckung. |
| | | 15.04.92 | Neue Abdämmung A-Säule. |
| | | | Abdämmung A-Säule geändert. |
| | | ab 27.04.92 | Seitenscheiben geändert, bessere Überdeckung zur Innenverkleidung. |
| | 062062 | 29.04.92 | Neue Halter Stirnwand zur Befestigung der Fußraumverkleidung. |
| | | 04.05.92 | Belag Kofferboden von Grobfaservlies auf Dämmvlies geändert. |
| | | | Werkstoff beim Kraftstoffbehälter geändert, Angleichung an W 140. |
| 600 SL | | 12.05.92 | Steuergerät LH 4.1 mit neuer Software, alte Steuergeräte müssen getauscht werden. |
| alle R 129 | | ab 13.05.92 | einfließend: Motorhaubenverschluss geändert. |
| | | 18.05.92 | Reduzierung der Lenkradvarianten, Lederlenkrad erhält Weichschaumunterlage wie W 140. |
| | 062964 | 18.05.92 | Neuer Verdeckrahmen und Bezug. Zuschnitteinteilung des Verdeckstoffs geändert. |
| | | | Neue Verkleidungs-Innenhimmel, aufgrund des geteilten Spiegels hi. geändert. |
| | 063388 | 18.05.92 | Neuer Höhenregler. |
| | 063901 | 19.05.92 | Am Topf Pedalwerk Schweißmutter neu. |
| | 062639 | 21.05.92 | An Sitzschale Bolzen entfernt, dafür Bügel neu. |
| | 063770 | 21.05.92 | Änderung EDW mit Wegfahrsperre. Neu Leitungssätze zur Ansteuerung der Blinkleuchte EDW beim 600 SL. |
| | 063780 | 26.05.92 | Änderung ASD. |
| | 064184 | 26.05.92 | Neues Schaltgerät EZ 4 zur Reduzierung der EMV-Störungen. |
| 600 SL | | 01.06.92 | Einsatz USA-Produktion. |
| | | | Einsatz nordeurop. Länder, ECE-Schild nur für Schweden. Einsatz Schweiz, Leitungssatz EDW nicht/nur bei Infrarotbedienung, nur Schweiz. Überarbeitung der Stirnwand, Anschlussträger erhalten reduzierte Blechstärken. |
| alle R 129 | | 01.06.92 | Einsatz der 8-Loch-Felge für USA als Serienausstattung. |
| | 064662 | 01.06.92 | Am oberen/unteren Querträger für Windschutz Bemaßung zugefügt. |
| | | 01.06.92 | Für USA längs- und höhenverstellbares Mantelrohr, das Lenkrad muss 20 mm nach hinten versetzt werden. |
| | | | Überrollbügel und Aufschäumung geändert. |
| | | | Fanfaren werden für MDJ 93 Serie, Signalhörner entfallen. |
| | 064317 | 02.06.92 | Neue Gummilager für Drehstab vorne. |
| | 064387 | 02.06.92 | Neue Autom. Antenne. |
| | 060629 | 04.06.92 | Neue Wasserableiter beidseitig bedingt durch LH-Tronic Modulbox. |
| | 064921 | 09.06.92 | Neuer LU-Speicher, ASR 2. Generation. |
| | 064914 | 11.06.92 | Motorraum-Verkleidung geändert, um für 6, 8 und 12 Zyl. aus einem Werkzeug fertigen zu können. |
| | 065746 | 19.06.92 | Neuer Spriegel und Bügel hi., Wegfall der Halteschiene. |
| | 065665 | 22.06.92 | Hauptboden geändert und Abdeckung Katalysator verlängert zur Schließung von Wärmebrücken. |
| | 065811 | 24.06.92 | Trennwand geändert. |
| 500 SL LH | 066168 | 24.06.92 | Geänderte Heizungsschläuche und geänderter Motorvorlaufstutzen für M 119 E 50 LH. |
| 500 SL LH / 600 SL | 066168 | 24.06.92 | Abschirmung Lenkungskupplung neu freigegeben. |
| | | | Einheitliche Schraube für Lüfterkupplung. |
| 600 SL | 066213 | 25.06.92 | Neue Leitungen für Heizung, Vereinheitlichung mit Einsatz Modulbox und Neufestlegung M 120. |
| | | | Entlüftungsleitung erhält Schrumpfschlauch und Gummiring. |
| | | | Neuer Druckschlauch für Ölkühler. |

| Typ | ab Fahrgestell-endnummer | Einsatztag | Änderung |
|---|---|---|---|
| 600 SL | | 01.07.92 | Einsatz Golfstaaten, Abweichende Achsübersetzung i = 2,24. Neue Blende für Kennzeichenschild, kein Unterschied zwischen Zoll- und Kennzeichenschildern. |
| alle R 129 | 066035 | 01.07.92 | Neues Lenkschloss mit Parksperre für Autom. Getriebe. Am Tunnelschließteil neue Eindrückung zur Verbesserung des Crashverhaltens. |
| | 066563 | 06.07.92 | Kombischraube für Motorhaubenscharnier geändert. |
| | | 13.07.92 | Neuer Leitungssatz für Klimaautomatik, Heiz- und Tempmatik. |
| 600 SL | 068165 | 27.07.92 | Schutzkappe für E 60 freigegeben. |
| alle R 129 | 068874 | 03.08.92 | Neuer vorderer Drehstab. |
| | | 03.08.92 | Sitzschale aufgrund von Knackgeräuschen bei Kurvenfahrt geändert. Änderung an der Fondraumverkleidung. |
| 600 SL | | 03.08.92 | Neues ASR-Steuergerät mit neuer Hard- und Software und zusätzlichem Status für Drehzahlfühlerausgang. |
| | | 20.08.92 | Überarbeitung der Stirnwand, Anschlussträger erhalten reduzierte Blechstärken, wie ab E 60 USA ab 01.06.92. Für 600 SL Stirnwand oben mit Ausbeulung. |
| alle R 129 | | 01.09.92 | Ab Anlauf M 119 LH neuer Tempomatschalter. |
| 500 SL | | 01.09.92 | Anlauf 500 SL mit M 119.972 (Einheitsdeckmotor mit LH-Tronic). |
| 600 SL | | 01.09.92 | Anlauf RL für Australien. |
| 500 SL LH | | 01.09.92 | Elektroumschlagventil für Kat-Wegfall freigegeben. |
| 500 SL | 070168 | 04.09.92 | Wg. unzureichender Lebensdauer der Faltenlager neue Gelenkwelle. |
| 500 SL | | 05.09.92 | Anlauf 500 SL mit LH-Tronic ohne Katalysator. |
| alle R 129 | | 08.09.92 | Für USA neue Automatikantenne, Teleskop in schwarz. |
| | 071475 | 09.09.92 | Neue Abschleppbügel für R 129, da beim M 119 von den Ölkühlerschläuchen berührt. |
| | | 10.09.92 | Neuer Bremslichtschalter, da Ausfälle am Schalter zu Ausfällen am ABS/ASR-Steuergerät führen. |
| 600 SL RL | | 14.09.92 | Neues Wasserventil an Trennwand im Aggregateraum re., wg. gr. Bremsgerät. |
| 500 SL | 072215 | 24.09.92 | Auslauf für 500 SL BM 129.066 mit M 119 KE-Einspritzung. Gesamtprod. 38.597 |
| alle R 129 | | 01.10.92 | Geänderter Dichtrahmen für Verdeckkasten. Geänderte Abdeckung-Verdeckkasten. Türverkleidung und Lochbild geändert, bessere Haltegriffvorspannung. Querträger Mitte, Rohr abgeflacht, bessere Crashsicherheit. Haltebügel für Dachbezug geändert. Neue Fondsitzanlage für Fahrzeuge mit Lederausstattung. |
| 500 SL | 072991 | 01.10.92 | Neue Hinweisschilder für Australien. |
| 600 SL | | 01.10.92 | Neuer Formschlauch für M 120 Abgleichstecker für 600 SL ohne Kat. freigegeben. |
| alle R 129 | | 09.10.92 | Neues Steuergerät DIAG 1.1, verbesserte Hard- und Software. |
| 600 SL | 073369 | 09.10.92 | Neues Regenerierventil und Formschlauch für M 120. |
| 600 SL | 073931 | 15.10.92 | Neue Leitungen und Verteiler zum Federspeicher, neue Befüllvorrichtung. |
| 300 SL, 300 SL-24, 500 SL LH | | 19.10.92 | Neue Motorölkühler-Anlage, der 500 SL mit KE-Einspritzung bekommt diese Anlage nicht mehr. |
| | 075366 | 20.10.92 | Neues Steuergerät für M 119 LH. Neuer Kühlwasserschlauch. |
| alle R 129 | | 26.10.92 | Neue Sitzschale, neue Befestigung des Sitzkissens und Verlegung der Sitzmulde nach hinten wg. Kundenbeanstandung des Vorrutschens. Neuer Kühlwasserschlauch wg. geänderter Motorölkühlerlage. |
| | | 27.10.92 | Neue Scharnierhebel und neue Blende für Verdeckkasten. |
| | | 29.10.92 | Änderungen an der B-Säule. |
| | 074977 | 29.10.92 | Unterdruckleitung geändert. Rohrbogen 30°. |
| | | 02.11.92 | Verkleidung Hardtop geändert. An der Instrumententafel unten links wird der Knieschutz umgestellt, 600 SL für USA seit PB 6/92. |
| | 075339 | 03.11.92 | Neue Batterietrennschalter für Export. |
| | 075542 | 03.11.92 | Neues Auslösegerät für Überrollbügel. Umstellung von Quecksilberneigungsschalter auf quecksilberfreien Kippkegelsensor. |
| | | ab 09.11.92 | einfließend: Geänderte Spiegel, geänderte Fußstütze für LL. |
| | 076173 | 12.11.92 | Neue Dichtringe für vo. Auspuffrohre, Verbesserung der Flanschverbindung. |
| | | 16.11.92 | Neue Abdichtung wg. Undichtigkeiten am Infrarotauge. Neue Abdämmung an der Türbeplankung. |
| | | 17.11.92 | Neue Konsole bei Autotelefon. |
| | 076653 | 19.11.92 | Neue Deckel für Kabelkanal, Anpassung an neue Motoren. |

| Typ | ab Fahrgestell-endnummer | Einsatztag | Änderung |
|---|---|---|---|
| 300 SL LL | 076636 | 19.11.92 | einfließend: Neue vordere Auspuffleitung mit neuem Katalysator. |
| 300 SL-24 RL | 076757 | 20.11.92 | einfließend: Neue vordere Auspuffleitung mit neuem Katalysator. |
| 500 SL LL | | 20.11.92 | einfließend: Neue vordere Auspuffleitung mit neuem Katalysator. |
| 500 SL RL | 076771 | 20.11.92 | einfließend: Neue vordere Auspuffleitung mit neuem Katalysator. |
| alle R 129 | | 01.12.92 | Neue Federn für Fahrzeuge mit SA. |
| | | 04.12.92 | Geänderter Verdeckkastendeckel mit neuer Klammer. |
| | 077870 | 04.12.92 | Neuer Batterieanschlag, zusätzliche Abstützung. |
| | | 10.12.92 | Neue Webasto-Standheizung. |
| | | 03.05.93 | Verdeckbezug vorne und hinten geändert, um Abdrücke der Stoffstruktur des Stemmriemens und Legefalten am Verdeckbezug zu vermeiden. |
| | 082353 | 03.05.93 | Lenkschloss mit verbessertem Diebstahlschutz. |
| | 083982 | 01.06.93 | Windschott serienmäßig mit Ausnahme der Japan-Lieferungen. |
| 300 SL24 | 085612 | 07.06.93 | Letzter 300 SL-24 |
| 300 SL | 085684 | 11.06.93 | Letzter 300 SL |
| alle R 129 | | ab 07.07.93 | Geänderte Halter für die elektr. Antenne. |
| 500 SL | 088967 | 30.07.93 | Bremsenanlage des SL 600 auch für SL 500. |
| alle R 129 | | ab 01.08.93 | einfließend: Neue Kombilackfarbe glänzend. |
| | | ab 09.93 | einfließend: Neue Klemmschelle für Regenerierungsleitung an Längsträger und Heckboden. |
| | | ab 08.10.93 | einfließend: Geänderte A-Säule. |
| | | ab 27.10.93 | einfließend: Geänderte Befestigungsschraube für das Airbag-Auslösegerät. |
| | | ab 01.11.93 | einfließend: Freigabe für das Befestigungsmaterial der Fanfaren. |
| | | ab 11.11.93 | einfließend: Neue Gummilager für Hinterachse am Rahmenboden. |
| | | ab 19.11.93 | einfließend: Sicherheitsgurt mit geändertem Gurtaufroller. Einsatzjahr 1993Schutzkappe 129 827 01 31. |
| SL 500 | 096971 | 01.94 | Mit der Motorendnummer 8661 Kurbelgehäuse in Open-Deck-Ausführung. |
| alle R 129 | | ab 10.01.94 | einfließend: Aschenbechereinsatz geändert. |
| | | 12.01.94 | bereits Lieferstand: Neue Innenleuchte im Kofferraum. |
| | | ab 07.3.94 | einfließend: Neue Steckclipsmutter für Befestigungsschloss am Heckdeckel. |

**Ab dem Einsatz der Modellpflegemaßnahmen im Jahr 1995 sind die Änderungen nicht mehr nach Einsatztagen und Fahrgestellnummern dokumentiert, sondern nach Einsatzzeiträumen, da die Einsätze in der Regel fließend und übergreifend erfolgen.**

| Typ | Einsatztag | Änderung |
|---|---|---|
| alle R 129 | ab 02.01.95 | einfließend: Telefon D-Netz Softwareänderung. |
| | 01.02.95 | Durch Wegfall der Luftpumpe geänderte Hinweisschilder. |
| | 21.03.95 | Gehäuse mit Ablageschale geändert. |
| | 03.04.95 | Halter für Dämpferventil am Querträger der Hinterachse geändert. |
| | 11.04.95 | Änderung des Radeinbaus vorne links. |
| | 18.04.95 | Rohbauänderung durch neuen Beifahrerairbag. |
| | ab 29.05.95 | einfließend: Akustische Neuabstimmung des Verstärkers. |
| | 01.06.95 | Vereinheitlichte Gurtschlösser rechts und links. |
| | 23.06.95 | Vorschrift in Frankreich: Nur noch Symbole auf Schaltern. Deshalb geänderter Tempomat-Schalter. |
| | 26.06.95 | Geänderte Wartungsintervalle seit Anlauf W 210. |
| | 03.07.95 | einfließend: Geänderte Abdeckung des Kanaltunnels durch Rohbauänderung. |
| | 03.07.95 | einfließend: Änderung des Volllastanschlags am Kickdowntopf. |
| | 10.07.95 | Wegen geänderter Wartungsintervalle geändertes Klebeschild. |
| | ab 17.07.95 | einfließend: Gewichtsreduzierte Auspuffanlage. |
| 129058-SL 280 | 31.07.95 | Einsatz einer 5 mm starken Heckscheibe. War 4,5 mm. |
| alle R 129 | 01.08.95 | Freigabe des Sidebags ab Modellpflege. |
| 129067-SL 500, 129076-SL 600 | 01.08.95 | Einführung des neuen Fünfgang-Automatikgetriebes (NAG) ab Modelljahr 1996. Neuer Seilzug bei Einsatz des NAG. Einsatz der Motorelektronik ME 1.0. |
| alle R 129 | 01.08.95 | Ersatz des Bandfilters der Windschutzscheibe von grün auf grau. Änderung der Längsträgerverkleidung. |

| Typ | Einsatztag | Änderung |
|---|---|---|
| 129058-SL 280 | 01.08.95 | Änderung des Türinnenteils wegen der Einführung des Sidebags. |
| | | Einsatz Fahrberechtigungssystem Stufe 2 für USA/Japan. |
| alle R 129 | 01.08.95 | Wegfall der Aluplatte beim Stoßfänger. |
| | | Leuchteinheit Xenon-Licht als SA, für USA Litronic. |
| | | Einsatz Multikonturlehne als SA. |
| | | Einsatz Fondsitzbank mit neuer Form als SA. |
| 129058-SL 280 | 01.08.95 | Einsatz des Tempomat bei Automatik-Getriebe. |
| alle R 129 | ab 01.08.1995 | einfließend: Änderung der Auspuffleitung wegen $H_2S$-Geruchs. |
| | | einfließend: Abdichtungen an A-Säule, Verdeck, Hardtop: Optimierungsmaßnahme zur Anpassung an Lieferzustand. |
| | 10.08.95 | Einsatz des Fahrberechtigungssystems II (Diebstahlsicherheit) für USA und Japan ab Modelljahr 96. |
| | | Cupholder für USA Modelljahr 96. |
| | ab 14.08.95 | einfließend: Neue CD-Spieler. |
| | ab 22.08.95 | einfließend: Optimierte Steuergeräte zur Vermeidung unzulässigen Zurückschaltens in 1. Gang. |
| | 01.09.95 | Änderungsumfang Modelljahr 1996. |
| | 01.09.95 | Für USA Kinderhalteeinrichtung. |
| | | Neues Sicherungskonzept Little Fuse ab Modelljahr 1996. |
| | | Freigabe ADS-Skyhook (ADS 2), Sidebags ab Modelljahr 1996. |
| | | Stirnwandänderung wegen Einsatz einer neuen Steuergerätebox. |
| | | ASR / ETS optimiert, geändertes Kombiinstrument ab Modelljahr 1996. |
| | | Einsatz der Fußfeststellbremse als Reibbremse zur Komfortverbesserung ab Modelljahr 1996. |
| | | Neue Trennstelle Kabel-Vorderachse. |
| | | Geänderte Formen für Stoßfänger, Seitenverkleidungen, Heckleuchten sowie Kühlergrill mit 6 Lamellen. |
| | | Einsatz des 12-Loch-Rades als Serienrad. |
| | | Einsatz des Lenkrades des R 170 (SLK), beim SL 600 in Holz-Leder-Ausführung. |
| | | Geändertes Sitzdesign, optional zweifarbiges Leder. |
| | | Neue Lackfarben: Marsschwarz (189), Rubinrot (572). Es entfällt . Blauschwarz (199). |
| 129058-SL 280 | 01.09.95 | Serienausstattung mit Tempomat bei Automatikgetriebe. |
| 129076-SL 600 | 01.09.95 | Geänderte Verlegung des Motorleitungssatzes beim M 120 und neue Wasserableiter. |
| alle R 129 | ab 01.09.95 | einfließend: Neue Gelenkwelle zur Beseitigung von Heulgeräuschen. |
| | 01.09.95 | Die Riegel vom Deckel der Armlehne werden von Stahl auf Kunststoff umgestellt. |
| | | Die Windschutzscheiben erhalten ein Sichtfenster. |
| | | Neue Dichtringe an Auspuffanlage. Bessere Abdichtung bei hohen Temperaturen. |
| | | Geänderter Haubenzug für Rechtslenker. |
| | | Geänderter Zierstab am Verdeckkastendeckel. |
| 129076-SL 600 | 01.09.95 | Geänderter Kondensator. |
| alle R 129 | 01.09.95 | Druckknopf-Unterteil an Längsträger von 10,5 mm auf 11,3 mm geändert. |
| | | Reduzierte Befestigungspunkte für die A-Säulen-Blende. |
| | | Kosteneinsparung durch Änderung der Unterlage des Fahrersitzkissens. |
| | | Halteschiene A-Säule gekürzt. Verdeckkastendeckel-Verstärkung. |
| | | Einführung neuer Steuergeräte wg. zusätzlichem 30-km/h-Begrenzer. |
| | | Einsatz ESP. |
| | | Durch geänderte Verlegung des Batteriekabels entfällt das Rohr am Längsträger. |
| | ab 01.09.95 | einfließend: Neuer Leitungssatz zur Spiegelverstellung. |
| 129058-SL 280, 129063-SL 320, 129067-SL-500, 129076-SL 600 | 11.09.95 | Durch Gesetzesvorschrift in Saudi-Arabien erhalten die Außenspiegel lks planes und rs gewölbtes Glas. |
| alle R 129 | 25.09.95 | Drehstab vorne Variantenreduzierung. |
| | ab 26.09.95 | einfließend: Neufreigabe der AMG-Räder mit Reifen. |
| | 02.10.95 | Änderung der A-Säulen-Verkleidung zur Windschutzscheibe links und rechts zur Vermeidung von Geräuschen. |
| | 26.10.95 | Wegfall des Schildes »Shift-Lock«. |
| | 01.11.95 | Neue Sicherung der Schaltstange. |
| | 09.11.95 | Steuergerät HGS: EMV-optimiertes Steuergerät. |
| | 13.11.95 | Steuergerät Diag. 1.3 Fehldiagnose bei Nockenwellenverstellung (Aufleuchten der Carb.-Lampe) |
| | ab 15.11.95 | einfließend: Rohbau: Freigang bei 18-Zoll-AMG-Bereifung. |
| | | einfließend: Steuergerät mit geänderten Daten der Lambdaregelung |
| 129058-SL 280, 129063-SL 320 | 22.11.95 | Technische Weiterentwicklung der Auspuffanlage für die Motoren M 104 E 28 und E 32. |

### Änderungsjahr 1996/1, Produktionsumstellung 1.6.1996, Modelljahr 1997.

| Typ | Einsatztag | Änderung |
|---|---|---|
| 129058-SL 280 | 01.06.96 | ASR serienmäßig bei Fahrzeugen mit Schaltgetriebe. |
| 129058-SL 280, 129063-SL 320 | 01.06.96 | Fahrzeuganpassung an Neues Automatikgetriebe (NAG-klein).<br>Einbau des Neuen Automatik Getriebes, bei SL 280 optional, bei SL 320 Serie.<br>Motorsteuergerät HMS 5 (ME 2.1).<br>ASR ersetzt ETS.<br>ASR- und ESP-Steuergerät LK 55.x und Kombiinstrument mit CAN-Schnittstelle. |
| 129058-SL 280 (NAG), 129063-SL 320 | 01.06.96 | In den Tempomat integrierter Geschwindigkeitsbegrenzer auf 30 km/h. |
| alle R 129 | 01.06.96 | Außenspiegel links plan, rechts gewölbt + Warnhinweis arabisch.<br>Chromeinlage im Deckel des Ablagefachs.<br>Fahrberechtigungssystem IIa mit Schließrückmeldung über Warnblinker.<br>Fahrberechtigungssystem x für USA.<br>Garagentoröffner USA.<br>Telefonvorrüstung einschließlich Mikrofon für USA.<br>SA Xenon-Scheinwerfer mit Leuchtweitenregulierung für USA.<br>SA AMG-Sportpaket mit 18-Zoll-Bereifung für USA.<br>SA-Japan, die KAT-Überhitzungsanzeige entfällt.<br>Neuer Lackfächer Modelljahr 1997.<br>Änderung des abblendbaren Innenspiegels.<br>3. Bremsleuchte mit LED.<br>Innen- und Fahreraußenspiegel abblendbar, Außenspiegel gleich mit denen des W 202.<br>Sitzbelegungserkennung.<br>Regensensor und Waschwasserpumpe 3 bar mit Flachsteckeranschluss. |

### Änderungsjahr 1996/2, Produktionsumstellung 1.12.1996.

| Typ | Einsatztag | Änderung |
|---|---|---|
| 129058-SL 280, 129063-SL 320 | 01.12.96 | SA ESP für SL 280 + SL 320 mit Neuem Automatik Getriebe (NAG). |
| 129067-SL 500 | 01.12.96 | Luftpumpe für M 119 mit ME 1.0 für Korea und Taiwan. |
| alle R 129 | 01.12.96 | Einführung des Bremsassistenten BAS (ohne USA).<br>Sitzmemory-Motoren: Hallsensoren ersetzen Potentiometer.<br>Kraftstoffbehälter: Hebelgeber der Tankanzeige mit Bajonettverschluss.<br>SA Xenon-Scheinwerfer: Änderung der Leuchteinheit. |

### Änderungsjahr 1997/1, Produktionsumstellung 1.6.1997, Modelljahr 1998.

| Typ | Einsatztag | Änderung |
|---|---|---|
| alle R 129 | 01.06.97 | SA Kanada: Xenon-Scheinwerfer mit Leuchtweitenregulierung.<br>SA Japan: Xenon-Scheinwerfer mit Scheinwerfer-Reinigungsanlage und automatischer Leuchtweitenregulie- |
| rung. | | SA USA: Kraftstoffverdunstungsanlage nach OBD II.<br>SA USA: Erweiterung der Onboard Diagnose OBD II, Rückführung der Betankungsemissionen.<br>SA USA: Bremsassistent (BAS). |
| 129063-SL 320 | 01.06.97 | SA USA: ESP für SL 320. |
| alle R 129 | 01.06.97 | SA Schweiz: Elektronische-Diebstahl-Warnanlage (EDW) = ECE-Version.<br>Blinkleuchten zusätzlich, seitlich in den Kotflügeln mit weißen Streuscheiben lt. EU-Vorschrift.<br>Kundenliteratur: Ringbuch.<br>Lautsprecherkontaktierung: Umstellung von DIN-Stecker auf JPT MQS-Stecker.<br>SA Auto-Pilot-System (APS) Erstanlage einschl. BT2.<br>SA anklappbarer Rückspiegel wie Japan.<br>Automatische Kindersitz Erkennung (AKSE).<br>Innenausstattung champignon.<br>Modelljahr 1998 mit zwei neuen Farben: »Firnweiß« ersetzt »Polarweiß« und »Obsidianschwarz« ersetzt »Onyxgrau«.<br>SA Lederlenkrad mit Holz-Griffelementen, beim SL 600 Serie: Airbag mit Leder bezogen und Steppnähten.<br>SA Erweiterung der Funktion »Innenspiegel automatisch abblendbar« um einen autom. abblendbaren |

| Typ | Einsatztag | Änderung |
|---|---|---|
| alle R 129 | 01.06.97 | Außenspiegel auf der Fahrerseite.<br>SA Standheizung: Neues Heizgerät.<br>Einführung der Wartungs-Intervall-Anzeige (WIA 2).<br>SA AMG-Styling: Anpassung an Standheizung.<br>Einführung des Fahrberechtigungssystems (Schließsystem mit Wegfahrsperre) FBS 2b. |
| 129067-SL 500,<br>129076-SL 600 | 01.06.97 | Tempomat mit einstellbarer Geschwindigkeitsbegrenzung zwischen 30 km/h und Höchstgeschw. |

**Änderungsjahr 1998/1, Produktionsumstellung 1.6.1998, Modelljahr 1999.**

| Typ | Einsatztag | Änderung |
|---|---|---|
| 129059-SL 280,<br>129064-SL 320,<br>129067-SL 500 | 01.06.98 | Einführung der V6-Motoren M 112 E 28 und E 32 für SL 280 und SL 320 sowie M 113 für SL 500. |
| 129059-SL 280,<br>129064-SL 320 | 01.06.98 | Fahrzeuganpassung an M 112 E 28/32 einschließlich ASR 5.3, variabler Tempomat, NAG und Wartungs-Intervall-Anzeige (WIA 1). |
| 129068-SL 500 | 01.06.98 | Fahrzeuganpassung an M 113 einschließlich WIA 1. |
| alle R 129 | 01.06.98 | Auspuffendrohre sichtbar.<br>Anbauteile und Türgriffe in Wagenfarbe glänzend lackiert.<br>Lackfächer Modelljahr 1999.<br>Außenspiegel Design SLK. Heckleuchten: neue Deckgläser.<br>Panoramadach: Umstellung auf elektrisches Rollo.<br>Verdeck: zusätzliche Farbe dunkelgrün wie bei A 208 (CLK-Cabriolet).<br>Holzausstattung Kastanie Serie, Wurzelnuss dunkel wird SA.<br>Innenausstattung Leder mit de neuen Farben »Helios«, »Java« und »Orion« (grau).<br>Kombiinstrument mit farbiger Frontplatte, Öltemperaturanzeige ersetzt Öldruckanzeige, die Anzeige-instrumente erhalten einen dünnen Chromrahmen. |
| 129076-SL 600 | 01.06.98 | Kombiinstrument für M 120: Funktionsänderung für Kühl- und Waschwasserstand. |
| alle R 129 | 01.06.98 | Lenkrad-Design wie R 170 neu mit Airbag mit Hupfunktion sowie verchromtem Mercedes-Benz-Reliefstern.<br>SA D2B vernetzte Telefonsysteme.<br>SA Notrufsystem Arthur.<br>Aktivkohlebehälter mit leistungsfähigerer Kohle.<br>SA USA: Vorrüstung für Telefon Motorola mit Sprachbedienung.<br>Windschottrahmen: Farbe »Hämatit«.<br>17-Zoll-Räder mit Bereifung ersetzen 16-Zoll-Räder mit Bereifung.<br>Strukturrad 17 Zoll mit Serienbereifungsgröße ersetzt bisheriges Reserverad.<br>SA Deutschland: Garagentoröffner.<br>SA EDW-Paket.<br>ESP 1.3 ersetzt ESP 1.0.<br>Tipp-Start-Funktion.<br>Schalt- und Wählhebel wie bei der S-Klasse W 220, Abdeckrahmen bei der Automatik in »Hämatit«. |

**Änderungsjahr 1999/1, Produktionsumstellung 1.8.1999, Modelljahr 2000.**

| Typ | Einsatztag | Änderung |
|---|---|---|
| alle R 129 | 01.08.99 | SA Holz-Leder-Lenkrad: Belederte Airbag-Prallplatte, bei SL 600 Serie.<br>SA USA: Erweitertes Notrufsystem.<br>ESP serienmäßig für alle Modelle.<br>Lackfächer Modelljahr 2000, siehe Fließtext. Kunststoffteile soft lackiert.<br>SA Japan: Notruf E-Call.<br>SA: Leder exclusiv, Einsatz Nappaleder. |

**Änderungsjahr 1999/2, Produktionsumstellung 12.99.**

| Typ | Einsatztag | Änderung |
|---|---|---|
| 129059-SL 280,<br>129064-SL 320 | 01.12.99 | Neue Generatorgeneration für M 112. |

S MV 1869

# Personen- und Firmenregister

500 SL
S-KS